国家出版基金项目
NATIONAL PUBLICATION FOUNDATION

中国药用植物种质资源研究

药用植物种质资源
保护研究 上

魏建和 王秋玲 主编

北京科学技术出版社

图书在版编目（CIP）数据

中国药用植物种质资源研究. 药用植物种质资源保护研究／魏建和，王秋玲主编. -- 北京：北京科学技术出版社，2024.5

ISBN 978-7-5714-3982-8

Ⅰ. ①中… Ⅱ. ①魏… ②王… Ⅲ. ①药用植物 – 种质资源 – 资源保护 – 研究 – 中国 Ⅳ. ①S567.024

中国国家版本馆 CIP 数据核字（2024）第 111570 号

责任编辑：李小丽　庞璐璐　李兆弟　侍　伟
责任校对：贾　荣
责任印制：李　茗
出 版 人：曾庆宇
出版发行：北京科学技术出版社
社　　址：北京西直门南大街 16 号
邮政编码：100035
电　　话：0086-10-66135495（总编室）　　0086-10-66113227（发行部）
网　　址：www.bkydw.cn
印　　刷：北京博海升彩色印刷有限公司
开　　本：889 mm×1 194 mm　　1/16
字　　数：3 165 千字
印　　张：224.25
版　　次：2024 年 5 月第 1 版
印　　次：2024 年 5 月第 1 次印刷
ISBN 978-7-5714-3982-8

定　　价：1740.00 元（全 3 册）

《中国药用植物种质资源研究》
编写委员会

总主编

魏建和

编　委（按姓氏笔画排序）

于　婧	于　晶	马云桐	马满驰	王　冰	王　艳	王　乾
王龙强	王苗苗	王玲玲	王秋玲	王宪昌	王艳芳	王继永
王惠珍	王婷婷	王新文	韦坤华	邓国兴	田　婷	由会玲
由金文	邝婷婷	毕红艳	朱　平	朱田田	朱吉彬	朱彦威
任子珏	任明波	刘洋洋	江维克	许　亮	孙　鹏	孙文松
苏宁宁	杜　弢	杜有新	李　标	李艾莲	李先恩	李国川
李明军	李学兰	李晓琳	李榕涛	杨　云	杨　光	杨　鑫
杨湘云	连天赐	连中学	肖培根	吴中秋	邱黛玉	何小勇
何国振	何明军	何新友	辛海量	沈春林	宋军娜	张　艺
张　昭	张　婕	张士拗	张久磊	张占江	张红瑞	张丽萍
张顺捷	张晓丽	张教洪	陈　垣	陈　彬	陈　敏	陈红刚
陈科力	陈菁瑛	陈彩霞	青　梅	林　亮	林榜成	金　钺
金江群	周　涛	郑开颜	郑玉光	郑希龙	单成钢	项世军
赵立子	赵国锋	赵喜亭	胡枭剑	柳福智	钟方颖	段立胜
侯方洁	秦民坚	秦新月	袁素梅	晋小军	顾雅坤	徐　雷
徐安顺	高志晖	郭凤霞	郭汉玖	郭晔红	郭盛磊	符　丽
隋　春	彭　成	蒋桂华	韩　旭	韩金龙	曾　琳	谢赛萍
靳怡静	蔺海明	裴　瑾	樊锐锋	魏建和	濮社班	

《中国药用植物种质资源研究·药用植物种质资源保护研究》

编写委员会

主 编

魏建和 王秋玲

副主编

金 钺 任子珏 曾 琳 连天赐

编 委（按姓氏笔画排序）

于 晶	马云桐	王苗苗	王玲玲	王秋玲	韦坤华	田 婷
由金文	朱 平	朱吉彬	任子珏	任明波	孙文松	杜有新
李 标	李先恩	李学兰	李榕涛	连天赐	肖培根	何小勇
何国振	辛海量	沈春林	张 昭	张士拗	张久磊	张占江
张红瑞	陈 彬	陈菁瑛	青 梅	金 钺	金江群	项世军
段立胜	秦民坚	徐安顺	郭汉玖	郭盛磊	彭 成	曾 琳
靳怡静	裴 瑾	樊锐锋	魏建和	濮社班		

主编简介

　　魏建和，长聘教授，二级研究员，博士研究生导师，第十一届、十二届国家药典委员会委员，现任中国医学科学院药用植物研究所副所长兼海南分所所长。入选第一批国家"万人计划"科技创新领军人才、"新世纪百千万人才工程"国家级人选，带领"沉香等珍稀南药诱导形成机制及产业化技术创新团队"入选国家创新人才推进计划首批重点领域创新团队。获"有突出贡献中青年专家"、全国优秀科技工作者、海南省优秀人才团队负责人等荣誉称号。获国家科学技术进步奖二等奖2项，省部级特等奖、一等奖共4项。30余年致力于珍稀濒危药用植物资源保护、再生及优质药材生产关键技术突破和技术平台创建研究。发明了世界领先的沉香形成"通体结香技术"，创新性提出伤害诱导濒危药材形成理论和技术，并将之应用于降香、龙血竭等其他珍稀南药中，提出诱导型药用植物说；突破中药材杂种优势育种技术难题，选育出柴胡、桔梗、荆芥、人参、沉香等大宗药材优良新品种20余个；建成我国第一座低温低湿国家药用植物专业种质库和全球第一个采用超低温方式保存顽拗性药用植物种子的国家南药基因资源库，目前这两个库已成为全国规模最大、保存物种最多的药用植物种质专类库；领导建设国家药用植物园体系。技术负责新版中药材生产质量管理规范（GAP）的起草，极大推动了现阶段中药材规范化生产技术的落地。

　　王秋玲，中国医学科学院药用植物研究所副研究员、北京药用植物园副主任，兼任中国野生植物保护协会药用植物保育委员会副秘书长、国家中药材标准化与质量评估创新联盟专家委员会副秘书长、中国出入境检验检疫协会进出口中药材标准化技术委员会专家、中华中医药学会中药资源学分会委员会委员。主要从事药用植物遗传资源可持续利用技术研究，负责国家药用植物种质资源保护平台建设，并首次完成该平台保存药用植物遗传资源信息的整合。参与2023年版《中药材生产质量管理规范》的修订工作，发表学术论文60余篇，参与制定中药材相关标准200余个，作为副主编参与编撰并出版论著2部，拥有授权专利3项，获得省部级奖励2项。

前　言

药用植物种质资源是支撑我国中医药事业可持续发展的基础，是新药开发的重要来源，是实施"健康中国"行动的重要物质保障。药用植物种质资源指具有实际或潜在价值的、来自药用植物的含有遗传功能单位的材料，包含物种及物种以下的分类单元（亚种、变种、变型、品种、品系、类型等）的个体、器官、组织、细胞、染色体、DNA 片段和基因等多种形态，是生物种质资源的重要组成部分。

我国是世界上药用植物种质资源利用历史最悠久、利用种类最多的国家，1 万余种药用植物被直接作为中药、民族药及民间药使用。世界上约有 7.2 万种高等植物被不同国家的人作为药物使用，约占世界高等植物区系的 17.0%。化学类新药的合成原料也主要来源于药用植物。当前，药用植物种质资源和人类健康都受到了全球生态系统变化的影响，因此，战略性保护药用植物种质资源十分必要。

目前，我国已初步建成了以非原生境保护为主的药用植物种质资源保护体系，该体系由非原生境保护的 3 座药用植物种质资源库和 80 个药用植物园组成，保存的药用植物物种数量和规模处于世界领先地位。但我国的药用植物种质资源的保护与利用仍面临着严峻的挑战，例如野生药用植物资源持续减少，栽培药用植物种质混杂、退化且病虫害日趋严重，药用植物资源和传统知识流失严重等，这些问题亟待解决。为了更好地保护我国药用植物种质资源，中国医学科学院药用植物研究所于 2013 年发起成立了国家药用植物园体系（该体系由 20 个药用植物园组成，与 2 座药用植物种质资源库共同组成国家药用植物种质资源保存平台），并开展了药用植物种质资源保存现状的调查工作。

《药用植物种质资源保护研究》分为 3 个部分，第一部分介绍了我国药用植物种质资源的概况，包括药用植物种质资源的重要性、药用植物种质资源的多样性、药用植物种质资源的保护、药用植物种质资源保护存在的问题；第二部分介绍了国家药用植物种质资源保存平台，主要包括药用植物种质资源库简介、国家药用植物园体系简介、国家药用植物种质资源保存平台种质资源保存概况；第三部分为国家药用植物种质资源保存平台迁地保护药用植物名录，可供相关行业及相关部门参考。

由于本书篇幅较大，内容繁多，难免存在不足之处，敬请广大读者批评指正，并提出宝贵意见。

编　者

2023 年 10 月

目　　录

第一章

药用植物种质资源概况

一、 药用植物种质资源的重要性

我国传统中医药具有悠久的发展历史，人们在运用药用植物防病治病方面积累了大量经验，1 万余种药用植物被直接作为中药、民族药及民间药使用。药用植物是重要的药物来源，是支撑我国中医药事业可持续发展的物质基础，为保障我国人民乃至世界人民的健康做出了重大贡献。药用植物资源是新药开发的重要来源，据世界自然保护联盟（IUCN）报道，世界上约有 7.2 万种高等植物被作为药物使用，约占世界高等植物区系的 17%。据世界卫生组织（WHO）报道，发展中国家 80.0% 的人仍然依赖来自药用植物的传统药物防治疾病；发达国家如美国，超过 50.0% 的常见处方药来自药用植物中的天然化合物。如今，药用植物种质资源和人类的健康都受到了全球生态系统变化的影响，因此战略性保护药用植物种质资源十分必要。

我国是世界上药用植物种质资源最为丰富的国家之一，我国的药材栽培产业也正在迅速发展，目前已建成世界上规模最大的药材种植体系，70.0% 的药材来源于栽培资源。药材种植面积从 2007 年的 96.069 万 hm^2 增加到近年来的 600 万 hm^2，药材成为所有农产品中种植面积增长最快的品类之一，这为我国药材种业的发展奠定了良好的基础。但我国的药材种业尚处于起步阶段，药材新品种的培育研究及专业的药材种业公司近年来才兴起。在育成品种方面，已从北柴胡、丹参、薏苡、青蒿、荆芥、桔梗等药材中选育出近 300 个优良新品种，选育出的常用大宗药材新品种从 20 世纪 90 年代的 10 种左右增加到目前的 81 种。但选育品种所占的药材数量仍不足我国栽培药材品种数量的 1/3，且仅占我国常用药材数量的 1.0%。因此，亟待充分利用我国丰富的药用植物种质资源，提升药材种业竞争力，实现药材种植产业的快速发展。

二、 药用植物种质资源的多样性

据第三次全国中药资源普查统计①，我国药用植物共计 385 科 2 312 属 11 118 种（含 1 208 个种以下等级）。其中，低等植物藻类、菌类和地衣类共计 92 科 178 属 467 种；高等植物苔藓类、蕨类和种子植物共计 293 科 2 134 属 10 651 种。高等植物中的种子植物是药用植物种质资源的主体，占 91.3% 以上。种子植物包括裸子植物和被子植物，其中被子植物约占种子植物药用种类数的 98.8%，达 213 科 1 957 属 10 027 种（含 1 063 个种以下等级），包括菊科（778 种）、豆科（490 种）、唇形科（436 种）、毛茛科（420 种）、蔷薇科（360 种）、伞形科（234 种）、蓼科

---

① 注：因本书编写时第四次全国中药资源普查数据尚未公布，故书中所引数据为第三次全国中药资源普查数据。

（123 种）、五加科（112 种）等①。

我国拥有众多种类的药用植物，每个物种的遗传多样性也同样丰富。我国野生药用植物分布的地域较广，生态多样性造就了物种的遗传多样性。如我国用量较大的药材甘草，分布于我国北方自东向西的大部分区域，生境包括森林、草原、荒漠等，不同生境的甘草在外部性状、化学成分含量和基因表达水平上都存在较大差异，特别是主要药效物质甘草酸、甘草苷，其含量在不同种质之间的差异可达 3 倍以上；麻黄分布于我国自太行山向西至新疆维吾尔自治区，其药效物质麻黄碱的含量自东向西逐渐升高，而伪麻黄碱的含量则逐渐降低，这一特性可为培育不同临床需求的麻黄原料提供不同的种质选择。

我国药材栽培的历史悠久，部分常用大宗药材经过长期的驯化和栽培，形成了丰富的农家品种资源。这些农家品种不但对药材的生产发挥了重要作用，也为孕育新品种提供了丰富的种质资源。如人参在东北产区有大马牙、二马牙、长脖、圆膀圆芦、小圆芦、竹节芦、红果紫茎、黄果绿茎等农家品种；白芷在不同产地分别形成了杭白芷、祁白芷、禹白芷、川白芷等道地药材品种；亳菊、祁菊、滁菊、怀菊、杭白菊、贡菊为专门的药用菊花品种。

三、 药用植物种质资源的保护

（一） 开展全国中药资源的普查工作

我国已经开展了四次全国性中药资源普查工作。第一次全国中药资源普查始于 1959 年，中国医学科学院药物研究所的肖培根教授带领人员系统调查并记录了 5 000 种药用植物种质资源，采集标本达 5 万份，编写了总计 200 余万字的《中药志》。1960—1972 年，我国开展了各市区野生中药资源普查和中草药群众运动，此次普查对我国各区域的药用植物种质资源进行了记录，《全国中草药汇编》和《中药大辞典》两部著作系统地展示了该时期的普查成果。1982 年，国务院第 45 次常务会议提出对全国性中药资源进行系统调查研究，制订发展规划，由中国药材公司和全国中药资源普查办公室具体实施。1983—1987 年，共对我国 80.0% 以上的国土面积进行了全面系统调查，调查内容包括中药资源的种类和分布、数量和质量、保护和管理、中药区划、区域开发等，并于 1994 年出版了《中国中药资源志要》，书中记录我国中药资源种类 12 694 种，其中药用植物11 020 种。此后，我国还陆续开展了一些调查工作，如国家科技基础性工作"中草药与民族药标本的收集、整理和保存"项目、国家科技基础性工作专项重点项目"珍稀濒危和常用药用植物资

---

① 数据来源于《中国中药资源》。

源调查"、环境保护部（现生态环境部）联合执法检查和调查专项"全国重点药用生物资源调查"等。第四次全国中药资源普查工作目前已接近尾声。

（二）初步建成药用植物种质资源保护体系框架

虽然我国药用植物种质资源的利用历史悠久，收集工作也较早，但药用植物种质资源的保护工作 1949 年才开始进行。该工作主要经历了 3 个阶段，分别是起步阶段、快速发展阶段和保护体系建设阶段。

药用植物种质资源保护的起步阶段主要是各地科研机构对重要物种的引种驯化和良种选育，这在一定程度上起到了种质资源保护的作用。如 20 世纪 60 年代初，中国医学科学院药物研究所开展了地黄地方品种的收集工作，并利用地方品种"新状元"和"武陟一号"杂交培育出了"北京一号"，用"小黑英"和"大青英"杂交培育了"北京二号"。在此阶段，一些植物园和药用植物种植试验场对国内外 2 000 余种药用植物进行了引种保存，主要包括我国常用的、有效治疗常见病和多发病的特产药用植物，以及野生药用植物无法满足需要和采挖困难的种类（肉苁蓉、冬虫夏草、金莲花、美登木等），进口的重要药用植物（麒麟竭、肉豆蔻、胖大海等），以及临床确有疗效的新药资源（金荞麦、水飞蓟、绞股蓝、三尖杉等）。

改革开放后，我国药用植物种质资源的保护进入快速发展阶段，各地纷纷建立了专门收集和保存药用植物种质资源的药用植物园，很多植物园也专门建立了药用植物专类园（区），各区域大部分药用植物种质资源均得到了保存。自 2006 年起，中国医学科学院药用植物研究所逐步建成了我国第一个药用植物种质资源库——国家药用植物种质资源库，并首次大规模开展药用植物种质资源的收集工作，针对我国药用植物种质资源离体保护的薄弱现状，创建了药用植物种质资源离体保护技术体系。同时，在北京药用植物园、兴隆南药园和西双版纳南药园持续建设的基础上，药用植物迁地栽培保护工作突破了上千种药用植物迁地保护的技术难题，创建了中国药用植物迁地保护体系。在此期间，还开展了国家科技基础条件平台建设项目"药用植物种质资源标准化整理、整合及共享试点"。

2009 年，中国医学科学院药用植物研究所海南分所建设了国家南药基因资源库，重点保存药用植物顽拗性种子。2013 年，中国医学科学院药用植物研究所发起打造了以中国医学科学院药用植物研究所及其云南分所、海南分所、广西分所、新疆分所、重庆分所、贵州分所、湖北分所的 8个药用植物园为主体园及以全国其他不同气候区域有代表性的 12 个药用植物园为共建园的国家药用植物园体系，建设了药用植物种质资源数据库，共享了活体植株、种子、DNA、药用植物内生真菌、腊叶标本和生药标本共 6 种类型保存材料的信息，实现了药用植物种质资源保护信息的首次整合。至此，我国药用植物种质资源保护体系的框架初步建成。

（三）迁地保护是我国药用植物种质资源保护的主要形式

迁地保护是我国药用植物种质资源保护的主要形式，由实施离体保存的药用植物种质库和迁地栽培保存的药用植物园承担。目前，我国共有 3 座药用植物种质资源库，分别是由中国医学科学院药用植物研究所建设的国家药用植物种质资源库、国家南药基因资源库及成都中医药大学建设的国家中药种质资源库。其中国家药用植物种质资源库建设最早，保存的资源最多，共 3 000 余种（含种以下分类单位）3 万余份。

据统计，我国药用植物园共有 80 个，详见表 1-1 和表 1-2。其中，国家和政府单位建设的专业药用植物园共有 14 个，如中国医学科学院药用植物研究所的北京药用植物园、广西药用植物园、西双版纳南药园、兴隆南药园、重庆药用植物园、贵阳药用植物园等；高校附属药用植物园 23 个；企业已建成或正在建设的药用植物园 6 个；综合性植物园中药用植物专类园（区）37 个。我国的药用植物园几乎遍布所有省、自治区或直辖市，已引种保存本土药用植物 8 000 余种，约占我国药用植物种质资源的 70.0%，其中易受威胁物种有 900 余种。药用植物园对我国药用植物种质资源的保存、保护和利用发挥了重要作用。

表1-1　我国药用植物种质资源迁地保护情况

保护机构类型	数量	保存方式	保存材料类型	保存特点
药用植物种质资源库	3	低温低湿干藏、超低温保藏	种子、DNA、组织等	资源包括药用植物野生品种、农家品种、育成品种
国家和政府单位建设的专业药用植物园	14	迁地栽培	活体植株	迁地保存的主体单位，资源以野生物种为主，对重大需求物种进行种质多样性保护
高校附属药用植物园	23	迁地栽培	活体植株	以教学为主要目的，兼顾地区特色药用植物种质资源的保护
企业自建药用植物园	6	迁地栽培	活体植株	以旅游科普为主要目的，兼顾地区特色药用植物种质资源的保护
综合性植物园中药用植物专类园（区）	37	迁地栽培	活体植株	以旅游科普为主要目的，兼顾地区特色药用植物种质资源的保护

表1-2　我国药用植物种质资源迁地保护机构名录

保护机构类型	名称
药用植物种质资源库	国家药用植物种质资源库、国家南药基因资源库、国家中药种质资源库
国家和政府单位建设的专业药用植物园	北京药用植物园、广西药用植物园、西双版纳南药园、兴隆南药园、华中药用植物园、重庆药用植物园、贵阳药用植物园、华东药用植物园、福建省农科院药用植物园、辽宁省农业科学院经济作物研究所药用植物园、大盘山药用植物园、亳州市药用植物园、中国药山药用植物园、昆仑药用植物园

保护机构类型	名称
高校附属药用植物园	中国药科大学药用植物园、中国人民解放军海军军医大学药用植物园、河南农业大学药用植物园、广西中医药大学药用植物园、河南中医药大学河南中药植物园、陕西中医药大学药用植物园、江西中医药大学药用植物园、福建中医药大学药用植物园、安徽中医药大学药用植物园、山西中医药大学药用植物园、南阳理工学院张仲景医学院药用植物园、成都中医药大学药用植物园、山东中医药大学药用植物园、北京中医药大学药用植物园、上海中医药大学药用植物园、黑龙江中医药大学药用植物园、南京中医药大学药用植物园、浙江中医药大学药用植物园、广州中医药大学药用植物园、天津中医药大学药用植物园、内蒙古医科大学药用植物园、新疆药用植物园、河北安国药材种植场药用植物园
企业自建药用植物园	永和信珍稀药用植物园、浙江森宇药用植物园、黄水药用植物园、青岛流清河森宝生物科技开发有限公司崂山药用植物园、长江药用植物园、宛西药用植物园
综合性植物园中药用植物专类园（区）	贵州省植物园（药用植物区），杭州植物园（百草园），黑龙江省森林植物园（药用植物园），湖南省森林植物园（药用植物园），济南植物园（药用芳香园），兰州植物园（草药园），银川植物园（百药园），兴隆热带植物园（热带药用植物），海南热带经济植物园（热带药用、香料植物区），厦门植物园（药用植物园），宝鸡植物园（药草园），秦岭国家植物园（药用植物区），上海植物园（草药园），仙湖植物园（药园），沈阳植物园（药草园），石家庄市植物园（药用植物园），太原植物园（药草园），乌鲁木齐市植物园（药用植物区），嘉道理农场暨植物园（中草药园），香港动植物公园（百草园），小兴安岭植物园（药用植物园），中国科学院武汉植物园（药用植物区），上海辰山植物园（药用植物园），桂林植物园（民族药园），昆明植物园（百草园），中国科学院沈阳应用生态所树木园（药用植物园），中国科学院西双版纳热带植物园（南药园），中国科学院华南植物园（药用植物区），江西省·中国科学院庐山植物园（药圃），南京中山植物园（药用植物中心），陕西省西安植物园（药用植物区），昆明世界园艺博览园（药草园），榆林市卧云山民办植物园（中草药种植示范区），香格里拉高山植物园（高山药用植物），泰山植物园（泰山药用植物园），台东原生应用植物园（药草园区），内双溪森林自然公园（森林药用植物园）

（四）建成药用植物种质资源迁地保护专业平台

中国医学科学院药用植物研究所在我国热带、亚热带和温带地区建立了目前世界上规模最大的药用植物种质资源迁地保护专业平台。该平台由中国医学科学院药用植物研究所及其 7 个分所的共 8 个药用植物园、国家药用植物种质资源库和国家南药基因资源库，以及联盟的 12 个药用植物园组成。平台数据显示，我国迁地保护和离体保护的药用物种达 7 000 余种、种质 4 万余份；实现了砂仁、肉豆蔻、白豆蔻的大规模引种，选育出了北柴胡、桔梗等新品种，上述引种、选育的品种累计推广应用近 1 313 万 hm²，产生了极大的社会效益和经济效益。

四、 药用植物种质资源保护中存在的问题

我国药用植物种质资源的保护与利用虽然取得了很大的成就，但依然面临着严峻的挑战，例

如野生药用植物种质资源持续减少，栽培药用植物种质混杂、退化、病虫害日趋严重，药用植物种质资源和传统知识流失严重等，这些问题亟待解决。

1. 药用植物种质资源保护的多样性欠缺，优良资源和种质资源挖掘利用不足

我国中医药临床中使用的 70.0% 药用植物种类、近 30.0% 的药材产量仍然来源于野生资源。不断增长的健康需求及药材出口需求等使药用植物种质资源的消耗越来越多，药用植物野生资源可持续供应能力不断下降，700 余种野生药用植物处于濒危稀缺状态。道地药材是药用植物优质种质资源的载体，但我国迄今仍未系统地开展对传统道地药材种质资源的收集、保存和评价利用工作，大量珍贵的道地药材种质资源由于产地变迁、引种、混用和退化已无处寻找，道地药材濒危问题严重。

目前，我国受保护的药用植物种质资源的遗传多样性与利用效率均远不及国内主要农作物、园艺作物等，也低于发达国家，如美国国家种质库保存药用植物仅 1 665 种，但其种质数量达 20 万份，而我国国家药用植物种质资源库保存药用植物种质资源总计 3.2 万余份，平均每个物种的种质数量不足 10 份，难以支撑种质的挖掘利用研究。我国目前仅从 81 种中药材中选育出了 235 个优良新品种，选育药材种类不足栽培药材种类的 1/3，而其中大规模推广使用的优良新品种中药材不超过 15 种。

2. 药用植物种质资源保护平台体系有待完善

虽然我国已形成主要药用植物种质资源分布区的全国性覆盖网络，但东北、西北等地区仍覆盖不足。同时，我国药用植物种质资源种类多、分布广，分散于森林、草原等各类生境中，原生境保护难度大。目前，第四次全国中药资源普查已建设中药资源动态监测体系。

3. 对国外药用植物种质资源的储备和利用不足

我国约有 100 种常用药材至今仍主要依赖进口，部分国外药用植物种质资源的引种虽已成功，早期如槟榔、穿心莲，近期如西洋参、西红花等，但我国尚未组织进口药材的种质资源调查和收集工作，对绝大多数进口药材的资源状况甚至基原物种和主要产地也不甚了解。其他国家和地区传统医药使用的药用植物及现代医学所用的药用植物约 6 万种，我们对此了解更少。与其他国家相比，我国保护的药用植物种质资源主要为本土资源，全球性资源微乎其微。美国国家种质库保存的药用植物仅 1/3 来自本土，其余均来自世界其他地区，其中大部分来自我国。

中国医学科学院药用植物研究所海南分所和云南分所的建设目的为研究海外药用植物种质资源，但近 30 年来主要研究的是国内资源，从 2016 年才逐步开始海外药用植物种质资源的调查与引种工作，可见海外药用植物种质资源研究工作任重而道远。

第二章

国家药用植物种质资源保存平台

一、 药用植物种质资源库简介

（一）国家药用植物种质资源库

国家药用植物种质资源库由中国医学科学院药用植物研究所承建，是目前我国最大的国家级药用植物专业种质库。该资源库面向全国开展野生、栽培、珍稀濒危药用植物种质资源的收集、保存工作，以种子保存为主，兼顾其他形式的遗传材料保存。该资源库位于北京市海淀区马连洼北路 151 号，总占地面积 1 500 m^2，建筑面积 500 m^2，库体总面积 150 m^2，可保存 10 万份药用植物种质资源，包括贮存年限 45～50 年的长期库和贮存年限 25～30 年的中期库及"双十五"干燥间。与种质资源库配套的药用植物种子检测实验室已获得检验检测机构（CMA）资质，作为我国药用植物种子第三方检测平台，可为全国中药材种子质量检测提供技术服务。同时，该资源库立足于保存资源，还开展了种质创新科研，选育了一批优良的中药材新品种，包括第一个系统选育的柴胡、荆芥新品种，第一个中药材杂交优势利用新品种。

（二）国家南药基因资源库

国家南药基因资源库是我国唯一的收集保存药用植物顽拗性种质资源的国家级综合性种质资源库，位于海南省海口市，依托中国医学科学院药用植物研究所海南分所建设和运行。该资源库是在结合我国生态环境和中药资源特点的基础上，对我国南部热带和亚热带地区中药资源普查试点工作获得的种质资源进行收集和保存。该资源库拥有液氮库、南药种质及种子检测实验室和种质交换使用服务中心等科研与服务体系，以及保存 20 万份药用植物顽拗性种子、植物离体材料、DNA 材料的先进设施，建成了集种子收集、鉴定、检测和保存为一体的技术体系和科研平台，具备强大的药用植物顽拗性种质资源收集与保藏能力，其中南药种质及种子检测实验室是我国首个获得 CMA 资质的药用植物种子检测机构。

该资源库建立了种质资源数据库和种质共享机制，以合作、有偿和无偿等方式为全国各相关单位及个人提供药用植物顽拗性种质资源保藏及相关数据，同时对药用植物顽拗性种子进行了超低温保存技术研究，形成了药用植物顽拗性种子超低温保存技术体系，建立了药用植物顽拗性种子保存规范。该资源库立足海南、面向华南、辐射全国、网络全世界，致力于建成国际上有重要影响、亚洲一流的药用植物顽拗性种质资源保护体系，使我国药用植物资源的安全得到可靠的保障，为我国中药产业的发展提供种质资源、相关信息和人才，促进我国中药产业健康发展，实现生物多样性的有效保护和我国中药资源的可持续利用。

二、 国家药用植物园体系简介

（一）国家药用植物园体系建立的背景及意义

药用植物园在我国药用植物种质资源保存、保护和利用上发挥着重要作用，同时作为医药类院校学生和相关企事业单位专业人员的实习场所，在弘扬中医药文化和建设城市生态环境上做出了突出贡献。但由于体制和运行机制等多方面的原因，全国药用植物种质资源保护机构的发展和资源信息交流存在一定的问题，主要表现为以下 5 个方面：①缺乏整体设计与协调，目标与特色不够鲜明；②资源信息缺乏共享、交流与宣传的平台；③建设管理缺乏规范与标准，保存物种能力亟待加强；④保存力度和研究推广力度尚待加强；⑤传统医药文化及科普宣传力度有待提高。为此，2008 年，中国医学科学院药用植物研究所创始人肖培根院士率先提出了"国家药用植物园体系"的建设构想，并于 2013 年 9 月正式启动建设，其意义包括以下 3 个方面。

1. 有利于信息技术沟通和资源整合

建立国家药用植物园体系，整合有关药用植物种质资源迁地保护机构的信息，并定时更新，有利于进一步摸清我国药用植物迁地保护的家底，动态监测迁地保护情况，为及时调整保护措施提供依据。我国目前的科研实力在短期内无法有效解决迁地保护植物物种鉴定、有效种群大小、引种困难植物的繁育技术等系列问题，国家药用植物园体系的构建以中国医学科学院药用植物研究所为技术依托单位，实现了多个保护机构间的合作互助，不仅有利于实现科研技术资源的整合，还可解决各保护机构间交流不足的问题，建立资源信息共享平台，同一稀有、濒危物种可实现在多个植物园的重复栽培，以此进行更安全的保存。同时，减少部分非稀有、非濒危物种的重复保护可减少对野生资源的破坏。

2. 有利于栽培种植技术和园区经营管理水平的提高

长期以来，我国各药用植物园在迁地保护、物种保存、园区管理、科普宣传等方面各行其是，不同植物园之间的交流沟通也因此受到了影响。建立国家药用植物园体系，实施《国家药用植物园体系建设管理规范》，可有效提升各园区的管理水平，扩大各园区间的联系和交流，提升中医药的国际影响力。

3. 有利于传播中医药文化和开展国际交流合作

目前，国际上已建立了多个指导和协调植物资源的迁地保护组织，如规模较大的世界自然保护联盟（IUCN）、国际植物遗传资源委员会（IBPGR）、国际植物园协会（IABG）等，但尚无针对药用植物种质资源迁地保护的专业组织。因此，我国国家药用植物园体系目前处于世界领先地位，可为世界药用植物种质资源的保护起到示范作用，促进天然药物产业的可持续发展。作为新药开发的重要物质来源，珍贵的药用植物种质资源成为世界各国争相获取的对象，对药用植物种质资源进行科学系统的研究，有利于开展国际合作。

（二）国家药用植物园体系建设规划

国家药用植物园体系建设的总体思路为：以中国医学科学院药用植物研究所及其海南分所、云南分所、广西分所、新疆分所、重庆分所、贵州分所、湖北分所的药用植物园为主体园，以全国其他不同气候区域有代表性的 12 个从事药用植物种质资源迁地保护、保存和研究的药用植物园为共建园，中国医学科学院及各省（自治区、直辖市）综合性植物园中的药用植物专类园（圃）为联系园，各园之间相辅相成、协同发展，强化互通共享、相互促进，协同推进国家药用植物园体系建设。国家药用植物园体系是中国植物园联盟的专类分支系统，其管理在遵照中国植物园联盟规范的基础上形成了具有药用植物特色的操作规范。

1. 主体园

主体园由我国专门从事药用植物迁地保护的机构组成。根据保护药用植物的种类及保护规模，以中国医学科学院药用植物研究所与其 7 个分所的药用植物园为核心，分别保存及保护温带、热带、亚热带地区和干旱荒漠区域的药用植物；再针对各区域布局上不足的区域，选取这些区域具有一定基础和较为良好的保存环境与条件的药用植物园，通过共同协商，达成共建目标，待成熟后逐渐纳入主体园。

2. 共建园

共建园由在布局上或保存药用植物种质上有特色和优势的药用植物园组成。共建园扩大了国家药用植物园体系的覆盖范围，主要分为 3 层。第一层主要为政府、农林院所、中医药院校主管的药用植物园；第二层为企业主导建设的药用植物园；第三层为专门收集某类药用植物的园区，其中又分为 A、B 两类，A 类为以某类药材为主的专类园，如枸杞园、银杏园、甘草园等，B 类为以某种民族药为核心的专类园，如傣药园、蒙药园、藏药园等。

3. 联系园

联系园为中国医学科学院及各省（自治区、直辖市）综合性植物园中的药用植物专类园（圃）。

（三）国家药用植物园体系组成机构

1. 北京药用植物园

北京药用植物园隶属于中国医学科学院药用植物研究所，是世界卫生组织传统医学合作中心。该植物园位于北京市海淀区，现占地面积约 20 hm²，始建于 1955 年，当时是药用植物试验场和栽培地。1988 年，以"园林的外貌、科学的内涵、民族的特色"为建园基本方针，以"物种保存、科学研究、文化传播、观光养生"为功能定位，园区被改建成药用植物园。园内建有可保存 10 万份种子的种子库、可容纳 15 万份真菌的真菌库、国家中药化合物库等迁地保存设施，代表性专类园有系统分类园、国外引种园、功效分类园、民族药园、中药知识园、种质保存园、功能植物园 7 个，代表药材类群为根茎类、全草类、花果类，特色物种有东北红豆杉、湖北贝母、白及、半夏、黄檗、美国山核桃、草麻黄、银杏、杜仲等。

2. 西双版纳南药园

西双版纳南药园隶属于中国医学科学院药用植物研究所云南分所，位于云南省西双版纳傣族自治州景洪市中心，始建于 1959 年，现占地面积约 20 hm²，是我国唯一一座位于热带雨林地区，以物种保存、科学研究、文化传播、观光养生为主要功能的药用植物园。园内建有占地面积 0.33 hm²的种质资源圃、可容纳 2 万瓶离体材料的离体材料库和标本馆等迁地保护设施。园区根据植物的生态习性、药用功效、中药文化等特点划分了 10 余个特色功能区，代表性专类园（区）有南药秘境、傣药园、百草园、兰园、胖大海种质园、传统南药区、药食同源植物区 7 个，代表类群为姜科植物及兰科石斛属植物，特色物种有见血封喉、催吐萝芙木、龙血树、儿茶、肉桂、金鸡纳树、砂仁、肾茶、竹叶兰、通光散、倒心盾翅藤、石斛、台湾金线兰、滇重楼等。

3. 兴隆南药园

兴隆南药园隶属于中国医学科学院药用植物研究所海南分所，始建于 1960 年，是目前我国收集保存南药资源最多的研究机构之一。园区位于海南省万宁市，现占地面积 14.7 hm²，以收集保存南药种质资源为使命，集南药资源保护、引种栽培和开发利用功能于一体，在不断引种过程中，建立起了珍稀濒危南药引种区、海南特色药园区、原生态药园区、进口南药园区等园区。特色物种有槟榔、益智、砂仁、巴戟天、肉豆蔻、紫丁香、土沉香、降香、肉桂等。

4. 广西药用植物园

广西药用植物园隶属于中国医学科学院药用植物研究所广西分所，位于广西壮族自治区南宁市，创建于 1959 年，现占地面积 202 hm²，被誉为"立体的《本草纲目》"和"亚洲第一药用植物园"，是国家 AAAA 级旅游景区、全国科普教育基地和全国中医药文化宣传教育基地。该园以

"一中心"（药用植物保护与研究中心）、"二基地"（科普文化基地、广西中草药产业研发基地）、"三平台"（国际合作与交流平台、科技服务平台、成果转化平台）为建园特色，具有物种保存、科学研究、科普教育和成果转化四大功能，代表性专类园（区）有草本区、姜园、木兰园、瑶药园、壮药园，代表类群为姜科植物、苦苣苔科植物、木兰科植物，特色物种有两面针、山豆根、密花豆、八角莲、七叶一枝花、绞股蓝、广州相思子、钩藤、罗汉果、三七等。

5. 华中药用植物园

华中药用植物园的前身为长岭岗珍稀药用植物园，隶属于湖北省农业科学院中药材研究所，地处湖北省恩施土家族苗族自治州恩施市新塘乡下坝村长岭岗，分为南、北二园。南园以旅游观光为主，北园以资源保存、科技示范为主。该园是目前华中地区规模最大、品种最全的药用植物园，也是全国唯一一座高山药用植物园，是"华中药库"的展示窗口和重要宣传名片。该园按物种的生态习性、适生环境及药用功能，建有草本药用植物区、木本药用植物区、藤本药用植物区、萌生药用植物区、珍稀濒危植物区、地道药材区、膳食药用植物区、活化石植物区8个保育研究区，并建有紫油厚朴、淫羊藿、鱼腥草等13个种质资源圃。主要特色物种有厚朴、竹节参、党参、玄参、当归、黄连、湖北贝母、独活、延龄草、七叶一枝花、南方山荷叶。

6. 贵阳药用植物园

贵阳药用植物园位于贵州省贵阳市，始建于1984年，隶属于贵阳市科学技术局，已建成红豆杉、蜘蛛抱蛋、小檗科植物等多个专类引种园区。该园是贵州省中药材优质种子种苗的培育和生产示范基地和贵州省药用资源及医药文化的科学普及、教育培训基地，也是集科普游览、休闲健身、会议商务等为一体的旅游度假胜地。

7. 重庆药用植物园

重庆药用植物园隶属于重庆市药物种植研究所，位于重庆市金佛山北麓，始建于1947年，是我国最早建立的药用植物园之一。该园主要致力于药用植物的引种栽培和野生变家种研究及西南地区道地药材、重庆市重要经济植物、金佛山珍稀濒危植物的种质资源收集保存和开发利用等。

8. 华东药用植物园

华东药用植物园隶属于浙江省丽水市农林科学研究院，定位是种质收集与应用。代表性专类园有树木园、果园、竹园、荫棚，代表类群有香榧、榉树、小叶蚁母树、猴欢喜、黄甜竹、多花黄精、马兰、白及、金线草、七叶一枝花、铁皮石斛、香菇、黑木耳、灵芝、褐环粘盖等，特色物种有南方红豆杉、香榧、红豆树、多花黄精、马兰、白及、七叶一枝花。

9. 中国药科大学药用植物园

中国药科大学药用植物园是以药用植物为主体的专类园，位于江苏省南京市江宁区，创建于1958 年，2009 年迁至现址。园内植物标本区是根据植物的生态习性和植物分类系统划分的，是药用植物教学、科研基地。该园代表性专类园有红豆杉园、菊花园、鸢尾园、金银花园、丹参园、杜鹃园、海棠园、牡丹园、玫瑰园，代表类群为盐生类药用植物、荒漠类药用植物等，特色物种有怪柳、甘草、肉苁蓉、白麻、胀果甘草、光果甘草、珙桐、红豆杉、球花石斛、白及、凹叶厚朴、银缕梅、秤锤树、黄连、玫瑰。

10. 新疆药用植物园

新疆药用植物园始建于 2014 年，隶属于中国医学科学院药用植物研究所新疆分所（新疆维吾尔自治区中药民族药研究所），位于新疆维吾尔自治区巴音郭楞蒙古自治州焉耆回族自治县，是基于国家"十二五"科学和技术发展规划——国家保护野生药用植物资源的重点任务目标和国家战略性野生药材种植基地建设发展战略的总体要求而建设的公益性园区。园区计划用 20 ~ 30 年的时间，通过引种收集保存药用植物种质资源、建设特色药用植物专类园（区）、进行景观优化和基础设施建设，全面提升药用植物园的药用植物种质资源安全保育能力、新疆特色药用植物资源开发利用能力和生态旅游服务能力。目标是成为国内一流的、特色鲜明的集西北干旱区野生药用植物种质资源迁地保育、特色药用植物科技创新、科普教学实习和生态旅游休闲于一体的综合园区，为我国干旱区野生药用植物多样性保育和可持续开发利用研究提供理论基础、关键技术和种质资源储备。代表性专类园（区）有甘草种植区、观赏药用植物专类园、芳香药用植物专类园、盐生药用植物专类园、引种繁育区、新疆特有药用植物专类园、白麻景观展示小区 7 个，特色物种有怪柳、甘草、肉苁蓉、白麻、胀果甘草、光果甘草、玫瑰、黑果枸杞、神香草、薄荷、牛至、盐生车前、盐爪爪。

11. 长江药用植物园

长江药用植物园位于江苏省如皋市长青沙岛，占地面积约 333.3 hm²。该园由江苏长生投资集团有限公司投资，浙江理工大学和浙江城建规划设计院有限公司联合规划设计，广西药用植物园提供技术支撑，顺应"低能耗、高能效"的可持续发展理念，利用长三角区位优势及经济优势，打造国际化中医药产业发展平台，最终建设成世界级药用植物名园、国家低碳环保科学发展示范基地。园内设有金银花药草主题园、芳香药用植物园等特色观赏区。

12. 中国人民解放军海军军医大学药用植物园

中国人民解放军海军军医大学药用植物园位于上海市杨浦区，1956 年由我国现代生药学的先驱者之一李承祜先生创建，2004 年进行了改造重建。该园的温室栽培品种包括"浙八味"等华东地区常见的道地药材及红豆杉、珙桐等国家重点保护植物，同时，园区还设有腊叶标本室、浸液标本室、生药标本室。该园是中国人民解放军海军军医大学药用植物学与生药学的重要教学科研基地，且已成为国际植物园保护联盟（BGCI）的成员单位，致力于保护全球生物多样性。

13. 河南农业大学药用植物园

河南农业大学药用植物园，占地面积 13.3 hm²，始建于 2003 年，建园初衷是形成以实践教学为主线，本科生、毕业实习生、研究生逐步递进的培养模式，在收集、引种驯化中部地区药用植物资源的基础上，让本科生从入学就参与药用植物的栽培、育种及田间管理，培养其专业兴趣，充分发挥农业院校中药学专业的特色和优势，为学生专业技能的培养打下坚实基础。该园区是河南农业大学相关专业教育实习基地，也是该地区中医药从业人员参观、培训和交流的场所。其中，代表性专类园包括中原地区特色药用植物，特色物种为河南道地药材种质资源及牛膝、地黄、菊花、山药。

14. 广州中医药大学药用植物园

广州中医药大学药用植物园始建于 1952 年，1976 年进行了改造，建成了具有岭南特色景观的药用植物园。该园是广州中医药大学中医学、中药学专业教学实习基地，也是周边相关学校相关专业学生的教育实习基地。园区现由三元里校区药用植物园和大学城校区药用植物园组成，园内依据药用植物功效划分成了 24 个区，包括巴戟天、砂仁、广藿香、密花豆、凉粉草、两面针等药用植物种质资源圃，园内栽培植物以岭南地区药用植物为主，代表性专类园有药王山、时珍山。

15. 辽宁省农业科学院经济作物研究所药用植物园

辽宁省农业科学院经济作物研究所药用植物园位于辽宁省辽阳市白塔区，目前已建成标准化五味子生产园、道地中草药鉴赏园。该园的功能定位为物种保存、科学研究、文化传播、观光养生。其中，代表性专类园有东北道地药用植物园、长白山珍稀药用植物园、东北沙地药用植物园、药用玫瑰园、药用菊花园、水生/湿地药用植物园、南方名贵药用植物园 7 个，代表类群为东北道地药用植物和长白山珍稀、濒危药用植物等，特色物种有人参、东北红豆杉、五味子、辽藁本、月季、菊花。

16. 黑龙江中医药大学药用植物园

黑龙江中医药大学药用植物园始建于 1970 年，园内建有一座现代化温室，主要用于保存南方药用植物。该校拟在哈南校区新建设 50 hm² 药用植物园，规划设置 13 个专类园。目前该园主要进行药用植物种质资源收集、多样化植物栽培、迁地植物保护及植物的引种驯化、选种和育种等工作。该园既是园林植物实践方面的科学研究机构，也是科普教育的场所，具有科学研究、物种保育、科普教育、教学实习、旅游观光、新植物材料的产业化等功能。

17. 成都中医药大学药用植物园

成都中医药大学药用植物园位于四川省成都市温江区，占地面积约 6.7 hm²。该园始于较早的药圃，2010 年 5 月于成都中医药大学温江校区新建。园内分成 2 个区，东区为植物系统分类区，西区为特色药用植物区。该园总体目标是依托四川、立足西南、面向全国，建设成为有国际影响力的道地药用植物精品园和国家级中药保护研究基地。代表性专类园有 1 处，代表类群有 2 类，特色物种有 2 种。

18. 内蒙古医科大学药用植物园

内蒙古医科大学药用植物园占地面积 10 hm²，始建于 2011 年，位于内蒙古自治区呼和浩特市金山经济技术开发区。该园是集教学、科研、展示及种质保存为一体的多功能植物园，园区中心为蒙药特色药材区，周边为道地药材区、名方药材区等 8 个大功能区，代表性专类园（区）有道地药材区、蒙药特色药材区、名方药材区、种质资源区、教学展览区，代表类群为种子植物，特色物种有甘草、蒙古黄芪、黄芩、防风、柴胡、桔梗、北沙参等。

19. 福建省农业科学院药用植物园

福建省农业科学院药用植物园位于福建省福州市，占地面积约 7.3 hm²。该园是在福建省科技创新平台建设项目"福建中药种质资源保护利用与共享平台"的支持下，于 2008 年开始建设，主要开展闽台特色药用植物资源收集、保存与利用，特色中药资源与民族药资源产品开发，中药材种子/种苗质量标准与检验规程研究，中药材规范化栽培技术研发等工作。园区充分发挥海峡西岸的地理优势，收集、保存海峡两岸的特色、珍稀药用植物资源，开展两岸学术交流，挖掘两岸民族/民间药材特色，为两岸学者的学术交流、海上丝绸之路经济带建设及中药材贸易等奠定基础。该园代表性专类园有太子参种质资源圃、泽泻种子库、台湾金线兰种质资源库、山药种质资源圃、麦冬种质资源圃、石斛种质资源库 6 个，代表类群有台湾金线兰、余甘子、凉粉草（仙草）、石仙桃、泽泻、麦冬、太子参、毛果杜鹃（满山白）、多花黄精、巴戟天、黄花倒水莲、铁皮石斛等，特色物种有台湾金线兰、白及、绶草、血叶兰、石仙桃、浙江金线兰、山麦冬、余甘子、泽泻、马蓝（南板蓝根）、凉粉草（仙草）、毛果杜鹃（满山白）、枇杷、龙眼、佛手、多花黄精、孩儿参、酸橙、七叶一枝花、薏苡、穿心莲、巴戟天、砂仁、黄花倒水莲、三叶崖爬藤、铁皮石斛。

20. 河北省安国药材种植场药用植物园

河北省安国药材种植场药用植物园的前身为河北省安国药材种植试验场，于 1949 年建场，初期旨在保护和开发利用中药资源，丰富安国的中药材种植品种，并进行了北药南迁、南药北迁和野生变家种的种植推广。1979 年，该园被划归河北省卫生厅，在保护中药植物资源的同时，还接待中医药院校学生实习。现种秧均为该园自繁。为了适应当前需要，该园计划逐步向园林化种植，集植物资源保存、观赏、试验为一体的种植模式转变，加强新品种的引进、驯化、选种、育种等工作，为中药材提供优良的种苗。银杏为该园的特色物种。

三、 国家药用植物种质资源保存平台种质资源保存概况

（一） 种质资源多样性保存情况

1. 保存资源情况

（1） 保存物种数量统计

经统计，国家药用植物种质资源保存平台已保存药用植物共计 299 科 2 375 属 9 025 种（含种下分类单位：亚种 98 种、变种 508 种、变型 13 种、品种 96 种、杂交种 11 种），其中，6 137 种药用植物在第三次全国中药资源普查中被记录为具有药用价值的物种，占全部保存物种的 68.0% 。迁地栽培和种质库保存的物种数量统计见表 2 - 1 。

表2-1　迁地栽培和种质库保存物种数量统计

类型	科数	属数	种数
迁地栽培	296	2 259	8 249
种质库保存	212	1 330	3 237
总计	299	2 375	9 025

（2） 保存物种科水平分析

采用迁地栽培方式保存物种数较多的 3 个科分别是菊科（Asteraceae）、豆科（Fabaceae）和兰科（Orchidaceae），分别有 465 种、450 种和 426 种，分别约占已保存物种总数的 5.2% 、5.0% 和 4.7% 。采用种质库保存物种数量较多的 3 个科分别是豆科（Fabaceae）、菊科（Asteraceae）和唇形科（Lamiaceae），分别有 283 种、221 种和 146 种，分别约占已保存物种总数的 3.1% 、2.5% 和 1.6% 。迁地栽培和种质库保存 2 种方式保存物种数量较多的 20 个科见表 2 - 2 。

表2-2 迁地栽培和种质库保存2种方式保存物种数量最多的20个科

序号	迁地栽培		种质库保存	
	科名	种数	科名	种数
1	菊科（Asteraceae）	465	豆科（Fabaceae）	283
2	豆科（Fabaceae）	450	菊科（Asteraceae）	221
3	兰科（Orchidaceae）	426	唇形科（Lamiaceae）	146
4	蔷薇科（Rosaceae）	321	蔷薇科（Rosaceae）	138
5	唇形科（Lamiaceae）	290	禾本科（Poaceae）	100
6	禾本科（Poaceae）	175	锦葵科（Malvaceae）	85
7	天门冬科（Asparagaceae）	174	茜草科（Rubiaceae）	84
8	毛茛科（Ranunculaceae）	168	伞形科（Apiaceae）	67
9	茜草科（Rubiaceae）	165	毛茛科（Ranunculaceae）	64
10	樟科（Lauraceae）	151	樟科（Lauraceae）	62
11	夹竹桃科（Apocynaceae）	143	夹竹桃科（Apocynaceae）	59
12	大戟科（Euphorbiaceae）	130	蓼科（Polygonaceae）	58
13	锦葵科（Malvaceae）	124	大戟科（Euphorbiaceae）	56
14	苦苣苔科（Gesneriaceae）	122	茄科（Solanaceae）	50
15	姜科（Zingiberaceae）	118	芸香科（Rutaceae）	45
16	报春花科（Primulaceae）	101	葫芦科（Cucurbitaceae）	42
17	蓼科（Polygonaceae）	98	苋科（Amaranthaceae）	39
18	伞形科（Apiaceae）	98	报春花科（Primulaceae）	38
19	爵床科（Acanthaceae）	95	棕榈科（Arecaceae）	37
20	桑科（Moraceae）	90	葡萄科（Vitaceae）	35

尚未保存的 *Flora of China* 中的科共计 34 个（见表 2-3），其中水蕹科（Aponogetonaceae）、水马齿科（Callitrichaceae）等 30 个科的物种无药用报道，丝粉藻科（Cymodoceaceae）、海神草科（Posidoniaceae）、角果藻科（Zannichelliaceae）、大叶藻科（Zosteraceae）4 个科为海生植物。

表2-3 *Flora of China* 中尚未保存物种的科

序号	科名	备注
1	水蕹科（Aponogetonaceae）	无药用报道
2	水马齿科（Callitrichaceae）	无药用报道
3	香茜科（Carlemanniaceae）	无药用报道
4	刺鳞草科（Centrolepidaceae）	无药用报道
5	星叶草科（Circaeasteraceae）	无药用报道
6	半日花科（Cistaceae）	无药用报道
7	隐翼科（Crypteroniaceae）	无药用报道
8	丝粉藻科（Cymodoceaceae）	海生植物
9	冷蕨科（Cystopteridaceae）	无药用报道

序号	科名	备注
10	岩梅科（Diapensiaceae）	无药用报道
11	瓣鳞花科（Frankeniaceae）	无药用报道
12	田基麻科（Hydrophyllaceae）	无药用报道
13	藤蕨科（Lomariopsidaceae）	无药用报道
14	合囊蕨科（Marattiaceae）	无药用报道
15	角胡麻科（Martyniaceae）	无药用报道
16	条蕨科（Oleandraceae）	无药用报道
17	斜翼科（Plagiopteraceae）	无药用报道
18	川苔草科（Podostemaceae）	无药用报道
19	海神草科（Posidoniaceae）	海生植物
20	大花草科（Rafflesiaceae）	无药用报道
21	帚灯草科（Restionaceae）	无药用报道
22	轴果蕨科（Rhachidosoraceae）	无药用报道
23	川蔓藻科（Ruppiaceae）	无药用报道
24	刺茉莉科（Salvadoraceae）	无药用报道
25	冰沼草科（Scheuchzeriaceae）	无药用报道
26	莎草蕨科（Schizaeaceae）	无药用报道
27	金松科（Sciadopityaceae）	无药用报道
28	尖瓣花科（Sphenocleaceae）	无药用报道
29	海人树科（Surianaceae）	无药用报道
30	霉草科（Triuridaceae）	无药用报道
31	昆栏树科（Trochodendraceae）	无药用报道
32	岩蕨科（Woodsiaceae）	无药用报道
33	角果藻科（Zannichelliaceae）	海生植物
34	大叶藻科（Zosteraceae）	海生植物

（3）保存物种属水平分析

国家药用植物种质资源保存平台已保存 2 375 个属的药用植物，属内物种数量情况见表 2-4，保存物种数仅为 1 种的属数约占总属数的 47.4%。迁地栽培和种质库保存 2 种方式保存属的物种数量分布情况见表 2-4，保存物种数量较多的 20 个属见表 2-5。

表2-4　迁地栽培和种质库保存 2 种方式保存属的物种数量分布情况

保存物种数	属数
1	1 125
2~4	763

续表

保存物种数	属数
5～9	278
10～49	204
≥50	5

表2-5　迁地栽培和种质库保存2种方式保存物种数量较多的20个属

序号	迁地栽培		种质库保存	
	属名	种数	属名	种数
1	石斛属（Dendrobium）	75	蓼属（Polygonum）	27
2	榕属（Ficus）	59	茄属（Solanum）	26
3	悬钩子属（Rubus）	55	蒿属（Artemisia）	25
4	秋海棠属（Begonia）	50	荚蒾属（Viburnum）	20
5	铁线莲属（Clematis）	46	铁线莲属（Clematis）	19
6	蓼属（Polygonum）	44	榕属（Ficus）	19
7	冬青属（Ilex）	43	蔷薇属（Rosa）	18
8	蜘蛛抱蛋属（Aspidistra）	39	蒲桃属（Syzygium）	18
9	忍冬属（Lonicera）	38	菝葜属（Smilax）	17
10	卫矛属（Euonymus）	37	悬钩子属（Rubus）	17
11	蔷薇属（Rosa）	36	冬青属（Ilex）	16
12	山姜属（Alpinia）	35	猪屎豆属（Crotalaria）	16
13	蒿属（Artemisia）	35	樟属（Cinnamomum）	16
14	唇柱苣苔属（Chirita）	35	紫金牛属（Ardisia）	15
15	大戟属（Euphorbia）	34	紫珠属（Callicarpa）	15
16	堇菜属（Viola）	34	杜英属（Elaeocarpus）	15
17	栒子属（Cotoneaster）	34	薯蓣属（Dioscorea）	14
18	山茶属（Camellia）	34	木蓝属（Indigofera）	13
19	茄属（Solanum）	33	唐松草属（Thalictrum）	13
20	荚蒾属（Viburnum）	33	花椒属（Zanthoxylum）	13

（4）保存种质资源来源情况

在保存的种质中，以采集方式保存的种质最多，占全部种质的88.0%；以购买、赠送方式收集的种质分别占全部种质的8.0%和3.0%；还有1.0%的种质来源方式缺失记录。全部种质的来源地涉及包括我国在内的27个国家，来自我国本土的资源占绝大部分，覆盖了我国34个省级行政区。国外种质资源来源地见图2-1，其中保存的国外种质份数排前5位的国家分别是法国（332份）、日本（199份）、波兰（75份）、德国（66份）和保加利亚（63份）。

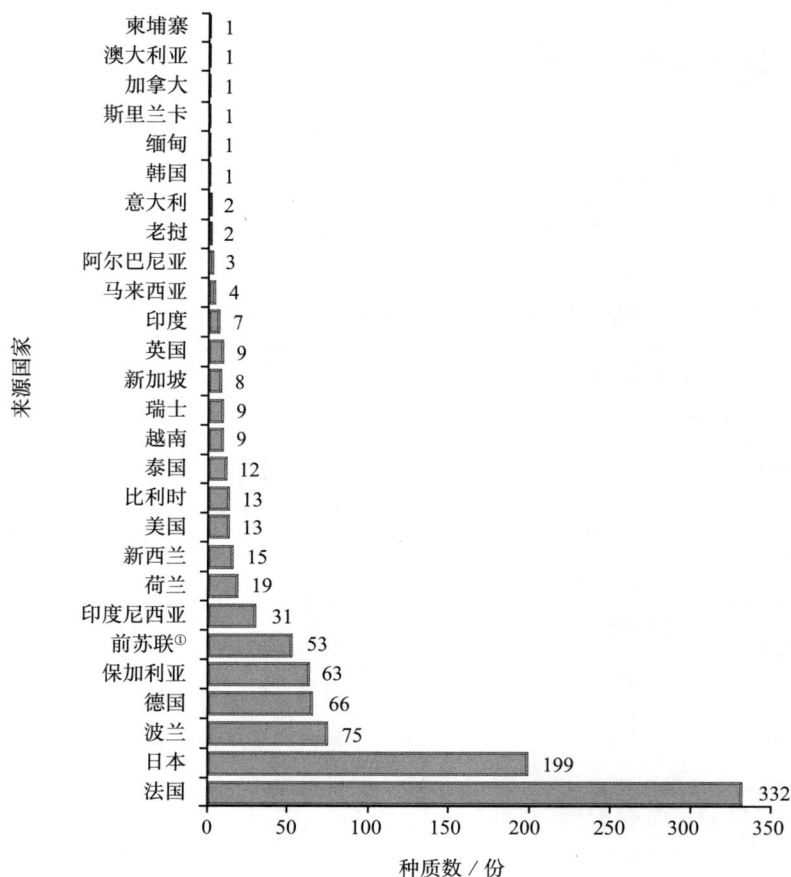

图2-1 国外种质资源来源地统计

2. 保存机构情况

药用植物种质资源保存机构见表2-6。

表2-6 药用植物种质资源保存机构

机构名称	地址	缩写
北京药用植物园 国家药用植物种质资源库	北京市海淀区马连洼北路151号	BJ
重庆药用植物园	重庆市南川区佛山东路34号	CQ
福建省农业科学院药用植物园	福建省福州市鼓楼区华林路188号	FJ
广州中医药大学药用植物园	广东省广州市番禺区大学城外环东路232号	GD
广西药用植物园	广西壮族自治区南宁市兴宁区厢竹大道88号	GX
贵阳药用植物园	贵州省贵阳市南明区沙冲南路202号	GZ
华中药用植物园	湖北省恩施土家族苗族自治州恩施市新塘乡下坝村长岭岗	HB
河南农业大学药用植物园	河南省郑州市金水区文化路95号	HEN
黑龙江中医药大学药用植物园	黑龙江省哈尔滨市香坊区和平路24号	HLJ

---

① 注：部分种质收集时间较早，本书采用原收集地区名称。

机构名称	地址	缩写
兴隆南药园 国家南药基因资源库	海南省万宁市兴隆镇 海南省海口市秀英区南海大道药谷 4 路 4 号	HN
中国药科大学药用植物园	江苏省南京市江宁区龙眠大道 639 号	JS1
长江药用植物园	江苏省南通市如皋市长青沙岛环岛东路 8 号	JS2
辽宁省农业科学院经济作物研究所药用植物园	辽宁省辽阳市白塔区胜利路 65 号	LN
内蒙古医科大学药用植物园	内蒙古自治区呼和浩特市金山开发区金山大道（牛牛营村）	NMG
成都中医药大学药用植物园 国家中药种质资源库	四川省成都市温江区柳台大道西段 1166 号	SC
中国人民解放军海军军医大学药用植物园	上海市杨浦区翔殷路 800 号	SH
新疆药用植物园	新疆维吾尔自治区乌鲁木齐市天山区卫生巷 88 号	XJ
西双版纳南药园	云南省西双版纳傣族自治州景洪市宣慰大道 138 号	YN
华东药用植物园	浙江省丽水市莲都区城北街 11 号	ZJ

（1）机构保存物种数量统计

迁地栽培和种质库保存机构保存物种情况见表 2-7～表 2-8。

表 2-7　迁地栽培保存物种情况

机构	科数	属数	种数
BJ	211	1 169	2 814
CQ	199	792	1 521
FJ	81	173	210
GD	171	557	801
GX	265	1 618	4 720
GZ	173	569	848
HB	151	449	661
HEN	59	145	177
HLJ	74	178	196
HN	200	832	1 502
JS1	135	481	700
JS2	91	253	316
LN	87	242	324
NMG	37	73	90
SC	106	270	351
SH	146	519	785
XJ	11	18	20
YN	164	678	1 129
ZJ	78	174	225

注：表中机构的字母代码见表 2-6，余同。

表2-8　种质库保存物种情况

机构	科数	属数	种数
BJ	206	1 273	3 047
HN	143	448	634

（2）机构保存资源来源情况

国家药用植物种质资源保存平台的迁地栽培物种来源已覆盖我国全部省级行政区，其中北京药用植物园和国家药用植物种质资源库（BJ）保存物种的来源覆盖全国大部分省级行政区，多数机构以保存所在地及其周边区域药用植物为主。广西药用植物园（GX）、北京药用植物园（BJ）、海南兴隆南药园（HN）国外引种，相对较多。国家药用植物种质资源保存平台中各机构迁地栽培保存物种的来源地见表2-9。

表2-9　不同机构保存药用植物来源统计

机构	国内省级行政区	境外国家
BJ	河北、山西、吉林、辽宁、黑龙江、陕西、甘肃、青海、山东、福建、浙江、台湾、河南、湖北、湖南、江西、江苏、安徽、广东、海南、四川、贵州、云南、内蒙古、广西、西藏、宁夏、新疆、北京、天津、上海、重庆	保加利亚、俄罗斯、波兰、德国、英国、阿尔巴尼亚、美国、印度、印度尼西亚、越南、韩国、日本
FJ	福建、浙江、广东、广西、云南、山东、台湾、江西、山西、湖北、安徽、四川、海南、内蒙古、湖南、江苏、贵州、辽宁	越南
HN	海南、浙江、福建、广西、云南、北京、广东	印度、缅甸、印度尼西亚、马来西亚、泰国、越南、斯里兰卡
GX	广西、云南、福建、上海、湖北、山东、广东、北京、重庆、江苏、海南、江西、新疆、辽宁、湖南、内蒙古、澳门、浙江、贵州、四川、河北、甘肃、宁夏、安徽、香港、河南、西藏、台湾	印度尼西亚、法国、波兰、比利时、日本、老挝、德国、新西兰、加拿大、荷兰、新加坡、英国、瑞士、泰国、美国、澳大利亚、意大利、柬埔寨、越南
NMG	内蒙古	—
GD	未统计	—
GZ	贵州、吉林、四川、云南、广西、浙江	—
HB	湖北	—
CQ	云南、江西、广西、四川、贵州、浙江、山东、北京、湖南、湖北、安徽、江苏、吉林、河南、广东、福建	—
HEN	河南、内蒙古、陕西、甘肃、安徽、河北、浙江、江苏	—
HLJ	黑龙江、上海、辽宁、新疆、四川、河北、云南、内蒙古、海南、安徽、广东、陕西、福建、湖北、吉林、广西、河南	—
JS1	江苏、浙江、四川、安徽、吉林、山东、陕西、云南、湖北、广东、贵州	—
JS2	江苏、安徽、上海、浙江、湖北、河南、山东、四川	—

续表

机构	国内省 （自治区、 直辖市）	境外国家
LN	辽宁	—
SC	四川	—
SH	未统计	—
XJ	北京、河北、河南、新疆	—
YN	云南	印度
ZJ	江西、浙江、福建、云南、安徽、江苏、辽宁、山东、广西、吉林、海南、河北、陕西、四川、广东、贵州、甘肃、山西	—

3. 保存质量分析

（1）保存方式统计

国家药用植物种质资源保存平台以迁地栽培方式保存的物种最多，种质库保存的材料形式包括种子、组织（茎尖、种胚）、DNA 等。不同物种采用保护方式的数量见表 2 - 10，仅有 1 种保存方式的物种数约占总物种数的 72.7%，剩余 27.3% 的物种有 2 种或 3 种保存方式。

表 2-10　物种采用保护方式数量统计

保存方式种数	物种数
1	6 564
2	2 434
3	27

（2）迁地栽培保护植物的重复栽培情况

相同物种在国家药用植物种质资源保存平台的不同园区间重复栽培的数量（见表 2 - 11），可在一定程度上反映出保护物种的安全性。在国家药用植物种质资源保存平台迁地栽培保护的物种中，超过 10 个园区同时保存的物种占全部保护物种的 1.8%，2 个及 2 个以上的园区重复保存的物种占全部保护物种的 41.8%。

表 2-11　多地点重复栽培保护物种数量统计

园区数量	物种数量
1	4 802
2	1 557
3	730
4	381
5 ~ 9	630
≥10	149

（3）保存数量统计

迁地栽培和种质库保存物种的个体数量见图2-2~图2-3。

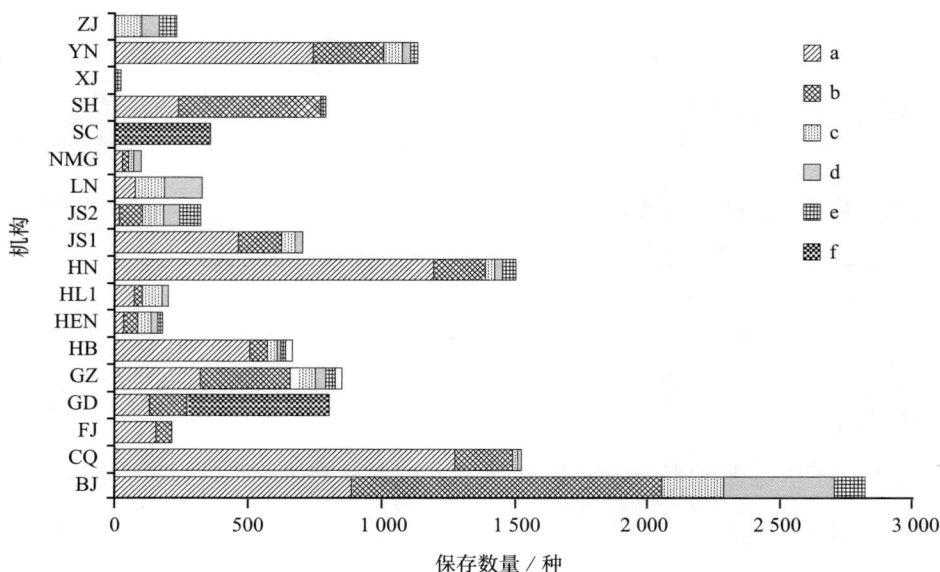

a. 1~9株；b. 10~49株；c. 50~99株；d. 100~499株；e. ≥500株；f. 待调查。

图2-2　迁地栽培保存物种的数量统计

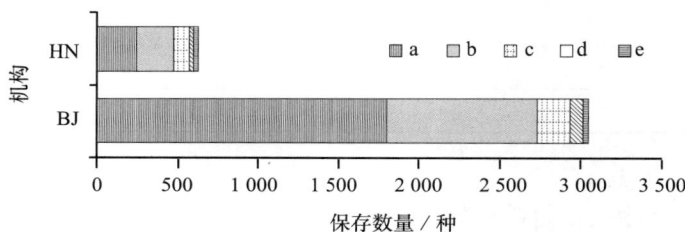

a. ≤200粒/份；b. 200~999粒/份；c. 1 000~4 999粒/份；d. 5 000~9 999粒/份；e. ≥10 000粒/份。

图2-3　种质库保存物种的数量统计

（4）保存物种的种质份数情况

迁地栽培保存物种保存种质份数情况见表2-12。采用迁地栽培形式保存物种的种质份数均小于种质库保存的种质份数，如北京药用植物园（BJ）保存10份以上种质的物种相对其他园区较多，达31种。由于保存条件的限制，大部分机构同一物种仅保存1份种质。

表2-12　迁地栽培保存物种保存种质份数情况

机构	种质份数/份						
	≥10	5~9	4	3	2	1	待确定
BJ	31	105	80	179	446	1 939	34
CQ	1	5	0	6	82	1 426	1

机构	种质份数/份						
	≥10	5~9	4	3	2	1	待确定
FJ	14	26	16	34	42	78	0
GD	0	0	0	2	16	783	0
GX	0	0	9	48	380	0	4 283
GZ	0	0	0	2	17	829	0
HB	0	0	1	2	31	627	0
HEN	0	0	0	3	14	159	1
HLJ	0	0	0	0	1	195	0
HN	0	1	3	7	367	1 124	0
JS1	2	0	1	0	13	684	0
JS2	0	0	0	0	10	306	0
LN	0	0	1	3	23	297	0
NMG	0	0	0	0	0	90	0
SC	1	9	21	28	52	227	3
SH	0	1	0	6	42	736	0
XJ	0	0	0	0	0	20	0
YN	0	0	2	2	27	1 098	0
ZJ	0	0	0	0	1	224	0

种质库保存物种保存种质份数情况见表 2－13。在已统计确定的材料中，保存种质超过 500 份的物种共有 2 种，分别为土沉香 *Aquilaria sinensis*（Lour.）Spreng.（3 001 份）和枸杞 *Lycium chinense* Mill.（515 份）。

表2-13　种质库物种保存种质份数情况

范围	种质份数/份							
	≥500	100~499	50~99	10~49	5~9	2~4	1	待确定
BJ	1	28	151	273	788	508	1 298	0
HN	1	3	5	39	39	146	401	0

（二）专类资源保存情况

1. 进口药材资源保存情况

我国使用进口药材的历史悠久，古代本草记载的进口药材有200余种，现代常用的进口药材有约100种，达到我国国家质量标准的进口药材有47种，其中植物类进口药材占绝大多数。截至

2018年，国家药用植物种质资源保存平台共保存进口药材的基原植物88种，超过植物类进口药材基原物种的80.0%（见表2-14）。

表2-14　进口药材基原植物保存清单

序号	中文名	科名	拉丁学名
1	越南安息香	安息香科（Styracaceae）	*Styrax tonkinensis*（Pierre）Craib ex Hartw.
2	新疆贝母	百合科（Liliaceae）	*Fritillaria walujewii* Regel
3	伊贝母	百合科（Liliaceae）	*Fritillaria pallidiflora* Schrenk ex Fisch. & C. A. Mey.
4	白花酸藤果	报春花科（Primulaceae）	*Embelia ribes* Burm. f.
5	假马齿苋	车前科（Plantaginaceae）	*Bacopa monnieri*（Linn.）Wettst.
6	圣罗勒	唇形科（Lamiaceae）	*Ocimum tenuiflorum* Burm. f.
7	肾茶	唇形科（Lamiaceae）	*Clerodendranthus spicatus*（Thunb.）C. Y. Wu ex H. W. Li
8	甘草	豆科（Fabaceae）	*Glycyrrhiza uralensis* Fisch.
9	洋甘草	豆科（Fabaceae）	*Glycyrrhiza glabra* Linn.
10	胀果甘草	豆科（Fabaceae）	*Glycyrrhiza inflata* Batal.
11	降香	豆科（Fabaceae）	*Dalbergia odorifera* T. Chen
12	槐	豆科（Fabaceae）	*Sophora japonica* Linn.
13	密花豆	豆科（Fabaceae）	*Spatholobus suberectus* Dunn
14	儿茶	豆科（Fabaceae）	*Acacia catechu*（Linn. f.）Willd.
15	刺果番荔枝	番荔枝科（Annonaceae）	*Annona muricata* Linn.
16	古山龙	防己科（Menispermaceae）	*Arcangelisia gusanlung* Lo
17	橄榄	橄榄科（Burseraceae）	*Canarium album*（Lour.）Raeusch.
18	薏苡	禾本科（Poaceae）	*Coix lacryma-jobi* Linn.
19	荜拔	胡椒科（Piperaceae）	*Piper longum* L.
20	风藤	胡椒科（Piperaceae）	*Piper kadsura*（Choisy）Ohwi
21	胡椒	胡椒科（Piperaceae）	*Piper nigrum* L.
22	芦荟	黄脂木科（Xanthorrhoeaceae）	*Aloe vera* Linn.
23	匙羹藤	夹竹桃科（Apocynaceae）	*Gymnema sylvestre*（Retz.）Schult.
24	鸡蛋花	夹竹桃科（Apocynaceae）	*Plumeria rubra* ' Acutifolia'
25	催吐萝芙木	夹竹桃科（Apocynaceae）	*Rauvolfia vomitoria* Afzel. ex Spreng.
26	蛇根木	夹竹桃科（Apocynaceae）	*Rauvolfia serpentina*（Linn.）Benth. ex Kurz
27	白豆蔻	姜科（Zingiberaceae）	*Amomum kravanh* Pierre ex Gagnep.
28	草果	姜科（Zingiberaceae）	*Amomum tsaoko* Crevost et Lem.
29	海南砂仁	姜科（Zingiberaceae）	*Amomum longiligulare* T. L. Wu
30	砂仁	姜科（Zingiberaceae）	*Amomum villosum* Lour.
31	缩砂密	姜科（Zingiberaceae）	*Amomum villosum* Lour. var. *xanthioides*（Wall. ex Bak.）T. L. Wu et S. J. Chen

续表

序号	中文名	科名	拉丁学名
32	爪哇白豆蔻	姜科（Zingiberaceae）	*Amomum compactum* Soland ex Maton
33	姜黄	姜科（Zingiberaceae）	*Curcuma longa* Linn.
34	红豆蔻	姜科（Zingiberaceae）	*Alpinia galanga*（Linn.）Willd.
35	山奈	姜科（Zingiberaceae）	*Kaempferia galanga* Linn.
36	可可	锦葵科（Malvaceae）	*Theobroma cacao* Linn.
37	可乐果	锦葵科（Malvaceae）	*Cola acuminata*（P. Beauv.）Schott et Endl.
38	玫瑰茄	锦葵科（Malvaceae）	*Hibiscus sabdariffa* Linn.
39	长粒胖大海	锦葵科（Malvaceae）	*Scaphium lychnophorum* Pierre
40	胖大海	锦葵科（Malvaceae）	*Scaphium scaphigerum*（Wall. ex G. Don）G. Planch.
41	菊薯	菊科（Asteraceae）	*Smallanthus sonchifolius*（Poepp. et Endl.）H. Rob.
42	甜叶菊	菊科（Asteraceae）	*Stevia rebaudiana*（Bertoni）Hemsl.
43	鸭嘴花	爵床科（Acanthaceae）	*Justicia adhatoda* L.
44	大花水蓑衣	爵床科（Acanthaceae）	*Hygrophila megalantha* Merr.
45	马来参	苦木科（Simaroubaceae）	*Eurycoma longifolia* Jack
46	辣木	辣木科（Moringaceae）	*Moringa oleifera* Lam.
47	流苏石斛	兰科（Orchidaceae）	*Dendrobium fimbriatum* Hook.
48	石斛	兰科（Orchidaceae）	*Dendrobium nobile* Lindl.
49	细茎石斛	兰科（Orchidaceae）	*Dendrobium candidum* Lindl.
50	印楝	楝科（Meliaceae）	*Azadirachta indica* Adr. Juss.
51	管花肉苁蓉	列当科（Orobanchaceae）	*Cistanche tubulosa*（Schenk）Wight
52	肉苁蓉	列当科（Orobanchaceae）	*Cistanche deserticola* Ma
53	辽细辛	马兜铃科（Aristolochiaceae）	*Asarum heterotropoides* Fr. Schmidt var. *mandshuricum*（Maxim.）Kitagawa
54	细辛	马兜铃科（Aristolochiaceae）	*Asarum sieboldii* Miq.
55	马钱子	马钱科（Loganiaceae）	*Strychnos nux-vomica* Linn.
56	海滨木巴戟	茜草科（Rubiaceae）	*Morinda citrifolia* Linn.
57	金鸡纳树	茜草科（Rubiaceae）	*Cinchona ledgeriana*（Howard）Moens ex Trim.
58	睡茄	茄科（Solanaceae）	*Withania somnifera*（L.）Dunal
59	泰国大风子	青钟麻科（Achariaceae）	*Hydnocarpus anthelminthicus* Pierre
60	肉豆蔻	肉豆蔻科（Myristicaceae）	*Myristica fragrans* Houtt.
61	土沉香	瑞香科（Thymelaeaceae）	*Aquilaria sinensis*（Lour.）Spreng.
62	阜康阿魏	伞形科（Apiaceae）	*Ferula fukanensis* K. M. Shen
63	新疆阿魏	伞形科（Apiaceae）	*Ferula sinkiangensis* K. M. Shen
64	防风	伞形科（Apiaceae）	*Saposhnikovia divaricata*（Turcz.）Schischk.
65	茴香	伞形科（Apiaceae）	*Foeniculum vulgare* Mill.
66	莳萝	伞形科（Apiaceae）	*Anethum graveolens* Linn.

序号	中文名	科名	拉丁学名
67	孜然芹	伞形科（Apiaceae）	*Cuminum cyminum* Linn.
68	桑	桑科（Moraceae）	*Morus alba* Linn.
69	诃子	使君子科（Combretaceae）	*Terminalia chebula* Retz.
70	穿龙薯蓣	薯蓣科（Dioscoreaceae）	*Dioscorea nipponica* Makino
71	檀香	檀香科（Santalaceae）	*Santalum album* Linn.
72	藤黄	藤黄科（Clusiaceae）	*Garcinia hanburyi* Hook. f.
73	黄精	天门冬科（Asparagaceae）	*Polygonatum sibiricum* Delar. ex Redoute
74	剑叶龙血树	天门冬科（Asparagaceae）	*Dracaena cochinchinensis*（Lour.）S. C. Chen
75	千年健	天南星科（Araceae）	*Homalomena occulta*（Lour.）Schott
76	人参	五加科（Araliaceae）	*Panax ginseng* C. A. Mey.
77	西洋参	五加科（Araliaceae）	*Panax quinquefolius* Linn.
78	五味子	五味子科（Schisandraceae）	*Schisandra chinensis*（Turcz.）Baill.
79	巴西人参	苋科（Amaranthaceae）	*Pfaffia paniculata* O. Stützer
80	番红花	鸢尾科（Iridaceae）	*Crocus sativus* Linn.
81	黄檗	芸香科（Rutaceae）	*Phellodendron amurense* Rupr.
82	木橘	芸香科（Rutaceae）	*Aegle marmelos*（L.）Correa
83	月桂	樟科（Lauraceae）	*Laurus nobilis* Linn.
84	肉桂	樟科（Lauraceae）	*Cinnamomum cassia* Presl
85	樟	樟科（Lauraceae）	*Cinnamomum camphora*（Linn.）Presl
86	木蝴蝶	紫葳科（Bignoniaceae）	*Oroxylum indicum*（Linn.）Kurz
87	槟榔	棕榈科（Arecaceae）	*Areca catechu* Linn.
88	麒麟竭	棕榈科（Arecaceae）	*Daemonorops draco*（Willd.）Blume

2. 濒危稀缺药用植物种质资源保存情况

濒危稀缺药用植物种质资源保存情况见表 2-15，其中国家级保护植物共计 590 种，CITES 附录植物 174 种，《中国植物红皮书》收录植物 1 073 种。

表 2-15　濒危稀缺药用植物种质资源保存情况

保护类别	级别与数量
国家级保护植物	Ⅰ级（第一批），30 种；Ⅱ级（第一批），98 种；Ⅰ级（第二批），111 种；Ⅱ级（第二批），351 种
CITES 附录植物	附录Ⅰ，19 种；附录Ⅱ，153 种；附录Ⅲ，2 种
《中国植物红皮书》收录植物	极危（CR），77 种；濒危（EN），252 种；近危（NT），347 种；易危（VU），397 种

续表

保护类别	级别与数量
中国特有植物	2 197 种
极小种群野生植物	Ⅰ级，14 种；Ⅱ级，16 种
省级重点保护植物	北京市（Ⅰ级，3 种；Ⅱ级，38 种）；吉林省（Ⅰ级，4 种；Ⅱ级，21 种；Ⅲ级，40 种）；陕西省（履约物种，32 种；濒危，19 种；稀有，9 种；渐危，9 种）；新疆维吾尔自治区（Ⅰ级，10 种；Ⅱ级，3 种）；江西省（Ⅱ级，11 种；Ⅲ级，47 种）；广西壮族自治区（重点，35 种）；海南省（重点，42 种）；山西省（重点，18 种）；内蒙古自治区（重点，31 种）；河北省（重点，54 种）；浙江省（重点，57 种）

　　稀缺药材泛指资源无法满足市场供应的药材，主要为野生物种，其基原植物资源虽然还没有达到濒危等级，但由于资源稀缺，往往容易发展为濒危物种。利用已保存的种质资源开展野生变家种、野生抚育等工作，有利于减少资源濒危情况的发生。2018 年度中药材天地网统计的 21 种植物类稀缺药材资源保存情况见表 2 - 16。在 21 种药材中，除甘松药材尚未开展任何形式的保护外，其余药材均已开展保护。

表 2-16　21 种植物类稀缺药材资源保存情况

序号	药材名	资源现状类型	植物中文名	植物拉丁学名	迁地栽培保存种质份数	种质库保存份数
1	白鲜皮	1	白鲜	*Dictamnus dasycarpus* Turcz.	4	2
2	百部	1	百部	*Stemona japonica*（Blume）Miq.	6	1
3	北豆根	1	蝙蝠葛	*Menispermum dauricum* DC.	7	2
4	防己	1	粉防己	*Stephania tetrandra* S. Moore	1	2
5	甘松	1	甘松	*Nardostachys jatamansi* DC.	0	0
6	紫草	1	软紫草	*Arnebia euchroma*（Royle）Johnst.	1	2
		1	黄花软紫草	*Arnebia guttata* Bunge	0	1
7	胡黄连	1	胡黄连	*Neopicrorhiza scrophulariiflora*（Pennell）D. Y. Hong	0	1
8	降香	1	降香	*Dalbergia odorifera* T. Chen	4	3
9	茜草	1	茜草	*Rubia cordifolia* Linn.	12	4
10	石韦	1	石韦	*Pyrrosia lingua*（Thunb.）Farwell	5	1
		1	庐山石韦	*Pyrrosia sheareri*（Baker）Ching	5	1
		1	有柄石韦	*Pyrrosia petiolosa*（Christ）Ching	4	1
11	锁阳	1	锁阳	*Cynomorium songaricum* Rupr.	1	1
12	赤芍	1	芍药	*Paeonia lactiflora* Pall.	12	3
		2	川赤芍	*Paeoniaanomala* Linn. subsp. *veitchii*（Lynch）D. Y. Hong et K. Y. Pan	2	3

序号	药材名	资源现状类型	植物中文名	植物拉丁学名	迁地栽培保存种质份数	种质库保存份数
13	肉苁蓉	2	管花肉苁蓉	*Cistanche tubulosa*（Schenk）Wight	0	1
		2	肉苁蓉	*Cistanche deserticola* Ma	0	2
14	前胡	2	前胡	*Peucedanum praeruptorum* Dunn	6	3
15	羌活	2	羌活	*Notopterygium incisum* Ting ex H. T. Chang	1	3
		2	宽叶羌活	*Notopterygium forbesii* de Boissieu	0	2
16	仙茅	3	仙茅	*Curculigo orchioides* Gaertn.	8	1
17	海金沙	3	海金沙	*Lygodium japonicum*（Thunb.）Sw.	11	1
18	金果榄	3	青牛胆	*Tinospora sagittata*（Oliv.）Gagnep.	6	4
19	绵马贯众	3	粗茎鳞毛蕨	*Dryopteris crassirhizoma* Nakai	3	0
20	升麻	3	大三叶升麻	*Cimicifuga heracleifolia* Kom.	0	3
		3	兴安升麻	*Cimicifuga dahurica*（Turcz.）Maxim.	2	3
		3	升麻	*Cimicifuga foetida* Linn.	6	3
21	土茯苓	3	土茯苓	*Smilax glabra* Roxb.	8	3

注：资源现状类型中的 1、2、3 分别代表以下意思。1 代表野生资源量不足；2 代表有驯化品补充，但家种品、野生品品质差距大；3 代表野生资源能满足现有需求，但未来难以满足大幅增加的需求。

3. 栽培药用植物种质资源保存情况

在 2020 年版《中华人民共和国药典》收载的药材中，已实现规模化人工栽培的药材共计 272 种，涉及基原植物 254 种，其中 240 种已被国家药用植物种质资源保存平台保存（见表 2-17），保存种质材料超过 10 份的物种有 172 种，保存的药用植物多样性尚存在不足。

表 2-17　2020 年版《中华人民共和国药典》中栽培药用植物种质资源保存情况

保存份数	物种数
1	13
2~4	23
5~9	32
10~19	53
≥20	119

4. 药材标准收录药用植物种质资源保存情况

我国的药材标准主要有《中华人民共和国药典》和各地方标准，其中 2015 年版《中华人民共和国药典》收载 836 种药用植物，包括第一部药材和饮片中的 618 种药材和饮片，以及第四部成方制剂中补充记录的 223 种药材和饮片。国家药用植物种质资源保存平台共保存了其中的 718 种，约占《中华人民共和国药典》收载总药用植物数量的 85.9%。在 86 部我国各地方药材标准中，药用植物约有 2 600 种，国家药用植物种质资源保存平台共保存了 2 237 种，约占 86 部各地方标准涉及药用植物总数的 86.0%。国家药用植物种质资源保存平台保存的《中华人民共和国药典》和地方标准中收载的药用植物均超过 85.0%，可为社会提供相关科研、生产等技术服务。

（三）国家药用植物种质资源保存平台信息平台建设现状

多年来，我国药用植物种质资源保护单位拥有各自不同形式的种质资源信息保存方式，有的还进行了数字化管理。即便如此，我国药用植物种质资源迁地保护的整体信息尚未全部掌握。究竟有多少物种已经得到保护？还有哪些物种被遗漏？分散的保护单位保护布局是否合理？针对濒危药用植物种质资源，是否达到了有效的保护数量？是否存在过度保护、重复保护？引种保护的效果如何？上述问题只有全面掌握相关保护信息后，才能进行判断。为此，中国医学科学院药用植物研究所在已建立的国家药用植物种质资源保存平台的基础上，建设了我国首个药用植物种质资源保护信息管理系统，该系统收集了我国药用植物种质资源保护机构信息，为合理布局药用植物种质资源保护工作及相关行业管理部门提供决策参考。

1. 信息平台的现有功能

（1）迁地保护资源管理功能

在迁地保护资源的类型中，活体栽培资源的管理最为复杂。药用植物在引种入园后，除了记录最开始的引种信息，常常还需要累年进行移栽、扩繁、栽培管理及不定期盘点存活现状等工作，全程信息记录的工作量较大。因此，本系统首次对迁地保护活体栽培药用植物资源的数字化管理过程进行了设计开发，通过便捷的操作方式，实现了管理过程信息的全程数字化凭证记录，对管理过程中信息相对简单的离体材料，则开发出独立于活体资源之外的管理系统，最终实现了不同机构对各自迁地保护资源独立、便捷的管理。

（2）迁地保护资源信息查询功能

不同机构上传的迁地保护资源信息，经系统后台自动化整合后，可为访问者提供保护信息的查询功能，查询内容包括我国药用植物迁地保护资源总量、具体物种在不同机构的保存信息及该物种的药用背景信息等。该功能可为科研工作者提供科研支持和交流服务，为各级管理部门提供药用植物种质资源保护与利用等方面的决策信息。

（3）科普功能

系统的网页查询界面还设计了药用植物种质资源迁地保护行业信息栏、参观攻略栏、养生体验栏和成果分享栏，可面向公众普及药用植物种质资源保护知识。公众还可以在参观药用植物园时，扫描二维码查询物种信息，关注微信公众号可实现随时随地查询资源信息及相关资讯。

2. 信息平台的设计与实现

（1）底层数据内容

1）基础数据。基础数据基于 Species 2000、*Flora of China*、《中国中药资源丛书》、《世界药用植物速查辞典》、《中国民族药志》、《中国物种红色名录》、《中国植物红皮书》、《濒危野生动植物种国际贸易公约》及我国各地方物种保护名录等资料，整理汇集了含 46 203 种药用植物的接受名、曾用学名、中文别名、药用部位、常用功效及各民族用药信息、濒危保护等级等信息。

2）迁地保护物种信息。迁地保护物种信息是按照物种、保存机构、种质、植物（株）的 4 个逻辑管理层次，进行收集、录入和展示的相关信息。植物（株）作为最小管理单元，收集的信息包括编号、物种鉴定信息、图像凭证、引种信息、精确保存位置、管理过程信息、生存状况信息和条码更换信息，每类信息的具体内容见表 2-17。

表 2-17 药用植物种质资源迁地保护信息数据库活体植物（株）信息

项目	内容
编号	物种号、保存机构编号、引种号、种质号、植物（株）管理号
物种鉴定信息	鉴定人、鉴定时间、鉴定历史记录、鉴定名称、临时鉴定名称
图像凭证	物种在地保存照片凭证、管理过程照片凭证
引种信息	来源地、采集时间、采集人、引入人等
精确保存位置	以地图形式显示，基于误差 < 1 m 的 GPS 定位信息
管理过程信息	管理操作内容、操作时间、操作人、负责人等
生存状况信息	存活数量、植株形态、存活质量、物候期、调查人、调查时间等
条码更换信息	旧管理号、新管理号、更换时间、更换人、更换原因、图像凭证

3）其他多源异构型迁地保护信息。该类信息已设置包括不同机构所建种质库、DNA 库、凭证腊叶标本库和药用真菌库的相关信息。由于不同机构均已建有不同字段形式的信息库，数据库在建设时综合抽取关键信息字段作为收集、展示内容，并为未来调整字段提供用户自定义修改入口。

（2）迁地保护资源凭证信息的获得方法

以现场影像和精确坐标作为保存资源的凭证信息，是最为便捷和有效的形式。然而，在目前已有的药用植物种质资源迁地保护机构中，开展物种现场影像与精确坐标匹配工作的机构极少。大量机构保存有物种的图像资料，却很难进行坐标定位，原因在于传统的精确定位依靠坐标仪逐一绘图标定，操作费时且费用较高，加之保存的药用植物常需移栽管理，再次定位困难。随着手持式 GPS 设备的普及，利用轨迹仪，根据照相机的拍摄时间，可实现现场影像与精确坐标信息的高效采集。

（3）数据库访问入口与后台管理入口设计

系统根据功能的需要，设计了 3 个访问入口，分别是电脑终端 IE 访问网页、手机二维码扫码查询网页和微信公众号界面。后台管理入口均为电脑终端 IE 访问网页。鉴于各药用植物园物种清查工作需要进行后期协作鉴定，与种质库、DNA 库等其他库体的信息采集工作存在较大差异，系统将药用植物园与多源异构型信息管理系统分别设置了管理入口。不同保存单位在注册获得独立的登录账户后，可独立对本单位的信息进行管理。同时为查询主页设置独立的最高权限管理账户，用于门户信息的管理及注册单位权限设置。

（4）管理系统功能模块设计

1）常规内容管理系统。该系统是基于成熟的内容管理系统（CMS 系统），根据药用植物种质资源迁地保护信息数据库的需求进行定制开发的，包括前台和后台，具有用户注册、认证、个人信息维护、栏目定制、文章数据编辑管理和展示等功能。栏目设置包括组织机构、历史背景、工作动态、科研成果、药用植物科普养生等方面的图文和多媒体信息，并支持附件的上传和下载。

2）分类学名称和分类系统专业数据管理。采用 MySQL 关系数据库进行管理，建立学名（拉丁学名）、俗名（中文名）数据表，并建立接受名和异名、推荐使用的中文名和常见中文别名间的一对多关系，通过名称以及名称间复杂关系的存储、编辑维护功能，对所有项目搜集整理的46 203 种药用植物名称信息进行管理，并随时更新维护；通过系统分类树及分类树节点的存储、编辑维护功能，为整个系统其他模块的数据管理提供分类学框架信息支持；通过邀请专家参与审核和维护数据，可以收录最新的名称数据，并随时发现和修正错误，保障信息系统的学术水准。

3）多元异构数据库整合管理。提供通用的 web 可视化数据库结构定制管理、数据导入导出、数据增删改查等基础功能体系，包括后台管理维护界面和前台数据库信息查询服务界面。用户可以用此模块快速生成所需的个性化数据库。

4）基于客观凭证体系的植物园在地活体植物（株）管理。准确可靠地、经常性地对园区活体植物进行盘点和编目是植物园的基本工作。然而由于植物的不断引种和死亡，以及人员动态变化，活体植物盘点工作往往难以获得可靠的凭证信息，影响盘点工作的成效。本系统支持以数码照片为凭证的植物园在地植物快速调查方案，支持数码凭证照片的批量上传、自动化制作缩略图、加水印、分类存储，提供图片浏览权限的分级控制。在照片上传过程中，自动提取文件名、采集时间、作者等信息，通过批量设置调查地点、调查人员等方式，建立凭证照片数据库。形成具体时间地点调查数据集、个人数据空间、全站数据空间三级凭证数据组织管理体系。

系统可自动提取分析调查凭证照片中的活体植物条形码信息和物种名称信息，建立物种分类系统、引种登记号、活体植物管理编号三级凭证数据管理体系，用户可以在不改动活体植物管理编号的情况下，在网站上修改每株活体植物所属的引种登记号、物种名称等属性信息。

为了更直观地展示植物园在地植物的空间分布，系统提供将数码凭证照片、GPS 坐标、调查数据整合生成 KMZ 谷歌地球地图数据的功能，用户可以从网站下载 KMZ 地图文件，在谷歌地球中打开，进而在卫星地图上查看植物园活体植物的空间分布、凭证照片等信息，并可以在谷歌地球上对空间数据进行进一步整理校正，提高定位精度。

5）凭证体系、分类学名称及分类系统密切结合的互动鉴定系统。依据数码凭证照片、精确的空间坐标及园区在地活体植物的各种属性信息，调查人员、全国各地分类学专家和志愿者均可进行远程物种鉴定。物种鉴定方式共设计了 3 种。①调查人将调查凭证照片按物种名称命名后上传到系统中，系统从文件名中自动识别鉴定信息，通过和物种名称数据库匹配，获取该物种的详细信息，生成包含科属种信息、鉴定人信息和鉴定时间信息的完整物种鉴定电子标签。②凭证照片上传到系统中后，国内外鉴定人员可以在网络上浏览凭证照片，针对单张照片进行单独在线鉴定，鉴定时可以使用中文名或拉丁学名，当存在同名异物、同物异名等问题时，系统会给出提示，供鉴定人判断。③凭证照片上传到系统中后，在凭证照片列表中选定若干照片之后，可进行批量鉴定；批量鉴定时的名称问题解决方法同②。

系统会将每张凭证照片的所有鉴定意见进行保存，按时间排序，形成鉴定历史，为物种的进一步鉴定提供参考。

6）自动化物种编目系统。根据凭证照片的物种鉴定，系统可自动为每批次的调查数据，及全部的调查数据生成物种清单，统计科、属、种的数量，并进行分类管理，协助摸清各迁地保护单位的资源本底。物种名录会随着物种鉴定的进行而自动更新。

根据调查数据的物种鉴定结果，系统可自动生成按照生物界、科、属、种等阶元关系整理汇总的分类系统树，并将凭证照片根据其鉴定信息汇总到分类系统树的相应节点上，进行调查数据的分类整理和重新组织。

分类系统树以及凭证照片可以根据凭证照片的物种鉴定信息而自动更新。此功能与在线鉴定相结合，有利于物种鉴定能力的提升。各迁地保护单位的实地调查人员在对植物进行粗略鉴定之后，系统会自动将照片挂到粗略分类的节点上。各类群分类专家可在节点上集中进行更精细的物种鉴定，最终实现准确鉴定。

7）多途径手机终端查询服务系统。基于调查数据、物种鉴定信息、相关科学数据库中的资料，可建立在地活体植物数据库，进而为每个编号的在地植物建立独立网页。在植物园区现场，可以通过扫描标签上的二维码访问网页或者使用微信公众号对话框查询物种信息。

综合前述内容，药用植物种质资源迁地保护信息管理系统结构如图2-4所示。

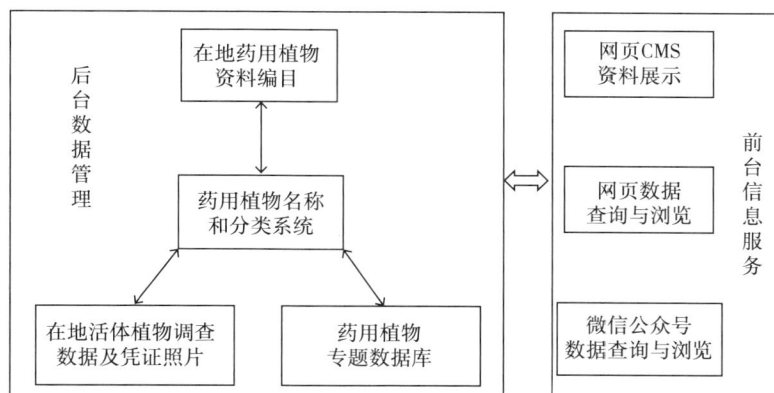

图2-4　药用植物种质资源迁地保护信息管理系统结构

3. 信息平台已录入信息进展

截至目前，我国药用植物种质资源迁地保护信息管理系统已建设完成，完成了国家药用植物种质资源保存平台内18家保护单位的数据采集和系统试运行工作。该系统已完成收集上传活体植株保存信息12 112条（已在线鉴定物种2 878种）、离体保存种质库信息29 995条、DNA信息3 583条、内生真菌信息302条、凭证标本信息178 077条。该系统的设计与运行，汇总了我国药用植物种质资源动态保护信息，为我国药用植物种质资源迁地保护单位提供了便捷的信息管理平台。在此基础上，科学地开展药用植物种质资源保护工作，可为我国药用植物种质资源的可持续利用保驾护航。

第三章

国家药用植物种质资源保存平台
迁地保护药用植物名录

本章详细介绍了国家药用植物园体系保存的药用植物种质资源信息，各药用植物按照科名、属名、物种名、功效主治、濒危等级、迁地栽培保存、种质库保存条目依次著述，资料不全者项目从略。现主要对迁地栽培保存、种质库保存两部分内容的撰写体例介绍如下。

（1）迁地栽培保存

以表格形式记录迁地栽培保存物种的保存地点、种质份数、个体数量、引种方式、生长状况、来源地等相关信息。

1）保存地点。指物种的保存机构。记录时使用保存机构的字母代码（见表2-7）。

2）种质份数。指物种在保存地点保存的全部种质份数。对于种质份数暂时无法统计的，使用"＊"表示。

3）个体数量。指物种在保存地点保存的全部个体数量。具体分为 a（1~9 株）、b（10~49 株）、c（50~99 株）、d（100~499 株）、e（≥500 株）、f（待调查）。

4）引种方式。指物种引种到保存地点的方式。具体包括采集、购买、赠送、交换等，如物种有多种引种方式，则逐一填写。无法确定引种方式者，则填写"待确定"。

5）生长状况。指物种在保存地点的生存现状。具体分为 A（总体长势较好，全部成功繁育更新）、B（总体长势较好，部分成功繁育更新）、C（总体长势较好，尚未繁育更新）、D（部分长势较好，部分基本无长势）、E（全部基本无长势）、F（全部死亡）、G（待调查）。

6）来源地。来源地确定为中国者，如能确定具体省份，则逐一填写具体省份名称；如只能确定到某地区，则填写地区名称；如既无法确定来源省份，也无法确定来源地区，则填写"中国"。来源地为国外者，则填写具体国家名称。无法确定来源地者，则填写"待确定"。

（2）种质库保存

以表格形式记录种质库保存物种的保存地点、保存方式、种质份数、个体数量、引种方式、来源地等相关信息。

1）保存地点。指物种的保存机构。记录时使用保存机构的字母代码（见表2-7）。

2）保存方式。指物种在保存地点保存的材料类型，如种子、DNA、组织等。如物种在该保存地点有多种材料类型，则逐一填写。

3）种质份数。指物种在保存地点保存的全部种质份数。对于种质份数暂时无法统计的，使用"＊"表示。

4）个体数量。指物种在保存地点保存的材料类型的总数量。具体分为 a（≤200 粒/份）、b（200~999 粒/份）、c（1 000~4 999 粒/份）、d（5 000~9 999 粒/份）、e（≥10 000 粒/份）、f（待调查）。

5）引种方式。指物种引种到保存地点的方式。具体包括采集、购买、赠送、交换等，如物种有多种引种方式，则逐一填写。无法确定引种方式者，则填写"待确定"。

6）来源地。来源地确定为中国者，如能确定具体省份，则逐一填写具体省份名称；如只能确定到某地区，则填写地区名称；如既无法确定来源省份，也无法确定来源地区，则填写"中国"。来源地为国外者，则填写具体国家名称。无法确定来源地者，则填写"待确定"。

多孔菌科 Polyporaceae

栓菌属 *Trametes*

云芝 *Trametes versicolor* (L.) Lloyd

功效主治 子实体（云芝）：微甘，寒。清热解毒，除湿化痰。用于咳嗽痰喘，癥瘕积聚。

迁地栽培保存

保存地点	种质份数	个体数量	引种方式	生长状况	来源地
GX	*	f	采集	G	广西

地钱科 Marchantiaceae

地钱属 *Marchantia*

地钱 *Marchantia polymorpha* L.

功效主治 植物体（地梭罗）：淡，凉。清热，生肌，拔毒。用于刀伤，骨折，毒蛇咬伤，疮痈肿毒，烫火伤。

濒危等级 中国植物红色名录评估为无危（LC）。

迁地栽培保存

保存地点	种质份数	个体数量	引种方式	生长状况	来源地
HB	1	c	采集	B	湖北
GX	*	f	采集	G	广西

泥炭藓科　Sphagnaceae

泥炭藓属　Sphagnum

泥炭藓　*Sphagnum palustre* L.

功效主治　植物体（泥炭藓）：淡、甘，凉。清热，明目，止痒，止血。

濒危等级　中国植物红色名录评估为无危（LC）。

迁地栽培保存

保存地点	种质份数	个体数量	引种方式	生长状况	来源地
HB	1	a	采集	C	待确定

蚌壳蕨科　Dicksoniaceae

金毛狗属　Cibotium

金毛狗　*Cibotium barometz*（L.）J. Sm.

功效主治　根茎（狗脊）：苦、甘，温。补肝肾，强腰脊，祛风湿。用于腰脊酸软，下肢无力，风湿痹痛。

濒危等级　CITES 附录 Ⅱ 物种，中国植物红色名录评估为无危（LC）。

迁地栽培保存

保存地点	种质份数	个体数量	引种方式	生长状况	来源地
GD	2	b	采集	D	待确定
BJ	2	b	采集	G	贵州、云南
CQ	1	a	采集	C	重庆
GZ	1	b	采集	C	贵州
HN	1	a	采集	B	海南
YN	1	a	购买	C	云南

叉蕨科　Aspidiaceae

叉蕨属　*Tectaria*

地耳蕨　*Tectaria zeilanica*（Houttuyn）Sledge.

功效主治　全草：止痢，止血。用于赤白痢，便血，尿血，小便短少，淋浊，小儿稀便。

濒危等级　中国植物红色名录评估为无危（LC）。

迁地栽培保存

保存地点	种质份数	个体数量	引种方式	生长状况	来源地
GX	*	f	采集	G	广西

三叉蕨　*Tectaria subtriphylla*（Hook.）Copel.

功效主治　叶：涩，平。祛风除湿，止血，解毒。用于风湿骨痛，痢疾，刀伤出血，毒蛇咬伤。

濒危等级　中国植物红色名录评估为无危（LC）。

迁地栽培保存

保存地点	种质份数	个体数量	引种方式	生长状况	来源地
GX	*	f	采集	G	广西

沙皮蕨　*Tectaria harlandii*（Hook.）Copel.

濒危等级　中国植物红色名录评估为无危（LC）。

迁地栽培保存

保存地点	种质份数	个体数量	引种方式	生长状况	来源地
GD	1	f	采集	G	待确定

条裂叉蕨 *Tectaria phaeocaulis*（Rosenst.）C. Chr.

濒危等级 中国植物红色名录评估为无危（LC）。

迁地栽培保存

保存地点	种质份数	个体数量	引种方式	生长状况	来源地
GX	*	f	采集	G	广西

燕尾叉蕨 *Tectaria simonsii*（Baker）Ching

濒危等级 中国植物红色名录评估为无危（LC）。

迁地栽培保存

保存地点	种质份数	个体数量	引种方式	生长状况	来源地
GX	*	f	采集	G	广西

中形叉蕨 *Tectaria media* Ching

迁地栽培保存

保存地点	种质份数	个体数量	引种方式	生长状况	来源地
GX	*	f	采集	G	广西

轴脉蕨属 *Ctenitopsis*

毛叶轴脉蕨 *Ctenitopsis devexa*（Kunze ex Mett.）Ching et C. H. Wang

功效主治 全草：清热解毒。

濒危等级 中国植物红色名录评估为无危（LC）。

迁地栽培保存

保存地点	种质份数	个体数量	引种方式	生长状况	来源地
GX	*	f	采集	G	广西

轴脉蕨 *Ctenitopsis sagenioides*（Mett.）Ching

迁地栽培保存

保存地点	种质份数	个体数量	引种方式	生长状况	来源地
GX	*	f	采集	G	广西

车前蕨科　Antrophyaceae

车前蕨属　Antrophyum

革叶车前蕨 *Antrophyum coriaceum*（D. Don）Wall. ex T. Moore

功效主治　全草：去根毛后用于咳嗽。

濒危等级　中国植物红色名录评估为易危（VU）。

迁地栽培保存

保存地点	种质份数	个体数量	引种方式	生长状况	来源地
GX	*	f	采集	G	广西

凤尾蕨科　Pteridaceae

粉叶蕨属　Pityrogramma

粉叶蕨 *Pityrogramma calomelanos*（L.）Link

功效主治　叶：促进伤口和溃疡愈合。全草或地上部分：在阿根廷可解热，镇静，收敛，止咳，祛痰，通经。用于胃痛，发热，肾阴虚，肝阳上亢，淋证。

濒危等级　中国特有植物，中国植物红色名录评估为无危（LC）。

迁地栽培保存

保存地点	种质份数	个体数量	引种方式	生长状况	来源地
GX	*	f	采集	G	广西

凤尾蕨属　*Pteris*

半边旗　*Pteris semipinnata* L.

功效主治　全草（半边旗）：苦、辛，凉。止血，生肌，消肿，止痛。用于吐血，外伤出血，背疽，疔疮，跌打损伤，目赤肿痛。

濒危等级　中国植物红色名录评估为无危（LC）。

迁地栽培保存

保存地点	种质份数	个体数量	引种方式	生长状况	来源地
CQ	1	a	采集	C	重庆
ZJ	1	b	采集	B	江西
FJ	1	a	采集	B	福建
GD	1	f	采集	G	待确定
GZ	1	b	采集	C	贵州
HN	1	b	待确定	B	海南

刺齿半边旗　*Pteris dispar* Kze.

功效主治　全草（刺齿凤尾蕨）：苦、涩，凉。清热解毒，止血，散瘀生肌。用于泄泻，痢疾，痄腮，风湿痛，疮毒，跌打损伤，毒蛇咬伤。

濒危等级　中国植物红色名录评估为无危（LC）。

迁地栽培保存

保存地点	种质份数	个体数量	引种方式	生长状况	来源地
GD	1	f	采集	G	待确定

多羽凤尾蕨 *Pteris decrescens* Christ

迁地栽培保存

保存地点	种质份数	个体数量	引种方式	生长状况	来源地
GX	*	f	采集	G	广西

凤尾蕨 *Pteris cretica* var. *nervosa*（Thunb.）Ching et S. H. Wu

功效主治　全草：甘、淡，凉。清热利湿，活血止痛。用于跌打损伤，瘀血腹痛，黄疸，乳蛾，痢疾，淋证，水肿，烫火伤，犬蛇咬伤。

濒危等级　中国植物红色名录评估为无危（LC）。

迁地栽培保存

保存地点	种质份数	个体数量	引种方式	生长状况	来源地
GX	2	f	采集	G	广西
GZ	2	e	采集	C	贵州
ZJ	1	d	购买	B	浙江
BJ	1	b	采集	G	云南

剑叶凤尾蕨 *Pteris ensiformis* Burm.

功效主治　全草（凤冠草）：淡、涩，凉。清热利湿，凉血止痢。用于痢疾，疟疾，黄疸，淋证，血崩，带下病，乳蛾，痄腮，湿疹，跌打损伤。

迁地栽培保存

保存地点	种质份数	个体数量	引种方式	生长状况	来源地
HN	1	a	采集	B	海南
GD	1	b	采集	D	待确定
CQ	1	a	采集	C	重庆
BJ	1	b	采集	G	广西

井栏边草　*Pteris multifida* Poir.

功效主治　全草（凤尾草）：微苦，凉。清热解毒，止血。用于痢疾，黄疸，泄泻，乳痈，带下病，崩漏；外用于烫火伤，外伤出血。

濒危等级　中国植物红色名录评估为无危（LC）。

迁地栽培保存

保存地点	种质份数	个体数量	引种方式	生长状况	来源地
CQ	2	a	采集	C	重庆
SC	2	f	待确定	G	四川
SH	1	a	采集	A	待确定
GD	1	f	采集	G	待确定
HB	1	a	采集	C	湖北
HN	1	b	待确定	B	海南
JS1	1	a	采集	D	江苏
YN	1	b	采集	C	云南

阔叶凤尾蕨　*Pteris esquirolii* Christ

迁地栽培保存

保存地点	种质份数	个体数量	引种方式	生长状况	来源地
CQ	1	a	采集	C	重庆

疏羽半边旗　*Pteris dissitifolia* Bak.

功效主治　全草：微苦，凉。生肌，止血，止痢。用于外伤出血，痢疾。

濒危等级　中国植物红色名录评估为无危（LC）。

迁地栽培保存

保存地点	种质份数	个体数量	引种方式	生长状况	来源地
CQ	1	a	采集	C	重庆

蜈蚣凤尾蕨 *Pteris vittata* L.

功效主治 全草或根茎（蜈蚣草）：淡、苦，温。有小毒。祛风除湿，清热解毒。用于时行感冒，痢疾，风湿疼痛，跌打损伤，蛇虫咬伤，疥疮。

迁地栽培保存

保存地点	种质份数	个体数量	引种方式	生长状况	来源地
HN	1	d	采集	B	海南
GZ	1	c	采集	C	贵州
GD	1	f	采集	G	待确定
CQ	1	a	采集	C	重庆

溪边凤尾蕨 *Pteris excelsa* Gaud.

功效主治 全草：清热解毒。用于淋证，烫火伤，狂犬咬伤。

迁地栽培保存

保存地点	种质份数	个体数量	引种方式	生长状况	来源地
CQ	1	a	采集	C	重庆

细叶凤尾蕨 *Pteris angustipinna* Tagawa

濒危等级 中国特有植物，中国植物红色名录评估为极危（CR）。

迁地栽培保存

保存地点	种质份数	个体数量	引种方式	生长状况	来源地
GX	*	f	采集	G	广西

线羽凤尾蕨 *Pteris linearis* Poir.

濒危等级 中国植物红色名录评估为无危（LC）。

迁地栽培保存

保存地点	种质份数	个体数量	引种方式	生长状况	来源地
YN	1	b	采集	C	云南
GX	*	f	采集	G	广西

岩凤尾蕨　*Pteris deltodon* Bak.

功效主治　全草：甘，平。清热解毒，止泻。用于泄泻，痢疾，久咳不止，淋证。

濒危等级　中国植物红色名录评估为无危（LC）。

迁地栽培保存

保存地点	种质份数	个体数量	引种方式	生长状况	来源地
CQ	1	a	采集	C	重庆
GZ	1	a	采集	C	贵州
GX	*	f	采集	G	广西

猪鬣凤尾蕨　*Pteris actiniopteroides* Christ

功效主治　全草：苦，寒。清热解毒，消痰，清胃。用于咳喘，痰喘，胃痛，烫火伤，刀伤，犬咬伤。

濒危等级　中国特有植物，中国植物红色名录评估为无危（LC）。

迁地栽培保存

保存地点	种质份数	个体数量	引种方式	生长状况	来源地
CQ	1	a	采集	C	重庆

碎米蕨属　*Cheilanthes*

薄叶碎米蕨　*Cheilanthes tenuifolia*（Burm. f.）Trev.

濒危等级　中国植物红色名录评估为无危（LC）。

迁地栽培保存

保存地点	种质份数	个体数量	引种方式	生长状况	来源地
GX	*	f	采集	G	广西

毛轴碎米蕨 *Cheilanthes chusana* Hooker

功效主治 全草：微苦，寒。清热解毒，止血散瘀，利尿。用于胁痛，痢疾，泄泻，月经不调，咽喉痛，跌打损伤，毒蛇咬伤，外伤出血。

濒危等级 中国植物红色名录评估为无危（LC）。

迁地栽培保存

保存地点	种质份数	个体数量	引种方式	生长状况	来源地
GX	*	f	采集	G	广西

骨碎补科　Davalliaceae

大膜盖蕨属　*Leucostegia*

大膜盖蕨 *Leucostegia immersa* Wall. ex C. Presl

功效主治 根茎：微苦，温。活血散瘀。用于腰痛，跌打损伤。

濒危等级 中国植物红色名录评估为无危（LC）。

迁地栽培保存

保存地点	种质份数	个体数量	引种方式	生长状况	来源地
GX	*	f	采集	G	广西

骨碎补属　*Davallia*

大叶骨碎补 *Davallia formosana* Hayata

功效主治 根茎：微苦，温。散瘀止痛，强筋壮骨，益肾固精。用于跌打损伤，风湿骨痛，肾虚腰痛。

濒危等级　中国植物红色名录评估为无危（LC）。

迁地栽培保存

保存地点	种质份数	个体数量	引种方式	生长状况	来源地
GX	*	f	采集	G	广西

骨碎补　*Davallia mariesii* T. Moore ex Baker

功效主治　根茎：苦，温。补肾强骨，祛风除湿，活血止痛。用于肾虚腰痛，筋骨酸痛，关节痛，跌打损伤。

濒危等级　中国植物红色名录评估为近危（NT）。

迁地栽培保存

保存地点	种质份数	个体数量	引种方式	生长状况	来源地
BJ	1	c	购买	G	贵州
JS1	1	a	采集	D	江苏

华南骨碎补　*Davallia austrosinica* Ching

迁地栽培保存

保存地点	种质份数	个体数量	引种方式	生长状况	来源地
HN	1	a	采集	B	海南

阔叶骨碎补　*Davallia solida* (G. Forst.) Sw.

功效主治　根茎：苦，温。壮筋骨，强腰膝。用于跌打损伤，筋骨疼痛。

濒危等级　中国特有植物，中国植物红色名录评估为无危（LC）。

迁地栽培保存

保存地点	种质份数	个体数量	引种方式	生长状况	来源地
GX	*	f	采集	G	广西

小膜盖蕨属 *Araiostegia*

鳞轴小膜盖蕨 *Araiostegia perdurans*（H. Christ）Copel.

功效主治 全草：清热利尿，补肾，祛风，续筋骨，驱虫。用于风热感冒，蛔积腹痛。

濒危等级 中国特有植物，中国植物红色名录评估为无危（LC）。

迁地栽培保存

保存地点	种质份数	个体数量	引种方式	生长状况	来源地
ZJ	1	c	采集	A	浙江

阴石蕨属 *Humata*

杯盖阴石蕨 *Humata griffithiana*（Hook.）C. Chr.

功效主治 根茎（草石蚕）：淡、微苦，凉。清热解毒，祛风除湿。用于湿热黄疸，风湿痹痛，腰肌劳损，跌打损伤，肺痈，咳嗽，牙龈肿痛，毒蛇咬伤。

濒危等级 中国植物红色名录评估为数据缺乏（DD）。

迁地栽培保存

保存地点	种质份数	个体数量	引种方式	生长状况	来源地
BJ	1	b	采集	G	广西
GD	1	f	采集	G	待确定
GX	*	f	采集	G	广西

阴石蕨 *Humata repens*（L. f.）J. Small ex Diels

功效主治 根茎：甘、淡，平。清热利湿，散瘀活血，续筋接骨。用于牙痛，风湿痹痛，腰肌劳损，便血，淋证，跌打损伤，痈疮肿毒。

濒危等级 中国植物红色名录评估为无危（LC）。

迁地栽培保存

保存地点	种质份数	个体数量	引种方式	生长状况	来源地
GX	*	f	采集	G	广西

观音座莲科 Angiopteridaceae

观音座莲属 *Angiopteris*

福建观音座莲 *Angiopteris fokiensis* Hieron.

功效主治 根茎（马蹄蕨）：淡、微甘，凉。清热解毒，疏风散瘀，凉血止血，安神。用于跌打损伤，风湿痹痛，风热咳嗽，疰腮，崩漏，蛇咬伤，外伤出血。

濒危等级 浙江省重点保护植物，中国植物红色名录评估为无危（LC）。

迁地栽培保存

保存地点	种质份数	个体数量	引种方式	生长状况	来源地
CQ	1	a	采集	C	重庆
BJ	1	a	采集	C	云南
GZ	1	b	采集	C	贵州

观音座莲 *Angiopteris evecta* (G. Forst.) Hoffm.

功效主治 根茎：和中益胃，止泻。用于泄泻，鹤膝风。

濒危等级 中国特有植物，中国植物红色名录评估为无危（LC）。

迁地栽培保存

保存地点	种质份数	个体数量	引种方式	生长状况	来源地
GX	*	f	采集	G	印度尼西亚

河口观音座莲 *Angiopteris hokouensis* Ching

功效主治 根茎：微苦、涩，凉。清热解毒，止咳，散结。用于疰腮，痈疖，瘰疬，骨折，蛇咬伤。

迁地栽培保存

保存地点	种质份数	个体数量	引种方式	生长状况	来源地
GX	*	f	采集	G	云南

披针观音座莲 *Angiopteris caudatiformis* Hieron.

功效主治 根茎：苦、涩，寒。清热利湿，止血，止痛，止痢。用于泄泻，痢疾，水肿，咯血，血崩，跌打损伤。

迁地栽培保存

保存地点	种质份数	个体数量	引种方式	生长状况	来源地
BJ	1	a	采集	C	云南
YN	1	a	采集	C	云南

海金沙科　Lygodiaceae

海金沙属　Lygodium

海金沙 *Lygodium japonicum* (Thunb.) Sw.

功效主治 全草或孢子：微苦，凉。利尿，消炎。用于淋证，烫火伤。

濒危等级 中国植物红色名录评估为无危（LC）。

迁地栽培保存

保存地点	种质份数	个体数量	引种方式	生长状况	来源地
SC	3	f	待确定	G	四川
GZ	1	a	采集	C	贵州
SH	1	b	采集	A	待确定
ZJ	1	d	采集	A	浙江
BJ	1	b	采集	G	云南
CQ	1	a	采集	C	重庆

续表

保存地点	种质份数	个体数量	引种方式	生长状况	来源地
GD	1	b	采集	B	待确定
HB	1	a	采集	C	湖北
HN	1	a	采集	B	海南
YN	1	b	采集	C	云南
FJ	1	a	采集	B	福建

海南海金沙 *Lygodium conforme* C. Chr.

功效主治　全草：淡，凉。清热利尿。用于小便淋痛，淋证，尿血，痢疾，并能拔除弹片。

濒危等级　中国植物红色名录评估为无危（LC）。

迁地栽培保存

保存地点	种质份数	个体数量	引种方式	生长状况	来源地
HN	1	a	采集	B	海南
GX	*	f	采集	G	广西

曲轴海金沙 *Lygodium flexuosum* (L.) Sw.

功效主治　全草（牛抄藤）：甘、微苦，寒。舒筋活络，清热利尿，止血消肿。用于风湿麻木，淋证，水肿，痢疾，跌打损伤，外伤出血，疮疡肿毒。

濒危等级　中国植物红色名录评估为无危（LC）。

迁地栽培保存

保存地点	种质份数	个体数量	引种方式	生长状况	来源地
GX	*	f	采集	G	广西

小叶海金沙 *Lygodium microphyllum* (L.) Sw.

功效主治　全草或孢子：甘，寒。利水渗湿，舒筋活络，通淋，止血。用于水肿，胁痛，淋证，痢疾，便血，风湿麻木，外伤出血。

濒危等级　中国植物红色名录评估为无危（LC）。

迁地栽培保存

保存地点	种质份数	个体数量	引种方式	生长状况	来源地
GD	1	f	采集	G	待确定
HN	1	a	待确定	B	海南
GX	*	f	采集	G	广西

种质库保存

保存地点	保存方式	种质份数	个体数量	引种方式	来源地
BJ	种子	1	a	采集	云南

掌叶海金沙 *Lygodium digitatum* D. C. Eaton

濒危等级 中国植物红色名录评估为无危（LC）。

迁地栽培保存

保存地点	种质份数	个体数量	引种方式	生长状况	来源地
GD	1	b	采集	D	待确定

槲蕨科　Drynariaceae

槲蕨属 *Drynaria*

槲蕨 *Drynaria roosii* Nakaike

功效主治 根茎：补肾强骨，续筋活血止痛。用于风湿骨痛，肾虚腰痛，耳鸣耳聋，牙齿松动，跌扑闪挫，筋骨折伤，小儿疳积；外用于疮疖。

濒危等级 中国植物红色名录评估为无危（LC）。

迁地栽培保存

保存地点	种质份数	个体数量	引种方式	生长状况	来源地
BJ	2	b	采集	C	湖北、贵州

续表

保存地点	种质份数	个体数量	引种方式	生长状况	来源地
GZ	1	b	采集	C	贵州
ZJ	1	c	采集	A	浙江
HB	1	a	采集	C	待确定
YN	1	a	购买	C	云南
CQ	1	b	采集	A	重庆
GD	1	f	采集	G	待确定
GX	*	f	采集	G	福建

栎叶槲蕨 *Drynaria quercifolia* (L.) J. Sm.

功效主治　根茎：微苦，温。补肾，续骨，活血止血。用于跌打损伤，外伤出血，风湿关节痛。

濒危等级　中国植物红色名录评估为无危（LC）。

迁地栽培保存

保存地点	种质份数	个体数量	引种方式	生长状况	来源地
HN	1	a	采集	B	海南

毛槲蕨 *Drynaria mollis* Bedd.

濒危等级　中国植物红色名录评估为近危（NT）。

迁地栽培保存

保存地点	种质份数	个体数量	引种方式	生长状况	来源地
GX	*	f	采集	G	云南

团叶槲蕨 *Drynaria bonii* H. Christ

功效主治　根茎：微苦，温。补虚损，强筋骨，行血，止血。用于肾虚耳鸣，骨折，跌打损伤。

濒危等级　中国植物红色名录评估为近危（NT）。

迁地栽培保存

保存地点	种质份数	个体数量	引种方式	生长状况	来源地
HN	1	a	采集	B	海南

崖姜蕨属 *Pseudodrynaria*

崖姜 *Pseudodrynaria coronans*（Wall. ex Mett.）Ching

功效主治 根茎：微苦、涩，温。祛风除湿，强壮筋骨，舒筋活络。用于跌打损伤，骨折，风湿关节痛。

濒危等级 中国植物红色名录评估为无危（LC）。

迁地栽培保存

保存地点	种质份数	个体数量	引种方式	生长状况	来源地
GD	1	f	采集	G	待确定
HN	1	b	采集	B	待确定
YN	1	a	采集	C	云南
GX	*	f	采集	G	广西

槐叶苹科 Salviniaceae

槐叶苹属 *Salvinia*

槐叶苹 *Salvinia natans*（L.）All.

功效主治 全草：清热解毒，活血止痛，除湿，消肿。用于劳热，浮肿，疔疮，湿疹，烫火伤。

濒危等级 中国植物红色名录评估为无危（LC）。

迁地栽培保存

保存地点	种质份数	个体数量	引种方式	生长状况	来源地
SH	1	b	采集	A	待确定
GX	*	f	采集	G	上海

金星蕨科 Thelypteridaceae

金星蕨属 *Parathelypteris*

中日金星蕨 *Parathelypteris nipponica* (Franch. et Sav.) Ching

功效主治 叶：苦，寒。清热止血。用于外伤出血。

濒危等级 中国植物红色名录评估为无危（LC）。

迁地栽培保存

保存地点	种质份数	个体数量	引种方式	生长状况	来源地
CQ	1	a	采集	F	重庆

卵果蕨属 *Phegopteris*

延羽卵果蕨 *Phegopteris decursive-pinnata* (van Hall) Fée

濒危等级 中国植物红色名录评估为无危（LC）。

迁地栽培保存

保存地点	种质份数	个体数量	引种方式	生长状况	来源地
GX	*	f	采集	G	湖北

毛蕨属 *Cyclosorus*

方秆蕨 *Cyclosorus erubescens* (Wall. ex Hook.) C. M. Kuo

迁地栽培保存

保存地点	种质份数	个体数量	引种方式	生长状况	来源地
CQ	1	a	采集	C	重庆

干旱毛蕨 *Cyclosorus aridus*（Don）Tagawa

功效主治　全草：苦，凉。清热解毒，止痢。用于乳蛾，痢疾，狂犬咬伤，枪弹伤。

濒危等级　中国植物红色名录评估为无危（LC）。

迁地栽培保存

保存地点	种质份数	个体数量	引种方式	生长状况	来源地
GX	*	f	采集	G	广西

华南毛蕨 *Cyclosorus parasiticus*（Linn.）Farwell.

功效主治　全草：辛，平。祛风除湿，清热，止痢。用于风湿筋骨痛，感冒，痢疾。

濒危等级　中国植物红色名录评估为无危（LC）。

迁地栽培保存

保存地点	种质份数	个体数量	引种方式	生长状况	来源地
GD	1	f	采集	G	待确定
HN	1	e	采集	B	海南

渐尖毛蕨 *Cyclosorus acuminatus*（Houtt.）Nakai

功效主治　全草（渐尖毛蕨）：清热解毒，健脾，镇惊。用于消化不良，烫火伤，狂犬咬伤。

濒危等级　中国植物红色名录评估为无危（LC）。

迁地栽培保存

保存地点	种质份数	个体数量	引种方式	生长状况	来源地
GZ	2	b	采集	C	贵州
BJ	1	b	采集	G	广西
CQ	1	a	采集	F	重庆

圣蕨属　*Dictyocline*

戟叶圣蕨 *Dictyocline sagittifolia* Ching

功效主治　根茎：用于小儿惊风。

濒危等级　中国特有植物，中国植物红色名录评估为无危（LC）。

迁地栽培保存

保存地点	种质份数	个体数量	引种方式	生长状况	来源地
GX	*	f	采集	G	广西

溪边蕨属　*Stegnogramma*

贯众叶溪边蕨　*Stegnogramma cyrtomioides*（C. Chr.）Ching

功效主治　根茎：用于内伤，眩晕。

濒危等级　中国特有植物，中国植物红色名录评估为近危（NT）。

迁地栽培保存

保存地点	种质份数	个体数量	引种方式	生长状况	来源地
CQ	1	a	采集	F	重庆

新月蕨属　*Pronephrium*

单叶新月蕨　*Pronephrium simplex*（Hook.）Holtt.

功效主治　全草：甘、微涩，凉。清热解毒，利咽消肿。用于乳蛾，疮疡肿毒，毒蛇咬伤。

濒危等级　中国特有植物，中国植物红色名录评估为无危（LC）。

迁地栽培保存

保存地点	种质份数	个体数量	引种方式	生长状况	来源地
HN	1	b	采集	B	海南

披针新月蕨　*Pronephrium penangianum*（Hook.）Holtt.

功效主治　根茎：苦、涩，凉。活血散瘀，利湿。用于风湿麻木，痢疾，跌打腰痛。叶：苦、涩，凉。活血散瘀，利湿。用于血凝气滞。

濒危等级　中国植物红色名录评估为无危（LC）。

迁地栽培保存

保存地点	种质份数	个体数量	引种方式	生长状况	来源地
GX	*	f	采集	G	湖北

三羽新月蕨 *Pronephrium triphyllum*（Sw.）Holtt.

功效主治　全草（蛇退步）：苦、辛，平。散瘀，止痒，解毒。用于痈疮疖肿，跌打损伤，湿疹，皮炎，毒蛇咬伤。

濒危等级　中国植物红色名录评估为无危（LC）。

迁地栽培保存

保存地点	种质份数	个体数量	引种方式	生长状况	来源地
GD	1	f	采集	G	待确定
GX	*	f	采集	G	广西

新月蕨 *Pronephrium gymnopteridifrons*（Hay.）Holtt.

濒危等级　中国植物红色名录评估为无危（LC）。

迁地栽培保存

保存地点	种质份数	个体数量	引种方式	生长状况	来源地
GX	2	f	采集	G	广西
GZ	1	b	采集	C	贵州

沼泽蕨属 *Thelypteris*

沼泽蕨 *Thelypteris palustris*（Linn.）Schott

功效主治　全草：清热解毒。

迁地栽培保存

保存地点	种质份数	个体数量	引种方式	生长状况	来源地
GX	*	f	采集	G	法国

卷柏科　**Selaginellaceae**

卷柏属　*Selaginella*

薄叶卷柏　*Selaginella delicatula*（Desv. ex Poir.）Alston

功效主治　全草（薄叶卷柏）：辛，平。清热解毒，祛风退热，活血调经。用于小儿惊风，麻疹，跌打损伤，月经不调，烫火伤。

濒危等级　中国植物红色名录评估为无危（LC）。

迁地栽培保存

保存地点	种质份数	个体数量	引种方式	生长状况	来源地
CQ	1	a	采集	C	重庆
GX	*	f	采集	G	广西

长芒卷柏　*Selaginella commutata* Alderw.

濒危等级　中国特有植物，中国植物红色名录评估为数据缺乏（DD）。

迁地栽培保存

保存地点	种质份数	个体数量	引种方式	生长状况	来源地
GX	*	f	采集	G	广西

翠云草　*Selaginella uncinata*（Desv. ex Poir.）Spring

功效主治　全草（翠云草）：淡、苦，寒。清热解毒，利湿通络，化痰止咳，止血。用于黄疸，痢疾，高热惊厥，胁痛，胆胀，水肿，泄泻，吐血，便血，风湿关节痛，乳痈，烫火伤。

濒危等级　中国特有植物，中国植物红色名录评估为无危（LC）。

迁地栽培保存

保存地点	种质份数	个体数量	引种方式	生长状况	来源地
GD	2	b	采集	B	待确定

续表

保存地点	种质份数	个体数量	引种方式	生长状况	来源地
BJ	1	c	采集	G	广西
YN	1	a	采集	E	云南
HN	1	b	采集	B	海南
GZ	1	b	采集	C	贵州
CQ	1	a	采集	C	重庆

垫状卷柏 *Selaginella pulvinata*（Hook. et Grev.）Maxim.

功效主治 全草（卷柏）：辛、涩，平。通经散血，止血生肌，活血祛瘀，解毒退热。用于闭经，子宫出血，胃肠出血，尿血，外伤出血，跌打损伤，骨折，小儿高热惊风。

濒危等级 中国植物红色名录评估为近危（NT）。

迁地栽培保存

保存地点	种质份数	个体数量	引种方式	生长状况	来源地
BJ	2	b	采集	C	河南、四川
GX	*	f	采集	G	广西

二形卷柏 *Selaginella biformis* A. Braun ex Kuhn

功效主治 全草：用于烫火伤。

濒危等级 中国植物红色名录评估为无危（LC）。

迁地栽培保存

保存地点	种质份数	个体数量	引种方式	生长状况	来源地
HN	1	a	采集	B	海南
GX	*	f	采集	G	广西

伏地卷柏 *Selaginella nipponica* Franch. & Sav.

功效主治 全草（伏地卷柏）：淡，平。清热解毒，润肺止咳，舒筋活血，止血生肌。用于咳嗽痰喘，淋证，吐血，痔疮出血，外伤出血，扭伤，烫火伤。

濒危等级 中国植物红色名录评估为无危（LC）。

迁地栽培保存

保存地点	种质份数	个体数量	引种方式	生长状况	来源地
CQ	1	a	采集	C	重庆

旱生卷柏 *Selaginella stauntoniana* Spring

功效主治 全草：活血散瘀，凉血止血。用于便血，尿血，子宫出血，瘀血肿痛，跌打损伤。

濒危等级 中国植物红色名录评估为无危（LC）。

迁地栽培保存

保存地点	种质份数	个体数量	引种方式	生长状况	来源地
BJ	1	b	采集	G	山东

江南卷柏 *Selaginella moellendorffii* Hieron.

功效主治 全草（地柏枝）：辛、微甘，凉。清热解毒，利尿通淋，活血消肿，止血退热。用于黄疸，肝腹水，淋证，跌打损伤，咯血，便血，刀伤出血，疮毒，烫火伤，毒蛇咬伤。

濒危等级 中国植物红色名录评估为无危（LC）。

迁地栽培保存

保存地点	种质份数	个体数量	引种方式	生长状况	来源地
BJ	1	b	采集	G	广西
CQ	1	a	采集	C	重庆
GX	*	f	采集	G	广西

卷柏 *Selaginella tamariscina*（P. Beauv.）Spring

功效主治 全草（卷柏）：辛、涩，平。破血止血，祛痰，通经。用于吐血，便血，尿血，外伤出血，月经过多，胃肠出血，闭经，癥瘕，咳喘，癫痫昏厥，跌打损伤，烫火伤。

濒危等级 河北省重点保护植物，中国植物红色名录评估为无危（LC）。

迁地栽培保存

保存地点	种质份数	个体数量	引种方式	生长状况	来源地
BJ	3	c	采集	G	北京、山东、河北
LN	1	c	采集	B	辽宁
GD	1	f	采集	G	待确定

蔓出卷柏 *Selaginella davidii* Franch.

功效主治 全草（小过江龙）：苦、涩，温。清热解毒，舒筋活络。用于筋骨疼痛，风湿关节痛，胁痛。

迁地栽培保存

保存地点	种质份数	个体数量	引种方式	生长状况	来源地
CQ	1	a	采集	C	重庆
GX	*	f	采集	G	广西

深绿卷柏 *Selaginella doederleinii* Hieron.

功效主治 全草（大叶菜）：甘，凉。清热解毒，祛风消肿，止血生肌。用于风湿疼痛，风热咳喘，胁痛，乳蛾，痈肿溃疡，烫火伤。

迁地栽培保存

保存地点	种质份数	个体数量	引种方式	生长状况	来源地
CQ	1	a	采集	C	重庆
GD	1	f	采集	G	待确定
HN	1	a	采集	B	海南

瓦氏卷柏 *Selaginella wallichii* (Hook. & Grev.) Spring

濒危等级 中国植物红色名录评估为无危（LC）。

迁地栽培保存

保存地点	种质份数	个体数量	引种方式	生长状况	来源地
GX	*	f	采集	G	中国

兖州卷柏 *Selaginella involvens* (Sw.) Spring

功效主治　全草（兖州卷柏）：淡、苦，寒。清热凉血，利水消肿，清肝利胆，化痰定喘，止血。用于黄疸，肝腹水，咳嗽痰喘，风热咳喘，崩漏，瘰疬，疮痈，烫火伤，狂犬咬伤，外伤出血。

濒危等级　中国植物红色名录评估为无危（LC）。

迁地栽培保存

保存地点	种质份数	个体数量	引种方式	生长状况	来源地
GX	*	f	采集	G	广西

异穗卷柏 *Selaginella heterostachys* Baker

功效主治　全草：微涩，凉。清热解毒，止血。用于蛇咬伤，外伤出血。

濒危等级　中国特有植物，中国植物红色名录评估为无危（LC）。

迁地栽培保存

保存地点	种质份数	个体数量	引种方式	生长状况	来源地
GX	*	f	采集	G	广西

中华卷柏 *Selaginella sinensis* (Desv.) Spring

功效主治　全草：淡、微苦，凉。清热，利湿，止血。用于胁痛，胆胀，下肢湿疹，外伤出血，烫火伤。

濒危等级　中国特有植物，中国植物红色名录评估为无危（LC）。

迁地栽培保存

保存地点	种质份数	个体数量	引种方式	生长状况	来源地
GX	*	f	采集	G	山东

蕨科 Pteridiaceae

蕨属 *Pteridium*

蕨 *Pteridium aquilinum* var. *latiusculum*（Desv.）Underw. ex A. Heller

功效主治 嫩苗（蕨）、根茎（蕨根）：甘，寒。清热解毒，祛风利湿，降气化痰，利水安神。用于外感发热，痢疾，黄疸，肝阳上亢，风湿腰痛，带下病，脱肛。

濒危等级 内蒙古自治区重点保护植物、河北省重点保护植物，中国植物红色名录评估为无危（LC）。

迁地栽培保存

保存地点	种质份数	个体数量	引种方式	生长状况	来源地
FJ	8	a	采集	C	福建
CQ	1	a	采集	C	重庆
HN	1	a	待确定	B	海南
HEN	1	a	采集	B	河南
GD	1	f	采集	G	待确定
HB	1	a	采集	C	待确定

毛轴蕨 *Pteridium revolutum*（Blume）Nakai

功效主治 根茎：涩，凉。祛风除湿，解热利尿，驱虫。用于风湿关节痛，淋证，脱肛，疮毒，蛔虫病。

濒危等级 中国植物红色名录评估为无危（LC）。

迁地栽培保存

保存地点	种质份数	个体数量	引种方式	生长状况	来源地
GZ	1	a	采集	C	贵州
GX	*	f	采集	G	广西

欧洲蕨　*Pteridium aquilinum*（L.）Kuhn

功效主治　根：生发。

迁地栽培保存

保存地点	种质份数	个体数量	引种方式	生长状况	来源地
GX	2	f	采集	G	山东

食蕨　*Pteridium esculentum*（G. Forst.）Nakai

功效主治　根：用于流行性感冒，晕船。叶：用于痢疾，烧伤。

濒危等级　中国植物红色名录评估为无危（LC）。

迁地栽培保存

保存地点	种质份数	个体数量	引种方式	生长状况	来源地
HN	1	a	采集	B	海南

里白科　Gleicheniaceae

里白属　*Diplopterygium*

大里白　*Diplopterygium giganteum*（Wall. ex Hook.）Nakai

濒危等级　中国植物红色名录评估为数据缺乏（DD）。

迁地栽培保存

保存地点	种质份数	个体数量	引种方式	生长状况	来源地
GX	*	f	采集	G	广西

里白　*Diplopterygium glaucum*（Thunb. ex Houtt.）Nakai

功效主治　根茎及髓部：微苦、涩，凉。行气，止血，接骨。用于胃痛，衄血，骨折。

濒危等级　中国植物红色名录评估为无危（LC）。

迁地栽培保存

保存地点	种质份数	个体数量	引种方式	生长状况	来源地
GX	*	f	采集	G	广西

芒萁属　*Dicranopteris*

大芒萁　*Dicranopteris ampla* Ching & Chiu

功效主治　嫩苗：微甘，平。解毒，止血。用于蜈蚣咬伤，衄血，外伤出血。

濒危等级　中国植物红色名录评估为无危（LC）。

迁地栽培保存

保存地点	种质份数	个体数量	引种方式	生长状况	来源地
HN	2	a	采集	B	海南
GX	*	f	采集	G	广西

芒萁　*Dicranopteris dichotoma*（Thunb.）Bernh.

功效主治　全草：清热利尿，散瘀止血，活血。用于淋证，血崩，带下病。

濒危等级　中国植物红色名录评估为无危（LC）。

迁地栽培保存

保存地点	种质份数	个体数量	引种方式	生长状况	来源地
ZJ	1	d	采集	A	浙江
GZ	1	e	采集	C	贵州
GX	*	f	采集	G	广西

铁芒萁　*Dicranopteris linearis*（Burm. f.）Underw.

功效主治　全草：微甘、淡，平。清热解毒，化瘀止血，止咳，利尿。用于肺热咳嗽，衄血，崩漏，小便涩痛，淋证，跌打损伤，烫火伤，外伤出血，狂犬及蛇虫咬伤。

濒危等级　中国植物红色名录评估为无危（LC）。

迁地栽培保存

保存地点	种质份数	个体数量	引种方式	生长状况	来源地
HN	2	a	采集	B	海南

鳞毛蕨科　Dryopteridaceae

耳蕨属　*Polystichum*

鞭叶耳蕨　*Polystichum craspedosorum* (Maxim.) Diels

濒危等级　中国植物红色名录评估为无危（LC）。

迁地栽培保存

保存地点	种质份数	个体数量	引种方式	生长状况	来源地
GX	*	f	采集	G	湖北

长鳞耳蕨　*Polystichum longipaleatum* H. Christ

濒危等级　中国植物红色名录评估为无危（LC）。

迁地栽培保存

保存地点	种质份数	个体数量	引种方式	生长状况	来源地
GX	*	f	采集	G	广西

大叶耳蕨　*Polystichum grandifrons* C. Chr.

濒危等级　中国植物红色名录评估为无危（LC）。

迁地栽培保存

保存地点	种质份数	个体数量	引种方式	生长状况	来源地
GX	*	f	采集	G	广西

对马耳蕨 *Polystichum tsus-simense*（Hook.）J. Sm.

迁地栽培保存

保存地点	种质份数	个体数量	引种方式	生长状况	来源地
CQ	1	a	采集	C	重庆

对生耳蕨 *Polystichum deltodon*（Baker）Diels

功效主治 全草：酸、涩，微寒。活血止痛，消肿，利尿。用于跌打损伤，感冒，外伤出血，毒蛇咬伤。

迁地栽培保存

保存地点	种质份数	个体数量	引种方式	生长状况	来源地
CQ	1	a	采集	C	重庆

峨眉耳蕨 *Polystichum caruifolium* C. Chr.

功效主治 全草：苦，平。清热利尿。用于胃热，鼻肿，小便涩痛，大肠火结。

迁地栽培保存

保存地点	种质份数	个体数量	引种方式	生长状况	来源地
CQ	1	a	采集	C	重庆

黑鳞耳蕨 *Polystichum makinoi*（Tagawa）Tagawa

功效主治 叶：用于下肢疖肿，刀伤出血。根茎：清热解毒，止痢。用于痢疾，下肢疖肿，刀伤出血。

濒危等级 中国植物红色名录评估为无危（LC）。

迁地栽培保存

保存地点	种质份数	个体数量	引种方式	生长状况	来源地
CQ	1	a	采集	C	重庆

灰绿耳蕨 *Polystichum eximium*（Mett. ex Kuhn）C. Chr.

濒危等级 中国植物红色名录评估为无危（LC）。

迁地栽培保存

保存地点	种质份数	个体数量	引种方式	生长状况	来源地
GX	*	f	采集	G	广西、广东

戟叶耳蕨 *Polystichum tripteron*（Kunze）C. Presl

功效主治　根茎：清热解毒，利尿通淋。用于内热腹痛，痢疾，淋浊。

濒危等级　中国植物红色名录评估为无危（LC）。

迁地栽培保存

保存地点	种质份数	个体数量	引种方式	生长状况	来源地
GX	*	f	采集	G	湖北

尖齿耳蕨 *Polystichum acutidens* H. Christ

功效主治　根茎：用于胃痛。全草：用于头昏，周身疼痛。

濒危等级　中国植物红色名录评估为无危（LC）。

迁地栽培保存

保存地点	种质份数	个体数量	引种方式	生长状况	来源地
CQ	1	a	采集	C	重庆
GX	*	f	采集	G	北京

尖叶耳蕨 *Polystichum parvipinnulum* Tagawa

濒危等级　中国特有植物，中国植物红色名录评估为无危（LC）。

迁地栽培保存

保存地点	种质份数	个体数量	引种方式	生长状况	来源地
GX	*	f	采集	G	重庆

角状耳蕨 *Polystichum alcicorne*（Baker）Diels

功效主治　全草：消肿解毒，散瘀止血。用于外伤出血。

濒危等级 中国特有植物，中国植物红色名录评估为无危（LC）。

迁地栽培保存

保存地点	种质份数	个体数量	引种方式	生长状况	来源地
CQ	1	a	采集	C	重庆

猫儿刺耳蕨 *Polystichum stimulans*（Kunze ex Mett.）Bedd.

濒危等级 中国植物红色名录评估为数据缺乏（DD）。

迁地栽培保存

保存地点	种质份数	个体数量	引种方式	生长状况	来源地
GX	*	f	采集	G	波兰

欧洲耳蕨 *Polystichum aculeatum*（L.）Roth ex Mert.

功效主治 根茎：补肝肾，强腰膝，除风湿，通血脉。

濒危等级 中国植物红色名录评估为数据缺乏（DD）。

迁地栽培保存

保存地点	种质份数	个体数量	引种方式	生长状况	来源地
GX	*	f	采集	G	印度尼西亚

圆顶耳蕨 *Polystichum dielsii* H. Christ

濒危等级 中国植物红色名录评估为无危（LC）。

迁地栽培保存

保存地点	种质份数	个体数量	引种方式	生长状况	来源地
GZ	1	b	采集	C	贵州

中华耳蕨 *Polystichum sinense* Ching

功效主治 全草：散寒。用于周身疼痛。

迁地栽培保存

保存地点	种质份数	个体数量	引种方式	生长状况	来源地
GX	*	f	采集	G	广东

复叶耳蕨属　*Arachniodes*

背囊复叶耳蕨　*Arachniodes cavalerii*（H. Christ）Ohwi

濒危等级　中国植物红色名录评估为无危（LC）。

迁地栽培保存

保存地点	种质份数	个体数量	引种方式	生长状况	来源地
GX	*	f	采集	G	广西

多羽复叶耳蕨　*Arachniodes amoena*（Ching）Ching

功效主治　全草：用于关节痛。

濒危等级　中国特有植物，中国植物红色名录评估为无危（LC）。

迁地栽培保存

保存地点	种质份数	个体数量	引种方式	生长状况	来源地
GX	*	f	采集	G	广东

华东复叶耳蕨　*Arachniodes pseudoaristata*（Tagawa）Ohwi

濒危等级　中国植物红色名录评估为无危（LC）。

迁地栽培保存

保存地点	种质份数	个体数量	引种方式	生长状况	来源地
GX	*	f	采集	G	广西

假斜方复叶耳蕨　*Arachniodes hekiana* Sa. Kurata

濒危等级　中国植物红色名录评估为无危（LC）。

迁地栽培保存

保存地点	种质份数	个体数量	引种方式	生长状况	来源地
CQ	1	a	采集	B	重庆

南川复叶耳蕨 *Arachniodes nanchuanensis* Ching et Z. Y. Liu

迁地栽培保存

保存地点	种质份数	个体数量	引种方式	生长状况	来源地
CQ	1	a	采集	B	重庆

尾叶复叶耳蕨 *Arachniodes caudifolia* Ching & Y. T. Hsieh

濒危等级 中国特有植物，中国植物红色名录评估为无危（LC）。

迁地栽培保存

保存地点	种质份数	个体数量	引种方式	生长状况	来源地
CQ	1	a	采集	B	重庆
GX	*	f	采集	G	广西

斜方复叶耳蕨 *Arachniodes rhomboidea* (Schott) Ching

功效主治 根茎：微苦，温。祛风散寒。用于关节痛。

迁地栽培保存

保存地点	种质份数	个体数量	引种方式	生长状况	来源地
CQ	1	a	采集	B	重庆
GX	*	f	采集	G	广西

中华复叶耳蕨 *Arachniodes chinensis* (Rosenst.) Ching

功效主治 全草或根茎：清热解毒，消肿散瘀，止血。

濒危等级 中国特有植物，中国植物红色名录评估为无危（LC）。

迁地栽培保存

保存地点	种质份数	个体数量	引种方式	生长状况	来源地
GX	2	f	采集	G	广西
CQ	1	a	采集	B	重庆

贯众属 *Cyrtomium*

刺齿贯众 *Cyrtomium caryotideum* (Wall. ex Hook. & Grev.) C. Presl

功效主治 根茎：苦，微寒。有小毒。清热解毒，活血散瘀，利水。用于瘰疬，疔毒疖肿，感冒，崩漏，跌打损伤，水肿。

濒危等级 中国特有植物，中国植物红色名录评估为无危（LC）。

迁地栽培保存

保存地点	种质份数	个体数量	引种方式	生长状况	来源地
GZ	1	c	采集	C	贵州
GX	*	f	采集	G	湖北

大叶贯众 *Cyrtomium macrophyllum* (Makino) Tagawa

功效主治 根茎：清热解毒，活血，止血，杀虫。用于崩漏，带下病，烫火伤，跌打损伤，蛔虫病。

迁地栽培保存

保存地点	种质份数	个体数量	引种方式	生长状况	来源地
CQ	2	a	采集	B	重庆
GX	*	f	采集	G	湖北

单叶贯众 *Cyrtomium hemionitis* H. Christ

濒危等级 国家重点保护野生植物名录（第一批）二级，中国植物红色名录评估为濒危（EN）。

迁地栽培保存

保存地点	种质份数	个体数量	引种方式	生长状况	来源地
GX	*	f	采集	G	广西

低头贯众 *Cyrtomium nephrolepioides*（H. Christ）Copel.

濒危等级　中国特有植物，中国植物红色名录评估为无危（LC）。

迁地栽培保存

保存地点	种质份数	个体数量	引种方式	生长状况	来源地
GX	*	f	采集	G	北京

峨眉贯众 *Cyrtomium omeiense* Ching & K. H. Shing

濒危等级　中国特有植物，中国植物红色名录评估为无危（LC）。

迁地栽培保存

保存地点	种质份数	个体数量	引种方式	生长状况	来源地
SC	1	f	待确定	G	四川

贯众 *Cyrtomium fortunei* J. Sm.

功效主治　根茎：苦，微寒。清热平肝，止血，解毒，杀虫。用于感冒，热病斑疹，痧秽中毒，疟疾，痢疾，肝炎，血崩，带下病，乳痈，瘰疬，跌打损伤。

迁地栽培保存

保存地点	种质份数	个体数量	引种方式	生长状况	来源地
SC	4	f	待确定	G	四川
BJ	3	a	采集	G	辽宁、山西、安徽
CQ	1	a	采集	B	重庆
GZ	1	e	采集	C	贵州
JS1	1	a	采集	C	江苏
SH	1	b	采集	A	待确定
ZJ	1	c	采集	A	浙江

镰羽贯众　*Cyrtomium balansae*（H. Christ）C. Chr.

功效主治　根茎：苦，寒。清热解毒，杀虫。用于时行感冒，肠道寄生虫病。

迁地栽培保存

保存地点	种质份数	个体数量	引种方式	生长状况	来源地
CQ	1	a	采集	B	重庆
GX	*	f	采集	G	广西

全缘贯众　*Cyrtomium falcatum*（L. f.）C. Presl

功效主治　根茎：苦，微寒。清热解毒，凉血。用于头晕，头痛，肝阳上亢。

濒危等级　中国植物红色名录评估为易危（VU）。

迁地栽培保存

保存地点	种质份数	个体数量	引种方式	生长状况	来源地
GX	*	f	采集	G	法国

小羽贯众　*Cyrtomium lonchitoides*（H. Christ）H. Christ

濒危等级　中国特有植物，中国植物红色名录评估为无危（LC）。

迁地栽培保存

保存地点	种质份数	个体数量	引种方式	生长状况	来源地
GX	*	f	采集	G	广西

鳞毛蕨属　*Dryopteris*

半岛鳞毛蕨　*Dryopteris peninsulae* Kitag.

功效主治　根茎：苦、涩，微寒。清热解毒，止血，杀虫。用于产后出血，血崩，吐血，衄血，便血，赤痢，绦虫病，蛔虫病。

濒危等级　中国特有植物，中国植物红色名录评估为无危（LC）。

迁地栽培保存

保存地点	种质份数	个体数量	引种方式	生长状况	来源地
GX	*	f	采集	G	湖北

边果鳞毛蕨 *Dryopteris marginata*（C. B. Clarke）H. Christ

功效主治　根茎：清热解毒，散瘀，止血。用于斑疹，金疮，带下病，产后流血，衄血，痢疾。

濒危等级　中国植物红色名录评估为无危（LC）。

迁地栽培保存

保存地点	种质份数	个体数量	引种方式	生长状况	来源地
GX	*	f	采集	G	比利时

粗茎鳞毛蕨 *Dryopteris crassirhizoma* Nakai

功效主治　根茎（绵马贯众）：苦，微寒。有小毒。清热解毒，驱虫，止血。用于预防时行感冒，虫积腹痛，崩漏。

濒危等级　中国植物红色名录评估为无危（LC）。

迁地栽培保存

保存地点	种质份数	个体数量	引种方式	生长状况	来源地
BJ	6	b	采集	G	辽宁、吉林、河北、内蒙古
HLJ	1	a	采集	A	黑龙江
GX	*	f	采集	G	比利时

黑鳞鳞毛蕨 *Dryopteris lepidopoda* Hayata

功效主治　根茎：清热解毒，杀虫。用于绦虫病。

濒危等级　中国植物红色名录评估为无危（LC）。

迁地栽培保存

保存地点	种质份数	个体数量	引种方式	生长状况	来源地
CQ	1	a	采集	C	重庆
GX	*	f	采集	G	湖北

红盖鳞毛蕨　*Dryopteris erythrosora*（D. C. Eaton）Kuntze

濒危等级　中国植物红色名录评估为无危（LC）。

迁地栽培保存

保存地点	种质份数	个体数量	引种方式	生长状况	来源地
CQ	1	a	采集	C	重庆

假边果鳞毛蕨　*Dryopteris caroli-hopei* Fraser-Jenk.

濒危等级　中国植物红色名录评估为数据缺乏（DD）。

迁地栽培保存

保存地点	种质份数	个体数量	引种方式	生长状况	来源地
GX	*	f	采集	G	比利时

阔基鳞毛蕨　*Dryopteris latibasis* Ching

濒危等级　中国特有植物，中国植物红色名录评估为数据缺乏（DD）。

迁地栽培保存

保存地点	种质份数	个体数量	引种方式	生长状况	来源地
GX	*	f	采集	G	法国

阔鳞鳞毛蕨　*Dryopteris championii*（Benth.）C. Chr. ex Ching

功效主治　根茎：苦，寒。清热解毒，止咳平喘。用于感冒，气喘，便血，痛经，钩虫病，烫火伤。

濒危等级　中国植物红色名录评估为无危（LC）。

迁地栽培保存

保存地点	种质份数	个体数量	引种方式	生长状况	来源地
CQ	1	a	采集	C	重庆

两色鳞毛蕨 *Dryopteris setosa*（Thunb.）Akas.

功效主治 根茎：清热解毒。用于预防时行感冒。

濒危等级 中国植物红色名录评估为无危（LC）。

迁地栽培保存

保存地点	种质份数	个体数量	引种方式	生长状况	来源地
BJ	2	a	采集	G	辽宁、陕西
LN	1	c	采集	B	辽宁

欧洲鳞毛蕨 *Dryopteris filix-mas*（L.）Schott

功效主治 根茎（欧绵马）：苦，微寒。有小毒。清热解毒，驱虫，止血。用于防治时行感冒，虫积腹痛，崩漏。

濒危等级 中国植物红色名录评估为无危（LC）。

迁地栽培保存

保存地点	种质份数	个体数量	引种方式	生长状况	来源地
GX	*	f	采集	G	法国

平行鳞毛蕨 *Dryopteris indusiata*（Makino）Makino & Yamam.

濒危等级 中国植物红色名录评估为无危（LC）。

迁地栽培保存

保存地点	种质份数	个体数量	引种方式	生长状况	来源地
GX	*	f	采集	G	广西

山东鳞毛蕨 *Dryopteris shandongensis* J. X. Li & F. Li

迁地栽培保存

保存地点	种质份数	个体数量	引种方式	生长状况	来源地
GX	*	f	采集	G	山东

桫椤鳞毛蕨 *Dryopteris cycadina* (Franch. & Sav.) C. Chr.

功效主治 根茎：苦，寒。驱虫，止血。用于蛔虫病，崩漏。

濒危等级 中国植物红色名录评估为无危（LC）。

迁地栽培保存

保存地点	种质份数	个体数量	引种方式	生长状况	来源地
GX	*	f	采集	G	广西

无盖鳞毛蕨 *Dryopteris scottii* (Bedd.) Ching

濒危等级 中国植物红色名录评估为无危（LC）。

迁地栽培保存

保存地点	种质份数	个体数量	引种方式	生长状况	来源地
GX	*	f	采集	G	广西

柳叶蕨属 *Cyrtogonellum*

柳叶蕨 *Cyrtogonellum fraxinellum* (H. Christ) Ching

功效主治 根茎：清热解毒。

濒危等级 中国植物红色名录评估为无危（LC）。

迁地栽培保存

保存地点	种质份数	个体数量	引种方式	生长状况	来源地
CQ	1	a	采集	C	重庆
GX	*	f	采集	G	广西

鳞始蕨科　Lindsaeaceae

鳞始蕨属　Lindsaea

团叶鳞始蕨　*Lindsaea orbiculata*（Lam.）Mett. ex Kuhn

功效主治　全草：苦，凉。清热解毒，收敛止血，镇痛。用于枪弹伤，痢疾，疥疮。

濒危等级　中国植物红色名录评估为无危（LC）。

迁地栽培保存

保存地点	种质份数	个体数量	引种方式	生长状况	来源地
GX	*	f	采集	G	广西

乌蕨属　Odontosoria

乌蕨　*Odontosoria chinensis* J. Sm.

功效主治　叶（乌韭）：微苦，寒。清热解毒。用于砷中毒，沙门菌所致食物中毒，野菰、木薯中毒，泄泻，痢疾。

濒危等级　中国植物红色名录评估为无危（LC）。

迁地栽培保存

保存地点	种质份数	个体数量	引种方式	生长状况	来源地
SC	3	f	待确定	G	四川
BJ	1	a	采集	G	广西
ZJ	1	d	采集	A	浙江
GD	1	b	采集	D	待确定
GX	*	f	采集	G	广西

瘤足蕨科　**Plagiogyriaceae**

瘤足蕨属　Plagiogyria

华中瘤足蕨　*Plagiogyria euphlebia*（Kunze）Mett.

功效主治　全草：消肿止痛。用于瘰病。
濒危等级　中国植物红色名录评估为无危（LC）。
迁地栽培保存

保存地点	种质份数	个体数量	引种方式	生长状况	来源地
GX	*	f	采集	G	湖北

瘤足蕨　*Plagiogyria adnata*（Bl.）Bedd.

功效主治　全草：辛，温。清热散寒，解表。用于感冒，皮肤瘙痒，麻疹。
濒危等级　中国植物红色名录评估为无危（LC）。
迁地栽培保存

保存地点	种质份数	个体数量	引种方式	生长状况	来源地
GX	*	f	采集	G	印度尼西亚

鹿角蕨科　**Platyceriaceae**

鹿角蕨属　Platycerium

鹿角蕨　*Platycerium wallichii* Hook.

濒危等级　国家重点保护野生植物名录（第一批）二级，中国植物红色名录评估为极危（CR）。

迁地栽培保存

保存地点	种质份数	个体数量	引种方式	生长状况	来源地
BJ	1	b	采集	G	待确定

裸子蕨科　Hemionitidaceae

凤了蕨属　*Coniogramme*

单网凤了蕨　*Coniogramme simplicior* Ching

濒危等级　中国特有植物，中国植物红色名录评估为无危（LC）。

迁地栽培保存

保存地点	种质份数	个体数量	引种方式	生长状况	来源地
GX	*	f	采集	G	广西

凤了蕨　*Coniogramme japonica*（Thunb.）Diels

功效主治　全草或根茎：苦，凉。祛风除湿，清热解毒，活血止痛。用于风湿骨痛，跌打损伤，闭经，瘀血腹痛，目赤肿痛，乳痈，肿毒初起。

濒危等级　中国植物红色名录评估为无危（LC）。

迁地栽培保存

保存地点	种质份数	个体数量	引种方式	生长状况	来源地
GZ	1	b	采集	C	贵州
CQ	1	b	采集	B	重庆
BJ	1	b	采集	G	陕西
JS1	1	a	采集	C	江苏

尖齿凤了蕨　*Coniogramme affinis*（C. Presl）Hieron.

功效主治　根茎：清热解毒，凉血，强筋壮骨。用于肩痛，狂犬咬伤。

濒危等级　中国植物红色名录评估为无危（LC）。

迁地栽培保存

保存地点	种质份数	个体数量	引种方式	生长状况	来源地
GX	*	f	采集	G	湖北

普通凤了蕨　*Coniogramme intermedia* Hieron.

功效主治　根茎（秤杆七）：甘、涩，温。祛风除湿，理气止痛。用于风湿关节痛，腰痛，跌打损伤，痢疾，带下病，淋浊，疮毒。

迁地栽培保存

保存地点	种质份数	个体数量	引种方式	生长状况	来源地
BJ	1	b	采集	G	陕西

满江红科　**Azollaceae**

满江红属　*Azolla*

满江红　*Azolla pinnata* R. Br. subsp. *asiatica* R. M. K. Saunders & K. Fowler

功效主治　全草（满江红）：辛，寒。祛风除湿，发汗透疹。用于风湿疼痛，麻疹不透，胸腹痞块，带下病，烫火伤。

濒危等级　中国植物红色名录评估为无危（LC）。

迁地栽培保存

保存地点	种质份数	个体数量	引种方式	生长状况	来源地
BJ	1	d	采集	G	北京
SH	1	b	采集	A	待确定

膜蕨科　Hymenophyllaceae

瓶蕨属　*Vandenboschia*

瓶蕨　*Vandenboschia auriculata*（Blume）Copel.

濒危等级　中国植物红色名录评估为无危（LC）。

迁地栽培保存

保存地点	种质份数	个体数量	引种方式	生长状况	来源地
GX	*	f	采集	G	广西

蕗蕨属　*Mecodium*

蕗蕨　*Mecodium badium*（Hook. & Grev.）Copel.

功效主治　全草：淡、涩，凉。消毒生肌。用于烫火伤，痈疖，外伤出血。
濒危等级　中国植物红色名录评估为无危（LC）。

迁地栽培保存

保存地点	种质份数	个体数量	引种方式	生长状况	来源地
GX	*	f	采集	G	广西

木贼科　Equisetaceae

木贼属　*Equisetum*

笔管草　*Equisetum ramosissimum* subsp. *debile*（Roxb. ex Vauch.）Hauke

功效主治　地上部分（土木贼）：甘、苦，凉。清热明目，利尿通淋，退翳。用于感冒，目翳，尿血，便血，石淋，痢疾，水肿。

濒危等级　中国植物红色名录评估为无危（LC）。

迁地栽培保存

保存地点	种质份数	个体数量	引种方式	生长状况	来源地
YN	1	a	采集	C	云南
CQ	1	a	采集	C	重庆

草问荆　*Equisetum pratense* Ehrh.

功效主治　全草：利尿，驱虫。用于胸痹。

濒危等级　中国植物红色名录评估为无危（LC）。

迁地栽培保存

保存地点	种质份数	个体数量	引种方式	生长状况	来源地
BJ	1	d	采集	G	河北

节节草　*Equisetum ramosissimum* Desf.

功效主治　地上部分（笔筒草）：甘、苦，平。清热明目，祛风除湿，止咳平喘，利尿，退翳。用于目赤肿痛，感冒咳喘，水肿，淋证，胁痛，跌打骨折。

濒危等级　中国特有植物，中国植物红色名录评估为无危（LC）。

迁地栽培保存

保存地点	种质份数	个体数量	引种方式	生长状况	来源地
GX	3	f	采集	G	广西、山东、江苏
BJ	3	c	采集	G	山东、山西、安徽
SH	1	b	采集	A	待确定
CQ	1	a	采集	C	重庆
GD	1	f	采集	G	待确定
GZ	1	e	采集	C	贵州

木贼 *Equisetum hyemale* L.

迁地栽培保存

保存地点	种质份数	个体数量	引种方式	生长状况	来源地
BJ	4	e	采集	G	北京、四川、陕西、吉林
SH	1	b	采集	A	待确定
JS2	1	e	购买	C	江苏
HEN	1	a	采集	A	河南
HB	1	a	采集	C	湖北
LN	1	c	采集	F	辽宁

披散木贼 *Equisetum diffusum* D. Don

功效主治 全草（问荆）：苦、甘，平。清热利尿，解表散寒，明目退翳，接骨。用于小儿疳积，感冒发热，石淋，疝气，月经过多，衄血，目翳，跌打骨折，关节痛。

濒危等级 中国植物红色名录评估为无危（LC）。

迁地栽培保存

保存地点	种质份数	个体数量	引种方式	生长状况	来源地
BJ	1	a	采集	G	河北

问荆 *Equisetum arvense* L.

功效主治 地上部分（问荆）：苦、涩，凉。清热利尿，止血，平肝明目，止咳平喘。用于鼻衄，肠出血，咯血，痔出血，月经过多，淋证，骨折，咳喘，目赤肿痛。

濒危等级 内蒙古自治区重点保护植物，中国植物红色名录评估为无危（LC）。

迁地栽培保存

保存地点	种质份数	个体数量	引种方式	生长状况	来源地
BJ	3	d	采集	G	吉林、山东、北京
SH	1	b	采集	A	待确定
HLJ	1	c	采集	A	黑龙江

续表

保存地点	种质份数	个体数量	引种方式	生长状况	来源地
HB	1	f	采集	C	湖北
SC	*	f	待确定	G	四川
GX	*	f	采集	G	广西

瓶尔小草科　Ophioglossaceae

瓶尔小草属　*Ophioglossum*

瓶尔小草　*Ophioglossum vulgatum* L.

功效主治　全草（一支箭）：微甘、酸，凉。清热解毒，消肿止痛，活血散瘀。用于疮疖肿毒，蛇、虫咬伤，肺热咳嗽，黄疸，目赤，咳嗽痰喘，跌打损伤。

濒危等级　海南省重点保护植物，中国植物红色名录评估为无危（LC）。

迁地栽培保存

保存地点	种质份数	个体数量	引种方式	生长状况	来源地
GX	2	f	采集	G	广西
BJ	1	d	采集	G	安徽

狭叶瓶尔小草　*Ophioglossum thermale* Kom.

功效主治　全草：甘、辛，凉。有小毒。清热解毒，消肿止痛。用于跌打损伤，乳痈，肿毒，蛇咬伤。

濒危等级　吉林省二级保护植物、河北省重点保护植物，中国植物红色名录评估为近危（NT）。

迁地栽培保存

保存地点	种质份数	个体数量	引种方式	生长状况	来源地
BJ	1	c	采集	C	湖北

心叶瓶尔小草　*Ophioglossum reticulatum* L.

功效主治　全草（一支箭）：甘、苦，凉。清热解毒，活血散瘀，祛风除湿，消肿止痛。用于蛇犬咬伤，跌打损伤，骨折，疥疮，体虚咳嗽，小儿风热咳喘，小儿惊风，疳积。

濒危等级 中国植物红色名录评估为近危（NT）。

迁地栽培保存

保存地点	种质份数	个体数量	引种方式	生长状况	来源地
HB	1	a	采集	C	湖北

苹科　Marsileaceae

苹属　Marsilea

苹 *Marsilea quadrifolia* L.

功效主治 全草（苹）：甘，寒。清热解毒，消肿利湿，止血，安神。用于风热目赤，肾虚，痰核，水肿，疟疾，吐血，热淋；外用于热疖疮毒，毒蛇咬伤。

濒危等级 中国植物红色名录评估为无危（LC）。

迁地栽培保存

保存地点	种质份数	个体数量	引种方式	生长状况	来源地
HN	1	c	赠送	B	海南
SH	1	b	采集	A	待确定
GX	*	f	采集	G	广西

种质库保存

保存地点	保存方式	种质份数	个体数量	引种方式	来源地
BJ	种子	1	a	采集	四川

七指蕨科　Helminthostachyaceae

七指蕨属　*Helminthostachys*

七指蕨　*Helminthostachys zeylanica* (L.) Hook.

功效主治　全草（入地蜈蚣）：苦、甘，凉。清热化痰，散瘀镇痛，消积，解毒。用于劳伤咳嗽，跌打瘀积，乳蛾，风湿骨痛，毒蛇咬伤。根茎：用作滋补剂。

濒危等级　国家重点保护野生植物名录（第一批）二级，海南省重点保护植物，中国植物红色名录评估为濒危（EN）。

迁地栽培保存

保存地点	种质份数	个体数量	引种方式	生长状况	来源地
HN	1	a	采集	B	海南

球子蕨科　Onocleaceae

东方荚果蕨属　*Pentarhizidium*

东方荚果蕨　*Pentarhizidium orientale* (Hook.) Hayata

功效主治　根茎：苦，凉。祛风，止血。用于风湿骨痛，创伤出血。

濒危等级　中国植物红色名录评估为无危（LC）。

迁地栽培保存

保存地点	种质份数	个体数量	引种方式	生长状况	来源地
HB	1	d	采集	C	待确定
CQ	1	a	采集	F	重庆

中华东方荚果蕨　*Pentarhizidium intermedium* (C. Chr.) Hayata

功效主治　根茎：清热解毒，杀虫。

濒危等级 中国植物红色名录评估为无危（LC）。

迁地栽培保存

保存地点	种质份数	个体数量	引种方式	生长状况	来源地
GX	*	f	采集	G	湖北

荚果蕨属 *Matteuccia*

荚果蕨 *Matteuccia struthiopteris*（L.）Tod. var. *struthiopteris*

功效主治 根茎：苦，微寒。清热解毒，止血，杀虫。用于湿热肿痛，疖腮，虫积腹痛，崩漏，便血，蛲虫病。

濒危等级 吉林省三级保护植物，中国植物红色名录评估为无危（LC）。

迁地栽培保存

保存地点	种质份数	个体数量	引种方式	生长状况	来源地
BJ	1	c	采集	G	北京
GX	*	f	采集	G	法国

舌蕨科　Elaphoglossaceae

舌蕨属 *Elaphoglossum*

舌蕨 *Elaphoglossum conforme*（Sw.）Schott

功效主治 全草：清热解毒。

濒危等级 中国植物红色名录评估为无危（LC）。

迁地栽培保存

保存地点	种质份数	个体数量	引种方式	生长状况	来源地
GZ	1	a	采集	C	贵州

肾蕨科　**Nephrolepidaceae**

肾蕨属　*Nephrolepis*

长叶肾蕨　*Nephrolepis biserrata*（Sw.）Schott

迁地栽培保存

保存地点	种质份数	个体数量	引种方式	生长状况	来源地
GX	*	f	采集	G	广东

镰叶肾蕨　*Nephrolepis falcata*（Cav.）C. Chr.

濒危等级　中国植物红色名录评估为数据缺乏（DD）。

迁地栽培保存

保存地点	种质份数	个体数量	引种方式	生长状况	来源地
GX	*	f	采集	G	印度尼西亚

毛叶肾蕨　*Nephrolepis hirsutula*（G. Forst.）C. Presl

功效主治　全草：淡，凉。消积，化痰。用于小儿消化不良。

濒危等级　中国植物红色名录评估为无危（LC）。

迁地栽培保存

保存地点	种质份数	个体数量	引种方式	生长状况	来源地
GX	2	f	采集	G	广东、广西

肾蕨　*Nephrolepis auriculata*（L.）Trimen

功效主治　全草（肾蕨）：苦、辛，平。清热利湿，消肿解毒。用于黄疸，淋浊，骨鲠喉，痢疾，乳痈，外伤出血，毒蛇咬伤。块茎：甘、涩，平。清热利湿，止血。用于感冒发热，痰核，咳嗽吐血，泄泻，崩漏，带下病，乳痈，痢疾，血淋，子痈。

濒危等级 中国植物红色名录评估为无危（LC）。

迁地栽培保存

保存地点	种质份数	个体数量	引种方式	生长状况	来源地
GZ	1	d	采集	C	贵州
YN	1	e	购买	A	云南
SH	1	b	采集	A	待确定
JS1	1	a	采集	D	江苏
HLJ	1	a	购买	B	上海
GD	1	b	采集	D	待确定
CQ	1	b	采集	B	重庆
BJ	1	b	采集	G	广西
HN	1	a	采集	B	海南
SC	*	f	待确定	G	四川

圆叶肾蕨 *Nephrolepis duffii* T. Moore

迁地栽培保存

保存地点	种质份数	个体数量	引种方式	生长状况	来源地
GX	*	f	采集	G	印度尼西亚

石杉科　Huperziaceae

马尾杉属 *Phlegmariurus*

粗糙马尾杉 *Phlegmariurus squarrosus*（G. Forst.）Á. Löve & D. Löve

功效主治 全草：用于风湿腰痛，坐骨神经痛。

濒危等级 中国植物红色名录评估为近危（NT）。

迁地栽培保存

保存地点	种质份数	个体数量	引种方式	生长状况	来源地
GX	2	f	采集	G	广西
BJ	1	a	采集	G	广西

金丝条马尾杉 *Phlegmariurus fargesii*（Herter）Ching

功效主治　全草：淡，平。有毒。祛风除湿，舒筋活络。用于风湿骨痛，肌肉痉挛，跌打损伤。

濒危等级　广西壮族自治区重点保护植物，中国植物红色名录评估为数据缺乏（DD）。

迁地栽培保存

保存地点	种质份数	个体数量	引种方式	生长状况	来源地
GX	*	f	采集	G	广西

鳞叶马尾杉 *Phlegmariurus sieboldii*（Miq.）Ching

功效主治　全草：舒筋活络，祛风除湿。用于跌打损伤，肌肉痉挛，筋骨疼痛，腰痛。

濒危等级　中国植物红色名录评估为数据缺乏（DD）。

迁地栽培保存

保存地点	种质份数	个体数量	引种方式	生长状况	来源地
GX	2	f	采集	G	广西

龙骨马尾杉 *Phlegmariurus carinatus*（Desv. ex Poir.）Ching

功效主治　全草：祛风除湿，通经活络，消肿止痛。用于关节疼痛，四肢无力，跌打损伤，无名肿毒。

濒危等级　中国植物红色名录评估为易危（VU）。

迁地栽培保存

保存地点	种质份数	个体数量	引种方式	生长状况	来源地
GX	*	f	采集	G	广西

上思马尾杉 *Phlegmariurus shangsiensis* C. Y. Yang

濒危等级 中国特有植物，中国植物红色名录评估为数据缺乏（DD）。

迁地栽培保存

保存地点	种质份数	个体数量	引种方式	生长状况	来源地
GX	*	f	采集	G	广西

喜马拉雅马尾杉 *Phlegmariurus hamiltonii* (Spreng.) Á. Löve & D. Löve

功效主治 全草：通经活络，渗湿利水。用于腰痛，跌打损伤，水肿。

濒危等级 中国植物红色名录评估为无危（LC）。

迁地栽培保存

保存地点	种质份数	个体数量	引种方式	生长状况	来源地
GX	*	f	采集	G	广西

石杉属 *Huperzia*

蛇足石杉 *Huperzia serrata* (Thunb.) Trevis.

功效主治 全草：用于肺痨。

濒危等级 国家重点保护野生植物名录（第二批）二级，浙江省重点保护植物，中国植物红色名录评估为濒危（EN）。

迁地栽培保存

保存地点	种质份数	个体数量	引种方式	生长状况	来源地
GX	3	f	采集	G	广西
HB	1	a	采集	C	待确定
BJ	1	a	采集	C	贵州

石松科　Lycopodiaceae

扁枝石松属　*Diphasiastrum*

扁枝石松　*Diphasiastrum complanatum* (L.) Holub

功效主治　全草：辛，温。舒筋活血，祛风散寒，通经，消炎。用于风湿骨痛，月经不调，跌打损伤，烫火伤。

迁地栽培保存

保存地点	种质份数	个体数量	引种方式	生长状况	来源地
HB	1	b	采集	C	湖北

垂穗石松属　*Palhinhaea*

垂穗石松　*Palhinhaea cernua* (L.) Franco & Vasc.

功效主治　全草（铺地蜈蚣）：甘、微涩，平。舒筋活络，消肿解毒，收敛止血。用于风湿骨痛，四肢麻木，跌打损伤，小儿麻痹后遗症，小儿疳积，吐血，血崩，瘰疬，痈肿疮毒。

濒危等级　中国植物红色名录评估为无危（LC）。

迁地栽培保存

保存地点	种质份数	个体数量	引种方式	生长状况	来源地
GX	2	f	采集	G	广西
HN	1	a	采集	B	海南
ZJ	1	e	采集	A	福建
GD	1	f	采集	G	待确定

毛枝垂穗石松 *Palhinhaea cernua* f. *sikimensis*（Mueller）H. S. Kung

迁地栽培保存

保存地点	种质份数	个体数量	引种方式	生长状况	来源地
GX	*	f	采集	G	广西

石松属　*Lycopodium*

石松 *Lycopodium japonicum* Thunb.

功效主治　全草（伸筋草）：甘，温。祛风活络，镇痛消肿，调经。用于风寒湿痹，四肢麻木，跌打损伤，月经不调，外伤出血，蛇串疮。孢子：用于小儿湿疹。

濒危等级　中国植物红色名录评估为无危（LC）。

迁地栽培保存

保存地点	种质份数	个体数量	引种方式	生长状况	来源地
GZ	1	b	采集	C	贵州
BJ	1	b	采集	G	广西
HB	1	a	采集	C	湖北
GX	*	f	采集	G	广西

藤石松属　*Lycopodiastrum*

藤石松 *Lycopodiastrum casuarinoides*（Spring）Holub ex R. D. Dixit

功效主治　全草：微甘，温。祛风活血，消肿镇痛。用于风湿关节痛，腰腿痛，跌打损伤，疮疡肿毒，烫火伤。

濒危等级　中国植物红色名录评估为无危（LC）。

迁地栽培保存

保存地点	种质份数	个体数量	引种方式	生长状况	来源地
HN	1	a	采集	C	海南

实蕨科 Bolbitidaceae

实蕨属 *Bolbitis*

长叶实蕨 *Bolbitis heteroclita*（C. Presl）Ching

功效主治 全草：淡，凉。清热解毒，止咳，止血，收敛。用于咳嗽，吐血，痢疾，烫火伤，跌打损伤，毒蛇咬伤。

濒危等级 中国植物红色名录评估为无危（LC）。

迁地栽培保存

保存地点	种质份数	个体数量	引种方式	生长状况	来源地
YN	1	a	购买	C	云南
GX	*	f	采集	G	广西

华南实蕨 *Bolbitis subcordata*（Copel.）Ching

功效主治 全草：微涩，凉。清热解毒，凉血，止血。用于痢疾，吐血，毒蛇咬伤。

濒危等级 中国植物红色名录评估为无危（LC）。

迁地栽培保存

保存地点	种质份数	个体数量	引种方式	生长状况	来源地
GX	*	f	采集	G	广西

书带蕨科 Vittariaceae

书带蕨属 *Haplopteris*

书带蕨 *Haplopteris flexuosa* Fée

功效主治 全草：苦、涩，平。舒筋活络。用于骨折，跌打损伤。

濒危等级 中国植物红色名录评估为无危（LC）。

迁地栽培保存

保存地点	种质份数	个体数量	引种方式	生长状况	来源地
GX	*	f	采集	G	广西

一条线蕨属 *Monogramma*

连孢一条线蕨 *Monogramma paradoxa*（Fée）Bedd.

濒危等级 中国植物红色名录评估为近危（NT）。

迁地栽培保存

保存地点	种质份数	个体数量	引种方式	生长状况	来源地
BJ	1	b	采集	G	云南

双扇蕨科 Dipteridaceae

双扇蕨属 *Dipteris*

双扇蕨 *Dipteris conjugata*（Kaulf.）Reinw.

功效主治 根茎：散瘀除湿。用于风湿病。

濒危等级 中国植物红色名录评估为无危（LC）。

迁地栽培保存

保存地点	种质份数	个体数量	引种方式	生长状况	来源地
BJ	1	c	采集	C	贵州

中华双扇蕨 *Dipteris chinensis* Christ

濒危等级 中国植物红色名录评估为濒危（EN）。

迁地栽培保存

保存地点	种质份数	个体数量	引种方式	生长状况	来源地
GZ	1	a	采集	C	贵州
GX	*	f	采集	G	广西

水韭科　Isoetaceae

水韭属　*Isoetes*

中华水韭　*Isoetes sinensis* Palmer

濒危等级　中国特有植物，国家重点保护野生植物名录（第一批）一级，中国植物红色名录评估为濒危（EN）。

迁地栽培保存

保存地点	种质份数	个体数量	引种方式	生长状况	来源地
BJ	1	a	采集	G	安徽
GX	*	f	采集	G	广西

水蕨科　Parkeriaceae

水蕨属　*Ceratopteris*

水蕨　*Ceratopteris thalictroides*（L.）Brongn.

功效主治　全草（水蕨）：甘、淡，凉。活血解毒，清热利尿，止血止痛。用于胎毒，痢疾，跌打损伤，淋浊，外伤出血。

濒危等级　中国特有植物，国家重点保护野生植物名录（第一批）二级，海南省重点保护植物，中国植物红色名录评估为易危（VU）。

迁地栽培保存

保存地点	种质份数	个体数量	引种方式	生长状况	来源地
BJ	1	a	采集	G	湖北
GD	1	f	采集	G	待确定
GZ	1	a	采集	C	贵州
HN	1	a	采集	B	海南

水龙骨科　Polypodiaceae

薄唇蕨属　*Leptochilus*

宽羽线蕨　*Leptochilus ellipticus* var. *pothifolius*（Buchanan-Hamilton ex D. Don）X. C. Zhang

功效主治　全草：淡、微涩，温。补虚损，强筋骨。用于跌打损伤。

濒危等级　中国植物红色名录评估为无危（LC）。

迁地栽培保存

保存地点	种质份数	个体数量	引种方式	生长状况	来源地
GX	*	f	采集	G	广西

曲边线蕨　*Leptochilus ellipticus* var. *flexilobus*（Christ）X. C. Zhang

濒危等级　中国植物红色名录评估为无危（LC）。

迁地栽培保存

保存地点	种质份数	个体数量	引种方式	生长状况	来源地
CQ	1	b	采集	B	重庆
GZ	1	b	采集	C	贵州

似薄唇蕨　*Leptochilus decurrens* Blume

功效主治　全草：用于跌打损伤，腰酸痛。

濒危等级　中国植物红色名录评估为无危（LC）。

迁地栽培保存

保存地点	种质份数	个体数量	引种方式	生长状况	来源地
GX	*	f	采集	G	广西

线蕨　*Leptochilus ellipticus*（Thunb.）Noot.

迁地栽培保存

保存地点	种质份数	个体数量	引种方式	生长状况	来源地
GX	*	f	采集	G	广西

线蕨（原变种）　*Leptochilus ellipticus*（Thunb.）Noot. var. *ellipticus*

濒危等级　中国特有植物，中国植物红色名录评估为无危（LC）。

迁地栽培保存

保存地点	种质份数	个体数量	引种方式	生长状况	来源地
CQ	1	b	采集	B	重庆

羽裂薄唇蕨　*Leptochilus insignis*（Blume）Fraser-Jenk.

迁地栽培保存

保存地点	种质份数	个体数量	引种方式	生长状况	来源地
GX	*	f	采集	G	广西

盾蕨属　*Neolepisorus*

盾蕨　*Neolepisorus ovatus* Ching

功效主治　全草：苦，凉。清热利湿，散瘀活血，止血。用于劳伤吐血，血淋，跌打损伤，烫火伤，疔毒痈肿。

迁地栽培保存

保存地点	种质份数	个体数量	引种方式	生长状况	来源地
SC	2	f	待确定	G	四川
CQ	1	a	采集	C	重庆
GZ	1	d	采集	C	贵州
GX	*	f	采集	G	广西

剑叶盾蕨 *Neolepisorus ensatus*（Thunb.）Ching

濒危等级 中国植物红色名录评估为无危（LC）。

迁地栽培保存

保存地点	种质份数	个体数量	引种方式	生长状况	来源地
GX	*	f	采集	G	广西

三角叶盾蕨 *Neolepisorus ovatus* 'Deltoidea'（Baker）Ching

濒危等级 中国特有植物，中国植物红色名录评估为数据缺乏（DD）。

迁地栽培保存

保存地点	种质份数	个体数量	引种方式	生长状况	来源地
CQ	1	a	采集	C	重庆

蟹爪盾蕨 *Neolepisorus ovatus* f. *doryopteris*（Christ）Ching

濒危等级 中国特有植物，中国植物红色名录评估为数据缺乏（DD）。

迁地栽培保存

保存地点	种质份数	个体数量	引种方式	生长状况	来源地
CQ	1	a	采集	F	重庆
GZ	1	b	采集	C	贵州

多足蕨属　*Polypodium*

欧亚多足蕨　*Polypodium vulgare* L.

功效主治　根茎：甘，平。清热解毒，平肝明目。用于淋证，泄泻，小儿高热，目赤肿痛，关节痛，牙痛，瘾疹，痈肿疔毒。

濒危等级　新疆维吾尔自治区一级保护植物，中国植物红色名录评估为数据缺乏（DD）。

迁地栽培保存

保存地点	种质份数	个体数量	引种方式	生长状况	来源地
GX	*	f	采集	G	法国

伏石蕨属　*Lemmaphyllum*

抱石莲　*Lemmaphyllum drymoglossoides*（Baker）Ching

功效主治　全草：清热解毒，除湿化瘀。用于咽喉痛，肺热咯血，风湿关节痛，痰核，胁痛，胆胀，石淋，跌打损伤，疔毒痈肿。

濒危等级　中国特有植物，中国植物红色名录评估为无危（LC）。

迁地栽培保存

保存地点	种质份数	个体数量	引种方式	生长状况	来源地
CQ	1	a	采集	B	重庆
GZ	1	b	采集	C	贵州

伏石蕨　*Lemmaphyllum microphyllum* C. Presl

功效主治　全草（螺厣草）：甘、微苦，寒。清热解毒，凉血止血，润肺止咳。用于肺热咳嗽，肺脓疡，肺痨咯血，黄疸，跌打损伤，衄血，尿血，便血，血崩，乳痈，痞块，痢疾。

迁地栽培保存

保存地点	种质份数	个体数量	引种方式	生长状况	来源地
YN	1	a	采集	C	云南
GX	*	f	采集	G	广西

肉质伏石蕨 *Lemmaphyllum carnosum* (J. Sm. ex Hook.) C. Presl

功效主治 全草：苦、辛，凉。活血散瘀，润肺止咳，清热解毒。用于小儿惊风，肺热咳嗽，风湿痛，骨折，耳疖，毒蛇咬伤。

濒危等级 中国植物红色名录评估为无危（LC）。

迁地栽培保存

保存地点	种质份数	个体数量	引种方式	生长状况	来源地
BJ	1	a	采集	G	广西

骨牌蕨属 *Lepidogrammitis*

披针骨牌蕨 *Lepidogrammitis diversa* (Rosenst.) Ching

功效主治 全草：微苦、涩，平。清热利湿，止血止痛。用于肺热咳嗽，风湿关节痛，小儿高热，跌打损伤，外伤出血。

濒危等级 中国特有植物，中国植物红色名录评估为无危（LC）。

迁地栽培保存

保存地点	种质份数	个体数量	引种方式	生长状况	来源地
GX	*	f	采集	G	广西

尖嘴蕨属 *Belvisia*

尖嘴蕨 *Belvisia mucronata* (Fée) Copel.

濒危等级 中国植物红色名录评估为极危（CR）。

迁地栽培保存

保存地点	种质份数	个体数量	引种方式	生长状况	来源地
GX	*	f	采集	G	印度尼西亚

节肢蕨属　*Arthromeris*

龙头节肢蕨　*Arthromeris lungtauensis* Ching

功效主治　根茎：苦、涩，平。清热利尿，止痛。用于淋证，骨折。
濒危等级　中国植物红色名录评估为无危（LC）。
迁地栽培保存

保存地点	种质份数	个体数量	引种方式	生长状况	来源地
GX	*	f	采集	G	湖北

鳞果星蕨属　*Lepidomicrosorium*

鳞果星蕨　*Lepidomicrosorium buergerianum*（Miq.）Ching & K. H. Shing

功效主治　全草：微苦、涩，凉。清热利湿。用于淋证，黄疸，筋骨痛。
濒危等级　中国植物红色名录评估为无危（LC）。
迁地栽培保存

保存地点	种质份数	个体数量	引种方式	生长状况	来源地
CQ	1	a	采集	F	重庆

瘤蕨属　*Phymatosorus*

多羽瘤蕨　*Phymatosorus longissimus*（Blume）Pic. Serm.

濒危等级　中国植物红色名录评估为无危（LC）。
迁地栽培保存

保存地点	种质份数	个体数量	引种方式	生长状况	来源地
GX	*	f	采集	G	印度尼西亚

光亮瘤蕨　*Phymatosorus cuspidatus*（D. Don）Pic. Serm.

功效主治　根茎：涩，温。有小毒。活血止痛，消肿，接骨。用于风湿骨痛，腰肌劳损，丹毒，小儿疳积，胁痛，跌打损伤。

濒危等级　中国植物红色名录评估为无危（LC）。

迁地栽培保存

保存地点	种质份数	个体数量	引种方式	生长状况	来源地
GX	2	f	采集	G	广西

瘤蕨　*Phymatosorus scolopendria*（Burm. f.）Pic. Serm.

功效主治　叶：用于头痛，胃痛，反胃，腹泻；外用于脓肿，创伤，溃疡。

濒危等级　中国植物红色名录评估为无危（LC）。

迁地栽培保存

保存地点	种质份数	个体数量	引种方式	生长状况	来源地
GX	*	f	采集	G	海南

扇蕨属　*Neocheiropteris*

江南星蕨　*Neocheiropteris fortunei*（T. Moore）Ching

濒危等级　中国植物红色名录评估为无危（LC）。

迁地栽培保存

保存地点	种质份数	个体数量	引种方式	生长状况	来源地
SH	2	b	采集	A	待确定
BJ	1	b	采集	G	陕西
CQ	1	b	采集	C	重庆
GD	1	f	采集	G	待确定
GX	*	f	采集	G	广西

扇蕨　*Neocheiropteris palmatopedata*（Baker）H. Christ

功效主治　全草：辛、酸，寒。散瘀利湿，消积。用于胃腹胀满，风湿脚气，肠罩，便秘，咽喉痛。根茎：消胀。用于食积。

濒危等级　中国特有植物，国家重点保护野生植物名录（第一批）二级，中国植物红色名录评估为无危（LC）。

迁地栽培保存

保存地点	种质份数	个体数量	引种方式	生长状况	来源地
BJ	1	a	采集	C	贵州

石韦属　*Pyrrosia*

波氏石韦　*Pyrrosia bonii*（H. Christ ex Giesenh.）Ching

功效主治　全草：清热解毒，利尿通淋，利湿，止血，止咳化痰。用于湿热黄疸，目黄身黄，舌苔黄腻，肺热咳嗽，痰多且稠。

迁地栽培保存

保存地点	种质份数	个体数量	引种方式	生长状况	来源地
GX	*	f	采集	G	广西

多形石韦　*Pyrrosia mollis*（Kunze）Ching

功效主治　叶（柔软石韦）：寒。清热，利尿通淋，止血。用于水肿，石淋，小便涩痛，外伤出血。

迁地栽培保存

保存地点	种质份数	个体数量	引种方式	生长状况	来源地
GX	*	f	采集	G	广西

钙生石韦　*Pyrrosia adnascens* f. *calcicola* Shing

濒危等级　中国特有植物，中国植物红色名录评估为数据缺乏（DD）。

迁地栽培保存

保存地点	种质份数	个体数量	引种方式	生长状况	来源地
YN	1	a	采集	C	云南

光石韦 *Pyrrosia calvata*（Baker）Ching

功效主治　叶（光石韦）：苦、微辛，微寒。清热除湿，利尿止血。用于感冒咳嗽，小便不利，石淋，吐血，外伤出血。

濒危等级　中国特有植物，中国植物红色名录评估为无危（LC）。

迁地栽培保存

保存地点	种质份数	个体数量	引种方式	生长状况	来源地
GZ	1	c	采集	C	贵州
CQ	1	a	采集	C	重庆

庐山石韦 *Pyrrosia sheareri*（Baker）Ching

功效主治　叶（石韦）：甘、苦，微寒。利尿通淋，清热止血。用于热淋，血淋，石淋，小便淋痛，吐血，衄血，尿血，崩漏，肺热咳嗽。

濒危等级　中国特有植物，中国植物红色名录评估为无危（LC）。

迁地栽培保存

保存地点	种质份数	个体数量	引种方式	生长状况	来源地
FJ	1	a	采集	B	福建
CQ	1	a	采集	C	重庆
GZ	1	c	采集	C	贵州
HB	1	a	采集	C	湖北
SH	1	a	采集	A	待确定

拟毡毛石韦 *Pyrrosia pseudodrakeana* K. H. Shing

功效主治　全草：镇咳祛痰，止血，利尿。用于咳嗽，胃痛。

迁地栽培保存

保存地点	种质份数	个体数量	引种方式	生长状况	来源地
GX	*	f	采集	G	广西

柔软石韦　*Pyrrosia porosa*（C. Presl）Hovenkamp

功效主治　全草：清肺通淋，利水泻热。

濒危等级　中国植物红色名录评估为无危（LC）。

迁地栽培保存

保存地点	种质份数	个体数量	引种方式	生长状况	来源地
GX	*	f	采集	G	广西

石韦　*Pyrrosia lingua*（Thunb.）Farw.

功效主治　叶（石韦）：功效同庐山石韦。

濒危等级　中国植物红色名录评估为无危（LC）。

迁地栽培保存

保存地点	种质份数	个体数量	引种方式	生长状况	来源地
SC	2	f	待确定	G	四川
BJ	1	d	采集	G	广西
CQ	1	a	采集	C	重庆
GD	1	f	采集	G	待确定
GZ	1	d	采集	C	贵州

贴生石韦　*Pyrrosia adnascens*（Sw.）Ching

功效主治　叶：清热利湿，散瘀解毒。用于疟腮，瘰疬，小儿感冒高热，咽喉痛，牙痛，跌打损伤，毒蛇咬伤。

迁地栽培保存

保存地点	种质份数	个体数量	引种方式	生长状况	来源地
GD	1	f	采集	G	待确定

种质库保存

保存地点	保存方式	种质份数	个体数量	引种方式	来源地
GX	组织	*	f	采集	中国

西南石韦 *Pyrrosia gralla*（Giesenh.）Ching

功效主治 叶（西南石韦）：微苦，凉。清热利尿，止血。用于淋证，外伤出血。

濒危等级 中国特有植物，中国植物红色名录评估为无危（LC）。

迁地栽培保存

保存地点	种质份数	个体数量	引种方式	生长状况	来源地
CQ	1	a	采集	F	重庆

相似石韦 *Pyrrosia similis* Ching

功效主治 叶：清热利尿，通淋。用于小便淋痛，淋证，水肿，肺热咳嗽，蛇虫咬伤。

迁地栽培保存

保存地点	种质份数	个体数量	引种方式	生长状况	来源地
GX	*	f	采集	G	广西

有柄石韦 *Pyrrosia petiolosa*（Christ）Ching

功效主治 叶（石韦）：功效同庐山石韦。

濒危等级 中国植物红色名录评估为无危（LC）。

迁地栽培保存

保存地点	种质份数	个体数量	引种方式	生长状况	来源地
FJ	3	a	采集	B	福建
BJ	1	d	采集	G	陕西
GZ	1	d	采集	C	贵州
CQ	1	a	采集	C	重庆

水龙骨属　*Polypodiodes*

日本水龙骨　*Polypodiodes niponica*（Mett.）Ching

功效主治　根茎（拐金枣）：苦，凉。祛风除湿，清热，活络。用于痢疾，淋浊，风湿痹痛，腰痛，关节痛，目赤红肿，跌打损伤。

濒危等级　中国植物红色名录评估为无危（LC）。

迁地栽培保存

保存地点	种质份数	个体数量	引种方式	生长状况	来源地
GZ	1	b	采集	C	贵州

友水龙骨　*Polypodiodes amoena*（Wall. ex Mett.）Ching

功效主治　根茎：微苦，凉。舒筋活络，消肿止痛。用于风湿关节痛，齿痛，跌打损伤。

迁地栽培保存

保存地点	种质份数	个体数量	引种方式	生长状况	来源地
GZ	1	c	采集	C	贵州
GX	*	f	采集	G	湖北

中华水龙骨　*Polypodiodes chinensis*（H. Christ）S. G. Lu

濒危等级　中国特有植物，中国植物红色名录评估为无危（LC）。

迁地栽培保存

保存地点	种质份数	个体数量	引种方式	生长状况	来源地
BJ	1	b	采集	C	安徽

瓦韦属　*Lepisorus*

大瓦韦　*Lepisorus macrosphaerus*（Baker）Ching

功效主治　全草：苦，凉。清热解毒，除湿利尿。用于小便涩痛，痈毒疔肿，便秘，血崩，淋证，月经不调。

濒危等级 中国特有植物，中国植物红色名录评估为无危（LC）。

迁地栽培保存

保存地点	种质份数	个体数量	引种方式	生长状况	来源地
CQ	1	a	采集	C	重庆
GX	*	f	采集	G	广西

黄瓦韦 *Lepisorus asterolepis* (Baker) Ching

功效主治 全草：苦，凉。清热解毒，止血。用于发热咳嗽，大便秘结，淋证，水肿，疔毒痈肿，外伤出血。

濒危等级 中国植物红色名录评估为无危（LC）。

迁地栽培保存

保存地点	种质份数	个体数量	引种方式	生长状况	来源地
CQ	1	a	采集	C	重庆

汇生瓦韦 *Lepisorus confluens* W. M. Chu

濒危等级 中国特有植物，中国植物红色名录评估为数据缺乏（DD）。

迁地栽培保存

保存地点	种质份数	个体数量	引种方式	生长状况	来源地
BJ	1	c	交换	G	北京

瓦韦 *Lepisorus thunbergianus* (Kaulf.) Ching

功效主治 全草（瓦韦）：淡，寒。清热解毒，利尿，止血。用于淋浊，痢疾，咳嗽吐血，牙疳，小儿惊风，跌打损伤，毒蛇咬伤。

濒危等级 中国植物红色名录评估为无危（LC）。

迁地栽培保存

保存地点	种质份数	个体数量	引种方式	生长状况	来源地
HB	2	a	采集	C	湖北

保存地点	种质份数	个体数量	引种方式	生长状况	来源地
ZJ	1	e	采集	B	浙江
GX	*	f	采集	G	广西

狭叶瓦韦 *Lepisorus angustus* Ching

功效主治　全草：苦，凉。利尿，通经，消肿止痛。用于淋证，月经不调，跌打损伤。

濒危等级　中国特有植物，中国植物红色名录评估为无危（LC）。

迁地栽培保存

保存地点	种质份数	个体数量	引种方式	生长状况	来源地
CQ	1	a	采集	F	重庆
GX	*	f	采集	G	湖北

线蕨属　*Colysis*

断线蕨　*Colysis hemionitidea*（Wall. ex C. Presl）C. Presl

功效主治　叶：淡、涩，凉。清热利尿，解毒。用于斑疹，淋证，膀胱湿热，毒蛇咬伤。

濒危等级　中国植物红色名录评估为无危（LC）。

迁地栽培保存

保存地点	种质份数	个体数量	引种方式	生长状况	来源地
GX	2	f	采集	G	广西

褐叶线蕨　*Colysis wrightii* Ching

功效主治　全草：甘，平。行气化瘀，祛痰镇咳。用于妇女虚弱咳嗽，带下病。

濒危等级　中国植物红色名录评估为无危（LC）。

迁地栽培保存

保存地点	种质份数	个体数量	引种方式	生长状况	来源地
GX	*	f	采集	G	广西

矩圆线蕨 *Colysis henryi* (Baker) Ching

功效主治　全草：甘，微寒。清热利尿，止血，通淋，接骨。用于肺痨，咯血，尿血，淋浊，痹证，骨折。

濒危等级　中国特有植物，中国植物红色名录评估为无危（LC）。

迁地栽培保存

保存地点	种质份数	个体数量	引种方式	生长状况	来源地
GZ	1	b	采集	C	贵州
CQ	1	b	采集	B	重庆
GX	*	f	采集	G	湖北

绿叶线蕨 *Colysis leveillei* (H. Christ) Ching

功效主治　全草：用于淋浊，风湿骨痛，跌打损伤。

濒危等级　中国特有植物，中国植物红色名录评估为无危（LC）。

迁地栽培保存

保存地点	种质份数	个体数量	引种方式	生长状况	来源地
GX	*	f	采集	G	广西

星蕨属 *Microsorum*

表面星蕨 *Microsorum superficiale* (Blume) Ching

濒危等级　中国植物红色名录评估为无危（LC）。

迁地栽培保存

保存地点	种质份数	个体数量	引种方式	生长状况	来源地
GX	2	f	采集	G	广西

广叶星蕨 *Microsorum steerei*（Harr.）Ching

濒危等级 中国植物红色名录评估为数据缺乏（DD）。

迁地栽培保存

保存地点	种质份数	个体数量	引种方式	生长状况	来源地
GX	*	f	采集	G	广西

松叶蕨科　Psilotaceae

松叶蕨属　Psilotum

松叶蕨 *Psilotum nudum*（L.）Beauv.

功效主治 全草：清热解毒，利水，止血，收敛，活血通经，祛风除湿，逐血破瘀。用于风湿痹痛，坐骨神经痛，痛风，麻木，肺痨，胁痛，胆胀，痢疾，水肿，小儿高热，咳嗽，反胃呕吐，妇女闭经，吐血，内伤出血，外伤出血，跌打损伤，烫火伤，毒蛇咬伤。

濒危等级 海南省重点保护植物、浙江省重点保护植物，中国植物红色名录评估为易危（VU）。

迁地栽培保存

保存地点	种质份数	个体数量	引种方式	生长状况	来源地
BJ	2	c	采集	C	云南、贵州
GX	*	f	采集	G	广西

桫椤科　Cyatheaceae

白桫椤属　Sphaeropteris

白桫椤 *Sphaeropteris brunoniana*（Hook.）R. M. Tryon

濒危等级 中国植物红色名录评估为濒危（EN）。

迁地栽培保存

保存地点	种质份数	个体数量	引种方式	生长状况	来源地
GX	*	f	采集	G	广西

笔筒树 *Sphaeropteris lepifera* (Hook.) R. M. Tryon

功效主治 幼芽：外用于痈疽。木质部：止咳，促进血液循环。

濒危等级 国家重点保护野生植物名录（第一批）二级，中国植物红色名录评估为数据缺乏（DD）。

种质库保存

保存地点	保存方式	种质份数	个体数量	引种方式	来源地
GX	组织	*	f	采集	上海

桫椤属 *Alsophila*

大叶黑桫椤 *Alsophila gigantea* Wall. ex Hook.

功效主治 全草：涩，平。祛风壮筋。用于风湿关节痛，跌打损伤。

濒危等级 CITES 附录 Ⅱ 物种，中国植物红色名录评估为无危（LC）。

迁地栽培保存

保存地点	种质份数	个体数量	引种方式	生长状况	来源地
HN	2	a	采集	C	待确定
GX	*	f	采集	G	广西

黑桫椤 *Alsophila podophylla* Hooker

濒危等级 CITES 附录 Ⅱ 物种，中国植物红色名录评估为无危（LC）。

迁地栽培保存

保存地点	种质份数	个体数量	引种方式	生长状况	来源地
GX	*	f	采集	G	广西

种质库保存

保存地点	保存方式	种质份数	个体数量	引种方式	来源地
BJ	种子	1	a	采集	待确定

粗齿桫椤 *Alsophila denticulata* Baker

濒危等级　CITES 附录 II 物种，中国植物红色名录评估为无危（LC）。

迁地栽培保存

保存地点	种质份数	个体数量	引种方式	生长状况	来源地
CQ	1	a	采集	C	重庆

桫椤 *Alsophila spinulosa*（Wall. ex Hook.）R. M. Tryon

功效主治　根茎：苦、涩，平。祛风除湿，强筋壮骨，活血散瘀，清热解毒，驱虫。用于肾虚腰痛，跌打损伤，风湿骨痛，咳嗽痰喘，崩漏，蛔虫病，蛲虫病。

濒危等级　国家重点保护野生植物名录（第一批）二级，CITES 附录 II 物种，中国植物红色名录评估为近危（NT）。

迁地栽培保存

保存地点	种质份数	个体数量	引种方式	生长状况	来源地
YN	1	a	购买	D	云南
GD	1	f	采集	G	待确定
GZ	1	a	采集	C	贵州
CQ	1	a	采集	C	重庆
GX	*	f	采集	G	广西

小黑桫椤 *Alsophila metteniana* Hance

濒危等级　中国植物红色名录评估为数据缺乏（DD）。

迁地栽培保存

保存地点	种质份数	个体数量	引种方式	生长状况	来源地
CQ	2	a	采集	C	重庆
GZ	1	a	采集	C	贵州

蹄盖蕨科　Athyriaceae

短肠蕨属　*Allantodia*

大羽短肠蕨　*Allantodia megaphylla*（Baker）Ching

濒危等级　中国植物红色名录评估为无危（LC）。

迁地栽培保存

保存地点	种质份数	个体数量	引种方式	生长状况	来源地
YN	1	b	购买	C	云南

阔片短肠蕨　*Allantodia matthewii*（Copel.）Ching

濒危等级　中国植物红色名录评估为无危（LC）。

迁地栽培保存

保存地点	种质份数	个体数量	引种方式	生长状况	来源地
GX	*	f	采集	G	广西

鳞轴短肠蕨　*Allantodia hirtipes*（H. Christ）Ching

迁地栽培保存

保存地点	种质份数	个体数量	引种方式	生长状况	来源地
GX	*	f	采集	G	广西

毛柄短肠蕨　*Allantodia dilatata*（Bl.）Ching

功效主治　根茎：微苦，凉。有小毒。清热解毒，除湿，驱虫。用于胁痛，时行感冒，痈肿，肠道寄生虫病。

濒危等级　中国植物红色名录评估为无危（LC）。

迁地栽培保存

保存地点	种质份数	个体数量	引种方式	生长状况	来源地
GX	*	f	采集	G	广西

双盖蕨属　*Diplazium*

大叶双盖蕨　*Diplazium splendens* Ching

濒危等级　中国植物红色名录评估为无危（LC）。

迁地栽培保存

保存地点	种质份数	个体数量	引种方式	生长状况	来源地
GX	*	f	采集	G	广西

单叶双盖蕨　*Diplazium subsinuatum*（Wall. ex Hook. & Grev.）Tagawa

功效主治　全草：苦、涩，寒。利尿通淋，清热解毒，排石健脾，止血镇痛。用于淋证，感冒高热，小儿疳积，肺痨咯血，跌打损伤，疮疥，烫火伤，毒蛇咬伤，骨鲠喉，并拔竹、木刺入肉。

濒危等级　中国植物红色名录评估为无危（LC）。

迁地栽培保存

保存地点	种质份数	个体数量	引种方式	生长状况	来源地
GX	*	f	采集	G	广西

厚叶双盖蕨　*Diplazium crassiusculum* Ching

功效主治　全草：清热凉血，利尿，通淋。

濒危等级　中国植物红色名录评估为无危（LC）。

迁地栽培保存

保存地点	种质份数	个体数量	引种方式	生长状况	来源地
GX	2	f	采集	G	广西

食用双盖蕨 *Diplazium esculentum* (Retz.) Sm.

功效主治　嫩叶：用于解热。

迁地栽培保存

保存地点	种质份数	个体数量	引种方式	生长状况	来源地
GZ	1	a	采集	C	贵州
YN	1	a	购买	C	云南
GX	*	f	采集	G	广西

双盖蕨 *Diplazium donianum* (Mett.) Tardieu

功效主治　全草：微苦，寒。清热利湿，凉血解毒。用于黄疸，妇女痛经及腰痛，外伤出血，毒蛇咬伤。

迁地栽培保存

保存地点	种质份数	个体数量	引种方式	生长状况	来源地
GX	*	f	采集	G	广西

蹄盖蕨属　*Athyrium*

长江蹄盖蕨 *Athyrium iseanum* Rosenst.

功效主治　全草：苦，凉。解毒，止血。用于疮毒，衄血，痢疾，外伤出血。

濒危等级　中国植物红色名录评估为无危（LC）。

迁地栽培保存

保存地点	种质份数	个体数量	引种方式	生长状况	来源地
GX	*	f	采集	G	湖北

华中蹄盖蕨　*Athyrium wardii*（Hook.）Makino

濒危等级　中国植物红色名录评估为无危（LC）。

迁地栽培保存

保存地点	种质份数	个体数量	引种方式	生长状况	来源地
CQ	1	a	采集	B	重庆
GX	*	f	采集	G	广西

日本蹄盖蕨　*Athyrium niponicum*（Mett.）Hance

功效主治　根茎：用于痈毒疔肿，痢疾，蛔虫病。

濒危等级　中国植物红色名录评估为无危（LC）。

迁地栽培保存

保存地点	种质份数	个体数量	引种方式	生长状况	来源地
GX	2	f	采集	G	山东

紫柄蹄盖蕨　*Athyrium kenzo-satakei* Sa. Kurata

迁地栽培保存

保存地点	种质份数	个体数量	引种方式	生长状况	来源地
CQ	1	a	采集	B	重庆

铁角蕨科　Aspleniaceae

巢蕨属　*Neottopteris*

狭翅巢蕨　*Neottopteris antrophyoides*（Christ）Ching

功效主治　全草：微苦，凉。清热解毒，利尿通淋，活络消肿。用于水肿，淋证，小儿惊风，风湿痛，疮疖痈肿，跌打损伤，毒蛇咬伤。

迁地栽培保存

保存地点	种质份数	个体数量	引种方式	生长状况	来源地
GX	2	f	采集	G	广西
GZ	1	b	采集	C	贵州

铁角蕨属 *Asplenium*

半边铁角蕨 *Asplenium unilaterale* Lam.

功效主治 全草：止血，解毒。

迁地栽培保存

保存地点	种质份数	个体数量	引种方式	生长状况	来源地
GX	2	f	采集	G	广西

北京铁角蕨 *Asplenium pekinense* Hance

功效主治 全草（小凤尾草）：甘、辛，温。止咳化痰，利膈，止泻，止血。用于感冒咳嗽，肺痨，腹泻，痢疾，臁疮，外伤出血。

濒危等级 中国植物红色名录评估为无危（LC）。

迁地栽培保存

保存地点	种质份数	个体数量	引种方式	生长状况	来源地
CQ	1	a	采集	B	重庆
GX	*	f	采集	G	广西

变异铁角蕨 *Asplenium varians* Wall. ex Hook. & Grev.

功效主治 全草（九倒生）：微涩，凉。清热止血，散瘀消肿。用于刀伤，骨折，小儿疳积及惊风，烫火伤，疮疡溃烂。

濒危等级 中国植物红色名录评估为无危（LC）。

迁地栽培保存

保存地点	种质份数	个体数量	引种方式	生长状况	来源地
GX	*	f	采集	G	广西

长叶铁角蕨 *Asplenium prolongatum* Hook.

功效主治　全草（倒生莲）：辛、苦，平。清热解毒，止血，止咳化痰。用于咳嗽痰多，肺痨吐血，痢疾，淋证，胁痛，小便涩痛，乳痈，咽喉痛，崩漏，衄血，跌打骨折，烫火伤，外伤出血，蛇犬咬伤。

濒危等级　中国植物红色名录评估为无危（LC）。

迁地栽培保存

保存地点	种质份数	个体数量	引种方式	生长状况	来源地
GZ	1	b	采集	C	贵州
GX	*	f	采集	G	广西

巢蕨 *Asplenium nidus*（L.）J. Sm.

濒危等级　中国植物红色名录评估为无危（LC）。

迁地栽培保存

保存地点	种质份数	个体数量	引种方式	生长状况	来源地
GD	1	f	采集	G	待确定
HN	1	b	采集	B	海南
BJ	1	b	购买	G	北京
CQ	1	a	赠送	C	云南

黑边铁角蕨 *Asplenium speluncae* Christ

濒危等级　中国特有植物，中国植物红色名录评估为濒危（EN）。

迁地栽培保存

保存地点	种质份数	个体数量	引种方式	生长状况	来源地
GX	*	f	采集	G	广西

厚叶铁角蕨 *Asplenium griffithianum* Hook.

功效主治 根茎：苦，凉。清热解毒，利尿通淋。用于黄疸，高热，烫火伤。

濒危等级 中国植物红色名录评估为无危（LC）。

迁地栽培保存

保存地点	种质份数	个体数量	引种方式	生长状况	来源地
GX	*	f	采集	G	广西

华南铁角蕨 *Asplenium austrochinense* Ching

功效主治 全草：消肿止痛，化湿利尿。用于白浊，精浊，淋证。

濒危等级 中国植物红色名录评估为无危（LC）。

迁地栽培保存

保存地点	种质份数	个体数量	引种方式	生长状况	来源地
CQ	1	a	采集	B	重庆

华中铁角蕨 *Asplenium sarelii* Hook.

功效主治 全草（孔雀尾）：苦，寒。清热解毒，止血生肌，利湿。用于黄疸，时行感冒，咳嗽，胃热炽盛，乳蛾，白喉，痄腮，疔疮，刀伤出血，烫火伤。

濒危等级 中国植物红色名录评估为无危（LC）。

迁地栽培保存

保存地点	种质份数	个体数量	引种方式	生长状况	来源地
CQ	1	a	采集	B	重庆

假大羽铁角蕨 *Asplenium pseudolaserpitiifolium* Ching

功效主治 全草：淡，平。祛风除湿，强腰膝。用于风湿关节痛，腰腿痛。

濒危等级 中国植物红色名录评估为无危（LC）。

迁地栽培保存

保存地点	种质份数	个体数量	引种方式	生长状况	来源地
GX	2	f	采集	G	广西

镰叶铁角蕨 *Asplenium falcatum* Lam.

功效主治　全草：清热解毒，利尿。用于黄疸，高热，淋证，烫火伤。

濒危等级　中国植物红色名录评估为无危（LC）。

迁地栽培保存

保存地点	种质份数	个体数量	引种方式	生长状况	来源地
GX	3	f	采集	G	广西

岭南铁角蕨 *Asplenium sampsoni* Hance

功效主治　全草：清热化痰，止咳止血。用于痢疾，感冒，咳嗽，小儿疳积，外伤出血，蜈蚣咬伤。

濒危等级　中国特有植物，中国植物红色名录评估为无危（LC）。

迁地栽培保存

保存地点	种质份数	个体数量	引种方式	生长状况	来源地
GX	*	f	采集	G	广西
GX	*	f	采集	G	广西，待确定

毛轴铁角蕨 *Asplenium crinicaule* Hance

功效主治　全草：消肿止痛，化湿利尿。用于白浊，精浊，淋证，烦渴，刀伤出血。

濒危等级　中国植物红色名录评估为无危（LC）。

迁地栽培保存

保存地点	种质份数	个体数量	引种方式	生长状况	来源地
GX	2	f	采集	G	广西

南方铁角蕨 *Asplenium belangeri*（Bory）Kunze

濒危等级 中国植物红色名录评估为近危（NT）。

迁地栽培保存

保存地点	种质份数	个体数量	引种方式	生长状况	来源地
GX	*	f	采集	G	广西

三翅铁角蕨 *Asplenium tripteropus* Nakai

功效主治 全草：微苦，平。舒筋活络。用于腰痛，跌打损伤。

濒危等级 中国植物红色名录评估为无危（LC）。

迁地栽培保存

保存地点	种质份数	个体数量	引种方式	生长状况	来源地
CQ	1	a	采集	B	重庆
GX	*	f	采集	G	湖北

石生铁角蕨 *Asplenium saxicola* Rosenst.

功效主治 全草：淡、涩，平。清热润肺，利湿。用于肺痨，小便涩痛，跌打损伤，疮痈。

濒危等级 中国植物红色名录评估为近危（NT）。

迁地栽培保存

保存地点	种质份数	个体数量	引种方式	生长状况	来源地
CQ	1	a	采集	B	重庆
GX	*	f	采集	G	广西

疏齿铁角蕨 *Asplenium wrightioides* Christ

濒危等级 中国植物红色名录评估为无危（LC）。

迁地栽培保存

保存地点	种质份数	个体数量	引种方式	生长状况	来源地
GX	*	f	采集	G	广西

铁角蕨　*Asplenium trichomanes* L.

功效主治　全草（铁脚凤尾草）：淡、苦，平。清热解毒，收敛止血，补肾调经，散瘀利湿。用于小儿高热惊风，阴虚盗汗，痢疾，月经不调，带下病，淋浊，胃溃疡，烫火伤，疮疖肿毒，外伤出血。

濒危等级　中国植物红色名录评估为无危（LC）。

迁地栽培保存

保存地点	种质份数	个体数量	引种方式	生长状况	来源地
GX	2	f	采集	G	广西、湖北
GD	1	f	采集	G	待确定

线裂铁角蕨　*Asplenium coenobiale* Hance

功效主治　全草：用于风湿痹痛，小儿麻痹症，月经不调。

濒危等级　中国植物红色名录评估为无危（LC）。

迁地栽培保存

保存地点	种质份数	个体数量	引种方式	生长状况	来源地
GX	*	f	采集	G	广西

印度铁角蕨　*Asplenium yoshinagae* var. *indicum* (Sledge) Ching et S. K. Wu

功效主治　全草：舒筋活血。用于腰痛，跌打损伤。

濒危等级　中国植物红色名录评估为无危（LC）。

迁地栽培保存

保存地点	种质份数	个体数量	引种方式	生长状况	来源地
GX	*	f	采集	G	江西

铁线蕨科　Adiantaceae

铁线蕨属　*Adiantum*

半月形铁线蕨　*Adiantum philippense* L.

功效主治　全草：淡、微辛，平。活血散瘀，利尿，止咳。用于乳痈，小便涩痛，淋证，发热咳嗽，产后瘀血，血崩。

濒危等级　中国植物红色名录评估为无危（LC）。

迁地栽培保存

保存地点	种质份数	个体数量	引种方式	生长状况	来源地
HN	1	a	采集	B	海南
GX	*	f	采集	G	广西

鞭叶铁线蕨　*Adiantum caudatum* L.

功效主治　全草（鞭叶铁线蕨）：苦、甘，平。清热解毒，利水消肿，凉血止咳。用于痢疾，乳痈，淋证，小便涩痛，尿血，毒蛇咬伤，外伤出血，烫火伤。

濒危等级　中国植物红色名录评估为无危（LC）。

迁地栽培保存

保存地点	种质份数	个体数量	引种方式	生长状况	来源地
HN	1	a	采集	B	海南
GX	*	f	采集	G	广西

假鞭叶铁线蕨　*Adiantum malesianum* J. Ghatak

功效主治　全草：用于淋证，水肿，乳痈，疮毒。

濒危等级　中国植物红色名录评估为无危（LC）。

迁地栽培保存

保存地点	种质份数	个体数量	引种方式	生长状况	来源地
GX	*	f	采集	G	广西

扇叶铁线蕨　*Adiantum flabellulatum* L.

功效主治　全草（过坛龙）：淡、涩，凉。清热利湿，祛瘀消肿，止血散结，止咳平喘。用于痢疾，泄泻，胁痛，肺热咳嗽，小儿高热抽搐，淋证，吐血，便血，瘰疬，跌打损伤，毒蛇咬伤，烫火伤，疮毒。

濒危等级　中国植物红色名录评估为无危（LC）。

迁地栽培保存

保存地点	种质份数	个体数量	引种方式	生长状况	来源地
BJ	1	b	采集	A	陕西
HN	1	a	采集	B	海南

条裂铁线蕨　*Adiantum capillus-veneris* var. *dissectum*（Mart. et Galeot.）Ching

濒危等级　中国植物红色名录评估为无危（LC）。

迁地栽培保存

保存地点	种质份数	个体数量	引种方式	生长状况	来源地
GX	*	f	采集	G	广西

铁线蕨　*Adiantum capillus-veneris* L.

功效主治　全草（猪鬃草）：淡、苦，凉。清热解毒，利湿消肿，利尿通淋。用于痢疾，瘰疬，肺热咳嗽，胁痛，淋证，毒蛇咬伤，跌打损伤。

濒危等级　中国植物红色名录评估为无危（LC）。

迁地栽培保存

保存地点	种质份数	个体数量	引种方式	生长状况	来源地
SC	1	f	待确定	G	四川

续表

保存地点	种质份数	个体数量	引种方式	生长状况	来源地
CQ	1	a	采集	B	重庆
BJ	1	b	采集	A	云南
GD	1	f	采集	G	待确定
GX	*	f	采集	G	广东

团羽铁线蕨 *Adiantum capillus-junonis* Rupr.

濒危等级 中国植物红色名录评估为无危（LC）。

迁地栽培保存

保存地点	种质份数	个体数量	引种方式	生长状况	来源地
GZ	1	c	采集	C	贵州
GX	*	f	采集	G	广西

小铁线蕨 *Adiantum mariesii* Baker

濒危等级 中国特有植物，中国植物红色名录评估为无危（LC）。

迁地栽培保存

保存地点	种质份数	个体数量	引种方式	生长状况	来源地
CQ	1	a	采集	B	重庆

碗蕨科　Dennstaedtiaceae

鳞盖蕨属　*Microlepia*

边缘鳞盖蕨 *Microlepia marginata*（Panz.）C. Chr.

功效主治 全草：清热解毒。用于痈疮疖肿。

濒危等级 中国特有植物，中国植物红色名录评估为无危（LC）。

迁地栽培保存

保存地点	种质份数	个体数量	引种方式	生长状况	来源地
GX	*	f	采集	G	湖北

华南鳞盖蕨　*Microlepia hancei* Prantl

功效主治　全草：微苦，寒。祛湿热。用于风湿骨痛，感冒，黄疸。

濒危等级　中国植物红色名录评估为无危（LC）。

迁地栽培保存

保存地点	种质份数	个体数量	引种方式	生长状况	来源地
CQ	1	a	采集	F	重庆

种质库保存

保存地点	保存方式	种质份数	个体数量	引种方式	来源地
GX	组织	*	f	采集	上海

中华鳞盖蕨　*Microlepia sinostrigosa* Ching

濒危等级　中国特有植物，中国植物红色名录评估为无危（LC）。

迁地栽培保存

保存地点	种质份数	个体数量	引种方式	生长状况	来源地
GX	*	f	采集	G	广西

碗蕨属　*Dennstaedtia*

碗蕨　*Dennstaedtia scabra*（Wall. ex Hook.）T. Moore var. *scabra*

功效主治　全草：辛，凉。清热解表。用于感冒头痛。

濒危等级　中国特有植物，中国植物红色名录评估为无危（LC）。

迁地栽培保存

保存地点	种质份数	个体数量	引种方式	生长状况	来源地
GZ	1	b	采集	C	贵州
GD	1	f	采集	G	待确定
CQ	1	a	采集	C	重庆

溪洞碗蕨 *Dennstaedtia wilfordii*（T. Moore）H. Christ

功效主治 全草：清热解毒。用于跌打损伤。

濒危等级 中国特有植物，中国植物红色名录评估为无危（LC）。

迁地栽培保存

保存地点	种质份数	个体数量	引种方式	生长状况	来源地
GX	2	f	采集	G	山东

细毛碗蕨 *Dennstaedtia pilosella*（Hook.）Ching

濒危等级 中国植物红色名录评估为无危（LC）。

迁地栽培保存

保存地点	种质份数	个体数量	引种方式	生长状况	来源地
GX	*	f	采集	G	山东

乌毛蕨科　Blechnaceae

狗脊属　*Woodwardia*

顶芽狗脊 *Woodwardia unigemmata*（Makino）Nakai

功效主治 根茎（狗脊蕨贯众）：苦，凉。清热解毒，散瘀，杀虫。用于虫积腹痛，感冒，便血，血崩，痈疮肿毒。

迁地栽培保存

保存地点	种质份数	个体数量	引种方式	生长状况	来源地
CQ	1	a	采集	C	重庆
GZ	1	b	采集	C	贵州

狗脊　*Woodwardia japonica*（L. f.）Sm.

功效主治　根茎（狗脊蕨贯众）：苦，凉。清热解毒，散瘀，杀虫。压于虫积腹痛，湿热便血，血崩，痢疾，疔疮痈肿。

濒危等级　中国植物红色名录评估为无危（LC）。

迁地栽培保存

保存地点	种质份数	个体数量	引种方式	生长状况	来源地
BJ	1	b	采集	G	山西
CQ	1	a	采集	C	重庆
SC	1	f	待确定	G	四川
GX	*	f	采集	G	广西

荚囊蕨属　*Struthiopteris*

荚囊蕨　*Struthiopteris eburnea*（H. Christ）Ching

功效主治　全草：甘、涩，凉。清热解毒，散瘀消肿。用于淋证，跌打损伤，疔疮痈肿。

濒危等级　中国特有植物，浙江省重点保护植物，中国植物红色名录评估为近危（NT）。

迁地栽培保存

保存地点	种质份数	个体数量	引种方式	生长状况	来源地
GZ	1	b	采集	C	贵州

苏铁蕨属　*Brainea*

苏铁蕨　*Brainea insignis*（Hook.）J. Sm.

功效主治　根茎（苏铁蕨贯众）：微涩，凉。清热解毒，活血散瘀，收敛止血，杀虫。用于烫火伤，外伤出血，感冒，蛔虫病。

濒危等级 国家重点保护野生植物名录（第一批）二级，海南省重点保护植物，中国植物红色名录评估为易危（VU）。

迁地栽培保存

保存地点	种质份数	个体数量	引种方式	生长状况	来源地
GZ	1	a	采集	C	贵州
YN	1	a	购买	D	云南

泽丘蕨属 *Blechnum*

乌毛蕨 *Blechnum orientale* L.

功效主治 根茎（乌毛蕨贯众）：微苦，凉。清热解毒，杀虫，止血。用于时行感冒，惊厥，痄腮，斑疹伤寒，肠道寄生虫病，衄血，吐血，血崩。叶：用于疮疖痈肿。

濒危等级 中国植物红色名录评估为无危（LC）。

迁地栽培保存

保存地点	种质份数	个体数量	引种方式	生长状况	来源地
GX	2	f	采集	G	广西
HB	1	a	采集	C	待确定
HN	1	c	待确定	B	海南
CQ	1	a	采集	B	重庆
BJ	1	a	采集	G	广西
GD	1	b	采集	D	待确定

稀子蕨科 Monachosoraceae

稀子蕨属 *Monachosorum*

尾叶稀子蕨 *Monachosorum flagellare*（Maxim.）Hayata

功效主治 全草：微苦，平。用于痛风。

濒危等级　中国植物红色名录评估为无危（LC）。

迁地栽培保存

保存地点	种质份数	个体数量	引种方式	生长状况	来源地
GX	*	f	采集	G	湖北

阴地蕨科　Botrychiaceae

小阴地蕨属　*Botrychium*

阴地蕨　*Botrychium ternatum*（Thunb.）Sw.

功效主治　全草（阴地蕨）：甘、淡，微寒。清热解毒，平肝散结，润肺止咳。用于小儿惊风，疳积，肺热咳嗽，顿咳，瘰疬，痈肿疮毒，毒蛇咬伤。

濒危等级　中国植物红色名录评估为无危（LC）。

迁地栽培保存

保存地点	种质份数	个体数量	引种方式	生长状况	来源地
HB	1	a	采集	C	湖北
YN	1	a	采集	F	云南
BJ	1	a	采集	G	湖北

阴地蕨属　*Sceptridium*

药用阴地蕨　*Sceptridium officinale* Ching

迁地栽培保存

保存地点	种质份数	个体数量	引种方式	生长状况	来源地
CQ	1	a	采集	C	重庆

中国蕨科　Sinopteridaceae

粉背蕨属　*Aleuritopteris*

多鳞粉背蕨　*Aleuritopteris anceps*（Blanf.）Panigrahi

功效主治　全草：淡、微涩，温。止咳化痰，健脾补虚，舒筋活络，利湿止痛。用于咳嗽痰喘，痢疾，腹痛，消化不良，带下病，瘰疬，跌打损伤，毒蛇咬伤。

濒危等级　中国植物红色名录评估为无危（LC）。

迁地栽培保存

保存地点	种质份数	个体数量	引种方式	生长状况	来源地
CQ	1	a	采集	A	重庆

陕西粉背蕨　*Aleuritopteris shensiensis* Ching

功效主治　全草：清热解毒，活血调经，祛湿，利尿，止咳，通乳。用于劳伤咳嗽，吐血。

濒危等级　中国植物红色名录评估为无危（LC）。

迁地栽培保存

保存地点	种质份数	个体数量	引种方式	生长状况	来源地
BJ	1	a	采集	G	山东
GX	*	f	采集	G	山东

银粉背蕨　*Aleuritopteris argentea*（S. G. Gmel.）Fée

功效主治　全草：淡、微涩，温。补虚止咳，调经活血，消肿解毒，止血。用于月经不调，胁痛，肺痨咳嗽，吐血，跌打损伤。

迁地栽培保存

保存地点	种质份数	个体数量	引种方式	生长状况	来源地
CQ	1	a	采集	A	重庆

续表

保存地点	种质份数	个体数量	引种方式	生长状况	来源地
GZ	1	a	采集	C	贵州
GX	*	f	采集	G	广西

金粉蕨属　*Onychium*

金粉蕨　*Onychium siliculosum*（Desv.）C. Chr.

濒危等级　中国植物红色名录评估为无危（LC）。

迁地栽培保存

保存地点	种质份数	个体数量	引种方式	生长状况	来源地
CQ	1	a	采集	F	重庆

野雉尾金粉蕨　*Onychium japonicum*（Thunb.）Kunze

功效主治　叶（小野鸡尾）：苦，凉。清热解毒，止血，利湿。用于跌打损伤，烫火伤，泄泻，黄疸，痢疾，咯血，狂犬咬伤，食物、农药及药物中毒。根茎：清热，凉血，止血。用于外感风热，咽喉痛，吐血，便血，尿血。

迁地栽培保存

保存地点	种质份数	个体数量	引种方式	生长状况	来源地
GZ	1	a	采集	C	贵州

肿足蕨科　**Hypodematiaceae**

肿足蕨属　*Hypodematium*

腺毛肿足蕨　*Hypodematium glandulosum* Ching ex K. H. Shing

濒危等级　中国特有植物，中国植物红色名录评估为数据缺乏（DD）。

迁地栽培保存

保存地点	种质份数	个体数量	引种方式	生长状况	来源地
GX	*	f	采集	G	山东

肿足蕨 *Hypodematium crenatum*（Forssk.）Kuhn

功效主治　全草或根茎：苦、涩，凉。清热解毒，祛风利湿，止血生肌。用于乳痈，疮疖，淋浊，痢疾，风湿关节痛，外伤出血。

濒危等级　中国植物红色名录评估为无危（LC）。

迁地栽培保存

保存地点	种质份数	个体数量	引种方式	生长状况	来源地
GX	*	f	采集	G	湖北

紫萁科　**Osmundaceae**

紫萁属　*Osmunda*

粗齿紫萁 *Osmunda banksiifolia* Pr.

濒危等级　中国植物红色名录评估为近危（NT）。

迁地栽培保存

保存地点	种质份数	个体数量	引种方式	生长状况	来源地
GX	*	f	采集	G	广东

华南紫萁 *Osmunda vachellii* Hook.

功效主治　根茎：苦、涩，平。清热解毒，舒筋活络，止血，杀虫。用于感冒，尿血，淋证，外伤出血，疳腮，痈疖，烫火伤，肠道寄生虫病。

濒危等级　中国植物红色名录评估为无危（LC）。

迁地栽培保存

保存地点	种质份数	个体数量	引种方式	生长状况	来源地
CQ	1	a	采集	C	重庆
GD	1	f	采集	G	待确定
GZ	1	a	采集	C	贵州

狭叶紫萁　*Osmunda angustifolia* Ching

濒危等级　中国特有植物，中国植物红色名录评估为无危（LC）。

迁地栽培保存

保存地点	种质份数	个体数量	引种方式	生长状况	来源地
GX	*	f	采集	G	广西

紫萁　*Osmunda japonica* Thunb.

功效主治　根茎（紫萁贯众）：苦、涩，寒。清热解毒，利湿散瘀，止血，杀虫。用于疟腮，痘疹，风湿痛，跌打损伤，衄血，便血，血崩，肠道寄生虫病。

濒危等级　山西省重点保护植物，中国植物红色名录评估为无危（LC）。

迁地栽培保存

保存地点	种质份数	个体数量	引种方式	生长状况	来源地
SC	3	f	待确定	G	四川
ZJ	1	e	采集	A	云南
JS2	1	b	购买	C	江苏
HB	1	f	采集	C	湖北
GZ	1	b	采集	C	贵州
CQ	1	a	采集	C	重庆
BJ	1	b	采集	C	湖北
GX	*	f	采集	G	广西

柏科　Cupressaceae

柏木属　*Cupressus*

柏木　*Cupressus funebris* Endl.

功效主治　根（柏木）、树干（柏木）：清热利湿，止血生肌。叶（柏树叶）：苦、辛，温。生肌止血。用于外伤出血，吐血，痢疾，痔疮，烫伤。果实（柏树果）：苦、涩，平。祛风解表，和中止血。用于感冒，头痛，发热烦躁，吐血。树脂（柏树脂）：解风热，燥湿，镇痛。用于风热头痛，带下病；外用于外伤出血。

濒危等级　中国特有植物，中国植物红色名录评估为无危（LC）。

迁地栽培保存

保存地点	种质份数	个体数量	引种方式	生长状况	来源地
CQ	1	a	采集	C	重庆
GZ	1	b	采集	C	贵州
GX	*	f	采集	G	广西
BJ	*	c	采集	G	待确定

种质库保存

保存地点	保存方式	种质份数	个体数量	引种方式	来源地
BJ	种子	13	c	采集	重庆、贵州、四川

地中海柏木　*Cupressus sempervirens* L.

功效主治　木材、果实：收敛，驱虫。用于小便失禁，腹泻。

迁地栽培保存

保存地点	种质份数	个体数量	引种方式	生长状况	来源地
GX	*	f	采集	G	江苏

干香柏　*Cupressus duclouxiana* Hickel

功效主治　叶：凉血，止血。用于跌打损伤。种子：养血安神。

濒危等级　中国特有植物，中国植物红色名录评估为近危（NT）。

种质库保存

保存地点	保存方式	种质份数	个体数量	引种方式	来源地
BJ	种子	6	b	采集	云南

蓝冰柏　*Cupressus arizonica* var. *glabra* 'Blue Ice'

迁地栽培保存

保存地点	种质份数	个体数量	引种方式	生长状况	来源地
SH	1	a	采集	F	待确定

西藏柏木　*Cupressus torulosa* D. Don

功效主治　叶：凉血，止血，祛风湿，散肿毒。用于吐血，衄血，尿血，血痢，肠风，崩漏，风湿痹痛，痢疾，肝阳上亢，咳嗽，丹毒，疮腮，烫伤。

濒危等级　中国植物红色名录评估为濒危（EN）。

迁地栽培保存

保存地点	种质份数	个体数量	引种方式	生长状况	来源地
GX	*	f	采集	G	云南

扁柏属　*Chamaecyparis*

日本扁柏　*Chamaecyparis obtusa* 'Gracilis'

迁地栽培保存

保存地点	种质份数	个体数量	引种方式	生长状况	来源地
HB	1	a	采集	C	待确定

凤尾柏 *Chamaecyparis obtusa* 'Filicoides'

迁地栽培保存

保存地点	种质份数	个体数量	引种方式	生长状况	来源地
HB	1	a	采集	C	待确定

孔雀柏 *Chamaecyparis obtusa* 'Tetragona'

迁地栽培保存

保存地点	种质份数	个体数量	引种方式	生长状况	来源地
HB	1	a	采集	C	待确定

美国扁柏 *Chamaecyparis lawsoniana* (A. Murray bis) Parl.

种质库保存

保存地点	保存方式	种质份数	个体数量	引种方式	来源地
BJ	种子	1	a	采集	江西

日本花柏 *Chamaecyparis pisifera* (Siebold & Zucc.) Endl.

功效主治 枝叶：用于风疹。

迁地栽培保存

保存地点	种质份数	个体数量	引种方式	生长状况	来源地
GZ	2	b	购买	C	贵州
CQ	1	a	购买	F	重庆
GX	*	f	采集	G	福建

绒柏 *Chamaecyparis pisifera* 'Squarrosa'

迁地栽培保存

保存地点	种质份数	个体数量	引种方式	生长状况	来源地
HB	1	a	采集	C	待确定

侧柏属　*Platycladus*

侧柏 *Platycladus orientalis*（L.）Franco

功效主治　根皮（柏根白皮）：苦，平。收敛止痛。外用于烫伤。枝节（侧柏枝）：用于霍乱转筋，齿龈胬痛。叶（侧柏叶）：苦、涩，寒。凉血止血，祛风消肿，清肺止咳。用于吐血，衄血，尿血，痢疾，肠风，崩漏，风湿痹痛。种仁（柏子仁）：甘，平。养心安神，润肠通便。用于惊悸失眠，遗精，便秘。树脂（柏树脂）：甘，平。解毒，止痛。用于疥癣，癞疮，黄水疮，丹毒。

濒危等级　中国植物红色名录评估为无危（LC）。

迁地栽培保存

保存地点	种质份数	个体数量	引种方式	生长状况	来源地
SH	2	a	采集	A	待确定
HLJ	1	a	购买	A	辽宁
NMG	1	b	购买	C	内蒙古
LN	1	b	购买	C	辽宁
JS1	1	b	购买	C	江苏
HB	1	a	采集	C	湖北
GD	1	f	采集	G	待确定
CQ	1	a	采集	C	江西
BJ	1	c	采集	G	广西
JS2	1	b	购买	C	江苏

种质库保存

保存地点	保存方式	种质份数	个体数量	引种方式	来源地
BJ	种子	88	e	采集	甘肃、云南、河北、四川、山西、河南、安徽、重庆、江西、福建、湖北、贵州、江苏

千头柏 *Platycladus orientalis* (Linn.) Franco cv. Sieboldii

迁地栽培保存

保存地点	种质份数	个体数量	引种方式	生长状况	来源地
CQ	1	a	购买	C	重庆
HB	1	a	采集	C	待确定
JS1	1	a	购买	C	江苏

刺柏属 *Juniperus*

北美圆柏 *Juniperus virginiana* (L.) Antoine

迁地栽培保存

保存地点	种质份数	个体数量	引种方式	生长状况	来源地
GX	*	f	采集	G	广西，待确定

叉子圆柏 *Juniperus vulgaris* Antoine

功效主治 枝、叶、果实：苦，平。祛风镇静，活血止痛。用于风湿关节痛，小便淋痛，迎风流泪，头痛，视物不清。

濒危等级 中国植物红色名录评估为无危（LC）。

迁地栽培保存

保存地点	种质份数	个体数量	引种方式	生长状况	来源地
BJ	1	b	采集	G	待确定

续表

保存地点	种质份数	个体数量	引种方式	生长状况	来源地
NMG	1	a	购买	D	内蒙古
GX	*	f	采集	G	新疆

垂枝柏 *Juniperus recurva*（Buch.-Ham. ex D. Don）Antoine

濒危等级 中国植物红色名录评估为近危（NT）。

种质库保存

保存地点	保存方式	种质份数	个体数量	引种方式	来源地
BJ	种子	1	a	采集	甘肃

刺柏 *Juniperus formosana* Hayata

功效主治 根、枝、叶：苦，寒。清热解毒，退热透疹，杀虫。用于低热不退，皮肤癣症，麻疹。

濒危等级 中国特有植物，中国植物红色名录评估为无危（LC）。

迁地栽培保存

保存地点	种质份数	个体数量	引种方式	生长状况	来源地
CQ	1	a	购买	F	重庆
HN	1	a	赠送	C	浙江
NMG	1	b	购买	C	内蒙古

种质库保存

保存地点	保存方式	种质份数	个体数量	引种方式	来源地
BJ	种子	1	a	采集	吉林

杜松 *Juniperus rigida* Siebold & Zucc.

功效主治 果实（杜松实）：辛，温。发汗，利尿，祛风除湿，镇痛。用于小便淋痛，水肿，风湿关节痛。

濒危等级 北京市二级保护植物、吉林省二级保护植物、河北省重点保护植物、陕西省濒危保护植物，中国植物红色名录评估为近危（NT）。

迁地栽培保存

保存地点	种质份数	个体数量	引种方式	生长状况	来源地
NMG	1	a	购买	C	内蒙古
BJ	1	a	购买	G	北京

方枝柏 *Juniperus saltuaria* (Rehder & E. H. Wilson) W. C. Cheng & W. T. Wang

功效主治 枝叶、果实：清热，祛风除湿，止血。

濒危等级 中国特有植物，中国植物红色名录评估为无危（LC）。

迁地栽培保存

保存地点	种质份数	个体数量	引种方式	生长状况	来源地
JS1	1	a	购买	D	江苏
GX	*	f	采集	G	广西

高山柏 *Juniperus squamata* (Buch.-Ham. ex D. Don) Antoine

功效主治 根（峨沉香）、枝、叶：苦、涩，寒。清热解毒，透疹利尿，健胃止痢。用于痈肿，小便淋痛，痢疾，水肿，炭疽。

濒危等级 中国植物红色名录评估为无危（LC）。

种质库保存

保存地点	保存方式	种质份数	个体数量	引种方式	来源地
BJ	种子	1	a	采集	待确定

密枝圆柏 *Juniperus convallium* (Rehder & E. H. Wilson) W. C. Cheng & L. K. Fu var. *convallium*

功效主治 枝叶、种子：祛风除湿，清热解毒。

濒危等级 中国特有植物，中国植物红色名录评估为无危（LC）。

种质库保存

保存地点	保存方式	种质份数	个体数量	引种方式	来源地
BJ	种子	1	a	采集	甘肃

铺地柏 *Juniperus procumbens* (Siebold ex Endl.) Iwata & Kusaka

迁地栽培保存

保存地点	种质份数	个体数量	引种方式	生长状况	来源地
JS1	1	b	购买	C	江苏
BJ	1	b	采集	G	北京
CQ	1	a	赠送	C	广西

塔柏 *Juniperus chinensis* ' Pyramidalis'

迁地栽培保存

保存地点	种质份数	个体数量	引种方式	生长状况	来源地
HB	1	b	采集	C	待确定
CQ	1	a	购买	C	重庆

香柏 *Juniperus pingii* var. *wilsonii* (Rehder) Silba

濒危等级　中国特有植物，中国植物红色名录评估为无危（LC）。

迁地栽培保存

保存地点	种质份数	个体数量	引种方式	生长状况	来源地
BJ	1	b	采集	G	待确定

圆柏 *Juniperus chinensis* Roxb.

功效主治　树皮、枝叶（桧叶）：苦、辛，温。有小毒。祛风散寒，活血消肿，解毒，利尿。用于风寒感冒，风湿关节痛，小便淋痛，瘾疹。

濒危等级　中国植物红色名录评估为无危（LC）。

迁地栽培保存

保存地点	种质份数	个体数量	引种方式	生长状况	来源地
BJ	3	b	购买、采集	G	待确定

续表

保存地点	种质份数	个体数量	引种方式	生长状况	来源地
HN	3	a	赠送、购买	C	浙江，待确定
SH	3	a	采集	A	待确定
GZ	1	a	购买	C	贵州
CQ	1	a	购买	C	重庆
JS1	1	a	购买	C	江苏
HB	1	a	采集	C	待确定
HLJ	1	a	购买	B	辽宁
NMG	1	a	购买	C	内蒙古
YN	1	a	购买	C	云南

种质库保存

保存地点	保存方式	种质份数	个体数量	引种方式	来源地
BJ	种子	8	b	采集	云南、山西、福建、甘肃

龙柏 *Juniperus chinensis* 'Kaizuka'

迁地栽培保存

保存地点	种质份数	个体数量	引种方式	生长状况	来源地
HB	1	a	采集	C	待确定
JS1	1	a	购买	C	江苏
CQ	1	a	赠送	C	广西
BJ	1	b	购买	G	待确定

翠柏属 *Calocedrus*

翠柏 *Calocedrus macrolepis* Kurz

濒危等级 国家重点保护野生植物名录（第一批）二级，中国植物红色名录评估为无危（LC）。

迁地栽培保存

保存地点	种质份数	个体数量	引种方式	生长状况	来源地
GX	*	f	采集	G	广西

福建柏属 *Fokienia*

福建柏 *Fokienia hodginsii*（Dunn）A. Henry & H. H. Thomas

功效主治 心材：用于脘腹疼痛，噎膈，气逆，呕吐。

濒危等级 国家重点保护野生植物名录（第一批）二级，中国植物红色名录评估为易危（VU）。

迁地栽培保存

保存地点	种质份数	个体数量	引种方式	生长状况	来源地
CQ	1	a	采集	C	重庆
HN	1	a	待确定	C	福建
GX	*	f	采集	G	广西

种质库保存

保存地点	保存方式	种质份数	个体数量	引种方式	来源地
BJ	种子	1	a	采集	甘肃

美洲柏木属 *Hesperocyparis*

墨西哥柏木 *Hesperocyparis lusitanica* Mill.

功效主治 叶：提神。用于疮疡疥癣。根：用于家畜腹泻。

迁地栽培保存

保存地点	种质份数	个体数量	引种方式	生长状况	来源地
GX	*	f	采集	G	印度尼西亚

崖柏属 *Thuja*

北美香柏 *Thuja occidentalis* L.

迁地栽培保存

保存地点	种质份数	个体数量	引种方式	生长状况	来源地
GZ	1	a	采集	C	贵州

崖柏 *Thuja sutchuenensis* Franch.

濒危等级 中国特有植物，国家重点保护野生植物名录（第二批）一级，中国植物红色名录评估为濒危（EN）。

迁地栽培保存

保存地点	种质份数	个体数量	引种方式	生长状况	来源地
CQ	1	a	赠送	C	重庆
GX	*	f	采集	G	重庆

圆柏属 *Sabina*

大果圆柏 *Sabina tibetica* (Kom.) Kom.

功效主治 带叶嫩枝：苦、涩，寒。祛风除湿，止咳，止血。

濒危等级 中国特有植物，中国植物红色名录评估为易危（VU）。

迁地栽培保存

保存地点	种质份数	个体数量	引种方式	生长状况	来源地
LN	1	b	购买	C	辽宁

种质库保存

保存地点	保存方式	种质份数	个体数量	引种方式	来源地
BJ	种子	1	a	采集	待确定

红豆杉科 Taxaceae

白豆杉属 *Pseudotaxus*

白豆杉 *Pseudotaxus chienii*（W. C. Cheng）W. C. Cheng

濒危等级 中国特有植物，国家重点保护野生植物名录（第一批）二级，中国植物红色名录评估为易危（VU）。

迁地栽培保存

保存地点	种质份数	个体数量	引种方式	生长状况	来源地
GX	*	f	采集	G	广西

榧树属 *Torreya*

长叶榧树 *Torreya jackii* Chun

功效主治 枝叶（长叶榧）：用于肝阳上亢，癥瘕积聚。

濒危等级 中国特有植物，国家重点保护野生植物名录（第一批）二级，中国植物红色名录评估为易危（VU）。

迁地栽培保存

保存地点	种质份数	个体数量	引种方式	生长状况	来源地
BJ	1	a	采集	G	浙江

榧树 *Torreya grandis* Fortune ex Lindl.

功效主治 种子（榧子）：甘、涩，平。驱虫，消积，润燥。用于虫积腹痛，食积痞闷，便秘，痔疮，蛔虫病。根皮：用于风湿肿痛。花：苦。用于水气肿满，蛔虫病。

濒危等级 中国特有植物，国家重点保护野生植物名录（第一批）二级，中国植物红色名录评估为无危（LC）。

迁地栽培保存

保存地点	种质份数	个体数量	引种方式	生长状况	来源地
BJ	2	a	采集	G	浙江、安徽
SH	1	a	采集	A	待确定
YN	1	a	赠送	C	云南

种质库保存

保存地点	保存方式	种质份数	个体数量	引种方式	来源地
BJ	种子	1	a	采集	江西

香榧 *Torreya grandis* Fortune ex Lindl. cv. Merrillii

迁地栽培保存

保存地点	种质份数	个体数量	引种方式	生长状况	来源地
JS1	1	a	采集	D	浙江
ZJ	1	c	购买	B	浙江

红豆杉属 *Taxus*

东北红豆杉 *Taxus cuspidata* Siebold & Zucc.

功效主治 枝、叶：利尿，通经。用于水肿，腰痛，小便涩痛，消渴。

濒危等级 国家重点保护野生植物名录（第一批）一级，吉林省一级保护植物，CITES 附录Ⅱ物种，中国植物红色名录评估为濒危（EN）。

迁地栽培保存

保存地点	种质份数	个体数量	引种方式	生长状况	来源地
BJ	3	b	采集	G	吉林、辽宁、黑龙江
LN	1	b	购买	C	辽宁
GZ	1	a	购买	C	吉林
GX	*	f	采集	G	辽宁

红豆杉　*Taxus chinensis*（Pilg.）Rehder

功效主治　叶：用于疥癣。种子（血榧）：消积，驱虫。用于小儿疳积，蛔虫病。

濒危等级　国家重点保护野生植物名录（第一批）一级，CITES 附录Ⅱ物种，中国植物红色名录评估为易危（VU）。

迁地栽培保存

保存地点	种质份数	个体数量	引种方式	生长状况	来源地
BJ	1	b	采集	G	待确定
CQ	1	a	采集	C	重庆
HB	1	b	采集	C	湖北
JS1	1	b	购买	C	四川
SH	1	a	采集	F	待确定

种质库保存

保存地点	保存方式	种质份数	个体数量	引种方式	来源地
BJ	种子	2	a	采集	待确定

曼地亚红豆杉　*Taxus × media* Rehder

迁地栽培保存

保存地点	种质份数	个体数量	引种方式	生长状况	来源地
CQ	1	a	购买	C	重庆
HB	1	a	采集	C	待确定
GZ	1	e	购买	A	四川

南方红豆杉　*Taxus wallichiana* var. *mairei*（Lemée et H. Lév.）L. K. Fu et Nan Li

濒危等级　国家重点保护野生植物名录（第一批）一级，CITES 附录Ⅱ物种，中国植物红色名录评估为易危（VU）。

迁地栽培保存

保存地点	种质份数	个体数量	引种方式	生长状况	来源地
BJ	2	a	采集	C	甘肃、湖北
HB	2	a	采集	C	待确定
CQ	1	a	采集	C	重庆
GD	1	f	采集	G	待确定
GZ	1	b	采集	B	贵州
YN	1	a	购买	C	云南

种质库保存

保存地点	保存方式	种质份数	个体数量	引种方式	来源地
BJ	种子	2	a	采集	江西、甘肃

西藏红豆杉　*Taxus wallichiana* Zucc.

功效主治　枝、叶：清热解毒，凉血，驱虫，消食。种子：散寒，止痛，杀虫。

迁地栽培保存

保存地点	种质份数	个体数量	引种方式	生长状况	来源地
GZ	2	a	购买	C	四川、云南
BJ	1	a	采集	G	待确定

种质库保存

保存地点	保存方式	种质份数	个体数量	引种方式	来源地
BJ	种子	1	a	采集	江西

穗花杉属　*Amentotaxus*

穗花杉　*Amentotaxus argotaenia*（Hance）Pilg.

功效主治　根、树皮：止痛，生肌。用于跌打损伤，骨折。种子（榧子）：用于消积，驱虫。

濒危等级　中国植物红色名录评估为无危（LC）。

迁地栽培保存

保存地点	种质份数	个体数量	引种方式	生长状况	来源地
CQ	1	a	采集	C	重庆

云南穗花杉　*Amentotaxus yunnanensis* H. L. Li

濒危等级　国家重点保护野生植物名录（第一批）一级，中国植物红色名录评估为易危（VU）。

迁地栽培保存

保存地点	种质份数	个体数量	引种方式	生长状况	来源地
GX	*	f	采集	G	云南

罗汉松科　Podocarpaceae

鸡毛松属　*Dacrycarpus*

叠鸡毛松　*Dacrycarpus imbricatus*（Bl.）de Laubenf.

功效主治　全株：清热消肿，杀虫，止痒。

迁地栽培保存

保存地点	种质份数	个体数量	引种方式	生长状况	来源地
YN	1	a	采集	C	云南
GX	*	f	采集	G	广西

种质库保存

保存地点	保存方式	种质份数	个体数量	引种方式	来源地
HN	种子	2	b	采集	海南

罗汉松属 *Podocarpus*

百日青 *Podocarpus neriifolius* D. Don

功效主治 根：用于水肿。根皮：用于癣疥，痢疾。枝、叶：用于骨质增生，关节肿痛。

濒危等级 广西壮族自治区重点保护植物、浙江省重点保护植物，CITES 附录Ⅲ物种，中国植物红色名录评估为易危（VU）。

迁地栽培保存

保存地点	种质份数	个体数量	引种方式	生长状况	来源地
HN	2	a	购买	C	海南
CQ	1	a	采集	C	重庆
GZ	1	a	采集	C	贵州

短小叶罗汉松 *Podocarpus brevifolius*（Stapf）Foxw.

迁地栽培保存

保存地点	种质份数	个体数量	引种方式	生长状况	来源地
SH	1	a	采集	A	待确定
BJ	1	a	购买	G	北京
GX	*	f	采集	G	广西

短叶罗汉松 *Podocarpus chinensis* Wall. ex J. Forbes

迁地栽培保存

保存地点	种质份数	个体数量	引种方式	生长状况	来源地
GX	2	f	采集	G	中国广西，日本
CQ	1	a	购买	C	重庆

罗汉松 *Podocarpus macrophyllus*（Thunb.）Sweet

功效主治 根皮：甘，微温。活血，止痛，杀虫。外用于跌打损伤，疥癣。叶：淡，平。止血。用于咯血，吐血。种子、花托：甘，平。益气补中，补肾，益肺。用于心胃疼痛，血虚，面色萎黄。

濒危等级 中国植物红色名录评估为易危（VU）。

迁地栽培保存

保存地点	种质份数	个体数量	引种方式	生长状况	来源地
SH	2	a	采集	A	待确定
HB	1	a	采集	C	湖北
ZJ	1	c	购买	A	浙江
JS1	1	a	购买	C	江苏
GZ	1	a	购买	C	贵州
SC	1	f	待确定	G	四川
CQ	1	a	购买	C	重庆
BJ	1	b	采集	G	湖北
GD	1	b	采集	A	待确定

种质库保存

保存地点	保存方式	种质份数	个体数量	引种方式	来源地
BJ	种子	1	a	采集	云南
HN	种子	1	b	采集	湖南

狭叶罗汉松 *Podocarpus macrophyllus* var. *angustifolius* Bl.

迁地栽培保存

保存地点	种质份数	个体数量	引种方式	生长状况	来源地
YN	1	a	购买	C	云南

小叶罗汉松 *Podocarpus brevifolius*（Stapf）Foxw.

濒危等级 中国特有植物，广西壮族自治区重点保护植物，中国植物红色名录评估为濒危（EN）。

迁地栽培保存

保存地点	种质份数	个体数量	引种方式	生长状况	来源地
GD	1	f	采集	G	待确定

竹柏属 *Nageia*

长叶竹柏 *Nageia fleuryi*（Hickel）de Laub.

濒危等级 广西壮族自治区重点保护植物，中国植物红色名录评估为无危（LC）。

迁地栽培保存

保存地点	种质份数	个体数量	引种方式	生长状况	来源地
GX	2	f	采集	G	广东、湖南
HN	2	a	待确定	C	海南
YN	1	b	购买	C	云南

肉托竹柏 *Nageia wallichiana*（C. Presl）Kuntze

濒危等级 中国植物红色名录评估为无危（LC）。

迁地栽培保存

保存地点	种质份数	个体数量	引种方式	生长状况	来源地
YN	1	a	购买	C	云南

种质库保存

保存地点	保存方式	种质份数	个体数量	引种方式	来源地
BJ	种子	4	a	采集	云南

竹柏 *Nageia nagi*（Thunb.）Kuntze

功效主治 叶：淡，平。止血，接骨，消肿。用于骨折，外伤出血，风湿痹痛。

濒危等级 浙江省重点保护植物，中国植物红色名录评估为濒危（EN）。

迁地栽培保存

保存地点	种质份数	个体数量	引种方式	生长状况	来源地
BJ	12	a	采集	C	广西、贵州
HN	1	a	待确定	C	待确定

续表

保存地点	种质份数	个体数量	引种方式	生长状况	来源地
JS1	1	a	采集	C	江苏
YN	1	b	购买	A	云南
GZ	1	a	购买	C	贵州
CQ	1	a	购买	C	重庆
SH	1	a	采集	A	待确定
GD	1	f	采集	G	待确定
GX	*	f	采集	G	广西

种质库保存

保存地点	保存方式	种质份数	个体数量	引种方式	来源地
BJ	种子	6	b	采集	河北、云南、湖北
HN	种子	1	b	采集	湖南

麻黄科　Ephedraceae

麻黄属　*Ephedra*

矮麻黄　*Ephedra minuta* Florin

功效主治　全株：清热，解表，止咳，止血。

濒危等级　中国特有植物，中国植物红色名录评估为无危（LC）。

迁地栽培保存

保存地点	种质份数	个体数量	引种方式	生长状况	来源地
BJ	1	b	采集	G	四川

草麻黄　*Ephedra sinica* Stapf

功效主治　茎、根：散肺散寒，平喘，利尿。草质茎：发汗散寒，宣肺平喘，利水消肿。用于风寒感冒，胸闷喘咳，风水浮肿。

濒危等级 国家重点保护野生植物名录（第二批）二级，北京市二级保护植物、河北省重点保护植物、吉林省三级重点保护植物、陕西省濒危保护植物，中国植物红色名录评估为近危（NT）。

迁地栽培保存

保存地点	种质份数	个体数量	引种方式	生长状况	来源地
BJ	6	d	采集	C	河北、甘肃、山西、内蒙古、湖北、宁夏
NMG	1	c	购买	F	内蒙古
HLJ	1	a	购买	A	新疆
HEN	1	a	赠送	D	内蒙古
CQ	1	a	购买	F	四川
GX	*	f	采集	G	内蒙古

种质库保存

保存地点	保存方式	种质份数	个体数量	引种方式	来源地
BJ	种子	6	a	采集	内蒙古

木贼麻黄 *Ephedra equisetina* Bunge

濒危等级 国家重点保护野生植物名录（第二批）二级，中国植物红色名录评估为无危（LC）。

迁地栽培保存

保存地点	种质份数	个体数量	引种方式	生长状况	来源地
BJ	1	b	采集	G	待确定

种质库保存

保存地点	保存方式	种质份数	个体数量	引种方式	来源地
BJ	种子	3	b	采集	福建

双穗麻黄 *Ephedra distachya* L.

功效主治 茎、根：宣肺散寒，平喘，利尿。草质茎：发汗散寒，宣肺平喘，利水消肿。

濒危等级 中国植物红色名录评估为无危（LC）。

迁地栽培保存

保存地点	种质份数	个体数量	引种方式	生长状况	来源地
GX	*	f	采集	G	法国

买麻藤科　Gnetaceae

买麻藤属　*Gnetum*

垂子买麻藤　*Gnetum pendulum* C. Y. Cheng

功效主治　茎、叶、果实：祛风湿，生肌，止血。用于刀枪伤，跌打损伤，风湿骨痛。

濒危等级　中国特有植物，中国植物红色名录评估为无危（LC）。

迁地栽培保存

保存地点	种质份数	个体数量	引种方式	生长状况	来源地
GX	*	f	采集	G	云南

海南买麻藤　*Gnetum hainanense* C. Y. Cheng ex L. K. Fu, Y. F. Yu & M. G. Gilbert

濒危等级　中国特有植物，中国植物红色名录评估为无危（LC）。

迁地栽培保存

保存地点	种质份数	个体数量	引种方式	生长状况	来源地
HN	2	a	采集	C	海南
GX	*	f	采集	G	海南

巨子买麻藤　*Gnetum giganteum* H. Shao

濒危等级　中国特有植物，中国植物红色名录评估为易危（VU）。

迁地栽培保存

保存地点	种质份数	个体数量	引种方式	生长状况	来源地
GX	*	f	采集	G	广西

罗浮买麻藤 *Gnetum lofuense* C. Y. Cheng

功效主治 茎、叶：用于痹证，蛇咬伤。

濒危等级 中国特有植物，中国植物红色名录评估为无危（LC）。

迁地栽培保存

保存地点	种质份数	个体数量	引种方式	生长状况	来源地
GX	*	f	采集	G	澳门

买麻藤 *Gnetum montanum* Markgr. f. *montanum*

功效主治 根（买麻藤）、茎（买麻藤）、叶（买麻藤）：苦，温。祛风除湿，活血散瘀，行气健胃，接骨。用于风湿关节痛，腰痛，咽喉痛，咳嗽，胃脾虚弱，跌打损伤，骨折。

濒危等级 CITES 附录Ⅲ物种，中国植物红色名录评估为无危（LC）。

迁地栽培保存

保存地点	种质份数	个体数量	引种方式	生长状况	来源地
YN	1	a	采集	C	云南
HN	1	a	待确定	C	海南
GD	1	f	采集	G	待确定
FJ	1	a	采集	A	福建

种质库保存

保存地点	保存方式	种质份数	个体数量	引种方式	来源地
BJ	种子	8	c	采集	海南、福建、云南
HN	种子	2	b	采集	海南

显轴买麻藤 *Gnetum gnemon* L.

功效主治 叶：用于产后疗法，水肿。

濒危等级　中国植物红色名录评估为数据缺乏（DD）。

种质库保存

保存地点	保存方式	种质份数	个体数量	引种方式	来源地
HN	种子	1	a	采集	海南

小叶买麻藤　*Gnetum parvifolium*（Warb.）W. C. Cheng

功效主治　根、茎藤、叶：祛风活血，消肿止痛，化痰止咳。用于风湿骨痛，痹证，腰肌劳损，筋骨酸痛，咳嗽，溃疡出血，跌打损伤，骨折，毒蛇咬伤。

濒危等级　江西省三级保护植物，中国植物红色名录评估为无危（LC）。

迁地栽培保存

保存地点	种质份数	个体数量	引种方式	生长状况	来源地
GD	1	a	采集	D	待确定
HN	1	a	采集	C	海南
GX	*	f	采集	G	广西

种质库保存

保存地点	保存方式	种质份数	个体数量	引种方式	来源地
BJ	种子	2	a	采集	云南，待确定

南洋杉科　Araucariaceae

贝壳杉属　*Agathis*

贝壳杉　*Agathis dammara*（Lamb.）Rich. & A. Rich.

迁地栽培保存

保存地点	种质份数	个体数量	引种方式	生长状况	来源地
HN	1	a	赠送	C	海南
SC	1	f	待确定	G	四川

南洋杉属 *Araucaria*

大叶南洋杉 *Araucaria bidwillii* Hook.

迁地栽培保存

保存地点	种质份数	个体数量	引种方式	生长状况	来源地
GX	*	f	采集	G	福建

种质库保存

保存地点	保存方式	种质份数	个体数量	引种方式	来源地
BJ	种子	1	a	采集	待确定

南洋杉 *Araucaria cunninghamii* Sweet

迁地栽培保存

保存地点	种质份数	个体数量	引种方式	生长状况	来源地
HN	1	a	待确定	C	海南
YN	1	a	购买	C	云南
SC	1	f	待确定	G	四川
GD	1	f	采集	G	待确定
JS1	1	a	购买	D	江苏
CQ	1	a	购买	C	重庆
BJ	1	a	采集	G	广西
GX	*	f	采集	G	福建

种质库保存

保存地点	保存方式	种质份数	个体数量	引种方式	来源地
BJ	种子	1	a	采集	待确定

三尖杉科　**Cephalotaxaceae**

三尖杉属　Cephalotaxus

篦子三尖杉　*Cephalotaxus oliveri* Mast.

功效主治　枝叶：苦、涩，寒，用于癥瘕积聚。根或根皮：淡、涩，平。用于祛风除湿。

濒危等级　中国特有植物，国家重点保护野生植物名录（第一批）二级，中国植物红色名录评估为易危（VU）。

迁地栽培保存

保存地点	种质份数	个体数量	引种方式	生长状况	来源地
CQ	1	a	采集	B	重庆
GX	*	f	采集	G	湖南

种质库保存

保存地点	保存方式	种质份数	个体数量	引种方式	来源地
BJ	种子	8	a	采集	待确定

粗榧　*Cephalotaxus sinensis*（Rehder & E. H. Wilson）H. L. Li

功效主治　根皮、枝、叶：苦、涩，寒。祛风除湿，消痈散结。用于恶核，热劳。种子：甘、涩，平。润肺止咳，驱虫，消积。用于食积，蛔虫病，钩虫病，咳嗽。

濒危等级　中国特有植物，中国植物红色名录评估为近危（NT）。

迁地栽培保存

保存地点	种质份数	个体数量	引种方式	生长状况	来源地
GX	2	f	采集	G	中国北京，波兰
JS1	1	a	购买	D	江苏
GZ	1	a	采集	C	贵州
BJ	1	a	采集	G	浙江

续表

保存地点	种质份数	个体数量	引种方式	生长状况	来源地
HN	1	a	待确定	C	海南
CQ	1	a	采集	F	重庆

三尖杉 *Cephalotaxus fortunei* Hook.

功效主治 根皮：用于石淋。枝、叶：苦、涩，寒。消痈散结。用于瘰疬积聚。种子：甘、涩，平。润肺，消积，杀虫。用于咳嗽，食积，蛔虫病，钩虫病。

濒危等级 中国植物红色名录评估为无危（LC）。

迁地栽培保存

保存地点	种质份数	个体数量	引种方式	生长状况	来源地
BJ	1	a	采集	G	广西
CQ	1	a	采集	C	重庆
GD	1	f	采集	G	待确定
GZ	1	b	采集	C	贵州
HB	1	b	采集	C	湖北
JS1	1	a	购买	C	江苏

种质库保存

保存地点	保存方式	种质份数	个体数量	引种方式	来源地
BJ	种子	6	b	采集	江西、山西

西双版纳粗榧 *Cephalotaxus mannii* Hook. f.

功效主治 枝叶：苦、涩，寒，用于瘰疬积聚。根或根皮：淡、涩，平。用于祛风除湿。

濒危等级 国家重点保护野生植物名录（第二批）一级，广西壮族自治区重点保护植物，中国植物红色名录评估为濒危（EN）。

迁地栽培保存

保存地点	种质份数	个体数量	引种方式	生长状况	来源地
HN	2	a	采集、赠送	C	海南
YN	1	a	采集	C	云南
GX	*	f	采集	G	广西

杉科　Taxodiaceae

柳杉属　*Cryptomeria*

柳杉　*Cryptomeria fortunei* Hooibr. ex Otto & Dietrich

功效主治　树皮（柳杉皮）：苦，寒。解毒，杀虫。外用于癣疮，痈疽。

迁地栽培保存

保存地点	种质份数	个体数量	引种方式	生长状况	来源地
GZ	1	e	购买	C	贵州
ZJ	1	d	购买	A	浙江
JS1	1	b	购买	C	江苏
HB	1	e	采集	C	湖北
CQ	1	a	购买	C	重庆
HN	1	a	待确定	C	广西

种质库保存

保存地点	保存方式	种质份数	个体数量	引种方式	来源地
BJ	种子	13	b	采集	云南、福建、广西、江西

日本柳杉　*Cryptomeria japonica*（Thunb. ex L. f.）D. Don

功效主治　树皮：外用于癣疮，痈疽，金疮出血，烫火伤。木材：用于心腹胀痛，霍乱。

濒危等级　中国植物红色名录评估为无危（LC）。

迁地栽培保存

保存地点	种质份数	个体数量	引种方式	生长状况	来源地
GX	2	f	采集	G	日本，中国江苏
CQ	1	a	购买	C	重庆

种质库保存

保存地点	保存方式	种质份数	个体数量	引种方式	来源地
BJ	种子	1	a	采集	江西

落羽杉属　*Taxodium*

池杉　*Taxodium ascendens* Brongn.

迁地栽培保存

保存地点	种质份数	个体数量	引种方式	生长状况	来源地
SH	1	a	采集	F	待确定
GX	*	f	采集	G	云南

种质库保存

保存地点	保存方式	种质份数	个体数量	引种方式	来源地
BJ	种子	6	b	采集	海南、江西

落羽杉　*Taxodium distichum* (L.) Rich.

功效主治　树脂：用于利尿，祛风，创伤出血。种子：消痈散结。用于鼻渊。

迁地栽培保存

保存地点	种质份数	个体数量	引种方式	生长状况	来源地
CQ	1	a	购买	C	重庆

种质库保存

保存地点	保存方式	种质份数	个体数量	引种方式	来源地
BJ	种子	4	a	采集	江西、上海

墨西哥落羽杉　*Taxodium mucronatum* Ten.

功效主治　木材、果实：收敛止泻，敛肺止咳。用于腹泻，咳嗽。树皮：用于腹泻，咳嗽。水煎服用于肾病，调理胃肠气、月经。叶：用于腹泻，咳嗽；外用于疥疮。

迁地栽培保存

保存地点	种质份数	个体数量	引种方式	生长状况	来源地
JS2	1	c	购买	C	江苏

中山杉　*Taxodium 'Zhongshansha'*

迁地栽培保存

保存地点	种质份数	个体数量	引种方式	生长状况	来源地
JS1	1	a	购买	D	江苏

杉木属　*Cunninghamia*

杉木　*Cunninghamia lanceolata* (Lamb.) Hook.

功效主治　根皮（杉木根）：辛，温。用于淋证，疝气，痧秽，腹痛，关节痛，跌打损伤，疥癣。树皮（杉皮）：祛风止痛，燥湿，止血。用于水肿，脚气病，金疮，漆疮，烫伤。枝干结节（杉木节）：用于脚气病，痞块，骨节疼痛，带下病，跌打血瘀。心材（杉木）、枝叶（杉叶）：辛，微温。辟秽，止痛，散湿毒，降逆气。用于漆疮，风湿毒疮，脚气病，心腹胀痛；外用于跌打损伤。种子：散瘀消肿。用于疝气，乳痛。木材沥出的油脂（杉木油）：用于尿闭。

迁地栽培保存

保存地点	种质份数	个体数量	引种方式	生长状况	来源地
SH	1	a	采集	A	待确定

续表

保存地点	种质份数	个体数量	引种方式	生长状况	来源地
ZJ	1	d	购买	A	福建
HB	1	f	采集	C	湖北
CQ	1	a	采集	C	重庆
BJ	1	b	采集	G	广西
GX	*	f	采集	G	江苏

种质库保存

保存地点	保存方式	种质份数	个体数量	引种方式	来源地
BJ	种子	51	b	采集	重庆、云南、上海、贵州、江西

水杉属 *Metasequoia*

水杉 *Metasequoia glyptostroboides* Hu & W. C. Cheng

功效主治 叶、果实：清热解毒，消肿止痛。用于痈疮肿毒，癣疮。

濒危等级 中国特有植物，国家重点保护野生植物名录（第一批）一级，中国植物红色名录评估为濒危（EN）。

迁地栽培保存

保存地点	种质份数	个体数量	引种方式	生长状况	来源地
BJ	2	a	采集	G	浙江、安徽
GZ	1	a	采集	C	贵州
ZJ	1	b	购买	B	安徽
JS1	1	c	购买	C	江苏
GD	1	f	采集	G	待确定
CQ	1	a	购买	C	重庆
JS2	1	e	购买	C	江苏
GX	*	f	采集	G	重庆

种质库保存

保存地点	保存方式	种质份数	个体数量	引种方式	来源地
BJ	种子	1	a	采集	四川

松科　Pinaceae

黄杉属　*Pseudotsuga*

短叶黄杉　*Pseudotsuga brevifolia* W. C. Cheng & L. K. Fu

濒危等级　中国特有植物，国家重点保护野生植物名录（第一批）二级，中国植物红色名录评估为易危（VU）。

迁地栽培保存

保存地点	种质份数	个体数量	引种方式	生长状况	来源地
GX	*	f	采集	G	广西

黄杉　*Pseudotsuga sinensis* Dode

功效主治　根、叶：祛风除湿。

濒危等级　中国特有植物，国家重点保护野生植物名录（第一批）二级，中国植物红色名录评估为无危（LC）。

迁地栽培保存

保存地点	种质份数	个体数量	引种方式	生长状况	来源地
CQ	1	a	采集	F	重庆

金钱松属　*Pseudolarix*

金钱松　*Pseudolarix amabilis*（J. Nelson）Rehder

功效主治　根皮（土荆皮）：辛，温。有毒。杀虫，止痒。外用于手足癣，湿疹，头部疥癣。

濒危等级 中国特有植物，国家重点保护野生植物名录（第一批）二级，中国植物红色名录评估为易危（VU）。

迁地栽培保存

保存地点	种质份数	个体数量	引种方式	生长状况	来源地
SH	2	a	采集	A	待确定
GZ	1	a	采集	C	贵州
ZJ	1	c	购买	A	浙江
HB	1	a	采集	C	待确定
JS1	1	a	购买	C	江苏
GX	*	f	采集	G	云南

冷杉属 *Abies*

秦岭冷杉 *Abies chensiensis* Tiegh.

功效主治 果实：平肝息风，调经活血，止血，安神定志。用于肝阳上亢，头痛，头晕，心神不安，月经不调，崩漏，带下病。

濒危等级 中国特有植物，国家重点保护野生植物名录（第一批）二级，中国植物红色名录评估为易危（VU）。

迁地栽培保存

保存地点	种质份数	个体数量	引种方式	生长状况	来源地
HB	1	a	采集	C	待确定

日本冷杉 *Abies firma* Siebold & Zucc.

迁地栽培保存

保存地点	种质份数	个体数量	引种方式	生长状况	来源地
ZJ	1	c	购买	B	江苏

落叶松属　*Larix*

华北落叶松　*Larix principis-rupprechtii* Mayr

濒危等级　中国特有植物，北京市二级保护植物，中国植物红色名录评估为易危（VU）。

迁地栽培保存

保存地点	种质份数	个体数量	引种方式	生长状况	来源地
GX	*	f	采集	G	北京

落叶松　*Larix gmelinii* Rupr.

功效主治　树皮：用于痢疾，脱肛，气滞，腹胀。

濒危等级　中国植物红色名录评估为无危（LC）。

迁地栽培保存

保存地点	种质份数	个体数量	引种方式	生长状况	来源地
SH	1	a	采集	A	待确定
CQ	1	a	购买	F	重庆

欧洲落叶松　*Larix decidua* Mill.

功效主治　树皮：用于膀胱炎，尿路感染，咽炎，气管炎，支气管炎。树脂：用于预防感染。

迁地栽培保存

保存地点	种质份数	个体数量	引种方式	生长状况	来源地
GX	*	f	采集	G	法国

日本落叶松　*Larix kaempferi*（Lamb.）Carrière

迁地栽培保存

保存地点	种质份数	个体数量	引种方式	生长状况	来源地
HB	2	b	采集	C	待确定

兴安落叶松 *Larix dahurica* Turcz. ex Trautv.

迁地栽培保存

保存地点	种质份数	个体数量	引种方式	生长状况	来源地
GX	*	f	采集	G	湖北

松属 *Pinus*

巴山松 *Pinus henryi* Mast.

功效主治　树脂蒸馏提取的挥发油（松节油）：外用于肌肉酸痛，关节痛。

濒危等级　中国特有植物，中国植物红色名录评估为易危（VU）。

迁地栽培保存

保存地点	种质份数	个体数量	引种方式	生长状况	来源地
HB	1	a	采集	C	待确定

白皮松 *Pinus bungeana* Zucc. ex Endl.

功效主治　果实（白松塔、松塔）：苦，温。镇咳，祛痰，平喘。用于咳嗽痰喘。

濒危等级　中国特有植物，中国植物红色名录评估为濒危（EN）。

迁地栽培保存

保存地点	种质份数	个体数量	引种方式	生长状况	来源地
LN	1	b	购买	C	辽宁
BJ	1	b	交换	G	北京
JS1	1	a	购买	D	江苏

白松 *Pinus ayacahuite* var. *veitchii* (Roezl) Shaw

迁地栽培保存

保存地点	种质份数	个体数量	引种方式	生长状况	来源地
BJ	1	b	采集	C	贵州

北美短叶松 *Pinus banksiana* Lamb.

功效主治　全株：用于消渴。

迁地栽培保存

保存地点	种质份数	个体数量	引种方式	生长状况	来源地
JS1	1	a	购买	C	江苏

赤松 *Pinus densiflora* Siebold & Zucc.

功效主治　除去挥发油的树脂（松香）：祛风燥湿，生肌止痛。用于风邪犯肺。节（松节）：祛风湿，止痛。树脂蒸馏提取的挥发油（松节油）：用于痹证，筋骨疼痛。花粉（松花粉）：润心肺，除风燥湿，收敛止血，益气。

濒危等级　国家重点保护野生植物名录（第一批）二级，中国植物红色名录评估为无危（LC）。

迁地栽培保存

保存地点	种质份数	个体数量	引种方式	生长状况	来源地
GX	*	f	采集	G	日本

海南五针松 *Pinus fenzeliana* Hand.-Mazz.

功效主治　根皮：祛风通络，活血消肿。

濒危等级　中国植物红色名录评估为无危（LC）。

迁地栽培保存

保存地点	种质份数	个体数量	引种方式	生长状况	来源地
CQ	1	a	采集	C	重庆

保存地点	种质份数	个体数量	引种方式	生长状况	来源地
GZ	1	f	采集	F	贵州
GX	*	f	采集	G	重庆

黑松 *Pinus thunbergii* Parl.

功效主治 叶（松针）：苦、涩，温。祛风止痛，活血消肿，明目。用于时行感冒，风湿关节痛，跌打肿痛，夜盲；外用于冻疮。花粉（松花粉）：甘，温。收敛，止血。用于胃痛，咯血，黄水疮，外伤出血。

迁地栽培保存

保存地点	种质份数	个体数量	引种方式	生长状况	来源地
GX	2	f	采集	G	湖南、浙江
JS1	1	a	购买	D	江苏
SH	1	b	采集	A	待确定
CQ	1	a	购买	C	重庆

红松 *Pinus koraiensis* Siebold & Zucc.

功效主治 节（松节）：祛风除湿，舒筋活络，止痛。树皮（松树皮）：祛风湿，祛瘀，敛疮。叶（松针）：祛风活血，燥湿止痒。种子（海松子、松子）：甘，温。滋补强壮，润肺滑肠，息风镇咳。用于风痹，燥咳，吐血，便秘。

濒危等级 国家重点保护野生植物名录（第一批）二级，吉林省二级保护植物，CITES 附录Ⅲ物种，中国植物红色名录评估为易危（VU）。

迁地栽培保存

保存地点	种质份数	个体数量	引种方式	生长状况	来源地
JS1	1	a	购买	D	江苏
LN	1	b	购买	C	辽宁

种质库保存

保存地点	保存方式	种质份数	个体数量	引种方式	来源地
BJ	种子	1	a	采集	待确定

华南五针松　*Pinus kwangtungensis* Chun ex Tsiang

功效主治　树脂：用于肌肉酸痛，关节痛。

濒危等级　国家重点保护野生植物名录（第一批）二级，中国植物红色名录评估为近危（NT）。

迁地栽培保存

保存地点	种质份数	个体数量	引种方式	生长状况	来源地
GZ	1	a	采集	C	贵州
GX	*	f	采集	G	贵州

种质库保存

保存地点	保存方式	种质份数	个体数量	引种方式	来源地
BJ	种子	1	a	采集	待确定

华山松　*Pinus armandii* Franch. var. *armandii*

功效主治　含树脂的松节：祛风除湿，活络止痛。用于风湿关节痛，瘫痪，淋证，疝气。种子（松子仁）：润肺，滑肠。花粉（松花粉）：燥湿，收敛，止血。叶：祛风活血，明目安神，解毒止痒。用于风湿疼痛，阴虚阳亢。球果：用于肝阳上亢。

濒危等级　中国植物红色名录评估为无危（LC）。

迁地栽培保存

保存地点	种质份数	个体数量	引种方式	生长状况	来源地
HB	1	a	采集	C	湖北
BJ	1	b	采集	G	陕西
JS1	1	a	购买	D	江苏
LN	1	b	购买	C	辽宁
CQ	1	a	采集	F	重庆
GX	*	f	采集	G	重庆

种质库保存

保存地点	保存方式	种质份数	个体数量	引种方式	来源地
BJ	种子	8	a	采集	四川、贵州

黄山松 *Pinus taiwanensis* Hayata

功效主治 松节油、松馏油、松根油、透明松脂、生松脂、松精油及其附生的茯苓均入药。花粉（松花粉）：燥湿，收敛止血。节（松节）、除去挥发油的树脂（松香）：祛风湿，止痛。球果：祛痰，止咳，平喘。

濒危等级 中国特有植物，广西壮族自治区重点保护植物，中国植物红色名录评估为无危（LC）。

迁地栽培保存

保存地点	种质份数	个体数量	引种方式	生长状况	来源地
JS1	1	a	购买	D	安徽

卡西亚松 *Pinus kesiya* Royle ex Gordon

功效主治 除去挥发油的树脂（松香）、节（松节）：祛风湿，止痛。用于跌打损伤，风湿关节痛。花粉：燥湿，收敛止血。树皮：收敛生肌。嫩枝：活血止痛。嫩果：用于跌打损伤，风湿关节痛。

濒危等级 中国植物红色名录评估为易危（VU）。

迁地栽培保存

保存地点	种质份数	个体数量	引种方式	生长状况	来源地
YN	1	a	采集	C	云南

种质库保存

保存地点	保存方式	种质份数	个体数量	引种方式	来源地
BJ	种子	6	b	采集	待确定

马尾松 *Pinus massoniana* Lamb.

功效主治 根（松根）：苦，温。祛风，燥湿，舒筋，通络。用于风湿骨痛，风痹，跌打损伤，外伤出血，痔疮。节（油松节）：苦，温。祛风除湿，活络止痛。用于风湿关节痛，腰腿痛，骨痛，跌打肿痛。叶（松针）：苦、涩，温。祛风活血，安神，解毒止痒。用于感冒，风湿关节痛，跌打肿痛，肝阳上亢；外用于冻疮，湿疹，疥癣。树皮（松树皮）：苦、涩，温。收敛止血。用于筋骨损伤；外用于疮疖初起，头癣，瘾疹烦痒，金疮出血。球果（松果）：苦，温。用于风痹，肠燥便难，痔疮。种子（松子仁）：甘，温。润肺，滑肠。用于肺燥咳嗽，大便秘结。花粉（松花粉）：燥湿。

濒危等级　中国特有植物，中国植物红色名录评估为无危（LC）。

迁地栽培保存

保存地点	种质份数	个体数量	引种方式	生长状况	来源地
BJ	1	a	采集	G	浙江
CQ	1	a	采集	C	重庆
GD	1	a	采集	C	待确定
GZ	1	e	采集	C	贵州
HB	1	a	采集	C	待确定
HN	1	e	待确定	B	海南
JS1	1	a	购买	D	江苏
ZJ	1	c	采集	A	江苏

种质库保存

保存地点	保存方式	种质份数	个体数量	引种方式	来源地
BJ	种子	6	a	采集	四川、福建
HN	种子	1	b	采集	湖南

湿地松　*Pinus elliottii* Engelm.

功效主治　生松脂、松脂：燥湿祛风，止痛生肌。

迁地栽培保存

保存地点	种质份数	个体数量	引种方式	生长状况	来源地
JS1	1	a	购买	D	江苏
JS2	1	e	购买	A	江苏
SH	1	a	采集	A	待确定
ZJ	1	c	购买	B	浙江

种质库保存

保存地点	保存方式	种质份数	个体数量	引种方式	来源地
BJ	种子	1	a	采集	上海
HN	种子	1	a	采集	湖南

油松 *Pinus tabuliformis* Carrière

功效主治 松脂：燥湿祛风，生肌止痛。外用于痈疖疮疡，湿疹，外伤出血，烫火伤，疥疮久远不愈。树脂蒸馏提取的挥发油（松节油）：用于筋骨疼痛，骨节风湿痹痛，肌肉痛等。花粉：用于黄水疮，皮肤糜烂，湮尻疮等。叶：用于风寒，痹证，夜盲症，心脾两虚等。根、皮、幼枝、松仁、球果、松油等亦药用。

濒危等级 中国特有植物，中国植物红色名录评估为无危（LC）。

迁地栽培保存

保存地点	种质份数	个体数量	引种方式	生长状况	来源地
BJ	1	d	购买	G	待确定
LN	1	b	购买	C	辽宁
NMG	1	d	购买	C	内蒙古
JS1	1	a	购买	D	江苏

种质库保存

保存地点	保存方式	种质份数	个体数量	引种方式	来源地
BJ	种子	1	a	采集	甘肃

云南松 *Pinus yunnanensis* Franch. var. *yunnanensis*

功效主治 节（松节）：祛风除湿，活络止痛。用于腰腿痛，大骨节痛，跌打肿痛。叶（松针）：祛风活血，解毒止痒。树梢（松梢）：解毒。用于木薯、钩吻等中毒。花粉（松花粉）：收敛，止血。用于胃肠溃疡，咯血，外伤出血。树脂（油树脂）：用于肌肉酸痛，关节痛。

濒危等级 中国特有植物，中国植物红色名录评估为无危（LC）。

种质库保存

保存地点	保存方式	种质份数	个体数量	引种方式	来源地
BJ	种子	6	a	采集	云南、贵州

樟子松　*Pinus sylvestris* var. *mongolica* Litv.

濒危等级　中国植物红色名录评估为易危（VU）。

迁地栽培保存

保存地点	种质份数	个体数量	引种方式	生长状况	来源地
LN	1	b	购买	C	辽宁
NMG	1	c	购买	C	内蒙古
JS1	1	a	购买	D	吉林

铁杉属　*Tsuga*

铁杉　*Tsuga chinensis*（Franch.）Pritz.

功效主治　根、叶：祛风除湿。

濒危等级　中国特有植物，中国植物红色名录评估为无危（LC）。

迁地栽培保存

保存地点	种质份数	个体数量	引种方式	生长状况	来源地
GX	*	f	采集	G	湖北

雪松属　*Cedrus*

雪松　*Cedrus deodara*（Roxb. ex Lamb.）G. Don

功效主治　树干（雪松）、枝叶（雪松）：祛风活络，消肿生肌，活血止血。

迁地栽培保存

保存地点	种质份数	个体数量	引种方式	生长状况	来源地
BJ	1	b	购买	G	北京
JS1	1	a	购买	C	江苏
SH	1	b	采集	A	待确定
SC	1	f	待确定	G	四川
JS2	1	c	购买	C	江苏
HB	1	a	采集	C	湖北
GZ	1	a	采集	C	贵州
GX	*	f	采集	G	湖南

银杉属 *Cathaya*

银杉 *Cathaya argyrophylla* Chun & Kuang

濒危等级 中国特有植物，国家重点保护野生植物名录（第一批）一级，中国植物红色名录评估为濒危（EN）。

迁地栽培保存

保存地点	种质份数	个体数量	引种方式	生长状况	来源地
BJ	1	a	购买	G	待确定

油杉属 *Keteleeria*

江南油杉 *Keteleeria cyclolepis* Flous

功效主治 树皮：透疹，消肿，接骨。

濒危等级 浙江省重点保护植物，中国植物红色名录评估为无危（LC）。

迁地栽培保存

保存地点	种质份数	个体数量	引种方式	生长状况	来源地
GX	*	f	采集	G	湖南

矩鳞油杉 *Keteleeria oblonga* W. C. Cheng & L. K. Fu

濒危等级 中国特有植物，广西壮族自治区重点保护植物，中国植物红色名录评估为极危（CR）。

迁地栽培保存

保存地点	种质份数	个体数量	引种方式	生长状况	来源地
GX	*	f	采集	G	广西

铁坚油杉 *Keteleeria davidiana*（C. E. Bertrand）Beissn.

功效主治 种子：驱虫，消积。

濒危等级 中国特有植物，中国植物红色名录评估为无危（LC）。

迁地栽培保存

保存地点	种质份数	个体数量	引种方式	生长状况	来源地
GX	*	f	采集	G	待确定

油杉 *Keteleeria fortunei*（A. Murray bis）Carrière

功效主治 根皮：淡，平。消肿解毒。用于深部脓肿，痈疽疮肿。叶：微酸，平。消肿解毒。用于深部脓肿，痈疽疮肿。

濒危等级 中国植物红色名录评估为易危（VU）。

种质库保存

保存地点	保存方式	种质份数	个体数量	引种方式	来源地
BJ	种子	1	a	采集	福建

云杉属 *Picea*

白杆 *Picea meyeri* Rehder & E. H. Wilson

功效主治 节、根、树皮、叶、花粉：活血止痛，祛风散寒，发汗解表，解毒，明目活血，镇静安神。用于风寒湿痹，关节疼痛，外感风寒，心悸，失眠，心烦不宁，头晕头痛，目昏，夜盲。

濒危等级 中国特有植物，河北省重点保护植物、北京市二级保护植物，中国植物红色名录评估为近危（NT）。

迁地栽培保存

保存地点	种质份数	个体数量	引种方式	生长状况	来源地
BJ	1	a	采集	G	待确定

大果青杆 *Picea neoveitchii* Mast.

濒危等级 中国特有植物，国家重点保护野生植物名录（第一批）二级，中国植物红色名录评估为近危（NT）。

迁地栽培保存

保存地点	种质份数	个体数量	引种方式	生长状况	来源地
GX	*	f	采集	G	湖北

红皮云杉 *Picea koraiensis* Nakai

功效主治 树皮、枝叶：用于风湿痛。

濒危等级 吉林省二级保护植物，中国植物红色名录评估为无危（LC）。

迁地栽培保存

保存地点	种质份数	个体数量	引种方式	生长状况	来源地
HLJ	1	a	购买	A	黑龙江

青杆 *Picea wilsonii* Mast.

功效主治 节、根、树皮、叶、花粉：功效同白杆。

濒危等级 中国特有植物，北京市二级保护植物、河北省重点保护植物，中国植物红色名录评估为无危（LC）。

迁地栽培保存

保存地点	种质份数	个体数量	引种方式	生长状况	来源地
BJ	1	a	采集	G	北京

种质库保存

保存地点	保存方式	种质份数	个体数量	引种方式	来源地
BJ	种子	1	a	采集	甘肃

日本云杉 *Picea torano*（Siebold & Zucc.）Carrière

迁地栽培保存

保存地点	种质份数	个体数量	引种方式	生长状况	来源地
GX	*	f	采集	G	山东

鱼鳞云杉 *Picea jezoensis*（Siebold & Zucc.）Carrière

濒危等级　吉林省二级保护植物，中国植物红色名录评估为数据缺乏（DD）。

迁地栽培保存

保存地点	种质份数	个体数量	引种方式	生长状况	来源地
SH	1	a	采集	F	待确定

云杉 *Picea asperata* Mast.

功效主治　松脂：祛风燥湿，生肌止痛。

濒危等级　中国特有植物，中国植物红色名录评估为无危（LC）。

迁地栽培保存

保存地点	种质份数	个体数量	引种方式	生长状况	来源地
NMG	1	b	购买	D	内蒙古
BJ	1	a	采集	G	待确定

种质库保存

保存地点	保存方式	种质份数	个体数量	引种方式	来源地
BJ	种子	1	a	采集	甘肃

紫果云杉 *Picea purpurea* Mast.

功效主治 球果：温，苦。祛痰，止咳，平喘。

濒危等级 中国特有植物，中国植物红色名录评估为无危（LC）。

种质库保存

保存地点	保存方式	种质份数	个体数量	引种方式	来源地
BJ	种子	1	a	采集	甘肃

苏铁科　**Cycadaceae**

苏铁属　*Cycas*

篦齿苏铁 *Cycas pectinata* Griff.

功效主治 根：清热解毒，祛风活络，补肾。用于痈疮肿毒，肺结核咯血，肾虚牙痛，腰痛，带下病，风湿关节麻木疼痛，跌打损伤。

濒危等级 国家重点保护野生植物名录（第一批）一级，CITES 附录 II 物种，中国植物红色名录评估为易危（VU）。

迁地栽培保存

保存地点	种质份数	个体数量	引种方式	生长状况	来源地
BJ	1	a	采集	G	云南
YN	1	b	购买	C	云南

种质库保存

保存地点	保存方式	种质份数	个体数量	引种方式	来源地
BJ	种子	1	a	采集	待确定

德保苏铁 *Cycas debaoensis* Y. C. Zhong & C. J. Chen

濒危等级 中国特有植物，国家重点保护野生植物名录（第一批）一级，CITES 附录 II 物种，中国植物红色名录评估为极危（CR）。

迁地栽培保存

保存地点	种质份数	个体数量	引种方式	生长状况	来源地
GX	*	f	采集	G	广西

贵州苏铁　*Cycas guizhouensis* K. M. Lan & R. F. Zou

功效主治　叶：收敛，止血，止痛。种子：理气止痛，益精固肾。

濒危等级　中国特有植物，中国植物红色名录评估为极危（CR）。

迁地栽培保存

保存地点	种质份数	个体数量	引种方式	生长状况	来源地
GZ	1	b	采集	C	贵州
BJ	1	a	采集	C	贵州
CQ	1	a	赠送	C	贵州

海南苏铁　*Cycas hainanensis* C. J. Chen

濒危等级　中国特有植物，国家重点保护野生植物名录（第一批）一级，CITES 附录 Ⅱ 物种，中国植物红色名录评估为濒危（EN）。

迁地栽培保存

保存地点	种质份数	个体数量	引种方式	生长状况	来源地
GX	*	f	采集	G	待确定

种质库保存

保存地点	保存方式	种质份数	个体数量	引种方式	来源地
HN	种子	1	a	采集	海南

华南苏铁　*Cycas rumphii* Miq.

功效主治　根：用于无名肿毒。

迁地栽培保存

保存地点	种质份数	个体数量	引种方式	生长状况	来源地
CQ	1	a	购买	C	四川

种质库保存

保存地点	保存方式	种质份数	个体数量	引种方式	来源地
BJ	种子	2	a	采集	山西，待确定

宽叶苏铁 *Cycas balansae* Warb.

濒危等级 国家重点保护野生植物名录（第一批）一级，CITES 附录 II 物种，中国植物红色名录评估为濒危（EN）。

迁地栽培保存

保存地点	种质份数	个体数量	引种方式	生长状况	来源地
GX	*	f	采集	G	广东

种质库保存

保存地点	保存方式	种质份数	个体数量	引种方式	来源地
BJ	种子	1	a	采集	待确定

闽粤苏铁 *Cycas taiwaniana* Carruth.

濒危等级 中国特有植物，国家重点保护野生植物名录（第一批）一级，CITES 附录 II 物种，中国植物红色名录评估为濒危（EN）。

迁地栽培保存

保存地点	种质份数	个体数量	引种方式	生长状况	来源地
HN	1	a	赠送	C	海南
YN	1	a	购买	C	云南

种质库保存

保存地点	保存方式	种质份数	个体数量	引种方式	来源地
BJ	种子	1	a	采集	云南

攀枝花苏铁 *Cycas panzhihuaensis* L. Zhou & S. Y. Yang

濒危等级 中国特有植物，国家重点保护野生植物名录（第一批）一级，CITES 附录 II 物种，中国植物红色名录评估为濒危（EN）。

迁地栽培保存

保存地点	种质份数	个体数量	引种方式	生长状况	来源地
CQ	1	a	购买	C	四川
GX	*	f	采集	G	云南

石山苏铁 *Cycas miquelii* Warb.

濒危等级 CITES 附录 II 物种，中国植物红色名录评估为濒危（EN）。

迁地栽培保存

保存地点	种质份数	个体数量	引种方式	生长状况	来源地
GX	2	f	采集	G	广西

四川苏铁 *Cycas szechuanensis* W. C. Cheng & L. K. Fu

濒危等级 国家重点保护野生植物名录（第一批）一级，CITES 附录 II 物种，中国植物红色名录评估为极危（CR）。

迁地栽培保存

保存地点	种质份数	个体数量	引种方式	生长状况	来源地
YN	1	a	购买	C	云南

种质库保存

保存地点	保存方式	种质份数	个体数量	引种方式	来源地
BJ	种子	1	a	采集	待确定

苏铁 *Cycas revoluta* Thunb.

功效主治 根（苏铁根）：甘、淡，平。祛风活络，补肾止血。用于肺痨咯血，肾虚，牙痛，腰痛，带下病，风湿关节痛，跌打损伤。叶（苏铁叶）：甘、酸，微温。收敛止血，理气活血。用于肝胃气痛，闭经，胃痛，胃溃疡，吐血，跌打损伤，刀伤。花（苏铁花）：甘，微温。有小毒。理气止痛，益肾固精，活血祛瘀。用于胃痛，遗精，带下病，痛经，吐血，跌打损伤。种子（苏铁子）：有小毒。平肝。用于肝阳上亢。

濒危等级 国家重点保护野生植物名录（第一批）一级，CITES 附录 II 物种，中国植物红色名录评估为极危（CR）。

迁地栽培保存

保存地点	种质份数	个体数量	引种方式	生长状况	来源地
YN	2	a	购买	C	云南
HN	1	a	待确定	C	海南
SH	1	b	采集	A	待确定
SC	1	f	待确定	G	四川
JS2	1	b	购买	C	江苏
JS1	1	a	购买	C	江苏
HLJ	1	a	购买	B	四川
HB	1	a	采集	C	湖北
GZ	1	b	购买	C	贵州
GD	1	a	采集	D	待确定
BJ	1	b	购买	G	北京
CQ	1	a	购买	C	重庆

种质库保存

保存地点	保存方式	种质份数	个体数量	引种方式	来源地
BJ	种子	31	b	采集	河南、山西、贵州、云南

台东苏铁 *Cycas taitungensis* C. F. Shen，K. D. Hill，C. H. Tsou & C. J. Chen

濒危等级　中国特有植物，国家重点保护野生植物名录（第一批）一级，CITES 附录Ⅱ物种，中国植物红色名录评估为极危（CR）。

迁地栽培保存

保存地点	种质份数	个体数量	引种方式	生长状况	来源地
GX	*	f	采集	G	广东

锈毛苏铁 *Cycas ferruginea* F. N. Wei

濒危等级　CITES 附录Ⅱ物种，中国植物红色名录评估为易危（VU）。

迁地栽培保存

保存地点	种质份数	个体数量	引种方式	生长状况	来源地
GX	*	f	采集	G	广西

越南叉叶苏铁 *Cycas micholitzii* Dyer

迁地栽培保存

保存地点	种质份数	个体数量	引种方式	生长状况	来源地
GZ	1	a	采集	C	贵州
GX	*	f	采集	G	广西

种质库保存

保存地点	保存方式	种质份数	个体数量	引种方式	来源地
BJ	种子	1	a	采集	云南

云南苏铁 *Cycas siamensis* Miq.

功效主治 根：用于黄疸。茎：用于胁痛，黄疸，难产，积聚。叶：用于肝阳上亢，胁痛，黄疸，难产，积聚。种子：用于泄泻，痢疾，消化不良，呃逆，咳嗽痰喘。

迁地栽培保存

保存地点	种质份数	个体数量	引种方式	生长状况	来源地
CQ	1	a	赠送	C	云南
HN	1	a	待确定	C	广西
GX	*	f	采集	G	广西

种质库保存

保存地点	保存方式	种质份数	个体数量	引种方式	来源地
BJ	种子	1	a	采集	云南

银杏科　Ginkgoaceae

银杏属　*Ginkgo*

银杏 *Ginkgo biloba* L.

功效主治 种子（白果）：甘、苦、涩，平。有毒。敛肺气，定喘咳，止带浊，缩小便。用于哮喘，痰咳，淋证，尿频。叶（银杏叶）：苦、甘，平。益气敛肺，化湿止泻。用于胸闷心痛，心悸怔忡，带下病，咳嗽痰喘，泻痢。根或根皮：甘，平。益气补虚。用于带下病，遗精。树皮：外用于牛皮癣。

濒危等级 中国特有植物，国家重点保护野生植物名录（第一批）一级，中国植物红色名录评估为极危（CR）。

迁地栽培保存

保存地点	种质份数	个体数量	引种方式	生长状况	来源地
BJ	1	c	购买	G	北京
JS1	1	c	购买	C	江苏

续表

保存地点	种质份数	个体数量	引种方式	生长状况	来源地
SH	1	b	采集	A	待确定
SC	1	f	待确定	G	四川
NMG	1	c	购买	C	内蒙古
LN	1	c	购买	C	辽宁
JS2	1	c	购买	D	江苏
HLJ	1	a	购买	C	辽宁
HB	1	a	采集	C	湖北
GZ	1	b	购买	C	贵州
CQ	1	a	购买	C	重庆
GD	1	a	采集	E	待确定

种质库保存

保存地点	保存方式	种质份数	个体数量	引种方式	来源地
BJ	种子	89	b	采集	云南、重庆、山东、湖南、江苏、湖北、吉林、安徽、四川、湖北
HN	种子	1	a	采集	福建

安息香科　Styracaceae

安息香属　*Styrax*

白花龙　*Styrax faberi* Perkins

功效主治　根：用于胃痛。叶：用于外伤出血，风湿痹痛，跌打损伤。果实：用于感冒发热。

濒危等级　中国特有植物，中国植物红色名录评估为无危（LC）。

种质库保存

保存地点	保存方式	种质份数	个体数量	引种方式	来源地
BJ	种子	4	a	采集	江西

齿叶安息香 *Styrax serrulatus* Roxb.

濒危等级 中国植物红色名录评估为无危（LC）。

种质库保存

保存地点	保存方式	种质份数	个体数量	引种方式	来源地
HN	DNA	1	a	采集	海南

垂珠花 *Styrax dasyanthus* Perkins

功效主治 叶（白克马叶）：苦、甘，寒。润肺止咳。用于肺燥咳嗽。

濒危等级 中国特有植物，中国植物红色名录评估为无危（LC）。

迁地栽培保存

保存地点	种质份数	个体数量	引种方式	生长状况	来源地
GX	*	f	采集	G	上海

种质库保存

保存地点	保存方式	种质份数	个体数量	引种方式	来源地
BJ	种子	1	a	采集	待确定

大果安息香 *Styrax macrocarpus* W. C. Cheng

濒危等级 中国特有植物，中国植物红色名录评估为濒危（EN）。

种质库保存

保存地点	保存方式	种质份数	个体数量	引种方式	来源地
HN	种子	1	a	采集	海南

喙果安息香 *Styrax agrestis* (Lour.) G. Don

濒危等级 中国植物红色名录评估为近危（NT）。

迁地栽培保存

保存地点	种质份数	个体数量	引种方式	生长状况	来源地
HN	1	a	采集	C	待确定
GX	*	f	采集	G	海南

种质库保存

保存地点	保存方式	种质份数	个体数量	引种方式	来源地
BJ	种子	1	a	采集	海南

赛山梅　*Styrax confusus* Hemsl.

功效主治　根：用于胃痛。叶：用于外伤出血，风湿痹痛，跌打损伤。果实：清热解毒，消痈散结。用于感冒发热。全株：止泻，止痒。

濒危等级　中国特有植物，中国植物红色名录评估为无危（LC）。

迁地栽培保存

保存地点	种质份数	个体数量	引种方式	生长状况	来源地
ZJ	1	c	购买	B	浙江
GX	*	f	采集	G	浙江

种质库保存

保存地点	保存方式	种质份数	个体数量	引种方式	来源地
BJ	种子	1	a	采集	江西

栓叶安息香　*Styrax suberifolius* Hook. & Arn.

功效主治　根、叶（红皮）：辛，微温。祛风除湿，理气止痛。用于风湿关节痛，胃气痛。

濒危等级　中国植物红色名录评估为无危（LC）。

迁地栽培保存

保存地点	种质份数	个体数量	引种方式	生长状况	来源地
GX	*	f	采集	G	广西

种质库保存

保存地点	保存方式	种质份数	个体数量	引种方式	来源地
HN	种子	1	a	采集	海南

野茉莉 *Styrax japonicus* Siebold & Zucc.

功效主治 全株：辛，温。祛风除湿。花：清火。用于咽喉痛，牙痛。

濒危等级 中国植物红色名录评估为无危（LC）。

迁地栽培保存

保存地点	种质份数	个体数量	引种方式	生长状况	来源地
CQ	1	a	采集	C	重庆
GZ	1	d	采集	C	贵州

种质库保存

保存地点	保存方式	种质份数	个体数量	引种方式	来源地
BJ	种子	1	a	采集	山西

银叶安息香 *Styrax argentifolius* H. L. Li

濒危等级 中国植物红色名录评估为无危（LC）。

迁地栽培保存

保存地点	种质份数	个体数量	引种方式	生长状况	来源地
YN	1	a	购买	C	云南

玉铃花 *Styrax obassis* Siebold & Zucc.

功效主治 果实：消肿止痛，驱虫。

濒危等级 中国植物红色名录评估为无危（LC）。

迁地栽培保存

保存地点	种质份数	个体数量	引种方式	生长状况	来源地
GX	*	f	采集	G	日本

越南安息香　*Styrax tonkinensis*（Pierre）Craib ex Hartwich

功效主治　树脂：开窍醒神，活血止痛，避秽，行气，镇静，止咳。用于产后血晕，心腹疼痛，小儿惊痫，风湿腰痛，中风晕厥，哮喘，咳嗽，感冒，中暑，胃痛。

濒危等级　中国植物红色名录评估为无危（LC）。

迁地栽培保存

保存地点	种质份数	个体数量	引种方式	生长状况	来源地
GX	2	f	采集	G	广西
GD	1	f	采集	G	待确定
ZJ	1	c	购买	A	福建
YN	1	a	采集	C	云南
HN	1	a	采集	C	待确定

种质库保存

保存地点	保存方式	种质份数	个体数量	引种方式	来源地
HN	种子	1	a	采集	海南
BJ	种子	7	b	采集	海南

中华安息香　*Styrax chinensis* Hu & S. Ye Liang

功效主治　树脂：作安息香入药。

濒危等级　中国植物红色名录评估为无危（LC）。

迁地栽培保存

保存地点	种质份数	个体数量	引种方式	生长状况	来源地
YN	1	a	采集	C	云南

种质库保存

保存地点	保存方式	种质份数	个体数量	引种方式	来源地
BJ	种子	1	a	采集	云南

皱叶安息香 *Styrax rugosus* Kurz

功效主治 树脂：开窍，辟秽，行气血。

濒危等级 中国植物红色名录评估为极危（CR）。

种质库保存

保存地点	保存方式	种质份数	个体数量	引种方式	来源地
BJ	种子	1	a	采集	待确定

白辛树属 *Pterostyrax*

白辛树 *Pterostyrax psilophyllus* Diels ex Perkins

功效主治 根皮：散瘀。

濒危等级 中国特有植物，广西壮族自治区重点保护植物，中国植物红色名录评估为近危（NT）。

迁地栽培保存

保存地点	种质份数	个体数量	引种方式	生长状况	来源地
GZ	1	a	采集	C	贵州
GX	*	f	采集	G	湖北

小叶白辛树 *Pterostyrax corymbosus* Siebold & Zucc.

濒危等级 中国植物红色名录评估为无危（LC）。

迁地栽培保存

保存地点	种质份数	个体数量	引种方式	生长状况	来源地
GX	2	f	采集	G	中国浙江，法国

长果安息香属　*Changiostyrax*

长果安息香　*Changiostyrax dolichocarpus*（C. J. Qi）Tao Chen bis.

濒危等级　中国特有植物，中国植物红色名录评估为濒危（EN）。

迁地栽培保存

保存地点	种质份数	个体数量	引种方式	生长状况	来源地
GX	*	f	采集	G	湖北

秤锤树属　*Sinojackia*

秤锤树　*Sinojackia xylocarpa* Hu

濒危等级　中国特有植物，国家重点保护野生植物名录（第一批）二级，中国植物红色名录评估为濒危（EN）。

迁地栽培保存

保存地点	种质份数	个体数量	引种方式	生长状况	来源地
BJ	1	a	采集	G	湖北
JS1	1	a	购买	D	江苏

赤杨叶属　*Alniphyllum*

赤杨叶　*Alniphyllum fortunei*（Hemsl.）Makino

功效主治　根、心材：理气和胃。

濒危等级　中国植物红色名录评估为无危（LC）。

迁地栽培保存

保存地点	种质份数	个体数量	引种方式	生长状况	来源地
GX	2	f	采集	G	四川、广西

种质库保存

保存地点	保存方式	种质份数	个体数量	引种方式	来源地
BJ	种子	6	a	采集	待确定

木瓜红属　*Rehderodendron*

广东木瓜红　*Rehderodendron kwangtungense* Chun

濒危等级　中国特有植物，中国植物红色名录评估为无危（LC）。

迁地栽培保存

保存地点	种质份数	个体数量	引种方式	生长状况	来源地
GX	*	f	采集	G	广西

木瓜红　*Rehderodendron macrocarpum* Hu

功效主治　花序：清热，杀虫。

濒危等级　广西壮族自治区重点保护植物，中国植物红色名录评估为易危（VU）。

种质库保存

保存地点	保存方式	种质份数	个体数量	引种方式	来源地
BJ	种子	1	a	采集	待确定

芭蕉科　Musaceae

芭蕉属　*Musa*

芭蕉　*Musa basjoo* Siebold & Zucc. ex Iinuma.

功效主治　假根（芭蕉根）：甘，大寒。清热，止渴，利尿，解毒。用于热病烦闷，消渴，黄疸，水肿，脚气病，血淋，血崩，痈肿，疔疮，丹毒。叶（芭蕉叶）：甘、淡，寒。清热，利尿，解毒。用于热病，中暑，脚气病，痈肿热毒，烫伤。花及花蕾（芭蕉花）：酸、咸，温。用于寒痰停滞，呕吐恶心，吞酸吐酸，胸膈胀满，胃腹疼痛。种子（芭蕉子）：寒。止渴，润肺。果仁：通血脉，填精髓。茎的汁液（芭蕉油）：甘，凉。清热，止渴，解毒。用于热病烦渴，惊风，癫痫，头痛，疗疮痈疽，烫火伤；外用于耳闭。

迁地栽培保存

保存地点	种质份数	个体数量	引种方式	生长状况	来源地
BJ	2	a	采集	G	广东、云南
SH	1	a	采集	A	待确定
JS1	1	a	购买	C	江苏
HN	1	a	采集	B	海南
HB	1	a	采集	C	待确定
GZ	1	a	采集	C	贵州
CQ	1	a	购买	C	重庆

种质库保存

保存地点	保存方式	种质份数	个体数量	引种方式	来源地
BJ	种子	2	a	采集	云南，待确定

大蕉 *Musa sapientum* L.

功效主治　根：清热，凉血，解毒。用于热喘，血淋，热疖痈肿。果实：止渴，润肺，解酒，清脾滑肠。用于热病烦渴，便秘，痔血，止泻止痢。果皮：用于痢疾，霍乱，皮肤瘙痒。

迁地栽培保存

保存地点	种质份数	个体数量	引种方式	生长状况	来源地
HN	2	a	采集	B	待确定
SC	1	f	待确定	G	四川

红蕉 *Musa coccinea* Andrews.

功效主治　根茎：甘、淡，平。补虚。用于虚弱头晕，虚肿，血崩，带下病。花：止鼻血。

迁地栽培保存

保存地点	种质份数	个体数量	引种方式	生长状况	来源地
BJ	1	a	采集	G	待确定
HN	1	a	赠送	B	海南
GX	*	f	采集	G	广东

香蕉 *Musa nana* Lour.

功效主治 果实（香蕉）：清热，润肠，解毒。用于热病烦渴，便秘痔血。根茎（甘蕉根）：甘、涩，寒。清热，凉血，解毒。用于热喘，血淋，热疖痈肿，流行性乙型脑炎。果皮（大蕉皮）：用于痢疾，霍乱引起的腹痛；外用于皮肤瘙痒。花（香蕉花）：清热，平肝。

迁地栽培保存

保存地点	种质份数	个体数量	引种方式	生长状况	来源地
FJ	11	b	购买	A	福建

小果野蕉 *Musa acuminata* Colla

功效主治 根：用于毒蛇咬伤。鲜叶：用于血尿，无尿，阴痒。

濒危等级 中国植物红色名录评估为无危（LC）。

迁地栽培保存

保存地点	种质份数	个体数量	引种方式	生长状况	来源地
YN	1	c	采集	A	云南
BJ	1	a	采集	G	云南

野蕉 *Musa balbisiana* Colla

功效主治 种子（山芭蕉子）：苦、辛，凉。有小毒。破瘀血，通大便。用于跌打损伤，大便秘结。

迁地栽培保存

保存地点	种质份数	个体数量	引种方式	生长状况	来源地
BJ	1	a	采集	G	云南

续表

保存地点	种质份数	个体数量	引种方式	生长状况	来源地
HN	1	a	采集	B	海南
GX	*	f	采集	G	广西

地涌金莲属　*Musella*

地涌金莲　*Musella lasiocarpa*（Franch.）C. Y. Wu ex H. W. Li

功效主治　根茎：清热通淋。茎汁：用于乌头中毒，醒酒。花：苦、涩，寒。收敛止血。用于带下病，崩漏，大肠下血，虚脱。

濒危等级　中国特有植物，中国植物红色名录评估为数据缺乏（DD）。

迁地栽培保存

保存地点	种质份数	个体数量	引种方式	生长状况	来源地
CQ	1	a	赠送	C	云南
YN	1	a	采集	C	云南
SH	1	a	采集	A	待确定
BJ	*	b	采集	G	云南

象腿蕉属　*Ensete*

象头蕉　*Ensete wilsonii*（Tutcher）Cheesman

功效主治　全草：甘，凉。清热截疟。用于疟疾。

濒危等级　中国特有植物，中国植物红色名录评估为无危（LC）。

种质库保存

保存地点	保存方式	种质份数	个体数量	引种方式	来源地
BJ	种子	13	a	采集	云南、广西，待确定

象腿蕉　*Ensete glaucum*（Roxb.）Cheesman.

功效主治　假茎：苦、涩，寒。收敛止血。用于崩漏，便血，带下病。

迁地栽培保存

保存地点	种质份数	个体数量	引种方式	生长状况	来源地
YN	1	c	采集	A	云南

种质库保存

保存地点	保存方式	种质份数	个体数量	引种方式	来源地
BJ	种子	7	a	采集	云南

菝葜科 Smilacaceae

菝葜属 *Smilax*

暗色菝葜 *Smilax lanceifolia* var. *opaca* A. DC.

迁地栽培保存

保存地点	种质份数	个体数量	引种方式	生长状况	来源地
GD	1	b	采集	D	待确定

种质库保存

保存地点	保存方式	种质份数	个体数量	引种方式	来源地
BJ	种子	4	a	采集	海南

菝葜 *Smilax china* L.

功效主治　根茎（菝葜）：甘，温。祛风利湿，解毒消肿。用于关节疼痛，肌肉麻木，泄泻，痢疾，水肿，淋证，疔疮，肿毒，瘰疬，痔疮。叶：外用于痈疖疔疮，烫伤。

迁地栽培保存

保存地点	种质份数	个体数量	引种方式	生长状况	来源地
BJ	6	c	采集	G	河南、山东、浙江、安徽、广西、四川

续表

保存地点	种质份数	个体数量	引种方式	生长状况	来源地
FJ	2	a	采集	B	福建
ZJ	1	e	采集	A	浙江
SH	1	b	采集	A	待确定
JS1	1	b	购买	C	江苏
HB	1	a	采集	C	湖北
GD	1	f	采集	G	待确定
CQ	1	a	采集	C	重庆
HN	1	e	采集	C	海南
GX	*	f	采集	G	广西

种质库保存

保存地点	保存方式	种质份数	个体数量	引种方式	来源地
BJ	种子	53	d	采集	海南、重庆、云南、江西、湖北、山西、福建、陕西
HN	种子	10	c	采集	福建

白背牛尾菜　*Smilax nipponica* Miq.

功效主治　根及根茎（马尾伸筋）：苦，平。舒筋活血，通络止痛。用于腰腿筋骨痛。叶：解毒消肿。用于癥瘕积聚，消渴，关节痛，肠痈，带下病，痢疾。

濒危等级　中国植物红色名录评估为无危（LC）。

种质库保存

保存地点	保存方式	种质份数	个体数量	引种方式	来源地
BJ	种子	1	a	采集	云南

抱茎菝葜　*Smilax ocreata* A. DC.

功效主治　全草：用于疮疡肿毒。根茎：清热解毒，祛风湿，强筋骨。用于跌打损伤，风湿痹痛。

濒危等级　中国植物红色名录评估为无危（LC）。

迁地栽培保存

保存地点	种质份数	个体数量	引种方式	生长状况	来源地
BJ	2	b	采集	G	浙江、广西
YN	1	a	采集	C	云南
GX	*	f	采集	G	广西

种质库保存

保存地点	保存方式	种质份数	个体数量	引种方式	来源地
BJ	种子	7	c	采集	云南

穿鞘菝葜 *Smilax perfoliata* Lour.

功效主治 根茎：淡，平。健脾益胃，强筋壮骨。用于风湿腰痛。

濒危等级 中国植物红色名录评估为无危（LC）。

迁地栽培保存

保存地点	种质份数	个体数量	引种方式	生长状况	来源地
HN	1	a	采集	C	海南
YN	1	a	采集	C	云南

大果菝葜 *Smilax macrocarpa* Blume

濒危等级 中国植物红色名录评估为无危（LC）。

迁地栽培保存

保存地点	种质份数	个体数量	引种方式	生长状况	来源地
YN	1	a	采集	C	云南
GX	*	f	采集	G	广西

种质库保存

保存地点	保存方式	种质份数	个体数量	引种方式	来源地
HN	种子	2	b	采集	海南

短梗菝葜 *Smilax scobinicaulis* C. H. Wright

功效主治　根及根茎（铁丝威灵仙）：苦、辛，平。祛风除湿，散瘀，解毒。用于风湿腰腿痛，疮疖。

濒危等级　中国特有植物，中国植物红色名录评估为无危（LC）。

种质库保存

保存地点	保存方式	种质份数	个体数量	引种方式	来源地
BJ	种子	6	b	采集	安徽

防己叶菝葜 *Smilax menispermoidea* A. DC.

功效主治　根茎：祛风除湿，消肿止痛，清热解毒，通利关节。用于梅毒，淋浊，筋骨挛痛，脚气病，疔疮，痈肿，瘰疬。

濒危等级　中国植物红色名录评估为无危（LC）。

种质库保存

保存地点	保存方式	种质份数	个体数量	引种方式	来源地
BJ	种子	4	a	采集	重庆、山西

粉背菝葜 *Smilax hypoglauca* Benth.

功效主治　根茎：清热解毒，祛风除湿，止痛。用于跌打损伤，风湿痹痛，腰膝疼痛，肢节屈伸不利，麻木，热淋，胃痛，泻痢，恶疮，疔毒，肿毒。

濒危等级　中国特有植物，中国植物红色名录评估为无危（LC）。

迁地栽培保存

保存地点	种质份数	个体数量	引种方式	生长状况	来源地
GX	*	f	采集	G	江西

种质库保存

保存地点	保存方式	种质份数	个体数量	引种方式	来源地
BJ	种子	6	b	采集	海南、重庆、云南

光叶菝葜 *Smilax corbularia* var. *woodii* (Merr.) T. Koyama

濒危等级 中国植物红色名录评估为无危（LC）。

迁地栽培保存

保存地点	种质份数	个体数量	引种方式	生长状况	来源地
BJ	1	b	采集	G	安徽
GX	*	f	采集	G	广西

黑果菝葜 *Smilax glaucochina* Warb. ex Diels.

濒危等级 中国特有植物，中国植物红色名录评估为无危（LC）。

迁地栽培保存

保存地点	种质份数	个体数量	引种方式	生长状况	来源地
SH	1	b	采集	A	待确定
GX	*	f	采集	G	上海

种质库保存

保存地点	保存方式	种质份数	个体数量	引种方式	来源地
BJ	种子	7	b	采集	贵州、山西、福建、江西

红果菝葜 *Smilax polycolea* Warb.

功效主治 根茎：解毒，消肿，利湿。用于关节痹证。

濒危等级 中国特有植物，中国植物红色名录评估为无危（LC）。

迁地栽培保存

保存地点	种质份数	个体数量	引种方式	生长状况	来源地
CQ	1	a	采集	C	重庆
GX	*	f	采集	G	湖北

种质库保存

保存地点	保存方式	种质份数	个体数量	引种方式	来源地
BJ	种子	8	b	采集	重庆、云南、海南

华东菝葜 *Smilax sieboldii* Miq.

功效主治　根及根茎（铁丝威灵仙）：功效同短梗菝葜。

濒危等级　中国植物红色名录评估为无危（LC）。

迁地栽培保存

保存地点	种质份数	个体数量	引种方式	生长状况	来源地
GX	2	f	采集	G	波兰、日本
BJ	1	b	采集	G	山东

种质库保存

保存地点	保存方式	种质份数	个体数量	引种方式	来源地
BJ	种子	4	a	采集	重庆

灰叶菝葜 *Smilax astrosperma* F. T. Wang & Tang.

濒危等级　中国特有植物，中国植物红色名录评估为无危（LC）。

迁地栽培保存

保存地点	种质份数	个体数量	引种方式	生长状况	来源地
HN	2	a	采集	C	海南

尖叶菝葜 *Smilax arisanensis* Hayata

功效主治　根茎：清热利湿，活血。用于小便淋涩不利。

濒危等级　中国植物红色名录评估为无危（LC）。

迁地栽培保存

保存地点	种质份数	个体数量	引种方式	生长状况	来源地
GX	*	f	采集	G	广西

种质库保存

保存地点	保存方式	种质份数	个体数量	引种方式	来源地
BJ	种子	1	a	采集	江西

筐条菝葜 *Smilax corbularia* Kunth

功效主治 根茎：祛风除湿，消肿解毒。

濒危等级 中国植物红色名录评估为无危（LC）。

迁地栽培保存

保存地点	种质份数	个体数量	引种方式	生长状况	来源地
GX	*	f	采集	G	广西

牛尾菜 *Smilax riparia* A. DC.

功效主治 根及根茎（牛尾菜）：甘、苦，平。补气活血，舒筋通络。用于气虚浮肿，筋骨疼痛，偏瘫，头晕头痛，咳嗽吐血，骨关节结核，带下病。

迁地栽培保存

保存地点	种质份数	个体数量	引种方式	生长状况	来源地
HB	2	a	采集	C	湖北
GX	2	f	采集	G	广西
BJ	1	a	采集	G	江西
HN	1	a	采集	C	海南
CQ	1	a	采集	C	重庆

种质库保存

保存地点	保存方式	种质份数	个体数量	引种方式	来源地
BJ	种子	10	c	采集	辽宁、江西
HN	种子	1	a	采集	湖南

鞘柄菝葜 *Smilax stans* Maxim.

功效主治　根茎：祛风利湿，解毒消肿。

濒危等级　中国植物红色名录评估为无危（LC）。

迁地栽培保存

保存地点	种质份数	个体数量	引种方式	生长状况	来源地
CQ	1	a	采集	C	重庆
BJ	1	b	采集	G	山东
GX	*	f	采集	G	湖北

四翅菝葜 *Smilax tetraptera* Gagnep.

功效主治　全草：祛风除湿。用于风湿痹痛。

濒危等级　中国植物红色名录评估为无危（LC）。

迁地栽培保存

保存地点	种质份数	个体数量	引种方式	生长状况	来源地
GX	*	f	采集	G	广西

穗菝葜 *Smilax aspera* L.

功效主治　根：用于解痉，驱虫。

迁地栽培保存

保存地点	种质份数	个体数量	引种方式	生长状况	来源地
GX	*	f	采集	G	法国

土茯苓 *Smilax glabra* Roxb.

功效主治　根茎（土茯苓）：甘、淡，平。除湿，解毒，通利关节。用于湿热淋浊，带下病，痈肿，瘰疬，疥癣，梅毒及汞中毒所致的肢体拘挛，筋骨疼痛。

濒危等级　中国植物红色名录评估为无危（LC）。

迁地栽培保存

保存地点	种质份数	个体数量	引种方式	生长状况	来源地
SC	3	f	待确定	G	四川
ZJ	1	d	采集	A	云南
GD	1	f	采集	G	待确定
YN	1	a	采集	C	云南
SH	1	b	采集	A	待确定
HN	1	a	采集	C	海南
BJ	1	b	采集	G	广西
CQ	1	a	采集	C	重庆

种质库保存

保存地点	保存方式	种质份数	个体数量	引种方式	来源地
BJ	种子	8	c	采集	重庆、四川、云南、海南、福建、江西、广西

托柄菝葜 *Smilax discotis* Warb.

功效主治 根茎（短柄菝葜）：淡、微涩，平。清热利湿，活血，止血。用于风湿痛，血崩，尿血。

濒危等级 中国特有植物，中国植物红色名录评估为无危（LC）。

迁地栽培保存

保存地点	种质份数	个体数量	引种方式	生长状况	来源地
BJ	1	b	采集	G	广西

种质库保存

保存地点	保存方式	种质份数	个体数量	引种方式	来源地
BJ	种子	6	b	采集	重庆

小果菝葜 *Smilax davidiana* A. DC.

功效主治 根茎、叶：清湿热，强筋骨，解毒。用于风湿痹痛，湿热黄疸，肠痈，痢疾，跌打损伤，烫伤，牛皮癣。

濒危等级　中国植物红色名录评估为无危（LC）。

迁地栽培保存

保存地点	种质份数	个体数量	引种方式	生长状况	来源地
BJ	l	b	采集	G	陕西
GX	*	f	采集	G	广西

小叶菝葜　*Smilax microphylla* C. H. Wright

功效主治　块茎（乌鱼刺）：甘、微苦，平。清热，解毒，祛湿消肿。月于崩漏，带下病，瘰疬，疮疖，跌打损伤。

濒危等级　中国特有植物，中国植物红色名录评估为无危（LC）。

迁地栽培保存

保存地点	种质份数	个体数量	引种方式	生长状况	来源地
BJ	1	b	采集	G	陕西
CQ	1	a	采集	C	重庆

种质库保存

保存地点	保存方式	种质份数	个体数量	引种方式	来源地
BJ	种子	8	b	采集	重庆

银叶菝葜　*Smilax cocculoides* Warb.

功效主治　根茎：祛风除湿，活血消肿。

濒危等级　中国特有植物，中国植物红色名录评估为无危（LC）。

迁地栽培保存

保存地点	种质份数	个体数量	引种方式	生长状况	来源地
GX	*	f	采集	G	湖北

圆锥菝葜　*Smilax bracteata* C. Presl

濒危等级　中国植物红色名录评估为无危（LC）。

迁地栽培保存

保存地点	种质份数	个体数量	引种方式	生长状况	来源地
GX	*	f	采集	G	日本

种质库保存

保存地点	保存方式	种质份数	个体数量	引种方式	来源地
BJ	种子	1	a	采集	云南

合丝肖菝葜 *Smilax gaudichaudiana* Kunth.

濒危等级 中国植物红色名录评估为无危（LC）。

迁地栽培保存

保存地点	种质份数	个体数量	引种方式	生长状况	来源地
GX	*	f	采集	G	广西

种质库保存

保存地点	保存方式	种质份数	个体数量	引种方式	来源地
HN	种子	1	a	采集	海南

华肖菝葜 *Smilax chinensis* F. T. Wang.

濒危等级 中国特有植物，中国植物红色名录评估为无危（LC）。

迁地栽培保存

保存地点	种质份数	个体数量	引种方式	生长状况	来源地
GX	*	f	采集	G	广西

肖菝葜 *Smilax japonica* Kunth

功效主治 根茎（藏金刚藤）：微辛，温。祛风，活血，解毒。用于风湿腰腿痛，跌打损伤，瘰疬。

濒危等级 中国植物红色名录评估为无危（LC）。

迁地栽培保存

保存地点	种质份数	个体数量	引种方式	生长状况	来源地
BJ	1	a	采集	G	河南
HB	1	a	采集	C	湖北
CQ	1	a	采集	C	重庆
GX	*	f	采集	G	广西

种质库保存

保存地点	保存方式	种质份数	个体数量	引种方式	来源地
HN	种子	2	b	采集	海南
BJ	种子	1	a	采集	重庆

白刺科　Nitrariaceae

白刺属　*Nitraria*

白刺　*Nitraria tangutorum* Bobrov

功效主治　果实：甘、酸，温。健脾胃，助消化，安神，解表，下乳。用于脾胃虚弱，消化不良，肾虚，感冒，乳汁不下。

濒危等级　中国特有植物，青海省重点保护植物、内蒙古自治区重点保护植物，中国植物红色名录评估为无危（LC）。

迁地栽培保存

保存地点	种质份数	个体数量	引种方式	生长状况	来源地
BJ	1	b	采集	G	新疆

种质库保存

保存地点	保存方式	种质份数	个体数量	引种方式	来源地
BJ	种子	1	a	采集	待确定

骆驼蓬属　*Peganum*

多裂骆驼蓬　*Peganum multisectum*（Maxim.）Bobrov

功效主治　全草：有毒。宣肺止咳，祛风湿，解毒。用于咳嗽气喘，无名肿毒，风湿关节痛。种子：有毒。止咳，解毒，止痢，通经。果壳：用于包虫病。

濒危等级　中国特有植物，中国植物红色名录评估为无危（LC）。

迁地栽培保存

保存地点	种质份数	个体数量	引种方式	生长状况	来源地
BJ	1	a	采集	G	甘肃

骆驼蓬　*Peganum harmala* L.

功效主治　全草：辛、苦，凉。有毒。宣肺气，祛风湿，消肿毒。用于咳嗽气短，风湿痹痛，皮肤瘙痒，无名肿毒。种子：用于咳嗽，小便淋痛，四肢麻木，关节酸痛。

迁地栽培保存

保存地点	种质份数	个体数量	引种方式	生长状况	来源地
BJ	1	a	采集	G	新疆
GX	*	f	采集	G	新疆

种质库保存

保存地点	保存方式	种质份数	个体数量	引种方式	来源地
BJ	种子	1	a	采集	甘肃

白花菜科　Cleomaceae

白花菜属　*Gynandropsis*

白花菜　*Gynandropsis gynandra*（L.）Briq.

功效主治　全草（白花菜）：苦、辛，温。祛风散寒，活血止痛，解毒消肿。用于风湿关节痛，跌打损伤，痔疮，带下病，疟疾，痢疾。种子（白花菜子）：苦，辛。微毒。散风祛湿，活血止痛。外用于痔疮，风湿痹痛，疟疾。

迁地栽培保存

保存地点	种质份数	个体数量	引种方式	生长状况	来源地
BJ	3	d	采集	G	陕西、河北、海南
HN	1	a	采集	C	海南
JS1	1	a	购买	B	江苏

种质库保存

保存地点	保存方式	种质份数	个体数量	引种方式	来源地
BJ	种子	9	c	采集	河北、重庆、河北

黄花草属　*Arivela*

黄花草　*Arivela viscosa*（L.）Raf.

功效主治　全草：苦、辛，凉。有毒。散瘀消肿，去腐生肌。用于皮肤溃烂，痈肿疮毒，跌打损伤，腰肌劳损。种子：用于劳伤，小儿疳积。

迁地栽培保存

保存地点	种质份数	个体数量	引种方式	生长状况	来源地
HN	1	a	采集	C	海南
GX	*	f	采集	G	中国

种质库保存

保存地点	保存方式	种质份数	个体数量	引种方式	来源地
BJ	种子	1	a	采集	广西
HN	种子	134	e	采集	海南

鸟足菜属 *Cleome*

黄醉蝶花 *Cleome lutea* Hook.

种质库保存

保存地点	保存方式	种质份数	个体数量	引种方式	来源地
BJ	种子	1	a	采集	江西

皱子白花菜 *Cleome rutidosperma* DC.

迁地栽培保存

保存地点	种质份数	个体数量	引种方式	生长状况	来源地
GX	*	f	采集	G	老挝

醉蝶花属 *Tarenaya*

醉蝶花 *Tarenaya hassleriana*（Chodat）Iltis

功效主治 全草：辛、涩，平。有小毒。祛风散寒，杀虫止痒。果实：用于肝积。

迁地栽培保存

保存地点	种质份数	个体数量	引种方式	生长状况	来源地
BJ	2	d	采集	G	江苏、广西
HN	1	a	采集	C	海南
HB	1	f	采集	C	湖北
LN	1	d	采集	A	辽宁
YN	1	c	采集	A	云南

种质库保存

保存地点	保存方式	种质份数	个体数量	引种方式	来源地
BJ	种子	8	b	采集	广西、上海、云南

白花丹科　Plumbaginaceae

白花丹属　Plumbago

白花丹　*Plumbago zeylanica* L.

功效主治　全草或根：辛、苦、涩，温。有毒。祛风，散瘀，解毒，杀虫。用于风湿关节痛，血瘀闭经，跌打损伤，肿毒恶疮，疥癣。

濒危等级　中国植物红色名录评估为无危（LC）。

迁地栽培保存

保存地点	种质份数	个体数量	引种方式	生长状况	来源地
YN	1	d	采集	A	云南
BJ	1	b	采集	G	云南
GD	1	b	采集	D	待确定
GZ	1	b	采集	C	贵州
HN	1	a	采集	C	海南
SH	1	a	采集	F	待确定

种质库保存

保存地点	保存方式	种质份数	个体数量	引种方式	来源地
BJ	种子	6	b	采集	福建、云南

蓝花丹　*Plumbago auriculata* Lam.

功效主治　根：用于头痛。

迁地栽培保存

保存地点	种质份数	个体数量	引种方式	生长状况	来源地
CQ	1	a	赠送	C	重庆
GX	*	f	采集	G	云南

紫花丹 *Plumbago indica* L.

功效主治 全草或花（紫雪花）：辛，温。破血，止痛，调经。用于闭经，经期腹痛，湿癣，溃疡。

濒危等级 中国植物红色名录评估为易危（VU）。

迁地栽培保存

保存地点	种质份数	个体数量	引种方式	生长状况	来源地
HN	1	a	采集	B	海南
YN	1	a	购买	D	云南
GX	*	f	采集	G	云南

补血草属 *Limonium*

簇枝补血草 *Limonium chrysocomum*（Kar. & Kir.）Kuntze.

濒危等级 中国植物红色名录评估为无危（LC）。

迁地栽培保存

保存地点	种质份数	个体数量	引种方式	生长状况	来源地
BJ	1	b	采集	G	新疆

大叶补血草 *Limonium gmelinii*（Willd.）Kuntze.

功效主治 全草：清热利湿，止血散瘀。

濒危等级 中国植物红色名录评估为易危（VU）。

迁地栽培保存

保存地点	种质份数	个体数量	引种方式	生长状况	来源地
GX	2	f	采集	G	法国
BJ	*	b	采集	G	待确定

二色补血草 *Limonium bicolor*（Bag.）Kuntze.

功效主治 全草（二色补血草）：甘，平。补血，止血，散瘀，调经，益脾，健胃。用于崩漏，尿血，水肿，月经不调。

濒危等级 河北省重点保护植物、北京市二级保护植物、内蒙古自治区重点保护植物，中国植物红色名录
评估为数据缺乏（DD）。

迁地栽培保存

保存地点	种质份数	个体数量	引种方式	生长状况	来源地
BJ	2	b	采集	G	内蒙古、陕西

种质库保存

保存地点	保存方式	种质份数	个体数量	引种方式	来源地
BJ	种子	1	a	采集	待确定

黄花补血草 *Limonium aureum* (L.) Hill.

功效主治 花（金匙叶草）：淡，凉。止痛，解毒，补血。用于腰痛病，月经少，乳汁不足，耳鸣。

濒危等级 内蒙古自治区重点保护植物、河北省重点保护植物，中国植物红色名录评估为无危（LC）。

迁地栽培保存

保存地点	种质份数	个体数量	引种方式	生长状况	来源地
BJ	1	b	采集	G	甘肃

种质库保存

保存地点	保存方式	种质份数	个体数量	引种方式	来源地
BJ	种子	1	a	采集	甘肃

烟台补血草 *Limonium franchetii* (Debx.) Kuntze.

濒危等级 中国特有植物，中国植物红色名录评估为无危（LC）。

迁地栽培保存

保存地点	种质份数	个体数量	引种方式	生长状况	来源地
BJ	1	b	采集	G	山东

蓝雪花属 *Ceratostigma*

蓝雪花 *Ceratostigma plumbaginoides* Bunge

功效主治 根（紫金莲）：甘，温。活血止痛，化瘀生新。用于跌打损伤，接骨。

濒危等级 中国特有植物，山西省重点保护植物，中国植物红色名录评估为无危（LC）。

迁地栽培保存

保存地点	种质份数	个体数量	引种方式	生长状况	来源地
YN	1	a	采集	B	云南
GX	*	f	采集	G	广东

小蓝雪花 *Ceratostigma minus* Stapf ex Prain

功效主治 根（紫金标）：辛、苦，温。有毒。通经活络，祛风除湿。用于风湿麻木，脱疽，跌打损伤。

濒危等级 中国特有植物，中国植物红色名录评估为无危（LC）。

迁地栽培保存

保存地点	种质份数	个体数量	引种方式	生长状况	来源地
CQ	1	a	赠送	C	重庆
GZ	1	b	采集	C	贵州
GX	*	f	采集	G	上海

白玉簪科 Corsiaceae

白玉簪属 *Corsiopsis*

白玉簪 *Corsiopsis chinensis* D. X. Zhang, R. M. K. Saunders & C. M. Hu

濒危等级 中国特有植物，中国植物红色名录评估为灭绝（EX）。

迁地栽培保存

保存地点	种质份数	个体数量	引种方式	生长状况	来源地
GX	*	f	采集	G	重庆

百部科　Stemonaceae

百部属　*Stemona*

百部　*Stemona japonica*（Bl.）Miq.

功效主治　块根（百部）：甘、苦，微温。润肺止咳，杀虫灭虱。用于寒热咳嗽，肺痨咳嗽，顿咳，咳嗽痰喘，蛔虫病，蛲虫病；外用于皮肤疥癣，湿疹，头虱病，体虱病，阴虱病。

濒危等级　中国植物红色名录评估为数据缺乏（DD）。

迁地栽培保存

保存地点	种质份数	个体数量	引种方式	生长状况	来源地
JS1	2	a	采集	C	江苏
BJ	1	d	采集	G	四川
SH	1	c	采集	A	待确定
JS2	1	b	购买	C	江苏
GZ	1	a	采集	C	贵州
GX	*	f	采集	G	广西

大百部　*Stemona tuberosa* Lour.

功效主治　块根（百部）：润肺下气，止咳，杀虫。用于新久咳嗽，肺痨咳嗽，百日咳。

濒危等级　中国植物红色名录评估为无危（LC）。

迁地栽培保存

保存地点	种质份数	个体数量	引种方式	生长状况	来源地
CQ	1	b	采集	C	重夫

保存地点	种质份数	个体数量	引种方式	生长状况	来源地
BJ	1	a	采集	C	贵州
HB	1	a	采集	C	待确定
YN	1	a	采集	A	云南
HN	1	a	采集	C	海南
GD	1	f	采集	G	待确定

种质库保存

保存地点	保存方式	种质份数	个体数量	引种方式	来源地
HN	种子	1	b	采集	福建

细花百部 *Stemona parviflora* C. H. Wright

功效主治 块根：润肺止咳，杀虫止痒。

濒危等级 中国特有植物，中国植物红色名录评估为濒危（EN）。

迁地栽培保存

保存地点	种质份数	个体数量	引种方式	生长状况	来源地
HN	2	a	采集	C	海南

直立百部 *Stemona sessilifolia*（Miq.）Miq.

功效主治 块根：温润肺气，止咳抗痨，杀虫。用于咳嗽，百日咳，肺结核，老年咳喘，蛔虫病，蛲虫病，皮肤疥癣，荨麻疹，湿疹，头虱病，体虱病，风湿病，痢疾。

濒危等级 中国植物红色名录评估为数据缺乏（DD）。

迁地栽培保存

保存地点	种质份数	个体数量	引种方式	生长状况	来源地
BJ	4	d	采集	G	浙江、湖北、浙江、河南
JS1	1	a	采集	C	江苏
GX	*	f	采集	G	江苏

百合科　Liliaceae

百合属　*Lilium*

百合　*Lilium brownii* var. *viridulum* Baker

濒危等级　中国特有植物，河北省重点保护植物，中国植物红色名录评估为无危（LC）。

迁地栽培保存

保存地点	种质份数	个体数量	引种方式	生长状况	来源地
SC	6	f	待确定	G	四川
GX	3	f	采集	G	广西、北京
JS2	1	e	购买	C	江苏
JS1	1	b	购买	B	江苏
HB	1	b	采集	C	湖北
GD	1	b	采集	B	待确定
HEN	1	c	赠送	A	河南
BJ	*	c	采集	C	北京、河北、四川、湖北、安徽、江西

种质库保存

保存地点	保存方式	种质份数	个体数量	引种方式	来源地
BJ	种子	6	b	采集	福建、广西、云南

川百合　*Lilium davidii* Duch. ex Elwes.

功效主治　鳞茎：养阴润肺，止咳平喘，清心安神。用于肺燥咳嗽，肺虚久咳，咳痰咯血，肺痈，咽喉干痛，痰中带血，热病后余热未尽，神志恍惚，烦躁失眠。

迁地栽培保存

保存地点	种质份数	个体数量	引种方式	生长状况	来源地
HEN	1	a	采集	B	河南

东北百合 *Lilium distichum* Nakai ex Kamib.

功效主治 鳞茎：养阴润肺，清心安神。用于阴虚久咳，痰中带血，虚烦惊悸，失眠多梦，精神恍惚。

濒危等级 中国植物红色名录评估为无危（LC）。

迁地栽培保存

保存地点	种质份数	个体数量	引种方式	生长状况	来源地
LN	1	c	采集	A	辽宁
BJ	1	a	采集	G	黑龙江

多叶百合 *Lilium myriophyllum* Franch.

迁地栽培保存

保存地点	种质份数	个体数量	引种方式	生长状况	来源地
GX	*	f	采集	G	北京

湖北百合 *Lilium henryi* Baker

功效主治 鳞茎：清热解毒，润肺止咳，宁心安神。用于肺结核，肺痈，阴虚久咳，痰中带血，虚烦惊悸，失眠多梦，精神恍惚，毒疮，耳闭。

濒危等级 中国特有植物，中国植物红色名录评估为近危（NT）。

种质库保存

保存地点	保存方式	种质份数	个体数量	引种方式	来源地
BJ	种子	3	a	采集	湖北

尖被百合 *Lilium lophophorum*（Bureau & Franch.）Franch.

功效主治 鳞茎：强壮，镇咳，养阴补虚，清心安神，清热润肺，清火。用于肺热咳嗽。

濒危等级 中国特有植物，中国植物红色名录评估为无危（LC）。

迁地栽培保存

保存地点	种质份数	个体数量	引种方式	生长状况	来源地
BJ	2	b	采集	G	陕西、四川

卷丹　*Lilium lancifolium* Thunb.

功效主治　鳞茎（百合）：甘，寒。养阴润肺，清心安神。用于阴虚久咳，痰中带血，虚烦惊悸，失眠多梦，精神恍惚。

迁地栽培保存

保存地点	种质份数	个体数量	引种方式	生长状况	来源地
BJ	2	d	采集	G	安徽、湖北
SH	1	b	采集	A	待确定
LN	1	c	采集	B	辽宁
JS2	1	d	购买	C	江苏
JS1	1	a	购买	D	江苏
HLJ	1	c	购买	A	黑龙江
HEN	1	c	采集	A	河南
HB	1	e	采集	A	湖北
CQ	1	b	采集	C	重庆
GD	1	f	采集	G	待确定

种质库保存

保存地点	保存方式	种质份数	个体数量	引种方式	来源地
BJ	种子	1	a	采集	甘肃

兰州百合　*Lilium davidii* var. *willmottiae*（E. H. Wilson）Raffill

迁地栽培保存

保存地点	种质份数	个体数量	引种方式	生长状况	来源地
LN	1	c	赠送	A	辽宁

毛百合 *Lilium dauricum* Ker Gawl.

功效主治 鳞茎：养阴润肺，清心安神。用于阴虚久咳，痰中带血，虚烦惊悸，失眠多梦，精神恍惚。

濒危等级 内蒙古自治区重点保护植物、河北省重点保护植物，中国植物红色名录评估为无危（LC）。

迁地栽培保存

保存地点	种质份数	个体数量	引种方式	生长状况	来源地
HB	1	a	采集	C	待确定

岷江百合 *Lilium regale* E. H. Wilson

濒危等级 中国特有植物，中国植物红色名录评估为无危（LC）。

迁地栽培保存

保存地点	种质份数	个体数量	引种方式	生长状况	来源地
BJ	1	b	采集	G	四川

种质库保存

保存地点	保存方式	种质份数	个体数量	引种方式	来源地
BJ	种子	1	a	采集	待确定

南川百合 *Lilium rosthornii* Diels

功效主治 鳞茎：清热解毒，润肺止咳。用于毒疮，肺痈，耳闭。

迁地栽培保存

保存地点	种质份数	个体数量	引种方式	生长状况	来源地
BJ	1	b	采集	G	待确定
CQ	1	b	采集	C	重庆
GZ	1	a	采集	C	贵州
GX	*	f	采集	G	湖北

种质库保存

保存地点	保存方式	种质份数	个体数量	引种方式	来源地
BJ	种子	1	a	采集	重庆

青岛百合 *Lilium tsingtauense* Gilg

功效主治　鳞茎：养阴润肺，清心安神。用于阴虚久咳，痰中带血，虚烦惊悸，失眠多梦，精神恍惚。作百合入药。

濒危等级　国家重点保护野生植物名录（第二批）二级，中国植物红色名录评估为易危（VU）。

迁地栽培保存

保存地点	种质份数	个体数量	引种方式	生长状况	来源地
BJ	1	b	采集	G	山东

山丹 *Lilium pumilum* Delile.

功效主治　鳞茎（百合）：甘，寒。养阴润肺，清心安神。用于阴虚久咳，痰中带血，虚烦惊悸，失眠多梦，精神恍惚。

濒危等级　北京市二级保护植物、内蒙古自治区重点保护植物，中国植物红色名录评估为无危（LC）。

迁地栽培保存

保存地点	种质份数	个体数量	引种方式	生长状况	来源地
BJ	4	d	采集	G	河北、山西、陕西、湖北
LN	1	c	采集	A	辽宁
HEN	1	a	采集	B	河南

种质库保存

保存地点	保存方式	种质份数	个体数量	引种方式	来源地
BJ	种子	1	a	采集	吉林

麝香百合 *Lilium longiflorum* Thunb.

功效主治　鳞茎、花：清热解毒，润肺止咳。用于咳嗽，尿血，胎盘不下，无名肿毒。

迁地栽培保存

保存地点	种质份数	个体数量	引种方式	生长状况	来源地
HN	1	a	赠送	B	广西
BJ	1	a	采集	G	四川
GX	*	f	采集	G	广西

台湾百合 *Lilium formosanum* Wallace

功效主治 鳞茎：养阴润肺，清心安神。

濒危等级 中国特有植物，中国植物红色名录评估为无危（LC）。

迁地栽培保存

保存地点	种质份数	个体数量	引种方式	生长状况	来源地
GX	*	f	采集	G	日本

条叶百合 *Lilium callosum* Siebold & Zucc.

功效主治 鳞茎：润肺止咳，宁心安神。用于阴虚久咳，痰中带血，热病后余热未清，失眠，虚烦惊悸，心神不安，脚气浮肿，骨折；外用于冻伤。花：用于闭经，阴虚阳亢。

濒危等级 中国植物红色名录评估为无危（LC）。

迁地栽培保存

保存地点	种质份数	个体数量	引种方式	生长状况	来源地
BJ	1	a	采集	G	待确定
SH	1	b	采集	A	待确定

通江百合 *Lilium sargentiae* E. H. Wilson

迁地栽培保存

保存地点	种质份数	个体数量	引种方式	生长状况	来源地
BJ	1	b	采集	G	四川

种质库保存

保存地点	保存方式	种质份数	个体数量	引种方式	来源地
BJ	种子	1	a	采集	重庆

文山百合 *Lilium wenshanense* L. J. Peng & F. X. Li

濒危等级　中国特有植物，中国植物红色名录评估为数据缺乏（DD）。

迁地栽培保存

保存地点	种质份数	个体数量	引种方式	生长状况	来源地
BJ	1	b	采集	C	越南

渥丹 *Lilium concolor* Salisb.

功效主治　鳞茎（山丹）：甘、苦，凉。除烦热，润肺，止咳，安神。用于虚劳咳嗽，吐血，心悸，失眠，浮肿。花（山丹花）：甘，凉。活血。花蕊：用于疔疮恶肿。

濒危等级　中国植物红色名录评估为无危（LC）。

迁地栽培保存

保存地点	种质份数	个体数量	引种方式	生长状况	来源地
LN	1	c	采集	B	辽宁
BJ	1	b	采集	G	山东

新疆百合 *Lilium martagon* var. *pilosiusculum* Freyn

濒危等级　中国植物红色名录评估为近危（NT）。

迁地栽培保存

保存地点	种质份数	个体数量	引种方式	生长状况	来源地
BJ	1	b	采集	G	新疆

秀丽百合 *Lilium amabile* Palib.

濒危等级　中国植物红色名录评估为濒危（EN）。

种质库保存

保存地点	保存方式	种质份数	个体数量	引种方式	来源地
BJ	种子	6	b	采集	内蒙古

药百合 *Lilium speciosum* var. *gloriosoides* Baker

濒危等级 中国特有植物，中国植物红色名录评估为无危（LC）。

迁地栽培保存

保存地点	种质份数	个体数量	引种方式	生长状况	来源地
GX	*	f	采集	G	江西

野百合 *Lilium brownii* F. E. Br. ex Miellez.

功效主治 鳞茎：微苦，平。养阴润肺，清心安神。用于阴虚久咳，痰中带血，虚烦惊悸，失眠多梦。

濒危等级 中国特有植物，中国植物红色名录评估为无危（LC）。

迁地栽培保存

保存地点	种质份数	个体数量	引种方式	生长状况	来源地
SC	3	f	待确定	G	四川
BJ	12	d	采集	C	河北、湖北、贵州、湖南、云南
HB	1	a	采集	C	湖北
GD	1	f	采集	G	待确定
FJ	1	a	购买	A	福建
CQ	1	a	采集	C	重庆
GX	*	f	采集	G	广西

宜昌百合 *Lilium leucanthum*（Baker）Baker

功效主治 鳞茎：清热解毒，润肺止咳，宁心安神。用于肺结核，肺痈，阴虚久咳，痰中带血，虚烦惊悸，失眠多梦，精神恍惚，毒疮，耳闭。

濒危等级 中国特有植物，中国植物红色名录评估为无危（LC）。

迁地栽培保存

保存地点	种质份数	个体数量	引种方式	生长状况	来源地
CQ	1	a	采集	C	重庆
GX	*	f	采集	G	湖北

有斑百合 *Lilium concolor* var. *pulchellum*（Fisch.）Regel

濒危等级　北京市二级保护植物、内蒙古自治区重点保护植物，中国植物红色名录评估为无危（LC）。

迁地栽培保存

保存地点	种质份数	个体数量	引种方式	生长状况	来源地
BJ	3	c	采集	G	陕西、江苏、山东

紫斑百合 *Lilium nepalense* D. Don

功效主治　鳞茎：镇咳，补虚，清热润肺，清心安神。用于肺热咳嗽。

濒危等级　中国植物红色名录评估为无危（LC）。

迁地栽培保存

保存地点	种质份数	个体数量	引种方式	生长状况	来源地
BJ	2	b	采集	G	中国云南，越南

贝母属 *Fritillaria*

安徽贝母 *Fritillaria anhuiensis* S. C. Chen & S. F. Yin

功效主治　鳞茎（安徽贝母）：养阴润肺，止咳化痰，散结消肿。

濒危等级　中国特有植物，中国植物红色名录评估为易危（VU）。

迁地栽培保存

保存地点	种质份数	个体数量	引种方式	生长状况	来源地
BJ	14	e	采集	C	江苏、安徽、湖北、河南

暗紫贝母 *Fritillaria unibracteata* P. G. Xiao & K. C. Hsia

功效主治 鳞茎（川贝母）：苦、甘，微寒。清热润肺，化痰止咳。用于肺热燥咳，干咳少痰，阴虚劳嗽，咯痰带血。

濒危等级 中国特有植物，中国植物红色名录评估为濒危（EN）。

迁地栽培保存

保存地点	种质份数	个体数量	引种方式	生长状况	来源地
BJ	2	b	采集	C	四川

川贝母 *Fritillaria cirrhosa* D. Don

功效主治 鳞茎（川贝母）：苦、甘，微寒。清热润肺，化痰止咳。用于肺热燥咳，干咳少痰，阴虚劳嗽，咯痰带血。

濒危等级 中国植物红色名录评估为近危（NT）。

迁地栽培保存

保存地点	种质份数	个体数量	引种方式	生长状况	来源地
BJ	1	b	采集	G	四川

平贝母 *Fritillaria ussuriensis* Maxim.

功效主治 鳞茎（平贝母）：微苦，微寒。功效与川贝母类同。

濒危等级 吉林省二级保护植物，中国植物红色名录评估为易危（VU）。

迁地栽培保存

保存地点	种质份数	个体数量	引种方式	生长状况	来源地
BJ	2	b	采集	G	吉林、辽宁
LN	1	d	采集	B	辽宁
HLJ	1	c	采集	A	黑龙江

东阳贝母 *Fritillaria thunbergii* var. *chekiangensis* Hsiao et K. C. Hsia

功效主治 鳞茎（浙贝母）：苦，微寒。清肺化痰，散结消肿。

濒危等级　中国特有植物，中国植物红色名录评估为易危（VU）。

迁地栽培保存

保存地点	种质份数	个体数量	引种方式	生长状况	来源地
BJ	1	c	采集	C	江苏

额敏贝母　*Fritillaria meleagroides* Patrin ex Schult. f.

功效主治　鳞茎：清热润肺，止咳化痰，解毒。

濒危等级　中国植物红色名录评估为易危（VU）。

迁地栽培保存

保存地点	种质份数	个体数量	引种方式	生长状况	来源地
BJ	1	b	采集	G	新疆

黄花贝母　*Fritillaria verticillata* Willd.

功效主治　鳞茎（贝母）：清热润肺，止咳化痰，解毒。

濒危等级　中国植物红色名录评估为近危（NT）。

迁地栽培保存

保存地点	种质份数	个体数量	引种方式	生长状况	来源地
GX	*	f	采集	G	日本

天目贝母　*Fritillaria monantha* Migo

功效主治　鳞茎（天目贝母）：苦，寒。养阴润肺，止咳化痰，散结消肿。

濒危等级　中国特有植物，浙江省重点保护植物，中国植物红色名录评估为濒危（EN）。

迁地栽培保存

保存地点	种质份数	个体数量	引种方式	生长状况	来源地
GX	3	f	采集	G	上海、湖北，待确定
CQ	2	a	购买、采集	C	重庆
BJ	14	e	采集	C	湖北、河南、重庆、安徽
HB	1	e	采集	A	湖北

托里贝母 *Fritillaria tortifolia* X. Z. Duan et X. J. Zheng

功效主治　鳞茎：清热润肺，止咳化痰，解毒。

濒危等级　中国特有植物，中国植物红色名录评估为易危（VU）。

迁地栽培保存

保存地点	种质份数	个体数量	引种方式	生长状况	来源地
BJ	1	b	采集	G	新疆

新疆贝母 *Fritillaria walujewii* Regel

濒危等级　中国植物红色名录评估为濒危（EN）。

迁地栽培保存

保存地点	种质份数	个体数量	引种方式	生长状况	来源地
BJ	3	b	采集	G	新疆

伊贝母 *Fritillaria pallidiflora* Schrenk ex Fisch. & C. A. Mey.

功效主治　鳞茎（伊贝母）：苦、甘，微寒。清肺，化痰，散结。用于肺热咳嗽，胸闷痰黏，瘰疬，痈肿。

濒危等级　中国植物红色名录评估为易危（VU）。

迁地栽培保存

保存地点	种质份数	个体数量	引种方式	生长状况	来源地
BJ	1	b	采集	G	新疆

浙贝母 *Fritillaria thunbergii* Miq.

功效主治　鳞茎（浙贝母）：苦，寒。清热化痰，开郁散结。用于风热燥咳，痰火咳嗽，肺痈，乳痈，瘰疬，疮毒，心胸郁闷。

迁地栽培保存

保存地点	种质份数	个体数量	引种方式	生长状况	来源地
BJ	13	e	采集	C	江苏、安徽、浙江

续表

保存地点	种质份数	个体数量	引种方式	生长状况	来源地
FJ	1	b	购买	B	浙江
SH	1	b	采集	A	待确定
JS2	1	e	购买	C	江苏
HB	1	a	采集	C	待确定
CQ	1	a	采集	C	浙江
JS1	1	a	购买	C	江苏

大百合属　*Cardiocrinum*

大百合　*Cardiocrinum giganteum*（Wall.）Makino

功效主治　鳞茎（山菠萝根）：淡，平。清热止咳，宽胸利气。用于肺痨咯血，咳嗽痰喘，小儿高热，胃痛及反胃，呕吐。

濒危等级　中国植物红色名录评估为无危（LC）。

迁地栽培保存

保存地点	种质份数	个体数量	引种方式	生长状况	来源地
BJ	3	b	采集	C	安徽、湖北
SC	1	f	待确定	G	四川
HEN	1	a	采集	C	河南
HB	1	a	采集	B	湖北
CQ	1	a	采集	B	重庆

种质库保存

保存地点	保存方式	种质份数	个体数量	引种方式	来源地
BJ	种子	11	b	采集	湖北、重庆

荞麦叶大百合　*Cardiocrinum cathayanum*（E. H. Wilson）Stearn.

功效主治　鳞茎：凉血消肿。用于鼻渊，耳闭。根：润肺止咳，健脾消积。

濒危等级 中国特有植物,中国植物红色名录评估为无危(LC)。

迁地栽培保存

保存地点	种质份数	个体数量	引种方式	生长状况	来源地
BJ	4	b	采集	G	河南、湖北、安徽、江西
GZ	1	b	采集	C	贵州

种质库保存

保存地点	保存方式	种质份数	个体数量	引种方式	来源地
BJ	种子	1	a	采集	江西

云南大百合 *Cardiocrinum giganteum* var. *yun-nanense* (Leichtlin ex Elwes) Stearn

濒危等级 中国植物红色名录评估为近危(NT)。

迁地栽培保存

保存地点	种质份数	个体数量	引种方式	生长状况	来源地
GX	*	f	采集	G	广西

种质库保存

保存地点	保存方式	种质份数	个体数量	引种方式	来源地
BJ	种子	3	b	采集	湖北

假百合属 *Notholirion*

假百合 *Notholirion bulbuliferum* (Lingelsh.) Stearn

功效主治 鳞茎(太白米):辛、甘、微苦,温。宽胸利气,止痛调经,健胃,止吐,镇痛,止咳。

濒危等级 陕西省渐危保护植物,中国植物红色名录评估为无危(LC)。

迁地栽培保存

保存地点	种质份数	个体数量	引种方式	生长状况	来源地
BJ	2	b	采集	G	四川、陕西
BJ	1	b	采集	G	陕西

七筋姑属　*Clintonia*

七筋姑　*Clintonia udensis* Trautv. & C. A. Mey.

功效主治　全草（雷公七）：苦、微辛，凉。有小毒。祛风，败毒，散瘀，止痛。用于跌打损伤，劳伤。

濒危等级　北京市二级保护植物、河北省重点保护植物，中国植物红色名录评估为无危（LC）。

种质库保存

保存地点	保存方式	种质份数	个体数量	引种方式	来源地
BJ	种子	1	a	采集	甘肃

油点草属　*Tricyrtis*

黄花油点草　*Tricyrtis maculata*（D. Don）J. F. Macbr.

功效主治　全草（黑点草）：涩，平。用于周身发肿，发痧气痛，风疹瘙痒。根（山黄瓜）：甘、淡，平。安神除烦，健脾止渴，活血消肿。用于虚烦口渴，狂躁不安，劳伤，跌打损伤。

濒危等级　中国植物红色名录评估为无危（LC）。

迁地栽培保存

保存地点	种质份数	个体数量	引种方式	生长状况	来源地
BJ	2	b	采集	C	湖北、安徽
HB	1	c	采集	C	湖北
GX	*	f	采集	G	湖北

宽叶油点草　*Tricyrtis latifolia* Maxim.

功效主治　根：补虚止咳。

濒危等级　中国植物红色名录评估为无危（LC）。

迁地栽培保存

保存地点	种质份数	个体数量	引种方式	生长状况	来源地
GX	*	f	采集	G	法国

台湾油点草 *Tricyrtis formosana* Baker

濒危等级 中国特有植物，中国植物红色名录评估为无危（LC）。

迁地栽培保存

保存地点	种质份数	个体数量	引种方式	生长状况	来源地
GX	*	f	采集	G	日本

油点草 *Tricyrtis macropoda* Miq.

功效主治 全草或根（红酸七）：甘，温。补虚止咳。用于肺痨咳嗽。

濒危等级 中国植物红色名录评估为无危（LC）。

迁地栽培保存

保存地点	种质份数	个体数量	引种方式	生长状况	来源地
BJ	2	b	采集、交换	G	北京、陕西
YN	1	b	采集	A	云南

种质库保存

保存地点	保存方式	种质份数	个体数量	引种方式	来源地
BJ	种子	1	a	采集	江西

郁金香属 *Tulipa*

阿尔泰郁金香 *Tulipa altaica* Pall. ex Spreng.

功效主治 鳞茎：清热解毒，散结化瘀。用于咽喉肿痛，瘰疬，痈疽，疮肿，产后瘀滞。

濒危等级 中国植物红色名录评估为无危（LC）。

迁地栽培保存

保存地点	种质份数	个体数量	引种方式	生长状况	来源地
BJ	1	b	采集	G	新疆

二叶郁金香　*Tulipa erythronioides* Baker

濒危等级　中国植物红色名录评估为无危（LC）。

迁地栽培保存

保存地点	种质份数	个体数量	引种方式	生长状况	来源地
BJ	1	d	采集	C	湖北

老鸦瓣　*Tulipa edulis*（Miq.）Baker

功效主治　鳞茎（光慈姑）：辛、甘，寒。有小毒。清热解毒，消肿散结。用于疔肿，瘰疬，蛇虫咬伤。

濒危等级　中国植物红色名录评估为无危（LC）。

迁地栽培保存

保存地点	种质份数	个体数量	引种方式	生长状况	来源地
BJ	5	d	采集	G	江西、河南、湖北、安徽
JS1	1	a	购买	D	江苏
JS2	1	c	购买	C	江苏
GX	*	f	采集	G	山东

双花郁金香　*Tulipa biflora* Pall.

濒危等级　中国植物红色名录评估为无危（LC）。

迁地栽培保存

保存地点	种质份数	个体数量	引种方式	生长状况	来源地
BJ	1	b	采集	G	新疆

天山郁金香　*Tulipa thianschanica* Regel

濒危等级　中国植物红色名录评估为无危（LC）。

迁地栽培保存

保存地点	种质份数	个体数量	引种方式	生长状况	来源地
BJ	1	b	采集	G	新疆

郁金香　*Tulipa gesneriana* L.

功效主治　根：镇静。用于脏躁症。

迁地栽培保存

保存地点	种质份数	个体数量	引种方式	生长状况	来源地
JS1	1	a	购买	C	江苏

猪牙花属　*Erythronium*

新疆猪牙花　*Erythronium sibiricum*（Fisch. & C. A. Mey.）Krylov.

濒危等级　中国植物红色名录评估为无危（LC）。

迁地栽培保存

保存地点	种质份数	个体数量	引种方式	生长状况	来源地
BJ	1	b	采集	G	新疆

猪牙花　*Erythronium japonicum* Decne.

功效主治　鳞茎：缓泻。

濒危等级　吉林省三级保护植物，中国植物红色名录评估为易危（VU）。

迁地栽培保存

保存地点	种质份数	个体数量	引种方式	生长状况	来源地
GX	*	f	采集	G	日本

报春花科　**Primulaceae**

报春花属　*Primula*

报春花　*Primula malacoides* Franch.

功效主治　全草：利水消肿，止血。

濒危等级　中国特有植物，中国植物红色名录评估为无危（LC）。

迁地栽培保存

保存地点	种质份数	个体数量	引种方式	生长状况	来源地
GZ	1	a	采集	C	贵州

种质库保存

保存地点	保存方式	种质份数	个体数量	引种方式	来源地
BJ	种子	4	a	采集	云南、四川

齿萼报春　*Primula odontocalyx*（Franch.）Pax

功效主治　根：用于腹痛。

濒危等级　中国特有植物，中国植物红色名录评估为近危（NT）。

迁地栽培保存

保存地点	种质份数	个体数量	引种方式	生长状况	来源地
GX	*	f	采集	G	湖北

鄂报春　*Primula obconica* Hance

功效主治　根（鄂报春）：用于腹痛，酒精中毒。

濒危等级　中国特有植物，中国植物红色名录评估为无危（LC）。

迁地栽培保存

保存地点	种质份数	个体数量	引种方式	生长状况	来源地
HB	1	b	采集	C	湖北
GX	*	f	采集	G	湖北

卵叶报春　*Primula ovalifolia* Franch.

功效主治　全草：清热解毒，消肿止痛。用于肺热咳嗽，风湿病，食积。

濒危等级　中国特有植物，中国植物红色名录评估为近危（NT）。

迁地栽培保存

保存地点	种质份数	个体数量	引种方式	生长状况	来源地
GX	*	f	采集	G	四川

胭脂花　*Primula maximowiczii* Regel

功效主治　全草：清热解毒，止痛，祛风。用于癫痫，头痛。

濒危等级　中国植物红色名录评估为无危（LC）。

迁地栽培保存

保存地点	种质份数	个体数量	引种方式	生长状况	来源地
BJ	1	d	采集	G	北京

点地梅属　*Androsace*

大苞点地梅　*Androsace maxima* L.

功效主治　全草：用于淋病，带下病。

濒危等级　中国植物红色名录评估为无危（LC）。

迁地栽培保存

保存地点	种质份数	个体数量	引种方式	生长状况	来源地
GX	*	f	采集	G	法国

点地梅 *Androsace umbellata* (Lour.) Merr.

功效主治　全草（喉咙草）：辛、甘，微寒。祛风，清热，消肿，解毒。用于咽喉肿痛，口疮，目赤，目
　　　　　　翳，头痛，牙痛，风湿热痛，哮喘，淋浊，带下病，疔疮肿毒，跌打损伤，烫伤。

迁地栽培保存

保存地点	种质份数	个体数量	引种方式	生长状况	来源地
BJ	1	b	采集	G	北京

杜茎山属　*Maesa*

包疮叶 *Maesa indica* (Roxb.) A. DC.

功效主治　全株（两面青）：微苦，凉。清热解毒。用于肝毒，瘾疹，泄泻，胃痛，肝阳上亢。叶：外用于
　　　　　　疮毒。

濒危等级　中国植物红色名录评估为无危（LC）。

迁地栽培保存

保存地点	种质份数	个体数量	引种方式	生长状况	来源地
YN	1	a	采集	C	云南

种质库保存

保存地点	保存方式	种质份数	个体数量	引种方式	来源地
BJ	种子	14	b	采集	河北、四川、云南

秤杆树 *Maesa ramentacea* (Roxb.) A. DC.

功效主治　根、叶：用于骨折，跌打损伤，风湿痹痛。

濒危等级　中国植物红色名录评估为无危（LC）。

种质库保存

保存地点	保存方式	种质份数	个体数量	引种方式	来源地
BJ	种子	8	b	采集	安徽

顶花杜茎山 *Maesa balansae* Mez

功效主治 根：用于吐血。叶：用于小儿疳积。

迁地栽培保存

保存地点	种质份数	个体数量	引种方式	生长状况	来源地
HN	2	a	采集	C	海南

种质库保存

保存地点	保存方式	种质份数	个体数量	引种方式	来源地
BJ	种子	1	a	采集	待确定

杜茎山 *Maesa japonica*（Thunb.）Moritzi & Zoll.

功效主治 根、叶：苦，寒。祛风，解疫毒，消肿胀。用于感冒，头痛，眩晕，水肿，腰痛。

濒危等级 中国植物红色名录评估为无危（LC）。

迁地栽培保存

保存地点	种质份数	个体数量	引种方式	生长状况	来源地
BJ	1	a	采集	G	江西
GX	*	f	采集	G	广西

种质库保存

保存地点	保存方式	种质份数	个体数量	引种方式	来源地
BJ	种子	6	b	采集	湖南、广西、云南

湖北杜茎山 *Maesa hupehensis* Rehder.

功效主治 全株：清热利湿，活血散瘀。

濒危等级 中国特有植物，中国植物红色名录评估为无危（LC）。

迁地栽培保存

保存地点	种质份数	个体数量	引种方式	生长状况	来源地
CQ	1	a	采集	C	重庆
GX	*	f	采集	G	重庆

鲫鱼胆　*Maesa perlaria*（Lour.）Merr.

功效主治　全株：活血化瘀，接骨，消肿，去腐生肌。用于跌打损伤，筋扭骨折，刀伤，痈疽疔疮。

濒危等级　中国植物红色名录评估为无危（LC）。

迁地栽培保存

保存地点	种质份数	个体数量	引种方式	生长状况	来源地
HN	1	a	采集	C	海南
GD	1	f	采集	G	待确定

种质库保存

保存地点	保存方式	种质份数	个体数量	引种方式	来源地
BJ	种子	6	c	采集	河北、云南

金珠柳　*Maesa montana* A. DC.

功效主治　根、叶：清热，止泻。用于痢疾。

濒危等级　中国植物红色名录评估为无危（LC）。

迁地栽培保存

保存地点	种质份数	个体数量	引种方式	生长状况	来源地
CQ	1	a	采集	C	重庆

毛杜茎山　*Maesa permollis* Kurz

濒危等级　中国植物红色名录评估为无危（LC）。

迁地栽培保存

保存地点	种质份数	个体数量	引种方式	生长状况	来源地
GX	*	f	采集	G	广西

毛穗杜茎山 *Maesa insignis* Chun

功效主治　根茎：祛风除湿，消肿止痛。用于风湿肿痛，浮肿，跌打损伤。

濒危等级　中国特有植物，中国植物红色名录评估为无危（LC）。

种质库保存

保存地点	保存方式	种质份数	个体数量	引种方式	来源地
BJ	种子	1	a	采集	甘肃

软弱杜茎山 *Maesa tenera* Mez

功效主治　根：用于赤痢。

濒危等级　中国特有植物，中国植物红色名录评估为无危（LC）。

迁地栽培保存

保存地点	种质份数	个体数量	引种方式	生长状况	来源地
GX	*	f	采集	G	日本

疏花杜茎山 *Maesa laxiflora* Pit.

迁地栽培保存

保存地点	种质份数	个体数量	引种方式	生长状况	来源地
HN	1	a	采集	C	海南

腺叶杜茎山 *Maesa membranacea* A. DC.

濒危等级　中国植物红色名录评估为无危（LC）。

迁地栽培保存

保存地点	种质份数	个体数量	引种方式	生长状况	来源地
HN	1	a	采集	C	待确定

海乳草属　*Glaux*

海乳草　*Glaux maritima* L.

迁地栽培保存

保存地点	种质份数	个体数量	引种方式	生长状况	来源地
GX	*	f	采集	G	法国

假婆婆纳属　*Stimpsonia*

假婆婆纳　*Stimpsonia chamaedryoides* C. Wright ex A. Gray.

功效主治　全草：活血，消肿止痛。

濒危等级　中国植物红色名录评估为无危（LC）。

迁地栽培保存

保存地点	种质份数	个体数量	引种方式	生长状况	来源地
GX	*	f	采集	G	广西

蜡烛果属　*Aegiceras*

蜡烛果　*Aegiceras corniculatum*（L.）Blanco.

功效主治　地上部分：用于清热，镇痛，驱虫。

濒危等级　中国植物红色名录评估为无危（LC）。

迁地栽培保存

保存地点	种质份数	个体数量	引种方式	生长状况	来源地
HN	1	a	采集	C	待确定
GX	*	f	采集	G	澳门

琉璃繁缕属 *Anagallis*

琉璃繁缕 *Anagallis arvensis* L.

功效主治 全草（四念癀）：酸、涩，平。用于毒蛇及狂犬咬伤，疮疡，鹤膝风。

种质库保存

保存地点	保存方式	种质份数	个体数量	引种方式	来源地
BJ	种子	1	a	采集	广西

酸藤子属 *Embelia*

白花酸藤果 *Embelia ribes* Burm. f.

功效主治 根（咸酸蒩）：甘、酸，平。用于闭经，小儿头疮，跌打损伤，痢疾，泄泻，刀枪伤，外伤出血。叶：用于外伤出血。

濒危等级 中国植物红色名录评估为无危（LC）。

迁地栽培保存

保存地点	种质份数	个体数量	引种方式	生长状况	来源地
GD	1	b	采集	D	待确定
HN	1	a	采集	C	海南
YN	1	a	采集	C	云南

种质库保存

保存地点	保存方式	种质份数	个体数量	引种方式	来源地
BJ	种子	57	b	采集	山西、云南、甘肃，待确定

白花酸藤果 （原亚种） *Embelia ribes* Burm. f. subsp. *ribes*

濒危等级　中国植物红色名录评估为无危（LC）。

迁地栽培保存

保存地点	种质份数	个体数量	引种方式	生长状况	来源地
GX	*	f	采集	G	广西

当归藤　*Embelia parviflora* Wall. ex A. DC.

功效主治　根（当归藤）、枝（当归藤）：苦、涩，温。活血散瘀，补肾强腰。用于月经不调，闭经，不孕症，贫血，跌打损伤，骨折。

濒危等级　中国植物红色名录评估为无危（LC）。

迁地栽培保存

保存地点	种质份数	个体数量	引种方式	生长状况	来源地
GX	3	f	采集	G	广西

种质库保存

保存地点	保存方式	种质份数	个体数量	引种方式	来源地
BJ	种子	3	b	采集	云南

多花酸藤子　*Embelia floribunda* Wall.

濒危等级　中国植物红色名录评估为无危（LC）。

迁地栽培保存

保存地点	种质份数	个体数量	引种方式	生长状况	来源地
GX	*	f	采集	G	广西

瘤皮孔酸藤子　*Embelia scandens*（Lour.）Mez

功效主治　根（假刺藤）、叶（假刺藤）：淡、涩，平。有小毒。舒筋活络，敛肺止咳。用于风湿痹痛，肺痨。

濒危等级　中国植物红色名录评估为无危（LC）。

迁地栽培保存

保存地点	种质份数	个体数量	引种方式	生长状况	来源地
GX	*	f	采集	G	广西

种质库保存

保存地点	保存方式	种质份数	个体数量	引种方式	来源地
BJ	种子	1	a	采集	待确定

密齿酸藤子　*Embelia vestita* Roxb.

功效主治　果实：用于蛔虫病，绦虫病。

濒危等级　中国植物红色名录评估为无危（LC）。

迁地栽培保存

保存地点	种质份数	个体数量	引种方式	生长状况	来源地
GX	*	f	采集	G	广西

种质库保存

保存地点	保存方式	种质份数	个体数量	引种方式	来源地
BJ	种子	1	a	采集	待确定

平叶酸藤子　*Embelia undulata*（A. DC.）Mez

功效主治　全株（大叶酸藤）：酸、涩，平。祛风利湿，消肿散瘀。用于水肿，泄泻，跌打瘀肿。果实：用于蛔虫病。

濒危等级　中国植物红色名录评估为无危（LC）。

种质库保存

保存地点	保存方式	种质份数	个体数量	引种方式	来源地
BJ	种子	6	b	采集	贵州、云南

疏花酸藤子　*Embelia pauciflora* Diels

功效主治　根（过山消）：辛、微苦，凉。祛痰，解毒，行瘀消肿。用于乳蛾，红丝疔。

濒危等级　中国特有植物，中国植物红色名录评估为无危（LC）。

迁地栽培保存

保存地点	种质份数	个体数量	引种方式	生长状况	来源地
CQ	1	a	采集	C	重庆

酸藤子　*Embelia laeta* (L.) Mez

功效主治　根（酸藤木）、枝叶（酸藤木）：酸，凉。用于咽喉肿痛，齿龈出血，跌打瘀血，痔疮。果实（酸藤果）：酸、甘，平。用于胃酸缺乏，食欲不振。

濒危等级　中国植物红色名录评估为无危（LC）。

迁地栽培保存

保存地点	种质份数	个体数量	引种方式	生长状况	来源地
GD	1	f	采集	G	待确定
HN	1	a	采集	C	海南
GX	*	f	采集	G	广西

种质库保存

保存地点	保存方式	种质份数	个体数量	引种方式	来源地
BJ	种子	6	a	采集	待确定

网脉酸藤子　*Embelia rudis* Hand.-Mazz.

功效主治　果实：酸、甘，平。强壮，补血。根、枝条：清凉解毒，滋阴补肾。用于闭经，月经不调，风湿痛。

濒危等级　中国特有植物，中国植物红色名录评估为无危（LC）。

迁地栽培保存

保存地点	种质份数	个体数量	引种方式	生长状况	来源地
GX	*	f	采集	G	广西

种质库保存

保存地点	保存方式	种质份数	个体数量	引种方式	来源地
BJ	种子	1	a	采集	福建

铁仔属 *Myrsine*

打铁树 *Myrsine linearis*（Lour.）Poir.

濒危等级 中国植物红色名录评估为无危（LC）。

迁地栽培保存

保存地点	种质份数	个体数量	引种方式	生长状况	来源地
HN	1	a	采集	C	海南
GX	*	f	采集	G	广西

光叶铁仔 *Myrsine stolonifera*（Koidz.）E. Walker

功效主治 全株或根：苦、涩，微平。清热利湿，收敛止血。

濒危等级 中国植物红色名录评估为无危（LC）。

迁地栽培保存

保存地点	种质份数	个体数量	引种方式	生长状况	来源地
GX	2	f	采集	G	湖北

广西密花树 *Myrsine kwangsiensis*（E. Walker）Pipoly & C. Chen

功效主治 根：用于跌打损伤。

濒危等级 中国特有植物，中国植物红色名录评估为无危（LC）。

迁地栽培保存

保存地点	种质份数	个体数量	引种方式	生长状况	来源地
GX	*	f	采集	G	广西

密花树　*Myrsine seguinii* H. Lév.

功效主治　树皮、叶（鹅骨梢）：淡，寒。清热解毒，凉血，祛湿。用于乳痈初起；外用于湿疹，疮疖。

濒危等级　中国植物红色名录评估为无危（LC）。

迁地栽培保存

保存地点	种质份数	个体数量	引种方式	生长状况	来源地
HN	1	a	采集	C	海南
GX	*	f	采集	G	广西

种质库保存

保存地点	保存方式	种质份数	个体数量	引种方式	来源地
HN	种子	1	a	采集	海南
BJ	种子	1	a	采集	广西

平叶密花树　*Myrsine faberi*（Mez）Pipoly & C. Chen

濒危等级　中国特有植物，中国植物红色名录评估为无危（LC）。

迁地栽培保存

保存地点	种质份数	个体数量	引种方式	生长状况	来源地
GX	*	f	采集	G	广东

铁仔　*Myrsine africana* L.

功效主治　全株：清热镇痛。

濒危等级　中国植物红色名录评估为无危（LC）。

迁地栽培保存

保存地点	种质份数	个体数量	引种方式	生长状况	来源地
CQ	1	a	采集	C	重庆
GZ	1	b	采集	C	贵州
YN	1	a	采集	C	云南
GX	*	f	采集	G	贵州

种质库保存

保存地点	保存方式	种质份数	个体数量	引种方式	来源地
BJ	种子	8	a	采集	贵州、云南

针齿铁仔 *Myrsine semiserrata* Wall.

功效主治 根：用于小儿遗尿。果实：用于绦虫病。

濒危等级 中国植物红色名录评估为无危（LC）。

迁地栽培保存

保存地点	种质份数	个体数量	引种方式	生长状况	来源地
GX	*	f	采集	G	云南

种质库保存

保存地点	保存方式	种质份数	个体数量	引种方式	来源地
BJ	种子	5	a	采集	四川，待确定

仙客来属 *Cyclamen*

仙客来 *Cyclamen persicum* Mill.

功效主治 根茎：用于毒蛇咬伤。

迁地栽培保存

保存地点	种质份数	个体数量	引种方式	生长状况	来源地
SH	1	a	采集	A	待确定
JS1	1	a	购买	D	江苏
BJ	1	d	交换	G	北京

羽叶点地梅属　*Pomatosace*

羽叶点地梅　*Pomatosace filicula* Maxim.

功效主治　全草：苦、辛，寒。平肝，凉血，止血，镇痛。用于高血压。

濒危等级　中国特有植物，国家重点保护野生植物名录（第一批）二级，中国植物红色名录评估为无危（LC）。

种质库保存

保存地点	保存方式	种质份数	个体数量	引种方式	来源地
BJ	种子	1	a	采集	甘肃

珍珠菜属　*Lysimachia*

矮桃　*Lysimachia clethroides* Duby

功效主治　全草或根（珍珠菜）：辛、涩，平。活血调经，利水消肿。用于月经不调，带下病，小儿疳积，水肿，痢疾，跌打损伤，咽喉痛，乳痈，石淋，胆胀，胁痛。

迁地栽培保存

保存地点	种质份数	个体数量	引种方式	生长状况	来源地
LN	1	c	采集	B	辽宁
SH	1	b	采集	A	待确定
GZ	1	b	采集	C	贵州
GX	*	f	采集	G	日本

巴东过路黄 *Lysimachia patungensis* Hand.-Mazz.

功效主治　全草：微苦，凉。清热解毒，利尿通淋，消肿散瘀。

濒危等级　中国特有植物，中国植物红色名录评估为无危（LC）。

迁地栽培保存

保存地点	种质份数	个体数量	引种方式	生长状况	来源地
GX	*	f	采集	G	湖北

滨海珍珠菜 *Lysimachia mauritiana* Lam.

濒危等级　中国植物红色名录评估为无危（LC）。

迁地栽培保存

保存地点	种质份数	个体数量	引种方式	生长状况	来源地
GX	*	f	采集	G	日本

大叶过路黄 *Lysimachia fordiana* Oliv.

功效主治　根：用于跌打损伤，咽喉痛，痈毒，毒蛇咬伤。

濒危等级　中国特有植物，中国植物红色名录评估为近危（NT）。

迁地栽培保存

保存地点	种质份数	个体数量	引种方式	生长状况	来源地
CQ	1	a	采集	F	重庆
GX	*	f	采集	G	广西

点腺过路黄 *Lysimachia hemsleyana* Maxim. ex Oliv.

功效主治　全草：清热解毒，活血化瘀，通经，消肿止痛，化痰止咳，除湿，利尿排石。用于月经不调，闭经，乳痈，咳嗽，胁痛，石淋，下焦湿热，小儿疳积，多种眼病，牙痛。

迁地栽培保存

保存地点	种质份数	个体数量	引种方式	生长状况	来源地
CQ	1	a	采集	C	重庆
GX	*	f	采集	G	湖北

富宁香草 *Lysimachia fooningensis* C. Y. Wu

濒危等级　中国植物红色名录评估为近危（NT）。

迁地栽培保存

保存地点	种质份数	个体数量	引种方式	生长状况	来源地
GX	*	f	采集	G	广西

管茎过路黄 *Lysimachia fistulosa* Hand.-Mazz.

功效主治　全草：用于毒蛇咬伤。

濒危等级　中国特有植物，中国植物红色名录评估为无危（LC）。

迁地栽培保存

保存地点	种质份数	个体数量	引种方式	生长状况	来源地
CQ	1	a	采集	C	重庆
GX	*	f	采集	G	湖北

广西过路黄 *Lysimachia alfredii* Hance

功效主治　全草（排香草）：甘，平。祛风，止咳，调经。用于感冒，咳喘，风湿痛，月经不调，肾虚。

濒危等级　中国特有植物，中国植物红色名录评估为无危（LC）。

迁地栽培保存

保存地点	种质份数	个体数量	引种方式	生长状况	来源地
GZ	1	c	采集	C	贵州
CQ	1	a	采集	C	重夫
GX	*	f	采集	G	广西

过路黄 *Lysimachia christiniae* Hance

功效主治 全草（金钱草）：甘、咸，微寒。清利湿热，通淋，消肿。用于热淋，砂淋，小便涩痛，湿热黄疸，痈肿疔疮，毒蛇咬伤，肝胆结石。

迁地栽培保存

保存地点	种质份数	个体数量	引种方式	生长状况	来源地
BJ	4	d	采集	C	安徽、贵州
SC	3	f	待确定	G	四川
CQ	1	c	采集	B	重庆
GD	1	b	采集	B	待确定
GZ	1	c	采集	C	贵州
HB	1	a	采集	C	湖北
SH	1	b	采集	A	待确定
GX	*	f	采集	G	贵州

种质库保存

保存地点	保存方式	种质份数	个体数量	引种方式	来源地
BJ	种子	7	b	采集	重庆、安徽、广西，待确定

黑腺珍珠菜 *Lysimachia heterogenea* Klatt

功效主治 全草：苦、酸，平。行气破血，消肿解毒。

迁地栽培保存

保存地点	种质份数	个体数量	引种方式	生长状况	来源地
ZJ	1	e	采集	A	浙江

黄连花 *Lysimachia davurica* Ledeb.

功效主治 全草（黄连花）：酸、涩，微寒。镇静，降血压。用于肝阳上亢，失眠。

濒危等级 中国植物红色名录评估为无危（LC）。

迁地栽培保存

保存地点	种质份数	个体数量	引种方式	生长状况	来源地
BJ	2	c	采集	G	北京、陕西

种质库保存

保存地点	保存方式	种质份数	个体数量	引种方式	来源地
BJ	种子	1	a	采集	吉林

假排草 *Lysimachia sikokiana* Miq.

濒危等级 中国植物红色名录评估为无危（LC）。

迁地栽培保存

保存地点	种质份数	个体数量	引种方式	生长状况	来源地
GX	*	f	采集	G	法国

金叶过路黄 *Lysimachia nummularia* ' Aurea'

迁地栽培保存

保存地点	种质份数	个体数量	引种方式	生长状况	来源地
JS2	1	c	购买	C	江苏

狼尾花 *Lysimachia barystachys* Bunge

功效主治 根及根茎（耳叶排草）：苦、涩，平。止血，活血，消肿。用于跌打损伤，刀伤。

濒危等级 中国植物红色名录评估为无危（LC）。

迁地栽培保存

保存地点	种质份数	个体数量	引种方式	生长状况	来源地
BJ	7	d	采集	G	北京、河北、辽宁、陕西
CQ	1	a	采集	C	重夫
LN	1	c	采集	B	辽宁

临时救 *Lysimachia congestiflora* Hemsl.

功效主治 全草（小过路黄）：甘、辛，微温。祛风散寒。用于感冒咳嗽，头痛身痛，泄泻，小儿疳积，毒蛇咬伤。

迁地栽培保存

保存地点	种质份数	个体数量	引种方式	生长状况	来源地
BJ	2	b	采集	G	湖北、广西
CQ	1	a	采集	C	重庆

落地梅 *Lysimachia paridiformis* Franch.

功效主治 全草或根：清热解毒，祛风除湿，活血化瘀，消肿止痛。用于感冒发热，咽喉肿痛，痢疾，风湿痹痛，半身不遂，疮疖，跌打损伤，骨折，毒蛇咬伤，小儿惊风，乳痈，脱证，胃痛，咯血。

濒危等级 中国特有植物，中国植物红色名录评估为无危（LC）。

迁地栽培保存

保存地点	种质份数	个体数量	引种方式	生长状况	来源地
GX	2	f	采集	G	重庆
GZ	1	b	采集	C	贵州
CQ	1	a	采集	C	重庆

毛黄连花 *Lysimachia vulgaris* L.

功效主治 全草：活血调经，散瘀消肿。

濒危等级 中国植物红色名录评估为无危（LC）。

迁地栽培保存

保存地点	种质份数	个体数量	引种方式	生长状况	来源地
GX	*	f	采集	G	德国

毛珍珠菜　*Lysimachia pilophora*（Honda）Honda

迁地栽培保存

保存地点	种质份数	个体数量	引种方式	生长状况	来源地
HB	2	a	采集	C	待确定
SC	1	f	待确定	G	四川

三叶香草　*Lysimachia insignis* Hemsl.

功效主治　全草（三张叶）：辛、苦，温，活血散瘀，行气止痛，疏风通络，平肝。用于风湿腰痛，肝阳上亢，头晕，黄疸，虚劳咳嗽，胃胀寒痛，跌打损伤，骨折。

濒危等级　中国植物红色名录评估为无危（LC）。

迁地栽培保存

保存地点	种质份数	个体数量	引种方式	生长状况	来源地
BJ	1	b	采集	G	云南
GX	*	f	采集	G	广西

疏头过路黄　*Lysimachia pseudohenryi* Pamp.

功效主治　全草：用于黄疸，痢疾，无名肿毒，跌打损伤。

濒危等级　中国特有植物，中国植物红色名录评估为无危（LC）。

迁地栽培保存

保存地点	种质份数	个体数量	引种方式	生长状况	来源地
GX	*	f	采集	G	湖北

四国假排草　*Lysimachia sikokiana* Miq.

功效主治　全草：用于乳痈。

迁地栽培保存

保存地点	种质份数	个体数量	引种方式	生长状况	来源地
GX	*	f	采集	G	广西

繸瓣珍珠菜 *Lysimachia glanduliflora* Hanelt

功效主治 全草：用于月经不调，跌打损伤。

濒危等级 中国特有植物，中国植物红色名录评估为无危（LC）。

迁地栽培保存

保存地点	种质份数	个体数量	引种方式	生长状况	来源地
GX	*	f	采集	G	湖北

细梗香草 *Lysimachia capillipes* Hemsl.

功效主治 全草（狼尾巴花）：酸、苦，平。调经散瘀，清热消肿。用于月经不调，痛经，血崩，风热，咽喉肿痛，乳痈，跌打损伤。

濒危等级 中国植物红色名录评估为无危（LC）。

迁地栽培保存

保存地点	种质份数	个体数量	引种方式	生长状况	来源地
GX	*	f	采集	G	广西

种质库保存

保存地点	保存方式	种质份数	个体数量	引种方式	来源地
BJ	种子	1	a	采集	江西

狭叶落地梅 *Lysimachia paridiformis* Franch. var. *stenophylla* Franch.

濒危等级 中国特有植物，中国植物红色名录评估为无危（LC）。

迁地栽培保存

保存地点	种质份数	个体数量	引种方式	生长状况	来源地
GX	2	f	采集	G	重庆、广西
GZ	1	b	采集	C	贵州
CQ	1	a	采集	C	重庆

狭叶珍珠菜　*Lysimachia pentapetala* Bunge

功效主治　全草：祛风解毒。消肿。

濒危等级　中国特有植物，中国植物红色名录评估为无危（LC）。

迁地栽培保存

保存地点	种质份数	个体数量	引种方式	生长状况	来源地
BJ	1	b	采集	G	北京
GX	*	f	采集	G	山东

纤柄香草　*Lysimachia filipes* C. Z. Gao & D. Fang.

功效主治　全草：外用于跌打损伤。

濒危等级　中国特有植物，中国植物红色名录评估为无危（LC）。

迁地栽培保存

保存地点	种质份数	个体数量	引种方式	生长状况	来源地
GX	*	f	采集	G	广西

腺药珍珠菜　*Lysimachia stenosepala* Hemsl.

功效主治　全草：苦、酸、涩，平。行气破血，消肿解毒。

濒危等级　中国特有植物，中国植物红色名录评估为无危（LC）。

迁地栽培保存

保存地点	种质份数	个体数量	引种方式	生长状况	来源地
GX	*	f	采集	G	湖北

小茄 *Lysimachia japonica* Thunb.

功效主治　全草：祛瘀，消肿。

迁地栽培保存

保存地点	种质份数	个体数量	引种方式	生长状况	来源地
BJ	1	a	采集	G	四川

小叶珍珠菜 *Lysimachia parvifolia* Franch.

功效主治　全草：行气止血，消肿散瘀。

迁地栽培保存

保存地点	种质份数	个体数量	引种方式	生长状况	来源地
GX	*	f	采集	G	山东

延叶珍珠菜 *Lysimachia decurrens* G. Forst.

功效主治　全草（疬子草）：苦、辛，平。活血调经，消肿散结。用于月经不调；外用于跌打损伤，瘰疬。
濒危等级　中国植物红色名录评估为无危（LC）。

迁地栽培保存

保存地点	种质份数	个体数量	引种方式	生长状况	来源地
CQ	1	a	采集	C	重庆

种质库保存

保存地点	保存方式	种质份数	个体数量	引种方式	来源地
BJ	种子	1	a	采集	待确定

叶头过路黄 *Lysimachia phyllocephala* Hand.-Mazz.

功效主治　全草（大过路黄）：淡，平。祛风，清热，化痰。用于风热喉痛，咳嗽，大便带血，胀痛，热毒疮疥。
濒危等级　中国特有植物，中国植物红色名录评估为近危（NT）。

迁地栽培保存

保存地点	种质份数	个体数量	引种方式	生长状况	来源地
GX	*	f	采集	G	湖北

圆叶过路黄 *Lysimachia nummularia* L.

功效主治　全草：在欧洲可用于痢疾，腹泻，创伤，溃疡。

迁地栽培保存

保存地点	种质份数	个体数量	引种方式	生长状况	来源地
CQ	1	a	采集	C	重庆

紫金牛属　*Ardisia*

矮短紫金牛 *Ardisia pedalis* E. Walker

功效主治　根：用于肺痨，跌打损伤，风湿痹痛。

濒危等级　中国植物红色名录评估为无危（LC）。

迁地栽培保存

保存地点	种质份数	个体数量	引种方式	生长状况	来源地
GX	*	f	采集	G	广西

矮紫金牛 *Ardisia humilis* Vahl

功效主治　树皮：用于头痛，便血。

濒危等级　中国植物红色名录评估为无危（LC）。

迁地栽培保存

保存地点	种质份数	个体数量	引种方式	生长状况	来源地
HN	1	b	采集	B	海南
GX	*	f	采集	G	法国

种质库保存

保存地点	保存方式	种质份数	个体数量	引种方式	来源地
HN	种子	6	c	采集	海南
BJ	种子	8	a	采集	海南

凹脉紫金牛 *Ardisia brunnescens* E. Walker

濒危等级　中国植物红色名录评估为无危（LC）。

迁地栽培保存

保存地点	种质份数	个体数量	引种方式	生长状况	来源地
BJ	1	a	采集	G	广西
YN	1	d	采集	A	云南

白花紫金牛 *Ardisia merrillii* E. Walker

濒危等级　中国植物红色名录评估为近危（NT）。

迁地栽培保存

保存地点	种质份数	个体数量	引种方式	生长状况	来源地
GX	*	f	采集	G	广西

百两金 *Ardisia crispa* (Thunb.) A. DC.

功效主治　根：祛风止咳，清热解毒。用于风湿，跌打损伤，咽喉痛。

濒危等级　中国植物红色名录评估为无危（LC）。

迁地栽培保存

保存地点	种质份数	个体数量	引种方式	生长状况	来源地
SC	2	f	待确定	G	四川
BJ	2	b	采集	G	安徽、四川
CQ	2	a	采集	B	重庆
GX	2	f	采集	G	重庆、广西
GZ	1	b	采集	C	贵州

种质库保存

保存地点	保存方式	种质份数	个体数量	引种方式	来源地
BJ	种子	1	a	采集	待确定

粗茎紫金牛 *Ardisia dasyrhizomatica* C. Y. Wu & C. Chen.

濒危等级　中国特有植物，中国植物红色名录评估为极危（CR）。

迁地栽培保存

保存地点	种质份数	个体数量	引种方式	生长状况	来源地
GX	*	f	采集	G	广西

粗脉紫金牛 *Ardisia crassinervosa* E. Walker

功效主治　根：祛风散瘀。

濒危等级　中国植物红色名录评估为无危（LC）。

迁地栽培保存

保存地点	种质份数	个体数量	引种方式	生长状况	来源地
GX	*	f	采集	G	海南

大罗伞树 *Ardisia hanceana* Mez

功效主治　根：用于跌打损伤，风湿痹痛，闭经。

濒危等级　中国植物红色名录评估为无危（LC）。

种质库保存

保存地点	保存方式	种质份数	个体数量	引种方式	来源地
BJ	种子	1	a	采集	待确定
HN	种子	2	a	采集	海南

东方紫金牛 *Ardisia squamulosa* C. Presl

功效主治　果实：用于发热，腹泻。叶：用于心区疼痛；外用于疱疹、麻疹。

迁地栽培保存

保存地点	种质份数	个体数量	引种方式	生长状况	来源地
BJ	1	a	采集	G	云南
CQ	1	b	赠送	C	云南
YN	1	a	采集	A	云南

种质库保存

保存地点	保存方式	种质份数	个体数量	引种方式	来源地
BJ	种子	2	a	采集	云南
HN	种子	1	a	采集	海南

短柄紫金牛 *Ardisia silvestris* Pit.

功效主治 茎、叶：用于胃肠痛。

迁地栽培保存

保存地点	种质份数	个体数量	引种方式	生长状况	来源地
GX	*	f	采集	G	广西

多枝紫金牛 *Ardisia sieboldii* Miq.

功效主治 根：清热止痛。

濒危等级 中国植物红色名录评估为无危（LC）。

迁地栽培保存

保存地点	种质份数	个体数量	引种方式	生长状况	来源地
GX	*	f	采集	G	日本

虎舌红 *Ardisia mamillata* Hance

功效主治 全株（红毛走马胎）：苦、辛，凉。清热利湿，活血化瘀。用于痢疾，肝毒，胆胀，胁痛，风湿痛，跌打劳伤，咯血，吐血，痛经，血崩，小儿疳积，疮疖痈肿。

迁地栽培保存

保存地点	种质份数	个体数量	引种方式	生长状况	来源地
GD	1	f	采集	G	待确定
HN	1	a	采集	B	海南
YN	1	a	购买	C	云南

种质库保存

保存地点	保存方式	种质份数	个体数量	引种方式	来源地
BJ	种子	1	a	采集	海南

灰色紫金牛　*Ardisia fordii* Hemsl.

功效主治　全株：活血消肿。用于跌打损伤。

濒危等级　中国植物红色名录评估为无危（LC）。

迁地栽培保存

保存地点	种质份数	个体数量	引种方式	生长状况	来源地
GX	*	f	采集	G	广西

剑叶紫金牛　*Ardisia ensifolia* E. Walker

功效主治　全株：镇咳祛痰，活血，利尿解毒。根：用于乳蛾。

濒危等级　中国特有植物，中国植物红色名录评估为无危（LC）。

迁地栽培保存

保存地点	种质份数	个体数量	引种方式	生长状况	来源地
GX	*	f	采集	G	广西

九管血　*Ardisia brevicaulis* Diels

功效主治　根（矮茎朱砂根）：苦、微涩，平。祛风清热，散瘀消肿。用于咽喉肿痛，风火牙痛，风湿筋骨痛，腰痛，跌打损伤，无名肿痛。

濒危等级　中国特有植物，江西省二级保护植物，中国植物红色名录评估为无危（LC）。

迁地栽培保存

保存地点	种质份数	个体数量	引种方式	生长状况	来源地
CQ	1	a	采集	B	重庆
BJ	1	b	采集	C	江西
GX	*	f	采集	G	广西

九节龙 *Ardisia pusilla* A. DC.

功效主治 全株（毛青杠）：苦、辛，温。活血通络，消肿止痛。用于跌打损伤，风湿筋骨痛，腰痛，月经不调。

濒危等级 中国植物红色名录评估为无危（LC）。

迁地栽培保存

保存地点	种质份数	个体数量	引种方式	生长状况	来源地
SC	2	f	待确定	G	四川
CQ	1	b	采集	B	重庆

块根紫金牛 *Ardisia pseudocrispa* Pit.

功效主治 根：用于咽喉肿痛，胃痛，月经不调，贫血，骨折，跌打损伤，风湿痹痛。

种质库保存

保存地点	保存方式	种质份数	个体数量	引种方式	来源地
BJ	种子	1	a	采集	待确定

莲座紫金牛 *Ardisia primulifolia* Gardner & Champ.

功效主治 根：微苦、辛，凉。散瘀止血，祛风解毒。全株：补血，止咳，通络。用于劳伤咳嗽，风湿痛，跌打损伤，疮疖，毛虫刺伤。

迁地栽培保存

保存地点	种质份数	个体数量	引种方式	生长状况	来源地
GX	*	f	采集	G	广西

罗伞树 *Ardisia quinquegona* Blume.

功效主治 根、叶：苦、辛，平。清咽消肿，散瘀止痛。用于咽喉肿痛，风湿关节痛，跌打损伤，疖肿。

濒危等级 中国植物红色名录评估为无危（LC）。

迁地栽培保存

保存地点	种质份数	个体数量	引种方式	生长状况	来源地
GX	2	f	采集	G	中国广西，日本
HN	2	a	采集	B	海南
YN	1	a	采集	C	云南

种质库保存

保存地点	保存方式	种质份数	个体数量	引种方式	来源地
BJ	种子	2	a	采集	广西

密鳞紫金牛 *Ardisia densilepidotula* Merr.

功效主治 树皮：滋补强壮。用于腹痛，产后体虚。

濒危等级 中国特有植物，中国植物红色名录评估为无危（LC）。

迁地栽培保存

保存地点	种质份数	个体数量	引种方式	生长状况	来源地
GX	*	f	采集	G	广东

种质库保存

保存地点	保存方式	种质份数	个体数量	引种方式	来源地
HN	种子	1	a	采集	海南

南方紫金牛 *Ardisia neriifolia* Wall.

功效主治 嫩叶：清热解毒，止渴。

濒危等级 中国植物红色名录评估为无危（LC）。

种质库保存

保存地点	保存方式	种质份数	个体数量	引种方式	来源地
BJ	种子	1	a	采集	待确定

纽子果 *Ardisia virens* Kurz

功效主治 根：祛痰，解毒，活血，消肿。

濒危等级 中国植物红色名录评估为无危（LC）。

迁地栽培保存

保存地点	种质份数	个体数量	引种方式	生长状况	来源地
GX	*	f	采集	G	云南
CQ	1	a	赠送	A	云南
BJ	1	a	采集	G	待确定
HN	1	a	采集	B	海南
GX	*	f	采集	G	广西

种质库保存

保存地点	保存方式	种质份数	个体数量	引种方式	来源地
BJ	种子	9	b	采集	云南，待确定

肉茎紫金牛 *Ardisia carnosicaulis* C. Chen & D. Fang

濒危等级 中国特有植物，中国植物红色名录评估为无危（LC）。

迁地栽培保存

保存地点	种质份数	个体数量	引种方式	生长状况	来源地
GX	*	f	采集	G	广西

伞形紫金牛 *Ardisia corymbifera* Mez

功效主治 根（朱砂根）：苦，凉。清热解毒，消肿止痛。用于风湿关节痛，跌打损伤，咽喉肿痛，胃气痛。

濒危等级　中国植物红色名录评估为无危（LC）。

迁地栽培保存

保存地点	种质份数	个体数量	引种方式	生长状况	来源地
GX	*	f	采集	G	广西

少年红　*Ardisia alyxiifolia* Tsiang ex C. Chen

功效主治　全株：用于四肢麻木，风湿关节痛，咽喉痛，小便淋痛。

濒危等级　中国特有植物，中国植物红色名录评估为无危（LC）。

迁地栽培保存

保存地点	种质份数	个体数量	引种方式	生长状况	来源地
GX	*	f	采集	G	中国

酸薹菜　*Ardisia solanacea* Roxb.

功效主治　根：在印度可用于腹泻，风湿病。根汁：在尼泊尔可用于消化不良。

迁地栽培保存

保存地点	种质份数	个体数量	引种方式	生长状况	来源地
YN	1	a	购买	D	云南
GX	*	f	采集	G	广西

种质库保存

保存地点	保存方式	种质份数	个体数量	引种方式	来源地
BJ	种子	6	b	采集	云南

铜盆花　*Ardisia obtusa* Mez

濒危等级　中国植物红色名录评估为无危（LC）。

种质库保存

保存地点	保存方式	种质份数	个体数量	引种方式	来源地
HN	种子	13	c	采集	海南
BJ	种子	1	a	采集	待确定

细罗伞 *Ardisia affinis* Hemsl.

功效主治 根：散瘀活血，理气止痛。用于跌打损伤，乳蛾。

种质库保存

保存地点	保存方式	种质份数	个体数量	引种方式	来源地
BJ	种子	2	b	采集	山西、云南

小紫金牛 *Ardisia chinensis* Benth.

功效主治 全株：苦，平。活血，散瘀，止血，止痛。用于肺痨，咳嗽痰喘，咯血，吐血，跌打损伤，闭经，痛经，小便淋痛，黄疸。

迁地栽培保存

保存地点	种质份数	个体数量	引种方式	生长状况	来源地
GX	*	f	采集	G	广西

雪下红 *Ardisia villosa* Roxb.

功效主治 全株（矮脚罗伞）：苦、辛，温。祛风除湿，活血止痛。用于风湿痛，跌打肿痛，咳嗽吐血，寒气腹痛。

濒危等级 中国植物红色名录评估为无危（LC）。

迁地栽培保存

保存地点	种质份数	个体数量	引种方式	生长状况	来源地
HN	2	a	采集	B	海南
BJ	1	a	采集	G	海南
GD	1	f	采集	G	待确定
GX	*	f	采集	G	广西

月月红 *Ardisia faberi* Hemsl.

功效主治　全株：清热解毒，祛痰利湿。用于感冒，咳嗽，乳蛾。

濒危等级　中国特有植物，中国植物红色名录评估为无危（LC）。

迁地栽培保存

保存地点	种质份数	个体数量	引种方式	生长状况	来源地
CQ	1	a	采集	B	重庆
BJ	1	a	采集	G	湖北
GZ	1	b	采集	C	贵州

越南紫金牛 *Ardisia oxyphylla* Wall. ex A. DC. var. *cochinchinensis* Pit.

濒危等级　中国植物红色名录评估为无危（LC）。

迁地栽培保存

保存地点	种质份数	个体数量	引种方式	生长状况	来源地
GX	*	f	采集	G	广西

朱砂根 *Ardisia crenata* Sims

功效主治　根：用于腰骨痛，跌打损伤。叶：用于疮毒。

濒危等级　中国植物红色名录评估为无危（LC）。

迁地栽培保存

保存地点	种质份数	个体数量	引种方式	生长状况	来源地
BJ	4	a	采集	C	广西、江西、湖北、安徽
CQ	2	a	采集	C	重庆
GX	2	f	采集	G	广西、重庆
HN	1	a	采集	B	海南
JS1	1	a	赠送	C	江苏
SH	1	a	采集	A	待确定
YN	1	d	采集	A	云南

保存地点	种质份数	个体数量	引种方式	生长状况	来源地
ZJ	1	c	采集	B	江苏
GZ	1	b	采集	C	贵州
GD	1	a	采集	E	待确定

种质库保存

保存地点	保存方式	种质份数	个体数量	引种方式	来源地
BJ	种子	14	b	采集	河北、四川、海南、云南、江西、广西、华南
HN	种子	1	a	采集	海南、福建、湖南

紫金牛 *Ardisia japonica* (Thunb.) Blume

功效主治 全株（紫金牛）：苦，平。镇咳，祛痰，活血，利尿，清热解毒。用于乳蛾，肺痨，咳嗽咯血，吐血，脱力劳伤，筋骨酸痛，肝毒，痢疾，水肿，肝阳上亢，疝气，肿毒。

濒危等级 中国植物红色名录评估为无危（LC）。

迁地栽培保存

保存地点	种质份数	个体数量	引种方式	生长状况	来源地
BJ	4	a	采集	G	浙江、江西、湖北、四川
CQ	1	c	采集	B	重庆
GD	1	b	采集	B	待确定
GZ	1	c	采集	C	贵州
JS1	1	a	采集	D	江苏
SC	1	f	待确定	G	四川
SH	1	b	采集	A	待确定

种质库保存

保存地点	保存方式	种质份数	个体数量	引种方式	来源地
BJ	种子	6	b	采集	云南、江西、湖北、重庆

紫脉紫金牛 *Ardisia velutina* Pit.

濒危等级 中国特有植物，中国植物红色名录评估为无危（LC）。

迁地栽培保存

保存地点	种质份数	个体数量	引种方式	生长状况	来源地
GX	*	f	采集	G	广西

走马胎 *Ardisia gigantifolia* Stapf

功效主治 根茎（走马胎）：辛，温。祛风除湿，强筋壮骨，活血祛瘀。用于风湿筋骨痛，跌打损伤，产后血瘀。叶（走马胎叶）：淡，寒。去腐，生肌。用于痈疽，背疽，溃疡。

濒危等级 海南省重点保护植物，中国植物红色名录评估为无危（LC）。

迁地栽培保存

保存地点	种质份数	个体数量	引种方式	生长状况	来源地
GD	1	f	采集	G	待确定
GZ	1	f	采集	F	广西
HN	1	a	采集	B	海南

闭鞘姜科 Costaceae

闭鞘姜属 *Costus*

闭鞘姜 *Costus speciosus*（Koen.）Smith

功效主治 根茎（樟柳头）：辛、酸，微温。有小毒。利水，消肿，拔毒。用于水肿，小便不利，膀胱湿热淋浊，无名肿毒，麻疹不透，跌打扭伤。

濒危等级 中国植物红色名录评估为无危（LC）。

迁地栽培保存

保存地点	种质份数	个体数量	引种方式	生长状况	来源地
YN	1	e	采集	A	云南
GD	1	b	采集	B	待确定
GX	*	f	采集	G	广东
BJ	2	b	采集	G	广西、云南
HN	1	b	采集	B	海南

种质库保存

保存地点	保存方式	种质份数	个体数量	引种方式	来源地
BJ	种子	9	c	采集	海南、云南
HN	种子	3	c	采集	海南、云南

大苞闭鞘姜 *Costus dubius* (Afzel.) K. Schum

种质库保存

保存地点	保存方式	种质份数	个体数量	引种方式	来源地
HN	种子	4	c	采集	海南

光叶闭鞘姜 *Costus tonkinensis* Gagnep.

功效主治 根茎：利尿消肿。用于肝硬化腹水，淋证，肌肉肿痛，阴囊肿痛，水肿，无名肿毒。

濒危等级 中国植物红色名录评估为无危（LC）。

迁地栽培保存

保存地点	种质份数	个体数量	引种方式	生长状况	来源地
YN	1	a	采集	C	云南
CQ	1	a	赠送	C	云南
GX	*	f	采集	G	广西

莴笋花 *Costus lacerus* Gagnep.

功效主治 根茎：利水消肿，拔毒。

濒危等级　中国植物红色名录评估为无危（LC）。

迁地栽培保存

保存地点	种质份数	个体数量	引种方式	生长状况	来源地
YN	1	a	采集	C	云南
GX	*	f	采集	G	广东

草海桐科　Goodeniaceae

草海桐属　Scaevola

草海桐　*Scaevola sericea* Vahl

功效主治　叶：用于扭伤，风湿关节痛。

濒危等级　中国植物红色名录评估为无危（LC）。

迁地栽培保存

保存地点	种质份数	个体数量	引种方式	生长状况	来源地
CQ	1	a	赠送	F	云南
HN	1	a	采集	B	海南
GX	*	f	采集	G	广西

种质库保存

保存地点	保存方式	种质份数	个体数量	引种方式	来源地
BJ	种子	4	a	采集	海南
HN	种子	3	b	采集	海南、广东

小草海桐　*Scaevola hainanensis* Hance

濒危等级　中国植物红色名录评估为无危（LC）。

迁地栽培保存

保存地点	种质份数	个体数量	引种方式	生长状况	来源地
GX	*	f	采集	G	广西

茶藨子科　Grossulariaceae

茶藨子属　*Ribes*

阿尔泰醋栗　*Ribes aciculare* Sm.

濒危等级　中国植物红色名录评估为无危（LC）。

迁地栽培保存

保存地点	种质份数	个体数量	引种方式	生长状况	来源地
GX	*	f	采集	G	新疆

冰川茶藨子　*Ribes glaciale* Wall.

功效主治　叶：用于烫火伤，漆疮，胃痛。茎皮、果实：清热燥湿，健胃。

濒危等级　中国植物红色名录评估为无危（LC）。

迁地栽培保存

保存地点	种质份数	个体数量	引种方式	生长状况	来源地
CQ	1	a	采集	C	重庆

长白茶藨子　*Ribes komarovii* Pojark.

功效主治　果实：发汗解毒。用于感冒，发热，头痛。

濒危等级　中国植物红色名录评估为无危（LC）。

迁地栽培保存

保存地点	种质份数	个体数量	引种方式	生长状况	来源地
GX	*	f	采集	G	辽宁

簇花茶藨子 *Ribes fasciculatum* Sieb. & Zucc.

功效主治 根：用于妇女虚热乏力，月经不调，痛经。果实：清热解毒。用于瘰疬，痈肿，痢疾。

濒危等级 中国植物红色名录评估为无危（LC）。

迁地栽培保存

保存地点	种质份数	个体数量	引种方式	生长状况	来源地
GX	*	f	采集	G	法国

东北茶藨子 *Ribes mandshuricum*（Maxim.）Kom.

功效主治 果实：辛，温。解表。用于感冒。

濒危等级 国家重点保护野生植物名录（第二批）二级，中国植物红色名录评估为无危（LC）。

迁地栽培保存

保存地点	种质份数	个体数量	引种方式	生长状况	来源地
GX	*	f	采集	G	辽宁

黑茶藨子 *Ribes nigrum* L.

功效主治 果实：滋补强壮。根皮：舒筋活血。

濒危等级 中国植物红色名录评估为无危（LC）。

种质库保存

保存地点	保存方式	种质份数	个体数量	引种方式	来源地
BJ	种子	65	c	采集	山西、广东、四川、云南、湖南、山西、云南、吉林、河北、黑龙江、甘肃

红茶藨子 *Ribes rubrum* L.

濒危等级 中国植物红色名录评估为无危（LC）。

迁地栽培保存

保存地点	种质份数	个体数量	引种方式	生长状况	来源地
GX	*	f	采集	G	法国

花茶藨子 *Ribes fargesii* Franch.

濒危等级 中国特有植物，中国植物红色名录评估为数据缺乏（DD）。

迁地栽培保存

保存地点	种质份数	个体数量	引种方式	生长状况	来源地
GX	*	f	采集	G	湖北

华蔓茶藨子 *Ribes fasciculatum* Sieb. & Zucc. var. *chinense* Maxim.

濒危等级 中国植物红色名录评估为无危（LC）。

迁地栽培保存

保存地点	种质份数	个体数量	引种方式	生长状况	来源地
SH	2	a	采集	A	待确定
GX	*	f	采集	G	浙江

美丽茶藨子 *Ribes pulchellum* Turcz.

功效主治 茎枝、果实：解表散寒，解毒。用于感冒，发热，恶寒，咽喉痛，鼻塞，头痛。

濒危等级 中国植物红色名录评估为无危（LC）。

迁地栽培保存

保存地点	种质份数	个体数量	引种方式	生长状况	来源地
GX	*	f	采集	G	辽宁

茶茱萸科　Icacinaceae

柴龙树属　*Apodytes*

柴龙树　*Apodytes dimidiata* E. Mey. ex Arn.

濒危等级　中国植物红色名录评估为无危（LC）。

迁地栽培保存

保存地点	种质份数	个体数量	引种方式	生长状况	来源地
GX	*	f	采集	G	广西

定心藤属　*Mappianthus*

定心藤　*Mappianthus iodoides* Hand.-Mazz.

功效主治　根（甜果藤）、藤茎（甜果藤）：微苦、涩，平。祛风除湿，调经活血，止痛。用于风湿关节痛，黄疸，跌打损伤，月经不调，痛经，闭经；外用于外伤出血。

濒危等级　中国植物红色名录评估为无危（LC）。

种质库保存

保存地点	保存方式	种质份数	个体数量	引种方式	来源地
BJ	种子	3	b	采集	待确定

假柴龙树属　*Nothapodytes*

马比木　*Nothapodytes pittosporoides*（Oliv.）Sleumer.

功效主治　根皮（贵州追风散）：辛，温。祛风除湿，理气散寒。用于浮肿，小儿疝气，关节痛。

濒危等级　中国特有植物，中国植物红色名录评估为无危（LC）。

迁地栽培保存

保存地点	种质份数	个体数量	引种方式	生长状况	来源地
CQ	1	a	采集	C	重庆
GX	*	f	采集	G	重庆、湖北

假海桐属 *Pittosporopsis*

假海桐 *Pittosporopsis kerrii* Craib

功效主治 树皮：清热解毒，祛风解表。用于感冒，流行性感冒，发热，疟疾，百日咳，风湿疼痛。

濒危等级 中国植物红色名录评估为无危（LC）。

迁地栽培保存

保存地点	种质份数	个体数量	引种方式	生长状况	来源地
YN	1	a	采集	C	云南

种质库保存

保存地点	保存方式	种质份数	个体数量	引种方式	来源地
BJ	种子	1	a	采集	待确定

微花藤属 *Iodes*

大果微花藤 *Iodes balansae* Gagnep.

功效主治 根：用于水肿。

濒危等级 中国植物红色名录评估为无危（LC）。

迁地栽培保存

保存地点	种质份数	个体数量	引种方式	生长状况	来源地
GX	*	f	采集	G	广西

瘤枝微花藤 *Iodes seguinii*（Lévl.）Rehd

功效主治 根：用于劳伤。茎：用于风湿痹痛。枝：用于毒蛇咬伤。

濒危等级　中国特有植物，中国植物红色名录评估为无危（LC）。

迁地栽培保存

保存地点	种质份数	个体数量	引种方式	生长状况	来源地
GX	*	f	采集	G	广西

微花藤　*Iodes cirrhosa* Turcz.

功效主治　根：祛风除湿，止痛。用于风湿痛。

濒危等级　中国植物红色名录评估为无危（LC）。

迁地栽培保存

保存地点	种质份数	个体数量	引种方式	生长状况	来源地
GX	*	f	采集	G	广西

小果微花藤　*Iodes vitiginea*（Hance）Hemsl.

功效主治　根皮、茎：辛，微温。祛风除湿，下乳，活血化瘀。用于风湿痛，劳伤，乳汁不通；外用于目
赤，跌打损伤，刀伤。

濒危等级　中国植物红色名录评估为无危（LC）。

迁地栽培保存

保存地点	种质份数	个体数量	引种方式	生长状况	来源地
HN	1	a	采集	C	海南
GX	*	f	采集	G	广西

种质库保存

保存地点	保存方式	种质份数	个体数量	引种方式	来源地
BJ	种子	3	b	采集	待确定

菖蒲科　Acoraceae

菖蒲属　*Acorus*

菖蒲　*Acorus calamus* L.

功效主治　根茎、叶：辛，温，气香。祛风通窍，健脾，化气除痰，杀虫解毒。用于癫痫，中风，痹证，牙痛，消化不良，腹痛，泄泻，水肿，痢疾，疥癣。

迁地栽培保存

保存地点	种质份数	个体数量	引种方式	生长状况	来源地
BJ	3	d	采集	A	浙江、广西、河南
HN	1	a	采集	B	海南
SH	1	b	采集	A	待确定
NMG	1	c	购买	C	内蒙古
YN	1	b	购买	A	云南
JS2	1	e	购买	C	江苏
HEN	1	c	采集	A	河南
HB	1	a	采集	C	湖北
GD	1	f	采集	G	待确定
CQ	1	b	采集	B	重庆

金钱蒲　*Acorus gramineus* Sol.

功效主治　根茎：祛风通窍，健脾，化气除痰，杀虫解毒。用于癫痫，中风，痹证，牙痛，消化不良，腹痛，泄泻，水肿，痢疾，疥癣。

濒危等级　中国植物红色名录评估为无危（LC）。

迁地栽培保存

保存地点	种质份数	个体数量	引种方式	生长状况	来源地
BJ	7	d	采集	C	江苏、四川、湖南、安徽、江西、贵州、北京
SH	2	b	采集	A	待确定
SC	2	f	待确定	G	四川
JS2	2	c	购买	C	江苏
JS1	2	a	赠送、采集	D	江苏
GX	2	f	采集	G	广西，待确定
CQ	2	b	购买、采集	B	重庆
FJ	1	a	采集	B	福建
HN	1	a	采集	B	海南
YN	1	a	购买	A	云南
GZ	1	c	采集	C	贵州
GD	1	f	采集	G	待确定
HB	1	a	采集	C	湖北

车前科　Plantaginaceae

爆仗竹属　*Russelia*

爆仗竹　*Russelia equisetiformis* Schlecht. et Cham.

功效主治　全株：用于跌打损伤，骨折。

迁地栽培保存

保存地点	种质份数	个体数量	引种方式	生长状况	来源地
GD	1	b	采集	D	待确定
HN	1	a	采集	B	海南

鞭打绣球属 *Hemiphragma*

鞭打绣球 *Hemiphragma heterophyllum* Wall.

功效主治 全草：淡，平。活血调经，舒筋活络，祛风除湿，益气止痛。用于闭经，月经不调，肺痨，乳蛾，跌打损伤，风湿腰痛，瘰疬，疮疡，砂淋，疝气。根：外用于黄水疮，口腔破溃。

濒危等级 中国植物红色名录评估为无危（LC）。

迁地栽培保存

保存地点	种质份数	个体数量	引种方式	生长状况	来源地
GX	*	f	采集	G	云南

种质库保存

保存地点	保存方式	种质份数	个体数量	引种方式	来源地
BJ	种子	3	a	采集	云南

车前属 *Plantago*

北车前 *Plantago media* L.

功效主治 种子：甘，微寒。清热利尿，渗湿通淋，明目，祛痰。用于水肿胀满，热淋涩痛，带下病，尿血，暑湿泄泻，目赤肿痛，痰热咳嗽。全草：清热利尿，祛痰，凉血，解毒。用于水肿尿少，热淋涩痛，暑湿泻痢，吐血，衄血，痈肿，疮毒。

濒危等级 中国植物红色名录评估为无危（LC）。

迁地栽培保存

保存地点	种质份数	个体数量	引种方式	生长状况	来源地
BJ	1	e	采集	G	北京

北美车前 *Plantago virginica* L.

功效主治 全草：利尿，解毒。用于创伤出血。

迁地栽培保存

保存地点	种质份数	个体数量	引种方式	生长状况	来源地
SH	1	b	采集	A	待确定

种质库保存

保存地点	保存方式	种质份数	个体数量	引种方式	来源地
BJ	种子	6	b	采集	湖北

长叶车前 *Plantago lanceolata* L.

功效主治　叶、根：止血疗伤，止咳解痉。用于外伤出血，咳嗽哮喘，肺病。种子：缓泻。代替蓖麻子用。用于漆树中毒。全草：用于疮疡疥癣，承溃烂疮，湿疹，脚气病，胃痛。

迁地栽培保存

保存地点	种质份数	个体数量	引种方式	生长状况	来源地
BJ	2	e	采集、赠送	G	前苏联，中国山东
LN	1	d	采集	B	辽宁
SH	1	b	采集	A	待确定
JS2	1	f	采集	G	待确定
CQ	1	b	采集	C	山东

种质库保存

保存地点	保存方式	种质份数	个体数量	引种方式	来源地
BJ	种子	1	a	采集	江西

车前 *Plantago asiatica* L.

功效主治　种子（车前子）：甘，微寒。清热利尿，渗湿通淋，明目，祛痰。用于水肿胀满，热淋涩痛，暑湿泄泻，目赤肿痛，痰热咳嗽。全草（车前草）：甘，寒。清热利尿，祛痰，凉血，解毒。用于水肿尿少，热淋涩痛，暑湿泻痢，痰热咳嗽，吐血，衄血，痈肿，疮毒。

迁地栽培保存

保存地点	种质份数	个体数量	引种方式	生长状况	来源地
FJ	2	a	采集	B	福建
BJ	2	e	采集	G	北京、辽宁
CQ	1	a	采集	C	重庆
HLJ	1	d	采集	A	黑龙江
ZJ	1	e	采集	A	浙江
SH	1	b	采集	A	待确定
LN	1	d	采集	B	辽宁
JS1	1	b	采集	B	江苏
HEN	1	c	采集	A	河南
HB	1	a	采集	A	湖北
GZ	1	e	采集	C	贵州
GD	1	b	采集	D	待确定

种质库保存

保存地点	保存方式	种质份数	个体数量	引种方式	来源地
HN	种子	76	e	采集	福建、广东
BJ	种子	162	e	采集	山西、河北、四川、江苏、云南、河南、安徽、海南、甘肃、重庆、湖南、贵州、内蒙古、新疆、福建、吉林、辽宁、湖北、广西、陕西

大车前 *Plantago major* L.

功效主治 种子：清热利尿，渗湿通淋，明目，祛痰。用于水肿胀满，热淋涩痛，暑湿泄泻，目赤肿痛，痰热咳嗽。全草（车前草）：甘，寒。清热利尿，祛痰，凉血，解毒。用于水肿尿少，热淋涩痛，暑湿泻痢，痰热咳嗽，吐血，衄血，痈肿，疮毒。

迁地栽培保存

保存地点	种质份数	个体数量	引种方式	生长状况	来源地
GX	3	f	采集	G	法国，中国重庆、广西

续表

保存地点	种质份数	个体数量	引种方式	生长状况	来源地
HN	1	a	采集	B	海南
YN	1	e	采集	A	云南
JS1	1	a	赠送	C	江苏
HB	1	a	采集	B	湖北
GZ	1	b	采集	C	贵州
GD	1	b	采集	F	待确定
CQ	1	a	购买	C	四川
BJ	1	e	采集	G	江西
SH	1	b	采集	A	待确定

种质库保存

保存地点	保存方式	种质份数	个体数量	引种方式	来源地
BJ	种子	43	c	采集	贵州、山西、广西、上海、四川、重庆、辽宁、吉林

对叶车前　*Plantago arenaria* Waldst. & Kit.

功效主治　种子：缓泻。用于润肠，通便。

迁地栽培保存

保存地点	种质份数	个体数量	引种方式	生长状况	来源地
BJ	1	d	采集	G	北京

海滨车前　*Plantago camtschatica* Link

功效主治　种子：清热利尿，渗湿通淋，明目，祛痰。用于水肿胀满，热淋涩痛，带下病，尿血，暑湿泄泻，目赤肿痛，痰热咳嗽。全草：清热利尿，祛痰，凉血，解毒。用于水肿尿少．热淋涩痛，暑湿泻痢，吐血，衄血，痈肿，疮毒。

濒危等级　中国植物红色名录评估为近危（NT）。

迁地栽培保存

保存地点	种质份数	个体数量	引种方式	生长状况	来源地
GX	*	f	采集	G	日本

尖萼车前 *Plantago cavaleriei* H. Ltag

功效主治 全草：用于清热，利尿。

濒危等级 中国特有植物，中国植物红色名录评估为近危（NT）。

种质库保存

保存地点	保存方式	种质份数	个体数量	引种方式	来源地
BJ	种子	1	a	采集	贵州

芒苞车前 *Plantago aristata* Michx.

功效主治 全草或根、种子：利水通淋，清肝明目，祛痰止咳，清热。用于小便不利，水肿，淋证，血尿，肝阳上亢，目赤肿痛，白内障，视物昏暗，气喘多痰。

迁地栽培保存

保存地点	种质份数	个体数量	引种方式	生长状况	来源地
BJ	1	b	采集	G	山东
GX	*	f	采集	G	山东

平车前 *Plantago depressa* Willd.

功效主治 种子：甘，微寒。清热利尿，渗湿通淋，明目，祛痰。用于水肿胀满，热淋涩痛，暑湿泄泻，目赤肿痛，痰热咳嗽。全草：甘，寒。清热利尿，祛痰，凉血，解毒。用于水肿尿少，热淋涩痛，暑湿泻痢，痰热咳嗽，吐血，衄血，痈肿，疮毒。

迁地栽培保存

保存地点	种质份数	个体数量	引种方式	生长状况	来源地
SH	1	b	采集	A	待确定
HEN	1	c	采集	A	河南

续表

保存地点	种质份数	个体数量	引种方式	生长状况	来源地
HB	1	a	采集	C	湖北
BJ	1	e	采集	G	北京
HLJ	1	d	采集	A	黑龙江
SC	1	f	待确定	G	四川

种质库保存

保存地点	保存方式	种质份数	个体数量	引种方式	来源地
BJ	种子	60	d	采集	海南、重庆、云南、四川、广西、甘肃、河北，待确定

日本车前 *Plantago japonica* Franch. & Sav.

功效主治 种子：甘，微寒。清热利尿，渗湿通淋，明目，祛痰。用于水肿胀满，热淋涩痛，带下病，尿血，暑湿泄泻，目赤肿痛，痰热咳嗽。全草：清热利尿，祛痰，凉血，解毒。用于水肿尿少，热淋涩痛，暑湿泻痢，吐血，衄血，痈肿，疮毒。

迁地栽培保存

保存地点	种质份数	个体数量	引种方式	生长状况	来源地
BJ	1	e	赠送	G	前苏联

疏花车前 *Plantago asiatica* subsp. *erosa*（Wall.）Z. Y. Li

功效主治 种子：甘，微寒。清热利尿，渗湿通淋，明目，祛痰。用于水肿胀满，热淋涩痛，暑湿泄泻，目赤肿痛，痰热咳嗽。全草：甘，寒。清热利尿，祛痰，凉血，解毒。用于水肿尿少，热淋涩痛，暑湿泻痢，痰热咳嗽，吐血，衄血，痈肿，疮毒。清热利尿，祛痰止咳，明目。用于淋证，结石，水肿，小便不利，肠痈，痢疾，胁痛，咳嗽，急性细菌性结膜炎。

濒危等级 中国植物红色名录评估为无危（LC）。

种质库保存

保存地点	保存方式	种质份数	个体数量	引种方式	来源地
HN	种子	2	c	采集	湖南

小车前 *Plantago minuta* Pall.

功效主治 种子：甘，微寒。清热利尿，渗湿通淋，明目，祛痰。用于水肿胀满，热淋涩痛，暑湿泄泻，目赤肿痛，痰热咳嗽。全草：甘，寒。清热利尿，祛痰，凉血，解毒。用于水肿尿少，热淋涩痛，暑湿泻痢，痰热咳嗽，吐血，衄血，痈肿，疮毒。

迁地栽培保存

保存地点	种质份数	个体数量	引种方式	生长状况	来源地
BJ	1	a	采集	G	云南

种质库保存

保存地点	保存方式	种质份数	个体数量	引种方式	来源地
BJ	种子	1	a	采集	待确定

小蚤车前 *Plantago psyllium* L.

功效主治 种子：甘，微寒。清热利尿，渗湿通淋，明目，祛痰。用于水肿胀满，热淋涩痛，暑湿泄泻，目赤肿痛，痰热咳嗽，痴呆。全草：甘，寒。清热利尿，祛痰，凉血，解毒。用于水肿尿少，热淋涩痛，暑湿泻痢，痰热咳嗽，吐血，衄血，痈肿，疮毒。

迁地栽培保存

保存地点	种质份数	个体数量	引种方式	生长状况	来源地
BJ	1	b	赠送	G	前苏联
GX	*	f	采集	G	广西

盐生车前 *Plantago maritima* subsp. *ciliata* Printz

濒危等级 中国植物红色名录评估为无危（LC）。

迁地栽培保存

保存地点	种质份数	个体数量	引种方式	生长状况	来源地
GX	*	f	采集	G	法国

钓钟柳属 *Penstemon*

钓钟柳 *Penstemon campanulatus*（Cav.）Willd.

种质库保存

保存地点	保存方式	种质份数	个体数量	引种方式	来源地
BJ	种子	4	a	采集	上海

腹水草属 *Veronicastrum*

草本威灵仙 *Veronicastrum sibiricum*（L.）Pennell

功效主治 全草或根（斩龙剑）：微苦，寒。清热解毒，祛风除湿，止血，止痛。用于感冒，风湿腰腿痛，肌肉痛，小便涩痛，外伤出血，毒蛇咬伤，毒虫螫伤。

濒危等级 中国植物红色名录评估为无危（LC）。

迁地栽培保存

保存地点	种质份数	个体数量	引种方式	生长状况	来源地
BJ	5	d	采集	G	河北、陕西

长穗腹水草 *Veronicastrum longispicatum*（Merr.）T. Yamaz.

功效主治 叶：用于跌打损伤。

濒危等级 中国特有植物，中国植物红色名录评估为无危（LC）。

迁地栽培保存

保存地点	种质份数	个体数量	引种方式	生长状况	来源地
CQ	1	a	采集	C	重庆

大叶腹水草 *Veronicastrum robustum*（Diels）Hong subsp. *grandifolium* T. L. Chin & Hong

濒危等级 中国特有植物，中国植物红色名录评估为无危（LC）。

种质库保存

保存地点	保存方式	种质份数	个体数量	引种方式	来源地
HN	种子	2	b	采集	湖南

腹水草 *Veronicastrum stenostachyum*（Hemsl.）T. Yamaz.

功效主治　全草：苦、辛，凉。有小毒。利尿消肿，散瘀解毒。用于腹水，水肿，小便不利，肝毒，月经不调，闭经，跌打损伤；外用于疰腮，疔疮，烫火伤，毒蛇咬伤。

濒危等级　中国特有植物，中国植物红色名录评估为无危（LC）。

迁地栽培保存

保存地点	种质份数	个体数量	引种方式	生长状况	来源地
CQ	1	a	采集	C	重庆

宽叶腹水草 *Veronicastrum latifolium*（Hemsl.）T. Yamaz.

功效主治　全草：清热解毒，利水消肿，散瘀止痛。用于肺热咳嗽，肝毒，水肿；外用于跌打损伤，烫火伤，毒蛇咬伤。

濒危等级　中国特有植物，中国植物红色名录评估为无危（LC）。

迁地栽培保存

保存地点	种质份数	个体数量	引种方式	生长状况	来源地
BJ	1	b	采集	G	待确定
CQ	1	a	采集	C	重庆
SC	1	f	待确定	G	四川
GX	*	f	采集	G	重庆

毛叶腹水草 *Veronicastrum villosulum*（Miq.）T. Yamaz.

功效主治　全草：用于血吸虫病，外伤出血。

濒危等级　中国植物红色名录评估为无危（LC）。

迁地栽培保存

保存地点	种质份数	个体数量	引种方式	生长状况	来源地
GX	*	f	采集	G	上海

爬岩红 *Veronicastrum axillare* (Sieb. & Zucc.) T. Yamaz.

功效主治　全草：微苦，凉。清热解毒，利水消肿，散瘀止痛。用于肺热咳嗽，肝毒，水肿；夕用于跌打损伤，毒蛇咬伤，烫火伤。

濒危等级　中国植物红色名录评估为无危（LC）。

迁地栽培保存

保存地点	种质份数	个体数量	引种方式	生长状况	来源地
BJ	1	a	采集	G	浙江

四方麻 *Veronicastrum caulopterum* (Hance) T. Yamaz.

功效主治　全草（四方麻）：苦，寒。清热解毒，消肿止痛，生肌长肉。用于赤白痢，咽喉痛，目赤，黄肿病，淋证，下疳，刀伤，痈疽，瘰疬，皮肤溃疡，湿疹，烫伤。

濒危等级　中国特有植物，中国植物红色名录评估为无危（LC）。

迁地栽培保存

保存地点	种质份数	个体数量	引种方式	生长状况	来源地
GX	*	f	采集	G	重庆

种质库保存

保存地点	保存方式	种质份数	个体数量	引种方式	来源地
HN	种子	1	b	采集	海南

细穗腹水草 *Veronicastrum stenostachyum* (Hemsl.) T. Yamaz. subsp. *stenostachyum*

功效主治　全草：利尿消肿，散瘀解毒。用于腹水，水肿，小便不利，肝毒，月经不调，闭经，跌打损伤；外用于痄腮，疔疮，烫火伤，毒蛇咬伤。

濒危等级　中国特有植物，中国植物红色名录评估为无危（LC）。

迁地栽培保存

保存地点	种质份数	个体数量	引种方式	生长状况	来源地
BJ	1	b	采集	G	江西
GZ	1	c	采集	C	贵州

种质库保存

保存地点	保存方式	种质份数	个体数量	引种方式	来源地
HN	种子	1	b	采集	湖南
BJ	种子	7	b	采集	四川、江西

幌菊属　*Ellisiophyllum*

幌菊　*Ellisiophyllum pinnatum*（Wall. ex Benth.）Makino

功效主治　全草：用于眩晕。

濒危等级　中国植物红色名录评估为无危（LC）。

迁地栽培保存

保存地点	种质份数	个体数量	引种方式	生长状况	来源地
GX	*	f	采集	G	湖北

假马齿苋属　*Bacopa*

假马齿苋　*Bacopa monnieri*（L.）Wettst.

功效主治　全草（白花猪母菜）：微甘、淡，寒。清热凉血，解毒消肿。用于痢疾，目赤肿痛，丹毒，痔疮肿痛；外用于象皮肿。

迁地栽培保存

保存地点	种质份数	个体数量	引种方式	生长状况	来源地
HN	1	a	采集	B	海南
GX	*	f	采集	G	广西

种质库保存

保存地点	保存方式	种质份数	个体数量	引种方式	来源地
BJ	种子	1	a	采集	山西

金鱼草属　*Antirrhinum*

金鱼草　*Antirrhinum majus* L.

功效主治　全草：苦，凉。清热解毒，凉血消肿。外用于跌打扭伤，疮疡肿毒。

迁地栽培保存

保存地点	种质份数	个体数量	引种方式	生长状况	来源地
BJ	1	d	采集	G	广东
JS1	1	a	购买	D	江苏
SH	1	b	采集	A	待确定

种质库保存

保存地点	保存方式	种质份数	个体数量	引种方式	来源地
BJ	种子	2	a	采集	上海、江西

柳穿鱼属　*Linaria*

海滨柳穿鱼　*Linaria japonica* Miq.

功效主治　全草：利尿，泻下。

濒危等级　中国植物红色名录评估为无危（LC）。

迁地栽培保存

保存地点	种质份数	个体数量	引种方式	生长状况	来源地
GX	*	f	采集	G	日本

柳穿鱼　*Linaria vulgaris* Hill

濒危等级　中国植物红色名录评估为无危（LC）。

迁地栽培保存

保存地点	种质份数	个体数量	引种方式	生长状况	来源地
BJ	1	b	采集	G	内蒙古
GX	*	f	采集	G	法国

种质库保存

保存地点	保存方式	种质份数	个体数量	引种方式	来源地
BJ	种子	1	a	采集	江西

紫花柳穿鱼 *Linaria bungei* Kuprian.

濒危等级 中国植物红色名录评估为无危（LC）。

迁地栽培保存

保存地点	种质份数	个体数量	引种方式	生长状况	来源地
GX	*	f	采集	G	新疆

毛地黄属 *Digitalis*

白花洋地黄 *Digitalis purpurea* ' Alba'

迁地栽培保存

保存地点	种质份数	个体数量	引种方式	生长状况	来源地
BJ	1	b	赠送	G	德国

大花洋地黄 *Digitalis grandiflora* P. Mill.

迁地栽培保存

保存地点	种质份数	个体数量	引种方式	生长状况	来源地
BJ	1	c	赠送	G	德国

东方洋地黄　*Digitalis orientalis* P. Mill.

迁地栽培保存

保存地点	种质份数	个体数量	引种方式	生长状况	来源地
BJ	1	b	赠送	G	德国

黄花毛地黄　*Digitalis lutea* L.

功效主治　全草或叶：强心。

迁地栽培保存

保存地点	种质份数	个体数量	引种方式	生长状况	来源地
BJ	1	b	赠送	G	前苏联

毛地黄　*Digitalis purpurea* L.

功效主治　叶（洋地黄叶）：强心。用于兴奋心肌，增加心肌收缩力，迟缓心搏跳动，利尿。

迁地栽培保存

保存地点	种质份数	个体数量	引种方式	生长状况	来源地
BJ	3	b	赠送	G	德国、保加利亚、阿尔巴尼亚
JS1	1	a	购买	D	江苏

毛蕊洋地黄　*Digitalis thapsi* L.

迁地栽培保存

保存地点	种质份数	个体数量	引种方式	生长状况	来源地
BJ	1	a	赠送	G	保加利亚

狭叶毛地黄　*Digitalis lanata* Ehrh.

功效主治　全草或叶：强心，利尿。用于心力衰竭，水肿。

迁地栽培保存

保存地点	种质份数	个体数量	引种方式	生长状况	来源地
BJ	3	b	交换、赠送	G	前苏联，中国四川、浙江
JS1	1	a	购买	D	江苏

小花洋地黄 *Digitalis lutea* subsp. *australis*（Ten.）Arcang.

迁地栽培保存

保存地点	种质份数	个体数量	引种方式	生长状况	来源地
BJ	1	b	赠送	G	保加利亚

毛麝香属 *Adenosma*

毛麝香 *Adenosma glutinosum*（L.）Druce

功效主治 全草（毛麝香）：辛，温。祛风除湿，消肿解毒，散瘀行气，止痛止痒。用于小儿麻痹症初期，受凉腹痛，风湿风痛，跌打损伤，疮疡肿毒，黄蜂螫伤，毒蛇咬伤，皮肤湿疹，瘾疹，瘙痒。

濒危等级 中国植物红色名录评估为无危（LC）。

迁地栽培保存

保存地点	种质份数	个体数量	引种方式	生长状况	来源地
GD	1	f	采集	G	待确定
GX	*	f	采集	G	广西

种质库保存

保存地点	保存方式	种质份数	个体数量	引种方式	来源地
BJ	种子	1	a	采集	广西

婆婆纳属 *Veronica*

阿拉伯婆婆纳 *Veronica persica* Poir.

功效主治 全草（肾子草）：苦、辛、咸，平。解热毒，祛风湿，截疟。用于肾虚，风湿疼痛，疟疾，小儿阴囊肿大，疥疮。

迁地栽培保存

保存地点	种质份数	个体数量	引种方式	生长状况	来源地
BJ	1	b	采集	G	江西

长果水苦荬 *Veronica anagalloides* Guss.

功效主治　全草：活血止血，解毒消肿。

濒危等级　中国植物红色名录评估为无危（LC）。

迁地栽培保存

保存地点	种质份数	个体数量	引种方式	生长状况	来源地
GX	*	f	采集	G	法国

华中婆婆纳 *Veronica henryi* T. Yamaz.

功效主治　全草：活血祛瘀，活络。用于小儿鹅口疮，跌打损伤。

濒危等级　中国特有植物，中国植物红色名录评估为无危（LC）。

迁地栽培保存

保存地点	种质份数	个体数量	引种方式	生长状况	来源地
BJ	1	b	采集	C	江西

卷毛婆婆纳 *Veronica teucrium* L.

濒危等级　中国植物红色名录评估为无危（LC）。

迁地栽培保存

保存地点	种质份数	个体数量	引种方式	生长状况	来源地
GX	*	f	采集	G	德国

婆婆纳 *Veronica didyma* Ten.

功效主治　全草（婆婆纳）：淡，平。补肾壮阳，凉血，止血，理气止痛。用于吐血，疝气，子痫，带下病，崩漏，小儿虚咳，阳痿，骨折。

濒危等级　中国植物红色名录评估为无危（LC）。

迁地栽培保存

保存地点	种质份数	个体数量	引种方式	生长状况	来源地
GZ	1	c	采集	C	贵州
JS1	1	b	采集	C	江苏
SH	1	b	采集	A	待确定

石蚕叶婆婆纳　*Veronica chamaedrys* L.

功效主治　全草：在瑞典可用于内外伤。

濒危等级　中国植物红色名录评估为无危（LC）。

迁地栽培保存

保存地点	种质份数	个体数量	引种方式	生长状况	来源地
GX	*	f	采集	G	法国

水苦荬　*Veronica undulata* Wall.

功效主治　带虫瘿果实的全草（水苦荬）：苦、微辛，凉。解热，利尿，活血，止血，止痛。用于血滞痛经，跌打损伤，咯血，吐血，血崩，咽喉肿痛，疮疖肿痛，血小板减少性紫癜。果实：用于腰痛，高血压。

种质库保存

保存地点	保存方式	种质份数	个体数量	引种方式	来源地
BJ	种子	1	a	采集	江西

蚊母草　*Veronica peregrina* L.

功效主治　带虫瘿的全草（仙桃草）：甘、苦，温。活血，止血，消肿，止痛。用于跌打损伤，瘀血肿痛，吐血，咯血，衄血，便血。

迁地栽培保存

保存地点	种质份数	个体数量	引种方式	生长状况	来源地
SH	1	b	采集	A	待确定
BJ	1	b	采集	G	湖北

小婆婆纳 *Veronica serpyllifolia* L.

功效主治 果实带虫瘿的全草（地涩涩）：甘、苦、涩，平。活血散瘀，止血，解毒。用于月经不调，跌打内伤，口疮，外伤出血，烫火伤，毒蛇咬伤。

濒危等级 中国植物红色名录评估为无危（LC）。

迁地栽培保存

保存地点	种质份数	个体数量	引种方式	生长状况	来源地
GX	*	f	采集	G	法国

有柄水苦荬 *Veronica beccabunga* L.

濒危等级 中国植物红色名录评估为无危（LC）。

迁地栽培保存

保存地点	种质份数	个体数量	引种方式	生长状况	来源地
GX	*	f	采集	G	法国

直立婆婆纳 *Veronica arvensis* L.

功效主治 全草（脾寒草）：清热，除疟。用于疟疾。

迁地栽培保存

保存地点	种质份数	个体数量	引种方式	生长状况	来源地
JS1	1	a	采集	D	江苏

石龙尾属 *Limnophila*

大叶石龙尾 *Limnophila rugosa*（Roth）Merr.

功效主治 全草（水茴香）：辛、甘，凉。清热解表，健脾利湿，祛风止痛，理气化痰，止咳。用于感冒，咽喉肿痛，肺热咳嗽，痰喘，胃痛，水肿，胸腹胀满，小儿疳积，子痈，风湿痛，湿疹，天疱疮，脓疱疮，痈疮溃烂，毒虫及蜈蚣螫伤。

濒危等级 中国植物红色名录评估为无危（LC）。

迁地栽培保存

保存地点	种质份数	个体数量	引种方式	生长状况	来源地
BJ	1	a	采集	G	广西

石龙尾 *Limnophila sessiliflora*（Vahl）Bl.

功效主治 全草：清热解毒，利尿消肿。用于烫火伤；外用于疮疡肿毒，头虱病。

迁地栽培保存

保存地点	种质份数	个体数量	引种方式	生长状况	来源地
GX	2	f	采集	G	广西
ZJ	1	e	采集	A	安徽
BJ	1	a	采集	G	广西

紫苏草 *Limnophila aromatica*（Lam.）Merr.

功效主治 全草（水芙蓉）：辛、微涩，凉。清热凉血，清肺止咳，解毒消肿。用于感冒，咳嗽，顿咳，毒蛇咬伤，痈疮肿毒，皮癣，皮肤瘙痒，跌打损伤。

濒危等级 中国植物红色名录评估为无危（LC）。

迁地栽培保存

保存地点	种质份数	个体数量	引种方式	生长状况	来源地
GX	2	f	采集	G	日本

水八角属 *Gratiola*

新疆水八角 *Gratiola officinalis* L.

濒危等级 中国植物红色名录评估为无危（LC）。

迁地栽培保存

保存地点	种质份数	个体数量	引种方式	生长状况	来源地
GX	*	f	采集	G	法国

穗花属 *Pseudolysimachion*

轮叶穗花 *Pseudolysimachion spurium*（L.）Rauschert

功效主治 全草：清热解毒，镇咳，化痰，平喘。用于咳嗽，肠痈，咽喉肿痛。

濒危等级 中国植物红色名录评估为无危（LC）。

迁地栽培保存

保存地点	种质份数	个体数量	引种方式	生长状况	来源地
BJ	*	c	采集	G	待确定

种质库保存

保存地点	保存方式	种质份数	个体数量	引种方式	来源地
BJ	种子	1	a	采集	内蒙古

穗花 *Pseudolysimachion spicatum*（L.）Opiz

功效主治 全草：清热解毒。用于肠痈，咽喉肿痛。

濒危等级 中国植物红色名录评估为无危（LC）。

迁地栽培保存

保存地点	种质份数	个体数量	引种方式	生长状况	来源地
BJ	1	d	采集	G	待确定
GX	*	f	采集	G	德国

种质库保存

保存地点	保存方式	种质份数	个体数量	引种方式	来源地
BJ	种子	1	a	采集	上海

兔儿尾苗 *Pseudolysimachion longifolium*（L.）Opiz

功效主治 全草：祛风除湿，解毒止痛。

濒危等级 中国植物红色名录评估为无危（LC）。

迁地栽培保存

保存地点	种质份数	个体数量	引种方式	生长状况	来源地
BJ	2	d	采集	G	待确定

细叶穗花 *Pseudolysimachion linariifolium*（Pall. ex Link）Holub

功效主治 全草：祛风除湿，解毒，止痛。用于伤风感冒，肢节酸痛。

迁地栽培保存

保存地点	种质份数	个体数量	引种方式	生长状况	来源地
BJ	1	b	采集	G	河北

野甘草属　*Scoparia*

野甘草 *Scoparia dulcis* L.

功效主治 全株（野甘草）：甘，平。清热解毒，利尿消肿，生津止渴，疏风止痒。用于外感风热，肺热咳嗽，泄泻，痢疾，小便不利，小儿疳积，脚气浮肿，小儿麻疹，湿疹，热痱，咽喉痛，丹毒，毒蛇咬伤，预防中暑，目赤红痛。

迁地栽培保存

保存地点	种质份数	个体数量	引种方式	生长状况	来源地
FJ	1	a	采集	D	福建
GD	1	f	采集	G	待确定

续表

保存地点	种质份数	个体数量	引种方式	生长状况	来源地
HN	1	c	采集	B	海南
YN	1	a	采集	C	云南

种质库保存

保存地点	保存方式	种质份数	个体数量	引种方式	来源地
BJ	种子	6	b	采集	中国重庆、云南、海南，缅甸

扯根菜科　Penthoraceae

扯根菜属　*Penthorum*

扯根菜　*Penthorum chinense* Pursh

功效主治　全草：甘，微温。通经活血，散瘀消肿，利水，止血。用于水肿，胃脘疼痛，崩漏，带下病，跌打肿痛。

濒危等级　中国植物红色名录评估为无危（LC）。

迁地栽培保存

保存地点	种质份数	个体数量	引种方式	生长状况	来源地
SC	1	f	待确定	G	四川
BJ	1	b	购买	G	北京
CQ	1	a	采集	F	重庆
GX	*	f	采集	G	山东

柽柳科　Tamaricaceae

柽柳属　*Tamarix*

柽柳　*Tamarix chinensis* Lour.

功效主治　嫩枝叶（西河柳）：甘、辛，平。散风解表，透疹。用于感冒，麻疹不透，风湿关节痛，小便淋痛；外用于风疹瘙痒。花（柽柳花）：清热毒，发疹。用于风疹。

迁地栽培保存

保存地点	种质份数	个体数量	引种方式	生长状况	来源地
SC	3	f	待确定	G	四川
BJ	2	b	采集	G	北京、四川
CQ	1	a	采集	C	重庆
SH	1	a	采集	A	待确定
LN	1	b	购买	C	辽宁
JS1	1	a	购买	C	江苏
GD	1	f	采集	G	待确定

种质库保存

保存地点	保存方式	种质份数	个体数量	引种方式	来源地
BJ	种子	1	a	采集	广西

多枝柽柳　*Tamarix ramosissima* Ledeb.

功效主治　嫩枝叶：疏风，解表，透疹解毒。用于麻疹难透，荨麻疹，风疹身痒，感冒，咳嗽，风湿骨痛，癣。

濒危等级　陕西省濒危保护植物，中国植物红色名录评估为无危（LC）。

种质库保存

保存地点	保存方式	种质份数	个体数量	引种方式	来源地
BJ	种子	1	a	采集	吉林

密花柽柳 *Tamarix arceuthoides* Bunge

功效主治　嫩枝：解表透疹，祛风利尿。

濒危等级　中国植物红色名录评估为无危（LC）。

种质库保存

保存地点	保存方式	种质份数	个体数量	引种方式	来源地
BJ	种子	1	a	采集	海南

水柏枝属　*Myricaria*

宽苞水柏枝 *Myricaria bracteata* Royle

功效主治　幼嫩枝条：甘，温。升阳发散，解毒透疹。用于麻疹不透，风湿关节痛，皮肤瘙痒，血热酒毒，瘾疹。

濒危等级　北京市二级保护植物，中国植物红色名录评估为无危（LC）。

迁地栽培保存

保存地点	种质份数	个体数量	引种方式	生长状况	来源地
NMG	1	a	购买	F	内蒙古

三春水柏枝 *Myricaria paniculata* P. Y. Zhang & Y. J. Zhang

功效主治　嫩枝叶（水柏枝）：辛、甘，温。发表透疹。用于麻疹不透。

濒危等级　中国特有植物，中国植物红色名录评估为无危（LC）。

迁地栽培保存

保存地点	种质份数	个体数量	引种方式	生长状况	来源地
BJ	1	b	采集	G	甘肃

种质库保存

保存地点	保存方式	种质份数	个体数量	引种方式	来源地
BJ	种子	1	a	采集	云南

疏花水柏枝 *Myricaria laxiflora* (Franch.) P. Y. Zhang & Y. J. Zhang

濒危等级 中国特有植物，中国植物红色名录评估为濒危（EN）。

迁地栽培保存

保存地点	种质份数	个体数量	引种方式	生长状况	来源地
BJ	1	b	采集	G	湖北

唇形科　Lamiaceae

百里香属　*Thymus*

百里香 *Thymus mongolicus* (Ronniger) Ronn.

功效主治 地上部分（地椒）：辛，温。有小毒。祛风解表，行气止痛。用于感冒，头痛，牙痛，周身疼痛，腹胀冷痛。

濒危等级 中国特有植物，中国植物红色名录评估为无危（LC）。

迁地栽培保存

保存地点	种质份数	个体数量	引种方式	生长状况	来源地
GX	*	f	采集	G	新西兰

斑叶百里香 *Thymus vulgaris* Linn.

功效主治 全草：祛风，镇静，驱钩虫。用于顿咳，急性咳嗽，痰喘，咽喉痛。

迁地栽培保存

保存地点	种质份数	个体数量	引种方式	生长状况	来源地
BJ	2	b	采集、赠送	G	保加利亚，中国山西

地椒　*Thymus quinquecostatus* Čelak.

功效主治　全草：温中散寒，健脾消食，祛风镇痛。用于胃寒痛，小腹胀满，吐逆，腹痛，泄泻，食少痞胀，风寒咳嗽，咽肿，牙痛，身痛，肌肤瘙痒。

濒危等级　中国植物红色名录评估为无危（LC）。

迁地栽培保存

保存地点	种质份数	个体数量	引种方式	生长状况	来源地
BJ	2	e	采集	G	江苏、山东
GX	*	f	采集	G	山东

薄荷属　*Mentha*

薄荷　*Mentha haplocalyx* Briq.

功效主治　地上部分（薄荷）：辛，凉。宣散风热，明目，透疹。用于风热感冒，风温初起，头痛，目赤，喉痹，口疮，风疹，麻疹，胸胁胀闷。鲜茎叶的挥发油（薄荷油）：祛风。用于减轻疼痛。鲜茎、叶的蒸馏液（薄荷露）：辛，凉。和中，发汗，解热，宣滞，凉膈，清头目。用于头痛，热嗽，皮肤瘀疹，耳目咽喉口齿诸病。薄荷油中得到的一种饱和的环状醇（薄荷脑）：祛痰。外用于止痛，止痒。

迁地栽培保存

保存地点	种质份数	个体数量	引种方式	生长状况	来源地
FJ	5	a	采集	A	福建
BJ	39	e	采集	C	四川、河北、江苏、江西、山西、内蒙古、辽宁、安徽
SC	3	f	待确定	G	四川
HEN	2	d	赠送	A	河南
GD	2	b	采集	D	待确定

保存地点	种质份数	个体数量	引种方式	生长状况	来源地
LN	1	d	采集	B	辽宁
JS2	1	e	购买	A	江苏
ZJ	1	d	采集	A	浙江
XJ	1	d	采集	A	新疆
JS1	1	c	采集	B	江苏
HN	1	d	采集	B	海南
HLJ	1	d	购买	A	河北
HB	1	a	采集	C	湖北
GZ	1	d	采集	C	贵州
CQ	1	b	采集	B	重庆
SH	1	c	采集	A	待确定
GX	*	f	采集	G	广西、江苏

种质库保存

保存地点	保存方式	种质份数	个体数量	引种方式	来源地
BJ	种子	3	a	采集	上海、重庆

唇萼薄荷 *Mentha pulegium* L.

功效主治 全草：祛风，驱虫。用于肠胃胀气，癔症，痛风。

迁地栽培保存

保存地点	种质份数	个体数量	引种方式	生长状况	来源地
GX	*	f	采集	G	日本

东北薄荷 *Mentha sachalinensis* (Briq.) Kudô

功效主治 全草：辛，凉。祛风解热。用于外感风热，头痛，咽喉肿痛，牙痛。

濒危等级 中国植物红色名录评估为无危（LC）。

迁地栽培保存

保存地点	种质份数	个体数量	引种方式	生长状况	来源地
GX	*	f	采集	G	日本

辣薄荷 *Mentha piperita* L.

功效主治　地上部分：用于防治脾心痛，消渴，血栓。

迁地栽培保存

保存地点	种质份数	个体数量	引种方式	生长状况	来源地
BJ	1	b	采集	G	待确定
GX	*	f	采集	G	日本

留兰香 *Mentha spicata* L.

功效主治　全草（留兰香）：辛、甘，微温。祛风散寒，止咳，消肿解毒。用于感冒，咳嗽，胃痛，腹胀，头痛；外用于跌打肿痛，目赤红痛，小儿疮疖。

迁地栽培保存

保存地点	种质份数	个体数量	引种方式	生长状况	来源地
SC	4	f	待确定	G	四川
BJ	3	d	采集	G	四川、安徽
FJ	3	a	采集	A	福建
JS1	1	a	购买	D	江苏
SH	1	b	采集	A	待确定
JS2	1	c	购买	C	江苏
HEN	1	d	赠送	A	河南
GD	1	b	采集	D	待确定
CQ	1	b	购买	B	重庆
HN	1	b	赠送	B	待确定

欧薄荷 *Mentha longifolia* (L.) Huds.

功效主治 叶、茎：用于胃病，胃痛，咳痰。

濒危等级 中国植物红色名录评估为无危（LC）。

迁地栽培保存

保存地点	种质份数	个体数量	引种方式	生长状况	来源地
GX	*	f	采集	G	法国

圆叶薄荷 *Mentha rotundifolia* Huds.

功效主治 地上部分：在西班牙可用于腹泻；外用于荨麻疹。

迁地栽培保存

保存地点	种质份数	个体数量	引种方式	生长状况	来源地
GX	*	f	采集	G	法国

皱叶薄荷 *Mentha crispa* L.

功效主治 叶：祛风。用于胃痛，胆胀。

迁地栽培保存

保存地点	种质份数	个体数量	引种方式	生长状况	来源地
SH	1	b	采集	A	待确定

皱叶留兰香 *Mentha crispata* Schrad. ex Willd.

功效主治 全草：清热散表，祛风消肿。用于感冒，火眼，衄血，小儿疮疖。

迁地栽培保存

保存地点	种质份数	个体数量	引种方式	生长状况	来源地
GZ	1	c	采集	C	贵州
GX	*	f	采集	G	江苏

橙花糙苏属　*Phlomis*

糙苏　*Phlomis umbrosa* Turcz.

功效主治　根：清热，止咳。用于肺痨咳嗽。作兽药用于牛、马肺痈。全草：清热，止咳。用于吐泻，风热咳喘，感冒。

濒危等级　中国特有植物，中国植物红色名录评估为无危（LC）。

迁地栽培保存

保存地点	种质份数	个体数量	引种方式	生长状况	来源地
BJ	9	d	采集	G	河北、山西、陕西、山东、内蒙古
CQ	1	a	采集	C	重庆
HEN	1	b	采集	A	河南
LN	1	c	采集	B	辽宁

种质库保存

保存地点	保存方式	种质份数	个体数量	引种方式	来源地
BJ	种子	8	d	采集	内蒙古、四川、云南

草原糙苏　*Phlomis pratensis* Kar. & Kir.

功效主治　根：用于痢疾，泄泻，麻风。

濒危等级　中国植物红色名录评估为无危（LC）。

迁地栽培保存

保存地点	种质份数	个体数量	引种方式	生长状况	来源地
GX	*	f	采集	G	新疆

橙花糙苏 *Phlomis fruticosa* L.

迁地栽培保存

保存地点	种质份数	个体数量	引种方式	生长状况	来源地
GX	*	f	采集	G	法国

串铃草 *Phlomis mongolica* Turcz.

功效主治 块根：有毒。祛风清热，止咳化痰，敛疮生肌。全草：祛风燥湿，强筋骨，疗烫伤。

濒危等级 中国特有植物，中国植物红色名录评估为无危（LC）。

迁地栽培保存

保存地点	种质份数	个体数量	引种方式	生长状况	来源地
BJ	3	d	采集	G	陕西、山西、甘肃

康定糙苏 *Phlomis tatsienensis* Bur. & Franch.

濒危等级 中国特有植物，中国植物红色名录评估为无危（LC）。

种质库保存

保存地点	保存方式	种质份数	个体数量	引种方式	来源地
BJ	种子	4	a	采集	四川

块根糙苏 *Phlomis tuberosa* L.

功效主治 全草或根：微苦，温。有小毒。解毒。用于月经失调，梅毒，化脓性创伤。

濒危等级 中国植物红色名录评估为无危（LC）。

迁地栽培保存

保存地点	种质份数	个体数量	引种方式	生长状况	来源地
BJ	1	b	采集	G	待确定

种质库保存

保存地点	保存方式	种质份数	个体数量	引种方式	来源地
BJ	种子	6	b	采集	黑龙江、辽宁

南方糙苏 *Phlomis umbrosa* var. *australis* Hemsl.

濒危等级 中国特有植物，中国植物红色名录评估为无危（LC）。

迁地栽培保存

保存地点	种质份数	个体数量	引种方式	生长状况	来源地
BJ	1	b	采集	C	江西
CQ	1	a	采集	C	重庆
GX	*	f	采集	G	广西

螃蟹甲 *Phlomis younghushandii* Mukerjee

功效主治 块根：甘，平。祛风清热，止咳化痰，生肌敛疮。用于感冒咳嗽，咳嗽痰喘，久疮不愈。
濒危等级 中国特有植物，中国植物红色名录评估为无危（LC）。

迁地栽培保存

保存地点	种质份数	个体数量	引种方式	生长状况	来源地
GX	*	f	采集	G	北京

刺蕊草属 *Pogostemon*

广藿香 *Pogostemon cablin*（Blanco）Benth.

功效主治 地上部分（广藿香）：辛，微温。芳香化浊，开胃止呕，发表解暑。用于湿浊中阻，脘痞呕吐，暑湿倦怠，胸闷不舒，寒湿闭暑，腹痛吐泻，鼻渊头痛，预防时行感冒；外用于手足癣。

迁地栽培保存

保存地点	种质份数	个体数量	引种方式	生长状况	来源地
FJ	2	b	购买	B	福建

续表

保存地点	种质份数	个体数量	引种方式	生长状况	来源地
GD	2	b	采集	A	待确定
JS1	1	a	购买	D	江苏
BJ	1	b	采集	G	广东
HN	1	a	采集	B	海南

种质库保存

保存地点	保存方式	种质份数	个体数量	引种方式	来源地
BJ	种子	6	b	采集	四川

膜叶刺蕊草 *Pogostemon esquirolii*（H. Lév.）C. Y. Wu & Y. C. Huang

功效主治 枝、叶：用于阴挺。

濒危等级 中国特有植物，中国植物红色名录评估为无危（LC）。

迁地栽培保存

保存地点	种质份数	个体数量	引种方式	生长状况	来源地
GX	*	f	采集	G	广东

水珍珠菜 *Pogostemon auricularius*（L.）Hassk.

功效主治 全草：辛、微苦，平。清热化湿，消肿止痛。用于盗汗，感冒发热，风湿关节痛，湿疹，口腔破溃，疮疖，足癣，疝气。

濒危等级 中国植物红色名录评估为无危（LC）。

迁地栽培保存

保存地点	种质份数	个体数量	引种方式	生长状况	来源地
HN	1	a	采集	B	海南
GX	*	f	采集	G	澳门

种质库保存

保存地点	保存方式	种质份数	个体数量	引种方式	来源地
BJ	种子	6	b	采集	贵州、山西、安徽、重庆

大青属　*Clerodendrum*

白花灯笼　*Clerodendrum fortunatum* L.

功效主治　茎叶：清热止咳，解毒消肿。用于肺痨咳嗽，骨蒸潮热，咽喉肿痛，跌打损伤，疖肿疔疮。

迁地栽培保存

保存地点	种质份数	个体数量	引种方式	生长状况	来源地
HN	2	a	采集	C	海南
GD	1	f	采集	G	待确定
GX	*	f	采集	G	广西

种质库保存

保存地点	保存方式	种质份数	个体数量	引种方式	来源地
BJ	种子	1	a	采集	海南

长管大青　*Clerodendrum indicum* (L.) Kuntze

功效主治　全株：苦，凉。清热利尿，活血消肿，祛风除湿。用于小便涩痛，膀胱湿热，跌打损伤，风湿骨痛。

濒危等级　中国植物红色名录评估为无危（LC）。

迁地栽培保存

保存地点	种质份数	个体数量	引种方式	生长状况	来源地
YN	1	b	采集	A	云南

赪桐　*Clerodendrum japonicum* (Thunb.) R. Sweet

功效主治　根（赪桐）、叶（赪桐）：微甘、淡，凉。祛风利湿，散瘀消肿，解毒排脓。用于风湿骨痛，腰肌劳损，跌打损伤。

迁地栽培保存

保存地点	种质份数	个体数量	引种方式	生长状况	来源地
GD	1	f	采集	G	待确定
GZ	1	b	采集	C	贵州
HN	1	b	采集	B	海南
YN	1	b	购买	C	云南

种质库保存

保存地点	保存方式	种质份数	个体数量	引种方式	来源地
BJ	种子	10	b	采集	海南、云南、四川

臭茉莉 *Clerodendrum chinense* var. *simplex* (Moldenke) S. L. Chen

迁地栽培保存

保存地点	种质份数	个体数量	引种方式	生长状况	来源地
CQ	1	a	采集	C	重庆
GZ	1	a	采集	C	贵州
YN	1	e	采集	A	云南

种质库保存

保存地点	保存方式	种质份数	个体数量	引种方式	来源地
BJ	种子	7	b	采集	云南

臭牡丹 *Clerodendrum bungei* Steud.

功效主治 根（臭牡丹）、叶（臭牡丹）：苦、辛，平。祛风除湿，解表散瘀。用于风湿关节痛，跌打损伤，肝阳上亢，头晕头痛。

濒危等级 中国植物红色名录评估为无危（LC）。

迁地栽培保存

保存地点	种质份数	个体数量	引种方式	生长状况	来源地
SC	7	f	待确定	G	四川
BJ	2	c	采集	G	上海、广西
JS2	1	b	购买	C	江苏
JS1	1	b	采集	B	江苏
HEN	1	a	采集	A	河南
GZ	1	c	采集	C	贵州
SH	1	b	采集	A	待确定
HB	1	a	采集	C	湖北
GX	*	f	采集	G	云南

种质库保存

保存地点	保存方式	种质份数	个体数量	引种方式	来源地
BJ	种子	56	b	采集	云南、四川，待确定

垂茉莉 *Clerodendrum wallichii* Merr.

迁地栽培保存

保存地点	种质份数	个体数量	引种方式	生长状况	来源地
GX	*	f	采集	G	广东

大青 *Clerodendrum cyrtophyllum* Turcz.

功效主治　根（大青木）：苦，寒。清热利湿，凉血解毒。用于感冒头痛，麻疹并发咳喘，痄腮，乳蛾，肝瘟，痢疾，淋证。叶（大青叶）：苦，寒。清热凉血，解毒。用于中风，时行感冒，痄腮，风热咳喘，胁痛，热病发斑，丹毒，疔疮肿毒，毒蛇咬伤。

濒危等级　中国植物红色名录评估为无危（LC）。

迁地栽培保存

保存地点	种质份数	个体数量	引种方式	生长状况	来源地
HN	2	a	赠送	B	海南
BJ	1	b	采集	G	江西
GD	1	b	采集	C	待确定
GZ	1	a	采集	C	贵州
YN	1	a	采集	C	云南
ZJ	1	c	采集	A	浙江

种质库保存

保存地点	保存方式	种质份数	个体数量	引种方式	来源地
HN	种子	1	b	采集	海南
BJ	种子	6	c	采集	甘肃、安徽、福建

大青（原变种） *Clerodendrum cyrtophyllum* Turcz. var. *cyrtophyllum*

濒危等级 中国植物红色名录评估为无危（LC）。

迁地栽培保存

保存地点	种质份数	个体数量	引种方式	生长状况	来源地
GX	*	f	采集	G	广西

海通 *Clerodendrum mandarinorum* Diels

功效主治 根、枝、叶：清热解毒，祛风利水。用于水肿，小儿麻痹症，中风。

濒危等级 中国植物红色名录评估为无危（LC）。

迁地栽培保存

保存地点	种质份数	个体数量	引种方式	生长状况	来源地
GZ	1	d	采集	C	贵州
HB	1	a	采集	C	待确定
BJ	1	b	采集	C	江西

种质库保存

保存地点	保存方式	种质份数	个体数量	引种方式	来源地
BJ	种子	1	a	采集	待确定

海州常山　*Clerodendrum trichotomum* Thunb.

功效主治　根（臭梧桐根）、叶（臭梧桐叶）：苦、甘，平。祛风除湿，降血压。用于风湿关节痛，肝阳上亢，疟疾，痢疾。带宿萼花或幼果（臭梧桐花）：祛风除湿，平喘。

迁地栽培保存

保存地点	种质份数	个体数量	引种方式	生长状况	来源地
BJ	2	a	采集	G	浙江、山东
SH	1	a	采集	A	待确定
CQ	1	a	采集	C	重庆
HB	1	a	采集	C	待确定
JS1	1	a	采集	C	江苏
SC	1	f	待确定	G	四川
GX	*	f	采集	G	日本

种质库保存

保存地点	保存方式	种质份数	个体数量	引种方式	来源地
BJ	种子	5	b	采集	甘肃、重庆、山西

灰毛大青　*Clerodendrum canescens* Wall. ex Walp.

功效主治　全株：淡，凉。养阴清热，宣肺祛痰，镇痛退热，凉血止痛。用于感冒高热，肺痨，痢疾，带下病，风湿痛，痛经；外用于乳疮。

濒危等级　中国植物红色名录评估为无危（LC）。

迁地栽培保存

保存地点	种质份数	个体数量	引种方式	生长状况	来源地
HN	2	a	采集	B	海南

续表

保存地点	种质份数	个体数量	引种方式	生长状况	来源地
CQ	1	a	采集	C	重庆
GX	*	f	采集	G	广西

种质库保存

保存地点	保存方式	种质份数	个体数量	引种方式	来源地
BJ	种子	7	a	采集	海南

尖齿臭茉莉 *Clerodendrum lindleyi* Decne. ex Planch.

功效主治 全株：苦、辛，平。清热解毒，祛风除湿，消肿止痛。用于风湿痛，耳闭，跌打损伤。

迁地栽培保存

保存地点	种质份数	个体数量	引种方式	生长状况	来源地
HN	2	a	采集	B	海南
GD	1	f	采集	G	待确定
ZJ	1	c	购买	A	浙江
GX	*	f	采集	G	广西

苦郎树 *Clerodendrum inerme*（L.）Gaertn.

功效主治 根、叶：苦，寒。有毒。清热解毒，散瘀除湿，舒筋活络。用于风湿骨痛，跌打损伤，腰腿痛，疟疾，湿疹，疥癣。

濒危等级 中国植物红色名录评估为无危（LC）。

迁地栽培保存

保存地点	种质份数	个体数量	引种方式	生长状况	来源地
HN	2	a	采集	C	海南

种质库保存

保存地点	保存方式	种质份数	个体数量	引种方式	来源地
HN	种子	2	b	采集	海南、广东
BJ	种子	7	a	采集	四川，待确定

龙吐珠 *Clerodendrum thomsoniae* Balf. f.

功效主治　全株：用于跌打损伤，慢性耳闭。

迁地栽培保存

保存地点	种质份数	个体数量	引种方式	生长状况	来源地
CQ	1	a	赠送	C	广西
HN	1	a	采集	B	海南
YN	1	b	采集	C	云南

南垂茉莉 *Clerodendrum henryi* C. P'ei

功效主治　根、叶：用于痢疾。

濒危等级　中国特有植物，中国植物红色名录评估为无危（LC）。

迁地栽培保存

保存地点	种质份数	个体数量	引种方式	生长状况	来源地
YN	1	a	采集	C	云南

三对节 *Clerodendrum serratum*（L.）Moon

功效主治　根、叶：用于疟疾，肝毒，风湿痛，骨折，痢疾；外用于疮疡肿毒，蜈蚣咬伤。

濒危等级　中国植物红色名录评估为无危（LC）。

迁地栽培保存

保存地点	种质份数	个体数量	引种方式	生长状况	来源地
GX	*	f	采集	G	广西

三台花 *Clerodendrum serratum* var. *amplexifolium* Moldenke

濒危等级　中国特有植物，中国植物红色名录评估为无危（LC）。

迁地栽培保存

保存地点	种质份数	个体数量	引种方式	生长状况	来源地
GZ	1	a	采集	C	贵州
YN	1	a	购买	C	云南

西垂茉莉 *Clerodendrum griffithianum* C. B. Clarke

濒危等级 中国植物红色名录评估为无危（LC）。

迁地栽培保存

保存地点	种质份数	个体数量	引种方式	生长状况	来源地
YN	1	a	采集	C	云南

腺茉莉 *Clerodendrum colebrookianum* Walp.

功效主治 根：用于风湿关节痛，咳嗽。

迁地栽培保存

保存地点	种质份数	个体数量	引种方式	生长状况	来源地
YN	1	a	采集	C	云南

种质库保存

保存地点	保存方式	种质份数	个体数量	引种方式	来源地
BJ	种子	1	a	采集	待确定

重瓣臭茉莉 *Clerodendrum philippinum* Schauer

功效主治 根（臭茉莉）：用于风湿关节痛，脚气水肿，带下病，咳嗽痰喘。叶（臭茉莉）：外用于湿疹，皮肤瘙痒。

迁地栽培保存

保存地点	种质份数	个体数量	引种方式	生长状况	来源地
HN	2	a	采集	B	海南

续表

保存地点	种质份数	个体数量	引种方式	生长状况	来源地
GD	1	f	采集	G	待确定
GX	*	f	采集	G	澳门

地笋属 *Lycopus*

地笋 *Lycopus lucidus* Turcz. ex Benth.

功效主治 地上部分（泽兰）：苦、辛，微温。活血化瘀，行水消肿。用于月经不调，闭经，痛经，产后瘀血腹痛，水肿，跌打损伤，金疮痈肿。根（地笋）：甘、辛，温。益气，活血，消肿。用于吐血，衄血，产后腹痛，带下病，咳嗽，乳痈，痈肿。

迁地栽培保存

保存地点	种质份数	个体数量	引种方式	生长状况	来源地
SH	2	b	采集	A	待确定
JS1	1	c	采集	B	江苏
JS2	1	d	购买	C	江苏
HEN	1	d	采集	A	河南
HB	1	b	采集	A	湖北
CQ	1	a	购买	B	重庆
BJ	1	d	采集	G	浙江

种质库保存

保存地点	保存方式	种质份数	个体数量	引种方式	来源地
BJ	种子	6	b	采集	云南、江西

小叶地笋 *Lycopus coreanus* H. Lpus

功效主治 全草或地上部分：活血通经，利尿消肿。用于闭经，痛经，月经不调，产后瘀血腹痛，水肿，跌打损伤瘀血，金疮，痈肿；外用于外伤肿痛，乳痈。根茎：活血，益气，消水肿。用于吐血，衄血，产后腹痛，带下病，金疮肿毒，风湿关节痛。

濒危等级 中国植物红色名录评估为无危（LC）。

迁地栽培保存

保存地点	种质份数	个体数量	引种方式	生长状况	来源地
BJ	1	b	采集	C	江西

异叶地笋 *Lycopus lucidus* var. *maackianus* Maxim. ex Herd.

濒危等级 中国特有植物，中国植物红色名录评估为无危（LC）。

迁地栽培保存

保存地点	种质份数	个体数量	引种方式	生长状况	来源地
GZ	1	b	采集	C	贵州

硬毛地笋 *Lycopus lucidus* var. *hirtus* Regel

濒危等级 中国植物红色名录评估为无危（LC）。

迁地栽培保存

保存地点	种质份数	个体数量	引种方式	生长状况	来源地
ZJ	1	d	购买	A	辽宁

吊球草属 *Hyptis*

吊球草 *Hyptis rhomboidea* M. Martens & Galeotti

功效主治 全草：用于肝毒；外用于疮疡肿毒。

迁地栽培保存

保存地点	种质份数	个体数量	引种方式	生长状况	来源地
HN	2	a	采集	B	海南

种质库保存

保存地点	保存方式	种质份数	个体数量	引种方式	来源地
BJ	种子	3	a	采集	江西
HN	种子	1	e	采集	海南

短柄吊球草　*Hyptis brevipes* Poit.

功效主治　叶：用于产后疗法。

迁地栽培保存

保存地点	种质份数	个体数量	引种方式	生长状况	来源地
HN	2	a	采集	B	海南

种质库保存

保存地点	保存方式	种质份数	个体数量	引种方式	来源地
BJ	种子	3	a	采集	海南

山香　*Hyptis suaveolens* (L.) Poit.

功效主治　全草：苦、辛，平。疏风散瘀，行气利湿，解毒止痛。用于感冒头痛，胃肠胀气，风湿骨痛；外用于跌打肿痛，创伤出血，痈肿疮毒，蛇虫咬伤，湿疹，疮痈疥癣。

迁地栽培保存

保存地点	种质份数	个体数量	引种方式	生长状况	来源地
HN	1	e	采集	B	海南

种质库保存

保存地点	保存方式	种质份数	个体数量	引种方式	来源地
HN	种子	15	e	采集	海南
BJ	种子	8	b	采集	四川、广西

动蕊花属 *Kinostemon*

动蕊花 *Kinostemon ornatum*（Hemsl.）Kudô

功效主治 全草：清热解毒。用于头痛，发热，积聚，肠痈，肝毒，肺痈。

濒危等级 中国特有植物，中国植物红色名录评估为无危（LC）。

迁地栽培保存

保存地点	种质份数	个体数量	引种方式	生长状况	来源地
GX	*	f	采集	G	四川

豆腐柴属 *Premna*

八脉臭黄荆 *Premna octonervia* Merr. & F. P. Metcalf

濒危等级 中国特有植物，中国植物红色名录评估为无危（LC）。

种质库保存

保存地点	保存方式	种质份数	个体数量	引种方式	来源地
HN	种子	2	b	采集	海南

臭黄荆 *Premna ligustroides* Hemsl.

功效主治 根（臭茉莉）：苦，凉。清热利湿，解毒消肿。用于痢疾，疟疾，风热头痛，水肿，痔疮，脱肛。叶（臭黄荆）：苦，凉。清热利湿，解毒消肿。用于痢疾，疟疾，风热头痛，水肿，痔疮，脱肛；外用于疮疡肿毒。种子：除风止痛。用于头痛。

迁地栽培保存

保存地点	种质份数	个体数量	引种方式	生长状况	来源地
GX	*	f	采集	G	广西

滇桂豆腐柴 *Premna confinis* C. Pei & S. L. Chen ex C. Y. Wu

功效主治 叶：外用于跌打损伤，风湿关节痛。

濒危等级　中国特有植物，中国植物红色名录评估为无危（LC）。

迁地栽培保存

保存地点	种质份数	个体数量	引种方式	生长状况	来源地
GX	*	f	采集	G	广西

豆腐柴　*Premna microphylla* Turcz.

功效主治　根（腐婢）、叶（腐婢）：苦、涩，寒。清热解毒，消肿止痛，收敛止血。用于痢疾，肠痈，雷公藤中毒；外用于烫火伤，瘰疬，痈肿疮疖，毒蛇咬伤，外伤出血。

濒危等级　中国植物红色名录评估为无危（LC）。

迁地栽培保存

保存地点	种质份数	个体数量	引种方式	生长状况	来源地
BJ	2	b	采集	C	江西、安徽
GD	1	f	采集	G	待确定
GZ	1	a	采集	C	贵州
JS1	1	a	采集	C	江苏
GX	*	f	采集	G	广西

种质库保存

保存地点	保存方式	种质份数	个体数量	引种方式	来源地
BJ	种子	4	a	采集	云南

狐臭柴　*Premna puberula* Pamp.

功效主治　根、叶：辛、微甘，平。清热利湿，调经解毒。用于月经不调，风湿关节痛，水肿。茎皮：用于牙痛。

濒危等级　中国特有植物，中国植物红色名录评估为无危（LC）。

迁地栽培保存

保存地点	种质份数	个体数量	引种方式	生长状况	来源地
CQ	1	a	采集	C	重庆

黄毛豆腐柴 *Premna fulva* Craib

功效主治 根、叶：清湿热，调经，解毒。用于月经不调，风湿关节痛，水肿，无名肿毒。叶：用于接骨。

濒危等级 中国植物红色名录评估为无危（LC）。

迁地栽培保存

保存地点	种质份数	个体数量	引种方式	生长状况	来源地
YN	1	a	采集	C	云南

黄药豆腐柴 *Premna cavaleriei* Lévl.

濒危等级 中国特有植物，中国植物红色名录评估为无危（LC）。

迁地栽培保存

保存地点	种质份数	个体数量	引种方式	生长状况	来源地
GD	1	f	采集	G	待确定

攀援臭黄荆 *Premna subscandens* Merr.

濒危等级 中国植物红色名录评估为易危（VU）。

迁地栽培保存

保存地点	种质份数	个体数量	引种方式	生长状况	来源地
HN	2	a	采集	C	海南

伞序臭黄荆 *Premna corymbosa* Rottler & Willd.

功效主治 叶、根：用于发热，肺痨，疼痛，偏头痛。果实：用于咳嗽。

濒危等级 中国植物红色名录评估为无危（LC）。

种质库保存

保存地点	保存方式	种质份数	个体数量	引种方式	来源地
HN	种子	1	b	采集	海南

石山豆腐柴　*Premna crassa* Hand.-Mazz.

功效主治　全株：用于风湿骨痛。叶：拔脓。

濒危等级　中国植物红色名录评估为无危（LC）。

迁地栽培保存

保存地点	种质份数	个体数量	引种方式	生长状况	来源地
GX	*	f	采集	G	广西

思茅豆腐柴　*Premna szemaoensis* C. P'ei

功效主治　根皮、茎：甘、涩，寒。止血，镇痛，清热。用于外伤出血，跌打损伤，骨折，筋骨疼痛。

濒危等级　中国特有植物，中国植物红色名录评估为无危（LC）。

迁地栽培保存

保存地点	种质份数	个体数量	引种方式	生长状况	来源地
YN	1	a	采集	C	云南
GX	*	f	采集	G	云南

种质库保存

保存地点	保存方式	种质份数	个体数量	引种方式	来源地
BJ	种子	4	b	采集	待确定

塘虱角　*Premna sunyiensis* C. P'ei

功效主治　全株：消积杀虫。用于痈疮肿毒。

濒危等级　中国特有植物，中国植物红色名录评估为无危（LC）。

迁地栽培保存

保存地点	种质份数	个体数量	引种方式	生长状况	来源地
GX	*	f	采集	G	广西

毒马草属　*Sideritis*

毒马草　*Sideritis montana* L.

功效主治　地上部分：用于头痛，感冒，流行性感冒，咳嗽。

濒危等级　中国植物红色名录评估为无危（LC）。

迁地栽培保存

保存地点	种质份数	个体数量	引种方式	生长状况	来源地
GX	*	f	采集	G	法国

独一味属　*Lamiophlomis*

独一味　*Lamiophlomis rotata*（Benth. ex Hook. f.）Kudô

功效主治　根及根茎：苦，凉。有小毒。活血祛瘀，消肿止痛。用于跌打损伤，骨折，腰部扭伤，关节积液。

濒危等级　中国植物红色名录评估为无危（LC）。

种质库保存

保存地点	保存方式	种质份数	个体数量	引种方式	来源地
BJ	种子	1	a	采集	待确定

风轮菜属　*Clinopodium*

寸金草　*Clinopodium megalanthum*（Diels）C. Y. Wu & Hsuan ex H. W. Li

功效主治　全草（寸金草）：辛、微苦，凉。清热平肝，消肿活血。用于牙痛，小儿疳积，避孕，风湿跌打。种子：壮阳。

濒危等级　中国特有植物，中国植物红色名录评估为无危（LC）。

种质库保存

保存地点	保存方式	种质份数	个体数量	引种方式	来源地
BJ	种子	79	c	采集	安徽、贵州、广西、河北、云南、安徽、山西

灯笼草 *Clinopodium polycephalum*（Vant.）C. Y. Wu & Hsuan

功效主治　全草（断血流）：苦、涩，凉。清热解毒，凉血止血。用于各种出血，白喉，黄疸，感冒，腹痛，小儿疳积，疔疮痈肿，跌打损伤，蛇犬咬伤。

濒危等级　中国特有植物，中国植物红色名录评估为无危（LC）。

迁地栽培保存

保存地点	种质份数	个体数量	引种方式	生长状况	来源地
GX	*	f	采集	G	广西

种质库保存

保存地点	保存方式	种质份数	个体数量	引种方式	来源地
BJ	种子	3	a	采集	河北、四川

风轮菜 *Clinopodium chinense*（Benth.）Kuntze

功效主治　地上部分（断血流）：涩、苦，凉。清热解毒，凉血止血。用于妇科出血及其他出血症，泄泻，痢疾，疮疡肿毒，蛇犬咬伤。

迁地栽培保存

保存地点	种质份数	个体数量	引种方式	生长状况	来源地
BJ	2	d	采集	G	辽宁、安徽
GZ	1	d	采集	C	贵州
SC	1	f	待确定	G	四川

种质库保存

保存地点	保存方式	种质份数	个体数量	引种方式	来源地
HN	种子	1	b	采集	湖南

续表

保存地点	保存方式	种质份数	个体数量	引种方式	来源地
BJ	种子	8	b	采集	宁夏、河北、山西、江西、重庆、云南、甘肃

麻叶风轮菜 *Clinopodium urticifolium*（Hance）C. Y. Wu & Hsuan ex H. W. Li

功效主治 全草：苦，凉。疏风清热，解毒止痢，活血止血。用于感冒，中暑，痢疾，肝毒，胆胀，痄腮，目赤红肿，疔疮肿毒，皮肤瘙痒，妇女各种出血，尿血，外伤出血。

濒危等级 中国植物红色名录评估为无危（LC）。

种质库保存

保存地点	保存方式	种质份数	个体数量	引种方式	来源地
BJ	种子	8	b	采集	河北、安徽、云南

细风轮菜 *Clinopodium gracile*（Benth.）Matsum.

功效主治 全草：辛、苦，凉。清热解毒，消肿止痛。用于白喉，咽喉肿痛，泄泻，痢疾，乳痈，感冒，产后咳嗽，雷公藤中毒；外用于疥癣。

迁地栽培保存

保存地点	种质份数	个体数量	引种方式	生长状况	来源地
BJ	1	d	采集	G	待确定
GD	1	f	采集	G	待确定
SH	1	b	采集	A	待确定

种质库保存

保存地点	保存方式	种质份数	个体数量	引种方式	来源地
BJ	种子	1	a	采集	云南

新风轮菜 *Clinopodium nepeta*（L.）Kuntze

功效主治 全草或叶：用于痛风，胃肠疾病，疥癣，髋部疼痛，骨骼肌肉疾病。

迁地栽培保存

保存地点	种质份数	个体数量	引种方式	生长状况	来源地
SH	1	b	采集	A	待确定

钩子木属　*Rostrinucula*

长叶钩子木　*Rostrinucula sinensis*（Hemsl.）C. Y. Wu

濒危等级　中国特有植物，中国植物红色名录评估为无危（LC）。

迁地栽培保存

保存地点	种质份数	个体数量	引种方式	生长状况	来源地
BJ	1	a	采集	G	湖北

种质库保存

保存地点	保存方式	种质份数	个体数量	引种方式	来源地
HN	种子	1	c	采集	湖南

冠唇花属　*Microtoena*

冠唇花　*Microtoena insuavis*（Hance）Prain ex Dunn

功效主治　全草（野藿香）：苦、辛，温。芳香健胃，温中理气。用于风寒感冒，喘咳气急，消化不良，气胀腹痛，泄泻，痢疾。

濒危等级　中国植物红色名录评估为无危（LC）。

迁地栽培保存

保存地点	种质份数	个体数量	引种方式	生长状况	来源地
YN	1	a	采集	C	云南

种质库保存

保存地点	保存方式	种质份数	个体数量	引种方式	来源地
BJ	种子	3	a	采集	云南

云南冠唇花 *Microtoena delavayi* Prain

功效主治 全草：止痛。用于腹痛，风湿痛。

濒危等级 中国特有植物，中国植物红色名录评估为无危（LC）。

种质库保存

保存地点	保存方式	种质份数	个体数量	引种方式	来源地
BJ	种子	1	a	采集	待确定

广防风属 *Anisomeles*

广防风 *Anisomeles indica*（L.）Kuntze

功效主治 全草：辛、苦，温。祛风解表，理气止痛。用于感冒发热，风湿关节痛，胃痛，吐泻；外用于皮肤湿疹，蛇虫咬伤，痈疮肿毒。

迁地栽培保存

保存地点	种质份数	个体数量	引种方式	生长状况	来源地
LN	1	d	采集	B	辽宁
SC	1	f	待确定	G	四川
HN	1	e	赠送	B	海南
GD	1	b	采集	D	待确定

种质库保存

保存地点	保存方式	种质份数	个体数量	引种方式	来源地
HN	种子	2	c	采集	海南
BJ	种子	61	c	采集	四川、山西、云南

黄芩属 *Scutellaria*

半枝莲 *Scutellaria barbata* D. Don

功效主治 全草（半枝莲）：辛、苦，寒。清热解毒，化瘀利尿。用于疔疮肿毒，咽喉肿痛，毒蛇咬伤，跌打伤痛，水肿，黄疸，癥瘕积聚。

迁地栽培保存

保存地点	种质份数	个体数量	引种方式	生长状况	来源地
BJ	3	d	采集	G	北京、四川、贵州
SH	1	a	采集	A	待确定
GD	1	f	采集	G	待确定
JS2	1	e	购买	C	江苏
CQ	1	c	采集	B	重庆
JS1	1	c	采集	B	江苏
HEN	1	e	采集	A	河南

种质库保存

保存地点	保存方式	种质份数	个体数量	引种方式	来源地
BJ	种子	90	c	采集	陕西、安徽、河北、山东、云南、四川、湖南、吉林、河南
HN	种子	5	c	采集	海南、广东

并头黄芩　*Scutellaria scordifolia* Fisch. ex Schrank

功效主治　全草：微苦，凉。清热解毒，利尿。用于肝毒，肠痈，跌打损伤，毒蛇咬伤。

濒危等级　中国植物红色名录评估为无危（LC）。

迁地栽培保存

保存地点	种质份数	个体数量	引种方式	生长状况	来源地
BJ	1	d	采集	G	内蒙古

甘肃黄芩　*Scutellaria rehderiana* Diels

功效主治　根：清热燥湿，泻火解毒，止血，安胎。用于湿热，暑瘟，胸闷呕逆，湿热痞满，泻痢，黄疸，肺热咳嗽，高热烦渴，血热吐衄，痈肿疮毒，胎动不安。果实：用于肠癖脓血。

濒危等级　中国特有植物，中国植物红色名录评估为无危（LC）。

迁地栽培保存

保存地点	种质份数	个体数量	引种方式	生长状况	来源地
BJ	1	d	采集	G	陕西

种质库保存

保存地点	保存方式	种质份数	个体数量	引种方式	来源地
GX	种子	*	f	采集	广西

高黄芩 *Scutellaria altissima* L.

迁地栽培保存

保存地点	种质份数	个体数量	引种方式	生长状况	来源地
BJ	1	b	赠送	G	前苏联

高山黄芩 *Scutellaria alpina* L.

迁地栽培保存

保存地点	种质份数	个体数量	引种方式	生长状况	来源地
BJ	1	b	赠送	G	前苏联

韩信草 *Scutellaria indica* L.

功效主治　全草：外用于跌打肿痛，毒蛇咬伤。

濒危等级　中国植物红色名录评估为无危（LC）。

迁地栽培保存

保存地点	种质份数	个体数量	引种方式	生长状况	来源地
BJ	2	d	采集	G	四川、江西
GD	1	b	采集	D	待确定

种质库保存

保存地点	保存方式	种质份数	个体数量	引种方式	来源地
BJ	种子	1	a	采集	待确定

黄芩 *Scutellaria baicalensis* Georgi

功效主治　根：清热燥湿，泻火解毒，止血，安胎。用于湿热，暑瘟，胸闷呕逆，湿热痞满，泻痢，黄疸，肺热咳嗽，高热烦渴，血热吐衄，痈肿疮毒，胎动不安。果实：用于肠澼脓血。

濒危等级　北京市二级保护植物、吉林省三级保护植物、河北省重点保护植物，中国植物红色名录评估为无危（LC）。

迁地栽培保存

保存地点	种质份数	个体数量	引种方式	生长状况	来源地
BJ	22	e	采集	G	德国，中国河北、山西、内蒙古、山东、陕西、甘肃
NMG	1	d	购买	C	内蒙古
SH	1	b	采集	A	待确定
SC	1	f	待确定	G	四川
JS2	1	d	购买	C	江苏
JS1	1	c	购买	C	江苏
HLJ	1	c	采集	A	黑龙江
HEN	1	d	赠送	A	河南
GX	*	f	采集	G	河北

种质库保存

保存地点	保存方式	种质份数	个体数量	引种方式	来源地
BJ	种子	170	e	采集	安徽、四川、海南、山东、重庆、云南、河北、山西、河南、江西、陕西、新疆、甘肃、内蒙古、吉林

假活血草 *Scutellaria tuberifera* C. Y. Wu & C. Chen

功效主治　全草：散寒，清火，退热，明目。用于目热生翳。

濒危等级　中国特有植物，中国植物红色名录评估为无危（LC）。

迁地栽培保存

保存地点	种质份数	个体数量	引种方式	生长状况	来源地
BJ	1	b	采集	G	江西

京黄芩　*Scutellaria pekinensis* Maxim.

功效主治　全草：清肝，解表。

濒危等级　中国植物红色名录评估为无危（LC）。

迁地栽培保存

保存地点	种质份数	个体数量	引种方式	生长状况	来源地
BJ	*	d	采集	G	待确定

蓝花黄芩毛叶变种　*Scutellaria formosana* var. *pubescens* C. Y. Wu et H. W. Li

迁地栽培保存

保存地点	种质份数	个体数量	引种方式	生长状况	来源地
GX	*	f	采集	G	广西

三脉钝叶黄芩　*Scutellaria obtusifolia* var. *trinervata*（Vaniot）C. Y. Wu et H. W. Li

濒危等级　中国特有植物，中国植物红色名录评估为无危（LC）。

迁地栽培保存

保存地点	种质份数	个体数量	引种方式	生长状况	来源地
GX	*	f	采集	G	广西

沙滩黄芩　*Scutellaria strigillosa* Hemsl.

功效主治　全草：用于带下病。

濒危等级　中国植物红色名录评估为无危（LC）。

迁地栽培保存

保存地点	种质份数	个体数量	引种方式	生长状况	来源地
BJ	1	b	采集	G	山东

异色黄芩 *Scutellaria discolor* Wall. ex Benth.

功效主治　全草（紫背黄芩）：苦，寒。解表退热，解毒。用于感冒高热，咽喉肿痛，痈毒疔疮，耳闭，肺痨，跌打损伤。

濒危等级　中国植物红色名录评估为无危（LC）。

迁地栽培保存

保存地点	种质份数	个体数量	引种方式	生长状况	来源地
GX	*	f	采集	G	广西

活血丹属　*Glechoma*

白透骨消 *Glechoma biondiana*（Diels）C. Y. Wu & C. Chen

功效主治　全草：利尿消肿。用于黄疸，石淋。

濒危等级　中国特有植物，中国植物红色名录评估为无危（LC）。

迁地栽培保存

保存地点	种质份数	个体数量	引种方式	生长状况	来源地
GX	*	f	采集	G	湖北

活血丹 *Glechoma longituba*（Nakai）Kuprian.

功效主治　地上部分（连钱草）：辛、微苦，凉。利湿通淋，清热解毒，散瘀消肿。用于热淋，石淋，湿热黄疸，疮痈肿痛，跌打损伤。

迁地栽培保存

保存地点	种质份数	个体数量	引种方式	生长状况	来源地
BJ	5	e	采集	C	浙江、广西、贵州、辽宁

续表

保存地点	种质份数	个体数量	引种方式	生长状况	来源地
ZJ	1	e	采集	A	浙江
SH	1	b	采集	A	待确定
SC	1	f	待确定	G	四川
JS2	1	e	购买	C	江苏
HLJ	1	c	采集	A	黑龙江
HB	1	b	采集	C	湖北
GZ	1	c	采集	C	贵州
GD	1	b	采集	A	待确定
CQ	1	a	采集	C	重庆

欧活血丹 *Glechoma hederacea* L.

功效主治 全草或地上部分：清热解毒，祛湿止痛，利尿排石，镇咳。用于风湿痹痛，关节痹痛，膀胱湿热，石淋，带下病，月经不调，黄疸，臌胀，跌打损伤。

濒危等级 中国植物红色名录评估为无危（LC）。

迁地栽培保存

保存地点	种质份数	个体数量	引种方式	生长状况	来源地
JS1	1	c	采集	B	江苏
GX	*	f	采集	G	法国

火把花属 *Colquhounia*

秀丽火把花 *Colquhounia elegans* Wall. ex Benth.

功效主治 根：清热，止血，止痢。

濒危等级 中国植物红色名录评估为无危（LC）。

迁地栽培保存

保存地点	种质份数	个体数量	引种方式	生长状况	来源地
GX	*	f	采集	G	云南

藿香属　*Agastache*

藿香　*Agastache rugosa*（Fisch. & C. A. Mey.）Kuntze

功效主治　地上部分（北藿香）：辛，微温。祛暑解表，化湿和中，理气开胃。用于暑湿感冒，胸闷，腹痛吐泻，不思饮食，疟疾，痢疾；外用于手足癣。

迁地栽培保存

保存地点	种质份数	个体数量	引种方式	生长状况	来源地
BJ	3	e	采集	A	辽宁、河北、山东
HLJ	1	c	采集	A	黑龙江
SH	1	b	采集	A	待确定
SC	1	f	待确定	G	四川
LN	1	d	采集	A	辽宁
HEN	1	c	采集	A	河南
GZ	1	a	采集	C	贵州
GD	1	f	采集	G	待确定
JS2	1	d	购买	C	江苏
JS1	1	b	购买	C	江苏
CQ	1	b	购买	A	重庆

种质库保存

保存地点	保存方式	种质份数	个体数量	引种方式	来源地
BJ	种子	56	e	采集	辽宁、海南、重庆、云南、四川、内蒙古、广东、吉林、安徽，待确定

假糙苏属 *Paraphlomis*

短齿白毛假糙苏 *Paraphlomis albida* var. *brevidens* Hand.-Mazz.

濒危等级 中国特有植物，中国植物红色名录评估为无危（LC）。

迁地栽培保存

保存地点	种质份数	个体数量	引种方式	生长状况	来源地
GX	*	f	采集	G	广西

假糙苏 *Paraphlomis javanica*（Bl.）Prain

功效主治 全草或根：甘，平。滋阴润燥，止咳，调经补血。用于虚劳咳嗽，月经不调。

濒危等级 中国植物红色名录评估为无危（LC）。

迁地栽培保存

保存地点	种质份数	个体数量	引种方式	生长状况	来源地
GX	2	f	采集	G	广西
GZ	1	a	采集	C	贵州

种质库保存

保存地点	保存方式	种质份数	个体数量	引种方式	来源地
BJ	种子	1	a	采集	海南

罗甸纤细假糙苏 *Paraphlomis gracilis* var. *lutienensis*（Sun）C. Y. Wu

濒危等级 中国特有植物，中国植物红色名录评估为无危（LC）。

迁地栽培保存

保存地点	种质份数	个体数量	引种方式	生长状况	来源地
CQ	1	b	采集	C	重庆
GX	*	f	采集	G	重庆

少刺毛假糙苏 *Paraphlomis paucisetosa* C. Y. Wu ex H. W. Li

濒危等级　中国特有植物，中国植物红色名录评估为无危（LC）。

迁地栽培保存

保存地点	种质份数	个体数量	引种方式	生长状况	来源地
GX	*	f	采集	G	广西

纤细假糙苏 *Paraphlomis gracilis*（Hemsl.）Kudô

功效主治　全草：辛，温。解表。

濒危等级　中国特有植物，中国植物红色名录评估为无危（LC）。

迁地栽培保存

保存地点	种质份数	个体数量	引种方式	生长状况	来源地
BJ	1	a	采集	G	待确定
GX	*	f	采集	G	待确定

小叶假糙苏 *Paraphlomis javanica* var. *coronata*（Vaniot）C. Y. Wu et H. W. Li

濒危等级　中国特有植物，中国植物红色名录评估为无危（LC）。

迁地栽培保存

保存地点	种质份数	个体数量	引种方式	生长状况	来源地
GX	*	f	采集	G	广西

假龙头花属　*Physostegia*

假龙头花 *Physostegia virginiana* Benth.

迁地栽培保存

保存地点	种质份数	个体数量	引种方式	生长状况	来源地
SH	1	b	采集	A	待确定

假紫珠属 *Tsoongia*

假紫珠 *Tsoongia axillariflora* Merr.

功效主治 根：用于肺结核。全草：用于黄疸，肝毒。

迁地栽培保存

保存地点	种质份数	个体数量	引种方式	生长状况	来源地
GX	*	f	采集	G	广西

姜味草属 *Micromeria*

姜味草 *Micromeria biflora*（Buch.-Ham. ex D. Don）Benth.

功效主治 全草（姜味草）：苦、辛，温。温中，理气，祛风解表，止痛。用于感冒咳嗽，胃痛，腹痛，疝气痛，吐逆，噎膈。

濒危等级 中国植物红色名录评估为无危（LC）。

种质库保存

保存地点	保存方式	种质份数	个体数量	引种方式	来源地
BJ	种子	1	a	采集	四川

筋骨草属 *Ajuga*

多花筋骨草 *Ajuga multiflora* Bunge

功效主治 全草：用于跌打损伤。

迁地栽培保存

保存地点	种质份数	个体数量	引种方式	生长状况	来源地
BJ	1	b	采集	G	湖北
GX	*	f	采集	G	上海

金疮小草 *Ajuga decumbens* Thunb.

功效主治　全草（筋骨草）：苦、甘，寒。清热解毒，止咳祛痰，活络止痛，舒筋活血。用于咳嗽痰喘，咽喉痛，乳蛾，关节疼痛，外伤出血。

濒危等级　中国植物红色名录评估为无危（LC）。

迁地栽培保存

保存地点	种质份数	个体数量	引种方式	生长状况	来源地
BJ	2	b	采集	G	四川、浙江
CQ	1	b	采集	D	重庆
GZ	1	c	采集	C	贵州

筋骨草 *Ajuga ciliata* Bunge

功效主治　全草：苦，寒。清热，凉血，消肿。用于肺热咯血，咽喉痛，乳蛾，跌打损伤。

迁地栽培保存

保存地点	种质份数	个体数量	引种方式	生长状况	来源地
CQ	1	a	采集	B	重庆
GD	1	b	采集	D	待确定
SH	1	b	采集	A	待确定

种质库保存

保存地点	保存方式	种质份数	个体数量	引种方式	来源地
BJ	种子	1	a	采集	广西

荆芥属 *Nepeta*

大花荆芥 *Nepeta sibirica* L.

功效主治　全草：散瘀消肿，止血止痛。

濒危等级　中国植物红色名录评估为无危（LC）。

迁地栽培保存

保存地点	种质份数	个体数量	引种方式	生长状况	来源地
GX	*	f	采集	G	波兰

荆芥 *Nepeta cataria* L.

功效主治　全草：祛风发汗，解热，透疹，散瘀消肿，止血，止痛。用于伤风感冒，头痛，发热，咽喉肿痛，目赤红肿，麻疹不透，跌打损伤，吐血，鼻衄，外伤出血，毒蛇咬伤，疔疮疖肿。

濒危等级　中国植物红色名录评估为无危（LC）。

迁地栽培保存

保存地点	种质份数	个体数量	引种方式	生长状况	来源地
BJ	3	d	采集	G	江苏、河北、四川
LN	2	d	采集	B	辽宁
GX	2	f	采集	G	广西、甘肃
HLJ	1	c	购买	A	黑龙江
YN	1	b	采集	A	云南
HEN	1	c	赠送	A	河南
NMG	1	b	购买	F	内蒙古

种质库保存

保存地点	保存方式	种质份数	个体数量	引种方式	来源地
BJ	种子	128	e	采集	海南、重庆、广西、陕西、山西、新疆、辽宁、河北、安徽、北京、云南

康藏荆芥 *Nepeta prattii* H. Lta

功效主治　全草：辛，凉。疏风，解表，利湿，止血，止痛。

濒危等级　中国特有植物，中国植物红色名录评估为无危（LC）。

种质库保存

保存地点	保存方式	种质份数	个体数量	引种方式	来源地
BJ	种子	1	a	采集	甘肃

穗花荆芥 *Nepeta laevigata*（D. Don）Hand.-Mazz.

功效主治 地上部分：解表。

濒危等级 中国植物红色名录评估为无危（LC）。

迁地栽培保存

保存地点	种质份数	个体数量	引种方式	生长状况	来源地
GX	*	f	采集	G	波兰

种质库保存

保存地点	保存方式	种质份数	个体数量	引种方式	来源地
BJ	种子	1	a	采集	甘肃

总花猫薄荷 *Nepeta racemosa* Lam.

迁地栽培保存

保存地点	种质份数	个体数量	引种方式	生长状况	来源地
BJ	1	d	采集	G	待确定

裂叶荆芥属 *Schizonepeta*

多裂叶荆芥 *Schizonepeta multifida* Briq.

功效主治 全草或花穗：发表，祛风，理血。炒炭后可止血。用于感冒发热，头痛，咽喉肿痛，中风口噤，吐血，衄血，便血，崩漏，产后血晕，痈肿，疮疥，瘰疬。根：用于吐血，牙痛，瘰疬。

濒危等级 中国植物红色名录评估为无危（LC）。

迁地栽培保存

保存地点	种质份数	个体数量	引种方式	生长状况	来源地
BJ	1	d	采集	G	河北

种质库保存

保存地点	保存方式	种质份数	个体数量	引种方式	来源地
GX	种子	*	f	采集	内蒙古

裂叶荆芥 *Schizonepeta tenuifolia* Briq.

功效主治 全草或地上部分（荆芥）、半花半果的花序（荆芥穗）：辛，微温。解表散风，透疹。炒炭后可
止血。用于感冒，头痛，麻疹，风疹，疮疡初起。炒炭后用于便血，崩漏，产后血晕。但荆芥
穗的发散之力较强。根：用于吐血，牙痛，瘰疬。

濒危等级 中国植物红色名录评估为无危（LC）。

迁地栽培保存

保存地点	种质份数	个体数量	引种方式	生长状况	来源地
BJ	3	d	采集	G	河北、内蒙古、黑龙江
GX	*	f	采集	G	波兰

种质库保存

保存地点	保存方式	种质份数	个体数量	引种方式	来源地
BJ	种子	4	b	采集	河北、吉林

辣莸属 *Garrettia*

辣莸 *Garrettia siamensis* H. R. Fletcher

濒危等级 中国植物红色名录评估为无危（LC）。

种质库保存

保存地点	保存方式	种质份数	个体数量	引种方式	来源地
BJ	种子	1	a	采集	待确定

凉粉草属　*Mesona*

凉粉草　*Mesona chinensis* Benth.

功效主治　全草：甘、淡，凉。清热利湿，凉血。用于中暑，消渴，肝阳上亢，肌肉关节疼痛。
濒危等级　中国特有植物，中国植物红色名录评估为无危（LC）。

迁地栽培保存

保存地点	种质份数	个体数量	引种方式	生长状况	来源地
FJ	21	c	采集	A	中国福建、广东、广西，越南
GD	1	b	采集	A	待确定
BJ	1	c	采集	G	广西

铃子香属　*Chelonopsis*

假具苞铃子香　*Chelonopsis pseudobracteata* C. Y. Wu & H. W. Li

濒危等级　中国特有植物，中国植物红色名录评估为无危（LC）。

种质库保存

保存地点	保存方式	种质份数	个体数量	引种方式	来源地
BJ	种子	260	e	采集	甘肃、云南、安徽、四川、海南、河北、新疆、广西、辽宁、吉林

龙头草属　*Meehania*

龙头草　*Meehania henryi* (Hemsl.) Sun ex C. Y. Wu

功效主治　根：补血。叶：外用于蛇咬伤。

濒危等级 中国特有植物，中国植物红色名录评估为无危（LC）。

迁地栽培保存

保存地点	种质份数	个体数量	引种方式	生长状况	来源地
HB	1	a	采集	C	湖北

荨麻叶龙头草 *Meehania urticifolia*（Miq.）Makino

功效主治 根、叶：补血。外用于蛇咬伤。

濒危等级 中国植物红色名录评估为无危（LC）。

迁地栽培保存

保存地点	种质份数	个体数量	引种方式	生长状况	来源地
BJ	1	a	采集	G	内蒙古

走茎华西龙头草 *Meehania fargesii* var. *radicans*（Vaniot）C. Y. Wu

濒危等级 中国特有植物，中国植物红色名录评估为无危（LC）。

迁地栽培保存

保存地点	种质份数	个体数量	引种方式	生长状况	来源地
BJ	2	c	采集	G	安徽、江西

罗勒属 *Ocimum*

丁香罗勒 *Ocimum gratissimum* L.

功效主治 叶：解热，发汗，导泻。用于热证，胃痛，缓泻。根：用于毒蛇咬伤。

迁地栽培保存

保存地点	种质份数	个体数量	引种方式	生长状况	来源地
BJ	1	a	交换	G	北京

种质库保存

保存地点	保存方式	种质份数	个体数量	引种方式	来源地
BJ	种子	9	b	采集	河北、重庆、海南
HN	种子	3	c	采集	海南

灰罗勒　*Ocimum americanum* L.

功效主治　叶：用于痈疮疥癣。

濒危等级　中国植物红色名录评估为无危（LC）。

迁地栽培保存

保存地点	种质份数	个体数量	引种方式	生长状况	来源地
BJ	1	b	交换	G	北京
GX	*	f	采集	G	波兰

罗勒　*Ocimum basilicum* L.

功效主治　根：用于小儿黄烂疮。全草（省头草）：辛，温。发汗解表，祛风利湿，散瘀止痛。用于风寒感冒，头痛，胃腹胀满，消化不良，胃痛，泄泻，月经不调，跌打损伤；外用于蛇虫咬伤，湿疹，疥癣。嫩叶：祛风发汗，芳香健胃。种子（光明子）：甘、辛，凉。明目。用于目赤肿痛，目翳，避孕。

濒危等级　中国植物红色名录评估为无危（LC）。

迁地栽培保存

保存地点	种质份数	个体数量	引种方式	生长状况	来源地
GX	4	f	采集	G	山东、广西
BJ	2	d	采集	G	辽宁、海南
CQ	1	a	购买	F	重庆
GD	1	b	采集	D	待确定
JS1	1	b	购买	C	江苏
JS2	1	d	购买	C	江苏
LN	1	c	采集	A	辽宁

种质库保存

保存地点	保存方式	种质份数	个体数量	引种方式	来源地
BJ	种子	8	c	采集	云南、福建、新疆、辽宁、湖北、广西

毛叶丁香罗勒 *Ocimum gratissimum* var. *suave*（Willd.）Hook. f.

功效主治　根、叶：用于昏厥，癫痫，胃痛，腹痛，出血，脱肛，阴痒，咽喉肿痛，急性细菌性结膜炎，皮癣。

迁地栽培保存

保存地点	种质份数	个体数量	引种方式	生长状况	来源地
YN	1	b	采集	A	云南
GX	*	f	采集	G	广西

种质库保存

保存地点	保存方式	种质份数	个体数量	引种方式	来源地
BJ	种子	4	b	采集	云南

圣罗勒 *Ocimum sanctum* L.

功效主治　全草：用于头痛，哮喘。
濒危等级　中国植物红色名录评估为无危（LC）。

迁地栽培保存

保存地点	种质份数	个体数量	引种方式	生长状况	来源地
HN	1	b	采集	B	海南

种质库保存

保存地点	保存方式	种质份数	个体数量	引种方式	来源地
HN	种子	1	c	采集	海南

疏柔毛罗勒 *Ocimum basilicum* var. *pilosum*（Willd.）Benth.

濒危等级　中国植物红色名录评估为无危（LC）。

迁地栽培保存

保存地点	种质份数	个体数量	引种方式	生长状况	来源地
BJ	1	c	采集	G	安徽
HN	1	b	采集	B	海南

种质库保存

保存地点	保存方式	种质份数	个体数量	引种方式	来源地
BJ	种子	6	b	采集	云南、海南、四川
HN	种子	3	d	采集	海南、湖南

马刺花属　*Plectranthus*

彩叶草　*Plectranthus scutellarioides*（L.）R. Br.

功效主治　叶：清热，消肿，解毒。用于蛇咬伤。

迁地栽培保存

保存地点	种质份数	个体数量	引种方式	生长状况	来源地
HN	2	b	采集	B	海南
GZ	1	f	购买	F	贵州
YN	1	b	购买	C	云南
BJ	1	d	购买	G	待确定
GX	*	f	采集	G	新西兰

到手香　*Plectranthus amboinicus*（Lour.）Spreng.

功效主治　叶的汁液：用于创伤，肠道感染。

迁地栽培保存

保存地点	种质份数	个体数量	引种方式	生长状况	来源地
HN	2	a	采集	B	待确定

美国薄荷属 *Monarda*

美国薄荷 *Monarda didyma* L.

功效主治　全草：在北美洲可发汗，利尿，祛风。

迁地栽培保存

保存地点	种质份数	个体数量	引种方式	生长状况	来源地
BJ	1	b	采集	G	待确定
XJ	1	b	赠送	A	北京
GX	*	f	采集	G	波兰

种质库保存

保存地点	保存方式	种质份数	个体数量	引种方式	来源地
BJ	种子	1	a	采集	待确定

拟美国薄荷 *Monarda fistulosa* L.

功效主治　全草：在北美洲可发汗，利尿，祛风。

迁地栽培保存

保存地点	种质份数	个体数量	引种方式	生长状况	来源地
BJ	1	b	采集	G	前苏联
GX	*	f	采集	G	波兰

迷迭香属 *Rosmarinus*

迷迭香 *Rosmarinus officinalis* L.

功效主治　全草：健胃，发汗，活血散瘀，止痛，止泻，利尿，镇静。用于头痛，胃脘疼痛，消化不良，胁痛，痈疮疥癣。地上部分：利尿，解痉，清热。花：祛风，发汗。叶：祛风，发汗，利尿。用于疥癣。种子：活血通经。

迁地栽培保存

保存地点	种质份数	个体数量	引种方式	生长状况	来源地
SC	2	f	待确定	G	四川
CQ	1	a	购买	C	四川
GD	1	f	采集	G	待确定
GZ	1	f	采集	F	贵州
HEN	1	b	赠送	A	河南
JS2	1	c	购买	C	江苏
SH	1	b	采集	A	待确定
YN	1	a	赠送	C	云南
BJ	1	d	购买	G	北京
GX	*	f	采集	G	云南

蜜蜂花属　*Melissa*

蜜蜂花　*Melissa axillaris*（Benth.）Bakh. f.

功效主治　全草（鼻血草）：苦、涩，平。清热解毒。用于风湿麻木，麻风，吐血，鼻衄，痢疾，皮肤瘙痒，疮疹，癫症，崩漏，毒蛇咬伤。

濒危等级　中国植物红色名录评估为无危（LC）。

迁地栽培保存

保存地点	种质份数	个体数量	引种方式	生长状况	来源地
SC	3	f	待确定	G	四川
JS2	1	c	购买	C	江苏
SH	1	b	采集	A	待确定
GX	*	f	采集	G	待确定

种质库保存

保存地点	保存方式	种质份数	个体数量	引种方式	来源地
BJ	种子	1	a	采集	待确定

香蜂花 *Melissa officinalis* L.

功效主治 全草：用于头痛，牙痛。

迁地栽培保存

保存地点	种质份数	个体数量	引种方式	生长状况	来源地
GX	*	f	采集	G	法国

绵穗苏属 *Comanthosphace*

天人草 *Comanthosphace japonica*（Miq.）S. Moore

濒危等级 中国植物红色名录评估为无危（LC）。

迁地栽培保存

保存地点	种质份数	个体数量	引种方式	生长状况	来源地
GX	*	f	采集	G	日本

牡荆属 *Vitex*

长叶荆 *Vitex lanceifolia* S. C. Huang

濒危等级 中国植物红色名录评估为无危（LC）。

种质库保存

保存地点	保存方式	种质份数	个体数量	引种方式	来源地
BJ	种子	1	a	采集	待确定

单叶蔓荆 *Vitex rotundifolia* L. f.

濒危等级 中国植物红色名录评估为无危（LC）。

迁地栽培保存

保存地点	种质份数	个体数量	引种方式	生长状况	来源地
BJ	4	a	采集	G	山东、江西
FJ	2	a	采集	A	福建
GD	1	f	采集	G	待确定
HN	1	c	采集	B	海南
SH	1	a	采集	A	待确定

种质库保存

保存地点	保存方式	种质份数	个体数量	引种方式	来源地
HN	种子	4	b	采集	海南、广东
BJ	种子	6	b	采集	海南、河北、福建

黄荆 *Vitex negundo* L.

功效主治　种子：镇痛，镇静，祛痰，止咳。

濒危等级　中国植物红色名录评估为无危（LC）。

迁地栽培保存

保存地点	种质份数	个体数量	引种方式	生长状况	来源地
BJ	2	b	采集	G	湖北、云南
JS1	1	a	采集	D	江苏
YN	1	a	采集	C	云南
SC	1	f	待确定	G	四川
HEN	1	b	采集	A	河南
GZ	1	a	采集	C	贵州
CQ	1	a	采集	C	重庆
HN	1	a	采集	B	海南

种质库保存

保存地点	保存方式	种质份数	个体数量	引种方式	来源地
BJ	种子	68	d	采集	福建、广西、湖北、海南、云南、河南、河北、山西、四川、江西、贵州、甘肃

黄毛牡荆 *Vitex vestita* Wall. ex Schauer.

濒危等级 中国植物红色名录评估为无危（LC）。

种质库保存

保存地点	保存方式	种质份数	个体数量	引种方式	来源地
BJ	种子	6	b	采集	云南

灰毛牡荆 *Vitex canescens* Kurz

功效主治 根：用于外感风寒，疟疾，蛲虫病。果实：用于胃痛。

濒危等级 中国植物红色名录评估为无危（LC）。

种质库保存

保存地点	保存方式	种质份数	个体数量	引种方式	来源地
BJ	种子	2	a	采集	河北、云南

荆条 *Vitex negundo* var. *heterophylla* (Franch.) Rehd.

濒危等级 中国植物红色名录评估为无危（LC）。

迁地栽培保存

保存地点	种质份数	个体数量	引种方式	生长状况	来源地
BJ	1	b	采集	G	四川
GX	*	f	采集	G	北京

种质库保存

保存地点	保存方式	种质份数	个体数量	引种方式	来源地
BJ	种子	8	b	采集	四川、山西

蔓荆 *Vitex trifolia* L.

功效主治　叶：用于跌打损伤。果实（蔓荆子）：疏散风热，清利头目。用于风热感冒头痛，齿龈肿痛，目赤多泪，目暗不明，头晕目眩。

濒危等级　中国植物红色名录评估为无危（LC）。

迁地栽培保存

保存地点	种质份数	个体数量	引种方式	生长状况	来源地
HN	2	a	采集	B	海南
GD	1	a	采集	C	待确定
JS2	1	b	购买	C	江苏
YN	1	a	采集	A	云南

种质库保存

保存地点	保存方式	种质份数	个体数量	引种方式	来源地
BJ	种子	50	c	采集	海南、重庆、云南、黑龙江、广西、山西、甘肃
HN	种子	2	a	采集	海南、湖南

牡荆 *Vitex negundo* var. *cannabifolia* (Sieb. et Zucc.) Hand.-Mazz.

濒危等级　中国植物红色名录评估为无危（LC）。

迁地栽培保存

保存地点	种质份数	个体数量	引种方式	生长状况	来源地
FJ	4	a	采集	A	福建
BJ	2	b	采集	G	北京
GZ	1	a	采集	C	贵州

保存地点	种质份数	个体数量	引种方式	生长状况	来源地
ZJ	1	b	采集	A	山东
SH	1	a	采集	A	待确定
HB	1	a	采集	C	湖北
GD	1	a	采集	D	待确定
CQ	1	a	采集	C	重庆
JS1	1	a	购买	C	江苏

种质库保存

保存地点	保存方式	种质份数	个体数量	引种方式	来源地
HN	种子	5	c	采集	海南
BJ	种子	45	c	采集	云南、江西、海南、湖北、山西、安徽、福建、贵州

山牡荆 *Vitex quinata* (Lour.) F. N. Williams.

功效主治 根、茎髓：止咳，定喘，镇静，退热。

濒危等级 中国植物红色名录评估为无危（LC）。

迁地栽培保存

保存地点	种质份数	个体数量	引种方式	生长状况	来源地
BJ	1	a	采集	G	广西
GD	1	f	采集	G	待确定

种质库保存

保存地点	保存方式	种质份数	个体数量	引种方式	来源地
BJ	种子	4	b	采集	云南
HN	种子	4	b	采集	广东、海南

穗花牡荆 *Vitex agnus-castus* L.

功效主治 叶：用于月经不调，乳痈，带下病，心悸，眼疾。

迁地栽培保存

保存地点	种质份数	个体数量	引种方式	生长状况	来源地
SH	2	a	采集	A	待确定

微毛布惊　*Vitex quinata* var. *puberula*（Lam.）Moldenke

濒危等级　中国植物红色名录评估为无危（LC）。

迁地栽培保存

保存地点	种质份数	个体数量	引种方式	生长状况	来源地
YN	1	a	采集	C	云南

种质库保存

保存地点	保存方式	种质份数	个体数量	引种方式	来源地
BJ	种子	8	b	采集	云南

小叶荆　*Vitex negundo* var. *microphylla* Hand.-Mazz.

种质库保存

保存地点	保存方式	种质份数	个体数量	引种方式	来源地
BJ	种子	1	a	采集	四川

莺哥木　*Vitex pierreana* Dop.

濒危等级　海南省重点保护植物，中国植物红色名录评估为易危（VU）。

迁地栽培保存

保存地点	种质份数	个体数量	引种方式	生长状况	来源地
HN	2	a	采集	C	海南

越南牡荆　*Vitex tripinnata*（Lour.）Merr.

功效主治　茎木：用于胃肠疾病。

濒危等级 中国植物红色名录评估为无危（LC）。

迁地栽培保存

保存地点	种质份数	个体数量	引种方式	生长状况	来源地
HN	1	d	采集	C	海南

种质库保存

保存地点	保存方式	种质份数	个体数量	引种方式	来源地
BJ	种子	1	a	采集	重庆
HN	种子	1	a	采集	海南

牛至属 *Origanum*

牛至 *Origanum vulgare* L.

功效主治 地上部分（牛至）：辛，微温。消暑解表，利水消肿。用于暑湿感冒，头痛身重，腹痛吐泻，水肿。

迁地栽培保存

保存地点	种质份数	个体数量	引种方式	生长状况	来源地
GX	2	f	采集	G	加拿大、法国
HEN	1	c	采集	A	河南

种质库保存

保存地点	保存方式	种质份数	个体数量	引种方式	来源地
BJ	种子	1	a	采集	甘肃

脓疮草属 *Panzerina*

脓疮草 *Panzeria alaschanica* Kuprian.

功效主治 地上部分：活血调经，利尿消肿。用于月经不调，痛经，闭经，恶露不尽，水肿尿少。全草：用于疥疮。

种质库保存

保存地点	保存方式	种质份数	个体数量	引种方式	来源地
BJ	种子	1	d	采集	宁夏

欧夏至草属　*Marrubium*

灰毛欧夏至草　*Marrubium incanum* Desr.

迁地栽培保存

保存地点	种质份数	个体数量	引种方式	生长状况	来源地
BJ	1	b	赠送	G	波兰

欧夏至草　*Marrubium vulgare* L.

功效主治　全草：健胃，祛痰。用于咳嗽痰喘。

濒危等级　中国植物红色名录评估为无危（LC）。

迁地栽培保存

保存地点	种质份数	个体数量	引种方式	生长状况	来源地
BJ	1	b	赠送	G	保加利亚
GX	*	f	采集	G	法国

排草香属　*Anisochilus*

排草香　*Anisochilus carnosus*（L. f.）Benth.

功效主治　根茎：辛，温。利尿，辟秽。用于水肿，浮肿。全草：淡，温。解毒，燥湿。用于风湿痹痛，水肿。

迁地栽培保存

保存地点	种质份数	个体数量	引种方式	生长状况	来源地
GX	*	f	采集	G	广东

异唇花 *Anisochilus pallidus* Wall. ex Benth.

濒危等级 中国植物红色名录评估为无危（LC）。

种质库保存

保存地点	保存方式	种质份数	个体数量	引种方式	来源地
BJ	种子	1	a	采集	云南

鞘蕊花属 *Coleus*

肉叶鞘蕊花 *Coleus carnosifolius*（Hemsl.）Dunn

功效主治 全草：用于咽喉肿痛，小儿疳积；外用于疮疡肿毒，毒蛇咬伤，疥疮。

濒危等级 中国特有植物，中国植物红色名录评估为无危（LC）。

迁地栽培保存

保存地点	种质份数	个体数量	引种方式	生长状况	来源地
GX	*	f	采集	G	广西

青兰属 *Dracocephalum*

白花枝子花 *Dracocephalum heterophyllum* Benth.

功效主治 全草：苦、辛，寒。清热，止咳，清肝火，散郁结。用于肝阳上亢，咳嗽痰喘，瘿瘤，瘰疬，口腔溃疡。

濒危等级 中国植物红色名录评估为无危（LC）。

种质库保存

保存地点	保存方式	种质份数	个体数量	引种方式	来源地
BJ	种子	1	a	采集	甘肃

毛建草 *Dracocephalum rupestre* Hance

功效主治 全草（岩青兰）：甘、辛，凉。清热解毒，凉血止血。用于外感风热，头痛，咽喉痛，咳嗽，胸胁胀满，黄疸，吐血，衄血，痢疾。

濒危等级 中国特有植物，中国植物红色名录评估为无危（LC）。

迁地栽培保存

保存地点	种质份数	个体数量	引种方式	生长状况	来源地
BJ	3	b	采集	G	河北、山西．北京
GX	*	f	采集	G	北京

青兰 *Dracocephalum ruyschiana* L.

功效主治 全草：用于头痛，咽喉痛。

濒危等级 中国植物红色名录评估为无危（LC）。

迁地栽培保存

保存地点	种质份数	个体数量	引种方式	生长状况	来源地
BJ	1	b	采集	G	青海
GX	*	f	采集	G	法国
GX	*	f	采集	G	法国

种质库保存

保存地点	保存方式	种质份数	个体数量	引种方式	来源地
BJ	种子	1	a	采集	甘肃

香青兰 *Dracocephalum moldavica* L.

功效主治 地上部分：甘、苦，凉。泻火，清热，止痛，止血。用于咳嗽痰喘，感冒，头痛，咽喉痛，黄疸，吐血，衄血。

迁地栽培保存

保存地点	种质份数	个体数量	引种方式	生长状况	来源地
BJ	5	d	赠送、采集	G	保加利亚，波兰，中国山东、山西、甘肃
NMG	1	d	采集	C	内蒙古

种质库保存

保存地点	保存方式	种质份数	个体数量	引种方式	来源地
BJ	种子	1	a	采集	新疆

掌叶青兰 *Dracocephalum palmatoides* C. Y. Wu & W. T. Wang

功效主治 全草：甘、辛，凉。清热解毒，凉血止血。用于外感风热，头痛，咽喉痛，咳嗽，胸胁胀满，黄疸，吐血，衄血，痢疾。

迁地栽培保存

保存地点	种质份数	个体数量	引种方式	生长状况	来源地
BJ	1	b	采集	G	河北

绒苞藤属 *Congea*

华绒苞藤 *Congea chinensis* Moldenke

濒危等级 中国植物红色名录评估为无危（LC）。

种质库保存

保存地点	保存方式	种质份数	个体数量	引种方式	来源地
BJ	种子	1	a	采集	福建

绒苞藤 *Congea tomentosa* Roxb.

濒危等级 中国植物红色名录评估为无危（LC）。

迁地栽培保存

保存地点	种质份数	个体数量	引种方式	生长状况	来源地
HN	2	a	采集	C	待确定

沙穗属　*Eremostachys*

沙穗　*Eremostachys moluccelloides* Bunge

濒危等级　中国植物红色名录评估为无危（LC）。

迁地栽培保存

保存地点	种质份数	个体数量	引种方式	生长状况	来源地
BJ	1	a	采集	G	新疆

麝香木属　*Tetradenia*

臭白花　*Tetradenia riparia*（Hochst.）Codd

功效主治　叶：驱虫，抗原虫，祛痰，提神。用于胃痛，腹泻，疟疾，发热，发热性惊厥，咳嗽，流行性感冒，疼痛，头痛，癫痫，水肿，炭疽，雅司病。

迁地栽培保存

保存地点	种质份数	个体数量	引种方式	生长状况	来源地
CQ	1	a	采集	F	重庆

神香草属　*Hyssopus*

神香草　*Hyssopus officinalis* L.

功效主治　全草：用于疮痈疥癣。

迁地栽培保存

保存地点	种质份数	个体数量	引种方式	生长状况	来源地
BJ	1	b	赠送	G	保加利亚
GX	*	f	采集	G	法国

种质库保存

保存地点	保存方式	种质份数	个体数量	引种方式	来源地
BJ	种子	1	a	采集	河北

硬尖神香草 *Hyssopus cuspidatus* Boriss.

功效主治 全草：清热解毒。用于疮痈疥癣，感冒，发热，咳嗽。

濒危等级 中国植物红色名录评估为无危（LC）。

迁地栽培保存

保存地点	种质份数	个体数量	引种方式	生长状况	来源地
BJ	1	b	采集	G	新疆
GX	*	f	采集	G	新疆

肾茶属 *Clerodendranthus*

肾茶 *Clerodendranthus spicatus* (Thunb.) C. Y. Wu ex H. W. Li

功效主治 全草（猫须草）：甘、微苦，凉。清热祛湿，排石利尿。用于水肿，小便涩痛，砂淋，风湿关节痛。

迁地栽培保存

保存地点	种质份数	个体数量	引种方式	生长状况	来源地
BJ	2	d	采集	G	云南、广西
CQ	1	a	赠送	C	广西
FJ	1	a	赠送	A	云南
GD	1	f	采集	G	待确定
HN	1	b	赠送	B	海南
YN	1	e	采集	A	云南

狮耳花属 *Leonotis*

狮耳花 *Leonotis leonurus* (L.) R. Br.

功效主治 叶、花：通便，驱虫。用于蛲虫病，胃病，感冒，流行性感冒，急性细菌性结膜炎。

迁地栽培保存

保存地点	种质份数	个体数量	引种方式	生长状况	来源地
CQ	1	b	购买	B	重庆

石荠苧属 *Mosla*

杭州石荠苧 *Mosla hangchowensis* Matsuda

功效主治 全草：辛，温。解表，清暑，和中，解毒。

濒危等级 中国特有植物，中国植物红色名录评估为近危（NT）。

迁地栽培保存

保存地点	种质份数	个体数量	引种方式	生长状况	来源地
BJ	1	a	采集	G	浙江

少花荠苧 *Mosla pauciflora* (C. Y. Wu) C. Y. Wu ex H. W. Li

功效主治 全草：用于感冒，咽喉肿痛，中暑，吐泻。

濒危等级 中国特有植物，中国植物红色名录评估为数据缺乏（DD）。

种质库保存

保存地点	保存方式	种质份数	个体数量	引种方式	来源地
BJ	种子	1	a	采集	待确定

石荠苧 *Mosla scabra* (Thunb.) C. Y. Wu & H. W. Li

功效主治 全草（石荠苧）：辛，微温。疏风清暑，行气理血，利湿止痒。用于感冒头痛，咽喉肿痛，中暑，吐泻，痢疾，小便不利，水肿，带下病。炒炭后用于便血，崩漏；外用于跌打损伤，外伤出血，痱子，疹，足癣，多发性疖肿，毒蛇咬伤。

濒危等级　中国植物红色名录评估为无危（LC）。

迁地栽培保存

保存地点	种质份数	个体数量	引种方式	生长状况	来源地
GX	2	f	采集	G	广西、上海
BJ	1	a	采集	G	海南
GD	1	f	采集	G	待确定
ZJ	1	d	采集	A	浙江

种质库保存

保存地点	保存方式	种质份数	个体数量	引种方式	来源地
BJ	种子	11	c	采集	安徽、广西、江苏、四川

石香薷　*Mosla chinensis* Maxim.

功效主治　全草（青香薷）：辛，微温。发汗解表，和中利湿。用于暑湿感冒，恶寒发热，头痛无汗，腹痛吐泻，小便不利。

濒危等级　中国植物红色名录评估为无危（LC）。

迁地栽培保存

保存地点	种质份数	个体数量	引种方式	生长状况	来源地
JS2	1	c	购买	C	江苏
GX	*	f	采集	G	广西

种质库保存

保存地点	保存方式	种质份数	个体数量	引种方式	来源地
HN	种子	1	b	采集	湖南
BJ	种子	52	e	采集	广西、江西、湖北、江苏

小花荠苎　*Mosla cavaleriei* H. Lév.

功效主治　全草（七星剑）：辛，微温。发汗解暑，健脾利湿，止痒，解蛇毒。用于感冒中暑，吐泻，消化不良，水肿；外用于湿疹，疮疖肿毒，跌打肿痛，狂犬、毒砣咬伤。

濒危等级　中国植物红色名录评估为无危（LC）。

迁地栽培保存

保存地点	种质份数	个体数量	引种方式	生长状况	来源地
BJ	1	b	采集	C	江西

小鱼仙草　*Mosla dianthera*（Buch.-Ham. ex Roxb.）Maxim.

功效主治　全草（大叶香薷）：辛，温。祛风发表，利湿止痒。用于感冒头痛，乳蛾，中暑，溃疡，痢疾；外用于湿疹，痱子，皮肤瘙痒，疮疖，蜈蚣咬伤。

濒危等级　中国植物红色名录评估为无危（LC）。

迁地栽培保存

保存地点	种质份数	个体数量	引种方式	生长状况	来源地
GX	2	f	采集	G	日本，中国广西

种质库保存

保存地点	保存方式	种质份数	个体数量	引种方式	来源地
BJ	种子	2	a	采集	江西、云南
HN	种子	3	b	采集	湖南

石梓属　*Gmelina*

苦梓　*Gmelina hainanensis* Oliv.

功效主治　叶：用于疮痈疥癣，水肿。

濒危等级　国家重点保护野生植物名录（第一批）二级，中国植物红色名录评估为无危（LC）。

迁地栽培保存

保存地点	种质份数	个体数量	引种方式	生长状况	来源地
HN	2	a	采集	C	海南
YN	1	a	采集	C	云南
ZJ	1	c	购买	A	广西

石梓 *Gmelina chinensis* Benth.

功效主治 根（石梓）：甘、微辛、苦，微温。有小毒。活血祛瘀，祛湿止痛。用于风湿痛，闭经。

濒危等级 中国特有植物，中国植物红色名录评估为无危（LC）。

迁地栽培保存

保存地点	种质份数	个体数量	引种方式	生长状况	来源地
HN	2	a	采集	C	海南

亚洲石梓 *Gmelina asiatica* L.

功效主治 根：用于风湿痛。

濒危等级 中国植物红色名录评估为无危（LC）。

迁地栽培保存

保存地点	种质份数	个体数量	引种方式	生长状况	来源地
GX	*	f	采集	G	广西

云南石梓 *Gmelina arborea* Roxb. ex Sm.

功效主治 根：清热解毒，活血疗伤。用于外伤，疮痈疥癣，伤口长期溃疡不愈，蝎螫伤。

濒危等级 中国植物红色名录评估为易危（VU）。

迁地栽培保存

保存地点	种质份数	个体数量	引种方式	生长状况	来源地
HN	1	a	赠送	C	云南
YN	1	a	采集	A	云南

种质库保存

保存地点	保存方式	种质份数	个体数量	引种方式	来源地
BJ	种子	8	a	采集	待确定

鼠尾草属　*Salvia*

长冠鼠尾草　*Salvia plectranthoides* Griff.

功效主治　根（红骨参）：苦、甘，温。活血强筋，补虚调经，温经活络。用于风寒湿痹，手足麻木，筋骨痛，半身不遂，痿软，流涎，伤风咳嗽。全草：通经活络。用于月经不调，风寒感冒，腹痛。

濒危等级　中国植物红色名录评估为无危（LC）。

迁地栽培保存

保存地点	种质份数	个体数量	引种方式	生长状况	来源地
SH	1	b	采集	A	待确定
GX	*	f	采集	G	湖北

丹参　*Salvia miltiorrhiza* Bunge

功效主治　根及根茎（丹参）：苦，凉。祛瘀止痛，活血通经。用于月经不调，闭经，痛经，癥瘕积聚，胸腹刺痛，热痹疼痛，疮疡肿痛，心烦不眠，肝脾肿大，心绞痛。

濒危等级　中国植物红色名录评估为无危（LC）。

迁地栽培保存

保存地点	种质份数	个体数量	引种方式	生长状况	来源地
BJ	41	e	采集	G	陕西、四川、河北、山西、山东、河南
SC	4	f	待确定	G	四川
GX	2	f	采集	G	广西、山东
JS1	1	b	赠送	B	山东
CQ	1	a	购买	C	四川
XJ	1	b	购买	A	河北
SH	1	b	采集	A	待确定
JS2	1	e	购买	C	江苏
HB	1	a	采集	C	湖北
FJ	1	a	购买	B	山东

续表

保存地点	种质份数	个体数量	引种方式	生长状况	来源地
HEN	1	e	赠送	A	河南
GD	1	b	采集	F	待确定

种质库保存

保存地点	保存方式	种质份数	个体数量	引种方式	来源地
BJ	种子	89	e	采集	甘肃、河北、四川、山西、吉林、陕西、山东、湖北、安徽

地埂鼠尾草 *Salvia scapiformis* Hance

功效主治　根：活血调经，止痛。用于月经不调，带下病，痛经。全草（白补药）：辛，平。强筋壮骨，补虚益损。用于肺痨，虚弱干瘦，头晕目眩。

迁地栽培保存

保存地点	种质份数	个体数量	引种方式	生长状况	来源地
HB	1	a	采集	C	湖北

鄂西鼠尾草 *Salvia maximowicziana* Hemsl.

功效主治　叶：清热解毒，散瘀消肿。外用于疮毒。

濒危等级　中国特有植物，中国植物红色名录评估为无危（LC）。

迁地栽培保存

保存地点	种质份数	个体数量	引种方式	生长状况	来源地
GX	*	f	采集	G	湖北

佛光草 *Salvia substolonifera* E. Peter

功效主治　全草（走茎丹参）：微苦、辛，平。清热利湿，平喘止咳，调经止血。用于风湿，咳嗽痰多气喘，吐血，带下病，尿频，腰痛，痧证。

濒危等级　中国特有植物，中国植物红色名录评估为无危（LC）。

迁地栽培保存

保存地点	种质份数	个体数量	引种方式	生长状况	来源地
SC	2	f	待确定	G	四川
BJ	1	b	采集	G	江西
CQ	1	b	采集	B	重庆
SH	1	b	采集	A	待确定

甘西鼠尾草　*Salvia przewalskii* Maxim.

功效主治　根：活血祛瘀，安神宁心，排脓，止痛。用于心绞痛，月经不调，痛经，闭经，血崩，带下病，癥瘕积聚，瘀血腹痛，骨节疼痛，惊悸不眠，恶疮肿毒，乳痈，痛肿，吐血，风湿痹痛，肝脾肿大。

濒危等级　中国特有植物，中国植物红色名录评估为无危（LC）。

种质库保存

保存地点	保存方式	种质份数	个体数量	引种方式	来源地
BJ	种子	1	a	采集	待确定

贵州鼠尾草　*Salvia cavaleriei* H. Lia

功效主治　全草：用于月经不调，痛经，闭经，肾虚腰痛，疟疾。

濒危等级　中国特有植物，中国植物红色名录评估为无危（LC）。

迁地栽培保存

保存地点	种质份数	个体数量	引种方式	生长状况	来源地
GX	2	f	采集	G	湖北、贵州
GZ	1	b	采集	C	贵州

红根草　*Salvia prionitis* Hance

功效主治　全草：微苦，凉。清热解毒。用于乳蛾，咽喉痛，咳嗽痰喘，泄泻，痢疾。

濒危等级　中国植物红色名录评估为无危（LC）。

迁地栽培保存

保存地点	种质份数	个体数量	引种方式	生长状况	来源地
GD	1	b	采集	D	待确定
GX	*	f	采集	G	法国

华鼠尾草 *Salvia chinensis* Benth.

功效主治 地上部分（石见穿）：苦、辛，平。清热解毒，活血，理气，止痛。用于胁痛，脘胁胀痛，湿热带下，乳痈，噎膈，痰喘，疖肿。

濒危等级 中国特有植物，中国植物红色名录评估为无危（LC）。

迁地栽培保存

保存地点	种质份数	个体数量	引种方式	生长状况	来源地
SH	1	b	采集	A	待确定

种质库保存

保存地点	保存方式	种质份数	个体数量	引种方式	来源地
GX	种子	*	f	采集	广西
SC	种子	1	d	采集	湖北

黄花鼠尾草 *Salvia flava* Forrest ex Diels

功效主治 根：活血祛瘀。

濒危等级 中国特有植物，中国植物红色名录评估为无危（LC）。

种质库保存

保存地点	保存方式	种质份数	个体数量	引种方式	来源地
BJ	种子	1	a	采集	甘肃

康定鼠尾草 *Salvia prattii* Hemsl.

濒危等级 中国特有植物，中国植物红色名录评估为无危（LC）。

迁地栽培保存

保存地点	种质份数	个体数量	引种方式	生长状况	来源地
BJ	1	b	采集	G	四川

蓝花鼠尾草 *Salvia farinacea* Benth.

迁地栽培保存

保存地点	种质份数	个体数量	引种方式	生长状况	来源地
BJ	1	d	采集	G	北京
GZ	1	f	购买	F	贵州
LN	1	d	采集	A	辽宁

荔枝草 *Salvia plebeia* R. Br.

功效主治　根：苦、辛，凉。凉血，活血，消肿。用于吐血，衄血，崩漏，跌打伤痛，腰痛，肿毒，流火。

迁地栽培保存

保存地点	种质份数	个体数量	引种方式	生长状况	来源地
BJ	2	d	采集	G	北京、山东
SC	2	f	待确定	G	四川
CQ	1	a	采集	C	重庆
GD	1	f	采集	G	待确定
JS1	1	c	采集	B	江苏
SH	1	b	采集	A	待确定
GX	*	f	采集	G	山东

种质库保存

保存地点	保存方式	种质份数	个体数量	引种方式	来源地
BJ	种子	7	b	采集	云南、广西、四川

林地鼠尾草 *Salvia nemorosa* Linn.

功效主治 全草：止血。用于创伤。

迁地栽培保存

保存地点	种质份数	个体数量	引种方式	生长状况	来源地
BJ	1	d	采集	G	待确定

墨西哥鼠尾草 *Salvia leucantha* Cav.

功效主治 全株：祛风。

迁地栽培保存

保存地点	种质份数	个体数量	引种方式	生长状况	来源地
BJ	1	d	采集	G	北京

南丹参 *Salvia bowleyana* Dunn

功效主治 根：祛瘀生新，活血调经，清心除烦。用于月经不调，闭经腹痛，郁证，失眠，心烦，心悸，肝脾肿大，关节疼痛。

濒危等级 中国特有植物，中国植物红色名录评估为无危（LC）。

迁地栽培保存

保存地点	种质份数	个体数量	引种方式	生长状况	来源地
BJ	2	b	采集	G	江西、安徽
GD	1	a	采集	E	待确定
SH	1	b	采集	A	待确定

南欧丹参 *Salvia sclarea* L.

功效主治 全草：止汗，镇痛。

迁地栽培保存

保存地点	种质份数	个体数量	引种方式	生长状况	来源地
BJ	1	d	赠送	G	保加利亚

荞麦地鼠尾草 *Salvia kiaometiensis* H. Lia

功效主治　根：活血祛瘀，安神宁心，排脓，调经止痛。用于心绞痛，月经不调，痛经，闭经，血崩，带下病，癥瘕积聚，瘀血腹痛，骨节疼痛，惊悸不眠，恶疮肿毒，乳痈，痈肿，吐血，风湿痹痛，肝脾肿大。

濒危等级　中国特有植物，中国植物红色名录评估为无危（LC）。

迁地栽培保存

保存地点	种质份数	个体数量	引种方式	生长状况	来源地
FJ	6	c	采集	A	福建

深蓝鼠尾草 *Salvia guaranitica* A. St.-Hil. ex Benth.

迁地栽培保存

保存地点	种质份数	个体数量	引种方式	生长状况	来源地
BJ	1	d	采集	G	湖北

鼠尾草 *Salvia japonica* Thunb.

功效主治　全草或根：苦、辛，平。清热解毒，活血祛瘀，消肿，止血。用于跌打损伤，风湿骨痛，水肿，带下病，痛经，产后流血过多，瘰疬，肝毒，丝虫病，面瘫，头痛，乳痈，疔肿。

濒危等级　中国植物红色名录评估为无危（LC）。

迁地栽培保存

保存地点	种质份数	个体数量	引种方式	生长状况	来源地
BJ	1	d	采集	G	江西
JS1	1	a	采集	D	江苏
JS2	1	c	购买	C	江苏
GX	*	f	采集	G	日本

种质库保存

保存地点	保存方式	种质份数	个体数量	引种方式	来源地
BJ	种子	10	b	采集	四川、山西、云南

天蓝鼠尾草 *Salvia uliginosa* Benth.

迁地栽培保存

保存地点	种质份数	个体数量	引种方式	生长状况	来源地
JS1	1	a	购买	D	江苏

血盆草 *Salvia cavaleriei* var. *simplicifolia* E. Peter

功效主治　全草：用于跌打损伤，风湿骨痛。

濒危等级　中国特有植物，中国植物红色名录评估为无危（LC）。

迁地栽培保存

保存地点	种质份数	个体数量	引种方式	生长状况	来源地
SC	3	f	待确定	G	四川
BJ	1	b	采集	G	广西

药用鼠尾草 *Salvia officinalis* L.

功效主治　叶：用于咽喉痛。

迁地栽培保存

保存地点	种质份数	个体数量	引种方式	生长状况	来源地
BJ	1	d	采集	G	待确定

种质库保存

保存地点	保存方式	种质份数	个体数量	引种方式	来源地
BJ	种子	1	a	采集	黑龙江

一串红　*Salvia splendens* Ker Gawl.

功效主治　全草：消肿，解毒，凉血。用于蛇咬伤。

迁地栽培保存

保存地点	种质份数	个体数量	引种方式	生长状况	来源地
HB	1	f	采集	C	湖北
SH	1	b	采集	A	待确定
GZ	1	b	购买	C	贵州
GD	1	b	采集	D	待确定
CQ	1	a	购买	F	重庆
BJ	1	d	采集	G	北京
JS1	1	a	采集	C	江苏

种质库保存

保存地点	保存方式	种质份数	个体数量	引种方式	来源地
BJ	种子	7	b	采集	云南、四川

银白鼠尾草　*Salvia argentea* L.

功效主治　嫩叶：外用于伤口出血。

迁地栽培保存

保存地点	种质份数	个体数量	引种方式	生长状况	来源地
BJ	1	c	赠送	G	保加利亚

云南鼠尾草　*Salvia yunnanensis* C. H. Wright

功效主治　根及根茎（滇丹参）：苦，凉。活血调经，清心除烦，行瘀止痛，安神。用于月经不调，闭经，痛经，产后腹痛，跌打损伤，关节疼痛，疝痛，腰痛，肝硬化，疮疡肿毒。

濒危等级　中国特有植物，中国植物红色名录评估为无危（LC）。

迁地栽培保存

保存地点	种质份数	个体数量	引种方式	生长状况	来源地
GZ	1	b	采集	C	贵州

浙皖丹参 *Salvia sinica* Migo

功效主治 根：活血祛瘀，安神宁心，排脓，调经止痛。用于心绞痛，月经不调，痛经，闭经，血崩，带下病，癥瘕积聚，瘀血腹痛，骨节疼痛，惊悸不眠，恶疮肿毒，乳痈，痈肿，吐血，风湿痹痛，肝脾肿大。

濒危等级 中国特有植物，中国植物红色名录评估为无危（LC）。

迁地栽培保存

保存地点	种质份数	个体数量	引种方式	生长状况	来源地
BJ	1	d	采集	G	．江西

朱唇 *Salvia coccinea* L. f.

功效主治 全草（小红花）：辛、微苦、涩，凉。凉血，止血，清热利湿，用于血崩，高热，腹痛。

迁地栽培保存

保存地点	种质份数	个体数量	引种方式	生长状况	来源地
BJ	1	a	采集	G	浙江

种质库保存

保存地点	保存方式	种质份数	个体数量	引种方式	来源地
BJ	种子	1	a	采集	云南

紫背贵州鼠尾草 *Salvia cavaleriei* var. *erythrophylla* (Hemls.) Stib.

濒危等级 中国特有植物，中国植物红色名录评估为无危（LC）。

迁地栽培保存

保存地点	种质份数	个体数量	引种方式	生长状况	来源地
CQ	1	a	采集	C	重庆

水棘针属　*Amethystea*

水棘针　*Amethystea coerulea* L.

功效主治　全草：止痢，止泻，健脾，消食。

迁地栽培保存

保存地点	种质份数	个体数量	引种方式	生长状况	来源地
BJ	1	a	采集	G	辽宁
HLJ	1	c	采集	A	黑龙江

水蜡烛属　*Dysophylla*

水虎尾　*Dysophylla stellata*（Lour.）Benth.

功效主治　全草：辛，平。有小毒。行气止痛，散血毒，散瘀消肿。用于毒蛇咬伤，疮痈肿毒，湿疹，跌打瘀肿，皮肤红肿。

迁地栽培保存

保存地点	种质份数	个体数量	引种方式	生长状况	来源地
GX	*	f	采集	G	广西

水苏属　*Stachys*

德国水苏　*Stachys germanica* L.

功效主治　全草：作兽药用于驴、马皮肤病，创伤出血。

迁地栽培保存

保存地点	种质份数	个体数量	引种方式	生长状况	来源地
BJ	1	a	赠送	G	前苏联

地蚕 *Stachys geobombycis* C. Y. Wu

功效主治 块茎：甘，平。益肾润肺，滋阴补血，清热除烦。用于肺痨，肺虚气喘，吐血，盗汗，贫血，小儿疳积。全草：祛风毒。用于跌打损伤，疮疖。

濒危等级 中国特有植物，中国植物红色名录评估为无危（LC）。

迁地栽培保存

保存地点	种质份数	个体数量	引种方式	生长状况	来源地
BJ	3	c	采集	C	广西、江西
FJ	3	b	赠送	A	福建
GD	1	f	采集	G	待确定

萼芒水苏 *Stachys atherocalyx* K. Koch

迁地栽培保存

保存地点	种质份数	个体数量	引种方式	生长状况	来源地
BJ	1	a	采集	G	北京

甘露子 *Stachys sieboldii* Miq.

功效主治 全草或块茎：甘，平。祛风热，利湿，活血散瘀。用于黄疸，小便淋痛，风热感冒，肺痨，虚劳咳嗽，小儿疳积，疮毒肿痛，蛇虫咬伤。

濒危等级 中国植物红色名录评估为无危（LC）。

迁地栽培保存

保存地点	种质份数	个体数量	引种方式	生长状况	来源地
BJ	1	b	采集	G	北京
HB	1	a	采集	C	湖北

甘露子（原变种） *Stachys sieboldii* Miq. var. *sieboldii*

濒危等级　中国植物红色名录评估为无危（LC）。

迁地栽培保存

保存地点	种质份数	个体数量	引种方式	生长状况	来源地
HEN	1	b	采集	A	河南

高山水苏 *Stachys annua*（L.）L.

功效主治　全草：用于气滞血瘀、气虚、血热所导致的毛细血管扩张等。

迁地栽培保存

保存地点	种质份数	个体数量	引种方式	生长状况	来源地
BJ	1	a	赠送	G	前苏联

林地水苏 *Stachys sylvatica* L.

功效主治　全草：祛痰，通经。用于创伤出血。

濒危等级　中国植物红色名录评估为无危（LC）。

迁地栽培保存

保存地点	种质份数	个体数量	引种方式	生长状况	来源地
GX	*	f	采集	G	德国

绵毛水苏 *Stachys lanata* Jacq.

功效主治　全草：清热解毒。用于创伤出血，各种感染。

迁地栽培保存

保存地点	种质份数	个体数量	引种方式	生长状况	来源地
BJ	1	a	赠送	G	前苏联

水苏 *Stachys japonica* Miq.

功效主治 全草或根：清热解毒。用于创伤出血，久痢。块根：用于蛇串疮。

迁地栽培保存

保存地点	种质份数	个体数量	引种方式	生长状况	来源地
GX	2	f	采集	G	中国广西，法国
SH	1	b	采集	A	待确定
BJ	1	b	采集	C	江西

针筒菜 *Stachys oblongifolia* Wall. ex Benth.

功效主治 全草或根（野油麻）：辛、微甘，温。补中益气，止血生肌。用于久痢，病后虚弱，外伤出血。

迁地栽培保存

保存地点	种质份数	个体数量	引种方式	生长状况	来源地
BJ	1	b	采集	C	江西

直花水苏 *Stachys strictiflora* C. Y. Wu

迁地栽培保存

保存地点	种质份数	个体数量	引种方式	生长状况	来源地
GX	*	f	采集	G	法国

四棱草属 *Schnabelia*

四齿四棱草 *Schnabelia tetrodonta*（Y. Z. Sun）C. Y. Wu & C. Chen

功效主治 全草：活血通经，祛风逐湿，行气活络，散瘀止痛。用于闭经，感冒，风湿痹痛，四肢麻木，跌打损伤，骨节肿痛，烫火伤，痈疮肿毒。

濒危等级 中国特有植物，中国植物红色名录评估为无危（LC）。

迁地栽培保存

保存地点	种质份数	个体数量	引种方式	生长状况	来源地
GX	*	f	采集	G	湖北
CQ	1	b	采集	C	重庆

四棱草　*Schnabelia oligophylla* Hand.-Mazz.

功效主治　全草（四棱筋骨草）：辛、苦，温。活血通经，祛风逐湿，行气活络，散瘀止痛。用于闭经，感冒，风湿痹痛，四肢麻木，跌打损伤，骨节肿痛，烫火伤，痈疮肿毒。

濒危等级　中国特有植物，中国植物红色名录评估为无危（LC）。

迁地栽培保存

保存地点	种质份数	个体数量	引种方式	生长状况	来源地
SC	1	f	待确定	G	四川
GX	*	f	采集	G	广西

兔唇花属　*Lagochilus*

二刺叶兔唇花　*Lagochilus diacanthophyllus* (Pall.) Benth.

功效主治　全草：清热，止血，镇静。

濒危等级　中国植物红色名录评估为无危（LC）。

迁地栽培保存

保存地点	种质份数	个体数量	引种方式	生长状况	来源地
GX	*	f	采集	G	新疆

夏枯草属　*Prunella*

大花夏枯草　*Prunella grandiflora* (L.) Jacq.

功效主治　带花的地上部分：用于手热，手汗，伤口感染。

迁地栽培保存

保存地点	种质份数	个体数量	引种方式	生长状况	来源地
GX	*	f	采集	G	法国

山菠菜 *Prunella asiatica* Nakai

功效主治　全草或花、果穗（夏枯草）：苦、辛，寒。清肝明目，清热，散郁结，强心利尿。用于肺痨，瘰疬，瘿瘤，黄疸，筋骨疼痛，眼涩肿痛，畏光流泪，眩晕，口眼㖞斜，肝阳上亢，头痛，耳鸣，乳痈，疖腮，痈疮肿毒，淋证，崩漏，带下病。

迁地栽培保存

保存地点	种质份数	个体数量	引种方式	生长状况	来源地
SH	1	b	采集	A	待确定

夏枯草 *Prunella vulgaris* L.

功效主治　带花的果穗（夏枯草）：辛、苦，寒。清火，明目，散结，消肿。用于目赤肿痛，目珠夜痛，头痛眩晕，瘰疬，瘿瘤，乳痈肿痛，乳癖，肝阳上亢。夏枯草制成的煎膏（夏枯草膏）：甜、微涩。清火，明目，散结，消肿。用于头痛眩晕，瘰疬，瘿瘤，乳痈肿痛，乳癖，肝阳上亢。

迁地栽培保存

保存地点	种质份数	个体数量	引种方式	生长状况	来源地
BJ	6	e	采集	G	甘肃、陕西、四川、江西、安徽、云南
SC	3	f	待确定	G	四川
CQ	1	b	采集	C	重庆
LN	1	c	采集	B	辽宁
JS2	1	e	购买	A	江苏
JS1	1	c	采集	C	江苏
HEN	1	e	赠送	A	河南
GD	1	b	采集	D	待确定
HB	1	a	采集	C	湖北

种质库保存

保存地点	保存方式	种质份数	个体数量	引种方式	来源地
BJ	种子	16	c	采集	四川、山西、安徽、河北、云南
HN	种子	96	e	采集	广东

夏至草属 *Lagopsis*

夏至草 *Lagopsis supina* (Stephan ex Willd.) Ikonn.-Gal. ex Knorring

功效主治 地上部分：微苦，平。有小毒。养血调经。用于头晕，半身不遂，月经不调，水肿。

迁地栽培保存

保存地点	种质份数	个体数量	引种方式	生长状况	来源地
BJ	1	d	采集	G	北京
HLJ	1	c	采集	A	黑龙江
GX	*	f	采集	G	法国

香茶菜属 *Isodon*

长叶香茶菜 *Isodon stracheyi* (Benth. ex Hook. f.) H. Hara

功效主治 全草：苦，寒。清热解毒，退黄祛湿，祛瘀止痛。用于急性黄疸，胆胀，胁痛，湿热水肿，中暑，腹痛，跌打损伤，胸痛，咯血，乳疮。

濒危等级 中国植物红色名录评估为无危（LC）。

迁地栽培保存

保存地点	种质份数	个体数量	引种方式	生长状况	来源地
GX	*	f	采集	G	广西

粗齿香茶菜 *Isodon grosseserrata* (Dunn) H. Hara

濒危等级 中国特有植物，中国植物红色名录评估为无危（LC）。

种质库保存

保存地点	保存方式	种质份数	个体数量	引种方式	来源地
BJ	种子	1	a	采集	四川

大叶香茶菜　*Isodon grandifolia* (Hand.-Mazz.) H. Hara

濒危等级　中国特有植物，中国植物红色名录评估为无危（LC）。

迁地栽培保存

保存地点	种质份数	个体数量	引种方式	生长状况	来源地
GX	*	f	采集	G	江苏

大锥香茶菜　*Isodon megathyrsa* (Diels) H. Hara

功效主治　根：止血，顺气。全草：苦、辛，微温。解表散寒，透疹，活血散瘀，祛风除湿，解毒，止呕。用于风寒感冒，呕吐泄泻，麻疹，黄水疮，跌打损伤，风湿麻木，偏瘫，毒蛇咬伤。

迁地栽培保存

保存地点	种质份数	个体数量	引种方式	生长状况	来源地
CQ	1	a	采集	C	重庆
GX	*	f	采集	G	重庆

蓝萼香茶菜　*Isodon japonicus* var. *glaucocalyx* (Maxim.) H. W. Li

功效主治　全草：苦、甘，凉。清热解毒，活血化瘀，健脾。用于感冒发热，咽喉肿痛，乳蛾，胃痛，乳痈，癥瘕初起，闭经，跌打损伤，关节痛，蛇虫咬伤。

濒危等级　中国植物红色名录评估为无危（LC）。

迁地栽培保存

保存地点	种质份数	个体数量	引种方式	生长状况	来源地
BJ	2	d	采集	G	山东、辽宁
LN	1	c	采集	B	辽宁

种质库保存

保存地点	保存方式	种质份数	个体数量	引种方式	来源地
BJ	种子	1	a	采集	吉林

毛叶香茶菜 *Isodon japonica*（Burm. f.）H. Hara

功效主治　叶：苦，涩。解毒，活血，健胃。

濒危等级　中国植物红色名录评估为无危（LC）。

迁地栽培保存

保存地点	种质份数	个体数量	引种方式	生长状况	来源地
GX	*	f	采集	G	日本

内折香茶菜 *Isodon inflexa*（Thunb.）H. Hara

功效主治　全草：清热解毒，祛湿，止痛。

濒危等级　中国植物红色名录评估为无危（LC）。

迁地栽培保存

保存地点	种质份数	个体数量	引种方式	生长状况	来源地
BJ	2	d	采集	G	陕西、山东

牛尾草 *Isodon ternifolia*（D. Don）H. Hara

功效主治　全草或根（虫牙药）：微苦，凉。清热解毒，祛风，化痰利湿，止咳利胆，消肿止痛。用于外感发热，牙痛，头痛，咳嗽痰喘，痢疾，泄泻，黄疸，咽喉痛，乳蛾，小便淋痛，水肿，刀伤出血；外用于蛇咬伤，疮肿。叶：用于小儿疳积；外用于黄水疮。

濒危等级　中国植物红色名录评估为无危（LC）。

迁地栽培保存

保存地点	种质份数	个体数量	引种方式	生长状况	来源地
GX	*	f	采集	G	广西

种质库保存

保存地点	保存方式	种质份数	个体数量	引种方式	来源地
BJ	种子	4	b	采集	河北、云南

岐伞香茶菜 *Isodon macrophyllus*（Migo）H. Hara

功效主治 全草：清热解毒，利湿。

濒危等级 中国特有植物，中国植物红色名录评估为无危（LC）。

迁地栽培保存

保存地点	种质份数	个体数量	引种方式	生长状况	来源地
BJ	1	a	采集	C	安徽

碎米桠 *Isodon rubescens*（Hemsl.）H. Hara

功效主治 地上部分（冬凌草）：苦、甘，凉。清热解毒，祛风除湿，活血止痛。用于咽喉肿痛，乳蛾，感冒头痛，咳嗽，胁痛，风湿关节痛，蛇虫咬伤，癥瘕积聚。

濒危等级 中国特有植物，中国植物红色名录评估为无危（LC）。

迁地栽培保存

保存地点	种质份数	个体数量	引种方式	生长状况	来源地
BJ	2	d	采集	G	广西
CQ	1	a	采集	F	重庆
HEN	1	c	采集	A	河南

种质库保存

保存地点	保存方式	种质份数	个体数量	引种方式	来源地
HN	种子	1	b	采集	湖南
BJ	种子	50	d	采集	河南

溪黄草 *Isodon serra*（Maxim.）H. Hara

功效主治 全草：苦，凉。清热利湿，凉血散瘀。用于肝毒，胆胀，胁痛，跌打瘀肿。

迁地栽培保存

保存地点	种质份数	个体数量	引种方式	生长状况	来源地
SH	1	a	采集	F	待确定
LN	1	c	采集	B	辽宁
GD	1	b	采集	B	待确定
CQ	1	a	采集	B	重庆
GX	*	f	采集	G	福建

细锥香茶菜 *Isodon coetsa* (Buch.-Ham. ex D. Don) H. Hara

功效主治 根：苦，温。行血，止痛。用于跌打损伤，麻风。全草（野苏麻）：苦、辛，微温。解表散寒，除风湿。用于风寒感冒，呕吐，腹泻，风湿麻木，疮疡，刀伤。枝、叶：外用于足癣。

濒危等级 中国植物红色名录评估为无危（LC）。

迁地栽培保存

保存地点	种质份数	个体数量	引种方式	生长状况	来源地
CQ	1	a	采集	C	重庆

种质库保存

保存地点	保存方式	种质份数	个体数量	引种方式	来源地
BJ	种子	1	a	采集	重庆

细花线纹香茶菜 *Isodon lophanthoides* var. *graciliflorus* (Benth.) H. Hara

濒危等级 中国植物红色名录评估为无危（LC）。

迁地栽培保存

保存地点	种质份数	个体数量	引种方式	生长状况	来源地
GX	*	f	采集	G	广西

显脉香茶菜 *Isodon nervosa* (Hemsl.) C. Y. Wu & H. W. Li

功效主治 全草（大叶蛇总管）：辛、苦，寒。清热，利湿，解毒。用于感冒，黄疸，毒蛇咬伤，疮毒，湿疹，皮肤瘙痒，瘀证，烫伤。

濒危等级　中国特有植物，中国植物红色名录评估为无危（LC）。

迁地栽培保存

保存地点	种质份数	个体数量	引种方式	生长状况	来源地
HEN	1	c	采集	A	河南
JS2	1	d	购买	C	江苏
GZ	1	a	采集	C	贵州

种质库保存

保存地点	保存方式	种质份数	个体数量	引种方式	来源地
BJ	种子	1	a	采集	重庆

线纹香茶菜 （原变种） *Isodon lophanthoides*（Buch.-Ham. ex D. Don）H. Hara var. *lophanthoides*

濒危等级　中国植物红色名录评估为无危（LC）。

迁地栽培保存

保存地点	种质份数	个体数量	引种方式	生长状况	来源地
GD	1	f	采集	G	待确定

香茶菜 *Isodon amethystoides*（Benth.）H. Hara

功效主治　根：甘，凉。清热解毒，消肿止痛。用于劳伤，筋骨酸痛，跌打肿痛，疮毒，毒蛇咬伤。全草（小叶蛇总管）：苦、辛，凉。清热散血，疏风解表，消肿解毒。用于感冒发热，闭经，乳痈，肝硬化，黄疸，肺痈，疳积，跌打肿痛。

濒危等级　中国特有植物，中国植物红色名录评估为无危（LC）。

迁地栽培保存

保存地点	种质份数	个体数量	引种方式	生长状况	来源地
SC	4	f	待确定	G	四川
SH	1	b	采集	A	待确定

种质库保存

保存地点	保存方式	种质份数	个体数量	引种方式	来源地
BJ	种子	4	a	采集	四川

瘦花香茶菜　*Isodon rosthornii*（Diels）H. Hara

功效主治　全草：辛，温。解表散寒，清热化痰，消痈肿。

濒危等级　中国特有植物，中国植物红色名录评估为无危（LC）。

迁地栽培保存

保存地点	种质份数	个体数量	引种方式	生长状况	来源地
GX	*	f	采集	G	四川

香简草属　*Keiskea*

香简草　*Keiskea szechuanensis* C. Y. Wu

濒危等级　中国特有植物，中国植物红色名录评估为无危（LC）。

迁地栽培保存

保存地点	种质份数	个体数量	引种方式	生长状况	来源地
BJ	1	a	采集	G	待确定
GX	*	f	采集	G	重庆

种质库保存

保存地点	保存方式	种质份数	个体数量	引种方式	来源地
BJ	种子	1	a	采集	河北

香科科属　*Teucrium*

长毛香科科　*Teucrium pilosum*（Pamp.）C. Y. Wu & S. Chow

功效主治　根茎：用于痧证。

濒危等级 中国特有植物，中国植物红色名录评估为无危（LC）。

种质库保存

保存地点	保存方式	种质份数	个体数量	引种方式	来源地
HN	种子	1	b	采集	湖南

二齿香科科 *Teucrium bidentatum* Hemsl.

功效主治 根：辛、微甘，温。解毒，健脾利湿。用于痢疾，白斑。

濒危等级 中国特有植物，中国植物红色名录评估为无危（LC）。

迁地栽培保存

保存地点	种质份数	个体数量	引种方式	生长状况	来源地
SC	1	f	待确定	G	四川

庐山香科科 *Teucrium pernyi* Franch.

功效主治 全草及根（细沙虫草）：辛、微甘，温。健脾利湿，解毒。用于痢疾，白斑，跌打损伤。叶：外用于痈疮。

濒危等级 中国特有植物，中国植物红色名录评估为无危（LC）。

迁地栽培保存

保存地点	种质份数	个体数量	引种方式	生长状况	来源地
BJ	1	b	采集	G	江西

种质库保存

保存地点	保存方式	种质份数	个体数量	引种方式	来源地
BJ	种子	1	a	采集	江西

穗花香科科 *Teucrium japonicum* Willd.

功效主治 全草：辛、微苦，温。发表散寒。用于外感风寒。

种质库保存

保存地点	保存方式	种质份数	个体数量	引种方式	来源地
BJ	种子	1	a	采集	江西

铁轴草 *Teucrium quadrifarium* Buch.-Ham. ex D. Don

功效主治　根：用于吐胀，泻痢。全草：清热解毒，止痛。用于感冒风热，头痛，痢疾，风热咳喘，毒蛇咬伤，跌打肿痛，痧证，皮肤湿疹。叶：清热，止血。用于外伤出血，刀枪伤。

濒危等级　中国植物红色名录评估为无危（LC）。

迁地栽培保存

保存地点	种质份数	个体数量	引种方式	生长状况	来源地
GX	*	f	采集	G	广西

种质库保存

保存地点	保存方式	种质份数	个体数量	引种方式	来源地
BJ	种子	1	a	采集	云南

血见愁 *Teucrium viscidum* Bl.

功效主治　全草：用于感冒。

濒危等级　中国植物红色名录评估为无危（LC）。

迁地栽培保存

保存地点	种质份数	个体数量	引种方式	生长状况	来源地
GD	1	f	采集	G	待确定
BJ	1	b	采集	C	江西
SC	1	f	待确定	G	四川
GX	*	f	采集	G	广西

种质库保存

保存地点	保存方式	种质份数	个体数量	引种方式	来源地
BJ	种子	3	a	采集	四川、江西

银香科科 *Teucrium fruticans* L.

迁地栽培保存

保存地点	种质份数	个体数量	引种方式	生长状况	来源地
SH	1	b	采集	A	待确定

紫萼秦岭香科科 *Teucrium tsinlingense* var. *porphyreum* C. Y. Wu et S. Chow

濒危等级 中国特有植物，中国植物红色名录评估为近危（NT）。

种质库保存

保存地点	保存方式	种质份数	个体数量	引种方式	来源地
BJ	种子	8	b	采集	河北、黑龙江

香薷属 *Elsholtzia*

白香薷 *Elsholtzia winitiana* Craib

功效主治 全草：清热止痛。

濒危等级 中国植物红色名录评估为无危（LC）。

迁地栽培保存

保存地点	种质份数	个体数量	引种方式	生长状况	来源地
BJ	1	b	采集	G	云南

种质库保存

保存地点	保存方式	种质份数	个体数量	引种方式	来源地
BJ	种子	5	c	采集	云南、四川

大黄药　*Elsholtzia penduliflora* W. W. Sm.

功效主治　地上部分（大黄药）：辛，凉。清热解毒，止痛，止咳，截疟。用于炭疽，时行感冒，风热咳喘，咳嗽痰喘，乳蛾，乳痈，流行性脑脊髓膜炎，咽喉痛，疟疾，小便淋痛，外伤感染。

濒危等级　中国特有植物，中国植物红色名录评估为无危（LC）。

种质库保存

保存地点	保存方式	种质份数	个体数量	引种方式	来源地
BJ	种子	1	a	采集	待确定

东紫苏　*Elsholtzia bodinieri* Vant.

功效主治　全草（凤尾茶）：辛，平。发散解表，清热利湿，理气和胃。用于感冒发热，头痛身痛，咽喉痛，虚火牙痛，乳蛾，消化不良，目赤红痛，尿闭，肝毒。嫩尖：清热解毒。

濒危等级　中国特有植物，中国植物红色名录评估为无危（LC）。

迁地栽培保存

保存地点	种质份数	个体数量	引种方式	生长状况	来源地
BJ	1	b	采集	G	云南
GX	*	f	采集	G	云南

海州香薷　*Elsholtzia splendens* Nakai ex F. Maekawa

功效主治　地上部分（香薷）：辛，微温。发汗解表，和中利湿。用于暑湿感冒，恶寒发热，头痛无汗，腹痛吐泻，小便不利。

濒危等级　中国植物红色名录评估为无危（LC）。

迁地栽培保存

保存地点	种质份数	个体数量	引种方式	生长状况	来源地
BJ	2	a	采集	G	广东、海南
GX	*	f	采集	G	江西

种质库保存

保存地点	保存方式	种质份数	个体数量	引种方式	来源地
BJ	种子	3	a	采集	山西

鸡骨柴 *Elsholtzia fruticosa*（D. Don）Rehd.

功效主治 根：苦、涩，温。温经通络，祛风除湿。用于风湿关节痛。叶：外用于足癣，疥疮。

濒危等级 中国植物红色名录评估为无危（LC）。

迁地栽培保存

保存地点	种质份数	个体数量	引种方式	生长状况	来源地
BJ	1	b	采集	G	浙江
CQ	1	a	采集	C	重庆

种质库保存

保存地点	保存方式	种质份数	个体数量	引种方式	来源地
BJ	种子	1	a	采集	山西

吉龙草 *Elsholtzia communis*（Collett & Hemsl.）Diels

功效主治 茎、叶：辛，凉。清热，解毒，解表。用于感冒，头痛，发热，消化不良，乳蛾，鼻渊，疔疮。

种质库保存

保存地点	保存方式	种质份数	个体数量	引种方式	来源地
BJ	种子	1	a	采集	待确定

毛穗香薷 *Elsholtzia eriostachya*（Benth.）Benth.

功效主治 地上部分：辛、涩，温。发散解表。用于感冒；外用于皮肤瘙痒。

濒危等级 中国特有植物，中国植物红色名录评估为无危（LC）。

种质库保存

保存地点	保存方式	种质份数	个体数量	引种方式	来源地
BJ	种子	3	b	采集	四川

密花香薷 *Elsholtzia densa* Benth.

功效主治　全草：辛，微温。发汗解暑，利水消肿。用于伤暑感冒，水肿；外用于脓疮，癣疥。

迁地栽培保存

保存地点	种质份数	个体数量	引种方式	生长状况	来源地
BJ	1	b	采集	G	甘肃

种质库保存

保存地点	保存方式	种质份数	个体数量	引种方式	来源地
BJ	种子	3	a	采集	甘肃、广西

木香薷 *Elsholtzia stauntonii* Benth.

功效主治　全草：辛、苦，微温。理气，止痛，开胃。用于胃气疼痛，气滞疼痛，呕吐，泄泻，痢疾，感冒，发热，头痛，风湿关节痛。

濒危等级　中国特有植物，中国植物红色名录评估为无危（LC）。

迁地栽培保存

保存地点	种质份数	个体数量	引种方式	生长状况	来源地
BJ	1	b	采集	G	北京
GX	*	f	采集	G	法国

水香薷 *Elsholtzia kachinensis* Prain

功效主治　全草：用于跌打损伤。

濒危等级　中国植物红色名录评估为无危（LC）。

迁地栽培保存

保存地点	种质份数	个体数量	引种方式	生长状况	来源地
GX	*	f	采集	G	广西

穗状香薷 *Elsholtzia stachyodes（Link）C. Y. Wu*

功效主治 全草：清热解毒，发汗解暑，利水。

濒危等级 中国植物红色名录评估为无危（LC）。

种质库保存

保存地点	保存方式	种质份数	个体数量	引种方式	来源地
BJ	种子	1	a	采集	待确定

香薷 *Elsholtzia ciliata（Thunb.）Hyland.*

功效主治 全草（土香薷）：辛，微温。祛风，发汗，解暑，利尿。用于急性吐泻，感冒发热，恶寒无汗，中暑，胸闷，口臭，小便不利，食鱼中毒。

濒危等级 内蒙古自治区重点保护植物，中国植物红色名录评估为无危（LC）。

迁地栽培保存

保存地点	种质份数	个体数量	引种方式	生长状况	来源地
BJ	3	c	采集	G	河北、山东、辽宁
HLJ	1	c	采集	A	黑龙江
JS1	1	a	采集	D	江苏
LN	1	c	采集	A	辽宁

种质库保存

保存地点	保存方式	种质份数	个体数量	引种方式	来源地
HN	种子	5	b	采集	湖南
BJ	种子	47	d	采集	海南、云南、湖南、江西、内蒙古、山西、湖北、吉林、甘肃

野拔子 *Elsholtzia rugulosa* Hemsl.

功效主治　全草：辛，凉。清热解毒，疏风解表，消食化积，利湿，止血止痛。用于伤风感冒，消化不良，
腹痛腹胀，吐泻，痢疾，鼻衄，咯血，外伤出血，疮疡，毒蛇咬伤。

濒危等级　中国特有植物，中国植物红色名录评估为无危（LC）。

迁地栽培保存

保存地点	种质份数	个体数量	引种方式	生长状况	来源地
BJ	1	a	采集	G	待确定
YN	1	b	采集	C	云南

种质库保存

保存地点	保存方式	种质份数	个体数量	引种方式	来源地
BJ	种子	8	b	采集	云南

野香草 *Elsholtzia cyprianii* (Pavol.) S. Chow ex P. S. Hsu

功效主治　全草或叶（木姜花）：辛，凉。清热，解毒，解表。用于伤风感冒，疔疮，鼻渊，喉蛾。花穗：
止血。

濒危等级　中国特有植物，中国植物红色名录评估为无危（LC）。

种质库保存

保存地点	保存方式	种质份数	个体数量	引种方式	来源地
BJ	种子	3	a	采集	云南、山西
HN	种子	3	c	采集	湖南

紫花香薷 *Elsholtzia argyi* H. Lolt

功效主治　全草：辛，微温。发汗解暑，利尿，止吐泻，散寒湿。用于感冒，发热无汗，黄疸，淋证，带
下病，咳嗽，暑热口臭，吐泻。

濒危等级　中国植物红色名录评估为无危（LC）。

种质库保存

保存地点	保存方式	种质份数	个体数量	引种方式	来源地
BJ	种子	5	c	采集	重庆、海南

小冠薰属　*Basilicum*

小冠薰　*Basilicum polystachyon*（L.）Moench

濒危等级　中国植物红色名录评估为无危（LC）。

种质库保存

保存地点	保存方式	种质份数	个体数量	引种方式	来源地
BJ	种子	1	a	采集	待确定

小野芝麻属　*Galeobdolon*

小野芝麻　*Galeobdolon chinense*（Benth.）C. Y. Wu

功效主治　块根：用于外伤出血。

濒危等级　中国特有植物，中国植物红色名录评估为无危（LC）。

迁地栽培保存

保存地点	种质份数	个体数量	引种方式	生长状况	来源地
BJ	1	b	采集	G	江西

楔翅藤属　*Sphenodesme*

山白藤　*Sphenodesme pentandra* var. *wallichiana*（Schauer）Munir

濒危等级　中国植物红色名录评估为无危（LC）。

迁地栽培保存

保存地点	种质份数	个体数量	引种方式	生长状况	来源地
HN	2	a	采集	C	海南

爪楔翅藤 *Sphenodesme involucrata*（C. Presl）B. L. Rob.

濒危等级　中国植物红色名录评估为无危（LC）。

迁地栽培保存

保存地点	种质份数	个体数量	引种方式	生长状况	来源地
HN	2	a	采集	C	海南

斜萼草属　*Loxocalyx*

斜萼草 *Loxocalyx urticifolius* Hemsl.

功效主治　全草：用于风湿疼痛，痢疾，杀虫。

濒危等级　中国特有植物，中国植物红色名录评估为无危（LC）。

种质库保存

保存地点	保存方式	种质份数	个体数量	引种方式	来源地
BJ	种子	1	a	采集	重庆

新塔花属　*Ziziphora*

新塔花 *Ziziphora bungeana* Juz.

功效主治　地上部分：辛，凉。安神，强壮。用于失眠，心慌，软骨病，阳痿。

濒危等级　中国植物红色名录评估为无危（LC）。

迁地栽培保存

保存地点	种质份数	个体数量	引种方式	生长状况	来源地
GX	*	f	采集	G	法国

绣球防风属 *Leucas*

白绒草 *Leucas mollissima* Wall. ex Benth.

功效主治 全草：驱寒发表。外用于疮疖，疮毒。

种质库保存

保存地点	保存方式	种质份数	个体数量	引种方式	来源地
BJ	种子	1	a	采集	云南

蜂巢草 *Leucas aspera*（Willd.）Link

功效主治 全草：苦、辛，凉。发散风寒，化痰止咳。用于顿咳，风热咳嗽，感冒发热，风火牙痛，咽喉痛，痈肿。

濒危等级 中国植物红色名录评估为无危（LC）。

迁地栽培保存

保存地点	种质份数	个体数量	引种方式	生长状况	来源地
HN	1	b	采集	B	海南

种质库保存

保存地点	保存方式	种质份数	个体数量	引种方式	来源地
BJ	种子	1	a	采集	江西

绣球防风 *Leucas ciliata* Benth.

功效主治 根：辛、苦，温。祛风解毒，疏肝理气。用于风寒感冒，肝气郁结，风湿麻木疼痛，痢疾，小儿疳积，皮疹，脱肛。全草（绣球防风）：苦、辛，凉。破血通经，明目退翳，解毒消肿。用于妇女血瘀闭经，小儿雀目，青盲翳障，骨折，痈疽肿毒。果实：用于风寒感冒，小儿风热咳喘。

濒危等级 中国植物红色名录评估为无危（LC）。

迁地栽培保存

保存地点	种质份数	个体数量	引种方式	生长状况	来源地
BJ	1	a	采集	G	云南

种质库保存

保存地点	保存方式	种质份数	个体数量	引种方式	来源地
BJ	种子	25	b	采集	云南、河北

绉面草 *Leucas zeylanica* (L.) R. Br.

功效主治　全草（蜂窝草）：苦、辛，温。解表，止咳，通经，明目。用于感冒，头痛，牙痛，咽喉痛，咳嗽，顿咳，消化不良，闭经，夜盲症，疥癣。

濒危等级　中国植物红色名录评估为无危（LC）。

迁地栽培保存

保存地点	种质份数	个体数量	引种方式	生长状况	来源地
GX	*	f	采集	G	广西

薰衣草属　*Lavandula*

宽叶薰衣草　*Lavandula latifolia* Medik.

功效主治　全草：用于烫火伤，疮痈疥癣，头痛。

迁地栽培保存

保存地点	种质份数	个体数量	引种方式	生长状况	来源地
GX	*	f	采集	G	日本

薰衣草　*Lavandula angustifolia* Mill.

功效主治　全草：防腐，清热，驱虫。功效同宽叶薰衣草。

迁地栽培保存

保存地点	种质份数	个体数量	引种方式	生长状况	来源地
BJ	4	d	采集、赠送	G	中国北京，保加利亚，英国，波兰
HEN	2	b	赠送	A	河南
SH	1	b	采集	A	待确定
XJ	1	b	采集	A	新疆
LN	1	d	采集	B	辽宁
GD	1	f	采集	G	待确定
CQ	1	a	购买	C	重庆
JS1	1	d	购买	C	江苏
GX	*	f	采集	G	法国

药水苏属 *Betonica*

药水苏 *Betonica officinalis* L.

功效主治 根茎：辛，平。入脾、胃经。芳香醒胃，行气消胀。用于脾胃不和或脾胃气滞所致的纳少、脘腹胀满、嗳气呃逆、大便溏薄等症。

迁地栽培保存

保存地点	种质份数	个体数量	引种方式	生长状况	来源地
GX	2	f	采集	G	中国北京，法国
BJ	1	c	采集	G	待确定

种质库保存

保存地点	保存方式	种质份数	个体数量	引种方式	来源地
BJ	种子	1	a	采集	黑龙江

野芝麻属　*Lamium*

宝盖草　*Lamium amplexicaule* L.

功效主治　全草：辛、苦，平。清热利湿，活血祛风，消肿解毒。用于黄疸，肝阳上亢，筋骨疼痛，面瘫，四肢麻木，半身不遂，跌打损伤，骨折，瘰疬，黄水疮。

迁地栽培保存

保存地点	种质份数	个体数量	引种方式	生长状况	来源地
BJ	1	a	采集	G	江西
JS1	1	d	采集	B	江苏
SH	1	c	采集	A	待确定
GX	*	f	采集	G	法国

种质库保存

保存地点	保存方式	种质份数	个体数量	引种方式	来源地
BJ	种子	3	a	采集	四川、甘肃

短柄野芝麻　*Lamium album* L.

功效主治　地上部分：甘、苦，凉。活血散瘀，止痛。用于跌打损伤，痛经，带下病，小便淋涌。
濒危等级　中国植物红色名录评估为无危（LC）。

迁地栽培保存

保存地点	种质份数	个体数量	引种方式	生长状况	来源地
BJ	1	c	采集	G	浙江
GX	*	f	采集	G	德国

野芝麻　*Lamium barbatum* Sieb. & Zucc.

功效主治　根（野芝麻）：微甘，平。清肝利湿，活血消肿。用于眩晕，肝毒，肺痨，水肿，带下病，疳积，痔疮，肿毒。全草：甘、辛，平。散瘀，消积，调经，利湿。用于跌打损伤，小儿疳积，带下病，痛经，月经不调，水肿，小便涩痛。花：甘、辛，平。调经，利湿。用于月经不调，带下病，小便不利。

迁地栽培保存

保存地点	种质份数	个体数量	引种方式	生长状况	来源地
FJ	3	a	采集	A	福建
BJ	2	d	采集	C	安徽、湖北
JS1	1	b	采集	C	江苏
GX	*	f	采集	G	上海

益母草属　*Leonurus*

白花益母草　*Leonurus artemisia* var. *albiflorus*（Migo）S. Y. Hu

迁地栽培保存

保存地点	种质份数	个体数量	引种方式	生长状况	来源地
HN	1	b	赠送	B	海南
BJ	1	b	待确定	G	中国陕西，前苏联
SH	1	b	采集	A	待确定

大花益母草　*Leonurus macranthus* Maxim.

功效主治　茎、叶：接骨止痛，固表止血。用于筋骨疼痛，虚弱，痿软，自汗，盗汗，血崩，跌打损伤。

濒危等级　中国植物红色名录评估为无危（LC）。

迁地栽培保存

保存地点	种质份数	个体数量	引种方式	生长状况	来源地
BJ	1	b	赠送	G	前苏联
GX	*	f	采集	G	日本

灰白益母草　*Leonurus glaucescens* Bunge

功效主治　全草或地上部分：活血调经，利尿消肿，祛瘀生新。用于月经不调，痛经，闭经，恶露不尽，水肿尿少。幼苗：补血，祛瘀生新。用于疮疡肿毒，跌打损伤。花：利水行血，补血。用于肿毒疮疡，妇人胎产诸病。果实：活血调经。用于闭经，痛经，产后瘀血腹痛。

濒危等级　中国植物红色名录评估为无危（LC）。

迁地栽培保存

保存地点	种质份数	个体数量	引种方式	生长状况	来源地
GX	*	f	采集	G	新疆

欧益母草　*Leonurus cardiaca* Linn.

功效主治　全草或茎、叶：发汗，芳香健胃，镇静平阳，解痉，止咳平喘。用于肝阳上亢，心悸，胃胀气胀，胃肠腹痛，咳喘；外用于乳痈。

迁地栽培保存

保存地点	种质份数	个体数量	引种方式	生长状况	来源地
BJ	1	a	赠送	G	前苏联

细叶益母草　*Leonurus sibiricus* L.

功效主治　幼苗（童子益母草）：补血，祛瘀生新。用于疮疡肿毒，跌打损伤。花（益母草花）：微苦，甘。利水行血，补血。用于肿毒疮疡，妇人胎产诸病。果实（茺蔚子）：辛、苦，凉。活血调经。用于闭经，痛经，产后瘀血腹痛。全草：活血调经，利尿消肿，止血。用于产后恶露，子宫出血，乳痈，丹毒，皮下溢血，四肢浮肿，尿血，痔疮出血，疮疡肿痛，水肿，胃痛，带下病，跌打损伤，喉痛头痛。种子：祛瘀生肌，活血调经，益精明目。用于月经不调，崩漏，带下病，发热，眼疾，浮肿，肝阳上亢。

濒危等级　内蒙古自治区重点保护植物，中国植物红色名录评估为无危（LC）。

迁地栽培保存

保存地点	种质份数	个体数量	引种方式	生长状况	来源地
BJ	1	d	采集	G	辽宁
GX	*	f	采集	G	波兰

种质库保存

保存地点	保存方式	种质份数	个体数量	引种方式	来源地
BJ	种子	1	a	采集	广西

益母草 *Leonurus artemisia*（Lour.）S. Y. Hu

功效主治　地上部分（益母草）：苦、辛，凉。功效同脓疮草。幼苗（童子益母草）：补血，祛瘀生新。用于疮疡肿毒，跌打损伤。花（益母草花）：微苦，甘。利水行血，补血。用于肿毒疮疡，妇人胎产诸病。果实（茺蔚子）：辛、苦，凉。活血调经。用于闭经，痛经，产后瘀血腹痛。

迁地栽培保存

保存地点	种质份数	个体数量	引种方式	生长状况	来源地
BJ	5	e	采集	G	云南、山东、内蒙古、辽宁、黑龙江
FJ	4	a	采集	A	福建
HB	1	a	采集	C	湖北
CQ	1	b	采集	B	重庆
HN	1	e	赠送	B	海南
HLJ	1	c	采集	A	黑龙江
ZJ	1	e	采集	A	江苏
SH	1	b	采集	A	待确定
SC	1	f	待确定	G	四川
NMG	1	d	购买	F	内蒙古
LN	1	d	采集	B	辽宁
JS2	1	e	购买	C	江苏
GD	1	f	采集	G	待确定
HEN	1	c	采集	A	河南
JS1	1	a	采集	D	江苏
GX	*	f	采集	G	河北

种质库保存

保存地点	保存方式	种质份数	个体数量	引种方式	来源地
BJ	种子	170	e	采集	安徽、海南、重庆、云南、湖南、吉林、湖北、黑龙江、辽宁、山西、北京、江苏、甘肃、四川、河北、河南、内蒙古
HN	种子	125	e	采集	海南、广东

錾菜　*Leonurus pseudomacranthus* Kitag.

功效主治　全草：辛、微苦，凉。破瘀，调经，利尿。用于产后腹痛，痛经，月经不调，水肿。

濒危等级　中国特有植物，中国植物红色名录评估为无危（LC）。

迁地栽培保存

保存地点	种质份数	个体数量	引种方式	生长状况	来源地
BJ	1	c	采集	G	辽宁
GD	1	f	采集	G	待确定

种质库保存

保存地点	保存方式	种质份数	个体数量	引种方式	来源地
BJ	种子	1	a	采集	辽宁

掌叶益母草　*Leonurus quinquelobatus* Gilib.

功效主治　地上部分：平抑肝阳。用于肝阳上亢。

迁地栽培保存

保存地点	种质份数	个体数量	引种方式	生长状况	来源地
BJ	1	d	赠送	G	前苏联

柚木属　*Tectona*

柚木　*Tectona grandis* L. f.

功效主治　花、种子：用于小便不利。茎、叶：用于呕吐，疥癣。

迁地栽培保存

保存地点	种质份数	个体数量	引种方式	生长状况	来源地
GD	1	a	采集	D	待确定
HN	1	a	采集	C	海南
YN	1	a	采集	C	云南

种质库保存

保存地点	保存方式	种质份数	个体数量	引种方式	来源地
BJ	种子	6	a	采集	缅甸，中国云南

莸属 *Caryopteris*

光果莸 *Caryopteris tangutica* Maxim.

功效主治　全株：苦、微辛，平。调经活血，祛风除湿。用于膝关节痛，月经不调，创伤出血。

濒危等级　中国特有植物，中国植物红色名录评估为无危（LC）。

种质库保存

保存地点	保存方式	种质份数	个体数量	引种方式	来源地
BJ	种子	3	a	采集	山西

兰香草 *Caryopteris incana*（Thunb. ex Houtt.）Miq.

功效主治　全草（兰香草）：辛，温。疏风解表，祛痰止咳，散瘀止痛。用于上呼吸道感染，顿咳，咳嗽痰喘，风湿关节痛，跌打肿痛，产后瘀血腹痛，毒蛇咬伤，湿疹，皮肤瘙痒。

濒危等级　中国植物红色名录评估为无危（LC）。

迁地栽培保存

保存地点	种质份数	个体数量	引种方式	生长状况	来源地
GD	1	b	采集	F	待确定
JS2	1	d	购买	C	江苏
ZJ	1	c	采集	A	浙江

续表

保存地点	种质份数	个体数量	引种方式	生长状况	来源地
BJ	1	b	采集	G	江西
GX	*	f	采集	G	广西

蒙古莸 *Caryopteris mongholica* Bunge

濒危等级 河北省重点保护植物、内蒙古自治区重点保护植物，中国植物红色名录评估为无危（LC）。

迁地栽培保存

保存地点	种质份数	个体数量	引种方式	生长状况	来源地
BJ	2	b	采集	G	甘肃

三花莸 *Caryopteris terniflora* Maxim.

功效主治 全株：苦、辛，平。清热解毒，祛风除湿，消肿止痛。用于外感风湿，咳嗽，烫伤，产后腹痛；外用于刀伤，烫火伤，瘰疬，痈疽，毒蛇咬伤。

濒危等级 中国特有植物，中国植物红色名录评估为无危（LC）。

迁地栽培保存

保存地点	种质份数	个体数量	引种方式	生长状况	来源地
BJ	2	c	采集	C	湖北、四川
CQ	1	a	采集	C	重庆
SC	1	f	待确定	G	四川
GX	*	f	采集	G	湖北

种质库保存

保存地点	保存方式	种质份数	个体数量	引种方式	来源地
BJ	种子	1	a	采集	重夫

锥花莸 *Caryopteris paniculata* C. B. Clarke

功效主治 根、叶：解热，止血，利湿。用于面赤目红，发热口渴，痢疾，吐血，下血。

濒危等级 中国植物红色名录评估为无危（LC）。

迁地栽培保存

保存地点	种质份数	个体数量	引种方式	生长状况	来源地
GX	*	f	采集	G	广西

羽萼木属　*Colebrookea*

羽萼木　*Colebrookea oppositifolia* Sm.

功效主治 叶：辛，平。清热，止血。用于鼻衄，咯血；外用于外伤出血，疮痈疥癣，肤癣。

濒危等级 中国植物红色名录评估为无危（LC）。

种质库保存

保存地点	保存方式	种质份数	个体数量	引种方式	来源地
BJ	种子	1	a	采集	云南

锥花属　*Gomphostemma*

光泽锥花　*Gomphostemma lucidum* Wall. ex Benth.

功效主治 叶：用于溃疡。

濒危等级 中国植物红色名录评估为无危（LC）。

迁地栽培保存

保存地点	种质份数	个体数量	引种方式	生长状况	来源地
HN	2	a	采集	C	海南
GX	*	f	采集	G	广东

细齿锥花　*Gomphostemma leptodon* Dunn

功效主治 全株：用于烫火伤。

濒危等级 中国植物红色名录评估为无危（LC）。

迁地栽培保存

保存地点	种质份数	个体数量	引种方式	生长状况	来源地
GX	*	f	采集	G	广西

小齿锥花 *Gomphostemma microdon* Dunn

功效主治　根：苦，凉。清热解毒，止咳化瘀，利尿。用于风热咳喘，咳嗽痰多，小便淋痛，水肿，砂淋。

濒危等级　中国植物红色名录评估为无危（LC）。

迁地栽培保存

保存地点	种质份数	个体数量	引种方式	生长状况	来源地
YN	1	a	采集	C	云南

中华锥花 *Gomphostemma chinense* Oliv.

功效主治　块根：用于水肿。全草：益气补虚，补血，舒筋活络，祛风除湿。用于肾虚，肝毒，刀伤出血，断指，口疮。

濒危等级　中国植物红色名录评估为无危（LC）。

迁地栽培保存

保存地点	种质份数	个体数量	引种方式	生长状况	来源地
GX	*	f	采集	G	广西

紫苏属 *Perilla*

茴茴苏 *Perilla frutescens* var. *crispa* (Thunb.) Hand.-Mazz.

迁地栽培保存

保存地点	种质份数	个体数量	引种方式	生长状况	来源地
SH	2	b	采集	A	待确定
LN	1	d	采集	A	辽宁
JS1	1	a	赠送	D	江苏

保存地点	种质份数	个体数量	引种方式	生长状况	来源地
GD	1	f	采集	G	待确定
BJ	1	e	采集	G	四川
CQ	1	a	采集	C	重庆

种质库保存

保存地点	保存方式	种质份数	个体数量	引种方式	来源地
BJ	种子	6	c	采集	云南、四川、广西

野生紫苏 *Perilla frutescens* (L.) Britton var. *acuta* (Odash.) Kudô

濒危等级 中国植物红色名录评估为无危（LC）。

迁地栽培保存

保存地点	种质份数	个体数量	引种方式	生长状况	来源地
FJ	1	a	采集	A	福建
BJ	1	e	采集	G	待确定
GX	*	f	采集	G	日本，中国湖北

种质库保存

保存地点	保存方式	种质份数	个体数量	引种方式	来源地
BJ	种子	7	c	采集	四川

紫苏 *Perilla frutescens* (L.) Britton

功效主治 茎（紫苏梗）：辛，温。理气宽中，止痛，安胎。用于胸膈痞闷，胃脘疼痛，嗳气呕吐，胎动不安。叶或带叶嫩枝（紫苏叶）：辛，温。解表散寒，行气和胃。用于风寒感冒，咳嗽呕恶，妊娠呕吐，鱼蟹中毒。果实（紫苏子）：辛，温。降气消痰，平喘，润肠。用于痰壅气逆，咳嗽气喘，肠燥便秘。根及近根的老茎（紫苏头）：辛，温。除风散寒，祛痰降气。用于咳逆上气，胸膈痰饮，头晕身痛，鼻塞流涕；外用于疮疡。宿萼（紫苏苞）：用于血虚感冒。

迁地栽培保存

保存地点	种质份数	个体数量	引种方式	生长状况	来源地
BJ	5	e	采集、交换	C	北京、辽宁、江西、河北
SC	3	f	待确定	G	四川
FJ	3	a	采集	A	福建
LN	2	d	采集	A	辽宁
JS2	2	d	购买	C	江苏
ZJ	1	e	采集	A	浙江
HN	1	a	采集	B	海南
SH	1	d	采集	A	待确定
NMG	1	c	购买	F	内蒙古
JS1	1	a	购买	D	江苏
HEN	1	d	采集	A	河南
HB	1	f	采集	C	湖北
GZ	1	b	采集	C	贵州
GD	1	a	采集	D	待确定
CQ	1	a	购买	C	重庆
HLJ	1	c	采集	A	黑龙江
GX	*	f	采集	G	法国

种质库保存

保存地点	保存方式	种质份数	个体数量	引种方式	来源地
HN	DNA	1	a	采集	广东
BJ	种子	238	e	采集	重庆、云南、吉林、四川、江西、山西、新疆、湖北、河北、贵州、安徽、海南、辽宁、内蒙古

紫珠属 *Callicarpa*

白毛长叶紫珠 *Callicarpa longifolia* var. *floccosa* Schauer

功效主治 叶：用于风湿，头晕；外用于耳闭。

濒危等级 中国植物红色名录评估为无危（LC）。

迁地栽培保存

保存地点	种质份数	个体数量	引种方式	生长状况	来源地
GX	*	f	采集	G	广西

白毛紫珠 *Callicarpa candicans*（Burm. f.）Hochr.

功效主治 叶：有毒。止血，散瘀。用于疮痈疥癣。

濒危等级 中国植物红色名录评估为无危（LC）。

迁地栽培保存

保存地点	种质份数	个体数量	引种方式	生长状况	来源地
HN	2	a	采集	C	待确定
GX	*	f	采集	G	印度尼西亚

种质库保存

保存地点	保存方式	种质份数	个体数量	引种方式	来源地
BJ	种子	1	a	采集	四川

白棠子树 *Callicarpa dichotoma*（Lour.）K. Koch

功效主治 根、茎、叶（紫球）：涩，凉。收敛止血，祛风除湿。用于吐血，咯血，衄血，便血，崩漏，创伤出血。

濒危等级 中国植物红色名录评估为无危（LC）。

迁地栽培保存

保存地点	种质份数	个体数量	引种方式	生长状况	来源地
BJ	2	a	采集	G	江西、山东
HN	1	a	采集	C	海南
JS1	1	a	购买	C	江苏
ZJ	1	c	采集	B	浙江

种质库保存

保存地点	保存方式	种质份数	个体数量	引种方式	来源地
BJ	种子	1	a	采集	广西

长叶紫珠 *Callicarpa longifolia* Lam.

功效主治　根：祛风除湿。叶：止血。

濒危等级　中国植物红色名录评估为无危（LC）。

迁地栽培保存

保存地点	种质份数	个体数量	引种方式	生长状况	来源地
HN	2	a	采集	C	海南
YN	1	a	购买	C	云南

种质库保存

保存地点	保存方式	种质份数	个体数量	引种方式	来源地
BJ	种子	6	b	采集	云南

大叶紫珠 *Callicarpa macrophylla* Vahl

功效主治　根、叶：辛、苦，平。散瘀止血，消肿止痛。用于暑痧热证，烦热口渴，消化道出血，咯血，衄血，跌打肿痛，外伤出血。

濒危等级　中国植物红色名录评估为无危（LC）。

迁地栽培保存

保存地点	种质份数	个体数量	引种方式	生长状况	来源地
GD	1	b	采集	D	待确定
GZ	1	a	采集	C	贵州
BJ	1	a	采集	G	云南

种质库保存

保存地点	保存方式	种质份数	个体数量	引种方式	来源地
BJ	种子	8	c	采集	云南

杜虹花 *Callicarpa formosana* Rolfe

功效主治 根、茎、叶：收敛止血，祛风除湿，散瘀消肿，镇痛。用于吐血，咯血，衄血，便血，崩漏，创伤出血。

种质库保存

保存地点	保存方式	种质份数	个体数量	引种方式	来源地
BJ	种子	3	a	采集	重庆、福建

广东紫珠 *Callicarpa kwangtungensis* Chun

功效主治 根、茎、叶：酸、涩，温。止痛止血。用于胸痛，吐血，偏头痛，胃痛，外伤出血。

濒危等级 中国特有植物，中国植物红色名录评估为无危（LC）。

迁地栽培保存

保存地点	种质份数	个体数量	引种方式	生长状况	来源地
GX	*	f	采集	G	江西

红腺紫珠 *Callicarpa erythrosticta* Merr. & Chun

濒危等级 中国特有植物，中国植物红色名录评估为无危（LC）。

迁地栽培保存

保存地点	种质份数	个体数量	引种方式	生长状况	来源地
HN	2	a	采集	C	待确定

红紫珠　*Callicarpa rubella* Lindl.

功效主治　根、叶：清热，止血，消肿，止痛。用于肝毒，痢疾，外伤出血，跌打损伤。

濒危等级　中国植物红色名录评估为无危（LC）。

迁地栽培保存

保存地点	种质份数	个体数量	引种方式	生长状况	来源地
HN	2	a	赠送	C	海南
CQ	1	a	采集	C	重庆

华紫珠　*Callicarpa cathayana* C. H. Chang

功效主治　根、叶：苦、涩，凉。清热，凉血，止血。用于各种出血，痈疽肿毒。

濒危等级　中国特有植物，中国植物红色名录评估为无危（LC）。

迁地栽培保存

保存地点	种质份数	个体数量	引种方式	生长状况	来源地
CQ	1	a	采集	C	重庆
JS1	1	a	采集	D	江苏
SH	1	a	采集	A	待确定

种质库保存

保存地点	保存方式	种质份数	个体数量	引种方式	来源地
BJ	种子	1	a	采集	江西

尖萼紫珠　*Callicarpa loboapiculata* Metcalf

功效主治　叶：外用于体癣。

濒危等级　中国特有植物，中国植物红色名录评估为无危（LC）。

迁地栽培保存

保存地点	种质份数	个体数量	引种方式	生长状况	来源地
HN	2	a	采集	C	海南

尖尾枫 *Callicarpa longissima*（Hemsl.）Merr.

功效主治　全株：辛、微苦，温。散瘀止血，祛风止痛。用于咯血，呕血，产后风痛，四肢瘫痪，风湿痹痛，跌打损伤，外伤出血。

濒危等级　中国植物红色名录评估为无危（LC）。

迁地栽培保存

保存地点	种质份数	个体数量	引种方式	生长状况	来源地
HN	2	a	采集	C	海南
GD	1	a	采集	D	待确定

老鸦糊 *Callicarpa giraldii* Hesse ex Rehder

功效主治　全株：苦、辛，凉。祛风除湿，散瘀解毒。用于风湿痛，跌打损伤，外伤出血，尿血。

濒危等级　中国特有植物，中国植物红色名录评估为无危（LC）。

迁地栽培保存

保存地点	种质份数	个体数量	引种方式	生长状况	来源地
BJ	1	a	采集	G	四川
HN	1	a	采集	C	海南

种质库保存

保存地点	保存方式	种质份数	个体数量	引种方式	来源地
BJ	种子	1	a	采集	四川

柳叶紫珠 *Callicarpa bodinieri* var. *iteophylla* C. Y. Wu

濒危等级　中国特有植物，中国植物红色名录评估为无危（LC）。

种质库保存

保存地点	保存方式	种质份数	个体数量	引种方式	来源地
BJ	种子	3	a	采集	云南

裸花紫珠　*Callicarpa nudiflora* Hook. & Arn.

功效主治　全株：辛、苦，平。散瘀消肿，止血止痛。用于风湿骨痛，跌打肿痛，内伤出血。

濒危等级　中国植物红色名录评估为无危（LC）。

迁地栽培保存

保存地点	种质份数	个体数量	引种方式	生长状况	来源地
HN	2	a	赠送	C	海南
GD	1	f	采集	G	待确定
GX	*	f	采集	G	广东

种质库保存

保存地点	保存方式	种质份数	个体数量	引种方式	来源地
HN	DNA	1	a	采集	海南
BJ	种子	6	b	采集	广西、云南

木紫珠　*Callicarpa arborea* Roxb.

功效主治　根、叶：辛、苦，平。止血。用于外伤出血，消化道出血，崩漏。茎皮：祛风。用于疮痈疥癣。

濒危等级　中国植物红色名录评估为无危（LC）。

迁地栽培保存

保存地点	种质份数	个体数量	引种方式	生长状况	来源地
YN	1	a	购买	C	云南

种质库保存

保存地点	保存方式	种质份数	个体数量	引种方式	来源地
BJ	种子	1	a	采集	待确定

南川紫珠 *Callicarpa bodinieri* var. *rosthornii*（Diels）Rehd.

迁地栽培保存

保存地点	种质份数	个体数量	引种方式	生长状况	来源地
CQ	1	a	采集	C	重庆
GX	*	f	采集	G	广西

披针叶紫珠 *Callicarpa longifolia* var. *lanceolaria*（Roxb.）C. B. Clarke

濒危等级 中国植物红色名录评估为无危（LC）。

迁地栽培保存

保存地点	种质份数	个体数量	引种方式	生长状况	来源地
CQ	1	a	采集	C	重庆
GX	*	f	采集	G	广西

种质库保存

保存地点	保存方式	种质份数	个体数量	引种方式	来源地
BJ	种子	1	a	采集	待确定

枇杷叶紫珠 *Callicarpa kochiana* Makino

功效主治 根、叶、果实：苦、涩，凉。清热，收敛，止血。用于咳嗽，头痛，外伤出血。

濒危等级 中国植物红色名录评估为无危（LC）。

迁地栽培保存

保存地点	种质份数	个体数量	引种方式	生长状况	来源地
HN	2	a	采集	C	海南
GD	1	f	采集	G	待确定

种质库保存

保存地点	保存方式	种质份数	个体数量	引种方式	来源地
BJ	种子	3	a	采集	待确定

散花紫珠　*Callicarpa kochiana* var. *laxiflora*（H. T. Chang）W. Z. Fang

濒危等级　中国特有植物，中国植物红色名录评估为无危（LC）。

迁地栽培保存

保存地点	种质份数	个体数量	引种方式	生长状况	来源地
BJ	1	a	采集	G	云南

狭叶红紫珠　*Callicarpa rubella* 'Angustata' Pei

功效主治　根、叶：用于小儿惊风，咳嗽，外伤出血，疟疾，漆疮。
濒危等级　中国植物红色名录评估为无危（LC）。

迁地栽培保存

保存地点	种质份数	个体数量	引种方式	生长状况	来源地
GX	*	f	采集	G	广西

种质库保存

保存地点	保存方式	种质份数	个体数量	引种方式	来源地
BJ	种子	6	b	采集	贵州

小叶紫珠　*Callicarpa parvifolia* Hook. & Arn.

种质库保存

保存地点	保存方式	种质份数	个体数量	引种方式	来源地
BJ	种子	3	b	采集	云南

窄叶紫珠　*Callicarpa membranacea* Hung T. Chang

功效主治　叶（止血草）：辛、微苦，凉。散瘀止血，祛风止痛。用于吐血，咯血，衄血，便血，崩漏，创伤出血，痈疽肿毒，喉痹。

迁地栽培保存

保存地点	种质份数	个体数量	引种方式	生长状况	来源地
GX	*	f	采集	G	法国

紫珠 *Callicarpa bodinieri* H. Lév.

功效主治 根、叶：活血通经，祛风除湿。

濒危等级 中国植物红色名录评估为无危（LC）。

迁地栽培保存

保存地点	种质份数	个体数量	引种方式	生长状况	来源地
SC	1	f	待确定	G	四川
SH	1	a	采集	A	待确定
CQ	1	a	采集	C	重庆
GD	1	f	采集	G	待确定
JS1	1	a	采集	D	江苏
BJ	1	a	采集	G	待确定
GZ	1	a	采集	C	贵州

种质库保存

保存地点	保存方式	种质份数	个体数量	引种方式	来源地
HN	种子	2	b	采集	海南
BJ	种子	41	c	采集	河北、湖北、安徽、江西、福建

鬃尾草属 *Chaiturus*

鬃尾草 *Chaiturus marrubiastrum* (L.) Spenn.

濒危等级 中国植物红色名录评估为无危（LC）。

迁地栽培保存

保存地点	种质份数	个体数量	引种方式	生长状况	来源地
GX	*	f	采集	G	德国

莼菜科　Cabombaceae

莼菜属　Brasenia

莼菜　*Brasenia schreberi* J. F. Gmel.

功效主治　茎叶（莼菜）：甘，寒。清热解毒，止呕。用于肝阳上亢，泻痢，胃痛，呕吐，痈疽疔疖。
濒危等级　国家重点保护野生植物名录（第一批）一级，中国植物红色名录评估为极危（CR）。

迁地栽培保存

保存地点	种质份数	个体数量	引种方式	生长状况	来源地
HB	1	a	采集	B	湖北
GX	*	f	采集	G	浙江

刺戟木科　Didiereaceae

马齿苋树属　Portulacaria

马齿苋树　*Portulacaria afra* Jacq.

迁地栽培保存

保存地点	种质份数	个体数量	引种方式	生长状况	来源地
BJ	1	a	购买	G	待确定

粗丝木科　Stemonuraceae

粗丝木属　*Gomphandra*

粗丝木　*Gomphandra tetrandra*（Wall.）Sleumer

功效主治　根（黑骨走马）：甘、苦，平。清热利湿，解毒。用于附骨疽，吐泻。

濒危等级　中国植物红色名录评估为无危（LC）。

迁地栽培保存

保存地点	种质份数	个体数量	引种方式	生长状况	来源地
HN	1	a	采集	C	海南
GX	*	f	采集	G	广西

种质库保存

保存地点	保存方式	种质份数	个体数量	引种方式	来源地
BJ	种子	1	a	采集	待确定

酢浆草科　Oxalidaceae

酢浆草属　*Oxalis*

白花酢浆草　*Oxalis acetosella* L.

功效主治　全草：酸、微辛，平。活血化瘀，清热解毒。用于小便涩淋，带下病，痔痛，脱肛，烫伤，蛇
咬伤，蝎螫伤，跌打损伤，无名肿毒，疥癣。

迁地栽培保存

保存地点	种质份数	个体数量	引种方式	生长状况	来源地
BJ	1	d	购买	G	北京

酢浆草 *Oxalis corniculata* L.

功效主治　全草（酢浆草）：酸，寒。清热利湿，止咳祛痰，解毒消肿。用于泄泻，痢疾，黄疸，淋证，带
下病，瘾疹，吐血，衄血，咽喉痛，疔疮，疥癣，痔疮，脱肛，跌打损伤，烫火伤。

迁地栽培保存

保存地点	种质份数	个体数量	引种方式	生长状况	来源地
HN	1	b	赠送	B	海南
ZJ	1	e	采集	A	浙江
YN	1	b	采集	C	云南
SH	1	b	采集	A	待确定
BJ	1	e	采集	G	浙江
HLJ	1	c	购买	A	黑龙江
HB	1	a	采集	C	湖北
CQ	1	a	采集	C	重庆
JS1	1	b	采集	C	江苏
SC	1	f	待确定	G	四川

种质库保存

保存地点	保存方式	种质份数	个体数量	引种方式	来源地
BJ	种子	4	b	采集	待确定

大花酢浆草 *Oxalis bowiei* Herb. ex Lindl.

功效主治　全草：杀虫，止痛，散热，消肿。

迁地栽培保存

保存地点	种质份数	个体数量	引种方式	生长状况	来源地
BJ	1	b	购买	G	北京

关节酢浆草 *Oxalis articulata* Savigny

功效主治　叶、茎：解热。用于青腿牙疳。

迁地栽培保存

保存地点	种质份数	个体数量	引种方式	生长状况	来源地
SH	1	b	采集	A	待确定

红花酢浆草　*Oxalis corymbosa* DC.

功效主治　全草（铜锤草）：酸，寒。散瘀消肿，清热解毒。用于跌打损伤，咽喉痛，水肿，淋浊，带下病，泄泻，痢疾，痈疮，烫伤。

迁地栽培保存

保存地点	种质份数	个体数量	引种方式	生长状况	来源地
BJ	2	d	购买、采集	G	北京、四川
CQ	1	a	采集	C	重庆
HB	1	a	采集	C	湖北
HN	1	b	赠送	B	广西
JS1	1	c	购买	C	江苏

种质库保存

保存地点	保存方式	种质份数	个体数量	引种方式	来源地
BJ	种子	4	a	采集	湖北、上海

黄花酢浆草　*Oxalis pes-caprae* L.

功效主治　叶、根茎：用于痢疾，泄泻。

迁地栽培保存

保存地点	种质份数	个体数量	引种方式	生长状况	来源地
GZ	1	c	采集	C	贵州

山酢浆草　*Oxalis griffithii* Edgew. & Hook. f.

功效主治　全草（三块瓦）：淡、微辛，平。清热，利尿，解毒。用于目赤红痛，小儿哮喘，咳嗽痰喘。

濒危等级　中国植物红色名录评估为无危（LC）。

迁地栽培保存

保存地点	种质份数	个体数量	引种方式	生长状况	来源地
GX	2	f	采集	G	广西、重庆
BJ	2	b	采集	C	湖北、四川
CQ	1	a	采集	C	重庆
GZ	1	a	采集	C	贵州
HB	1	a	采集	C	待确定

直酢浆草 *Oxalis stricta* L.

功效主治　全草：苦，寒。有小毒。杀虫，止痛，散热，消肿，祛痰。用于淋证，丝虫病；外月于跌打损伤，肿毒，疥癣，烫伤。

迁地栽培保存

保存地点	种质份数	个体数量	引种方式	生长状况	来源地
BJ	1	b	购买	G	北京

感应草属　*Biophytum*

感应草 *Biophytum sensitivum*（L.）DC.

功效主治　全草：收敛，安神，安胎。用于肾虚，失眠，安胎，脱肛，阴挺；外用于黄水疮，蛇串疮。
濒危等级　中国植物红色名录评估为无危（LC）。

迁地栽培保存

保存地点	种质份数	个体数量	引种方式	生长状况	来源地
HN	1	b	采集	B	海南

阳桃属　*Averrhoa*

三敛 *Averrhoa bilimbi* L.

功效主治　果实：用于头痛，腹痛，感冒，疮痛疥癣。

迁地栽培保存

保存地点	种质份数	个体数量	引种方式	生长状况	来源地
HN	1	a	赠送	C	海南

种质库保存

保存地点	保存方式	种质份数	个体数量	引种方式	来源地
HN	种子	1	a	采集	海南

阳桃 *Averrhoa carambola* L.

功效主治 根：用于头风，关节痛。叶：涩，寒。利小便，散热毒。用于小便淋痛，血热瘙痒，痈肿，疥癣。花：用于寒热往来，解鸦片毒。果实：甘、酸，寒。清热，生津，利水，解毒。用于风热咳嗽，烦渴，口腔破溃，牙痛，石淋。

迁地栽培保存

保存地点	种质份数	个体数量	引种方式	生长状况	来源地
HN	1	a	购买	C	海南
YN	1	a	购买	A	云南
GD	1	a	采集	D	待确定

大戟科　**Euphorbiaceae**

巴豆属　*Croton*

巴豆 *Croton tiglium* L.

功效主治 果实（巴豆）：辛，热。有大毒。泻寒积，通关窍，逐痰，行水，杀虫。用于冷积凝滞，胸腹胀满急痛，血瘕，痰癖，泻痢，水肿；外用于喉风，喉痹，恶疮疥癣。巴豆的炮制加工品（巴豆霜）：辛，热。有大毒。峻下积滞，逐水消肿，豁痰利咽。叶：用于疟疾，疮癣，跌打损伤，毒蛇咬伤。根：辛，温。有大毒。温中散寒，祛风活络。用于痈疽，疔疮，跌打损伤，毒蛇咬伤，风湿痹痛，胃痛。种皮（巴豆壳）：消积滞，止泻痢，杀虫，败毒，破瘰疬痰咳。种仁的脂肪油

（巴豆油）：辛，热。有毒。泻下，止血，开窍。用于风痰。

濒危等级　中国植物红色名录评估为无危（LC）。

迁地栽培保存

保存地点	种质份数	个体数量	引种方式	生长状况	来源地
BJ	2	a	采集	G	四川、广东
GD	1	a	采集	D	待确定
HN	1	a	采集	C	海南
YN	1	a	采集	C	云南
CQ	1	a	采集	B	重庆
GX	*	f	采集	G	云南、广西

种质库保存

保存地点	保存方式	种质份数	个体数量	引种方式	来源地
BJ	种子	5	a	采集	云南

光叶巴豆　*Croton laevigatus* Vahl

功效主治　根、叶：辛，温。活血散瘀，止痛。用于跌打损伤，骨折，疟疾，胃痛。

濒危等级　中国特有植物，中国植物红色名录评估为无危（LC）。

迁地栽培保存

保存地点	种质份数	个体数量	引种方式	生长状况	来源地
HN	1	a	采集	C	海南
YN	1	a	购买	A	云南
GX	*	f	采集	G	云南

海南巴豆　*Croton laui* Merr. & F. P. Metcalf

濒危等级　中国特有植物，中国植物红色名录评估为易危（VU）。

迁地栽培保存

保存地点	种质份数	个体数量	引种方式	生长状况	来源地
HN	1	a	采集	C	待确定

卵叶巴豆 *Croton caudatus* Geiseler

功效主治 全株（毛叶巴豆树）：辛、微酸，热。镇惊祛风，退热止痛，舒筋活络。用于疟疾，高热，惊痫抽搐，风湿关节痛，四肢麻木。

濒危等级 中国植物红色名录评估为无危（LC）。

种质库保存

保存地点	保存方式	种质份数	个体数量	引种方式	来源地
BJ	种子	1	a	采集	云南

毛果巴豆 *Croton lachnocarpus* Benth.

功效主治 根（小叶双眼龙）、叶（小叶双眼龙）：辛、苦，温。有小毒。祛风除湿，散瘀消肿。用于蛇咬伤，皮肤瘙痒，风湿关节痛，风湿脚痛，产后风瘫，蛇串疮，跌打损伤，脓肿，瘰疬。

濒危等级 中国植物红色名录评估为无危（LC）。

迁地栽培保存

保存地点	种质份数	个体数量	引种方式	生长状况	来源地
CQ	1	a	采集	B	重庆
GD	1	f	采集	G	待确定
GX	*	f	采集	G	广西

石山巴豆 *Croton euryphyllus* W. W. Sm.

功效主治 根：用于风湿骨痛，跌打损伤。

濒危等级 中国特有植物，中国植物红色名录评估为无危（LC）。

迁地栽培保存

保存地点	种质份数	个体数量	引种方式	生长状况	来源地
GX	*	f	采集	G	广西

银叶巴豆　*Croton cascarilloides* Raeusch.

功效主治　根：祛风，壮筋骨。用于风湿骨痛，瘰疬，咽喉痛。

濒危等级　中国植物红色名录评估为无危（LC）。

迁地栽培保存

保存地点	种质份数	个体数量	引种方式	生长状况	来源地
YN	1	a	购买	C	云南
HN	1	a	采集	C	海南
GX	*	f	采集	G	广西

越南巴豆　*Croton kongensis* Gagnep.

功效主治　根：强壮，消腹水。用于腹水病，胃痛，头皮疹，口角疮。

濒危等级　中国植物红色名录评估为无危（LC）。

迁地栽培保存

保存地点	种质份数	个体数量	引种方式	生长状况	来源地
YN	1	a	购买	C	云南

种质库保存

保存地点	保存方式	种质份数	个体数量	引种方式	来源地
BJ	种子	1	a	采集	待确定
HN	种子	1	a	采集	海南

云南巴豆　*Croton yunnanensis* W. W. Sm.

濒危等级　中国特有植物，中国植物红色名录评估为无危（LC）。

迁地栽培保存

保存地点	种质份数	个体数量	引种方式	生长状况	来源地
BJ	1	a	采集	G	广西

白茶树属 *Koilodepas*

白茶树 *Koilodepas hainanense*（Merr.）Airy-Shaw

濒危等级 中国植物红色名录评估为无危（LC）。

迁地栽培保存

保存地点	种质份数	个体数量	引种方式	生长状况	来源地
BJ	1	a	采集	G	海南
HN	1	a	采集	B	海南

白大凤属 *Cladogynos*

白大凤 *Cladogynos orientalis* Zipp. ex Span.

功效主治 根：用于风湿瘫痪。枝叶：用于风湿骨痛，跌打损伤。

濒危等级 中国植物红色名录评估为无危（LC）。

迁地栽培保存

保存地点	种质份数	个体数量	引种方式	生长状况	来源地
GX	*	f	采集	G	广西

白木乌桕属 *Neoshirakia*

白木乌桕 *Neoshirakia japonica*（Siebold & Zucc.）Esser

功效主治 根（白木乌桕）、叶（白木乌桕）：微苦，寒。有小毒。散瘀消肿，利尿，通便。用于腰部劳损酸痛，二便不通。种子：缓泻。

濒危等级 中国植物红色名录评估为无危（LC）。

迁地栽培保存

保存地点	种质份数	个体数量	引种方式	生长状况	来源地
BJ	1	a	采集	G	北京
GX	*	f	采集	G	日本

种质库保存

保存地点	保存方式	种质份数	个体数量	引种方式	来源地
BJ	种子	4	a	采集	江西、重庆

白树属　*Suregada*

小团花白树　*Suregada glomerulata*（Bl.）Baill.

功效主治　种子油：用于喘证。

濒危等级　中国植物红色名录评估为无危（LC）。

迁地栽培保存

保存地点	种质份数	个体数量	引种方式	生长状况	来源地
HN	2	a	采集	C	海南
YN	1	a	采集	C	云南

种质库保存

保存地点	保存方式	种质份数	个体数量	引种方式	来源地
BJ	种子	6	b	采集	云南
HN	种子	1	a	采集	海南

白桐树属　*Claoxylon*

白桐树　*Claoxylon indicum*（Reinw. ex Bl.）Hassk.

功效主治　根、叶（丢了棒）：辛、微苦，平。有毒。祛风除湿，消肿止痛。用于风湿关节痛，腰腿痛，跌打损伤，产后风痛，水肿，外伤瘀痛。

濒危等级　中国植物红色名录评估为无危（LC）。

迁地栽培保存

保存地点	种质份数	个体数量	引种方式	生长状况	来源地
GD	1	f	采集	G	待确定
HN	1	a	采集	C	海南
GX	*	f	采集	G	广西

种质库保存

保存地点	保存方式	种质份数	个体数量	引种方式	来源地
HN	种子	3	b	采集	海南
BJ	种子	8	a	采集	海南

喀西白桐树　*Claoxylon khasianum* Hook. f.

濒危等级　中国植物红色名录评估为无危（LC）。

迁地栽培保存

保存地点	种质份数	个体数量	引种方式	生长状况	来源地
GX	*	f	采集	G	广西

斑籽属　*Baliospermum*

云南斑籽木　*Baliospermum calycinum* Müll. Arg.

功效主治　根（微籽）、皮（微籽）、叶（微籽）：辛，温。解毒驱虫，散瘀消肿。用于跌打损伤，骨折，蛔虫病，黄疸。

濒危等级　中国植物红色名录评估为无危（LC）。

迁地栽培保存

保存地点	种质份数	个体数量	引种方式	生长状况	来源地
YN	1	b	购买	C	云南

棒柄花属 *Cleidion*

棒柄花 *Cleidion brevipetiolatum* Pax & K. Hoffm.

功效主治 树皮（三台树）：苦，寒。清热解表，利湿解毒，通便。用于感冒，肝毒，疟疾，小便涩痛，脱肛，阴挺，月经过多，产后流血，疝气，便秘；外用于疮疖。

濒危等级 中国植物红色名录评估为无危（LC）。

迁地栽培保存

保存地点	种质份数	个体数量	引种方式	生长状况	来源地
GX	*	f	采集	G	广西

长棒柄花 *Cleidion javanicum* Bl.

迁地栽培保存

保存地点	种质份数	个体数量	引种方式	生长状况	来源地
GX	*	f	采集	G	印度尼西亚

种质库保存

保存地点	保存方式	种质份数	个体数量	引种方式	来源地
BJ	种子	1	a	采集	待确定

灰岩棒柄花 *Cleidion bracteosum* Gagnep.

濒危等级 中国植物红色名录评估为无危（LC）。

迁地栽培保存

保存地点	种质份数	个体数量	引种方式	生长状况	来源地
GX	*	f	采集	G	广西

蓖麻属 *Ricinus*

蓖麻 *Ricinus communis* L.

功效主治 种子（蓖麻子）：甘、辛，平。有毒。消肿拔毒，泻下通滞。用于痈疽肿毒，瘰疬，喉痹，疥癞癣疮，水肿腹满，大便燥结。脂肪油（蓖麻油）：用于大便燥结，疮疥，烧伤。根：淡、微辛，平。祛风活血，止痛镇静。用于破伤风，癫痫，风湿痛，跌打瘀痛，瘰疬。叶：甘、辛，平。有小毒。消肿拔毒，止痒。用于脚气病，阴囊肿痛，咳嗽哮喘，鹅掌风，疮疖。

迁地栽培保存

保存地点	种质份数	个体数量	引种方式	生长状况	来源地
BJ	6	b	采集	G	海南、广西、江西、云南、河北、内蒙古
HN	2	a	采集	B	海南
SC	2	f	待确定	G	四川
HLJ	1	b	购买	B	黑龙江
SH	1	c	采集	A	待确定
ZJ	1	d	购买	A	广西
LN	1	d	采集	A	辽宁
HEN	1	b	赠送	A	河南
HB	1	a	采集	B	湖北
GZ	1	b	采集	C	贵州
CQ	1	a	采集	C	重庆
YN	1	b	采集	A	云南
GD	1	f	采集	G	待确定
GX	*	f	采集	G	广西

种质库保存

保存地点	保存方式	种质份数	个体数量	引种方式	来源地
BJ	种子	97	e	采集	陕西、安徽、云南、四川、河北、海南、重庆、贵州、湖北、内蒙古、黑龙江、吉林、上海、江西、辽宁、宁夏、甘肃、山西
HN	DNA	1	a	采集	海南

红蓖麻 *Ricinus communis* 'Sanguineus'

种质库保存

保存地点	保存方式	种质份数	个体数量	引种方式	来源地
BJ	种子	8	b	采集	重庆、吉林、云南

变叶木属 *Codiaeum*

变叶木 *Codiaeum variegatum* (L.) Rumph. ex A. Juss.

功效主治 叶：清热理肺，散瘀消肿。用于咳嗽，跌打肿痛。

迁地栽培保存

保存地点	种质份数	个体数量	引种方式	生长状况	来源地
BJ	2	b	交换	G	北京
GD	1	a	采集	D	待确定
YN	1	c	购买	A	云南
HN	1	d	购买	B	海南

蜂腰变叶木 *Codiaeum variegatum* (L.) Rumph. ex A. Juss. var. *variegatum*

迁地栽培保存

保存地点	种质份数	个体数量	引种方式	生长状况	来源地
HN	1	a	购买	B	海南
GX	*	f	采集	G	广西

细叶变叶木 *Codiaeum variegatum* 'Taeriosum'

迁地栽培保存

保存地点	种质份数	个体数量	引种方式	生长状况	来源地
HN	1	a	赠送	B	海南

粗毛藤属 *Cnesmone*

灰岩粗毛藤 *Cnesmone tonkinensis*（Gagnep.）Croizat

濒危等级 中国植物红色名录评估为无危（LC）。

迁地栽培保存

保存地点	种质份数	个体数量	引种方式	生长状况	来源地
GX	*	f	采集	G	广西

大戟属 *Euphorbia*

霸王鞭 *Euphorbia royleana* Boiss.

功效主治 全草或乳汁：祛风。外用于疮疡肿毒，皮癣。

濒危等级 CITES 附录Ⅱ物种，中国植物红色名录评估为无危（LC）。

迁地栽培保存

保存地点	种质份数	个体数量	引种方式	生长状况	来源地
YN	1	b	采集	A	云南
CQ	1	a	赠送	C	广西
GZ	1	a	采集	C	贵州
HLJ	1	a	购买	B	黑龙江

白苞猩猩草 *Euphorbia heterophylla* L.

功效主治 全草（一品红）：苦、涩，寒。有毒。调经，止血，止咳，接骨，消肿。用于月经过多，跌打损伤，骨折，咳嗽。

迁地栽培保存

保存地点	种质份数	个体数量	引种方式	生长状况	来源地
BJ	1	b	购买	G	北京
GX	*	f	采集	G	广西

斑地锦 *Euphorbia maculata* L.

功效主治　全草（斑地锦）：辛，平。止血，清湿热，通乳。用于黄疸，泄泻，疳积，血痢，尿血，血崩，外伤出血，乳汁不多，痈肿疮毒。

迁地栽培保存

保存地点	种质份数	个体数量	引种方式	生长状况	来源地
SH	1	a	采集	A	待确定
ZJ	1	e	采集	A	浙江
BJ	1	b	采集	G	北京
GX	*	f	采集	G	山东

春峰 *Euphorbia lactea* Haw.

迁地栽培保存

保存地点	种质份数	个体数量	引种方式	生长状况	来源地
YN	1	a	购买	C	云南

大戟 *Euphorbia pekinensis* Rupr.

功效主治　根（京大戟）：苦，寒。有毒。泻水逐饮。用于水肿，血吸虫病，肝硬化腹水，胸腔积液，痰饮积聚；外用于疔疮疖肿。

迁地栽培保存

保存地点	种质份数	个体数量	引种方式	生长状况	来源地
BJ	3	b	采集	G	北京、陕西、山东
HEN	1	a	采集	A	河南
SH	1	b	采集	A	待确定
GZ	1	b	采集	C	贵州
JS1	1	c	采集	B	江苏
GX	*	f	采集	G	北京

种质库保存

保存地点	保存方式	种质份数	个体数量	引种方式	来源地
BJ	种子	1	a	采集	黑龙江

大狼毒 *Euphorbia jolkinii* Boiss.

功效主治　根（大狼毒）：辛、苦，温。有毒。泻下逐水。用于疥癞疮，外伤出血。

濒危等级　中国植物红色名录评估为易危（VU）。

迁地栽培保存

保存地点	种质份数	个体数量	引种方式	生长状况	来源地
BJ	2	b	采集	G	广西、内蒙古
GX	*	f	采集	G	广西

地锦草 *Euphorbia humifusa* Willd. ex Schltdl.

功效主治　全草（地锦草）：苦、辛，平。清热解毒，活血，止血，利湿，通乳。用于痢疾，泄泻，咯血，吐血，便血，崩漏，外伤出血，湿热黄疸，乳汁不通，痈肿疔疮，跌打肿痛。

迁地栽培保存

保存地点	种质份数	个体数量	引种方式	生长状况	来源地
BJ	1	b	采集	G	四川
SH	1	b	采集	A	待确定
HLJ	1	c	采集	A	黑龙江
GZ	1	b	采集	C	贵州
GD	1	f	采集	G	待确定
YN	1	a	采集	B	云南

种质库保存

保存地点	保存方式	种质份数	个体数量	引种方式	来源地
BJ	种子	6	a	采集	待确定

飞扬草 *Euphorbia hirta* L.

功效主治　全草：微苦、微酸，凉。清热解毒，利湿止痒。用于消化不良，阴痒，痢疾，泄泻，咳嗽，水肿；外用于湿疹，疮痈疥癣，皮肤瘙痒。

迁地栽培保存

保存地点	种质份数	个体数量	引种方式	生长状况	来源地
GZ	1	f	采集	F	贵州
YN	1	c	购买	A	云南
SH	1	b	采集	A	待确定
HN	1	a	赠送	B	海南
GD	1	f	采集	G	待确定
FJ	1	a	采集	A	福建
ZJ	1	e	采集	A	浙江

种质库保存

保存地点	保存方式	种质份数	个体数量	引种方式	来源地
BJ	种子	10	b	采集	云南、四川

甘遂 *Euphorbia kansui* Liou ex S. B. Ho

功效主治　块根（甘遂）：苦，寒。泻水逐饮。用于水肿胀满，胸腹积水，癫痫，噎膈，癥瘕积聚，二便不通。

濒危等级　中国特有植物，陕西省渐危保护植物，中国植物红色名录评估为无危（LC）。

迁地栽培保存

保存地点	种质份数	个体数量	引种方式	生长状况	来源地
GD	1	b	采集	D	待确定
BJ	1	d	采集	G	四川
HEN	*	a	采集	A	河南

种质库保存

保存地点	保存方式	种质份数	个体数量	引种方式	来源地
BJ	种子	8	b	采集	安徽、山西、陕西

钩腺大戟 *Euphorbia sieboldiana* C. Morren & Decne.

功效主治 二年以上老根（三朵云）：微苦、涩，寒。逐水消肿，活血通便。用于便秘，跌打损伤；外用于疮毒。

迁地栽培保存

保存地点	种质份数	个体数量	引种方式	生长状况	来源地
BJ	2	d	采集	C	江西、安徽
GX	*	f	采集	G	湖北

海滨大戟 *Euphorbia atoto* G. Forst.

功效主治 全草：有毒。用于水肿，毒蛇咬伤。

濒危等级 中国植物红色名录评估为无危（LC）。

迁地栽培保存

保存地点	种质份数	个体数量	引种方式	生长状况	来源地
HN	1	a	采集	C	海南

虎刺梅 *Euphorbia milii* var. *splendens* (Bojer ex Hook.) Ursch & Leandri

迁地栽培保存

保存地点	种质份数	个体数量	引种方式	生长状况	来源地
CQ	1	a	赠送	C	广西
BJ	*	d	购买	G	待确定

黄苞大戟 *Euphorbia sikkimensis* Boiss.

功效主治 根皮（水黄花）、叶（水黄花）：苦，寒。有毒。清热解毒，逐水消肿。用于水肿，臌胀，疥疮，腹水喘急，无名肿毒。

濒危等级　中国植物红色名录评估为无危（LC）。

迁地栽培保存

保存地点	种质份数	个体数量	引种方式	生长状况	来源地
BJ	1	d	采集	G	待确定
CQ	1	a	采集	C	重庆
GZ	1	b	采集	C	贵州
GX	*	f	采集	G	重庆

火殃勒　*Euphorbia antiquorum* L.

功效主治　茎：苦，寒。有毒。消肿，通便，杀虫。用于臌胀，急性吐泻，肿毒，疥癣。叶：苦，寒。有毒。清热化滞，解毒行瘀。用于热滞泄泻，痧秽吐泻，转筋，疔疮，跌打积瘀。花蕊：解毒消肿。用于臌胀。乳汁：苦，寒。有毒。泻下，逐水，止痒。

迁地栽培保存

保存地点	种质份数	个体数量	引种方式	生长状况	来源地
HN	1	a	赠送	C	海南
JS1	1	a	购买	D	江苏
YN	1	a	购买	A	云南

金刚纂　*Euphorbia neriifolia* L.

功效主治　鲜茎乳汁：微苦、涩，平。祛风，解毒。用于疮疡肿毒，反癣，水肿。

迁地栽培保存

保存地点	种质份数	个体数量	引种方式	生长状况	来源地
HN	1	a	赠送	B	海南
GD	1	f	采集	G	待确定
YN	1	a	购买	A	云南
BJ	1	b	交换	G	北京

括金板 *Euphorbia adenochlora* C. Morren & Decne.

功效主治 根：泻水饮，利肿毒，利尿。用于水肿胀满，痰饮积聚；外用于痈疽，肿毒，皮肤疥疮。

迁地栽培保存

保存地点	种质份数	个体数量	引种方式	生长状况	来源地
CQ	1	a	采集	C	重庆

狼毒大戟 *Euphorbia fischeriana* Steud.

功效主治 根：破积杀虫，除湿止痒。用于水肿腹胀，心腹疼痛，食积，虫积，痰积，咳嗽，气喘，瘰疬，痔漏，疥癣，酒渣鼻，顽固性皮肤溃疡，皮肤结核。

濒危等级 中国植物红色名录评估为近危（NT）。

迁地栽培保存

保存地点	种质份数	个体数量	引种方式	生长状况	来源地
BJ	5	d	采集	G	陕西、辽宁、湖北、四川、贵州
LN	1	c	采集	B	辽宁
GX	*	f	采集	G	广西、北京

种质库保存

保存地点	保存方式	种质份数	个体数量	引种方式	来源地
BJ	种子	1	a	采集	待确定

绿玉树 *Euphorbia tirucalli* L.

功效主治 全草：辛、微酸，凉。有小毒。催乳，杀虫。用于乳汁不足，癣疮。

迁地栽培保存

保存地点	种质份数	个体数量	引种方式	生长状况	来源地
CQ	1	a	购买	C	重庆
BJ	1	b	采集	G	云南
YN	1	a	购买	A	云南

保存地点	种质份数	个体数量	引种方式	生长状况	来源地
GD	1	a	采集	A	待确定
HN	1	b	采集	B	海南
GX	*	f	采集	G	北京

南亚大戟 *Euphorbia indica* Lam.

迁地栽培保存

保存地点	种质份数	个体数量	引种方式	生长状况	来源地
GX	*	f	采集	G	广西

麒麟掌 *Euphorbia neriifolia* L. var. *cristata*

迁地栽培保存

保存地点	种质份数	个体数量	引种方式	生长状况	来源地
HN	1	a	采集	C	待确定
YN	1	a	购买	C	云南
GX	*	f	采集	G	广西

千根草 *Euphorbia thymifolia* L.

功效主治 全草（小飞扬草）：微酸、涩，凉。清热利湿，收敛止痒。用于疟疾，痢疾，泄泻，湿疹，乳痈，痔疮。

迁地栽培保存

保存地点	种质份数	个体数量	引种方式	生长状况	来源地
HN	1	a	赠送	B	海南
GX	*	f	采集	G	广西

乳浆大戟 *Euphorbia esula* L.

功效主治 全草：苦，寒。有毒。拔毒消肿。用于疮疖，痈肿，瘰疬，乳蛾。

迁地栽培保存

保存地点	种质份数	个体数量	引种方式	生长状况	来源地
BJ	4	d	采集	G	北京、河北、山东
SH	1	b	采集	A	待确定
GX	*	f	采集	G	德国

种质库保存

保存地点	保存方式	种质份数	个体数量	引种方式	来源地
BJ	种子	1	a	采集	四川

三棱柱 *Euphorbia lacei* Craib

迁地栽培保存

保存地点	种质份数	个体数量	引种方式	生长状况	来源地
HN	1	a	赠送	C	待确定

铁海棠 *Euphorbia milii* Des Moul.

功效主治　根、茎、叶、乳汁：苦，凉。有毒。排脓，解毒，逐水。用于痈疮，肝毒，水肿。花：苦、涩，平。有小毒。止血。用于子宫出血。根：用于鱼口，便毒，跌打损伤。

迁地栽培保存

保存地点	种质份数	个体数量	引种方式	生长状况	来源地
BJ	2	d	购买	G	北京、广东
GD	1	a	采集	D	待确定
JS1	1	a	购买	D	江苏
CQ	1	a	购买	C	重庆
HN	1	b	购买	B	海南
YN	1	b	购买	C	云南
SH	1	b	采集	A	待确定
GX	*	f	采集	G	福建

通奶草 *Euphorbia hypericifolia* L.

功效主治　全草：清热解毒，散血止血，利水，健脾通乳。用于水肿，乳汁不通，肠痈，泄泻，痢疾，疮痈疥癣，湿疹，脓疮，烫火伤。

迁地栽培保存

保存地点	种质份数	个体数量	引种方式	生长状况	来源地
YN	1	a	购买	C	云南
BJ	1	b	购买	G	北京
GD	1	f	采集	G	待确定
HN	1	a	采集	C	海南

种质库保存

保存地点	保存方式	种质份数	个体数量	引种方式	来源地
BJ	种子	1	a	采集	江西

细齿大戟 *Euphorbia bifida* Hook. & Arn.

功效主治　全草：用于疣。

濒危等级　中国植物红色名录评估为无危（LC）。

迁地栽培保存

保存地点	种质份数	个体数量	引种方式	生长状况	来源地
GX	*	f	采集	G	法国

猩猩草 *Euphorbia cyathophora* Murray

迁地栽培保存

保存地点	种质份数	个体数量	引种方式	生长状况	来源地
HN	1	b	采集	C	海南

种质库保存

保存地点	保存方式	种质份数	个体数量	引种方式	来源地
BJ	种子	6	a	采集	江西

续随子 *Euphorbia lathyris* L.

功效主治 种子（千金子）：辛，温。有毒。逐水消肿，破瘀杀虫。用于水肿胀满，痰饮，宿滞，癥瘕，疥癣，瘀血，大小肠不利。叶：用于白癜风，面黚，蝎螫伤。茎中的白色乳汁：去黡黯。用于白癜风，毒蛇咬伤。

迁地栽培保存

保存地点	种质份数	个体数量	引种方式	生长状况	来源地
BJ	3	d	采集	G	前苏联，中国陕西、广西
CQ	1	a	购买	B	重庆
GD	1	f	采集	G	待确定
GZ	1	b	采集	C	贵州
HB	1	a	采集	C	湖北
HEN	1	d	赠送	A	河南
JS1	1	b	采集	C	江苏
JS2	1	c	购买	C	江苏
LN	1	d	采集	A	辽宁
SH	1	b	采集	A	待确定

种质库保存

保存地点	保存方式	种质份数	个体数量	引种方式	来源地
BJ	种子	10	c	采集	黑龙江、河南、广西、湖北、辽宁、吉林

一品红 *Euphorbia pulcherrima* Willd. ex Klotzsch

功效主治 全株（猩猩木）：苦、涩，凉。有小毒。调经止血，接骨，消肿。用于月经过多，跌打损伤，外伤出血，骨折。

迁地栽培保存

保存地点	种质份数	个体数量	引种方式	生长状况	来源地
YN	1	b	采集	A	云南
SH	1	b	采集	A	待确定
JS1	1	b	购买	C	江苏
BJ	1	d	交换	G	北京
CQ	1	a	购买	C	重庆
HN	1	b	购买	A	待确定

银边翠 *Euphorbia marginata* Kunth

功效主治　全草：拔毒消肿。用于月经不调，无名肿毒，跌打损伤。

迁地栽培保存

保存地点	种质份数	个体数量	引种方式	生长状况	来源地
LN	2	d	采集	A	辽宁
JS1	1	a	购买	D	江苏
BJ	1	d	交换	G	北京
HLJ	1	b	购买	A	黑龙江
GX	*	f	采集	G	广西

种质库保存

保存地点	保存方式	种质份数	个体数量	引种方式	来源地
BJ	种子	1	a	采集	待确定

月腺大戟 *Euphorbia ebracteolata* Hayata

功效主治　根（狼毒）：辛，平。有毒。散结，杀虫。外用于瘰疬，皮癣，滴虫性阴道炎。

迁地栽培保存

保存地点	种质份数	个体数量	引种方式	生长状况	来源地
BJ	2	d	采集	G	韩国，中国河南

泽漆 *Euphorbia helioscopia* L.

功效主治　全草（泽漆）：辛、苦，凉。有毒。逐水消肿，祛痰，散瘀，解毒，杀虫。用于水肿，痰饮喘咳，痢疾，瘰疬痞块；外用于瘰疬，癣疮。

迁地栽培保存

保存地点	种质份数	个体数量	引种方式	生长状况	来源地
BJ	4	d	采集	G	贵州、江西、河南、甘肃
GZ	1	b	采集	C	贵州
SH	1	b	采集	A	待确定
JS1	1	e	采集	B	江苏
SC	1	f	待确定	G	四川

种质库保存

保存地点	保存方式	种质份数	个体数量	引种方式	来源地
BJ	种子	1	a	采集	吉林

紫斑大戟 *Euphorbia hyssopifolia* L.

功效主治　全草或叶：在尼加拉瓜可用于疼痛，感染，孕产妇不适。

濒危等级　中国植物红色名录评估为无危（LC）。

迁地栽培保存

保存地点	种质份数	个体数量	引种方式	生长状况	来源地
JS2	1	c	购买	C	安徽

种质库保存

保存地点	保存方式	种质份数	个体数量	引种方式	来源地
BJ	种子	6	b	采集	广西

紫锦木 *Euphorbia cotinifolia* L.

功效主治　枝叶：在圭亚那可用于溃疡。

迁地栽培保存

保存地点	种质份数	个体数量	引种方式	生长状况	来源地
HN	2	a	赠送	C	广西
CQ	1	a	赠送	C	广西
YN	1	a	采集	A	云南

地构叶属　*Speranskia*

地构叶　*Speranskia tuberculata*（Bunge）Baill.

功效主治　全草（透骨草）：辛、苦，温。散风祛湿，解毒止痛，活血，舒筋。用于风湿关节痛；外用于疮疡肿毒。

濒危等级　中国特有植物，中国植物红色名录评估为无危（LC）。

迁地栽培保存

保存地点	种质份数	个体数量	引种方式	生长状况	来源地
BJ	2	b	采集	G	北京、山东
GX	*	f	采集	G	山东

广东地构叶　*Speranskia cantonensis*（Hance）Pax & K. Hoffm.

功效主治　全草（蛋不老）：苦，平。祛风湿，通经络，消坚块，补血活血，止痛。用于腹中痞块，瘰疬，风湿骨痛，虚痨咳嗽，疮毒积聚。

濒危等级　中国特有植物，中国植物红色名录评估为无危（LC）。

迁地栽培保存

保存地点	种质份数	个体数量	引种方式	生长状况	来源地
GX	*	f	采集	G	广西

地杨桃属　*Microstachys*

地杨桃　*Microstachys chamaelea*（L.）Müll. Arg.

功效主治　全草：祛风除湿，舒筋活血，止痛。

濒危等级 中国植物红色名录评估为无危（LC）。

迁地栽培保存

保存地点	种质份数	个体数量	引种方式	生长状况	来源地
HN	1	a	采集	B	海南
GX	*	f	采集	G	澳门

东京桐属 *Deutzianthus*

东京桐 *Deutzianthus tonkinensis* Gagnep.

功效主治 根：用于风湿。叶：凉肝散血。

濒危等级 国家重点保护野生植物名录（第一批）二级，中国植物红色名录评估为濒危（EN）。

迁地栽培保存

保存地点	种质份数	个体数量	引种方式	生长状况	来源地
HN	2	a	赠送	C	广西

肥牛树属 *Cephalomappa*

肥牛树 *Cephalomappa sinensis*（Chun & F. C. How）Kosterm.

濒危等级 中国植物红色名录评估为易危（VU）。

迁地栽培保存

保存地点	种质份数	个体数量	引种方式	生长状况	来源地
GX	*	f	采集	G	广西

海漆属 *Excoecaria*

海漆 *Excoecaria agallocha* L.

功效主治 树汁、木材：通便缓泻。

濒危等级 中国植物红色名录评估为无危（LC）。

迁地栽培保存

保存地点	种质份数	个体数量	引种方式	生长状况	来源地
HN	1	a	采集	C	海南

红背桂　*Excoecaria cochinchinensis* Lour.

功效主治　全株（红背桂）：辛、微苦，平。有小毒。通经活络，止痛。用于麻疹，疳腮，乳蛾，心肾绞痛，腰肌劳损。

迁地栽培保存

保存地点	种质份数	个体数量	引种方式	生长状况	来源地
GZ	2	a	采集	B	贵州
CQ	1	a	赠送	C	广西
JS1	1	a	购买	D	江苏
HN	1	b	赠送	C	海南
GD	1	a	采集	D	待确定
SH	1	b	采集	A	待确定
BJ	1	b	采集	G	云南

绿背桂花　*Excoecaria formosana*（Hayata）Hayata

濒危等级　中国植物红色名录评估为无危（LC）。

迁地栽培保存

保存地点	种质份数	个体数量	引种方式	生长状况	来源地
HN	1	a	采集	C	海南
GX	*	f	采集	G	广西
GX	*	f	采集	G	中国

云南土沉香　*Excoecaria acerifolia* Didr.

功效主治　全株（刮金板）：苦、辛，微温。祛风散寒，健脾利湿，解毒。用于风寒咳嗽，疟疾，黄疸，消化不良，小儿疳积，风湿骨痛。

濒危等级　中国植物红色名录评估为无危（LC）。

迁地栽培保存

保存地点	种质份数	个体数量	引种方式	生长状况	来源地
CQ	1	a	赠送	C	云南
SH	1	a	采集	A	待确定
GZ	1	b	采集	C	贵州
SC	1	f	待确定	G	四川
BJ	1	a	采集	G	云南
GX	*	f	采集	G	广西

红雀珊瑚属　*Pedilanthus*

红雀珊瑚　*Pedilanthus tithymaloides*（L.）Poit.

功效主治　全草（红雀珊瑚）：酸、微涩，寒。有小毒。清热解毒，散瘀消肿，止血生肌。用于跌打损伤，骨折，外伤出血，疖肿疮疡，目赤。

迁地栽培保存

保存地点	种质份数	个体数量	引种方式	生长状况	来源地
HN	1	c	购买	B	海南
BJ	1	b	购买	G	北京
HLJ	1	a	购买	C	云南
YN	1	b	采集	A	云南
GX	*	f	采集	G	广西

蝴蝶果属　*Cleidiocarpon*

蝴蝶果　*Cleidiocarpon cavaleriei*（H. Lév.）Airy-Shaw

濒危等级　广西壮族自治区重点保护植物，中国植物红色名录评估为易危（VU）。

迁地栽培保存

保存地点	种质份数	个体数量	引种方式	生长状况	来源地
YN	1	a	购买	C	云南
GX	*	f	采集	G	广西

滑桃树属　*Trevia*

滑桃树　*Trevia nudiflora* L.

濒危等级　中国植物红色名录评估为无危（LC）。

迁地栽培保存

保存地点	种质份数	个体数量	引种方式	生长状况	来源地
HN	1	d	采集	B	海南
YN	1	a	采集	C	云南
GX	*	f	采集	G	云南

种质库保存

保存地点	保存方式	种质份数	个体数量	引种方式	来源地
HN	种子	1	b	采集	海南
BJ	种子	7	a	采集	云南

黄蓉花属　*Dalechampia*

黄蓉花　*Dalechampia bidentata* Blume

濒危等级　中国植物红色名录评估为无危（LC）。

种质库保存

保存地点	保存方式	种质份数	个体数量	引种方式	来源地
BJ	种子	1	a	采集	云南

黄桐属 *Endospermum*

黄桐 *Endospermum chinense* Benth.

功效主治 树皮（大树跌打）、叶（大树跌打）：辛，热。有大毒。祛瘀生新，消肿镇痛。舒筋活络。用于疟疾，骨折，跌打损伤，风寒湿痹，关节疼痛。

濒危等级 中国植物红色名录评估为无危（LC）。

迁地栽培保存

保存地点	种质份数	个体数量	引种方式	生长状况	来源地
HN	1	a	采集	C	海南
GD	1	f	采集	G	待确定

种质库保存

保存地点	保存方式	种质份数	个体数量	引种方式	来源地
BJ	种子	1	a	采集	待确定
HN	种子	1	a	采集	海南

假奓包叶属 *Discocleidion*

假奓包叶 *Discocleidion rufescens*（Franch.）Pax & K. Hoffm.

功效主治 根皮：清热解毒，泻水消积。用于水肿，食积，毒疮。

濒危等级 中国特有植物，中国植物红色名录评估为无危（LC）。

迁地栽培保存

保存地点	种质份数	个体数量	引种方式	生长状况	来源地
CQ	1	a	采集	C	重庆
GX	*	f	采集	G	湖南

浆果乌桕属　*Balakata*

浆果乌桕　*Balakata baccata*（Roxb.）Esser

功效主治　根皮、树皮、叶：杀虫，解毒消肿，逐水通便。

濒危等级　中国植物红色名录评估为无危（LC）。

迁地栽培保存

保存地点	种质份数	个体数量	引种方式	生长状况	来源地
YN	1	a	采集	C	云南
GX	*	f	采集	G	云南

种质库保存

保存地点	保存方式	种质份数	个体数量	引种方式	来源地
BJ	种子	8	b	采集	云南、海南

留萼木属　*Blachia*

留萼木　*Blachia pentzii*（Müll. Arg.）Benth.

濒危等级　中国植物红色名录评估为无危（LC）。

迁地栽培保存

保存地点	种质份数	个体数量	引种方式	生长状况	来源地
HN	1	a	采集	C	海南

轮叶戟属　*Lasiococca*

轮叶戟　*Lasiococca comberi* var. *pseudoverticillata*（Merr.）H. S. Kiu

种质库保存

保存地点	保存方式	种质份数	个体数量	引种方式	来源地
BJ	种子	1	a	采集	待确定

麻疯树属　*Jatropha*

佛肚树　*Jatropha podagrica* Hook.

功效主治　全株：苦，寒。清热解毒，消肿止痛。用于毒蛇咬伤。

迁地栽培保存

保存地点	种质份数	个体数量	引种方式	生长状况	来源地
BJ	1	a	交换	G	云南
YN	1	b	购买	C	云南
HN	1	a	赠送	B	海南
CQ	1	a	赠送	C	云南
GD	1	b	采集	D	待确定

种质库保存

保存地点	保存方式	种质份数	个体数量	引种方式	来源地
BJ	种子	6	b	采集	安徽、山西

红珊瑚　*Jatropha multifida* L.

功效主治　种子：在热带美洲可通便，止吐。用于疮痈疥癣。茎皮：在泰国可止泻。

迁地栽培保存

保存地点	种质份数	个体数量	引种方式	生长状况	来源地
YN	1	a	采集	C	云南

麻风树　*Jatropha curcas* Linn.

功效主治　叶（麻疯树）、树皮（麻疯树）：苦、涩，凉。有毒。散瘀消肿，止血，止痒。用于跌打肿痛，创伤出血，皮肤瘙痒，麻风，癞痢头，慢性溃疡，关节挫伤，滴虫性阴道炎，湿疹，足癣。

迁地栽培保存

保存地点	种质份数	个体数量	引种方式	生长状况	来源地
YN	1	a	购买	A	云南
HN	1	a	采集	B	海南
CQ	1	a	赠送	C	云南
BJ	1	a	采集	G	海南

种质库保存

保存地点	保存方式	种质份数	个体数量	引种方式	来源地
BJ	种子	16	a	采集	云南、贵州、四川，待确定
HN	DNA	1	a	采集	海南

棉叶珊瑚花　*Jatropha gossypiifolia* Linn.

迁地栽培保存

保存地点	种质份数	个体数量	引种方式	生长状况	来源地
BJ	1	a	采集	G	广西

缅桐属　*Sumbaviopsis*

缅桐　*Sumbaviopsis albicans*（Bl.）J. J. Sm.

迁地栽培保存

保存地点	种质份数	个体数量	引种方式	生长状况	来源地
YN	1	a	采集	C	云南

种质库保存

保存地点	保存方式	种质份数	个体数量	引种方式	来源地
BJ	种子	4	b	采集	待确定

木薯属 *Manihot*

木薯 *Manihot esculenta* Crantz

功效主治 淀粉（木薯粉）：甘，寒。清热解毒，凉血。用于水肿。叶：用于疮癣，痈疮肿毒。

迁地栽培保存

保存地点	种质份数	个体数量	引种方式	生长状况	来源地
YN	1	a	采集	A	云南
HN	1	b	采集	B	海南
GD	1	f	采集	G	待确定

种质库保存

保存地点	保存方式	种质份数	个体数量	引种方式	来源地
BJ	种子	6	b	采集	山东、云南、甘肃

三宝木属 *Trigonostemon*

长梗三宝木 *Trigonostemon thyrsoideus* Stapf

濒危等级 中国植物红色名录评估为无危（LC）。

迁地栽培保存

保存地点	种质份数	个体数量	引种方式	生长状况	来源地
GX	*	f	采集	G	广西

黄花三宝木 *Trigonostemon lutescens* Y. T. Chang & J. Y. Liang

功效主治 根：用于风湿骨痛。

濒危等级 中国植物红色名录评估为无危（LC）。

迁地栽培保存

保存地点	种质份数	个体数量	引种方式	生长状况	来源地
GX	*	f	采集	G	广西

剑叶三宝木 *Trigonostemon xyphophylloides*（Croizat）Dai & T. L. Wu

濒危等级　中国特有植物，中国植物红色名录评估为易危（VU）。

迁地栽培保存

保存地点	种质份数	个体数量	引种方式	生长状况	来源地
HN	2	a	采集	C	海南

三宝木 *Trigonostemon chinensis* Merr.

濒危等级　中国植物红色名录评估为易危（VU）。

迁地栽培保存

保存地点	种质份数	个体数量	引种方式	生长状况	来源地
GX	*	f	采集	G	海南

种质库保存

保存地点	保存方式	种质份数	个体数量	引种方式	来源地
BJ	种子	1	a	采集	待确定

异叶三宝木 *Trigonostemon heterophyllus* Merr.

濒危等级　中国植物红色名录评估为无危（LC）。

迁地栽培保存

保存地点	种质份数	个体数量	引种方式	生长状况	来源地
BJ	1	a	采集	G	海南
HN	1	a	采集	C	海南

三籽桐属 *Reutealis*

三籽桐 *Reutealis trisperma*（Blanco）Airy Shaw

功效主治 果实、种子油：通便，杀虫。树皮液汁：用于白屑风。

迁地栽培保存

保存地点	种质份数	个体数量	引种方式	生长状况	来源地
GX	*	f	采集	G	广西，待确定

山靛属 *Mercurialis*

山靛 *Mercurialis leiocarpa* Sieb. & Zucc.

濒危等级 中国植物红色名录评估为无危（LC）。

迁地栽培保存

保存地点	种质份数	个体数量	引种方式	生长状况	来源地
GX	*	f	采集	G	中国湖北，法国

山麻杆属 *Alchornea*

椴叶山麻杆 *Alchornea tiliifolia*（Benth.）Müll. Arg.

濒危等级 中国植物红色名录评估为无危（LC）。

迁地栽培保存

保存地点	种质份数	个体数量	引种方式	生长状况	来源地
GX	*	f	采集	G	广西

红背山麻杆 *Alchornea trewioides*（Benth.）Müll. Arg.

功效主治 根、叶：甘，凉。清热利湿，散瘀止血。用于痢疾，小便涩痛，石淋，血崩，带下病，风疹，疥疮，足癣，龋齿，外伤出血，腰腿痛。

濒危等级　中国植物红色名录评估为无危（LC）。

迁地栽培保存

保存地点	种质份数	个体数量	引种方式	生长状况	来源地
GD	1	f	采集	G	待确定
CQ	1	a	采集	B	重庆
HN	1	a	采集	C	海南
GX	*	f	采集	G	广西

山麻杆　*Alchornea davidii* Franch.

功效主治　茎、皮、叶：淡，平。解毒，杀虫，止痛。用于狂犬咬伤，毒蛇咬伤，蛔虫病，腰痛。

濒危等级　中国特有植物，中国植物红色名录评估为无危（LC）。

迁地栽培保存

保存地点	种质份数	个体数量	引种方式	生长状况	来源地
GZ	1	a	采集	C	贵州
JS1	1	b	购买	C	江苏
JS2	1	c	购买	C	江苏
SH	1	a	采集	A	待确定
GX	*	f	采集	G	重庆

羽脉山麻杆　*Alchornea rugosa*（Lour.）Müll. Arg.

功效主治　嫩枝叶：接骨生肌。用于跌打损伤，骨折，外伤不愈。

濒危等级　中国植物红色名录评估为无危（LC）。

迁地栽培保存

保存地点	种质份数	个体数量	引种方式	生长状况	来源地
HN	2	a	采集	C	海南

石栗属 *Aleurites*

石栗 *Aleurites moluccana* (L.) Willd.

功效主治 叶（烛果树）、种子（烛果树）：甘、微苦，寒。有小毒。清热，通经止血。叶：用于闭经，外伤出血。种子：用于痈疮肿毒。

濒危等级 中国植物红色名录评估为无危（LC）。

迁地栽培保存

保存地点	种质份数	个体数量	引种方式	生长状况	来源地
HN	2	a	购买	C	海南
YN	1	a	采集	C	云南
GX	*	f	采集	G	广西

种质库保存

保存地点	保存方式	种质份数	个体数量	引种方式	来源地
BJ	种子	2	a	采集	山西、云南

水柳属 *Homonoia*

水柳 *Homonoia riparia* Lour.

功效主治 根：苦，寒。清热利胆，解毒。用于胁痛，黄疸，石淋。

濒危等级 中国植物红色名录评估为无危（LC）。

迁地栽培保存

保存地点	种质份数	个体数量	引种方式	生长状况	来源地
HN	1	a	采集	C	海南
GX	*	f	采集	G	广西

铁苋菜属 *Acalypha*

红桑 *Acalypha wilkesiana* Müll. Arg.

功效主治 叶：微苦，凉。清热，凉血，止血。用于紫癜，牙龈出血，再生障碍性贫血，咳嗽，血小板减少，暑热。

迁地栽培保存

保存地点	种质份数	个体数量	引种方式	生长状况	来源地
YN	2	d	购买	A	云南
HN	2	b	购买	C	海南
BJ	1	a	购买	B	北京

红穗铁苋菜 *Acalypha hispida* Burm. f.

功效主治 叶：用于溃疡。花：用于泄泻。

迁地栽培保存

保存地点	种质份数	个体数量	引种方式	生长状况	来源地
HN	1	b	赠送	C	海南
CQ	1	a	赠送	F	云南

红尾铁苋 *Acalypha chamaedrifolia* (Lam.) Müll. Arg.

迁地栽培保存

保存地点	种质份数	个体数量	引种方式	生长状况	来源地
YN	1	a	购买	C	云南

金边红桑 *Acalypha wilkesiana* Müll. Arg. cv. Marginata

迁地栽培保存

保存地点	种质份数	个体数量	引种方式	生长状况	来源地
GX	*	f	采集	G	广西

裂苞铁苋菜 *Acalypha brachystachya* Hornem.

功效主治 全草或地上部分：清热解毒，收敛利湿，止血，止泻。用于痢疾，肿毒。

迁地栽培保存

保存地点	种质份数	个体数量	引种方式	生长状况	来源地
SH	1	b	采集	A	待确定

麻叶铁苋菜 *Acalypha lanceolata* Willd.

濒危等级 中国植物红色名录评估为无危（LC）。

迁地栽培保存

保存地点	种质份数	个体数量	引种方式	生长状况	来源地
HN	1	a	赠送	C	海南

热带铁苋菜 *Acalypha indica* L.

迁地栽培保存

保存地点	种质份数	个体数量	引种方式	生长状况	来源地
HN	1	a	赠送	C	海南

铁苋菜 *Acalypha australis* L.

功效主治 全草：苦、涩，凉。清热解毒，消积，止痢，止血。用于痢疾，腹泻，咳嗽，吐血，便血，崩漏，疳积，腹胀，疮痈疥癣，湿疹，创伤出血。

濒危等级 中国植物红色名录评估为无危（LC）。

迁地栽培保存

保存地点	种质份数	个体数量	引种方式	生长状况	来源地
BJ	2	d	采集	A	辽宁、北京
GD	1	f	采集	G	待确定
ZJ	1	e	采集	A	浙江

续表

保存地点	种质份数	个体数量	引种方式	生长状况	来源地
SH	1	b	采集	A	待确定
JS1	1	b	采集	C	江苏
HN	1	b	赠送	C	海南
GZ	1	b	采集	C	贵州
CQ	1	b	采集	A	重庆
HLJ	1	c	采集	A	黑龙江

银边红桑　*Acalypha wilkesiana* ' Mustrata'

迁地栽培保存

保存地点	种质份数	个体数量	引种方式	生长状况	来源地
HN	1	b	购买	C	海南

乌柏属　*Triadica*

山乌桕　*Triadica cochinchinensis* Lour.

功效主治　根：解毒，止痒。用于毒蛇咬伤，湿疹，疮痈疥癣。

迁地栽培保存

保存地点	种质份数	个体数量	引种方式	生长状况	来源地
GD	1	f	采集	G	待确定
HN	1	a	采集	B	海南
YN	1	a	采集	C	云南
GX	*	f	采集	G	广西

种质库保存

保存地点	保存方式	种质份数	个体数量	引种方式	来源地
HN	种子	15	c	采集	海南
BJ	种子	9	a	采集	海南、山西、安徽、云南

乌桕 *Triadica sebifera* (L.) Small

功效主治 树皮（乌桕皮）、根皮（乌桕皮）：苦，微温。有小毒。泻下，逐水，驱虫，解毒。用于水肿，臌胀，癥瘕积聚，二便不通，湿疮疥癣，疔毒。叶：苦，微温。有毒。拔毒消肿。用于痈肿疔疮，疥疮，足癣，湿疹，毒蛇咬伤，阴痒。种子：甘，凉。有毒。杀虫，利水，通便。用于疥疮，湿疹，皮肤皲裂，水肿，便秘。

濒危等级 中国植物红色名录评估为无危（LC）。

迁地栽培保存

保存地点	种质份数	个体数量	引种方式	生长状况	来源地
BJ	3	a	采集	G	陕西、海南、广东
GD	1	a	采集	B	待确定
GZ	1	c	采集	C	贵州
HB	1	a	采集	C	湖北
HN	1	a	赠送	B	海南
JS1	1	b	采集	C	江苏
SH	1	a	采集	A	待确定
YN	1	a	采集	C	云南
ZJ	1	c	采集	B	浙江
CQ	1	a	采集	C	重庆
GX	*	f	采集	G	广西

种质库保存

保存地点	保存方式	种质份数	个体数量	引种方式	来源地
HN	种子	1	a	采集	海南
BJ	种子	89	b	采集	云南、四川、江西、贵州、福建、安徽、广西、湖北

圆叶乌桕 *Triadica rotundifolia* (Hemsl.) Esser

功效主治 根皮、叶：解毒，利便。用于头风痛，痈疮肿毒，湿疹，毒蛇咬伤。

濒危等级 中国植物红色名录评估为无危（LC）。

迁地栽培保存

保存地点	种质份数	个体数量	引种方式	生长状况	来源地
BJ	1	a	采集	G	广西
GX	*	f	采集	G	广西

种质库保存

保存地点	保存方式	种质份数	个体数量	引种方式	来源地
BJ	种子	4	a	采集	福建

橡胶树属　*Hevea*

橡胶树　*Hevea brasiliensis*（Willd. ex A. Juss.）Müll. Arg.

功效主治　叶、树皮：祛瘀消肿，止血止痛，杀虫止痒。用于跌打损伤，烫火伤，湿疹，皮肤瘙痒。种子：用于泻下。

迁地栽培保存

保存地点	种质份数	个体数量	引种方式	生长状况	来源地
YN	1	b	采集	A	云南
HN	1	b	购买	C	海南
GX	*	f	采集	G	云南

种质库保存

保存地点	保存方式	种质份数	个体数量	引种方式	来源地
BJ	种子	1	a	采集	云南
HN	种子	4	a	采集	海南

星油藤属 *Plukenetia*

星油藤 *Plukenetia volubilis* L.

种质库保存

保存地点	保存方式	种质份数	个体数量	引种方式	来源地
BJ	种子	1	a	采集	待确定
HN	种子	4	b	采集	云南

血桐属 *Macaranga*

安达曼血桐 *Macaranga andamanica* Kurz

濒危等级 中国植物红色名录评估为无危（LC）。

迁地栽培保存

保存地点	种质份数	个体数量	引种方式	生长状况	来源地
GX	*	f	采集	G	广西

草鞋木 *Macaranga henryi*（Pax et Hoffm.）Rehd.

功效主治 根：有毒。用于风湿骨痛，跌打损伤。

濒危等级 中国植物红色名录评估为无危（LC）。

迁地栽培保存

保存地点	种质份数	个体数量	引种方式	生长状况	来源地
GX	*	f	采集	G	广西

鼎湖血桐 *Macaranga sampsonii* Hance

濒危等级 中国植物红色名录评估为无危（LC）。

迁地栽培保存

保存地点	种质份数	个体数量	引种方式	生长状况	来源地
HN	2	a	采集	C	海南
BJ	1	a	采集	G	海南

种质库保存

保存地点	保存方式	种质份数	个体数量	引种方式	来源地
HN	种子	1	a	采集	海南

光血桐　*Macaranga tanarius* (Linn.) Muell. Arg.

功效主治　根：解热，催吐，止血。用于咯血。树皮、根皮：用于痢疾。叶：外用于创伤出血。心材：用于癥瘕积聚。

迁地栽培保存

保存地点	种质份数	个体数量	引种方式	生长状况	来源地
GX	*	f	采集	G	广西

尾叶血桐　*Macaranga kurzii* (Kuntze) Pax & K. Hoffm.

功效主治　茎枝、叶：外用于头癣，疥疮，溃疡，麻风。
濒危等级　中国植物红色名录评估为无危（LC）。

迁地栽培保存

保存地点	种质份数	个体数量	引种方式	生长状况	来源地
GX	*	f	采集	G	云南

种质库保存

保存地点	保存方式	种质份数	个体数量	引种方式	来源地
BJ	种子	1	a	采集	待确定

血桐　*Macaranga tanarius* (L.) Müll. Arg.

濒危等级　中国植物红色名录评估为无危（LC）。

迁地栽培保存

保存地点	种质份数	个体数量	引种方式	生长状况	来源地
GX	*	f	采集	G	广西

印度血桐 *Macaranga indica* Wight

功效主治 叶：外用于跌打损伤。

濒危等级 中国植物红色名录评估为无危（LC）。

种质库保存

保存地点	保存方式	种质份数	个体数量	引种方式	来源地
BJ	种子	1	a	采集	云南

中平树 *Macaranga denticulata* (Bl.) Müll. Arg.

功效主治 根：用于黄疸。茎皮：清热解毒。

濒危等级 中国植物红色名录评估为无危（LC）。

迁地栽培保存

保存地点	种质份数	个体数量	引种方式	生长状况	来源地
HN	2	a	采集	C	海南
YN	1	a	采集	C	云南
GX	*	f	采集	G	广西、云南

种质库保存

保存地点	保存方式	种质份数	个体数量	引种方式	来源地
BJ	种子	8	b	采集	云南、海南

野桐属 *Mallotus*

白背叶 *Mallotus apelta* (Lour.) Müll. Arg.

功效主治 叶（白背叶）：寒。清热利湿，止痛，解毒，止血。用于痈，外伤出血，湿疹。根（白背叶根）：

微涩、微苦，平。清热，利湿，固脱，消肿。用于肝毒，胃痛，风湿关节痛，疟腮，带下病，产后风痛，目赤，目翳，跌打损伤。

濒危等级　中国植物红色名录评估为无危（LC）。

迁地栽培保存

保存地点	种质份数	个体数量	引种方式	生长状况	来源地
HN	2	a	采集	C	海南
BJ	1	a	采集	G	湖北
ZJ	1	c	采集	A	江西
CQ	1	a	采集	C	重庆
GD	1	f	采集	G	待确定

种质库保存

保存地点	保存方式	种质份数	个体数量	引种方式	来源地
BJ	种子	26	b	采集	海南、重庆、湖北、安徽、江西、福建
HN	种子	3	c	采集	海南、湖南

白楸　*Mallotus paniculatus* (Lam.) Müll. Arg.

功效主治　根、茎、叶、果实：固脱，止痢，清热。用于痢疾，阴挺，耳闭，头痛，肿毒，创伤出血，跌打损伤。

濒危等级　中国植物红色名录评估为无危（LC）。

迁地栽培保存

保存地点	种质份数	个体数量	引种方式	生长状况	来源地
HN	2	a	采集	C	海南
BJ	1	a	采集	G	待确定
YN	1	a	采集	C	云南
GX	*	f	采集	G	广西

种质库保存

保存地点	保存方式	种质份数	个体数量	引种方式	来源地
BJ	种子	7	b	采集	云南，待确定

长叶野桐 *Mallotus esquirolii* H. Lév.

濒危等级 中国植物红色名录评估为无危（LC）。

迁地栽培保存

保存地点	种质份数	个体数量	引种方式	生长状况	来源地
GX	*	f	采集	G	广西

粗糠柴 *Mallotus philippensis*（Lam.）Müll. Arg.

濒危等级 中国植物红色名录评估为无危（LC）。

迁地栽培保存

保存地点	种质份数	个体数量	引种方式	生长状况	来源地
YN	1	a	采集	C	云南
HN	1	a	采集	C	待确定
GX	*	f	采集	G	广西

种质库保存

保存地点	保存方式	种质份数	个体数量	引种方式	来源地
BJ	种子	8	b	采集	海南、福建、陕西

粗毛野桐 *Mallotus hookerianus*（Seem.）Müll. Arg.

濒危等级 中国植物红色名录评估为无危（LC）。

迁地栽培保存

保存地点	种质份数	个体数量	引种方式	生长状况	来源地
HN	1	a	采集	C	海南
GX	*	f	采集	G	广西

大穗野桐 *Mallotus macrostachyus* (Miq.) Müll. Arg.

种质库保存

保存地点	保存方式	种质份数	个体数量	引种方式	来源地
BJ	种子	1	a	采集	广西

杠香藤 *Mallotus repandus* var. *chrysocarpus* (Pamp.) S. M. Hwang

种质库保存

保存地点	保存方式	种质份数	个体数量	引种方式	来源地
BJ	种子	1	a	采集	安徽

毛桐 *Mallotus barbatus* (Wall.) Müll. Arg.

功效主治　根：清热利湿，利尿止痛。用于泄泻，肠痛，消化不良，小便淋痛，淋证，带下病，子宫脱垂，肺热吐血。叶：凉血止血。用于刀伤出血，湿疹，背癣。

濒危等级　中国植物红色名录评估为无危（LC）。

迁地栽培保存

保存地点	种质份数	个体数量	引种方式	生长状况	来源地
CQ	2	a	采集	C	重庆
BJ	1	a	采集	G	四川
GD	1	f	采集	G	待确定
GZ	1	a	采集	C	贵州
YN	1	b	采集	A	云南

种质库保存

保存地点	保存方式	种质份数	个体数量	引种方式	来源地
BJ	种子	9	a	采集	云南，待确定

尼泊尔野桐 *Mallotus nepalensis* Müll. Arg.

迁地栽培保存

保存地点	种质份数	个体数量	引种方式	生长状况	来源地
GX	*	f	采集	G	广西

种质库保存

保存地点	保存方式	种质份数	个体数量	引种方式	来源地
BJ	种子	8	b	采集	甘肃、安徽、广西、河北

山苦茶 *Mallotus oblongifolius* (Miq.) Müll. Arg.

功效主治　叶：用于腹痛。

濒危等级　中国植物红色名录评估为无危（LC）。

迁地栽培保存

保存地点	种质份数	个体数量	引种方式	生长状况	来源地
HN	2	a	采集	B	海南

山生野桐 *Mallotus oreophilus* Müll. Arg.

功效主治　根、花、叶：微苦、涩，平。清热解毒，收敛止血。用于消化不良，溃疡，外伤出血，肝毒，脾肿大，带下病，耳闭。

种质库保存

保存地点	保存方式	种质份数	个体数量	引种方式	来源地
BJ	种子	1	a	采集	安徽

石岩枫 *Mallotus repandus* (Rottler) Müll. Arg.

功效主治　全株：祛风。用于淋证，毒蛇咬伤，风湿痹痛，慢性溃疡。种子毛：驱虫。

濒危等级　中国植物红色名录评估为无危（LC）。

迁地栽培保存

保存地点	种质份数	个体数量	引种方式	生长状况	来源地
HN	2	a	采集	C	海南
ZJ	1	c	采集	A	广西
CQ	1	a	采集	C	重庆
GD	1	a	采集	D	待确定
GZ	1	a	采集	C	贵州
GX	*	f	采集	G	广西

四果野桐 *Mallotus tetracoccus*（Roxb.）Kurz

濒危等级 中国植物红色名录评估为无危（LC）。

迁地栽培保存

保存地点	种质份数	个体数量	引种方式	生长状况	来源地
YN	1	a	采集	C	云南

种质库保存

保存地点	保存方式	种质份数	个体数量	引种方式	来源地
BJ	种子	1	a	采集	待确定

锈毛野桐 *Mallotus anomalus* Merr. & Chun

濒危等级 中国特有植物，中国植物红色名录评估为无危（LC）。

迁地栽培保存

保存地点	种质份数	个体数量	引种方式	生长状况	来源地
HN	2	a	采集	C	海南
BJ	1	a	采集	G	海南
GX	*	f	采集	G	广西

崖豆藤野桐　*Mallotus millietii* H. Lév.

迁地栽培保存

保存地点	种质份数	个体数量	引种方式	生长状况	来源地
GX	*	f	采集	G	广西

野桐　*Mallotus tenuifolius* Pax

迁地栽培保存

保存地点	种质份数	个体数量	引种方式	生长状况	来源地
ZJ	1	c	购买	A	江苏
SH	1	a	采集	A	待确定
BJ	1	a	采集	G	待确定
GX	*	f	采集	G	福建

种质库保存

保存地点	保存方式	种质份数	个体数量	引种方式	来源地
BJ	种子	1	a	采集	待确定

野梧桐　*Mallotus japonicus*（L. f.）Müll. Arg.

功效主治　根：用于骨折。茎皮：用于狂犬咬伤。

濒危等级　中国植物红色名录评估为无危（LC）。

迁地栽培保存

保存地点	种质份数	个体数量	引种方式	生长状况	来源地
GX	*	f	采集	G	日本

云南野桐　*Mallotus yunnanensis* Pax & K. Hoffm.

濒危等级　中国植物红色名录评估为无危（LC）。

迁地栽培保存

保存地点	种质份数	个体数量	引种方式	生长状况	来源地
HN	1	a	采集	C	海南

叶轮木属 *Ostodes*

叶轮木 *Ostodes paniculata* Bl.

濒危等级 中国植物红色名录评估为无危（LC）。

种质库保存

保存地点	保存方式	种质份数	个体数量	引种方式	来源地
BJ	种子	8	b	采集	甘肃

云南叶轮木 *Ostodes katharinae* Pax

濒危等级 中国植物红色名录评估为无危（LC）。

种质库保存

保存地点	保存方式	种质份数	个体数量	引种方式	来源地
BJ	种子	1	a	采集	待确定

异序乌桕属 *Falconeria*

异序乌桕 *Falconeria insignis* Royle

濒危等级 中国植物红色名录评估为无危（LC）。

种质库保存

保存地点	保存方式	种质份数	个体数量	引种方式	来源地
BJ	种子	1	a	采集	待确定

油桐属 *Vernicia*

木油桐 *Vernicia montana* Lour.

功效主治 根、叶、果实：杀虫止痒，拔毒生肌。外用于痈疮肿毒，湿疹。

濒危等级 中国植物红色名录评估为无危（LC）。

迁地栽培保存

保存地点	种质份数	个体数量	引种方式	生长状况	来源地
HN	2	a	赠送	C	海南
GD	1	a	采集	D	待确定
GX	*	f	采集	G	广西

种质库保存

保存地点	保存方式	种质份数	个体数量	引种方式	来源地
BJ	种子	2	a	采集	江西，待确定

油桐 *Vernicia fordii*（Hemsl.）Airy-Shaw

功效主治 种子：甘。有大毒。吐风痰，消肿毒。用于风痰喉痹，瘰疬，疥癣，烫伤，脓疱疮，丹毒，食积腹胀，二便不通。根：辛，寒。有毒。消积驱虫，祛风利水，降气化痰。用于食积痞满，水肿，臌胀，哮喘，瘰疬，蛔虫病。叶：消肿，解毒，杀虫。用于痈肿，丹毒，臁疮，冻疮，疥癣，烫火伤，痢疾。花：用于秃疮，热毒疮，天疱疮。

濒危等级 中国植物红色名录评估为无危（LC）。

迁地栽培保存

保存地点	种质份数	个体数量	引种方式	生长状况	来源地
CQ	1	a	采集	C	重庆
GZ	1	a	采集	C	贵州
HN	1	a	赠送	C	海南
ZJ	1	c	采集	B	浙江
BJ	1	a	交换	G	北京
GX	*	f	采集	G	广西

种质库保存

保存地点	保存方式	种质份数	个体数量	引种方式	来源地
BJ	种子	57	a	采集	云南、海南、四川、福建、江西、重庆
HN	种子	1	b	采集	湖南

大麻科　Cannabaceae

白颜树属　*Gironniera*

白颜树　*Gironniera subaequalis* Planch.

濒危等级　中国植物红色名录评估为无危（LC）。

迁地栽培保存

保存地点	种质份数	个体数量	引种方式	生长状况	来源地
HN	1	a	采集	C	海南
GX	*	f	采集	G	海南

种质库保存

保存地点	保存方式	种质份数	个体数量	引种方式	来源地
BJ	种子	1	a	采集	重庆
HN	种子	1	b	采集	海南

糙叶树属　*Aphananthe*

糙叶树　*Aphananthe aspera*（Thunb.）Planch.

功效主治　根皮、树皮：舒筋活络，止痛。用于腰部损伤酸痛。

濒危等级　陕西省濒危保护植物，中国植物红色名录评估为无危（LC）。

迁地栽培保存

保存地点	种质份数	个体数量	引种方式	生长状况	来源地
YN	1	a	采集	C	云南

种质库保存

保存地点	保存方式	种质份数	个体数量	引种方式	来源地
BJ	种子	1	a	采集	待确定

大麻属 *Cannabis*

大麻 *Cannabis sativa* L.

功效主治 成熟果实（火麻仁）：甘，平。润燥滑肠，通便。用于血虚津亏，肠燥便秘。根：用于血崩，带下病。叶：用于蛔虫病。花：通经。

迁地栽培保存

保存地点	种质份数	个体数量	引种方式	生长状况	来源地
BJ	3	d	采集	G	青海、北京、辽宁
JS1	1	a	采集	D	江苏
SH	1	b	采集	A	待确定
JS2	1	c	购买	C	江苏
HLJ	1	b	购买	A	黑龙江
HEN	1	b	赠送	A	河南
HB	1	c	采集	A	湖北
GZ	1	a	采集	C	贵州
CQ	1	a	购买	F	重庆
LN	1	c	采集	A	辽宁
GX	*	f	采集	G	广西

种质库保存

保存地点	保存方式	种质份数	个体数量	引种方式	来源地
BJ	种子	84	c	采集	甘肃、云南、广西、山西、四川、黑龙江、内蒙古、河北、吉林、宁夏

葎草属　*Humulus*

滇葎草　*Humulus yunnanensis* Hu

功效主治　全草：清热解毒，利尿消肿。用于淋证，小便淋痛，疟疾，泄泻，痔疮，风热咳喘。根：用于石淋，疝气，瘰疬。

濒危等级　中国特有植物，中国植物红色名录评估为无危（LC）。

迁地栽培保存

保存地点	种质份数	个体数量	引种方式	生长状况	来源地
GX	*	f	采集	G	云南

葎草　*Humulus scandens*（Lour.）Merr.

功效主治　全草（葎草）：甘、苦，寒。清热解毒，利尿消肿。用于淋证，小便淋痛，疟疾，泄泻，痔疮，风热咳喘。根：用于石淋，疝气，瘰疬。

迁地栽培保存

保存地点	种质份数	个体数量	引种方式	生长状况	来源地
GX	2	f	采集	G	河北、广西
GD	1	f	采集	G	待确定
HLJ	1	c	采集	A	黑龙江
LN	1	d	采集	B	辽宁
JS2	1	e	购买	C	江苏
JS1	1	d	采集	B	江苏
HEN	1	b	采集	A	河南
HB	1	a	采集	C	湖北

续表

保存地点	种质份数	个体数量	引种方式	生长状况	来源地
CQ	1	a	采集	C	重庆
BJ	1	d	采集	G	北京
GZ	1	e	采集	C	贵州

种质库保存

保存地点	保存方式	种质份数	个体数量	引种方式	来源地
BJ	种子	41	c	采集	云南、海南、四川、江西、山西、安徽、上海、湖北
HN	种子	1	b	采集	湖南

啤酒花 *Humulus lupulus* L.

功效主治 花：苦，平。健胃消食，镇静利尿，抗痨。用于消化不良，不思饮食，癔症，失眠，痨病。

迁地栽培保存

保存地点	种质份数	个体数量	引种方式	生长状况	来源地
BJ	2	b	采集	G	山东、辽宁
HLJ	1	a	采集	A	黑龙江
LN	1	d	采集	B	辽宁
SH	1	b	采集	A	待确定

种质库保存

保存地点	保存方式	种质份数	个体数量	引种方式	来源地
BJ	种子	1	a	采集	甘肃

朴属 *Celtis*

黑弹树 *Celtis bungeana* Blume

功效主治 树干（棒棒木）、树皮（棒棒木）、枝条（棒棒木）：辛、微苦，凉。祛痰，止咳，平喘。用于咳嗽痰喘。

濒危等级　中国植物红色名录评估为无危（LC）。

迁地栽培保存

保存地点	种质份数	个体数量	引种方式	生长状况	来源地
CQ	1	a	采集	F	重庆
GX	*	f	采集	G	上海

假玉桂　*Celtis timorensis* Span.

功效主治　叶：止血。外用于外伤出血。

濒危等级　中国植物红色名录评估为无危（LC）。

迁地栽培保存

保存地点	种质份数	个体数量	引种方式	生长状况	来源地
HN	2	a	赠送	C	海南
YN	1	a	采集	C	云南

种质库保存

保存地点	保存方式	种质份数	个体数量	引种方式	来源地
BJ	种子	1	a	采集	云南

朴树　*Celtis sinensis* Pers.

功效主治　树皮、根皮：调经。用于食滞腹泻，久痢不止，痔疮下血，腰痛，月经不调，荨麻疹，瘾疹，肺痈，跌打损伤，扭伤。

濒危等级　中国植物红色名录评估为无危（LC）。

迁地栽培保存

保存地点	种质份数	个体数量	引种方式	生长状况	来源地
JS1	1	b	购买	C	江苏
SH	1	a	采集	A	待确定
JS2	1	c	购买	C	江苏
BJ	1	a	采集	G	广西

续表

保存地点	种质份数	个体数量	引种方式	生长状况	来源地
GZ	1	b	采集	C	贵州
GD	1	f	采集	G	待确定
CQ	1	a	采集	C	重庆
HN	1	a	赠送	C	海南
SC	1	f	待确定	G	四川

种质库保存

保存地点	保存方式	种质份数	个体数量	引种方式	来源地
BJ	种子	5	b	采集	江西、贵州、山西
HN	种子	1	c	采集	湖南

紫弹树 *Celtis biondii* Pamp.

功效主治 根皮、茎枝、叶：甘，寒。清热解毒，祛痰，利小便。用于小儿脑积水，腰骨酸痛，乳痈；外用于疮毒，溃烂。

濒危等级 中国植物红色名录评估为无危（LC）。

迁地栽培保存

保存地点	种质份数	个体数量	引种方式	生长状况	来源地
CQ	1	a	采集	B	重庆
HB	1	a	采集	C	待确定

种质库保存

保存地点	保存方式	种质份数	个体数量	引种方式	来源地
BJ	种子	8	c	采集	河北、江西、贵州

青檀属 *Pteroceltis*

青檀 *Pteroceltis tatarinowii* Maxim.

功效主治 茎、叶：祛风，止血，止痛。

濒危等级　中国特有植物，江西省保护植物、山西省重点保护植物、广西壮族自治区重点保护植物、浙江省重点保护植物、北京市二级保护植物，中国植物红色名录评估为无危（LC）。

迁地栽培保存

保存地点	种质份数	个体数量	引种方式	生长状况	来源地
GX	*	f	采集	G	山东

山黄麻属　*Trema*

光叶山黄麻　*Trema cannabina* Lour.

功效主治　根皮：甘、微酸，平。健脾利水，化瘀生新。用于泄泻，骨折。

濒危等级　中国植物红色名录评估为无危（LC）。

种质库保存

保存地点	保存方式	种质份数	个体数量	引种方式	来源地
HN	种子	1	b	采集	海南

山黄麻　*Trema tomentosa*（Roxb.）H. Hara

功效主治　地上部分、茎皮：用于腹泻。

濒危等级　中国植物红色名录评估为无危（LC）。

迁地栽培保存

保存地点	种质份数	个体数量	引种方式	生长状况	来源地
FJ	1	a	采集	B	福建
GD	1	f	采集	G	待确定
YN	1	a	采集	C	云南

种质库保存

保存地点	保存方式	种质份数	个体数量	引种方式	来源地
HN	种子	1	b	采集	海南
BJ	种子	1	a	采集	云南

山油麻 *Trema cannabina* var. *dielsiana* (Hand.-Mazz.) C. J. Chen

功效主治　根、嫩叶：清热解毒，止痛，止血。用于疮毒，风湿麻木，风湿关节痛，外伤出血。

濒危等级　中国特有植物，中国植物红色名录评估为无危（LC）。

迁地栽培保存

保存地点	种质份数	个体数量	引种方式	生长状况	来源地
ZJ	1	b	采集	A	福建
GX	*	f	采集	G	广西

种质库保存

保存地点	保存方式	种质份数	个体数量	引种方式	来源地
BJ	种子	1	a	采集	广西

狭叶山黄麻 *Trema angustifolia* (Planch.) Blume

功效主治　根、叶：清凉止血，止痛。树皮：舒筋活络，止痛。

濒危等级　中国植物红色名录评估为无危（LC）。

迁地栽培保存

保存地点	种质份数	个体数量	引种方式	生长状况	来源地
GX	*	f	采集	G	上海

种质库保存

保存地点	保存方式	种质份数	个体数量	引种方式	来源地
BJ	种子	6	b	采集	海南

异色山黄麻 *Trema orientalis* (L.) Blume

功效主治　根、叶：涩，平。散瘀，消肿，止血。用于跌打损伤，外伤出血。

濒危等级　中国植物红色名录评估为无危（LC）。

迁地栽培保存

保存地点	种质份数	个体数量	引种方式	生长状况	来源地
HN	1	a	赠送	C	海南
GX	*	f	采集	G	广西

种质库保存

保存地点	保存方式	种质份数	个体数量	引种方式	来源地
BJ	种子	1	a	采集	待确定

羽脉山黄麻 *Trema levigata* Hand.-Mazz.

功效主治 树皮、叶：清热泻火。用于风湿关节痛。

濒危等级 中国特有植物，中国植物红色名录评估为无危（LC）。

种质库保存

保存地点	保存方式	种质份数	个体数量	引种方式	来源地
BJ	种子	6	a	采集	海南、云南、重庆

灯芯草科 Juncaceae

灯芯草属 *Juncus*

扁茎灯芯草 *Juncus gracillimus*（Buchenau）V. I. Krecz. et Gontsch.

功效主治 全草：清热解毒，利水消肿，祛湿通淋，安神镇惊。

迁地栽培保存

保存地点	种质份数	个体数量	引种方式	生长状况	来源地
GX	*	f	采集	G	法国
BJ	1	b	采集	G	山东

单花灯芯草 *Juncus perparvus* K. F. Wu

濒危等级 中国特有植物，中国植物红色名录评估为无危（LC）。

迁地栽培保存

保存地点	种质份数	个体数量	引种方式	生长状况	来源地
GX	*	f	采集	G	法国

灯芯草 *Juncus effusus* Linn.

功效主治 茎髓（灯芯草）：甘、淡，微寒。清热，利尿，安神。用于心烦少眠，口舌生疮，淋证，小便淋痛。

迁地栽培保存

保存地点	种质份数	个体数量	引种方式	生长状况	来源地
BJ	3	b	采集	G	四川、广西、江西
SC	2	f	待确定	G	四川
SH	1	b	采集	A	待确定
HN	1	a	待确定	B	海南
HB	1	a	采集	C	待确定
GZ	1	b	采集	C	贵州
GD	1	f	采集	G	待确定

种质库保存

保存地点	保存方式	种质份数	个体数量	引种方式	来源地
BJ	种子	8	c	采集	山西、吉林

坚被灯芯草 *Juncus tenuis* Willd.

濒危等级 中国植物红色名录评估为无危（LC）。

迁地栽培保存

保存地点	种质份数	个体数量	引种方式	生长状况	来源地
GX	*	f	采集	G	山东

片髓灯芯草　*Juncus inflexus* Linn.

功效主治　全草：清热，利尿，镇静。

濒危等级　中国植物红色名录评估为无危（LC）。

迁地栽培保存

保存地点	种质份数	个体数量	引种方式	生长状况	来源地
GX	2	f	采集	G	德国、法国

乳头灯芯草　*Juncus papillosus* Franch. & Savat.

濒危等级　中国植物红色名录评估为无危（LC）。

迁地栽培保存

保存地点	种质份数	个体数量	引种方式	生长状况	来源地
GX	*	f	采集	G	山东

疏花灯芯草　*Juncus pauciflorus* R. Br.

迁地栽培保存

保存地点	种质份数	个体数量	引种方式	生长状况	来源地
GX	*	f	采集	G	湖北

洮南灯芯草　*Juncus taonanensis* Satake & Kitag.

濒危等级　中国特有植物，中国植物红色名录评估为无危（LC）。

迁地栽培保存

保存地点	种质份数	个体数量	引种方式	生长状况	来源地
GX	*	f	采集	G	山东

小灯芯草　*Juncus bufonius* Linn.

功效主治　茎髓：清热，通淋，利尿，止血。

迁地栽培保存

保存地点	种质份数	个体数量	引种方式	生长状况	来源地
BJ	1	b	采集	C	江西

小花灯芯草 *Juncus articulatus* L.

功效主治 全草：甘、涩，寒。清热利尿，除烦。

濒危等级 中国植物红色名录评估为无危（LC）。

迁地栽培保存

保存地点	种质份数	个体数量	引种方式	生长状况	来源地
GX	2	f	采集	G	法国

星花灯芯草 *Juncus diastrophanthus* Buchen.

功效主治 全草（螃蟹脚）：苦，凉。清热，消食，利尿。用于宿食内停，小便赤热。

迁地栽培保存

保存地点	种质份数	个体数量	引种方式	生长状况	来源地
GX	*	f	采集	G	山东

野灯芯草 *Juncus setchuensis* Buchenau ex Diels

功效主治 茎髓：利尿通淋，泻热安神。用于小便不利，热淋，水肿，小便涩痛，心烦失眠，鼻衄，目赤，齿痛，血崩。

迁地栽培保存

保存地点	种质份数	个体数量	引种方式	生长状况	来源地
HB	1	a	采集	C	湖北
SH	1	b	采集	A	待确定
BJ	1	b	采集	G	江西

种质库保存

保存地点	保存方式	种质份数	个体数量	引种方式	来源地
BJ	种子	1	a	采集	待确定

地杨梅属　*Luzula*

多花地杨梅　*Luzula multiflora*（Retz.）Lej.

功效主治　全草或果实：用于赤白痢，淋证，便秘。

迁地栽培保存

保存地点	种质份数	个体数量	引种方式	生长状况	来源地
GX	2	f	采集	G	法国

叠珠树科　**Akaniaceae**

伯乐树属　*Bretschneidera*

伯乐树　*Bretschneidera sinensis* Hemsl.

功效主治　树皮（伯乐树）：祛风活血。用于筋骨痛。

濒危等级　国家重点保护野生植物名录（第一批）一级，中国植物红色名录评估为近危（NT）。

迁地栽培保存

保存地点	种质份数	个体数量	引种方式	生长状况	来源地
CQ	1	a	采集	F	重庆
GX	*	f	采集	G	广西

种质库保存

保存地点	保存方式	种质份数	个体数量	引种方式	来源地
BJ	种子	8	a	采集	海南、重庆、云南
HN	种子	1	b	采集	湖南

冬青科　Aquifoliaceae

冬青属　*Ilex*

长圆果冬青　*Ilex oblonga* C. J. Tseng

濒危等级　中国特有植物，中国植物红色名录评估为易危（VU）。

迁地栽培保存

保存地点	种质份数	个体数量	引种方式	生长状况	来源地
GX	*	f	采集	G	广西

秤星树　*Ilex asprella*（Hook. & Arn.）Champ. ex Benth.

功效主治　根（岗梅）、叶（岗梅）：苦、甘，凉。清热解毒，生津止渴。用于感冒，肺痈，乳蛾，咽喉肿痛，淋浊，风火牙痛，瘰疬，痈疽疮疖，癣疥，痔血，毒蛇咬伤，跌打损伤。

濒危等级　中国植物红色名录评估为无危（LC）。

种质库保存

保存地点	保存方式	种质份数	个体数量	引种方式	来源地
BJ	种子	2	a	采集	云南

齿叶冬青　*Ilex crenata* Thunb.

功效主治　树皮：用于跌打损伤。

濒危等级　中国植物红色名录评估为无危（LC）。

迁地栽培保存

保存地点	种质份数	个体数量	引种方式	生长状况	来源地
JS2	1	d	购买	C	江苏
BJ	1	a	采集	G	待确定
GX	*	f	采集	G	日本

刺叶冬青 *Ilex bioritsensis* Hayata

功效主治　根、枝、叶：滋阴，补肾，清热，止血，活血。

濒危等级　中国特有植物，中国植物红色名录评估为无危（LC）。

迁地栽培保存

保存地点	种质份数	个体数量	引种方式	生长状况	来源地
GX	*	f	采集	G	贵州

刺叶珊瑚冬青 *Ilex corallina* var. *aberrans* Hand.-Mazz.

濒危等级　中国特有植物，中国植物红色名录评估为无危（LC）。

迁地栽培保存

保存地点	种质份数	个体数量	引种方式	生长状况	来源地
CQ	1	a	采集	C	重庆

大柄冬青 *Ilex macropoda* Miq.

功效主治　根、叶：清热解毒。用于烫火伤。

濒危等级　中国植物红色名录评估为无危（LC）。

迁地栽培保存

保存地点	种质份数	个体数量	引种方式	生长状况	来源地
GX	*	f	采集	G	日本

大果冬青 *Ilex macrocarpa* Oliv.

功效主治　根、枝、叶：清热解毒，消肿止痒，祛瘀。用于遗精，月经不调，崩漏。

濒危等级　中国特有植物，中国植物红色名录评估为无危（LC）。

迁地栽培保存

保存地点	种质份数	个体数量	引种方式	生长状况	来源地
GX	*	f	采集	G	广西

种质库保存

保存地点	保存方式	种质份数	个体数量	引种方式	来源地
BJ	种子	6	c	采集	重庆

大叶冬青 *Ilex latifolia* Thunb.

功效主治 叶（苦丁茶）：苦、甘，寒。清热解毒，清头目，除烦渴，止泻。用于头痛，齿痛，目赤，热病烦渴，痢疾。

濒危等级 江西省二级保护植物，中国植物红色名录评估为无危（LC）。

迁地栽培保存

保存地点	种质份数	个体数量	引种方式	生长状况	来源地
SH	1	a	采集	A	待确定
JS1	1	a	购买	C	江苏
HN	1	a	采集	C	海南

种质库保存

保存地点	保存方式	种质份数	个体数量	引种方式	来源地
BJ	种子	3	a	采集	待确定

冬青 *Ilex chinensis* Sims

功效主治 根皮（冬青皮）、树皮（冬青皮）：甘、苦，凉。生血，补益肌肤。用于烫火伤。叶（四季青）：苦、涩，寒。凉血止血。用于烫火伤，溃疡久不愈合，脱疽，咳嗽，小便淋痛，痢疾，外伤出血，冻疮，皮肤皲裂。果实（冬青子）：甘、苦，凉。祛风，补虚。用于风湿痹痛，痔疮。

濒危等级 中国植物红色名录评估为无危（LC）。

迁地栽培保存

保存地点	种质份数	个体数量	引种方式	生长状况	来源地
SH	1	a	采集	A	待确定
JS1	1	a	购买	C	江苏
GZ	1	a	采集	C	贵州

保存地点	种质份数	个体数量	引种方式	生长状况	来源地
BJ	1	b	采集	G	湖北
GX	*	f	采集	G	浙江

种质库保存

保存地点	保存方式	种质份数	个体数量	引种方式	来源地
BJ	种子	10	c	采集	重庆、江西、安徽、四川、福建、云南

多脉冬青 *Ilex polyneura* (Hand.-Mazz.) S. Y. Hu

功效主治 树皮：止痛。

濒危等级 中国特有植物，中国植物红色名录评估为无危（LC）。

种质库保存

保存地点	保存方式	种质份数	个体数量	引种方式	来源地
BJ	种子	1	a	采集	待确定

枸骨 *Ilex cornuta* Lindl. & Paxton

功效主治 根（枸骨根）：苦，寒。补肝肾，清风热。用于风湿关节痛，腰肌劳损，头痛，牙痛，黄疸。叶（枸骨叶）：苦，凉。补肝肾，养气血，祛风湿。用于肺痨潮热，咳嗽咯血，头晕耳鸣，腰酸脚软，白癜风。果实（枸骨子）：滋阴，益精，活络。用于阴虚身热，淋浊，崩漏，带下病，筋骨痛。

濒危等级 江西省三级保护植物，中国植物红色名录评估为无危（LC）。

迁地栽培保存

保存地点	种质份数	个体数量	引种方式	生长状况	来源地
JS1	2	b	购买	C	江苏
HLJ	1	a	购买	A	黑龙江
SH	1	a	采集	A	待确定
JS2	1	c	购买	C	江苏

续表

保存地点	种质份数	个体数量	引种方式	生长状况	来源地
HN	1	a	采集	C	海南
GZ	1	a	购买	C	贵州
GD	1	a	采集	C	待确定
BJ	1	a	采集	G	待确定
GX	*	f	采集	G	广西、浙江、江苏

光叶细刺枸骨 *Ilex hylonoma* var. *glabra* S. Y. Hu

功效主治 叶：用于跌打损伤。

濒危等级 中国特有植物，中国植物红色名录评估为无危（LC）。

迁地栽培保存

保存地点	种质份数	个体数量	引种方式	生长状况	来源地
GX	*	f	采集	G	广西

种质库保存

保存地点	保存方式	种质份数	个体数量	引种方式	来源地
HN	种子	1	b	采集	福建

广西毛冬青 *Ilex pubescens* var. *kwangsiensis* Hand.-Mazz.

濒危等级 中国特有植物，中国植物红色名录评估为无危（LC）。

迁地栽培保存

保存地点	种质份数	个体数量	引种方式	生长状况	来源地
GX	*	f	采集	G	广西

龟甲冬青　*Ilex crenata* 'Convexa' Makino.

迁地栽培保存

保存地点	种质份数	个体数量	引种方式	生长状况	来源地
GZ	l	a	采集	C	贵州

海南冬青　*Ilex hainanensis* Merr.

功效主治　叶：清热解毒，通经活血。用于肝阳上亢，头痛眩晕，口舌生疮，喉痹，少腹疼痛，跌打损伤，痈疮疖肿。

濒危等级　中国特有植物，中国植物红色名录评估为无危（LC）。

迁地栽培保存

保存地点	种质份数	个体数量	引种方式	生长状况	来源地
GX	*	f	采集	G	广西

厚叶冬青　*Ilex elmerrilliana* S. Y. Hu

功效主治　根、叶：清热，解毒。用于烫火伤。

濒危等级　中国特有植物，中国植物红色名录评估为无危（LC）。

迁地栽培保存

保存地点	种质份数	个体数量	引种方式	生长状况	来源地
GX	*	f	采集	G	广东

具柄冬青　*Ilex pedunculosa* Miq.

功效主治　树皮（一口血）：苦，凉。活血止血，清热解毒。用于痢疾，痔疮出血，外伤出血。

濒危等级　中国植物红色名录评估为无危（LC）。

迁地栽培保存

保存地点	种质份数	个体数量	引种方式	生长状况	来源地
HN	1	a	采集	C	待确定
GX	*	f	采集	G	日本，中国湖北

种质库保存

保存地点	保存方式	种质份数	个体数量	引种方式	来源地
BJ	种子	7	b	采集	四川、河北、山西、河南、重庆

扣树 *Ilex kaushue* S. Y. Hu

功效主治 叶（苦灯茶）：苦、甘，凉。清热解毒，祛暑。用于头痛，齿痛，目赤，热病烦渴，痢疾。

迁地栽培保存

保存地点	种质份数	个体数量	引种方式	生长状况	来源地
GX	*	f	采集	G	广西

棱枝冬青 *Ilex angulata* Merr. & Chun

功效主治 叶（山绿茶）：清热解毒，降脂浊，消肿，通经活络。用于肝阳上亢，血脂增高，口疮，疖肿，咽喉痛，带下病。

濒危等级 中国特有植物，中国植物红色名录评估为无危（LC）。

迁地栽培保存

保存地点	种质份数	个体数量	引种方式	生长状况	来源地
GX	*	f	采集	G	广西

种质库保存

保存地点	保存方式	种质份数	个体数量	引种方式	来源地
HN	种子	1	a	采集	海南

亮叶冬青 *Ilex nitidissima* C. J. Tseng

濒危等级　中国特有植物，中国植物红色名录评估为无危（LC）。

迁地栽培保存

保存地点	种质份数	个体数量	引种方式	生长状况	来源地
GX	*	f	采集	G	浙江

绿冬青 *Ilex viridis* Champ. ex Benth.

功效主治　根：凉血解毒，去腐生新。用于关节痛。叶：凉血解毒，去腐生新。用于烫火伤，创伤出血。

濒危等级　中国特有植物，中国植物红色名录评估为无危（LC）。

迁地栽培保存

保存地点	种质份数	个体数量	引种方式	生长状况	来源地
GX	*	f	采集	G	广西

落霜红 *Ilex serrata* Thunb.

功效主治　根皮、叶：甘、苦，凉。清热解毒，凉血止血。用于烫火伤，创伤出血，疮疖溃疡，肺痈。

濒危等级　中国植物红色名录评估为无危（LC）。

迁地栽培保存

保存地点	种质份数	个体数量	引种方式	生长状况	来源地
GX	*	f	采集	G	波兰

满树星 *Ilex aculeolata* Nakai

功效主治　根皮（满树星）：微苦、甘，凉。清热解毒，止咳化痰。用于感冒咳嗽，烫火伤，牙痛。

濒危等级　中国特有植物，中国植物红色名录评估为无危（LC）。

迁地栽培保存

保存地点	种质份数	个体数量	引种方式	生长状况	来源地
GX	*	f	采集	G	浙江

种质库保存

保存地点	保存方式	种质份数	个体数量	引种方式	来源地
BJ	种子	3	a	采集	江西

猫儿刺　*Ilex pernyi* Franch.

功效主治　根（老鼠刺）：苦，寒。清热解毒，润肺止咳。用于带下病，遗精，头痛，牙痛，耳鸣，耳闭，目赤。

濒危等级　中国特有植物，中国植物红色名录评估为无危（LC）。

迁地栽培保存

保存地点	种质份数	个体数量	引种方式	生长状况	来源地
CQ	1	a	采集	C	重庆
HB	1	a	采集	C	湖北
GX	*	f	采集	G	波兰

毛冬青　*Ilex pubescens* Hook. & Arn.

功效主治　根、叶：苦，寒。凉血止血，清热解毒。用于烫火伤，咽喉痛，口疮，脱疽，胸痹心痛。

濒危等级　中国特有植物，中国植物红色名录评估为无危（LC）。

迁地栽培保存

保存地点	种质份数	个体数量	引种方式	生长状况	来源地
GD	1	a	采集	G	待确定
YN	1	a	采集	C	云南
BJ	1	a	采集	G	广西
GX	*	f	采集	G	广西

种质库保存

保存地点	保存方式	种质份数	个体数量	引种方式	来源地
BJ	种子	6	b	采集	四川、福建

毛叶冬青 *Ilex pubilimba* Merr. & Chun

濒危等级　中国植物红色名录评估为无危（LC）。

迁地栽培保存

保存地点	种质份数	个体数量	引种方式	生长状况	来源地
HN	1	a	采集	C	海南

毛枝冬青 *Ilex dasyclada* C. Y. Wu

濒危等级　中国特有植物，中国植物红色名录评估为无危（LC）。

迁地栽培保存

保存地点	种质份数	个体数量	引种方式	生长状况	来源地
GX	*	f	采集	G	浙江

南川冬青 *Ilex nanchuanensis* Z. M. Tan

濒危等级　中国特有植物，中国植物红色名录评估为极危（CR）。

迁地栽培保存

保存地点	种质份数	个体数量	引种方式	生长状况	来源地
CQ	1	a	采集	C	重庆
GX	*	f	采集	G	重庆

黔桂冬青 *Ilex stewardii* S. Y. Hu

功效主治　叶：清热解毒，通经。

濒危等级　中国植物红色名录评估为无危（LC）。

迁地栽培保存

保存地点	种质份数	个体数量	引种方式	生长状况	来源地
GX	*	f	采集	G	广西

全缘冬青 *Ilex integra* Thunb.

功效主治　树皮：用于蝮蛇、毒虫咬伤，蝎螫伤，疝气，脚气病。茎：用于咳嗽，淋证，肿毒。

濒危等级　浙江省重点保护植物，中国植物红色名录评估为无危（LC）。

迁地栽培保存

保存地点	种质份数	个体数量	引种方式	生长状况	来源地
GX	*	f	采集	G	日本

榕叶冬青 *Ilex ficoidea* Hemsl.

功效主治　根：解毒，消肿止痛。用于肝毒，跌打损伤。

濒危等级　中国植物红色名录评估为无危（LC）。

迁地栽培保存

保存地点	种质份数	个体数量	引种方式	生长状况	来源地
GX	*	f	采集	G	湖北、广西

三花冬青 *Ilex triflora* Blume

功效主治　叶：清热解毒，通经活络，消肿，降脂浊。用于肝阳上亢，血脂增高，咽喉痛，口疮，带下病，疖肿。根：用于疮痈肿毒。

濒危等级　中国植物红色名录评估为无危（LC）。

迁地栽培保存

保存地点	种质份数	个体数量	引种方式	生长状况	来源地
GX	*	f	采集	G	广西

伞花冬青 *Ilex godajam* Colebr. ex Hook. f.

功效主治　树皮（米碎木）：驱虫，止痛。用于腹痛，蛔虫病。

濒危等级　中国植物红色名录评估为无危（LC）。

迁地栽培保存

保存地点	种质份数	个体数量	引种方式	生长状况	来源地
YN	1	a	采集	C	云南
GX	*	f	采集	G	云南

种质库保存

保存地点	保存方式	种质份数	个体数量	引种方式	来源地
BJ	种子	41	b	采集	海南、湖北、云南

珊瑚冬青 *Ilex corallina* Franch.

功效主治　根、叶：甘，凉。清热解毒，活血止痛。用于烫火伤，劳伤，黄癣。

濒危等级　中国特有植物，中国植物红色名录评估为无危（LC）。

迁地栽培保存

保存地点	种质份数	个体数量	引种方式	生长状况	来源地
CQ	1	a	采集	C	重庆

种质库保存

保存地点	保存方式	种质份数	个体数量	引种方式	来源地
BJ	种子	6	b	采集	河北、安徽、贵州

四川冬青 *Ilex szechwanensis* Loes.

功效主治　果实：祛风，补虚。用于风湿痹痛，痔疮。叶：清热解毒，活血止血。用于烫伤，溃疡久不愈合，脉痹，咳嗽，肺痈，淋证，外伤出血。根皮：祛瘀，补益肌肤。用于烫伤。

濒危等级　中国特有植物，中国植物红色名录评估为无危（LC）。

迁地栽培保存

保存地点	种质份数	个体数量	引种方式	生长状况	来源地
GX	*	f	采集	G	湖南

铁冬青 *Ilex rotunda* Thunb.

功效主治 根（救必应）、叶、茎皮：苦，凉。清热解毒，消肿止痛。用于吐泻，胃痛，中暑腹痛，痢疾，胆胀，腹痛，水肿，感冒发热，风湿关节痛，阴痒，烫火伤，毒蛇咬伤，疮肿，无名肿毒，跌打损伤，关节扭伤。

濒危等级 江西省三级保护植物，中国植物红色名录评估为无危（LC）。

迁地栽培保存

保存地点	种质份数	个体数量	引种方式	生长状况	来源地
GD	1	a	采集	D	待确定
JS1	1	a	购买	D	江苏
GX	*	f	采集	G	澳门

种质库保存

保存地点	保存方式	种质份数	个体数量	引种方式	来源地
HN	种子	1	a	采集	海南
BJ	种子	6	d	采集	河北、江西、广西

团花冬青 *Ilex glomerata* King

濒危等级 中国植物红色名录评估为无危（LC）。

迁地栽培保存

保存地点	种质份数	个体数量	引种方式	生长状况	来源地
GX	*	f	采集	G	广西

洼皮冬青 *Ilex nuculicava* S. Y. Hu

濒危等级 中国特有植物，中国植物红色名录评估为无危（LC）。

迁地栽培保存

保存地点	种质份数	个体数量	引种方式	生长状况	来源地
HN	1	a	采集	C	海南

尾叶冬青 *Ilex wilsonii* Loes.

功效主治 根、叶：清热解毒，消肿止痛。

濒危等级 中国特有植物，中国植物红色名录评估为无危（LC）。

迁地栽培保存

保存地点	种质份数	个体数量	引种方式	生长状况	来源地
GX	*	f	采集	G	江西

无刺枸骨 *Ilex cornuta* ' Fortunei'

迁地栽培保存

保存地点	种质份数	个体数量	引种方式	生长状况	来源地
SH	1	b	采集	A	待确定
JS2	1	e	购买	C	江苏

狭叶冬青 *Ilex fargesii* Franch.

濒危等级 中国特有植物，中国植物红色名录评估为无危（LC）。

迁地栽培保存

保存地点	种质份数	个体数量	引种方式	生长状况	来源地
GX	*	f	采集	G	广西

显脉冬青 *Ilex editicostata* Hu & T. Tang

濒危等级 中国特有植物，中国植物红色名录评估为无危（LC）。

迁地栽培保存

保存地点	种质份数	个体数量	引种方式	生长状况	来源地
GX	*	f	采集	G	广西

香冬青 *Ilex suaveolens*（H. Lév.）Loes.

功效主治 根：用于劳伤身痛。

濒危等级 中国特有植物，中国植物红色名录评估为无危（LC）。

迁地栽培保存

保存地点	种质份数	个体数量	引种方式	生长状况	来源地
GX	*	f	采集	G	湖北

种质库保存

保存地点	保存方式	种质份数	个体数量	引种方式	来源地
BJ	种子	1	a	采集	江西

小果冬青 *Ilex micrococca* Maxim.

功效主治 根、叶：清热解毒，消肿止痛。

濒危等级 中国植物红色名录评估为无危（LC）。

迁地栽培保存

保存地点	种质份数	个体数量	引种方式	生长状况	来源地
GX	*	f	采集	G	广西

种质库保存

保存地点	保存方式	种质份数	个体数量	引种方式	来源地
BJ	种子	1	a	采集	江西

浙江冬青 *Ilex zhejiangensis* C. J. Tseng

濒危等级 中国特有植物，中国植物红色名录评估为易危（VU）。

迁地栽培保存

保存地点	种质份数	个体数量	引种方式	生长状况	来源地
GX	*	f	采集	G	浙江

中华冬青 *Ilex sinica*（Loes.）S. Y. Hu

濒危等级　中国特有植物，中国植物红色名录评估为无危（LC）。

种质库保存

保存地点	保存方式	种质份数	个体数量	引种方式	来源地
BJ	种子	1	a	采集	云南

豆科　Fabaceae

百脉根属　*Lotus*

百脉根　*Lotus corniculatus* L.

功效主治　根（百脉根）：甘、苦，凉。下气，止渴，祛热。用于虚劳。全草（地羊鹊）：淡、辛，平。清热，止咳，平喘，消痞满，下乳。用于感冒发热，咳嗽气喘，积聚，胃脘痞满疼痛，痔疮。

迁地栽培保存

保存地点	种质份数	个体数量	引种方式	生长状况	来源地
HB	1	a	采集	C	湖北
BJ	1	a	购买	G	北京
GX	*	f	采集	G	荷兰

翅荚百脉根　*Lotus tetragonolobus* L.

迁地栽培保存

保存地点	种质份数	个体数量	引种方式	生长状况	来源地
GX	*	f	采集	G	法国

细叶百脉根　*Lotus tenuis* Waldst. & Kit. ex Willd.

功效主治　全草（金花菜）：甘、微涩，平。清热止血。用于下血，痢疾。

迁地栽培保存

保存地点	种质份数	个体数量	引种方式	生长状况	来源地
GX	*	f	采集	G	法国

笔花豆属　*Stylosanthes*

圭亚那笔花豆　*Stylosanthes guianensis*（Aubl.）Sw.

迁地栽培保存

保存地点	种质份数	个体数量	引种方式	生长状况	来源地
HN	1	a	采集	B	海南
GX	*	f	采集	G	海南

蝙蝠草属　*Christia*

蝙蝠草　*Christia vespertilionis*（L. f.）Bakh. f.

功效主治　全草（双飞蝴蝶）：甘、微辛，平。舒筋活血，调经祛瘀。用于痛经，跌打损伤，风湿骨痛，毒蛇咬伤，痈疮。

濒危等级　中国植物红色名录评估为无危（LC）。

迁地栽培保存

保存地点	种质份数	个体数量	引种方式	生长状况	来源地
BJ	1	a	采集	G	海南
HN	1	a	采集	B	待确定
YN	1	c	购买	A	云南

种质库保存

保存地点	保存方式	种质份数	个体数量	引种方式	来源地
BJ	种子	3	a	采集	海南

海南蝙蝠草　*Christia hainanensis* Y. C. Yang & P. H. Huang

濒危等级　中国特有植物，中国植物红色名录评估为近危（NT）。

迁地栽培保存

保存地点	种质份数	个体数量	引种方式	生长状况	来源地
HN	1	a	采集	B	海南

铺地蝙蝠草　*Christia obcordata*（Poir.）Bakh. f.

功效主治　全草（半边钱）：苦、辛，寒。利水通淋，散瘀，解毒。用于淋证，水肿，吐血，咯血，跌打损伤，疮疡，疥癣，蛇虫咬伤。

濒危等级　中国植物红色名录评估为无危（LC）。

迁地栽培保存

保存地点	种质份数	个体数量	引种方式	生长状况	来源地
HN	2	a	采集	B	海南
GX	*	f	采集	G	澳门

扁豆属　*Lablab*

扁豆　*Lablab purpureus*（L.）Sweet Hort.

功效主治　种子（白扁豆）：甘，微温。健脾化湿，清暑。用于脾胃虚弱，暑湿内蕴，呕吐泄泻，消渴，带下病。种皮（扁豆衣）：甘，平。清暑化湿，健脾止泻。用于脾虚便溏，暑湿呕泻。花（扁豆花）：甘，平。理气宽胸，和胃止泻。用于胸闷气滞，不思饮食，呕恶，泄泻。

迁地栽培保存

保存地点	种质份数	个体数量	引种方式	生长状况	来源地
SH	1	b	采集	A	待确定
HB	1	a	采集	A	待确定
LN	1	d	采集	A	辽宁
CQ	1	a	购买	F	重庆

种质库保存

保存地点	保存方式	种质份数	个体数量	引种方式	来源地
BJ	种子	79	c	采集	辽宁、湖北、山西、河南、浙江、广西、河北、安徽、四川、云南

扁蓿豆属 *Melissitus*

扁蓿豆 *Melissitus ruthenicus*（L.）Peschkova

种质库保存

保存地点	保存方式	种质份数	个体数量	引种方式	来源地
BJ	种子	1	a	采集	重庆

扁轴木属 *Parkinsonia*

扁轴木 *Parkinsonia aculeata* L.

功效主治　树皮、叶：用于衰弱症。

迁地栽培保存

保存地点	种质份数	个体数量	引种方式	生长状况	来源地
GX	*	f	采集	G	待确定

兵豆属 *Lens*

滨豆 *Lens nigricans*（M. Bieb.）Godr.

种质库保存

保存地点	保存方式	种质份数	个体数量	引种方式	来源地
BJ	种子	1	a	采集	云南

兵豆 *Lens culinaris* Medik.

功效主治　种子：外用于脓疱。

迁地栽培保存

保存地点	种质份数	个体数量	引种方式	生长状况	来源地
GX	*	f	采集	G	法国

补骨脂属　*Cullen*

补骨脂　*Cullen corylifolium* (L.) Medik.

功效主治　果实（补骨脂）：辛、苦，温。温肾助阳，纳气，止泻。用于阳痿遗精，遗尿尿频，腰膝冷痛，肾虚作喘，五更泄泻，白癜风，斑秃。

迁地栽培保存

保存地点	种质份数	个体数量	引种方式	生长状况	来源地
BJ	3	e	购买	G	北京、辽宁、陕西
CQ	1	b	购买	B	重庆
JS1	1	b	购买	B	江苏
JS2	1	c	购买	C	安徽
LN	1	d	采集	A	辽宁

种质库保存

保存地点	保存方式	种质份数	个体数量	引种方式	来源地
BJ	种子	93	d	采集	河南、河北、山西、安徽、重庆、黑龙江、新疆

采木属　*Haematoxylum*

采木　*Haematoxylum campechianum* L.

濒危等级　中国植物红色名录评估为无危（LC）。

迁地栽培保存

保存地点	种质份数	个体数量	引种方式	生长状况	来源地
YN	1	b	购买	A	云南
HN	1	a	赠送	C	印度

种质库保存

保存地点	保存方式	种质份数	个体数量	引种方式	来源地
HN	种子	1	b	采集	海南

菜豆属 *Phaseolus*

菜豆 *Phaseolus vulgaris* L.

功效主治　种子（白饭豆）：甘、淡，平。滋养，利尿消肿。用于水肿，脚气病。

迁地栽培保存

保存地点	种质份数	个体数量	引种方式	生长状况	来源地
HB	1	b	采集	A	湖北
BJ	1	a	购买	G	北京

种质库保存

保存地点	保存方式	种质份数	个体数量	引种方式	来源地
BJ	种子	49	b	采集	云南、重庆、海南、安徽、山西、甘肃、四川、黑龙江、辽宁

棉豆 *Phaseolus lunatus* L.

功效主治　种子：补血，消肿。

种质库保存

保存地点	保存方式	种质份数	个体数量	引种方式	来源地
BJ	种子	49	a	采集	福建、安徽、云南、四川

草木樨属　*Melilotus*

白花草木樨　*Melilotus albus* Medik.

功效主治　全草（草木樨、辟汁草）：辛、苦，凉。清热解毒，化湿杀虫，截疟，止痢。用于暑热胸闷，疟疾，痢疾，淋证，皮肤疮疡。

濒危等级　中国植物红色名录评估为无危（LC）。

迁地栽培保存

保存地点	种质份数	个体数量	引种方式	生长状况	来源地
BJ	3	b	采集	G	四川、山西、河北
LN	1	d	采集	A	辽宁

种质库保存

保存地点	保存方式	种质份数	个体数量	引种方式	来源地
BJ	种子	1	a	采集	江西

草木樨　*Melilotus officinalis*（L.）Pall.

功效主治　根（臭苜蓿根）：微苦，平。清热解毒。用于暑湿胸闷，瘰疬。全草（辟汗草）：辛、苦，凉。清热，解毒，化湿，杀虫。用于暑湿胸闷，口臭，头涨，头痛，疟疾，痢疾。

迁地栽培保存

保存地点	种质份数	个体数量	引种方式	生长状况	来源地
BJ	3	d	采集	G	辽宁、四川、黑龙江
GX	*	f	采集	G	中国广西、德国

种质库保存

保存地点	保存方式	种质份数	个体数量	引种方式	来源地
BJ	种子	6	b	采集	海南、宁夏、浙江、福建、内蒙古

印度草木樨 *Melilotus indicus* (L.) All.

功效主治 全草：甘，平。清热解毒，敛阴止汗。用于皮肤瘙痒，虚汗。

迁地栽培保存

保存地点	种质份数	个体数量	引种方式	生长状况	来源地
BJ	1	b	采集	G	待确定

长柄山蚂蝗属 *Hylodesmum*

长柄山蚂蝗 *Hylodesmum podocarpum* (DC.) H. Ohashi & R. R. Mill

功效主治 全草（山蚂蝗）：苦，平。祛风活络，解毒消肿。用于跌打损伤，风湿关节痛，腰痛，乳痈，毒蛇咬伤。

濒危等级 中国植物红色名录评估为无危（LC）。

迁地栽培保存

保存地点	种质份数	个体数量	引种方式	生长状况	来源地
BJ	1	a	采集	G	北京
GX	*	f	采集	G	广西

尖叶长柄山蚂蝗 *Hylodesmum podocarpum* (DC.) H. Ohashi & R. R. Mill subsp. *oxyphyllum* (DC.) H. Ohashi et R. R. Mill

迁地栽培保存

保存地点	种质份数	个体数量	引种方式	生长状况	来源地
GX	*	f	采集	G	广西

种质库保存

保存地点	保存方式	种质份数	个体数量	引种方式	来源地
BJ	种子	27	b	采集	云南、四川、江西、山西，待确定

宽卵叶长柄山蚂蝗　*Hylodesmum podocarpum*（DC.）H. Ohashi & R. R. Mill subsp. *fallax*（Schindl.）H. Ohashi et R. R. Mill

功效主治　全草或根：微苦，温。健脾化湿，祛风止痛，破瘀消肿。

迁地栽培保存

保存地点	种质份数	个体数量	引种方式	生长状况	来源地
CQ	1	a	采集	C	重庆
GX	*	f	采集	G	广西

细长柄山蚂蝗　*Hylodesmum leptopus*（A. Gray ex Benth.）H. Ohashi & R. R. Mill

功效主治　全草或根：清热利湿，健脾消积。用于肝毒症；外用于毒蛇咬伤。

濒危等级　中国植物红色名录评估为无危（LC）。

迁地栽培保存

保存地点	种质份数	个体数量	引种方式	生长状况	来源地
GX	*	f	采集	G	广西

羽叶长柄山蚂蝗　*Hylodesmum oldhamii*（Oliv.）H. Ohashi & R. R. Mill

功效主治　全草：微苦，温。健脾化湿，祛风止痛，破瘀散肿。用于筋骨折断。

濒危等级　中国植物红色名录评估为无危（LC）。

迁地栽培保存

保存地点	种质份数	个体数量	引种方式	生长状况	来源地
GX	*	f	采集	G	日本

长角豆属　*Ceratonia*

长角豆　*Ceratonia siliqua* L.

功效主治　种子：利尿，止泻，祛痰。用于胃肠疾病。

迁地栽培保存

保存地点	种质份数	个体数量	引种方式	生长状况	来源地
GX	*	f	采集	G	待确定

车轴草属 *Trifolium*

白车轴草 *Trifolium repens* L.

功效主治 全草（三消草）：甘，平。清热，凉血，宁心。用于癫痫，痔疮出血。

迁地栽培保存

保存地点	种质份数	个体数量	引种方式	生长状况	来源地
BJ	1	e	购买	G	北京
GZ	1	f	采集	F	贵州
HB	1	d	采集	B	湖北
HLJ	1	c	购买	A	黑龙江
JS1	1	c	采集	B	江苏
SH	1	b	采集	A	待确定
CQ	1	a	采集	C	重庆

种质库保存

保存地点	保存方式	种质份数	个体数量	引种方式	来源地
BJ	种子	11	b	采集	重庆、浙江、黑龙江、辽宁，待确定

草莓车轴草 *Trifolium fragiferum* L.

功效主治 全草：用于各种出血。

迁地栽培保存

保存地点	种质份数	个体数量	引种方式	生长状况	来源地
GX	*	f	采集	G	德国

红车轴草 *Trifolium pratense* L.

功效主治 带花全草（红车轴草）：甘，平。止咳，平喘，镇痉。用于咳嗽，气喘，抽搐。

迁地栽培保存

保存地点	种质份数	个体数量	引种方式	生长状况	来源地
CQ	1	a	采集	C	重庆
GZ	1	b	采集	C	贵州
HB	1	c	采集	C	湖北
JS1	1	b	采集	B	江苏
BJ	*	e	采集	G	待确定

种质库保存

保存地点	保存方式	种质份数	个体数量	引种方式	来源地
BJ	种子	4	a	采集	吉林

绛车轴草 *Trifolium incarnatum* L.

功效主治 花序：清热利尿，祛痰。

迁地栽培保存

保存地点	种质份数	个体数量	引种方式	生长状况	来源地
GX	*	f	采集	G	德国

野火球 *Trifolium lupinaster* L.

功效主治 全草：镇痛，止咳。用于瘰疬，痔疮，皮癣。

濒危等级 中国植物红色名录评估为无危（LC）。

迁地栽培保存

保存地点	种质份数	个体数量	引种方式	生长状况	来源地
BJ	1	b	采集	G	内蒙古

种质库保存

保存地点	保存方式	种质份数	个体数量	引种方式	来源地
BJ	种子	6	a	采集	内蒙古

杂种车轴草 *Trifolium hybridum* L.

功效主治 种子：用于各种癥瘕积聚。

迁地栽培保存

保存地点	种质份数	个体数量	引种方式	生长状况	来源地
GX	*	f	采集	G	法国

刺槐属 *Robinia*

刺槐 *Robinia pseudoacacia* L.

功效主治 花（刺槐花）：止血。用于大肠下血，咯血，血崩，吐血。

迁地栽培保存

保存地点	种质份数	个体数量	引种方式	生长状况	来源地
GZ	1	c	采集	C	贵州
SH	1	a	采集	A	待确定
LN	1	b	采集	C	辽宁
NMG	1	b	购买	C	内蒙古
SC	1	f	待确定	G	四川
HB	1	a	采集	C	湖北
CQ	1	a	购买	C	重庆
JS1	1	a	采集	C	江苏
BJ	1	b	采集	G	北京

种质库保存

保存地点	保存方式	种质份数	个体数量	引种方式	来源地
BJ	种子	47	c	采集	辽宁
HN	种子	1	b	采集	湖南

红花刺槐　*Robinia* × *ambigua* 'Idahoensis'

迁地栽培保存

保存地点	种质份数	个体数量	引种方式	生长状况	来源地
BJ	1	a	采集	G	待确定

刺桐属　*Erythrina*

刺桐　*Erythrina variegata* L.

功效主治　树皮（海桐皮）：苦、辛，平。祛风湿，通经络，杀虫。用于风湿痹痛，痢疾，牙痛，疥癣。

迁地栽培保存

保存地点	种质份数	个体数量	引种方式	生长状况	来源地
HN	2	a	购买	C	海南
YN	1	a	采集	C	云南
BJ	1	a	采集	G	广东
JS1	1	a	购买	D	江苏
HB	1	a	采集	C	湖北
GD	1	f	采集	G	待确定

种质库保存

保存地点	保存方式	种质份数	个体数量	引种方式	来源地
BJ	种子	3	a	采集	待确定

鸡冠刺桐 *Erythrina cristagalli* L.

迁地栽培保存

保存地点	种质份数	个体数量	引种方式	生长状况	来源地
HN	2	a	购买	C	海南
BJ	1	a	采集	G	广西
YN	1	a	采集	C	云南

种质库保存

保存地点	保存方式	种质份数	个体数量	引种方式	来源地
BJ	种子	1	a	采集	四川

金脉刺桐 *Erythrina variegata* 'Parcellii'

迁地栽培保存

保存地点	种质份数	个体数量	引种方式	生长状况	来源地
YN	1	a	采集	C	云南

劲直刺桐 *Erythrina strica* Roxb.

濒危等级 中国植物红色名录评估为无危（LC）。

迁地栽培保存

保存地点	种质份数	个体数量	引种方式	生长状况	来源地
YN	1	a	购买	C	云南

龙牙花 *Erythrina corallodendron* L.

功效主治 树皮：麻醉，止痛，镇静。

迁地栽培保存

保存地点	种质份数	个体数量	引种方式	生长状况	来源地
CQ	2	b	赠送	B	云南
GZ	1	a	采集	C	贵州
BJ	1	a	采集	G	广东

象牙花 *Erythrina speciosa* Andr.

迁地栽培保存

保存地点	种质份数	个体数量	引种方式	生长状况	来源地
BJ	1	a	购买	G	待确定

大豆属 *Glycine*

大豆 *Glycine max* (L.) Merr.

功效主治 经发酵加工后的种子（淡豆豉）：苦、辛，凉。解表，除烦，宣发郁热。用于感冒，寒热头痛，烦躁胸闷，虚烦不眠。

迁地栽培保存

保存地点	种质份数	个体数量	引种方式	生长状况	来源地
GD	1	f	采集	G	待确定
HB	1	c	采集	A	湖北

种质库保存

保存地点	保存方式	种质份数	个体数量	引种方式	来源地
BJ	种子	12	b	采集	重庆、广西、四川

台湾大豆 *Glycine soja* subsp. *formosana* (Hosok.) W. Liu et X. Y. Zhu

濒危等级 中国特有植物，中国植物红色名录评估为无危（LC）。

迁地栽培保存

保存地点	种质份数	个体数量	引种方式	生长状况	来源地
GX	*	f	采集	G	日本

野大豆 *Glycine soja* Siebold & Zuccarini

功效主治 种子（野料豆）：甘，凉。补益肝肾，祛风解毒。用于阴亏目昏，肾虚腰痛，盗汗，筋骨痛，产后风痉，小儿疳疾。藤（野大豆藤）：淡，平。健脾。用于盗汗，筋伤。

濒危等级 中国植物红色名录评估为无危（LC）。

迁地栽培保存

保存地点	种质份数	个体数量	引种方式	生长状况	来源地
HB	1	a	采集	C	待确定
LN	1	c	采集	A	辽宁
SH	1	b	采集	A	待确定

种质库保存

保存地点	保存方式	种质份数	个体数量	引种方式	来源地
HN	种子	1	b	采集	湖南
BJ	种子	63	b	采集	江西、海南、山西、安徽、湖北、四川、内蒙古、云南

刀豆属 *Canavalia*

刀豆 *Canavalia gladiata* (Jacq.) DC.

功效主治 种子：甘，温。温中，下气，止呃。用于虚寒呃逆，呕吐。豆荚（刀豆壳）：淡，平。益肾，温中，除湿。用于腰痛，呃逆，久痢，痹痛。

迁地栽培保存

保存地点	种质份数	个体数量	引种方式	生长状况	来源地
BJ	2	c	采集	G	广东、广西
GZ	1	b	采集	C	贵州

续表

保存地点	种质份数	个体数量	引种方式	生长状况	来源地
HN	1	a	采集	B	海南
JS2	1	b	购买	C	安徽
YN	1	b	采集	A	云南

种质库保存

保存地点	保存方式	种质份数	个体数量	引种方式	来源地
BJ	种子	9	a	采集	云南、四川、广东、河北、广西

海刀豆　*Canavalia maritima*（Aubl.）Thou.

功效主治　根：行气止呃，清热利湿，利肠胃。用于呃逆，肝毒症。

濒危等级　中国植物红色名录评估为无危（LC）。

迁地栽培保存

保存地点	种质份数	个体数量	引种方式	生长状况	来源地
HN	2	a	采集	B	海南
GX	*	f	采集	G	澳门

种质库保存

保存地点	保存方式	种质份数	个体数量	引种方式	来源地
BJ	种子	16	a	采集	海南、云南、广西
HN	种子	1	b	采集	海南

尖萼刀豆　*Canavalia gladiolata* Sauer

种质库保存

保存地点	保存方式	种质份数	个体数量	引种方式	来源地
BJ	种子	1	a	采集	待确定

狭刀豆 *Canavalia lineata* (Thunb.) DC.

濒危等级 中国植物红色名录评估为无危（LC）。

迁地栽培保存

保存地点	种质份数	个体数量	引种方式	生长状况	来源地
GX	*	f	采集	G	日本

小刀豆 *Canavalia cathartica* Thou.

功效主治 全草：清热消肿，杀虫止痒。

濒危等级 中国植物红色名录评估为无危（LC）。

种质库保存

保存地点	保存方式	种质份数	个体数量	引种方式	来源地
BJ	种子	1	a	采集	云南

直生刀豆 *Canavalia ensiformis* (L.) DC.

功效主治 种子：温中，下气，止呃，补肾。用于虚寒呃逆，呕吐，腹胀。

迁地栽培保存

保存地点	种质份数	个体数量	引种方式	生长状况	来源地
GX	*	f	采集	G	日本

蝶豆属 *Clitoria*

蝶豆 *Clitoria ternatea* Linn.

功效主治 全草或根、种子：润肠通便。用于便秘，尤其是老人、产妇及体弱者由于津枯血少所致的肠燥便秘。

濒危等级 中国植物红色名录评估为无危（LC）。

迁地栽培保存

保存地点	种质份数	个体数量	引种方式	生长状况	来源地
YN	1	a	采集	A	云南
HN	1	a	赠送	B	待确定
BJ	1	a	采集	G	广西

种质库保存

保存地点	保存方式	种质份数	个体数量	引种方式	来源地
BJ	种子	1	a	采集	待确定
HN	种子	1	a	采集	海南

三叶蝶豆　*Clitoria mariana* Linn.

功效主治　根、叶、花：甘，温。补肾，止血，舒筋，活络。用于感冒，肾虚头晕，带下病，水肿，肠出血，风湿关节痛。

濒危等级　中国植物红色名录评估为近危（NT）。

迁地栽培保存

保存地点	种质份数	个体数量	引种方式	生长状况	来源地
GX	*	f	采集	G	海南

种质库保存

保存地点	保存方式	种质份数	个体数量	引种方式	来源地
BJ	种子	1	a	采集	云南

丁癸草属　*Zornia*

丁癸草　*Zornia gibbosa* Spanog.

功效主治　根：清热，解毒。用于痈疽，疔疮，脚气浮肿，瘰疬。全草：甘，凉。清热，解毒，祛痰。

迁地栽培保存

保存地点	种质份数	个体数量	引种方式	生长状况	来源地
HN	1	a	赠送	C	海南
GD	1	f	采集	G	待确定

顶果树属 *Acrocarpus*

顶果树 *Acrocarpus fraxinifolius* Arn.

濒危等级 广西壮族自治区重点保护植物，中国植物红色名录评估为易危（VU）。

迁地栽培保存

保存地点	种质份数	个体数量	引种方式	生长状况	来源地
GX	*	f	采集	G	广西

种质库保存

保存地点	保存方式	种质份数	个体数量	引种方式	来源地
BJ	种子	1	a	采集	江西

豆薯属 *Pachyrhizus*

豆薯 *Pachyrhizus erosus* (Linn.) Urb.

功效主治 块根（地瓜）：甘，平。清暑，生津，平抑肝阳。用于热病口渴，中暑，肝阳上亢。种子（地瓜子）：有毒。用于疥癣，痈肿；外用于头虱病。

迁地栽培保存

保存地点	种质份数	个体数量	引种方式	生长状况	来源地
BJ	1	a	采集	G	广西
HN	1	a	采集	C	海南

种质库保存

保存地点	保存方式	种质份数	个体数量	引种方式	来源地
BJ	种子	15	b	采集	云南、海南、广西、河北、重庆

盾柱木属　*Peltophorum*

盾柱木　*Peltophorum pterocarpum*（DC.）K. Heyne

功效主治　树皮：用于痢疾；外用于挞伤，筋痛，溃疡。

迁地栽培保存

保存地点	种质份数	个体数量	引种方式	生长状况	来源地
HN	1	a	赠送	C	海南
YN	1	a	采集	A	云南
GX	*	f	采集	G	中国澳门，新加坡

种质库保存

保存地点	保存方式	种质份数	个体数量	引种方式	来源地
BJ	种子	2	a	采集	云南，待确定

银珠　*Peltophorum tonkinense*（Pierre）Gagnep.

濒危等级　海南省重点保护植物，中国植物红色名录评估为濒危（EN）。

迁地栽培保存

保存地点	种质份数	个体数量	引种方式	生长状况	来源地
HN	1	a	采集	C	海南

肥皂荚属　*Gymnocladus*

肥皂荚　*Gymnocladus chinensis* Baill.

功效主治　果实（肥皂荚）：辛，温。祛风除湿，活血消肿。用于风湿痛，跌打损伤，疔疮肿毒。种子（肥皂核）：甘，温。用于顽痰，下痢，疮癣。

濒危等级　中国植物红色名录评估为无危（LC）。

迁地栽培保存

保存地点	种质份数	个体数量	引种方式	生长状况	来源地
BJ	1	a	采集	G	湖北
HB	1	a	采集	C	待确定

凤凰木属　*Delonix*

凤凰木　*Delonix regia*（Hook.）Raf.

功效主治　树皮：平肝，解热。用于发热，肝阳上亢所致的头晕、目眩、烦躁。

迁地栽培保存

保存地点	种质份数	个体数量	引种方式	生长状况	来源地
HN	2	a	购买	C	待确定
BJ	1	a	采集	G	云南
CQ	1	a	赠送	F	云南
YN	1	a	采集	C	云南

种质库保存

保存地点	保存方式	种质份数	个体数量	引种方式	来源地
BJ	种子	6	a	采集	安徽

斧荚豆属　*Securigera*

小冠花　*Securigera varia*（L.）Lassen

功效主治　种子：用于心悸，气短，全身水肿。

迁地栽培保存

保存地点	种质份数	个体数量	引种方式	生长状况	来源地
BJ	1	d	采集	G	待确定

种质库保存

保存地点	保存方式	种质份数	个体数量	引种方式	来源地
BJ	种子	1	a	采集	待确定

干花豆属　*Fordia*

小叶干花豆　*Fordia microphylla* Z. Wei

功效主治　根、叶：润肺止咳，清热解毒，截疟。用于毒疮，疟疾，感冒，咽喉肿痛。

濒危等级　中国特有植物，中国植物红色名录评估为无危（LC）。

迁地栽培保存

保存地点	种质份数	个体数量	引种方式	生长状况	来源地
YN	1	a	购买	C	云南
GX	*	f	采集	G	广西

甘草属　*Glycyrrhiza*

刺甘草　*Glycyrrhiza echinata* L.

迁地栽培保存

保存地点	种质份数	个体数量	引种方式	生长状况	来源地
BJ	1	a	赠送	G	前苏联

刺果甘草　*Glycyrrhiza pallidiflora* Maxim.

功效主治　果实（奶椎）：甘、辛，微温。催乳。用于乳汁缺少。根：甘、辛，微温。杀虫。用于阴痒。

濒危等级　中国植物红色名录评估为无危（LC）。

迁地栽培保存

保存地点	种质份数	个体数量	引种方式	生长状况	来源地
BJ	2	a	采集、赠送	G	中国新疆、前苏联

续表

保存地点	种质份数	个体数量	引种方式	生长状况	来源地
JS1	1	b	采集	B	江苏
SH	1	b	采集	A	待确定
LN	1	d	采集	B	辽宁
CQ	1	a	采集	C	山东
GX	*	f	采集	G	云南

种质库保存

保存地点	保存方式	种质份数	个体数量	引种方式	来源地
BJ	种子	1	a	采集	云南

粗毛甘草　*Glycyrrhiza aspera* Pall.

功效主治　根及根茎：祛痰止咳，清热解毒。

濒危等级　中国植物红色名录评估为无危（LC）。

迁地栽培保存

保存地点	种质份数	个体数量	引种方式	生长状况	来源地
BJ	1	a	采集	G	新疆

甘草　*Glycyrrhiza uralensis* Fisch.

功效主治　根及根茎：补脾益气，清热解毒，润肺止咳，调和诸药。叶：止血。用于外伤出血。

濒危等级　国家重点保护野生植物名录（第二批）二级，北京市二级保护植物、新疆维吾尔自治区一级保护植物、吉林省三级保护植物，中国植物红色名录评估为无危（LC）。

迁地栽培保存

保存地点	种质份数	个体数量	引种方式	生长状况	来源地
BJ	33	d	采集	G	河北、内蒙古、甘肃、山西、新疆
CQ	1	a	购买	F	北京
HEN	1	d	购买	A	内蒙古

续表

保存地点	种质份数	个体数量	引种方式	生长状况	来源地
HLJ	1	c	购买	A	黑龙汇
JS2	1	b	购买	C	安徽
LN	1	d	采集	B	辽宁
NMG	1	d	购买	B	内蒙古
SH	1	a	采集	A	待确定
GX	*	f	采集	G	宁夏、河北

种质库保存

保存地点	保存方式	种质份数	个体数量	引种方式	来源地
BJ	种子	163	e	采集	陕西、山西、云南、海南、四川、安徽、甘肃、新疆、内蒙古、宁夏、重庆、河北

洋甘草　*Glycyrrhiza glabra* L.

功效主治　根及根茎（甘草）：甘，平。补脾，益气，清热解毒，祛痰止喘，缓急止痛，调和诸药。用于脾胃虚弱，倦怠乏力，心悸气短，咳嗽多痰，脘腹、四肢痉挛急痛，痈肿疮毒，缓解药物毒性、烈性。

濒危等级　国家重点保护野生植物名录（第二批）二级，新疆维吾尔自治区一级保护植物，中国植物红色名录评估为无危（LC）。

迁地栽培保存

保存地点	种质份数	个体数量	引种方式	生长状况	来源地
BJ	10	b	采集	G	新疆
XJ	1	b	采集	C	新疆
GX	*	f	采集	G	法国

种质库保存

保存地点	保存方式	种质份数	个体数量	引种方式	来源地
BJ	种子	1	a	采集	待确定

胀果甘草 *Glycyrrhiza inflata* Batalin

濒危等级 国家重点保护野生植物名录（第二批）二级，新疆维吾尔自治区一级保护植物，中国植物红色名录评估为无危（LC）。

迁地栽培保存

保存地点	种质份数	个体数量	引种方式	生长状况	来源地
BJ	10	b	采集	G	新疆
XJ	1	b	采集	C	新疆

种质库保存

保存地点	保存方式	种质份数	个体数量	引种方式	来源地
BJ	种子	3	b	采集	新疆

甘蓝豆属 *Andira*

甘蓝豆 *Andira inermis*（Wright）DC.

功效主治 茎皮、果实：解热，通便。

迁地栽培保存

保存地点	种质份数	个体数量	引种方式	生长状况	来源地
YN	1	a	购买	F	云南

格木属 *Erythrophleum*

格木 *Erythrophleum fordii* Oliv.

功效主治 种子、树皮：强心，益气活血。

濒危等级 中国特有植物，国家重点保护野生植物名录（第一批）二级，中国植物红色名录评估为易危（VU）。

迁地栽培保存

保存地点	种质份数	个体数量	引种方式	生长状况	来源地
HN	1	a	赠送	C	海南
YN	1	a	购买	C	云南

种质库保存

保存地点	保存方式	种质份数	个体数量	引种方式	来源地
HN	种子	1	a	采集	海南

葛属 *Pueraria*

粉葛 *Pueraria montana* var. *thomsonii*（Benth.）Wiersema ex D. B. Ward

功效主治 块根：清热解毒，生津止渴，发表透疹，升阳止泻。用于外感发热，头痛，项强，口渴，消渴，麻疹不透，热病，泄泻。花：解酒醒脾。用于酒醉烦渴。种子：用于下痢。

濒危等级 中国植物红色名录评估为无危（LC）。

迁地栽培保存

保存地点	种质份数	个体数量	引种方式	生长状况	来源地
HN	2	a	采集	B	海南
BJ	1	b	采集	C	江苏
JS2	1	c	购买	C	江苏
CQ	1	a	采集	F	重庆
GX	*	f	采集	G	广西

种质库保存

保存地点	保存方式	种质份数	个体数量	引种方式	来源地
BJ	种子	1	a	采集	甘肃

葛 *Pueraria lobata*（Willd.）Ohwi

功效主治 根（苦葛根）：辛、苦，平。清热，透疹，生津止渴。用于麻疹不透，吐血，消渴，口腔破溃。

花（苦葛花）：用于痔疮，酒精中毒。

濒危等级 中国植物红色名录评估为无危（LC）。

迁地栽培保存

保存地点	种质份数	个体数量	引种方式	生长状况	来源地
HB	1	b	采集	A	待确定
JS2	1	d	购买	C	江苏
HEN	1	b	采集	A	河南
GD	1	a	采集	B	待确定
SH	1	b	采集	A	待确定
JS1	1	c	采集	B	江苏
GX	*	f	采集	G	广西

种质库保存

保存地点	保存方式	种质份数	个体数量	引种方式	来源地
BJ	种子	1	a	采集	内蒙古

密花葛 *Pueraria alopecuroides* Craib

功效主治 根：解表退热，生津止渴，透疹，止泻，杀虫。用于热病初起，发热口渴，泄泻，肠风下血，痘疹初起未透。

濒危等级 中国植物红色名录评估为无危（LC）。

迁地栽培保存

保存地点	种质份数	个体数量	引种方式	生长状况	来源地
YN	1	a	采集	C	云南

三裂叶野葛 *Pueraria phaseoloides* (Roxb.) Benth.

功效主治 根、花：甘、辛，平。解肌退热，生津止渴，透发麻疹，解毒。

迁地栽培保存

保存地点	种质份数	个体数量	引种方式	生长状况	来源地
HN	1	a	采集	B	待确定
GD	1	f	采集	G	待确定
HB	1	a	采集	C	待确定
GX	*	f	采集	G	广西

种质库保存

保存地点	保存方式	种质份数	个体数量	引种方式	来源地
BJ	种子	4	a	采集	重庆、海南

食用葛　*Pueraria edulis* Pamp.

功效主治　块根：升阳解肌，透疹止泻，除烦止渴。用于伤寒，温热头痛，项强，烦热消渴，泄泻，痢疾，斑疹不透，高血压，心绞痛，耳聋。叶：止血。花：用于伤酒发热烦渴，不思饮食，呕逆吐酸，吐血，肠风下血。种子：止痢，解酒，清肺。藤蔓：用于痈肿，喉痹。

迁地栽培保存

保存地点	种质份数	个体数量	引种方式	生长状况	来源地
GX	*	f	采集	G	广西

种质库保存

保存地点	保存方式	种质份数	个体数量	引种方式	来源地
BJ	种子	4	a	采集	河北、云南

野葛　*Pueraria montana* var. *lobata* (Willd.) Maesen et S. M. Almeida ex Sanjappa et Predeep

功效主治　根（葛根）：甘、辛，凉。解肌退热，生津，透疹，升阳止泻。用于温病发热，头痛，项背牵强，口渴泻痢，麻疹初起，早期突发性耳聋。花（葛花）：甘，平。解酒，醒脾。用于伤酒烦渴，不思饮食，呕逆吐酸。

迁地栽培保存

保存地点	种质份数	个体数量	引种方式	生长状况	来源地
FJ	2	a	采集	B	福建
BJ	2	c	采集	G	四川、陕西
GD	1	b	采集	D	待确定
GZ	1	c	采集	C	贵州
HN	1	a	赠送	B	海南
YN	1	c	采集	A	云南
GX	*	f	采集	G	广西

瓜儿豆属 *Cyamopsis*

瓜儿豆 *Cyamopsis tetragonoloba* (L.) Taub.

迁地栽培保存

保存地点	种质份数	个体数量	引种方式	生长状况	来源地
GX	*	f	采集	G	广西

海红豆属 *Adenanthera*

光海红豆 *Adenanthera pavonina* L.

功效主治 种子（海红豆）：凉。有小毒。用于黑皮黚贈，花癣，头面游风。

迁地栽培保存

保存地点	种质份数	个体数量	引种方式	生长状况	来源地
BJ	1	a	采集	C	广西
GX	*	f	采集	G	广西

海红豆　*Adenanthera pavonina* L. var. *microsperma*（Teijsm. & Binn.）I. C. Nielsen

迁地栽培保存

保存地点	种质份数	个体数量	引种方式	生长状况	来源地
YN	1	b	采集	A	云南
CQ	1	c	赠送	D	云南

种质库保存

保存地点	保存方式	种质份数	个体数量	引种方式	来源地
BJ	种子	1	a	采集	待确定

含羞草属　*Mimosa*

巴西含羞草　*Mimosa invisa* Mart. ex Colla

功效主治　枝叶：在南美洲可用于乳石痈。根：止咳化痰。

迁地栽培保存

保存地点	种质份数	个体数量	引种方式	生长状况	来源地
YN	1	d	采集	A	云南
HN	1	b	采集	C	待确定
GX	*	f	采集	G	广西

种质库保存

保存地点	保存方式	种质份数	个体数量	引种方式	来源地
BJ	种子	3	a	采集	广西

光荚含羞草 *Mimosa sepiaria* Benth.

迁地栽培保存

保存地点	种质份数	个体数量	引种方式	生长状况	来源地
HN	1	a	采集	C	海南

种质库保存

保存地点	保存方式	种质份数	个体数量	引种方式	来源地
BJ	种子	1	a	采集	江西

含羞草 *Mimosa pudica* L.

功效主治 全草（含羞草）：甘、涩，凉。宁心安神，清热解毒。用于吐泻，失眠，小儿疳积，目赤肿痛，深部脓肿，带状疱疹。根（含羞草根）：涩、微苦。有毒。止咳化痰，利湿通络，和胃，消积。用于咳嗽痰喘，痹证，小儿消化不良。

迁地栽培保存

保存地点	种质份数	个体数量	引种方式	生长状况	来源地
SC	2	f	待确定	G	四川
BJ	1	d	采集	G	浙江
CQ	1	b	购买	B	重庆
GD	1	f	采集	G	待确定
HB	1	a	采集	C	湖北
HN	1	e	采集	B	海南
JS1	1	a	赠送	C	江苏
JS2	1	d	购买	C	江苏
LN	1	c	采集	A	辽宁
SH	1	b	采集	A	待确定

种质库保存

保存地点	保存方式	种质份数	个体数量	引种方式	来源地
BJ	种子	57	c	采集	中国云南、福建、广西、上海、海南、缅甸
HN	种子	9	e	采集	海南

无刺巴西含羞草　*Mimosa diplotricha* var. *inermis*（Adelb.）Alam et Yusof

种质库保存

保存地点	保存方式	种质份数	个体数量	引种方式	来源地
BJ	种子	8	b	采集	云南

笎子梢属　*Campylotropis*

笎子梢　*Campylotropis macrocarpa*（Bunge）Rehder

功效主治　根（壮筋草）：微苦、微辛，温。祛风散寒，舒筋活血。用于肢体麻木，半身不遂，感冒，水肿。

濒危等级　中国植物红色名录评估为无危（LC）。

迁地栽培保存

保存地点	种质份数	个体数量	引种方式	生长状况	来源地
CQ	1	a	采集	B	重庆
JS1	1	a	采集	D	江苏
GX	*	f	采集	G	江苏

种质库保存

保存地点	保存方式	种质份数	个体数量	引种方式	来源地
BJ	种子	3	a	采集	山西

密脉筦子梢 *Campylotropis bonii* Schindl.

迁地栽培保存

保存地点	种质份数	个体数量	引种方式	生长状况	来源地
GX	*	f	采集	G	广西

三棱枝筦子梢 *Campylotropis trigonoclada* (Franch.) Schindl.

功效主治 根（爬山豆根）：涩、微甘，平。解热止血。用于泄泻，肠风下血，水肿，风湿关节痛，跌打损伤。

濒危等级 中国特有植物，中国植物红色名录评估为无危（LC）。

迁地栽培保存

保存地点	种质份数	个体数量	引种方式	生长状况	来源地
GX	*	f	采集	G	广西

小雀花 *Campylotropis polyantha* (Franch.) Schindl.

功效主治 根：祛痰，止痛，清热，利湿。

濒危等级 中国特有植物，中国植物红色名录评估为无危（LC）。

迁地栽培保存

保存地点	种质份数	个体数量	引种方式	生长状况	来源地
GX	*	f	采集	G	广西

合欢属 *Albizia*

光叶合欢 *Albizia lucidior* (Steud.) I. C. Nielsen

濒危等级 中国植物红色名录评估为无危（LC）。

种质库保存

保存地点	保存方式	种质份数	个体数量	引种方式	来源地
BJ	种子	1	a	采集	待确定

合欢　*Albizia julibrissin* Durazz.

功效主治　树皮（合欢皮）：甘，平。解郁安神，活血消肿。用于心神不安，忧郁失眠，肺痈疮肿，跌扑伤痛。花（合欢花）：甘，平。解郁安神。用于心神不安，忧郁失眠。

迁地栽培保存

保存地点	种质份数	个体数量	引种方式	生长状况	来源地
BJ	4	a	采集	C	四川、北京、安徽、湖北
SH	1	a	采集	A	待确定
CQ	1	a	采集	C	重庆
HB	1	a	采集	C	湖北
JS1	1	b	购买	C	江苏
JS2	1	c	购买	C	江苏
LN	1	b	购买	C	辽宁
SC	1	f	待确定	G	四川

种质库保存

保存地点	保存方式	种质份数	个体数量	引种方式	来源地
HN	种子	1	a	采集	湖南
BJ	种子	83	c	采集	海南、重庆、湖北、山西、黑龙江、河北、辽宁、江苏、上海

黄豆树　*Albizia procera*（Roxb.）Benth.

功效主治　种子：祛风，健胃。

濒危等级　中国植物红色名录评估为无危（LC）。

迁地栽培保存

保存地点	种质份数	个体数量	引种方式	生长状况	来源地
GX	*	f	采集	G	印度尼西亚

种质库保存

保存地点	保存方式	种质份数	个体数量	引种方式	来源地
BJ	种子	1	a	采集	福建

阔荚合欢 *Albizia lebbeck* (L.) Benth.

功效主治 树皮：消肿，止痛。

迁地栽培保存

保存地点	种质份数	个体数量	引种方式	生长状况	来源地
HN	2	a	购买	C	海南
YN	1	a	采集	C	云南

毛叶合欢 *Albizia mollis* (Wall.) Boivin

功效主治 树皮：安神，活血，消肿。

濒危等级 中国植物红色名录评估为无危（LC）。

种质库保存

保存地点	保存方式	种质份数	个体数量	引种方式	来源地
BJ	种子	2	b	采集	四川

山槐 *Albizia kalkora* (Roxb.) Prain

功效主治 树皮、花：涩，凉。舒筋活血，止痛。

濒危等级 中国植物红色名录评估为无危（LC）。

迁地栽培保存

保存地点	种质份数	个体数量	引种方式	生长状况	来源地
GZ	1	a	采集	C	贵州
HB	1	a	采集	C	湖北

种质库保存

保存地点	保存方式	种质份数	个体数量	引种方式	来源地
BJ	种子	8	b	采集	云南、湖北、广西，待确定

天香藤 *Albizia corniculata*（Lour.）Druce

功效主治　木质部：行气止痛。

濒危等级　中国植物红色名录评估为无危（LC）。

迁地栽培保存

保存地点	种质份数	个体数量	引种方式	生长状况	来源地
HN	1	e	采集	C	海南

种质库保存

保存地点	保存方式	种质份数	个体数量	引种方式	来源地
BJ	种子	1	a	采集	待确定
HN	种子	2	b	采集	广东

楹树 *Albizia chinensis*（Osbeck）Merr.

功效主治　树皮：淡、涩。固涩止泻，收敛生肌。用于泄泻，疮疡溃烂，外伤出血。

濒危等级　中国植物红色名录评估为无危（LC）。

迁地栽培保存

保存地点	种质份数	个体数量	引种方式	生长状况	来源地
YN	1	a	采集	C	云南

种质库保存

保存地点	保存方式	种质份数	个体数量	引种方式	来源地
BJ	种子	2	b	采集	云南

合萌属 *Aeschynomene*

合萌 *Aeschynomene indica* L.

功效主治 去皮茎（桶通草）：甘、淡，寒。清湿热，利尿，下乳。用于水肿，小便淋痛，乳汁不下。全草：苦、涩，凉。清热解毒，平肝明目，利尿。

迁地栽培保存

保存地点	种质份数	个体数量	引种方式	生长状况	来源地
HN	2	a	采集	B	海南
BJ	1	b	交换	G	北京

种质库保存

保存地点	保存方式	种质份数	个体数量	引种方式	来源地
SC	种子	2	b	采集	湖南
BJ	种子	16	b	采集	海南、四川、江苏、河北、安徽

红豆属 *Ormosia*

凹叶红豆 *Ormosia emarginata*（Hook. & Arn.）Benth.

濒危等级 中国植物红色名录评估为无危（LC）。

迁地栽培保存

保存地点	种质份数	个体数量	引种方式	生长状况	来源地
GX	*	f	采集	G	澳门

长脐红豆　*Ormosia balansae* Drake

濒危等级　中国植物红色名录评估为近危（NT）。

迁地栽培保存

保存地点	种质份数	个体数量	引种方式	生长状况	来源地
HN	1	a	采集	C	海南

肥荚红豆　*Ormosia fordiana* Oliv.

功效主治　树皮：苦，凉。清热散毒。用于牙龈，跌打损伤，肿痛，烫火伤。

濒危等级　中国植物红色名录评估为无危（LC）。

迁地栽培保存

保存地点	种质份数	个体数量	引种方式	生长状况	来源地
HN	2	a	采集	C	海南
GX	*	f	采集	G	广西

海南红豆　*Ormosia pinnata*（Lour.）Merr.

濒危等级　中国植物红色名录评估为无危（LC）。

迁地栽培保存

保存地点	种质份数	个体数量	引种方式	生长状况	来源地
GD	1	f	采集	G	待确定
HN	1	a	采集	C	海南
YN	1	a	购买	C	云南

种质库保存

保存地点	保存方式	种质份数	个体数量	引种方式	来源地
HN	种子	1	a	采集	海南

红豆树　*Ormosia hosiei* Hemsl. & E. H. Wilson

功效主治　种子：苦，平。有小毒。散毒，理气，通经。用于疝气，腹痛，血滞，闭经。

濒危等级 中国特有植物，国家重点保护野生植物名录（第一批）二级，中国植物红色名录评估为濒危（EN）。

迁地栽培保存

保存地点	种质份数	个体数量	引种方式	生长状况	来源地
CQ	1	a	采集	C	重庆
HB	1	a	采集	C	待确定
GX	*	f	采集	G	广西

花榈木 *Ormosia henryi* Prain

功效主治 根皮：微辛，温。有毒。活血消肿，祛风除湿。用于跌打损伤，腰酸。

濒危等级 国家重点保护野生植物名录（第一批）二级，中国植物红色名录评估为易危（VU）。

迁地栽培保存

保存地点	种质份数	个体数量	引种方式	生长状况	来源地
GD	1	f	采集	G	待确定
CQ	1	a	采集	C	重庆
BJ	1	a	采集	G	江西
SH	1	a	采集	A	待确定
GX	*	f	采集	G	浙江

荔枝叶红豆 *Ormosia semicastrata* f. *litchiifolia* F. C. How

种质库保存

保存地点	保存方式	种质份数	个体数量	引种方式	来源地
HN	种子	2	b	采集	海南

软荚红豆 *Ormosia semicastrata* Hance

濒危等级 中国特有植物，中国植物红色名录评估为无危（LC）。

迁地栽培保存

保存地点	种质份数	个体数量	引种方式	生长状况	来源地
GX	*	f	采集	G	澳门

种质库保存

保存地点	保存方式	种质份数	个体数量	引种方式	来源地
HN	种子	3	b	采集	海南

小叶红豆 *Ormosia microphylla* Merr. & L. Chen

濒危等级　中国特有植物，中国植物红色名录评估为近危（NT）。

种质库保存

保存地点	保存方式	种质份数	个体数量	引种方式	来源地
BJ	种子	1	a	采集	待确定

岩生红豆 *Ormosia saxatilis* K. M. Lan

濒危等级　中国特有植物，中国植物红色名录评估为极危（CR）。

迁地栽培保存

保存地点	种质份数	个体数量	引种方式	生长状况	来源地
GX	*	f	采集	G	广西

云南红豆 *Ormosia yunnanensis* Prain

濒危等级　中国特有植物，中国植物红色名录评估为极危（CR）。

种质库保存

保存地点	保存方式	种质份数	个体数量	引种方式	来源地
BJ	种子	8	b	采集	云南

猴耳环属 *Archidendron*

大棋子豆 *Archidendron eberhardtii* I. C. Nielsen

濒危等级 中国植物红色名录评估为无危（LC）。

迁地栽培保存

保存地点	种质份数	个体数量	引种方式	生长状况	来源地
GX	*	f	采集	G	广西

大叶合欢 *Archidendron turgidum*（Merr.）I. C. Nielsen

功效主治 根：用于腹痛。

濒危等级 中国植物红色名录评估为无危（LC）。

种质库保存

保存地点	保存方式	种质份数	个体数量	引种方式	来源地
BJ	种子	1	a	采集	云南

碟腺棋子豆 *Archidendron kerrii*（Gagnep.）I. C. Nielsen

濒危等级 中国植物红色名录评估为易危（VU）。

迁地栽培保存

保存地点	种质份数	个体数量	引种方式	生长状况	来源地
GX	*	f	采集	G	广西

猴耳环 *Archidendron clypearia*（Jack）I. C. Nielsen

功效主治 叶：微苦、微涩，凉。清热解毒，凉血。用于阴挺，疥疮，烧伤。

濒危等级 中国植物红色名录评估为无危（LC）。

迁地栽培保存

保存地点	种质份数	个体数量	引种方式	生长状况	来源地
GD	1	a	采集	D	待确定
YN	1	a	采集	C	云南
BJ	1	a	采集	G	海南
GX	*	f	采集	G	广西

种质库保存

保存地点	保存方式	种质份数	个体数量	引种方式	来源地
BJ	种子	6	b	采集	重庆
HN	种子	1	a	采集	海南

胡卢巴属　*Trigonella*

胡卢巴　*Trigonella foenum-graecum* L.

迁地栽培保存

保存地点	种质份数	个体数量	引种方式	生长状况	来源地
BJ	4	d	采集、赠送	G	中国北京、河北，保加利亚
LN	2	c	采集	A	辽宁
HLJ	1	c	购买	A	黑龙江
JS2	1	c	购买	C	安徽

种质库保存

保存地点	保存方式	种质份数	个体数量	引种方式	来源地
BJ	种子	104	c	采集	新疆、安徽、甘肃、云南、河北、山西、河南、海南

蓝胡卢巴　*Trigonella coerulea*（Desr.）Ser.

功效主治　种子：在西班牙可用于头痛。

迁地栽培保存

保存地点	种质份数	个体数量	引种方式	生长状况	来源地
BJ	1	b	赠送	G	保加利亚

胡枝子属 *Lespedeza*

柴萼胡枝子 *Lespedeza ionocalyx* Nakai

迁地栽培保存

保存地点	种质份数	个体数量	引种方式	生长状况	来源地
GX	*	f	采集	G	日本

长叶胡枝子 *Lespedeza caraganae* Bunge

迁地栽培保存

保存地点	种质份数	个体数量	引种方式	生长状况	来源地
BJ	1	b	采集	G	河北
GX	*	f	采集	G	山东

大叶胡枝子 *Lespedeza davidii* Franch.

功效主治 全草（和血丹）：甘，平。清热，止血，镇咳。用于疮痨，咳嗽，外伤出血。

迁地栽培保存

保存地点	种质份数	个体数量	引种方式	生长状况	来源地
JS1	1	a	采集	D	江苏

种质库保存

保存地点	保存方式	种质份数	个体数量	引种方式	来源地
HN	种子	1	a	采集	湖南
BJ	种子	6	b	采集	江西

短梗胡枝子 *Lespedeza cyrtobotrya* Miq.

功效主治　叶：用于水肿。

濒危等级　中国植物红色名录评估为无危（LC）。

迁地栽培保存

保存地点	种质份数	个体数量	引种方式	生长状况	来源地
GX	*	f	采集	G	辽宁

多花胡枝子 *Lespedeza floribunda* Bunge

功效主治　全草（铁鞭草）：涩，凉。消积，散瘀。用于疳积，疟疾。

濒危等级　中国植物红色名录评估为无危（LC）。

种质库保存

保存地点	保存方式	种质份数	个体数量	引种方式	来源地
BJ	种子	3	a	采集	江西

广东胡枝子 *Lespedeza fordii* Schindl.

濒危等级　中国特有植物，中国植物红色名录评估为无危（LC）。

种质库保存

保存地点	保存方式	种质份数	个体数量	引种方式	来源地
BJ	种子	3	a	采集	江西

胡枝子 *Lespedeza bicolor* Turcz.

功效主治　茎叶：甘，平。润肺清热，利尿通淋。用于伤风发热，头痛，淋浊。

濒危等级　中国植物红色名录评估为无危（LC）。

迁地栽培保存

保存地点	种质份数	个体数量	引种方式	生长状况	来源地
BJ	5	d	采集	G	北京、河北、黑龙江、辽宁

保存地点	种质份数	个体数量	引种方式	生长状况	来源地
SH	1	b	采集	A	待确定
NMG	1	b	购买	C	内蒙古
GD	1	f	采集	G	待确定

种质库保存

保存地点	保存方式	种质份数	个体数量	引种方式	来源地
BJ	种子	6	c	采集	江西、安徽、广东

尖叶铁扫帚 *Lespedeza juncea*（L. f.）Pers.

功效主治 全草：清热解毒，活血止血，化积消食，益肝明目，利尿，散瘀消肿。用于感冒，小儿疳积，痢疾，疝气，牙痛，毒蛇咬伤，遗精，白浊，哮喘，胃痛，劳伤，跌打损伤，目赤。

迁地栽培保存

保存地点	种质份数	个体数量	引种方式	生长状况	来源地
BJ	1	b	采集	G	黑龙江

截叶铁扫帚 *Lespedeza cuneata*（Dum. Cours.）G. Don

功效主治 全草（夜关门）：甘、苦、涩，凉。清热解毒，利湿消积。用于遗精，遗尿，白浊，带下病，哮喘，胃痛，劳伤，小儿疳积，泻痢，跌打损伤，视力减退，目赤肿痛，乳痈。

迁地栽培保存

保存地点	种质份数	个体数量	引种方式	生长状况	来源地
BJ	4	b	采集	G	四川、陕西、山西、山东
ZJ	1	d	购买	B	山东
GZ	1	b	采集	C	贵州
HB	1	a	采集	C	湖北
SC	1	f	待确定	G	四川
CQ	1	a	采集	C	重庆
GX	*	f	采集	G	广西

种质库保存

保存地点	保存方式	种质份数	个体数量	引种方式	来源地
BJ	种子	15	b	采集	山西、重庆、云南

绿叶胡枝子 *Lespedeza buergeri* Miq.

功效主治 根（血人参）：辛、微苦，温。解表，化痰，利湿，活血。用于伤风头痛，咳嗽，淋沥，妇女血瘀腹痛，血崩，痈疽，丹毒。树皮：用于四肢骨关节红肿。叶：用于痈疽。

濒危等级 中国植物红色名录评估为无危（LC）。

迁地栽培保存

保存地点	种质份数	个体数量	引种方式	生长状况	来源地
BJ	3	b	采集	G	江西、山东、山西
GX	*	f	采集	G	日本

种质库保存

保存地点	保存方式	种质份数	个体数量	引种方式	来源地
BJ	种子	1	a	采集	江西

美丽胡枝子 *Lespedeza formosa*（Vogel）Koehne

功效主治 根（草大戟）：苦，平。清肺热，祛风湿，散瘀血。用于肺痈，风湿痛，跌打损伤。茎叶：苦，平。用于小便淋痛。花：苦，平。清热凉血。用于肺热咯血，便血。

濒危等级 中国特有植物，中国植物红色名录评估为无危（LC）。

迁地栽培保存

保存地点	种质份数	个体数量	引种方式	生长状况	来源地
GD	1	f	采集	G	待确定
JS1	1	a	采集	D	江苏
HB	1	a	采集	C	湖北
GX	*	f	采集	G	广西

种质库保存

保存地点	保存方式	种质份数	个体数量	引种方式	来源地
BJ	种子	3	b	采集	江西

牛枝子 *Lespedeza potaninii* Vassilcz.

濒危等级 中国特有植物，中国植物红色名录评估为无危（LC）。

迁地栽培保存

保存地点	种质份数	个体数量	引种方式	生长状况	来源地
BJ	1	a	采集	G	甘肃

绒毛胡枝子 *Lespedeza tomentosa*（Thunb.）Maxim.

功效主治 根（小雪人参）：甘，平。清热，止血，镇咳，滋补。用于虚劳，虚肿。

濒危等级 中国植物红色名录评估为无危（LC）。

迁地栽培保存

保存地点	种质份数	个体数量	引种方式	生长状况	来源地
BJ	2	b	采集	G	河北、山东

铁马鞭 *Lespedeza pilosa*（Thunb.）Siebold & Zucc.

功效主治 全草：苦、辛，平。散结，通络，健胃，安神。用于体虚久热不退，痧证，腹部胀痛，水肿，痈疽，指疔。

濒危等级 中国植物红色名录评估为无危（LC）。

迁地栽培保存

保存地点	种质份数	个体数量	引种方式	生长状况	来源地
BJ	1	a	采集	G	广西
GX	*	f	采集	G	浙江

种质库保存

保存地点	保存方式	种质份数	个体数量	引种方式	来源地
HN	种子	1	a	采集	海南

细梗胡枝子 *Lespedeza virgata*（Thunb.）DC.

功效主治　全株（掐不齐）：甘，平。清热，止血，截疟，镇咳。用于疟疾，中暑。

濒危等级　中国植物红色名录评估为无危（LC）。

迁地栽培保存

保存地点	种质份数	个体数量	引种方式	生长状况	来源地
BJ	1	a	采集	G	山东
GX	*	f	采集	G	湖北、山东

种质库保存

保存地点	保存方式	种质份数	个体数量	引种方式	来源地
BJ	种子	1	a	采集	待确定

兴安胡枝子 *Lespedeza daurica*（Laxm.）Schindl.

功效主治　全株（枝儿条）：辛，温。解表散寒。用于感冒，发热，咳嗽。

濒危等级　中国植物红色名录评估为无危（LC）。

迁地栽培保存

保存地点	种质份数	个体数量	引种方式	生长状况	来源地
BJ	4	d	采集	G	河北、山西、山东、北京

种质库保存

保存地点	保存方式	种质份数	个体数量	引种方式	来源地
BJ	种子	1	a	采集	待确定

赵公鞭 *Lespedeza hedysaroides* (Pall.) Kitag.

迁地栽培保存

保存地点	种质份数	个体数量	引种方式	生长状况	来源地
BJ	1	c	采集	G	山西

中华胡枝子 *Lespedeza chinensis* G. Don

功效主治 全株（细叶马料梢）：清热止痢，祛风止痛，截疟。用于痢疾，关节痛，疟疾。

濒危等级 中国特有植物，中国植物红色名录评估为无危（LC）。

迁地栽培保存

保存地点	种质份数	个体数量	引种方式	生长状况	来源地
BJ	1	b	采集	G	四川
GX	*	f	采集	G	中国广西，日本

种质库保存

保存地点	保存方式	种质份数	个体数量	引种方式	来源地
HN	种子	1	a	采集	湖南

葫芦茶属　*Tadehagi*

葫芦茶 *Tadehagi triquetrum* (L.) H. Ohashi

功效主治 全株（葫芦茶）：微苦、涩，凉。清热解毒，消积利湿。用于肝毒症，咳嗽痰喘，咽喉痛，痢疾，吐泻，感冒，小儿疳积，妊娠呕吐。

迁地栽培保存

保存地点	种质份数	个体数量	引种方式	生长状况	来源地
YN	1	d	采集	A	云南
BJ	1	b	采集	G	广西
HN	1	a	采集	B	海南

续表

保存地点	种质份数	个体数量	引种方式	生长状况	来源地
GD	1	f	采集	G	待确定
GX	*	f	采集	G	广西

种质库保存

保存地点	保存方式	种质份数	个体数量	引种方式	来源地
BJ	种子	45	b	采集	云南、四川、福建、广西、重庆

蔓茎葫芦茶 *Tadehagi pseudotriquetrum* (DC.) Y. C. Yang & P. H. Huang

功效主治 全株或根：清热解毒，消积利湿，祛痰止咳，止呕，杀虫。用于肝毒症，咳嗽痰喘，咽喉痛，痢疾，吐泻，感冒，小儿疳积，妊娠呕吐；外用于疮疖。

濒危等级 中国植物红色名录评估为无危（LC）。

迁地栽培保存

保存地点	种质份数	个体数量	引种方式	生长状况	来源地
GD	1	f	采集	G	待确定
GX	*	f	采集	G	广西

种质库保存

保存地点	保存方式	种质份数	个体数量	引种方式	来源地
BJ	种子	4	a	采集	待确定

华扁豆属 *Sinodolichos*

华扁豆 *Sinodolichos lagopus* (Dunn) Verdc.

濒危等级 中国植物红色名录评估为无危（LC）。

迁地栽培保存

保存地点	种质份数	个体数量	引种方式	生长状况	来源地
YN	1	a	采集	C	云南
GX	*	f	采集	G	广西

黄芪属　*Astragalus*

边向花黄芪　*Astragalus moellendorffii* Bunge

迁地栽培保存

保存地点	种质份数	个体数量	引种方式	生长状况	来源地
BJ	2	a	采集	G	北京、山东

糙叶黄芪　*Astragalus scaberrimus* Bunge

功效主治　种子：补肾益肝，固精明目。

濒危等级　中国植物红色名录评估为无危（LC）。

迁地栽培保存

保存地点	种质份数	个体数量	引种方式	生长状况	来源地
NMG	1	b	采集	C	内蒙古
GX	*	f	采集	G	山东

草木樨状黄芪　*Astragalus melilotoides* Pall.

功效主治　全草（苦豆根）：苦，凉。祛风湿。用于风湿关节痛，四肢麻木。种子：补肾益肝，固精明目。

濒危等级　中国植物红色名录评估为无危（LC）。

迁地栽培保存

保存地点	种质份数	个体数量	引种方式	生长状况	来源地
BJ	1	b	采集	G	内蒙古
GX	*	f	采集	G	山东

草珠黄芪 *Astragalus capillipes* Fisch. ex Bunge

濒危等级　中国植物红色名录评估为无危（LC）。

迁地栽培保存

保存地点	种质份数	个体数量	引种方式	生长状况	来源地
BJ	1	a	采集	G	山西

达乌里黄芪 *Astragalus dahuricus*（Pall.）DC.

功效主治　种子：补肾益肝，固精明目。

濒危等级　中国植物红色名录评估为无危（LC）。

迁地栽培保存

保存地点	种质份数	个体数量	引种方式	生长状况	来源地
BJ	2	a	采集	G	北京、山西

华黄芪 *Astragalus chinensis* L. f.

功效主治　种子：补肝肾，固精，明目。

迁地栽培保存

保存地点	种质份数	个体数量	引种方式	生长状况	来源地
BJ	1	c	采集	G	内蒙古

种质库保存

保存地点	保存方式	种质份数	个体数量	引种方式	来源地
BJ	种子	6	b	采集	待确定

黄芪 *Astragalus membranaceus*（Fisch.）Bunge

功效主治　根（黄芪）：甘，温。补气固表，利尿托毒，排脓，敛疮收肌。用于气虚乏力，食少便溏，中气下陷，久泻脱肛，便血，崩漏，表虚自汗，气虚水肿，痈疽难溃，久溃不敛，血虚萎黄，内热消渴。

迁地栽培保存

保存地点	种质份数	个体数量	引种方式	生长状况	来源地
BJ	9	d	采集	A	黑龙江、辽宁、内蒙古、山西、四川、甘肃
XJ	1	c	购买	A	河北
LN	1	d	采集	B	辽宁
HB	1	b	采集	C	湖北
JS2	1	c	购买	C	安徽
GX	*	f	采集	G	甘肃

种质库保存

保存地点	保存方式	种质份数	个体数量	引种方式	来源地
BJ	种子	130	e	采集	甘肃、内蒙古、山东、湖南、河南、吉林、陕西、山西、河北、安徽、辽宁、新疆

灰叶黄芪 *Astragalus discolor* Bunge ex Maxim.

濒危等级 中国植物红色名录评估为无危（LC）。

迁地栽培保存

保存地点	种质份数	个体数量	引种方式	生长状况	来源地
BJ	2	a	采集	G	内蒙古、山西

蒺藜叶黄芪 *Astragalus tribulifolius* Benth. ex Bunge

迁地栽培保存

保存地点	种质份数	个体数量	引种方式	生长状况	来源地
BJ	1	a	采集	G	甘肃

蒙古黄芪 *Astragalus membranaceus* var. *mongholicus* (Bunge) P. K. Hsiao

功效主治 根：补气固表，利尿托毒，排脓。

濒危等级　内蒙古自治区重点保护植物，中国植物红色名录评估为易危（VU）。

迁地栽培保存

保存地点	种质份数	个体数量	引种方式	生长状况	来源地
BJ	41	d	采集	A	山西、甘肃、内蒙古
NMG	1	d	购买	D	内蒙古
HEN	1	c	购买	B	内蒙古
HLJ	1	c	购买	A	内蒙古

种质库保存

保存地点	保存方式	种质份数	个体数量	引种方式	来源地
BJ	种子	6	d	采集	待确定

西北黄芪　*Astragalus fenzelianus* E. Peter

迁地栽培保存

保存地点	种质份数	个体数量	引种方式	生长状况	来源地
GX	*	f	采集	G	重庆

斜茎黄芪　*Astragalus laxmannii* Jacq.

功效主治　种子：补肝肾，固精，明目。

濒危等级　中国植物红色名录评估为无危（LC）。

迁地栽培保存

保存地点	种质份数	个体数量	引种方式	生长状况	来源地
SH	1	b	采集	A	待确定
BJ	1	b	采集	G	北京

种质库保存

保存地点	保存方式	种质份数	个体数量	引种方式	来源地
BJ	种子	2	a	采集	内蒙古，待确定

云南黄芪 *Astragalus yunnanensis* Franch.

功效主治　根：强壮补气，排脓生肌，利尿止汗。

濒危等级　中国植物红色名录评估为无危（LC）。

种质库保存

保存地点	保存方式	种质份数	个体数量	引种方式	来源地
BJ	种子	1	a	采集	待确定

紫云英　*Astragalus sinicus* L.

功效主治　全草或种子（红花菜）：甘、微辛，寒。清热解毒，利尿消肿。用于风痰咳嗽，咽喉痛，目赤肿痛，疔疮，蛇串疮，外伤出血。

迁地栽培保存

保存地点	种质份数	个体数量	引种方式	生长状况	来源地
HB	1	a	采集	C	湖北
GX	*	f	采集	G	广西

种质库保存

保存地点	保存方式	种质份数	个体数量	引种方式	来源地
BJ	种子	3	a	采集	待确定

黄檀属　*Dalbergia*

大金刚藤　*Dalbergia dyeriana* Harms

功效主治　根：理气散寒，活络止痛。用于胸腹气滞疼痛，胃气上逆嗳气，呃逆，跌打损伤。

濒危等级　中国特有植物，中国植物红色名录评估为无危（LC）。

迁地栽培保存

保存地点	种质份数	个体数量	引种方式	生长状况	来源地
GX	*	f	采集	G	湖北

钝叶黄檀 *Dalbergia obtusifolia* (Baker) Prain

功效主治　根：收敛止血。木材：行气止痛。

濒危等级　中国特有植物，中国植物红色名录评估为濒危（EN）。

迁地栽培保存

保存地点	种质份数	个体数量	引种方式	生长状况	来源地
YN	1	a	购买	C	云南

种质库保存

保存地点	保存方式	种质份数	个体数量	引种方式	来源地
BJ	种子	3	a	采集	云南

多裂黄檀 *Dalbergia rimosa* Roxb.

功效主治　根、叶：用于头痛，黄水疮。

濒危等级　中国植物红色名录评估为无危（LC）。

迁地栽培保存

保存地点	种质份数	个体数量	引种方式	生长状况	来源地
GX	*	f	采集	G	广西

海南黄檀 *Dalbergia hainanensis* Merr. & Chun

功效主治　心材：辛，温。止血，止痛。用于胃气痛，刀伤出血。

濒危等级　中国特有植物，中国植物红色名录评估为易危（VU）。

迁地栽培保存

保存地点	种质份数	个体数量	引种方式	生长状况	来源地
HN	1	a	采集	B	海南

黑黄檀 *Dalbergia fusca* Pierre

濒危等级　国家重点保护野生植物名录（第一批）二级，中国植物红色名录评估为易危（VU）。

迁地栽培保存

保存地点	种质份数	个体数量	引种方式	生长状况	来源地
YN	1	a	购买	C	云南

种质库保存

保存地点	保存方式	种质份数	个体数量	引种方式	来源地
BJ	种子	1	a	采集	甘肃

黄檀 *Dalbergia hupeana* Hance

功效主治 根皮（檀根）：苦、微辛，平。有小毒。清热解毒，止血消肿。

濒危等级 江西省三级保护植物，中国植物红色名录评估为近危（NT）。

迁地栽培保存

保存地点	种质份数	个体数量	引种方式	生长状况	来源地
SH	1	a	采集	A	待确定
ZJ	1	c	采集	B	浙江
JS1	1	a	采集	D	安徽
GD	1	f	采集	G	待确定
GX	*	f	采集	G	上海

种质库保存

保存地点	保存方式	种质份数	个体数量	引种方式	来源地
BJ	种子	8	b	采集	江西、上海、云南

降香 *Dalbergia odorifera* T. C. Chen

功效主治 心材（降香）：辛，温。行气活血，止痛，止血。用于脘腹疼痛，肝郁胁痛，胸痹刺痛，跌打损伤，外伤出血。

濒危等级 中国特有植物，国家重点保护野生植物名录（第一批）二级，中国植物红色名录评估为极危（CR）。

迁地栽培保存

保存地点	种质份数	个体数量	引种方式	生长状况	来源地
BJ	1	a	采集	G	海南
HN	1	e	赠送	B	海南
YN	1	a	购买	C	云南
GD	1	f	采集	G	待确定

种质库保存

保存地点	保存方式	种质份数	个体数量	引种方式	来源地
BJ	种子	1	a	采集	云南
HN	种子、种胚	216	e	采集	海南

交趾黄檀　*Dalbergia cochinchinensis* Pierre

迁地栽培保存

保存地点	种质份数	个体数量	引种方式	生长状况	来源地
YN	1	a	购买	C	云南

南岭黄檀　*Dalbergia balansae* Prain

功效主治　根：行气，止痛，破积。

迁地栽培保存

保存地点	种质份数	个体数量	引种方式	生长状况	来源地
BJ	1	a	采集	G	广西
HN	1	a	采集	C	海南

种质库保存

保存地点	保存方式	种质份数	个体数量	引种方式	来源地
BJ	种子	1	a	采集	海南

藤黄檀 *Dalbergia hancei* Benth.

功效主治　根：辛，温。强筋骨，舒筋活络。茎（红香藤）：行气，止痛，破积。用于心胃气痛，久伤积痛，气喘，衄血。树脂：止痛。用于腹痛，心气痛。

濒危等级　中国特有植物，中国植物红色名录评估为无危（LC）。

迁地栽培保存

保存地点	种质份数	个体数量	引种方式	生长状况	来源地
HN	2	a	采集	B	海南
GD	1	f	采集	G	待确定
GZ	1	a	采集	C	贵州
CQ	1	a	采集	C	重庆

种质库保存

保存地点	保存方式	种质份数	个体数量	引种方式	来源地
BJ	种子	3	b	采集	江西

托叶黄檀 *Dalbergia stipulacea* Roxb.

濒危等级　中国植物红色名录评估为无危（LC）。

迁地栽培保存

保存地点	种质份数	个体数量	引种方式	生长状况	来源地
GX	*	f	采集	G	云南

香港黄檀 *Dalbergia millettii* Benth.

功效主治　叶：清热解毒。

濒危等级　中国特有植物，中国植物红色名录评估为无危（LC）。

迁地栽培保存

保存地点	种质份数	个体数量	引种方式	生长状况	来源地
ZJ	1	d	购买	A	浙江

象鼻藤 *Dalbergia mimosoides* Franch.

功效主治　叶（麦刺藤叶）：清热，解毒。用于疔疮，痈疽，毒蛇咬伤。

濒危等级　中国植物红色名录评估为无危（LC）。

迁地栽培保存

保存地点	种质份数	个体数量	引种方式	生长状况	来源地
YN	1	a	采集	C	云南
GX	*	f	采集	G	湖北

斜叶黄檀 *Dalbergia pinnata*（Lour.）Prain

功效主治　全株：消肿止痛。用于风湿痛，跌打损伤，扭挫伤。

濒危等级　中国植物红色名录评估为无危（LC）。

种质库保存

保存地点	保存方式	种质份数	个体数量	引种方式	来源地
BJ	种子	1	a	采集	云南

秧青 *Dalbergia assamica* Benth.

濒危等级　中国植物红色名录评估为濒危（EN）。

迁地栽培保存

保存地点	种质份数	个体数量	引种方式	生长状况	来源地
GX	*	f	采集	G	广西

种质库保存

保存地点	保存方式	种质份数	个体数量	引种方式	来源地
BJ	种子	3	a	采集	云南

印度黄檀 *Dalbergia sissoo* Roxb. ex DC.

功效主治　心材：行气止痛，活血止血，理气行瘀。用于腹部胀痛，外伤出血。

迁地栽培保存

保存地点	种质份数	个体数量	引种方式	生长状况	来源地
HN	1	a	赠送	B	海南
GX	*	f	采集	G	广西

灰毛豆属　*Tephrosia*

白灰毛豆　*Tephrosia candida*（Roxb.）DC.

功效主治　叶：杀虫。

种质库保存

保存地点	保存方式	种质份数	个体数量	引种方式	来源地
BJ	种子	5	b	采集	江西、海南、云南

黄灰毛豆　*Tephrosia vestita* Vogel

濒危等级　中国植物红色名录评估为无危（LC）。

迁地栽培保存

保存地点	种质份数	个体数量	引种方式	生长状况	来源地
HN	1	a	采集	B	海南

灰毛豆　*Tephrosia purpurea*（L.）Pers.

功效主治　根：微苦，凉。清热消滞。用于胃胀气，消化不良，胃脘疼痛。全草（灰叶）：微苦，凉。清热消滞。用于风热感冒，消化不良，湿疹。

濒危等级　中国植物红色名录评估为无危（LC）。

迁地栽培保存

保存地点	种质份数	个体数量	引种方式	生长状况	来源地
HN	1	a	采集	B	海南

种质库保存

保存地点	保存方式	种质份数	个体数量	引种方式	来源地
HN	种子	4	c	采集	海南
BJ	种子	7	b	采集	海南、安徽

鸡髯豆属　*Cojoba*

鸡髯豆　*Cojoba arborea* (L.) Britton & Rose

种质库保存

保存地点	保存方式	种质份数	个体数量	引种方式	来源地
BJ	种子	5	b	采集	云南

鸡头薯属　*Eriosema*

鸡头薯　*Eriosema chinense* Vog.

功效主治　块根（猪仔笠）：甘，平。清肺化痰，滋阴，消肿。用于肺热咳嗽，烦渴，赤白痢。

濒危等级　中国植物红色名录评估为无危（LC）。

迁地栽培保存

保存地点	种质份数	个体数量	引种方式	生长状况	来源地
HN	2	a	赠送	B	海南

绵三七　*Eriosema himalaicum* Ohashi

功效主治　块根（绵三七）：甘、苦，平。健胃，止痛，解毒。用于胃痛，泄泻，痢疾，小儿疳积，子痈，疝气，跌打损伤，疮毒。

迁地栽培保存

保存地点	种质份数	个体数量	引种方式	生长状况	来源地
GX	*	f	采集	G	广西

鸡血藤属 *Callerya*

灰毛鸡血藤 *Callerya cinerea* (Benth.) Schot

濒危等级 中国植物红色名录评估为无危（LC）。

迁地栽培保存

保存地点	种质份数	个体数量	引种方式	生长状况	来源地
GX	*	f	采集	G	广西

喙果鸡血藤 *Callerya tsui* (F. P. Metcalf) Z. Wei & Pedley

功效主治 藤茎：微苦、涩，平。补血，祛风湿，调经。用于风湿关节痛，月经不调。

迁地栽培保存

保存地点	种质份数	个体数量	引种方式	生长状况	来源地
HN	1	a	采集	C	海南
GX	*	f	采集	G	湖南、广西

江西鸡血藤 *Callerya kiangsiensis* (Z. Wei) Z. Wei & Pedley

迁地栽培保存

保存地点	种质份数	个体数量	引种方式	生长状况	来源地
ZJ	1	e	购买	B	江西

宽序鸡血藤 *Callerya eurybotrya* (Drake) Schot

功效主治 全株或茎藤：祛风湿，解毒。外用于湿疹疮毒。根：用于风湿骨痛，胁痛，带下病，便血。叶：用于跌打损伤，疮疡肿毒。

濒危等级 中国植物红色名录评估为无危（LC）。

迁地栽培保存

保存地点	种质份数	个体数量	引种方式	生长状况	来源地
GX	*	f	采集	G	广西

亮叶鸡血藤　*Callerya nitida* (Benth.) R. Geesink

功效主治　根、藤茎：苦，温。用于痢疾，贫血，风湿关节痛。
濒危等级　中国特有植物，中国植物红色名录评估为无危（LC）。
迁地栽培保存

保存地点	种质份数	个体数量	引种方式	生长状况	来源地
HN	1	a	采集	B	海南
BJ	1	b	采集	C	江西
GX	*	f	采集	G	澳门

美丽鸡血藤　*Callerya speciosa* (Champ. ex Benth.) Schot

功效主治　藤（山莲藕）：甘，寒。润肺滋肾，清热止咳。用于肺虚咳嗽，腰肌劳伤，溃疡，跌打损伤。根（牛大力）：甘，寒。强筋活络，补虚润肺，清热止咳。用于腰肌劳损，风湿关节痛，肺痨，咳嗽，肝毒症，遗精，带下病。
濒危等级　中国植物红色名录评估为易危（VU）。
迁地栽培保存

保存地点	种质份数	个体数量	引种方式	生长状况	来源地
HN	2	a	采集	B	海南
YN	2	a	采集	C	云南

种质库保存

保存地点	保存方式	种质份数	个体数量	引种方式	来源地
HN	种子	1	a	采集	海南

密花鸡血藤　*Callerya congestiflora* (T. C. Chen) Z. Wei & Pedley

功效主治　根茎、藤茎：活血补血，祛风通络，止痢，解毒，镇痛。

种质库保存

保存地点	保存方式	种质份数	个体数量	引种方式	来源地
BJ	种子	8	b	采集	海南、重庆

香花鸡血藤　*Callerya dielsiana*（Harms）P. K. Loc ex Z. Wei & Pedley

功效主治　根（岩豆根）：苦、微甘，温。活血补血，舒筋通络。用于风湿关节痛，腰痛，跌打损伤，创伤出血。

迁地栽培保存

保存地点	种质份数	个体数量	引种方式	生长状况	来源地
HB	1	a	采集	C	湖北
CQ	1	a	采集	C	重庆
GX	*	f	采集	G	上海

种质库保存

保存地点	保存方式	种质份数	个体数量	引种方式	来源地
BJ	种子	1	a	采集	江西

锈毛鸡血藤　*Callerya sericosema*（Hance）Z. Wei & Pedley

迁地栽培保存

保存地点	种质份数	个体数量	引种方式	生长状况	来源地
CQ	2	a	采集	C	重庆

异果鸡血藤　*Callerya dielsiana* var. *heterocarpa*（Chun ex T. C. Chen）X. Y. Zhu

功效主治　根：补血，行血。用于月经不调。

濒危等级　中国特有植物，中国植物红色名录评估为无危（LC）。

迁地栽培保存

保存地点	种质份数	个体数量	引种方式	生长状况	来源地
GX	*	f	采集	G	湖北、广西

皱果鸡血藤 *Callerya oosperma*（Dunn）Z. Wei & Pedley

功效主治　茎藤：用于补血。

迁地栽培保存

保存地点	种质份数	个体数量	引种方式	生长状况	来源地
HN	1	a	采集	C	海南
GX	*	f	采集	G	广西

鸡眼草属　*Kummerowia*

长萼鸡眼草 *Kummerowia stipulacea*（Maxim.）Makino

功效主治　全草（莲子草）：甘，平。健脾利湿，解热止痢。

迁地栽培保存

保存地点	种质份数	个体数量	引种方式	生长状况	来源地
BJ	2	b	采集、交换	G	北京、山东

种质库保存

保存地点	保存方式	种质份数	个体数量	引种方式	来源地
BJ	种子	6	b	采集	安徽

鸡眼草 *Kummerowia striata*（Thunb.）Schindl.

功效主治　全草（鸡眼草）：甘、辛，平。清热解毒，健脾利湿。用于感冒发热，暑湿吐泻，疟疾，痢疾，胁痛，热淋，白浊。

迁地栽培保存

保存地点	种质份数	个体数量	引种方式	生长状况	来源地
BJ	2	b	采集	G	辽宁、山东
JS1	1	a	采集	D	江苏
ZJ	1	e	采集	B	吉林

种质库保存

保存地点	保存方式	种质份数	个体数量	引种方式	来源地
BJ	种子	6	b	采集	安徽、山西
HN	种子	1	b	采集	湖南

棘豆属 *Oxytropis*

大花棘豆 *Oxytropis grandiflora*（Pall.）DC.

濒危等级 中国植物红色名录评估为无危（LC）。

迁地栽培保存

保存地点	种质份数	个体数量	引种方式	生长状况	来源地
GX	*	f	采集	G	日本

多叶棘豆 *Oxytropis myriophylla*（Pall.）DC.

功效主治 全草（多叶棘豆、鸡翎草）：甘，寒。清热解毒，祛风除湿，止血。用于时行感冒，咽喉痛，痈疮肿毒，创伤，瘀血肿胀，各种出血。

迁地栽培保存

保存地点	种质份数	个体数量	引种方式	生长状况	来源地
BJ	1	b	采集	G	陕西

二色棘豆 *Oxytropis bicolor* Bunge

功效主治 种子：解毒镇痛。

迁地栽培保存

保存地点	种质份数	个体数量	引种方式	生长状况	来源地
BJ	2	b	采集	G	山东、山西

甘肃棘豆 *Oxytropis kansuensis* Bunge

功效主治 种子：微辛，温。解疮毒，止血，利血。用于各种内出血。

濒危等级 中国植物红色名录评估为无危（LC）。

迁地栽培保存

保存地点	种质份数	个体数量	引种方式	生长状况	来源地
BJ	1	b	采集	G	甘肃

种质库保存

保存地点	保存方式	种质份数	个体数量	引种方式	来源地
BJ	种子	1	a	采集	待确定

蓝花棘豆 *Oxytropis coerulea*（Pall.）DC.

濒危等级 中国植物红色名录评估为无危（LC）。

迁地栽培保存

保存地点	种质份数	个体数量	引种方式	生长状况	来源地
BJ	3	b	采集	G	山西

米口袋状棘豆 *Oxytropis gueldenstaedtioides* Ulbr.

濒危等级 中国特有植物，中国植物红色名录评估为无危（LC）。

迁地栽培保存

保存地点	种质份数	个体数量	引种方式	生长状况	来源地
BJ	1	a	采集	G	甘肃

砂珍棘豆 *Oxytropis racemosa* Turcz.

功效主治 全草（砂棘豆）：淡，平。消食，健脾。用于小儿营养不良。

濒危等级 中国植物红色名录评估为无危（LC）。

迁地栽培保存

保存地点	种质份数	个体数量	引种方式	生长状况	来源地
NMG	1	b	采集	C	内蒙古

硬毛棘豆 *Oxytropis hirta* Bunge

功效主治 全草：清热解毒，消肿，祛风湿，止血。用于疮疖肿毒，瘰疬结核，乳痈，感冒，湿疹。

濒危等级 中国植物红色名录评估为无危（LC）。

迁地栽培保存

保存地点	种质份数	个体数量	引种方式	生长状况	来源地
BJ	1	a	采集	G	内蒙古

假木豆属 *Dendrolobium*

假木豆 *Dendrolobium triangulare* (Retz.) Schindl.

功效主治 根：清热，强筋骨。用于咽喉痛，泄泻，跌打损伤，吐血。

濒危等级 中国植物红色名录评估为无危（LC）。

迁地栽培保存

保存地点	种质份数	个体数量	引种方式	生长状况	来源地
YN	1	a	购买	C	云南

种质库保存

保存地点	保存方式	种质份数	个体数量	引种方式	来源地
HN	种子	1	a	采集	海南
BJ	种子	3	a	采集	云南、贵州

豇豆属　*Vigna*

赤豆　*Vigna angularis*（Willd.）Ohwi et Ohashi

功效主治　种子（赤小豆）：甘、酸，平。利水消肿，解毒排脓。用于水肿胀满，脚气浮肿，黄疸尿赤，风湿热痹，痈肿疮毒，肠痈腹痛。

迁地栽培保存

保存地点	种质份数	个体数量	引种方式	生长状况	来源地
HN	1	a	赠送	B	海南

种质库保存

保存地点	保存方式	种质份数	个体数量	引种方式	来源地
BJ	种子	17	b	采集	重庆、山西、上海、海南、辽宁、河北

赤小豆　*Vigna umbellata*（Thunb.）Ohwi & Ohashi

功效主治　种子（赤小豆）：性味、功效同赤豆。

迁地栽培保存

保存地点	种质份数	个体数量	引种方式	生长状况	来源地
CQ	1	b	购买	B	重庆
ZJ	1	e	采集	A	浙江
HN	1	a	赠送	B	待确定

种质库保存

保存地点	保存方式	种质份数	个体数量	引种方式	来源地
BJ	种子	55	c	采集	湖北、云南、黑龙江、吉林、河北、安徽、江苏、广西、内蒙古

短豇豆 *Vigna unguiculata* subsp. *cylindrica*（Linn.）Verdc.

种质库保存

保存地点	保存方式	种质份数	个体数量	引种方式	来源地
BJ	种子	1	a	采集	广西

豇豆 *Vigna unguiculata*（Linn.）Walp.

功效主治 根：甘，平。健脾益气，消食。用于食积，脾胃虚弱，淋浊，痔血，疔疮。叶：用于淋证。豆荚：镇痛，消肿。用于腰痛，乳痛。种子：甘，平。健脾补肾。用于脾胃虚弱，泄泻，吐逆，消渴，遗精，带下病，白浊，尿频。

迁地栽培保存

保存地点	种质份数	个体数量	引种方式	生长状况	来源地
HB	1	a	采集	A	湖北
HN	1	a	采集	B	待确定

种质库保存

保存地点	保存方式	种质份数	个体数量	引种方式	来源地
BJ	种子	7	a	采集	云南、湖北、广西，待确定

绿豆 *Vigna radiata*（Linn.）Wilczek

功效主治 种子（绿豆）：甘，凉。清热解毒，消暑利水。用于暑热烦渴，水肿，泄泻，丹毒，痈肿，热药中毒。种皮（绿豆衣）：甘，寒。清热解毒，消暑止渴，利尿消肿。用于暑热烦渴，肿胀，痈肿热毒，药物中毒。叶：苦，寒。用于吐泻，斑疹，疔疮，疥癣。发芽的种子（绿豆芽）：甘，寒。用于酒精中毒，热药中毒。花：解酒毒。

迁地栽培保存

保存地点	种质份数	个体数量	引种方式	生长状况	来源地
SH	1	b	采集	A	待确定
HN	1	a	赠送	B	海南

续表

保存地点	种质份数	个体数量	引种方式	生长状况	来源地
HB	1	a	采集	A	湖北
GD	1	f	采集	G	待确定

种质库保存

保存地点	保存方式	种质份数	个体数量	引种方式	来源地
BJ	种子	54	b	采集	重庆、云南、河北、四川、广西、江苏、吉林、上海、甘肃、安徽
HN	种子	1	a	采集	湖南

眉豆 *Vigna unguiculata* var. *catjang*（Burm. f.）H. Ohashi

种质库保存

保存地点	保存方式	种质份数	个体数量	引种方式	来源地
BJ	种子	6	a	采集	上海、江西

三裂叶豇豆 *Vigna trilobata*（Linn.）Verdc.

功效主治 叶：用于毒蛇咬伤。

濒危等级 中国植物红色名录评估为无危（LC）。

种质库保存

保存地点	保存方式	种质份数	个体数量	引种方式	来源地
BJ	种子	1	a	采集	江西

野豇豆 *Vigna vexillata*（L.）Rich.

功效主治 根：清热解毒，消肿止痛，利咽。用于风火牙痛，喉痛，胃痛，腹胀，便秘，肺结核，痔毒，跌打关节疼痛，小儿麻疹后余毒不尽。

濒危等级 中国植物红色名录评估为无危（LC）。

迁地栽培保存

保存地点	种质份数	个体数量	引种方式	生长状况	来源地
HN	1	e	采集	B	海南

种质库保存

保存地点	保存方式	种质份数	个体数量	引种方式	来源地
HN	种子	2	b	采集	湖南
BJ	种子	8	a	采集	江西、云南

贼小豆 *Vigna minima* (Roxb.) Ohwi et Ohashi

功效主治 种子：清湿热，利尿，消肿。

濒危等级 浙江省重点保护植物，中国植物红色名录评估为无危（LC）。

迁地栽培保存

保存地点	种质份数	个体数量	引种方式	生长状况	来源地
BJ	2	b	购买、采集	G	北京、湖北
HN	1	a	采集	B	海南
GX	*	f	采集	G	山东

种质库保存

保存地点	保存方式	种质份数	个体数量	引种方式	来源地
HN	种子	1	a	采集	海南

锦鸡儿属 *Caragana*

矮锦鸡儿 *Caragana pygmaea* (L.) DC.

功效主治 根：活血祛风，利尿消肿。

濒危等级 中国植物红色名录评估为无危（LC）。

迁地栽培保存

保存地点	种质份数	个体数量	引种方式	生长状况	来源地
GX	*	f	采集	G	法国

红花锦鸡儿 *Caragana rosea* Turcz. ex Maxim.

功效主治　根：甘、微辛，平。健脾强胃，活血催乳，利尿通经。用于虚损劳热，阴虚喘咳，带下病，淋浊，阳痿，血崩，乳汁不足。。

濒危等级　中国特有植物，中国植物红色名录评估为无危（LC）。

迁地栽培保存

保存地点	种质份数	个体数量	引种方式	生长状况	来源地
BJ	1	a	采集	G	北京

锦鸡儿 *Caragana sinica* (Buc'hoz) Rehder

功效主治　根（金雀根）：甘、微辛，平。理气活血，祛风利湿。用于关节痛，劳伤无力，盗汗，虚肿。花（金雀花）：甘，温。活血祛风，止咳化痰。用于头晕耳鸣，肺虚久咳，风湿痹痛，小儿疳积。

濒危等级　中国植物红色名录评估为无危（LC）。

迁地栽培保存

保存地点	种质份数	个体数量	引种方式	生长状况	来源地
SC	1	f	待确定	G	四川
HB	1	a	采集	C	湖北
JS1	1	a	采集	C	江苏
GZ	1	a	采集	C	贵州
GD	1	f	采集	G	待确定
CQ	1	a	采集	C	重庆
BJ	1	a	采集	G	北京
SH	1	b	采集	A	待确定
GX	*	f	采集	G	江苏

种质库保存

保存地点	保存方式	种质份数	个体数量	引种方式	来源地
BJ	种子	3	a	采集	内蒙古

绢毛锦鸡儿 *Caragana hololeuca* Kom.

功效主治 花：祛风，平肝，止咳。

迁地栽培保存

保存地点	种质份数	个体数量	引种方式	生长状况	来源地
GX	*	f	采集	G	英国

镰叶锦鸡儿 *Caragana aurantiaca* Koehne

功效主治 根：活血祛风，利尿，消肿。

濒危等级 中国植物红色名录评估为无危（LC）。

迁地栽培保存

保存地点	种质份数	个体数量	引种方式	生长状况	来源地
GX	*	f	采集	G	瑞士

毛掌叶锦鸡儿 *Caragana leveillei* Kom.

濒危等级 中国特有植物，中国植物红色名录评估为无危（LC）。

迁地栽培保存

保存地点	种质份数	个体数量	引种方式	生长状况	来源地
GX	*	f	采集	G	山东

柠条锦鸡儿 *Caragana korshinskii* Kom.

功效主治 全草（柠条）：甘，温。活血止血，滋阴养血。用于月经不调，胞门积结，乳石痈。

种质库保存

保存地点	保存方式	种质份数	个体数量	引种方式	来源地
BJ	种子	1	c	采集	宁夏

秦晋锦鸡儿 *Caragana purdomii* Rehder

濒危等级　中国特有植物，中国植物红色名录评估为易危（VU）。

迁地栽培保存

保存地点	种质份数	个体数量	引种方式	生长状况	来源地
BJ	1	a	采集	G	山西

树锦鸡儿 *Caragana arborescens* Lam.

功效主治　全草（柠条）：甘、微辛，平。滋养，通乳，利尿，祛风湿。用于月经不调，胞门积结，乳石痈，脚气病，带下病，乳汁不通，麻木浮肿。

濒危等级　中国植物红色名录评估为无危（LC）。

迁地栽培保存

保存地点	种质份数	个体数量	引种方式	生长状况	来源地
HLJ	1	a	购买	A	黑龙江

云南锦鸡儿 *Caragana franchetiana* Kom.

功效主治　根（阳雀花根）：甘、微苦，平。祛风活血，止痛，利尿，补气益肾。用于风湿关节痛，跌打损伤，乳汁不足，乳肿，痛经。花（阳雀花）：甘、微苦，平。补气益肾。用于头晕头痛，耳鸣目眩，肺痨咳嗽，小儿疳积。

濒危等级　中国特有植物，中国植物红色名录评估为无危（LC）。

种质库保存

保存地点	保存方式	种质份数	个体数量	引种方式	来源地
BJ	种子	1	a	采集	四川

准噶尔锦鸡儿 *Caragana soongorica* Grubov

功效主治 根：活血祛风，利尿消肿。

濒危等级 中国特有植物，中国植物红色名录评估为近危（NT）。

迁地栽培保存

保存地点	种质份数	个体数量	引种方式	生长状况	来源地
GX	*	f	采集	G	新疆

距瓣豆属 *Centrosema*

距瓣豆 *Centrosema pubescens* Benth.

迁地栽培保存

保存地点	种质份数	个体数量	引种方式	生长状况	来源地
HN	1	a	采集	B	海南

种质库保存

保存地点	保存方式	种质份数	个体数量	引种方式	来源地
BJ	种子	1	a	采集	待确定

决明属 *Senna*

翅荚决明 *Senna alata* (L.) Roxb.

功效主治 叶：辛，温。杀虫止痒。用于疮疡肿毒，便秘。种子：用于蛔虫病。

迁地栽培保存

保存地点	种质份数	个体数量	引种方式	生长状况	来源地
BJ	1	a	采集	G	广西
CQ	1	a	赠送	C	云南
HN	1	a	购买	B	海南

保存地点	种质份数	个体数量	引种方式	生长状况	来源地
YN	1	a	采集	A	云南
GX	*	f	采集	G	云南

种质库保存

保存地点	保存方式	种质份数	个体数量	引种方式	来源地
BJ	种子	6	b	采集	广西、云南
HN	种子	4	b	采集	广东

大叶决明 *Senna fruticosa* (Mill.) H. S. Irwin & Barneby

功效主治 种子：解虫蟹毒。

迁地栽培保存

保存地点	种质份数	个体数量	引种方式	生长状况	来源地
GX	*	f	采集	G	海南

钝叶决明 *Senna obtusifolia* (L.) H. S. Irwin & Barneby

功效主治 种子：清热解毒，清肝明目，利水通便，降血压。

种质库保存

保存地点	保存方式	种质份数	个体数量	引种方式	来源地
BJ	种子	1	a	采集	云南

多花决明 *Senna × floribunda* (Cav.) H. S. Irwin & Barneby

功效主治 根、叶、果实：清热通便，明目。用于感冒，角膜薄翳，白涩症，胃痛，便秘，牙痛，咽喉痛。

种质库保存

保存地点	保存方式	种质份数	个体数量	引种方式	来源地
BJ	种子	6	b	采集	云南

粉叶决明 *Senna sulfurea*（Collad.）H. S. Irwin & Barneby

功效主治 叶：清热解毒，润肺。

迁地栽培保存

保存地点	种质份数	个体数量	引种方式	生长状况	来源地
BJ	1	b	采集	G	云南
HN	2	a	采集、赠送	B	海南
YN	1	a	采集	A	云南

种质库保存

保存地点	保存方式	种质份数	个体数量	引种方式	来源地
BJ	种子	47	d	采集	云南、福建

槐叶决明 *Senna sophera*（L.）Roxb.

功效主治 根：苦，寒。强壮利尿，健胃，清热，止痛。用于痢疾，胃痛，肝脓肿，咽喉痛，痰核。种子：平。清热，解毒。

迁地栽培保存

保存地点	种质份数	个体数量	引种方式	生长状况	来源地
JS1	1	b	采集	B	江苏
BJ	1	b	购买	G	浙江
HN	1	a	采集	B	海南

种质库保存

保存地点	保存方式	种质份数	个体数量	引种方式	来源地
BJ	种子	16	c	采集	重庆、云南、广西、吉林

黄槐决明 *Senna surattensis*（Burm. f.）H. S. Irwin & Barneby

迁地栽培保存

保存地点	种质份数	个体数量	引种方式	生长状况	来源地
SC	2	f	待确定	G	四川
GD	1	f	采集	G	待确定

决明 *Senna tora*（L.）Roxb.

功效主治　种子（决明子）：甘、苦、咸，微寒。清热明目，润肠通便。用于目赤涩痛，畏光多泪，头痛眩晕，目暗不明，大便秘结。

迁地栽培保存

保存地点	种质份数	个体数量	引种方式	生长状况	来源地
BJ	2	e	采集	G	陕西、河北
YN	1	b	采集	A	云南
SH	1	b	采集	A	待确定
HEN	1	e	赠送	A	河南
LN	1	d	采集	A	辽宁
ZJ	1	e	采集	A	浙江
JS2	1	c	购买	C	江苏
SC	1	f	待确定	G	四川
JS1	1	b	采集	B	江苏
GD	1	f	采集	G	待确定
CQ	1	b	购买	B	重庆
GZ	1	c	采集	C	贵州
HLJ	1	b	购买	C	河北

种质库保存

保存地点	保存方式	种质份数	个体数量	引种方式	来源地
BJ	种子	155	e	采集	河北、山西、海南、重庆、云南、四川、广西、广东、北京、河南、江西、湖南、内蒙古、湖北、吉林、安徽、陕西、福建、西藏
HN	种子	9	d	采集	海南

毛荚决明 *Senna hirsuta*（L.）H. S. Irwin & Barneby

功效主治 叶：用于皮肤瘙痒。

迁地栽培保存

保存地点	种质份数	个体数量	引种方式	生长状况	来源地
YN	1	a	采集	A	云南

种质库保存

保存地点	保存方式	种质份数	个体数量	引种方式	来源地
BJ	种子	4	b	采集	待确定

伞房决明 *Senna corymbosa*（Lam.）H. S. Irwin & Barneby

功效主治 叶、果实：用于肠痈，便秘。

迁地栽培保存

保存地点	种质份数	个体数量	引种方式	生长状况	来源地
SH	1	b	采集	A	待确定
JS2	1	f	采集	G	待确定

双荚决明 *Senna bicapsularis*（L.）Roxb.

功效主治 叶、种子：泻下导滞。

迁地栽培保存

保存地点	种质份数	个体数量	引种方式	生长状况	来源地
HN	2	a	赠送	B	海南
GX	*	f	采集	G	澳门

种质库保存

保存地点	保存方式	种质份数	个体数量	引种方式	来源地
BJ	种子	7	c	采集	云南

铁刀木 *Senna siamea* (Lam.) H. S. Irwin & Barneby

功效主治 叶、果实：用于痞满腹胀，头晕，脚转筋。

迁地栽培保存

保存地点	种质份数	个体数量	引种方式	生长状况	来源地
YN	1	b	采集	A	云南
HN	1	a	采集	C	海南
SH	1	a	采集	F	待确定
GX	*	f	采集	G	广西

种质库保存

保存地点	保存方式	种质份数	个体数量	引种方式	来源地
BJ	种子	10	a	采集	重庆、云南

望江南 *Senna occidentalis* (L.) Link

功效主治 种子（望江南）：甘、苦，平。有小毒。清肝明目，健胃润肠。用于毒蛇咬伤，肝阳上亢，头痛，目赤，口烂，便秘。茎、叶：解毒，止痛。根：利尿。

迁地栽培保存

保存地点	种质份数	个体数量	引种方式	生长状况	来源地
BJ	4	b	采集、赠送	G	中国广西、江西、陕西，印度尼西亚

保存地点	种质份数	个体数量	引种方式	生长状况	来源地
GZ	1	b	采集	C	贵州
SH	1	b	采集	A	待确定
LN	1	d	采集	A	辽宁
JS2	1	d	购买	C	江苏
HN	1	e	采集	B	海南
GD	1	a	采集	D	待确定
CQ	1	a	购买	C	重庆
JS1	1	b	购买	C	江苏

种质库保存

保存地点	保存方式	种质份数	个体数量	引种方式	来源地
HN	种子	61	e	采集	海南
BJ	种子	87	d	采集	重庆、云南、四川、贵州、广西、河北、甘肃

榼藤属 *Entada*

榼藤 *Entada phaseoloides*（L.）Merr.

功效主治　根、藤茎：微苦、涩，平。活血祛风，壮腰固肾。用于风湿关节痛，四肢麻木，跌打损伤，骨折。茎皮：催吐，止泻。种仁（榼藤子仁）：微苦、涩，平。利湿消肿。用于黄疸，脚气病，水肿。

濒危等级　中国植物红色名录评估为濒危（EN）。

迁地栽培保存

保存地点	种质份数	个体数量	引种方式	生长状况	来源地
HN	1	a	采集	C	海南
YN	1	b	购买	A	云南

种质库保存

保存地点	保存方式	种质份数	个体数量	引种方式	来源地
HN	种子	4	a	采集	海南
BJ	种子	12	a	采集	云南、海南

云南榼藤　*Entada pursaetha* subsp. *sinohimalensis* Grierson et D. G. Long

濒危等级　中国植物红色名录评估为无危（LC）。

种质库保存

保存地点	保存方式	种质份数	个体数量	引种方式	来源地
BJ	种子	1	a	采集	云南

苦参属　*Sophora*

白刺花　*Sophora davidii* (Franch.) Skeels

功效主治　根（白刺花）：苦，寒。清热解毒，利湿消肿，凉血止血。用于咽喉痛，肺热咳嗽，痢疾，小便淋痛，水肿，衄血，尿血，便血。果实：理气消积。用于消化不良，胃痛，腹痛。

迁地栽培保存

保存地点	种质份数	个体数量	引种方式	生长状况	来源地
GZ	1	b	采集	C	贵州

种质库保存

保存地点	保存方式	种质份数	个体数量	引种方式	来源地
BJ	种子	8	b	采集	贵州、四川、云南

川西白刺花　*Sophora davidii* (Franch.) Skeels var. *chuansiensis* C. Y. Ma

濒危等级　中国特有植物，中国植物红色名录评估为无危（LC）。

种质库保存

保存地点	保存方式	种质份数	个体数量	引种方式	来源地
BJ	种子	1	a	采集	甘肃

短绒槐 *Sophora velutina* Lindl.

功效主治 果实：苦，寒。清热，凉血，解毒。

濒危等级 中国植物红色名录评估为无危（LC）。

种质库保存

保存地点	保存方式	种质份数	个体数量	引种方式	来源地
BJ	种子	2	a	采集	四川、贵州

槐 *Sophora japonica* L.

功效主治 花蕾（槐米）：苦，微寒。凉血止血，清肝泻火。用于便血，痔血，血痢，崩漏，吐血，衄血，肝热目赤，头痛眩晕。花（槐花）：功效与槐米相似。荚果（槐角）：苦，寒。清肠，止血。用于肠热便血，痔肿出血，肝热头痛，眩晕目赤。根（槐根）：用于痔疮，喉痹，蛔虫病。枝（槐枝）：苦，平。用于崩漏，带下病，心痛，目赤，痔疮，疥疮。叶（槐叶）：苦，平。用于惊痫，壮热，肠风，尿血，痔疮，疥癣，湿疹，疔肿。根皮、树皮的内层皮（槐白皮）：祛风除湿，消肿止痛。用于风邪，身体强直，肌肤不仁，热病口疮，牙疳，喉痹，肠风下血，疽，痔，烂疮。

迁地栽培保存

保存地点	种质份数	个体数量	引种方式	生长状况	来源地
NMG	1	c	购买	C	内蒙古
GZ	1	b	采集	C	贵州
LN	1	b	采集	C	辽宁
SH	1	a	采集	A	待确定
CQ	1	a	采集	C	重庆
GD	1	f	采集	G	待确定
BJ	1	c	采集	G	北京
HB	1	a	采集	C	待确定
JS1	1	a	购买	C	江苏

种质库保存

保存地点	保存方式	种质份数	个体数量	引种方式	来源地
BJ	种子	55	c	采集	内蒙古、河北、云南、河南、海南、重庆

黄花槐 *Sophora xanthantha* C. Y. Ma

濒危等级　中国特有植物，中国植物红色名录评估为极危（CR）。

迁地栽培保存

保存地点	种质份数	个体数量	引种方式	生长状况	来源地
SC	1	f	待确定	G	四川

种质库保存

保存地点	保存方式	种质份数	个体数量	引种方式	来源地
BJ	种子	8	c	采集	四川、湖北

堇花槐 *Sophora japonica* L. var. *violacea* Carr.

濒危等级　中国特有植物，中国植物红色名录评估为无危（LC）。

迁地栽培保存

保存地点	种质份数	个体数量	引种方式	生长状况	来源地
BJ	1	b	采集	G	北京

苦参 *Sophora flavescens* Aiton

功效主治　根（苦参）：苦，寒。清热燥湿，杀虫，利尿。用于热痢，便血，黄疸尿闭，带下病，阴肿阴痒，湿疮，皮肤瘙痒，疥癣，麻风。

濒危等级　中国植物红色名录评估为无危（LC）。

迁地栽培保存

保存地点	种质份数	个体数量	引种方式	生长状况	来源地
BJ	6	e	采集	G	四川、陕西、辽宁、河北、山东
JS2	1	c	购买	C	江苏
ZJ	1	d	采集	A	浙江
SH	1	b	采集	A	待确定
LN	1	d	采集	A	辽宁
NMG	1	e	购买	A	内蒙古
GD	1	f	采集	G	待确定
HN	1	a	赠送	C	海南
JS1	1	a	采集	C	江苏
HLJ	1	b	采集	A	黑龙江
HEN	1	b	采集	A	河南
HB	1	c	采集	A	湖北
SC	1	f	待确定	G	四川
CQ	1	b	采集	C	重庆
GX	*	f	采集	G	甘肃

种质库保存

保存地点	保存方式	种质份数	个体数量	引种方式	来源地
BJ	种子	91	c	采集	重庆、云南、海南、陕西、内蒙古、湖北、安徽、河南、吉林、辽宁、河北、浙江

苦豆子 *Sophora alopecuroides* L.

功效主治 根（苦甘草）：苦，寒。清热解毒。用于痢疾，湿疹，牙痛，咳嗽。

濒危等级 中国植物红色名录评估为无危（LC）。

迁地栽培保存

保存地点	种质份数	个体数量	引种方式	生长状况	来源地
BJ	1	a	种子育苗	C	宁夏
GX	*	f	采集	G	宁夏、新疆

种质库保存

保存地点	保存方式	种质份数	个体数量	引种方式	来源地
BJ	种子	17	c	采集	云南、新疆、宁夏、甘肃、内蒙古、海南

龙爪槐　*Sophora japonica* f. *pendula* Hort.

濒危等级　中国特有植物，中国植物红色名录评估为无危（LC）。

迁地栽培保存

保存地点	种质份数	个体数量	引种方式	生长状况	来源地
BJ	1	b	采集	G	北京
HB	1	a	采集	C	待确定
JS1	1	b	购买	C	江苏

毛苦参　*Sophora flavescens* Aiton var. *kronei*（Hance）C. Y. Ma

濒危等级　中国特有植物，中国植物红色名录评估为无危（LC）。

迁地栽培保存

保存地点	种质份数	个体数量	引种方式	生长状况	来源地
GX	*	f	采集	G	云南

绒毛槐　*Sophora tomentosa* L.

功效主治　种子、根、茎、叶：用于腹泻。

濒危等级　中国植物红色名录评估为无危（LC）。

迁地栽培保存

保存地点	种质份数	个体数量	引种方式	生长状况	来源地
GX	*	f	采集	G	日本

西南槐　*Sophora prazeri* var. *mairei*（Pamp.）Tsoong

功效主治　根（乌豆根）：苦、涩，凉。清热，凉血，止血，除湿。用于劳伤，水泻。

濒危等级 中国植物红色名录评估为无危（LC）。

迁地栽培保存

保存地点	种质份数	个体数量	引种方式	生长状况	来源地
CQ	1	a	采集	C	重庆

越南槐 *Sophora tonkinensis* Gagnep.

功效主治 根及根茎（山豆根）：苦，寒。有毒。清热，解毒，消肿利咽。用于火毒蕴结所致的咽喉痛、齿龈肿痛。

濒危等级 中国植物红色名录评估为易危（VU）。

迁地栽培保存

保存地点	种质份数	个体数量	引种方式	生长状况	来源地
BJ	2	b	采集	C	广西、贵州
GD	1	f	采集	G	待确定
GZ	1	d	采集	C	贵州

种质库保存

保存地点	保存方式	种质份数	个体数量	引种方式	来源地
BJ	种子	1	a	采集	江西

苦葛属 *Toxicopueraria*

苦葛 *Toxicopueraria peduncularis* (Graham ex Benth.) A. N. Egan & B. Pan bis

濒危等级 中国植物红色名录评估为无危（LC）。

迁地栽培保存

保存地点	种质份数	个体数量	引种方式	生长状况	来源地
BJ	1	b	采集	G	北京
CQ	1	a	采集	C	重庆
GX	*	f	采集	G	四川

苦马豆属　*Sphaerophysa*

苦马豆　*Sphaerophysa salsula*（Pall.）DC.

功效主治　全草或根、果实：微苦，平。有小毒。利尿，止血，消肿。用于湿疹，黄水疮，水肿，瘰疬痞块。

迁地栽培保存

保存地点	种质份数	个体数量	引种方式	生长状况	来源地
BJ	1	d	采集	G	前苏联

腊肠树属　*Cassia*

腊肠树　*Cassia fistula* L.

功效主治　果实（婆罗门皂荚）：苦，大寒。用于胃痛，便秘，胃酸过多，食欲不振。

迁地栽培保存

保存地点	种质份数	个体数量	引种方式	生长状况	来源地
HN	2	a	购买	B	待确定
GD	1	f	采集	G	待确定
YN	1	a	采集	C	云南

种质库保存

保存地点	保存方式	种质份数	个体数量	引种方式	来源地
HN	种子	1	a	采集	海南
BJ	种子	6	b	采集	待确定

神黄豆　*Cassia agnes*（de Wit）Brenan

功效主治　种子（雄黄豆）：苦，凉。清热解毒，理气润肠。用于胃痛，疟疾，感冒，麻疹，水痘，便秘。

迁地栽培保存

保存地点	种质份数	个体数量	引种方式	生长状况	来源地
GX	*	f	采集	G	云南

爪哇决明 *Cassia javanica* L.

功效主治 种子、果实：发痘疹，解天花毒。用于小儿痘毒，麻疹外发不畅，皮肤瘙痒。

濒危等级 中国植物红色名录评估为无危（LC）。

迁地栽培保存

保存地点	种质份数	个体数量	引种方式	生长状况	来源地
HN	2	a	采集	B	待确定
YN	1	a	采集	A	云南

种质库保存

保存地点	保存方式	种质份数	个体数量	引种方式	来源地
BJ	种子	1	a	采集	云南

老虎刺属 *Pterolobium*

老虎刺 *Pterolobium punctatum* Hemsl.

功效主治 枝叶：用于疔疮。

濒危等级 中国植物红色名录评估为无危（LC）。

迁地栽培保存

保存地点	种质份数	个体数量	引种方式	生长状况	来源地
GZ	1	a	采集	C	贵州

种质库保存

保存地点	保存方式	种质份数	个体数量	引种方式	来源地
BJ	种子	1	a	采集	贵州

狸尾豆属　*Uraria*

狸尾豆　*Uraria lagopodioides*（L.）DC.

濒危等级　中国植物红色名录评估为无危（LC）。

迁地栽培保存

保存地点	种质份数	个体数量	引种方式	生长状况	来源地
HN	2	a	赠送	B	海南

种质库保存

保存地点	保存方式	种质份数	个体数量	引种方式	来源地
BJ	种子	6	a	采集	广西、福建

猫尾草　*Uraria crinita*（L.）Desv. ex DC.

功效主治　全草（虎尾轮）：甘、微苦，平。清热，解毒，止血，消痈。用于咳嗽，肺痈，吐血，咯血，尿血，脱肛，阴挺，肿毒。

濒危等级　中国植物红色名录评估为无危（LC）。

迁地栽培保存

保存地点	种质份数	个体数量	引种方式	生长状况	来源地
BJ	1	a	采集	G	广西
GD	1	a	采集	D	待确定
YN	1	c	采集	A	云南

种质库保存

保存地点	保存方式	种质份数	个体数量	引种方式	来源地
BJ	种子	12	b	采集	安徽、云南

中华狸尾豆　*Uraria sinensis*（Hemsl.）Franch.

功效主治　全草：清热化痰，凉血止血，杀虫。用于感冒，咳嗽，疟疾，血丝虫病，小儿疳积，吐血，咯血，尿血。

濒危等级 中国植物红色名录评估为无危（LC）。

种质库保存

保存地点	保存方式	种质份数	个体数量	引种方式	来源地
BJ	种子	1	a	采集	云南

黧豆属 *Mucuna*

白花油麻藤 *Mucuna birdwoodiana* Tutch.

功效主治 藤茎：通经络，强筋骨，补血。用于贫血，白细胞减少症，腰腿痛。

濒危等级 中国特有植物，中国植物红色名录评估为无危（LC）。

迁地栽培保存

保存地点	种质份数	个体数量	引种方式	生长状况	来源地
GD	1	a	采集	G	待确定

常春油麻藤 *Mucuna sempervirens* Hemsl.

功效主治 根、茎藤：苦，温。活血补血，通经活络，祛风除湿。用于跌打损伤，风湿疼痛，麻木，痛经，闭经。

濒危等级 中国植物红色名录评估为无危（LC）。

迁地栽培保存

保存地点	种质份数	个体数量	引种方式	生长状况	来源地
YN	1	a	采集	C	云南
JS1	1	a	购买	D	江苏
HB	1	a	采集	C	湖北
GZ	1	a	采集	C	贵州
CQ	1	a	采集	C	重庆
BJ	1	a	采集	G	安徽
SC	1	f	待确定	G	四川

保存地点	种质份数	个体数量	引种方式	生长状况	来源地
JS2	1	a	购买	C	江苏
GX	*	f	采集	G	浙江

种质库保存

保存地点	保存方式	种质份数	个体数量	引种方式	来源地
BJ	种子	12	a	采集	重庆、河北、四川

刺毛黧豆 *Mucuna pruriens*（L.）DC.

功效主治 种子、叶：补中益气，清热，凉血。用于腰膝酸痛，帕金森病。

濒危等级 中国植物红色名录评估为无危（LC）。

迁地栽培保存

保存地点	种质份数	个体数量	引种方式	生长状况	来源地
GD	1	f	采集	G	待确定

大果油麻藤 *Mucuna macrocarpa* Wall.

功效主治 藤茎（老鸦花藤）：涩，微温。舒筋活络，调经。用于风湿关节痛，小儿麻痹后遗症，月经不调。

濒危等级 中国植物红色名录评估为无危（LC）。

迁地栽培保存

保存地点	种质份数	个体数量	引种方式	生长状况	来源地
GX	*	f	采集	G	中国

种质库保存

保存地点	保存方式	种质份数	个体数量	引种方式	来源地
BJ	种子	3	a	采集	云南、广西

大球油麻藤 *Mucuna macrobotrys* Hance

濒危等级 中国特有植物，中国植物红色名录评估为无危（LC）。

迁地栽培保存

保存地点	种质份数	个体数量	引种方式	生长状况	来源地
GX	*	f	采集	G	广西

海南黧豆 *Mucuna hainanensis* Hayata

濒危等级 中国植物红色名录评估为无危（LC）。

迁地栽培保存

保存地点	种质份数	个体数量	引种方式	生长状况	来源地
HN	2	a	采集	B	海南
GX	*	f	采集	G	广西

种质库保存

保存地点	保存方式	种质份数	个体数量	引种方式	来源地
BJ	种子	3	a	采集	云南

黄毛黧豆 *Mucuna bracteata* DC.

功效主治 根：清热解毒，止痛，截疟。用于疟疾。藤茎：用于风湿麻木。全草：清热解毒，活血止痛，截疟。用于疮疡肿毒，跌打损伤，疟疾。

濒危等级 中国植物红色名录评估为近危（NT）。

迁地栽培保存

保存地点	种质份数	个体数量	引种方式	生长状况	来源地
HN	1	a	采集	B	海南

间序油麻藤 *Mucuna interrupta* Gagnep.

种质库保存

保存地点	保存方式	种质份数	个体数量	引种方式	来源地
BJ	种子	1	a	采集	待确定

黧豆 *Mucuna pruriens* var. *utilis*（Wall. ex Wight）Baker ex Burck

功效主治 种子（狗爪豆）：甘、微苦，温。有小毒。用于腰脊酸痛。

迁地栽培保存

保存地点	种质份数	个体数量	引种方式	生长状况	来源地
FJ	1	a	购买	B	福建
BJ	1	a	采集	G	广西
HN	1	a	采集	B	海南
ZJ	1	e	购买	A	海南
GX	*	f	采集	G	广西

链荚豆属 *Alysicarpus*

链荚豆 *Alysicarpus vaginalis*（L.）DC.

功效主治 全草：甘、苦，平。活血通络，清热化湿，驳骨消肿。用于跌打损伤，半身不遂，股骨酸痛，肝毒症，毒蛇咬伤，骨折，外伤出血，疮疡溃烂久不收口。

迁地栽培保存

保存地点	种质份数	个体数量	引种方式	生长状况	来源地
HN	1	a	采集	B	海南

种质库保存

保存地点	保存方式	种质份数	个体数量	引种方式	来源地
BJ	种子	2	a	采集	山西、海南

两节豆属 *Aphyllodium*

两节豆 *Aphyllodium biarticulatum* Gagnep.

濒危等级 中国植物红色名录评估为无危（LC）。

迁地栽培保存

保存地点	种质份数	个体数量	引种方式	生长状况	来源地
GX	*	f	采集	G	广东

两型豆属 *Amphicarpaea*

两型豆 *Amphicarpaea edgeworthii* Benth.

功效主治 种子：用于带下病。

濒危等级 中国植物红色名录评估为无危（LC）。

迁地栽培保存

保存地点	种质份数	个体数量	引种方式	生长状况	来源地
GX	*	f	采集	G	山东

种质库保存

保存地点	保存方式	种质份数	个体数量	引种方式	来源地
BJ	种子	6	a	采集	重庆

铃铛刺属 *Halimodendron*

铃铛刺 *Halimodendron halodendron*（Pall.）Voss

濒危等级 中国植物红色名录评估为无危（LC）。

迁地栽培保存

保存地点	种质份数	个体数量	引种方式	生长状况	来源地
GX	*	f	采集	G	法国

鹿藿属 *Rhynchosia*

渐尖叶鹿藿 *Rhynchosia acuminatifolia* Makino

功效主治 种子：明目。

濒危等级 中国植物红色名录评估为无危（LC）。

迁地栽培保存

保存地点	种质份数	个体数量	引种方式	生长状况	来源地
GX	*	f	采集	G	日本

菱叶鹿藿 *Rhynchosia dielsii* Harms ex Diels

功效主治 全草或茎叶、根：清热，祛风，除烦，宁心定惊。用于老人心悸，小儿高热惊风、不吮乳、吐白沫，风热咳嗽。

濒危等级 中国特有植物，中国植物红色名录评估为无危（LC）。

种质库保存

保存地点	保存方式	种质份数	个体数量	引种方式	来源地
BJ	种子	2	a	采集	江西

鹿藿 *Rhynchosia volubilis* Lour.

功效主治 全草：苦，平。利尿消肿，解毒杀虫。用于头痛，腰腹疼痛，产褥热，瘰疬，痈肿，流注。

迁地栽培保存

保存地点	种质份数	个体数量	引种方式	生长状况	来源地
SH	1	b	采集	A	待确定

种质库保存

保存地点	保存方式	种质份数	个体数量	引种方式	来源地
BJ	种子	8	a	采集	江西、湖北
HN	种子	1	a	采集	湖南

驴食豆属 *Onobrychis*

驴食草 *Onobrychis viciifolia* Scop.

迁地栽培保存

保存地点	种质份数	个体数量	引种方式	生长状况	来源地
GX	*	f	采集	G	法国

种质库保存

保存地点	保存方式	种质份数	个体数量	引种方式	来源地
BJ	种子	4	a	采集	山东、甘肃

落花生属 *Arachis*

落花生 *Arachis hypogaea* Linn.

功效主治 叶：安神。种子（花生仁）：甘、辛，平。补脾润肺，止血。用于燥咳，反胃，脚气病，乳汁不足。种皮（花生衣）：止血。用于血小板减少症。

迁地栽培保存

保存地点	种质份数	个体数量	引种方式	生长状况	来源地
BJ	1	d	购买	G	北京
GD	1	f	采集	G	待确定
HB	1	a	采集	C	湖北
HN	1	a	采集	B	海南

马鞍树属　*Maackia*

华南马鞍树　*Maackia australis*（Dunn）Takeda

濒危等级　中国特有植物，中国植物红色名录评估为濒危（EN）。

迁地栽培保存

保存地点	种质份数	个体数量	引种方式	生长状况	来源地
BJ	1	a	采集	G	北京

马鞍树　*Maackia hupehensis* Takeda

濒危等级　中国特有植物，中国植物红色名录评估为无危（LC）。

迁地栽培保存

保存地点	种质份数	个体数量	引种方式	生长状况	来源地
GX	*	f	采集	G	湖北

浙江马鞍树　*Maackia chekiangensis* S. S. Chien

濒危等级　中国特有植物，浙江省重点保护植物，中国植物红色名录评估为濒危（EN）。

迁地栽培保存

保存地点	种质份数	个体数量	引种方式	生长状况	来源地
GX	*	f	采集	G	湖北

蔓黄芪属　*Phyllolobium*

蔓黄芪　*Phyllolobium chinense* Fisch. ex DC.

功效主治　种子（沙苑子）：甘，温。温补肝肾，固精，缩尿，明目。用于肾虚腰痛，遗精早泄，带下病，尿后余沥，眩晕目昏。

濒危等级　中国特有植物，中国植物红色名录评估为无危（LC）。

迁地栽培保存

保存地点	种质份数	个体数量	引种方式	生长状况	来源地
BJ	3	d	采集	G	陕西、山西，待确定
LN	1	d	采集	B	辽宁
JS2	1	e	购买	C	安徽

种质库保存

保存地点	保存方式	种质份数	个体数量	引种方式	来源地
BJ	种子	8	c	采集	海南、云南、辽宁、陕西、广西

芒柄花属　*Ononis*

刺芒柄花　*Ononis spinosa* Linn.

功效主治　全草：利尿，健胃，愈伤，清热，解毒，镇痛，缓泻。用于淋证。根：利尿，祛痰。

迁地栽培保存

保存地点	种质份数	个体数量	引种方式	生长状况	来源地
GX	*	f	采集	G	法国

红芒柄花　*Ononis campestris* Koch & Ziz.

迁地栽培保存

保存地点	种质份数	个体数量	引种方式	生长状况	来源地
GX	*	f	采集	G	日本

毛蔓豆属　*Calopogonium*

毛蔓豆　*Calopogonium mucunoides* Desv.

迁地栽培保存

保存地点	种质份数	个体数量	引种方式	生长状况	来源地
HN	2	a	采集	B	海南

种质库保存

保存地点	保存方式	种质份数	个体数量	引种方式	来源地
BJ	种子	3	a	采集	海南

米口袋属　*Gueldenstaedtia*

米口袋　*Gueldenstaedtia verna* (Georgi) Boriss.

功效主治　全草：清热解毒。用于痈疽疔毒，恶疮瘰疬。

濒危等级　中国植物红色名录评估为无危（LC）。

迁地栽培保存

保存地点	种质份数	个体数量	引种方式	生长状况	来源地
BJ	7	c	采集	G	北京、陕西、河北、山东、甘肃
JS2	1	e	购买	C	安徽
JS1	1	b	采集	C	江苏
GX	*	f	采集	G	山东

密花豆属　*Spatholobus*

密花豆　*Spatholobus suberectus* Dunn

功效主治　藤茎（鸡血藤）：苦、甘，温。补血，活血，通络。用于月经不调，血虚萎黄，麻木瘫痪，风湿痹痛。

濒危等级 中国特有植物，中国植物红色名录评估为易危（VU）。

迁地栽培保存

保存地点	种质份数	个体数量	引种方式	生长状况	来源地
YN	1	a	采集	C	云南

种质库保存

保存地点	保存方式	种质份数	个体数量	引种方式	来源地
BJ	种子	7	b	采集	云南，待确定

密子豆属 *Pycnospora*

密子豆 *Pycnospora lutescens*（Poir.）Schindl.

功效主治 全草（假地豆）：淡，凉。消肿解毒，清热利水。用于癃闭，白浊，石淋，水肿。

迁地栽培保存

保存地点	种质份数	个体数量	引种方式	生长状况	来源地
GX	*	f	采集	G	澳门

缅茄属 *Afzelia*

缅茄 *Afzelia xylocarpa*（Kurz）Craib

功效主治 种子：消肿解毒。用于牙痛，眼疾。

迁地栽培保存

保存地点	种质份数	个体数量	引种方式	生长状况	来源地
YN	1	a	采集	A	云南

种质库保存

保存地点	保存方式	种质份数	个体数量	引种方式	来源地
HN	种子	1	b	采集	海南

木豆属　*Cajanus*

虫豆　*Cajanus crassus*（Prain ex King）Vaniot der Maesen

濒危等级　中国植物红色名录评估为无危（LC）。

种质库保存

保存地点	保存方式	种质份数	个体数量	引种方式	来源地
BJ	种子	3	a	采集	云南

蔓草虫豆　*Cajanus scarabaeoides*（L.）Thouars

功效主治　全草：甘、微苦，温。解暑利尿，止血生肌。用于伤风感冒，风湿水肿；外用于创伤出血。

濒危等级　中国植物红色名录评估为无危（LC）。

迁地栽培保存

保存地点	种质份数	个体数量	引种方式	生长状况	来源地
GX	*	f	采集	G	广西

种质库保存

保存地点	保存方式	种质份数	个体数量	引种方式	来源地
BJ	种子	7	b	采集	重庆、海南．待确定
HN	种子、DNA	4	a	采集	广东

木豆　*Cajanus cajan*（Linn.）Millsp.

功效主治　种子（木豆）：甘、微酸，温。清热解毒，利水消肿，补中益气，止血止痢。用于水肿，血淋，痔血，痈疽肿毒，痢疾，脚气病。叶：淡，平。有小毒。解痘毒，消肿。用于小儿水痘，痈肿。

迁地栽培保存

保存地点	种质份数	个体数量	引种方式	生长状况	来源地
HN	2	a	采集	B	海南
GD	1	b	采集	D	待确定

保存地点	种质份数	个体数量	引种方式	生长状况	来源地
YN	1	a	购买	A	云南
BJ	1	a	赠送	G	海南
GX	*	f	采集	G	待确定

种质库保存

保存地点	保存方式	种质份数	个体数量	引种方式	来源地
BJ	种子	8	a	采集	重庆、云南、广西

木荚豆属 *Xylia*

木荚豆 *Xylia xylocarpa* Taub.

迁地栽培保存

保存地点	种质份数	个体数量	引种方式	生长状况	来源地
YN	1	c	购买	C	云南

木蓝属 *Indigofera*

穗序木蓝 *Indigofera spicata* Forsk.

功效主治 全草或根：避孕，绝育。

濒危等级 中国植物红色名录评估为无危（LC）。

种质库保存

保存地点	保存方式	种质份数	个体数量	引种方式	来源地
BJ	种子	1	a	采集	待确定

滨海木蓝 *Indigofera litoralis* Chun & T. C. Chen

功效主治 全草：用于乳痈，咽喉痛。

濒危等级　中国特有植物，中国植物红色名录评估为无危（LC）。

种质库保存

保存地点	保存方式	种质份数	个体数量	引种方式	来源地
BJ	种子	1	a	采集	待确定

垂序木蓝　*Indigofera pendula* Franch.

濒危等级　中国特有植物，中国植物红色名录评估为无危（LC）。

迁地栽培保存

保存地点	种质份数	个体数量	引种方式	生长状况	来源地
GX	*	f	采集	G	云南

刺荚木蓝　*Indigofera nummularifolia* (L.) Alston

种质库保存

保存地点	保存方式	种质份数	个体数量	引种方式	来源地
BJ	种子	1	a	采集	云南

多花木蓝　*Indigofera amblyantha* Craib

功效主治　根及根茎：苦、涩，寒。清热解毒，消肿止痛。

濒危等级　中国特有植物，中国植物红色名录评估为无危（LC）。

迁地栽培保存

保存地点	种质份数	个体数量	引种方式	生长状况	来源地
SH	1	a	采集	A	待确定
LN	1	b	采集	C	辽宁
GX	*	f	采集	G	上海

河北木蓝　*Indigofera bungeana* Walp.

功效主治　全草（一味药）：苦、涩，温。用于瘰疬，痔疮，食积，感寒咳嗽。根（一味药根）：苦、涩。

活血祛瘀，解毒。用于咳喘，喉蛾，疔疮，瘰疬，痔疮，跌打损伤。

濒危等级 中国植物红色名录评估为无危（LC）。

迁地栽培保存

保存地点	种质份数	个体数量	引种方式	生长状况	来源地
CQ	1	a	采集	F	重庆
SH	1	b	采集	A	待确定
ZJ	1	d	购买	A	河北
BJ	1	a	采集	G	山东
GX	*	f	采集	G	中国上海，日本

种质库保存

保存地点	保存方式	种质份数	个体数量	引种方式	来源地
BJ	种子	41	c	采集	海南、云南、重庆、山西、贵州、安徽

黑叶木蓝 *Indigofera nigrescens* King & Prain

濒危等级 中国植物红色名录评估为无危（LC）。

种质库保存

保存地点	保存方式	种质份数	个体数量	引种方式	来源地
BJ	种子	7	b	采集	江西，待确定

花木蓝 *Indigofera kirilowii* Palib.

功效主治 根：苦，寒。清热镇痛，舒筋活络。用于疮毒，风湿关节痛。

濒危等级 中国植物红色名录评估为无危（LC）。

迁地栽培保存

保存地点	种质份数	个体数量	引种方式	生长状况	来源地
BJ	2	b	采集	G	辽宁、山东
GX	*	f	采集	G	河北

种质库保存

保存地点	保存方式	种质份数	个体数量	引种方式	来源地
BJ	种子	6	b	采集	云南

假大青蓝　*Indigofera galegoides* DC.

功效主治　根：消肿止痛。

濒危等级　中国植物红色名录评估为无危（LC）。

迁地栽培保存

保存地点	种质份数	个体数量	引种方式	生长状况	来源地
GX	*	f	采集	G	广西

种质库保存

保存地点	保存方式	种质份数	个体数量	引种方式	来源地
BJ	种子	3	a	采集	海南

尖叶木蓝　*Indigofera zollingeriana* Miq.

功效主治　根（大叶狼豆柴）：甘、苦，凉。软坚。用于痞块。叶（大叶狼豆柴叶）：甘、苦，凉。解毒。用于乳痈。

濒危等级　中国植物红色名录评估为无危（LC）。

迁地栽培保存

保存地点	种质份数	个体数量	引种方式	生长状况	来源地
GX	*	f	采集	G	广西

种质库保存

保存地点	保存方式	种质份数	个体数量	引种方式	来源地
BJ	种子	3	a	采集	云南

木蓝　*Indigofera tinctoria* L.

功效主治　根（大靛根）：苦。解虫毒。用于丹毒。叶、茎（木蓝）：苦，平。清热解毒，祛瘀止血。用于惊厥，疟腮，目赤肿痛，疮肿，吐血。

迁地栽培保存

保存地点	种质份数	个体数量	引种方式	生长状况	来源地
BJ	1	a	采集	G	广西
JS2	1	b	购买	C	江苏

种质库保存

保存地点	保存方式	种质份数	个体数量	引种方式	来源地
BJ	种子	7	b	采集	重庆、海南、河北、贵州

茸毛木蓝 *Indigofera stachyodes* Lindl.

功效主治 根（雪人参）：涩、微苦，温。补虚，活血，固脱。用于崩漏，久痢，跌打损伤，溃疡久不收口。

濒危等级 中国植物红色名录评估为无危（LC）。

迁地栽培保存

保存地点	种质份数	个体数量	引种方式	生长状况	来源地
GZ	1	a	采集	C	贵州

三叶木蓝 *Indigofera trifoliata* L.

功效主治 根：苦，寒。清热解毒。用于乳痈，咽喉痛。

濒危等级 中国植物红色名录评估为无危（LC）。

种质库保存

保存地点	保存方式	种质份数	个体数量	引种方式	来源地
BJ	种子	3	a	采集	云南

深紫木蓝 *Indigofera atropurpurea* Buch.-Ham. ex Roxb.

功效主治 根：用于人工流产。叶：用于蛇咬伤。

濒危等级 中国植物红色名录评估为无危（LC）。

迁地栽培保存

保存地点	种质份数	个体数量	引种方式	生长状况	来源地
GX	*	f	采集	G	广西

腺毛木蓝　*Indigofera scabrida* Dunn

功效主治　全株：止咳，利尿。用于恶核。根：宽中理气，解郁，解毒。

濒危等级　中国植物红色名录评估为无危（LC）。

种质库保存

保存地点	保存方式	种质份数	个体数量	引种方式	来源地
BJ	种子	3	b	采集	四川

野青树　*Indigofera suffruticosa* Mill.

功效主治　全株（假蓝靛）：苦，寒。凉血解毒，清热止痛。用于衄血，皮肤瘙痒，斑疹。

迁地栽培保存

保存地点	种质份数	个体数量	引种方式	生长状况	来源地
HN	1	a	采集	B	海南
BJ	1	a	采集	G	云南

种质库保存

保存地点	保存方式	种质份数	个体数量	引种方式	来源地
HN	种子	1	a	采集	海南
BJ	种子	6	b	采集	广西、云南

异花木蓝　*Indigofera heterantha* Brandis

功效主治　根：祛风，清热，止痛。用于麻风，瘰疬积聚，痈，丹毒。

濒危等级　中国植物红色名录评估为无危（LC）。

迁地栽培保存

保存地点	种质份数	个体数量	引种方式	生长状况	来源地
GX	*	f	采集	G	英国

硬毛木蓝 *Indigofera hirsuta* L.

功效主治　枝叶：解毒消肿。用于疥疮。

迁地栽培保存

保存地点	种质份数	个体数量	引种方式	生长状况	来源地
HN	2	a	赠送	B	海南

种质库保存

保存地点	保存方式	种质份数	个体数量	引种方式	来源地
HN	种子	1	b	采集	海南

苜蓿属　*Medicago*

多型苜蓿 *Medicago polymorpha* Linn.

功效主治　全草（苜蓿）：苦、微涩。清热利尿。用于石淋。根（苜蓿根）：苦、微涩，寒。清湿热，利尿，退黄。用于黄疸，石淋。

迁地栽培保存

保存地点	种质份数	个体数量	引种方式	生长状况	来源地
JS1	1	e	采集	B	江苏
GX	*	f	采集	G	法国

褐斑苜蓿 *Medicago arabica* (L.) Huds.

迁地栽培保存

保存地点	种质份数	个体数量	引种方式	生长状况	来源地
GX	*	f	采集	G	法国

南苜蓿 *Medicago polymorpha* L.

迁地栽培保存

保存地点	种质份数	个体数量	引种方式	生长状况	来源地
GZ	1	a	采集	C	贵州

天蓝苜蓿 *Medicago lupulina* L.

功效主治 全草：甘、涩，凉。清热利湿，凉血解毒。用于黄疸，便血，痔疮出血，血虚发热，咳嗽，腰腿痛，风湿痹痛，腰肌劳损；外用于疮毒，蛇虫咬伤。

迁地栽培保存

保存地点	种质份数	个体数量	引种方式	生长状况	来源地
BJ	2	c	采集	G	山西、甘肃

种质库保存

保存地点	保存方式	种质份数	个体数量	引种方式	来源地
BJ	种子	1	a	采集	福建

小苜蓿 *Medicago minima*（L.）Grufberg

功效主治 根：清热，利湿，止咳。

迁地栽培保存

保存地点	种质份数	个体数量	引种方式	生长状况	来源地
GX	*	f	采集	G	法国

野苜蓿 *Medicago falcata* L.

功效主治 全草（野苜蓿）：甘、微苦，平。宽中下气，健脾补虚，利尿。用于胸腹胀满，消化不良，浮肿。

濒危等级 中国植物红色名录评估为无危（LC）。

种质库保存

保存地点	保存方式	种质份数	个体数量	引种方式	来源地
BJ	种子	6	c	采集	内蒙古

紫苜蓿 *Medicago sativa* L.

功效主治　全草（苜蓿）：苦、微涩，平。健胃，清热利尿。用于腹泻，石淋，夜盲。

迁地栽培保存

保存地点	种质份数	个体数量	引种方式	生长状况	来源地
BJ	1	c	采集	G	河北
HLJ	1	d	采集	A	黑龙江
GX	*	f	采集	G	法国

种质库保存

保存地点	保存方式	种质份数	个体数量	引种方式	来源地
BJ	种子	58	b	采集	江苏、黑龙江、上海、甘肃、四川，待确定

南洋楹属　*Falcataria*

南洋楹　*Falcataria falcata*（L.）Greuter & R. Rankin

功效主治　树皮：淡、涩。固涩止泻，收敛生肌。用于吐泻，疮疡溃烂久不收口，外伤出血。

种质库保存

保存地点	保存方式	种质份数	个体数量	引种方式	来源地
BJ	种子	1	a	采集	福建

牛蹄豆属　*Pithecellobium*

牛蹄豆　*Pithecellobium dulce*（Roxb.）Benth.

功效主治　叶：消肿祛湿。

迁地栽培保存

保存地点	种质份数	个体数量	引种方式	生长状况	来源地
HN	2	a	采集	C	海南

排钱树属　*Phyllodium*

长叶排钱树　*Phyllodium longipes*（Craib）Schindl.

功效主治　根：用于胃痛，崩漏，跌打损伤，脱肛。叶：用于目赤肿痛，风湿关节痛。

濒危等级　中国植物红色名录评估为无危（LC）。

迁地栽培保存

保存地点	种质份数	个体数量	引种方式	生长状况	来源地
GX	*	f	采集	G	泰国

种质库保存

保存地点	保存方式	种质份数	个体数量	引种方式	来源地
BJ	种子	5	b	采集	云南、江西

毛排钱树　*Phyllodium elegans*（Lour.）Desv.

功效主治　根、叶：清热利湿，活血祛瘀。用于感冒，痢疾，肝脾肿大，跌打瘀肿。

濒危等级　中国植物红色名录评估为无危（LC）。

迁地栽培保存

保存地点	种质份数	个体数量	引种方式	生长状况	来源地
HN	2	a	采集	B	待确定
GD	1	a	采集	C	待确定
GX	*	f	采集	G	广西

种质库保存

保存地点	保存方式	种质份数	个体数量	引种方式	来源地
GX	药材馏分	*	f	采集	待确定

排钱树 *Phyllodium pulchellum* (L.) Desv.

功效主治 全草（排钱草）：淡、苦，平。疏风解表，活血散瘀。用于感冒，风湿痹痛，水肿，喉风，牙痛，跌打损伤。

濒危等级 中国植物红色名录评估为无危（LC）。

迁地栽培保存

保存地点	种质份数	个体数量	引种方式	生长状况	来源地
BJ	2	a	购买	G	北京、云南
YN	1	a	采集	B	云南
GD	1	a	采集	C	待确定
HN	1	a	采集	B	海南
GX	*	f	采集	G	广西

种质库保存

保存地点	保存方式	种质份数	个体数量	引种方式	来源地
BJ	种子	8	b	采集	云南、海南、广西

坡油甘属 *Smithia*

坡油甘 *Smithia sensitiva* Ait.

功效主治 全草（田唇乌蝇翼）：清热，除蒸，消肿。用于咳嗽，湿温，疮毒，毒蛇咬伤。

濒危等级 中国植物红色名录评估为无危（LC）。

迁地栽培保存

保存地点	种质份数	个体数量	引种方式	生长状况	来源地
HN	1	a	采集	C	海南

千斤拔属　*Flemingia*

长叶千斤拔　*Flemingia stricta* Roxb. ex Ait.

功效主治　叶：用于感冒。地上部分：用于身痛，产科疾病。

濒危等级　中国植物红色名录评估为无危（LC）。

迁地栽培保存

保存地点	种质份数	个体数量	引种方式	生长状况	来源地
YN	1	a	购买	C	云南

大叶千斤拔　*Flemingia macrophylla*（Willd.）Prain

功效主治　根（大叶千斤拔）：辛、微苦，寒。清热利湿，健脾补虚，解毒。用于赤白痢。

濒危等级　中国植物红色名录评估为无危（LC）。

迁地栽培保存

保存地点	种质份数	个体数量	引种方式	生长状况	来源地
GD	1	b	采集	B	待确定
YN	1	a	购买	C	云南
CQ	1	a	赠送	C	云南
BJ	1	a	采集	G	广西
HN	1	e	采集	B	海南
GX	*	f	采集	G	云南、广西

种质库保存

保存地点	保存方式	种质份数	个体数量	引种方式	来源地
BJ	种子	42	c	采集	河北、云南、四川、广西
HN	种子	22	d	采集	海南

海南千斤拔　*Flemingia latifolia* var. *hainanensis* Y. T. Wei et S. Lee

濒危等级　中国植物红色名录评估为无危（LC）。

迁地栽培保存

保存地点	种质份数	个体数量	引种方式	生长状况	来源地
HN	2	b	采集	B	海南

宽叶千斤拔 *Flemingia latifolia* Benth.

功效主治　根：壮筋骨，祛风湿，调经补血。用于风湿骨痛，小儿麻痹后遗症，月经不调。

濒危等级　中国植物红色名录评估为无危（LC）。

迁地栽培保存

保存地点	种质份数	个体数量	引种方式	生长状况	来源地
YN	1	a	购买	C	云南
GX	*	f	采集	G	广西

种质库保存

保存地点	保存方式	种质份数	个体数量	引种方式	来源地
BJ	种子	6	b	采集	云南

墨江千斤拔 *Flemingia chappar* Buch.-Ham. ex Benth.

功效主治　根：用于淋证，黑睛生翳。

濒危等级　中国植物红色名录评估为近危（NT）。

迁地栽培保存

保存地点	种质份数	个体数量	引种方式	生长状况	来源地
YN	1	a	购买	C	云南

千斤拔 *Flemingia philippinensis* Merr. et Rolfe

功效主治　根：甘、辛，温。祛风利湿，消瘀解毒，强筋骨。用于风湿痹痛，水肿，跌打损伤，痈肿，乳蛾。

濒危等级　中国植物红色名录评估为无危（LC）。

迁地栽培保存

保存地点	种质份数	个体数量	引种方式	生长状况	来源地
BJ	3	a	采集	G	广西、云南、海南
HN	1	b	采集	B	海南
YN	1	a	购买	C	云南
GZ	1	a	采集	C	贵州

种质库保存

保存地点	保存方式	种质份数	个体数量	引种方式	来源地
BJ	种子	6	b	采集	海南、广西

绒毛千斤拔　*Flemingia grahamiana* Wight et Arn.

功效主治　全株：用于绦虫病，通便。

濒危等级　中国植物红色名录评估为近危（NT）。

种质库保存

保存地点	保存方式	种质份数	个体数量	引种方式	来源地
BJ	种子	1	a	采集	待确定

腺毛千斤拔　*Flemingia glutinosa*（Prain）Y. T. Wei et S. Lee

迁地栽培保存

保存地点	种质份数	个体数量	引种方式	生长状况	来源地
YN	1	a	购买	C	云南

种质库保存

保存地点	保存方式	种质份数	个体数量	引种方式	来源地
BJ	种子	6	b	采集	河北

云南千斤拔　*Flemingia wallichii* Wight et Arn.

功效主治　根：调经活血，舒筋活络，强筋健骨。用于劳伤久咳，咽喉肿痛，腰痛，腰肌劳损，风湿瘫痪，腰痛病，月经不调，宫寒，不孕症。

濒危等级 中国植物红色名录评估为无危（LC）。

迁地栽培保存

保存地点	种质份数	个体数量	引种方式	生长状况	来源地
YN	1	a	购买	C	云南

种质库保存

保存地点	保存方式	种质份数	个体数量	引种方式	来源地
BJ	种子	3	b	采集	待确定

锥序千斤拔 *Flemingia paniculata* Wall. ex Benth.

濒危等级 中国植物红色名录评估为无危（LC）。

迁地栽培保存

保存地点	种质份数	个体数量	引种方式	生长状况	来源地
YN	1	a	购买	C	云南

种质库保存

保存地点	保存方式	种质份数	个体数量	引种方式	来源地
BJ	种子	1	a	采集	待确定

球花豆属 *Parkia*

大叶球花豆 *Parkia leiophylla* Kurz

功效主治 根：祛风除湿，消肿拔脓。用于风湿骨痛，疮疡疖肿。

迁地栽培保存

保存地点	种质份数	个体数量	引种方式	生长状况	来源地
YN	1	a	采集	C	云南

帝汶球花豆 *Parkia timoriana*（A. DC.）Merr.

功效主治　根：微苦、涩，凉。祛风除湿，消肿拔脓。用于风湿关节痛，疮疡疔肿。

濒危等级　中国植物红色名录评估为无危（LC）。

迁地栽培保存

保存地点	种质份数	个体数量	引种方式	生长状况	来源地
GX	*	f	采集	G	印度尼西亚

种质库保存

保存地点	保存方式	种质份数	个体数量	引种方式	来源地
BJ	种子	6	b	采集	云南

染料木属　*Genista*

染料木 *Genista tinctoria* L.

功效主治　全株：利尿，通便，发汗。用于癥瘕积聚，水肿，痛风，风湿，肝毒，石淋，腰痛，胃痛，皮脂腺囊肿。

迁地栽培保存

保存地点	种质份数	个体数量	引种方式	生长状况	来源地
SH	1	a	采集	A	待确定

乳豆属　*Galactia*

乳豆 *Galactia tenuiflora*（Klein ex Willd.）Wight et Arn.

濒危等级　中国植物红色名录评估为无危（LC）。

种质库保存

保存地点	保存方式	种质份数	个体数量	引种方式	来源地
BJ	种子	1	a	采集	待确定

台湾乳豆 *Galactia formosana* Matsumura

功效主治 全株：用于跌打损伤，骨折。

迁地栽培保存

保存地点	种质份数	个体数量	引种方式	生长状况	来源地
HN	2	a	采集	C	海南

沙冬青属 *Ammopiptanthus*

沙冬青 *Ammopiptanthus mongolicus* (Kom.) S. H. Cheng

功效主治 茎叶（沙冬青）：有毒。祛风湿，活血，散瘀。用于风湿痛，冻疮。

濒危等级 国家重点保护野生植物名录（第二批）二级，中国植物红色名录评估为易危（VU）。

迁地栽培保存

保存地点	种质份数	个体数量	引种方式	生长状况	来源地
LN	1	c	采集	B	辽宁

种质库保存

保存地点	保存方式	种质份数	个体数量	引种方式	来源地
BJ	种子	1	b	采集	宁夏

山扁豆属 *Chamaecrista*

豆茶决明 *Chamaeccrista nomame* (Siebold) H. Ohashi

功效主治 全草（水皂角）：甘、微苦，平。清热利尿，润肠通便。用于目眩，夜盲，偏头痛，水肿，脚气病，黄疸，便秘。

迁地栽培保存

保存地点	种质份数	个体数量	引种方式	生长状况	来源地
BJ	3	b	采集	G	山东、辽宁

续表

保存地点	种质份数	个体数量	引种方式	生长状况	来源地
LN	1	d	采集	A	辽宁
GX	*	f	采集	G	日本

山扁豆　*Chamaecrista nictitans*（L.）Moench

功效主治　全草：甘、微苦，平。清热解毒，利尿，通便。用于水肿，口渴，咳嗽痰多，习惯性便秘，毒蛇咬伤。根：用于痢疾。

迁地栽培保存

保存地点	种质份数	个体数量	引种方式	生长状况	来源地
HN	2	a	采集	B	海南
YN	1	a	采集	A	云南
GZ	1	c	采集	C	贵州
HB	1	b	采集	C	湖北
GX	*	f	采集	G	广西

种质库保存

保存地点	保存方式	种质份数	个体数量	引种方式	来源地
BJ	种子	6	b	采集	四川、江西

圆叶决明　*Chamaecrista rotundifolia*（Pers.）Greene

种质库保存

保存地点	保存方式	种质份数	个体数量	引种方式	来源地
BJ	种子	1	a	采集	福建

山豆根属　*Euchresta*

短萼山豆根　*Euchresta tubulosa* var. *brevituba* C. Chen

濒危等级　中国特有植物，中国植物红色名录评估为无危（LC）。

种质库保存

保存地点	保存方式	种质份数	个体数量	引种方式	来源地
BJ	种子	1	a	采集	江西

伏毛山豆根 *Euchresta horsfieldii* (Lesch.) Benn.

濒危等级 中国植物红色名录评估为无危（LC）。

种质库保存

保存地点	保存方式	种质份数	个体数量	引种方式	来源地
BJ	种子	1	a	采集	待确定

管萼山豆根 *Euchresta tubulosa* Dunn

功效主治 全株：清火祛热。用于咽喉痛，牙痛。

濒危等级 中国特有植物，中国植物红色名录评估为无危（LC）。

迁地栽培保存

保存地点	种质份数	个体数量	引种方式	生长状况	来源地
CQ	1	a	采集	C	重庆

山豆根 *Euchresta japonica* Hook. f. ex Regel

功效主治 种子：清热解毒，镇痛止泻。

濒危等级 国家重点保护野生植物名录（第一批）二级，中国植物红色名录评估为易危（VU）。

迁地栽培保存

保存地点	种质份数	个体数量	引种方式	生长状况	来源地
YN	1	a	购买	C	云南
GX	*	f	采集	G	广西

种质库保存

保存地点	保存方式	种质份数	个体数量	引种方式	来源地
BJ	种子	2	c	采集	四川、广西

山黑豆属 *Dumasia*

柔毛山黑豆 *Dumasia villosa* DC.

功效主治 荚果：清热解毒，通经消食。

濒危等级 中国植物红色名录评估为无危（LC）。

迁地栽培保存

保存地点	种质份数	个体数量	引种方式	生长状况	来源地
GX	*	f	采集	G	广西

山黑豆 *Dumasia truncata* Sieb. et Zucc.

功效主治 全草或根：清热解毒，通经脉。

濒危等级 中国植物红色名录评估为无危（LC）。

迁地栽培保存

保存地点	种质份数	个体数量	引种方式	生长状况	来源地
BJ	1	b	采集	C	江西
GX	*	f	采集	G	日本

心叶山黑豆 *Dumasia cordifolia* Benth. ex Baker

功效主治 根：止咳化痰。用于咳嗽痰多。

濒危等级 中国植物红色名录评估为无危（LC）。

种质库保存

保存地点	保存方式	种质份数	个体数量	引种方式	来源地
BJ	种子	1	a	采集	四川

山黧豆属 *Lathyrus*

大山黧豆 *Lathyrus davidii* Hance

功效主治　全草：用于痛经，带下病，避孕。

濒危等级　中国植物红色名录评估为无危（LC）。

迁地栽培保存

保存地点	种质份数	个体数量	引种方式	生长状况	来源地
BJ	*	a	采集	G	待确定

种质库保存

保存地点	保存方式	种质份数	个体数量	引种方式	来源地
BJ	种子	1	a	采集	云南

东北山黧豆 *Lathyrus vaniotii* H. Lév.

濒危等级　中国植物红色名录评估为无危（LC）。

迁地栽培保存

保存地点	种质份数	个体数量	引种方式	生长状况	来源地
BJ	1	a	采集	G	黑龙江

海滨山黧豆 *Lathyrus japonicus* Willd.

功效主治　全草：用于黄疸，尿少，外伤。种子：清热利湿，利水消肿，止痛。用于肝胆湿热，黄疸，身目俱黄，小便黄赤，小便不利，浮肿；外用于外伤肿痛。

濒危等级　中国植物红色名录评估为无危（LC）。

迁地栽培保存

保存地点	种质份数	个体数量	引种方式	生长状况	来源地
BJ	1	b	采集	G	山东
GX	*	f	采集	G	日本

家山黧豆 *Lathyrus sativus* L.

功效主治　全草：祛瘀散结。用于疣。种子：通便。在尼泊尔可用于便秘。

迁地栽培保存

保存地点	种质份数	个体数量	引种方式	生长状况	来源地
BJ	1	a	赠送	G	保加利亚
GX	*	f	采集	G	新西兰

宽叶山黧豆 *Lathyrus latifolius* L.

迁地栽培保存

保存地点	种质份数	个体数量	引种方式	生长状况	来源地
GX	*	f	采集	G	法国

玫红山黧豆 *Lathyrus tuberosus* L.

功效主治　种子：活血破瘀。用于跌打损伤，腰背酸痛，各种陈伤。

濒危等级　中国植物红色名录评估为无危（LC）。

迁地栽培保存

保存地点	种质份数	个体数量	引种方式	生长状况	来源地
GX	*	f	采集	G	瑞士

牧地山黧豆 *Lathyrus pratensis* L.

功效主治　全草：清热解毒，利湿。用于疥癣，疮疖。叶：祛痰止咳。用于咳嗽，肺痈，肺痨，咳嗽痰多，胸闷喘急。种子：活血化瘀。

濒危等级　中国植物红色名录评估为无危（LC）。

迁地栽培保存

保存地点	种质份数	个体数量	引种方式	生长状况	来源地
GX	*	f	采集	G	法国

欧山黧豆 *Lathyrus palustris* L.

功效主治 种子：活血破瘀。用于跌打损伤，肿痛。

濒危等级 中国植物红色名录评估为无危（LC）。

迁地栽培保存

保存地点	种质份数	个体数量	引种方式	生长状况	来源地
GX	*	f	采集	G	法国

香豌豆 *Lathyrus odoratus* Linn.

迁地栽培保存

保存地点	种质份数	个体数量	引种方式	生长状况	来源地
BJ	1	a	采集	G	待确定
GX	*	f	采集	G	新西兰

种质库保存

保存地点	保存方式	种质份数	个体数量	引种方式	来源地
BJ	种子	6	a	采集	重庆、海南

山蚂蝗属 *Desmodium*

糙毛假地豆 *Desmodium heterocarpon* var. *strigosum* Van Meeuwen

濒危等级 中国植物红色名录评估为无危（LC）。

迁地栽培保存

保存地点	种质份数	个体数量	引种方式	生长状况	来源地
GX	*	f	采集	G	广西

种质库保存

保存地点	保存方式	种质份数	个体数量	引种方式	来源地
BJ	种子	1	a	采集	待确定

长波叶山蚂蝗 *Desmodium sequax* Wall.

功效主治　根：苦、涩，平。润肺止咳，驱虫。用于肺痨咳嗽，盗汗，咳嗽痰喘，蛔虫病。果实：微苦、涩，温。止血。用于内伤出血。全草：用于目赤肿痛。

濒危等级　中国植物红色名录评估为无危（LC）。

迁地栽培保存

保存地点	种质份数	个体数量	引种方式	生长状况	来源地
BJ	1	b	采集	G	云南
CQ	1	a	采集	B	重庆
GZ	1	a	采集	C	贵州

种质库保存

保存地点	保存方式	种质份数	个体数量	引种方式	来源地
BJ	种子	8	b	采集	云南、贵州、广西
HN	种子	5	c	采集	湖南

长圆叶山蚂蝗 *Desmodium oblongum* Wall. ex Benth.

功效主治　全株：解表散寒，祛风解毒。

濒危等级　中国植物红色名录评估为无危（LC）。

迁地栽培保存

保存地点	种质份数	个体数量	引种方式	生长状况	来源地
GX	*	f	采集	G	广西

大叶拿身草 *Desmodium laxiflorum* DC.

功效主治　全株：清热，平肝，利湿。

濒危等级　中国植物红色名录评估为无危（LC）。

迁地栽培保存

保存地点	种质份数	个体数量	引种方式	生长状况	来源地
GX	*	f	采集	G	广西

大叶山蚂蝗　*Desmodium gangeticum*（L.）DC.

功效主治　茎叶（红母鸡草）：甘、微辛，平。止血，止痛，消瘀散肿。用于跌打损伤，阴挺，脱肛，腹痛，牛皮癣，疮痈疥癣。

迁地栽培保存

保存地点	种质份数	个体数量	引种方式	生长状况	来源地
GD	1	f	采集	G	待确定
HN	1	e	采集	B	海南

种质库保存

保存地点	保存方式	种质份数	个体数量	引种方式	来源地
BJ	种子	2	a	采集	重庆，待确定

单叶拿身草　*Desmodium zonatum* Miq.

功效主治　根：清热消滞。用于胃痛，小儿疳积。

濒危等级　中国植物红色名录评估为无危（LC）。

迁地栽培保存

保存地点	种质份数	个体数量	引种方式	生长状况	来源地
YN	1	a	购买	C	云南

饿蚂蝗　*Desmodium multiflorum* DC.

功效主治　全株（饿蚂蝗）：苦，凉。补虚，活血，止痛。用于胃痛，小儿疳积，妇女干血痨。

濒危等级　中国植物红色名录评估为无危（LC）。

种质库保存

保存地点	保存方式	种质份数	个体数量	引种方式	来源地
BJ	种子	6	b	采集	陕西、云南

广东金钱草 *Desmodium styracifolium*（Osbeck）Merr.

功效主治　地上部分（广金钱草）：甘、淡，凉。清热除湿，利尿通淋。用于热淋，石淋，小便涩痛，水肿尿少，黄疸，尿赤。

濒危等级　中国植物红色名录评估为无危（LC）。

迁地栽培保存

保存地点	种质份数	个体数量	引种方式	生长状况	来源地
BJ	1	d	采集	G	广西
GD	1	b	采集	C	待确定
HN	1	a	采集	B	海南

种质库保存

保存地点	保存方式	种质份数	个体数量	引种方式	来源地
BJ	种子	1	a	采集	贵州

假地豆 *Desmodium heterocarpon*（L.）DC.

功效主治　全株：止痛，止血，生肌。用于砂淋，胃出血。根：用于感冒发热，头痛。

濒危等级　中国植物红色名录评估为无危（LC）。

迁地栽培保存

保存地点	种质份数	个体数量	引种方式	生长状况	来源地
YN	1	a	购买	C	云南

种质库保存

保存地点	保存方式	种质份数	个体数量	引种方式	来源地
BJ	种子	1	a	采集	待确定
HN	种子	2	b	采集	海南、湖南

绒毛山蚂蝗 *Desmodium velutinum*（Willd.）DC.

功效主治　全株：用于黄疸。

濒危等级　中国植物红色名录评估为无危（LC）。

迁地栽培保存

保存地点	种质份数	个体数量	引种方式	生长状况	来源地
YN	1	b	购买	A	云南
GX	*	f	采集	G	广西

种质库保存

保存地点	保存方式	种质份数	个体数量	引种方式	来源地
BJ	种子	2	a	采集	待确定

三点金 *Desmodium triflorum*（L.）DC.

功效主治　全草：苦、微辛，温。行气止痛，温经散寒，解毒。用于中暑腹痛，疝气痛，月经不调，痛经，产后关节痛，狂犬咬伤。

濒危等级　中国植物红色名录评估为无危（LC）。

迁地栽培保存

保存地点	种质份数	个体数量	引种方式	生长状况	来源地
GD	1	f	采集	G	待确定
HN	1	b	采集	B	海南

种质库保存

保存地点	保存方式	种质份数	个体数量	引种方式	来源地
BJ	种子	1	a	采集	云南

山蚂蝗　*Desmodium oxyphyllum* DC.

迁地栽培保存

保存地点	种质份数	个体数量	引种方式	生长状况	来源地
GX	*	f	采集	G	日本

肾叶山蚂蝗　*Desmodium renifolium* (L.) Schindl.

功效主治　根：祛风除湿，止咳，清热，止血。叶：解热。
濒危等级　中国植物红色名录评估为无危（LC）。

迁地栽培保存

保存地点	种质份数	个体数量	引种方式	生长状况	来源地
YN	1	b	购买	A	云南

显脉山绿豆　*Desmodium reticulatum* Champ. ex Benth.

功效主治　全草：祛瘀，去腐生肌。用于痢疾，跌打损伤，刀伤，外伤出血。
濒危等级　中国植物红色名录评估为无危（LC）。

迁地栽培保存

保存地点	种质份数	个体数量	引种方式	生长状况	来源地
GX	*	f	采集	G	澳门

种质库保存

保存地点	保存方式	种质份数	个体数量	引种方式	来源地
HN	种子	14	e	采集	海南

小叶三点金　*Desmodium microphyllum* (Thunb.) DC.

功效主治　全草（碎米柴）：甘，平。清热，利湿，解毒。用于石淋，慢性吐泻，慢性咳嗽痰喘，小儿疳积，痈疽，背疽，痔疮，漆疮。根（辫子草根）：甘，平。清热利湿，止血，通络。用于黄疸，痢疾，小便淋痛，风湿痛，咯血，崩漏，带下病，痔疮，跌打损伤。

濒危等级 中国植物红色名录评估为无危（LC）。

迁地栽培保存

保存地点	种质份数	个体数量	引种方式	生长状况	来源地
HN	1	b	采集	B	海南
BJ	1	b	购买	G	贵州
GX	*	f	采集	G	广西

圆菱叶山马蝗　*Desmodium podocarpum* DC.

种质库保存

保存地点	保存方式	种质份数	个体数量	引种方式	来源地
BJ	种子	3	a	采集	江西

圆锥山蚂蝗　*Desmodium elegans* DC.

功效主治 根：祛风湿，止咳，清热。

濒危等级 中国植物红色名录评估为无危（LC）。

迁地栽培保存

保存地点	种质份数	个体数量	引种方式	生长状况	来源地
CQ	1	a	采集	B	重庆

粘人花根　*Desmodium sinuatum* (Miq.) Blume ex Baker

迁地栽培保存

保存地点	种质份数	个体数量	引种方式	生长状况	来源地
GX	*	f	采集	G	广西

山羊豆属　*Galega*

山羊豆　*Galega officinalis* L.

功效主治　全草：催乳。用于乳汁不通，消渴，毒蛇咬伤。种子：滋阴生津，养血止咳。用于消渴，身体消瘦，口干舌燥，舌苔薄黄。

迁地栽培保存

保存地点	种质份数	个体数量	引种方式	生长状况	来源地
BJ	1	a	赠送	G	保加利亚

水黄皮属　*Pongamia*

水黄皮　*Pongamia pinnata*（L.）Pierre

功效主治　种子（水流豆）：寒。有毒。用于疥癞，脓疮，风湿关节痛。

濒危等级　中国植物红色名录评估为无危（LC）。

迁地栽培保存

保存地点	种质份数	个体数量	引种方式	生长状况	来源地
HN	1	b	采集	B	海南
GX	*	f	采集	G	澳广

种质库保存

保存地点	保存方式	种质份数	个体数量	引种方式	来源地
BJ	种子	1	a	采集	重庆、广西
HN	种子	1	a	采集	海南

四棱豆属　*Psophocarpus*

四棱豆　*Psophocarpus tetragonolobus*（L.）DC.

功效主治　种子、块根、叶：利尿利湿，清热解毒，止痛，强壮。用于咽喉痛，牙痛，口疮，皮疹，尿急，尿痛，痢疾，腹痛，跌打损伤，肾虚腰痛，风湿痹痛，闭经，痛经，瘰疬。

迁地栽培保存

保存地点	种质份数	个体数量	引种方式	生长状况	来源地
HN	1	a	购买	B	海南
BJ	1	a	采集	G	云南
GX	*	f	采集	G	待确定

种质库保存

保存地点	保存方式	种质份数	个体数量	引种方式	来源地
BJ	种子	6	b	采集	云南、广西

宿苞豆属 *Shuteria*

光宿苞豆 *Shuteria involucrata* var. *glabrata*（Wight et Arn.）Ohashi

种质库保存

保存地点	保存方式	种质份数	个体数量	引种方式	来源地
BJ	种子	1	a	采集	云南

硬毛宿苞豆 *Shuteria hirsuta* Baker

濒危等级　中国植物红色名录评估为数据缺乏（DD）。

迁地栽培保存

保存地点	种质份数	个体数量	引种方式	生长状况	来源地
GX	*	f	采集	G	四川

酸豆属 *Tamarindus*

酸豆 *Tamarindus indica* L.

功效主治　果实（酸角）：甘、酸，凉。清暑热，化积滞。用于暑热食欲不振，妊娠呕吐，小儿疳积。

迁地栽培保存

保存地点	种质份数	个体数量	引种方式	生长状况	来源地
YN	1	a	采集	A	云南
BJ	1	a	交换	G	北京
GD	1	a	采集	D	待确定
HN	1	a	采集	C	海南
GX	*	f	采集	G	新加坡

种质库保存

保存地点	保存方式	种质份数	个体数量	引种方式	来源地
HN	种子	1	a	采集	海南
BJ	种子	8	a	采集	甘肃、云南

酸榄豆属　*Dialium*

印支酸榄豆　*Dialium cochinchinense* Pierre

种质库保存

保存地点	保存方式	种质份数	个体数量	引种方式	来源地
HN	种子	1	a	采集	柬埔寨

猪腰豆属　*Padbruggea*

猪腰豆　*Padbruggea filipes*（Dunn）Craib

功效主治　茎：用于贫血，月经不调，风湿关节痛，跌打损伤。

濒危等级　中国植物红色名录评估为无危（LC）。

迁地栽培保存

保存地点	种质份数	个体数量	引种方式	生长状况	来源地
YN	1	a	采集	C	云阿
GX	*	f	采集	G	云南

藤槐属 *Bowringia*

藤槐 *Bowringia callicarpa* Champ. ex Benth.

功效主治　根、叶：清热凉血。

濒危等级　中国植物红色名录评估为无危（LC）。

迁地栽培保存

保存地点	种质份数	个体数量	引种方式	生长状况	来源地
HN	1	a	采集	C	海南
GX	*	f	采集	G	广西、澳门

种质库保存

保存地点	保存方式	种质份数	个体数量	引种方式	来源地
HN	种子	1	a	采集	海南
BJ	种子	1	a	采集	重庆

田菁属 *Sesbania*

田菁 *Sesbania cannabina* (Retz.) Poir.

功效主治　根（向天蜈蚣）：甘、苦，平。清热利尿，凉血解毒。用于胸痛，关节扭伤，关节痛，带下病。
叶：用于尿血，毒蛇咬伤。

迁地栽培保存

保存地点	种质份数	个体数量	引种方式	生长状况	来源地
BJ	2	d	采集	G	广西、云南
GD	1	f	采集	G	待确定
GZ	1	f	采集	F	贵州

种质库保存

保存地点	保存方式	种质份数	个体数量	引种方式	来源地
BJ	种子	15	b	采集	海南、云南、广西
HN	种子	15	b	采集	广东、海南

土圞儿属　*Apios*

土圞儿　*Apios fortunei* Maxim.

功效主治　块根（土圞儿）：甘，平。消肿解毒，祛痰止咳。用于感冒咳嗽，顿咳，咽喉痛，疝气，痈肿，瘰疬。

濒危等级　中国植物红色名录评估为无危（LC）。

迁地栽培保存

保存地点	种质份数	个体数量	引种方式	生长状况	来源地
BJ	1	b	采集	G	河南

豌豆属　*Pisum*

豌豆　*Pisum sativum* L.

功效主治　种子（豌豆）：甘，平。和中下气，利小便，解疮毒。用于霍乱转筋，脚气病，痈肿。

迁地栽培保存

保存地点	种质份数	个体数量	引种方式	生长状况	来源地
HB	1	a	采集	C	湖北
HN	1	b	购买	B	海南
SH	1	b	采集	A	待确定
GX	*	f	采集	G	泰国

种质库保存

保存地点	保存方式	种质份数	个体数量	引种方式	来源地
BJ	种子	2	a	采集	待确定

无忧花属　*Saraca*

云南无忧花　*Saraca griffithiana* Prain

濒危等级　中国植物红色名录评估为濒危（EN）。

迁地栽培保存

保存地点	种质份数	个体数量	引种方式	生长状况	来源地
YN	1	a	购买	C	云南

舞草属　*Codariocalyx*

舞草　*Codariocalyx motorius*（Houtt.）H. Ohashi

功效主治　全株（接骨草）：微涩，平。安神，镇静，祛瘀生新，活血消肿。用于肾虚，胎动不安，跌打肿痛，骨折，小儿疳积，风湿腰痛。

濒危等级　中国植物红色名录评估为无危（LC）。

迁地栽培保存

保存地点	种质份数	个体数量	引种方式	生长状况	来源地
BJ	1	a	采集	G	云南
CQ	1	a	赠送	B	云南
GX	*	f	采集	G	广西

种质库保存

保存地点	保存方式	种质份数	个体数量	引种方式	来源地
BJ	种子	16	b	采集	中国四川、重庆、广西，泰国

圆叶舞草 *Codariocalyx gyroides*（Link）Hassk.

功效主治 根、叶、花：祛邪风，舒筋活血。

濒危等级 中国植物红色名录评估为无危（LC）。

迁地栽培保存

保存地点	种质份数	个体数量	引种方式	生长状况	来源地
YN	1	c	购买	A	云南

种质库保存

保存地点	保存方式	种质份数	个体数量	引种方式	来源地
BJ	种子	6	b	采集	云南

夏藤属 *Wisteriopsis*

网络夏藤 *Wisteriopsis reticulata*（Benth.）J. Compton & Schrire

功效主治 根（昆明鸡血藤根）：镇静。用于狂躁型精神分裂症。藤（昆明鸡血藤）：苦，温。养血祛风，通经活络。用于腰膝酸痛麻木，遗精，月经不调，跌打损伤。

濒危等级 中国植物红色名录评估为无危（LC）。

迁地栽培保存

保存地点	种质份数	个体数量	引种方式	生长状况	来源地
CQ	2	a	采集	C	重庆
BJ	1	a	采集	G	江西
SH	1	a	采集	A	待确定

种质库保存

保存地点	保存方式	种质份数	个体数量	引种方式	来源地
BJ	种子	2	a	采集	福建、江西

相思树属 *Acacia*

大叶相思 *Acacia auriculiformis* A. Cunn. ex Benth.

迁地栽培保存

保存地点	种质份数	个体数量	引种方式	生长状况	来源地
HN	1	a	采集	C	海南
YN	1	a	采集	C	云南

儿茶 *Acacia catechu* (L. f.) Willd.

功效主治 心材水煎汁液浓缩制成的干浸膏（儿茶）：苦、涩，微寒。清热，生津，化痰，敛疮，生血。用于水泻，痢疾，口疮，湿疹，咳嗽，刀伤出血。

迁地栽培保存

保存地点	种质份数	个体数量	引种方式	生长状况	来源地
HN	2	a	采集	C	缅甸
YN	1	c	采集	A	云南
CQ	1	a	赠送	C	云南
GD	1	f	采集	G	待确定

光叶金合欢 *Acacia delavayi* Franch.

功效主治 根、嫩枝：清热，健胃。
濒危等级 中国特有植物，中国植物红色名录评估为数据缺乏（DD）。

迁地栽培保存

保存地点	种质份数	个体数量	引种方式	生长状况	来源地
YN	1	a	采集	C	云南

金合欢 *Acacia farnesiana* (L.) Willd.

功效主治 全株：消肿排脓，收敛止血。

迁地栽培保存

保存地点	种质份数	个体数量	引种方式	生长状况	来源地
BJ	2	a	采集	C	广东、云南
GZ	1	b	购买	C	贵州
HN	1	d	采集	C	海南

种质库保存

保存地点	保存方式	种质份数	个体数量	引种方式	来源地
HN	种子	1	a	采集	湖南

圣诞树 *Acacia decurrens* var. *mollis* Lindl.

迁地栽培保存

保存地点	种质份数	个体数量	引种方式	生长状况	来源地
GX	*	f	采集	G	中国

台湾相思 *Acacia confusa* Merr.

功效主治　枝、叶：去腐生肌。外用于烂疮。

迁地栽培保存

保存地点	种质份数	个体数量	引种方式	生长状况	来源地
HN	1	a	采集	C	海南
YN	1	a	购买	C	云南
GD	1	f	采集	G	待确定
BJ	1	a	采集	C	广东
SH	1	a	采集	F	待确定

藤金合欢 *Acacia sinuata*（Lour.）Merr.

功效主治　全株：甘、淡，凉。清热解毒，散血消肿。用于痈肿疮毒。

濒危等级　中国植物红色名录评估为无危（LC）。

迁地栽培保存

保存地点	种质份数	个体数量	引种方式	生长状况	来源地
GX	*	f	采集	G	广西

种质库保存

保存地点	保存方式	种质份数	个体数量	引种方式	来源地
HN	种子	1	a	采集	海南

银荆 *Acacia dealbata* Link

迁地栽培保存

保存地点	种质份数	个体数量	引种方式	生长状况	来源地
ZJ	1	c	购买	A	福建

羽叶金合欢 *Acacia pennata*（L.）Willd.

功效主治　根、茎：祛风湿，强筋骨，活血止痛。用于风湿痹痛，腰脊肌劳伤，跌打损伤，脊椎骨损伤。

濒危等级　中国植物红色名录评估为无危（LC）。

迁地栽培保存

保存地点	种质份数	个体数量	引种方式	生长状况	来源地
HN	1	a	采集	C	海南
YN	1	a	采集	C	云南
GX	*	f	采集	G	澳门

相思子属 *Abrus*

广州相思子 *Abrus cantoniensis* Hance

功效主治　全株：清热解毒，利湿，活血祛瘀，疏肝止痛。

濒危等级　中国植物红色名录评估为无危（LC）。

迁地栽培保存

保存地点	种质份数	个体数量	引种方式	生长状况	来源地
BJ	1	a	采集	C	广西
GD	1	a	采集	D	待确定
HN	1	a	采集	B	待确定
GX	*	f	采集	G	广西

种质库保存

保存地点	保存方式	种质份数	个体数量	引种方式	来源地
BJ	种子	6	a	采集	广西
HN	种子	38	e	采集	广东

毛相思子 *Abrus mollis* Hance

功效主治　全株：解毒，清热利湿。用于乳疮，小儿疳积。

濒危等级　中国植物红色名录评估为无危（LC）。

迁地栽培保存

保存地点	种质份数	个体数量	引种方式	生长状况	来源地
HN	1	a	采集	B	海南
LN	1	d	采集	A	辽宁
BJ	1	a	采集	C	广西

相思子 *Abrus precatorius* L.

功效主治　种子（相思子）：辛、苦，平。有毒。催吐，驱虫，拔毒消肿。用于疥癣，痈疮。根（相思子根）、茎叶（相思藤）：生津，润肺，清热，利尿。用于咽喉痛，肝毒，咳嗽痰喘。

濒危等级　中国植物红色名录评估为无危（LC）。

迁地栽培保存

保存地点	种质份数	个体数量	引种方式	生长状况	来源地
BJ	2	a	采集	C	广西、云南

保存地点	种质份数	个体数量	引种方式	生长状况	来源地
HN	1	b	采集	B	海南
YN	1	a	采集	A	云南

种质库保存

保存地点	保存方式	种质份数	个体数量	引种方式	来源地
HN	种子	1	a	采集	海南

香槐属 *Cladrastis*

香槐 *Cladrastis wilsonii* Takeda

功效主治 根（香槐）、果实（香槐）：用于关节痛，肠道寄生虫病。

濒危等级 中国特有植物，江西省三级保护植物，中国植物红色名录评估为无危（LC）。

种质库保存

保存地点	保存方式	种质份数	个体数量	引种方式	来源地
BJ	种子	1	a	采集	山西

香脂豆属 *Myroxylon*

吐鲁胶 *Myroxylon balsamum* (L.) Harms

功效主治 树皮流出的树脂：祛痰，驱虫。用于蛔虫病；外用于疥疮，钱癣，皮肤伤损，痘疹。

迁地栽培保存

保存地点	种质份数	个体数量	引种方式	生长状况	来源地
YN	1	a	采集	C	云南

象耳豆属 *Enterolobium*

象耳豆 *Enterolobium cyclocarpum*（Jacq.）Griseb.

功效主治 果荚：祛风痰，除湿毒，杀虫。用于头风头痛，咳嗽痰喘，疮癣疥癞。

迁地栽培保存

保存地点	种质份数	个体数量	引种方式	生长状况	来源地
HN	1	c	赠送	C	海南
YN	1	a	采集	C	云南
GX	*	f	采集	G	印度尼西亚

种质库保存

保存地点	保存方式	种质份数	个体数量	引种方式	来源地
BJ	种子	3	a	采集	云南
HN	种子、DNA	4	a	采集	海南

小槐花属 *Ohwia*

小槐花 *Ohwia caudatum*（Thunb.）DC.

功效主治 全株（青酒缸）：微苦，平。祛风利湿，解毒，利尿。用于吐泻，泄泻，疬腮，咳嗽吐血，疮疖。
濒危等级 中国植物红色名录评估为无危（LC）。

迁地栽培保存

保存地点	种质份数	个体数量	引种方式	生长状况	来源地
SH	1	b	采集	A	待确定
CQ	1	a	采集	C	重庆
GD	1	f	采集	G	待确定
GX	*	f	采集	G	广西

种质库保存

保存地点	保存方式	种质份数	个体数量	引种方式	来源地
BJ	种子	6	b	采集	江西、安徽

蟹豆属 *Abarema*

薄叶围涎树 *Abarema utile*（Chun et F. C. How）Kosterm.

功效主治 叶：利尿。

迁地栽培保存

保存地点	种质份数	个体数量	引种方式	生长状况	来源地
HN	1	a	采集	C	待确定

亮叶猴耳环 *Abarema lucida*（Benth.）Kosterm.

功效主治 全株（尿桶弓）：凉。凉血，解毒生肌。用于风湿痛，跌打损伤，烫伤。

濒危等级 中国植物红色名录评估为无危（LC）。

迁地栽培保存

保存地点	种质份数	个体数量	引种方式	生长状况	来源地
HN	2	a	采集	B	海南
GD	1	f	采集	G	待确定
GX	*	f	采集	G	广西

种质库保存

保存地点	保存方式	种质份数	个体数量	引种方式	来源地
HN	种子	1	a	采集	海南

崖豆藤属 *Millettia*

海南崖豆藤 *Millettia pachyloba* Drake

功效主治 全株（毒鱼藤）：苦。有毒。杀虫止痒，逐湿痹，清热止痛。

濒危等级　中国植物红色名录评估为无危（LC）。

迁地栽培保存

保存地点	种质份数	个体数量	引种方式	生长状况	来源地
HN	1	a	采集	C	海南
GX	*	f	采集	G	云南

厚果崖豆藤　*Millettia pachycarpa* Benth.

功效主治　叶（苦檀叶）：用于皮肤麻木，疥癣。果实（苦檀子）：苦、辛，热。有毒。杀虫，攻毒，止痛。用于疥疮癣癞，痧气腹痛，小儿疳积。

濒危等级　中国植物红色名录评估为无危（LC）。

迁地栽培保存

保存地点	种质份数	个体数量	引种方式	生长状况	来源地
GZ	1	a	采集	C	贵州
GD	1	f	采集	G	待确定
CQ	1	a	采集	C	重庆
YN	1	a	采集	C	云南
GX	*	f	采集	G	广西

种质库保存

保存地点	保存方式	种质份数	个体数量	引种方式	来源地
BJ	种子	3	a	采集	贵州
HN	种子	1	a	采集	海南

榼藤子崖豆藤　*Millettia entadoides* Z. Wei

濒危等级　中国特有植物，中国植物红色名录评估为无危（LC）。

迁地栽培保存

保存地点	种质份数	个体数量	引种方式	生长状况	来源地
GD	1	f	采集	G	待确定

闹鱼崖豆 *Millettia ichthyochtona* Drake

种质库保存

保存地点	保存方式	种质份数	个体数量	引种方式	来源地
BJ	种子	1	a	采集	云南

思茅崖豆 *Millettia leptobotrya* Dunn

功效主治 根：行气补血，舒筋活络。

濒危等级 中国植物红色名录评估为濒危（EN）。

种质库保存

保存地点	保存方式	种质份数	个体数量	引种方式	来源地
BJ	种子	1	a	采集	云南

印度崖豆 *Millettia pulchra* Kurz

功效主治 叶：杀虫。

濒危等级 中国植物红色名录评估为无危（LC）。

迁地栽培保存

保存地点	种质份数	个体数量	引种方式	生长状况	来源地
YN	1	a	采集	C	云南

岩黄芪属 *Hedysarum*

多序岩黄芪 *Hedysarum polybotrys* Hand.-Mazz.

功效主治 根及根茎（红芪）：甘，温。补气固表，利尿托毒，排脓，敛疮生肌。用于气虚乏力，食少便溏，中气下陷，久泻脱肛，便血崩漏，表虚自汗，气虚水肿，痈疽难溃，血虚萎黄，内热消渴。

迁地栽培保存

保存地点	种质份数	个体数量	引种方式	生长状况	来源地
BJ	2	b	采集	G	甘肃

种质库保存

保存地点	保存方式	种质份数	个体数量	引种方式	来源地
BJ	种子	65	c	采集	重庆、海南、四川、吉林、云南

蒙古岩黄芪 *Hedysarum fruticosum* var. *mongolicum*（Turcz.）Turcz. ex B. Fedtsch.

种质库保存

保存地点	保存方式	种质份数	个体数量	引种方式	来源地
BJ	种子	1	b	采集	宁夏

羊柴属 *Corethrodendron*

山竹子 *Corethrodendron fruticosum*（Pall.）B. H. Choi & H. Ohashi

濒危等级 中国植物红色名录评估为无危（LC）。

迁地栽培保存

保存地点	种质份数	个体数量	引种方式	生长状况	来源地
GX	*	f	采集	G	广西

羊蹄甲属 *Bauhinia*

鞍叶羊蹄甲 *Bauhinia brachycarpa* Benth.

功效主治 全株（大飞扬）：苦、涩，平。清热润肺，敛阴安神，除湿，杀虫。用于顿咳，心悸失眠，盗汗遗精，瘰疬，湿疹，疥癣。

濒危等级 中国植物红色名录评估为无危（LC）。

种质库保存

保存地点	保存方式	种质份数	个体数量	引种方式	来源地
BJ	种子	1	a	采集	贵州

白花羊蹄甲 *Bauhinia variegata* L.

功效主治 叶：用于祛痰，止咳平喘。

迁地栽培保存

保存地点	种质份数	个体数量	引种方式	生长状况	来源地
HN	2	a	购买	C	待确定
YN	1	b	采集	A	云南
GX	*	f	采集	G	云南

种质库保存

保存地点	保存方式	种质份数	个体数量	引种方式	来源地
BJ	种子	1	a	采集	重庆

薄叶羊蹄甲 *Bauhinia glauca* subsp. *tenuiflora* (Watt ex C. B. Clarke) K. Larsen & S. S. Larsen

濒危等级 中国植物红色名录评估为无危（LC）。

种质库保存

保存地点	保存方式	种质份数	个体数量	引种方式	来源地
BJ	种子	1	a	采集	云南

大苗山羊蹄甲 *Bauhinia damiaoshanensis* T. C. Chen

濒危等级 中国特有植物，中国植物红色名录评估为无危（LC）。

迁地栽培保存

保存地点	种质份数	个体数量	引种方式	生长状况	来源地
GX	*	f	采集	G	广西

刀果鞍叶羊蹄甲　*Bauhinia brachycarpa* var. *cavaleriei*（Lévl.）T. Chen

迁地栽培保存

保存地点	种质份数	个体数量	引种方式	生长状况	来源地
GZ	1	b	采集	C	贵州

鄂羊蹄甲　*Bauhinia glauca* subsp. *hupehana*（Craib）T. Chen

迁地栽培保存

保存地点	种质份数	个体数量	引种方式	生长状况	来源地
CQ	1	a	采集	C	重庆

粉叶羊蹄甲　*Bauhinia glauca*（Wall. ex Benth.）Benth.

功效主治　根（大夜关门根）：辛、甘、酸、微苦，温。止血，镇咳，补肾气。用于血崩，咳嗽，遗精，滑精。叶（大夜关门）：辛、甘、酸、微苦，温。补肾气，提神。用于脱肛，阴挺。

濒危等级　中国植物红色名录评估为无危（LC）。

迁地栽培保存

保存地点	种质份数	个体数量	引种方式	生长状况	来源地
GZ	1	a	采集	C	贵州
GX	*	f	采集	G	澳门

红花羊蹄甲　*Bauhinia blakeana* Dunn

迁地栽培保存

保存地点	种质份数	个体数量	引种方式	生长状况	来源地
HN	1	a	购买	C	待确定

红毛羊蹄甲　*Bauhinia pyrrhoclada* Drake

功效主治　根：活血通经。用于跌打损伤。

濒危等级 中国植物红色名录评估为无危（LC）。

迁地栽培保存

保存地点	种质份数	个体数量	引种方式	生长状况	来源地
GX	*	f	采集	G	广西

火索藤 *Bauhinia aurea* H. Lév.

功效主治 茎：用于胃痛，肾虚腰痛，便频，风湿关节痛。

濒危等级 中国特有植物，中国植物红色名录评估为无危（LC）。

迁地栽培保存

保存地点	种质份数	个体数量	引种方式	生长状况	来源地
GX	*	f	采集	G	广西

菱果羊蹄甲 *Bauhinia scandens* var. *horsfieldii* (Watt ex Prain) K. Larsen & S. S.

迁地栽培保存

保存地点	种质份数	个体数量	引种方式	生长状况	来源地
YN	1	a	采集	C	云南

龙须藤 *Bauhinia championii* (Benth.) Benth.

功效主治 根：甘、辛，微温。祛风湿，行气血。用于跌打损伤，风湿骨痛，心胃气痛。藤：苦、辛，平。用于风湿骨痛，跌打接骨，胃痛。叶：退翳。种子：理气止痛，活血散瘀。用于跌打损伤，肝痛，胃痛。

濒危等级 浙江省重点保护植物，中国植物红色名录评估为无危（LC）。

迁地栽培保存

保存地点	种质份数	个体数量	引种方式	生长状况	来源地
BJ	1	a	采集	G	广西
CQ	1	a	采集	C	重庆
GD	1	f	采集	G	待确定
GX	*	f	采集	G	广西

种质库保存

保存地点	保存方式	种质份数	个体数量	引种方式	来源地
BJ	种子	8	b	采集	海南、云南

牛蹄麻　*Bauhinia khasiana* Baker

迁地栽培保存

保存地点	种质份数	个体数量	引种方式	生长状况	来源地
HN	1	a	采集	C	海南

琼岛羊蹄甲　*Bauhinia ornata* Kurz var. *austrosinensis*（T. Tang & Wang）T. C. Chen

迁地栽培保存

保存地点	种质份数	个体数量	引种方式	生长状况	来源地
HN	1	a	采集	C	海南

首冠藤　*Bauhinia corymbosa* Roxb. ex DC.

功效主治　根：清热利湿，消肿止痛。用于痢疾，子痢，阴囊湿疹。叶、皮、花：去毒，洗疮。用于疮疡肿毒。

濒危等级　中国植物红色名录评估为无危（LC）。

迁地栽培保存

保存地点	种质份数	个体数量	引种方式	生长状况	来源地
HN	2	a	采集	C	待确定

种质库保存

保存地点	保存方式	种质份数	个体数量	引种方式	来源地
HN	DNA	1	a	采集	海南
BJ	种子	3	b	采集	河北、四川

显脉羊蹄甲 *Bauhinia glauca* (Wall. ex Benth.) Benth. subsp. *pernervosa* (L. Chen) T. C. Chen

濒危等级 中国特有植物，中国植物红色名录评估为近危（NT）。

种质库保存

保存地点	保存方式	种质份数	个体数量	引种方式	来源地
BJ	种子	6	b	采集	云南

小鞍叶羊蹄甲 *Bauhinia brachycarpa* var. *microphylla* (Oliv. ex Craib) K. et S. S. Larsen

迁地栽培保存

保存地点	种质份数	个体数量	引种方式	生长状况	来源地
GX	*	f	采集	G	重庆

锈荚藤 *Bauhinia erythropoda* Hayata

濒危等级 中国植物红色名录评估为无危（LC）。

迁地栽培保存

保存地点	种质份数	个体数量	引种方式	生长状况	来源地
HN	1	a	采集	C	海南

种质库保存

保存地点	保存方式	种质份数	个体数量	引种方式	来源地
HN	种子	1	a	采集	海南

羊蹄甲 *Bauhinia purpurea* L.

功效主治 树皮：用于烫伤，脓疮。嫩叶：用于咳嗽。

濒危等级 中国植物红色名录评估为无危（LC）。

迁地栽培保存

保存地点	种质份数	个体数量	引种方式	生长状况	来源地
HN	2	a	购买	C	海南
BJ	1	a	采集	G	海南
GD	1	a	采集	D	待确定

种质库保存

保存地点	保存方式	种质份数	个体数量	引种方式	来源地
BJ	种子	15	b	采集	云南，待确定

洋紫荆 *Bauhinia variegata* L.

功效主治　花（老白花）：苦、涩，平。清热解毒。用于胁痛，咳嗽痰喘，风热咳嗽。

濒危等级　中国植物红色名录评估为无危（LC）。

迁地栽培保存

保存地点	种质份数	个体数量	引种方式	生长状况	来源地
YN	2	a	采集	A	云南
CQ	1	a	赠送	C	云南

种质库保存

保存地点	保存方式	种质份数	个体数量	引种方式	来源地
BJ	种子	1	a	采集	待确定

云南羊蹄甲 *Bauhinia yunnanensis* Franch.

功效主治　根：清热解毒。

濒危等级　中国植物红色名录评估为无危（LC）。

迁地栽培保存

保存地点	种质份数	个体数量	引种方式	生长状况	来源地
GX	*	f	采集	G	广西

种质库保存

保存地点	保存方式	种质份数	个体数量	引种方式	来源地
BJ	种子	1	a	采集	待确定

紫荆叶羊蹄甲 *Bauhinia cercidifolia* D. X. Zhang

濒危等级　中国特有植物，中国植物红色名录评估为易危（VU）。

迁地栽培保存

保存地点	种质份数	个体数量	引种方式	生长状况	来源地
GX	*	f	采集	G	河北

野扁豆属　*Dunbaria*

长柄野扁豆 *Dunbaria podocarpa* Kurz

功效主治　全株：解痛。用于咽喉痛。

濒危等级　中国植物红色名录评估为无危（LC）。

迁地栽培保存

保存地点	种质份数	个体数量	引种方式	生长状况	来源地
GX	*	f	采集	G	广西

种质库保存

保存地点	保存方式	种质份数	个体数量	引种方式	来源地
BJ	种子	3	b	采集	上海

鸽仔豆 *Dunbaria henryi* Y. C. Wu

濒危等级　中国植物红色名录评估为无危（LC）。

迁地栽培保存

保存地点	种质份数	个体数量	引种方式	生长状况	来源地
GX	*	f	采集	G	广西

野扁豆 *Dunbaria villosa* (Thunb.) Makino

功效主治　种子（野扁豆）：淡，凉。活血，行气，止痛。用于胸膈胀满，胃痛，月经不调，痛经，带下病，刀伤。

濒危等级　中国植物红色名录评估为无危（LC）。

种质库保存

保存地点	保存方式	种质份数	个体数量	引种方式	来源地
BJ	种子	5	a	采集	海南、安徽

圆叶野扁豆 *Dunbaria rotundifolia* (Lour.) Merr.

功效主治　根：淡，凉。清热解毒，消肿，止血生肌。用于肺热咳嗽，大肠湿热，疮疡痈疽。

濒危等级　中国植物红色名录评估为无危（LC）。

迁地栽培保存

保存地点	种质份数	个体数量	引种方式	生长状况	来源地
GX	*	f	采集	G	广西

野决明属　*Thermopsis*

长序野决明 *Thermopsis lupinoides* (Linn.) Link

功效主治　种子：有毒。解毒消肿，祛痰催吐。用于恶疮，疥癣。

濒危等级　中国植物红色名录评估为无危（LC）。

迁地栽培保存

保存地点	种质份数	个体数量	引种方式	生长状况	来源地
BJ	1	a	赠送	G	前苏联
JS1	1	a	采集	C	江苏

种质库保存

保存地点	保存方式	种质份数	个体数量	引种方式	来源地
BJ	种子	12	b	采集	云南、四川、辽宁、吉林

高山野决明　*Thermopsis alpina*（Pall.）Ledeb.

功效主治　根：用于疟疾，肝阳上亢。花、果实：用于狂犬咬伤。

濒危等级　中国植物红色名录评估为无危（LC）。

迁地栽培保存

保存地点	种质份数	个体数量	引种方式	生长状况	来源地
BJ	1	b	采集	G	河北

种质库保存

保存地点	保存方式	种质份数	个体数量	引种方式	来源地
BJ	种子	1	a	采集	广西

霍州油菜　*Thermopsis chinensis* S. Moore

功效主治　根、种子：用于目赤肿痛。

濒危等级　中国植物红色名录评估为无危（LC）。

迁地栽培保存

保存地点	种质份数	个体数量	引种方式	生长状况	来源地
BJ	3	b	采集、赠送	G	前苏联，中国浙江，待确定
SH	1	b	采集	A	待确定

披针叶野决明　*Thermopsis lanceolata* R. Br.

功效主治　全草（牧马豆）：甘，微温。有毒。祛痰止咳。用于咳嗽痰喘。

迁地栽培保存

保存地点	种质份数	个体数量	引种方式	生长状况	来源地
BJ	3	b	采集、赠送	G	前苏联，中国浙江、甘肃

种质库保存

保存地点	保存方式	种质份数	个体数量	引种方式	来源地
BJ	种子	2	d	采集	甘肃、宁夏

野决明　*Thermopsis lupinoides*（L.）Link

濒危等级　中国植物红色名录评估为无危（LC）。

迁地栽培保存

保存地点	种质份数	个体数量	引种方式	生长状况	来源地
GX	*	f	采集	G	法国

野豌豆属　*Vicia*

蚕豆　*Vicia faba* L.

功效主治　茎：止血，止泻。用于各种内出血，水泻，烫伤。叶：微甘，温。用于肺痨咯血，消化道出血，外疮出血，臁疮。花：甘，平。凉血，止血。用于咯血，鼻衄，血痢，带下病，肝阳上亢。豆荚：利尿渗湿。用于水肿，脚气，小便淋痛，天疱疮，黄水疮。种子：甘，平。健脾，利湿。用于噎膈，水肿。

迁地栽培保存

保存地点	种质份数	个体数量	引种方式	生长状况	来源地
HB	1	a	采集	C	湖北
SH	1	b	采集	A	待确定

大叶野豌豆　*Vicia pseudorobus* Fisch. & C. A. Mey.

濒危等级　中国植物红色名录评估为无危（LC）。

迁地栽培保存

保存地点	种质份数	个体数量	引种方式	生长状况	来源地
BJ	1	b	采集	G	辽宁

牯岭野豌豆 *Vicia kulingana* L. H. Bailey

功效主治 全草：清热解毒，活血，止咳，消食化积。用于疮毒，瘰疬，毒蛇咬伤，咳嗽，小儿食积。

濒危等级 中国特有植物，中国植物红色名录评估为无危（LC）。

种质库保存

保存地点	保存方式	种质份数	个体数量	引种方式	来源地
BJ	种子	1	a	采集	甘肃

广布野豌豆 *Vicia cracca* L.

功效主治 全草：辛，平。活血调经，止血，解毒。用于月经不调，血崩，便血，衄血。

濒危等级 中国植物红色名录评估为无危（LC）。

迁地栽培保存

保存地点	种质份数	个体数量	引种方式	生长状况	来源地
BJ	1	b	采集	G	山西
HLJ	1	b	采集	A	黑龙江

种质库保存

保存地点	保存方式	种质份数	个体数量	引种方式	来源地
BJ	种子	10	b	采集	安徽、湖北、甘肃

灰野豌豆 *Vicia cracca* var. *canescens* Maxim. ex Franch. et Sav.

种质库保存

保存地点	保存方式	种质份数	个体数量	引种方式	来源地
BJ	种子	1	a	采集	待确定

救荒野豌豆 *Vicia sativa* L.

功效主治 全草（大巢菜）：辛，平。清热利湿，活血祛瘀。用于黄疸，浮肿，疟疾，鼻衄，心悸，梦遗，月经不调。

迁地栽培保存

保存地点	种质份数	个体数量	引种方式	生长状况	来源地
SH	1	b	采集	A	待确定
GX	*	f	采集	G	法国

种质库保存

保存地点	保存方式	种质份数	个体数量	引种方式	来源地
BJ	种子	11	c	采集	云南、湖北、甘肃、山西、安徽，待确定

四籽野豌豆 *Vicia tetrasperma* (L.) Schreb.

功效主治　全草：辛，温。活血调经，止血，解毒。

濒危等级　中国植物红色名录评估为无危（LC）。

迁地栽培保存

保存地点	种质份数	个体数量	引种方式	生长状况	来源地
GX	*	f	采集	G	德国

歪头菜 *Vicia unijuga* A. Br.

功效主治　全草（三铃子）：甘，平。补虚调肝，理气止痛，清热利尿。用于劳伤，头晕。

濒危等级　中国植物红色名录评估为无危（LC）。

迁地栽培保存

保存地点	种质份数	个体数量	引种方式	生长状况	来源地
BJ	5	d	采集	G	山西、内蒙古、河北、甘肃

种质库保存

保存地点	保存方式	种质份数	个体数量	引种方式	来源地
BJ	种子	1	a	采集	山西

小巢菜 *Vicia hirsuta* (L.) Gray

功效主治 全草：辛，平。解表利湿，活血止血。用于黄疸，疟疾，鼻衄，带下病。种子（漂摇豆）：凉。活血，明目。

迁地栽培保存

保存地点	种质份数	个体数量	引种方式	生长状况	来源地
SH	1	b	采集	A	待确定
GX	*	f	采集	G	法国

种质库保存

保存地点	保存方式	种质份数	个体数量	引种方式	来源地
BJ	种子	7	b	采集	福建、湖北

野豌豆 *Vicia sepium* L.

功效主治 种子：活血通经，下乳，消肿。用于血瘀，闭经，乳汁不下，痈肿疔毒。叶、花、果实：清热解毒，消肿。

迁地栽培保存

保存地点	种质份数	个体数量	引种方式	生长状况	来源地
BJ	2	c	采集	G	山西、辽宁
LN	1	d	采集	B	辽宁

种质库保存

保存地点	保存方式	种质份数	个体数量	引种方式	来源地
BJ	种子	9	b	采集	湖北、四川、贵州、山西

仪花属 *Lysidice*

仪花 *Lysidice rhodostegia* Hance

功效主治 根（单刀根）：苦、辛，温。有小毒。散瘀，止痛，止血。用于跌打损伤，风湿骨痛，创伤出血。叶：有小毒。用于外伤出血。

濒危等级　中国植物红色名录评估为无危（LC）。

迁地栽培保存

保存地点	种质份数	个体数量	引种方式	生长状况	来源地
YN	1	a	购买	A	云南

种质库保存

保存地点	保存方式	种质份数	个体数量	引种方式	来源地
BJ	种子	8	b	采集	云南

银合欢属　*Leucaena*

银合欢　*Leucaena leucocephala*（Lam.）de Wit

功效主治　种子：用于消渴。

迁地栽培保存

保存地点	种质份数	个体数量	引种方式	生长状况	来源地
HN	1	d	购买	C	海南
BJ	1	a	采集	G	云南
GZ	1	b	采集	C	贵州
YN	1	e	采集	A	云南
GX	*	f	采集	G	广西

种质库保存

保存地点	保存方式	种质份数	个体数量	引种方式	来源地
BJ	种子	48	c	采集	上海、四川、云南、福建、湖北
HN	种子、DNA	4	a	采集	海南

鹰嘴豆属　*Cicer*

鹰嘴豆　*Cicer arietinum* L.

功效主治　种子（回回豆）：甘。用于肝毒，脚气病。

迁地栽培保存

保存地点	种质份数	个体数量	引种方式	生长状况	来源地
BJ	1	b	采集	G	台湾

种质库保存

保存地点	保存方式	种质份数	个体数量	引种方式	来源地
BJ	种子	95	c	采集	新疆

油楠属　*Sindora*

油楠　*Sindora glabra* Merr. ex de Wit

濒危等级　国家重点保护野生植物名录（第一批）二级，中国植物红色名录评估为易危（VU）。

迁地栽培保存

保存地点	种质份数	个体数量	引种方式	生长状况	来源地
HN	1	a	采集	C	海南
GX	*	f	采集	G	福建

种质库保存

保存地点	保存方式	种质份数	个体数量	引种方式	来源地
HN	种子	1	a	采集	海南

鱼鳔槐属　*Colutea*

鱼鳔槐　*Colutea arborescens* L.

功效主治　叶：通便。在地中海等地可用于便秘。

迁地栽培保存

保存地点	种质份数	个体数量	引种方式	生长状况	来源地
GX	*	f	采集	G	法国

鱼藤属　*Derris*

白花鱼藤　*Derris alborubra* Hemsl.

濒危等级　中国植物红色名录评估为无危（LC）。

迁地栽培保存

保存地点	种质份数	个体数量	引种方式	生长状况	来源地
HN	1	a	采集	C	海南

种质库保存

保存地点	保存方式	种质份数	个体数量	引种方式	来源地
BJ	种子	1	a	采集	待确定
HN	种子	2	b	采集	海南

边荚鱼藤　*Derris marginata*（Roxb.）Benth.

功效主治　根：用于疥癣。

濒危等级　中国植物红色名录评估为无危（LC）。

种质库保存

保存地点	保存方式	种质份数	个体数量	引种方式	来源地
BJ	种子	1	a	采集	甘肃

大鱼藤树　*Derris robusta*（DC.）Benth.

濒危等级　中国植物红色名录评估为无危（LC）。

种质库保存

保存地点	保存方式	种质份数	个体数量	引种方式	来源地
BJ	种子	1	a	采集	甘肃

亮叶中南鱼藤 *Derris fordii* Oliv. var. *lucida* F. C. How

功效主治　果实：凉血，补血。

濒危等级　中国特有植物，中国植物红色名录评估为无危（LC）。

迁地栽培保存

保存地点	种质份数	个体数量	引种方式	生长状况	来源地
GX	*	f	采集	G	广西

毛鱼藤 *Derris elliptica*（Wall.）Benth.

功效主治　根：用于疥癣湿疹。

迁地栽培保存

保存地点	种质份数	个体数量	引种方式	生长状况	来源地
HN	1	a	采集	C	海南

毛果鱼藤 *Derris eriocarpa* F. C. How

功效主治　根：补血，润肠。用于发热胸闷，咳嗽，咽喉痛。藤（藤子甘草）：甘、苦、平。利尿除湿，镇咳化痰。用于小便涩痛，咳嗽，水肿。

濒危等级　中国植物红色名录评估为无危（LC）。

迁地栽培保存

保存地点	种质份数	个体数量	引种方式	生长状况	来源地
GX	*	f	采集	G	广西

尾叶鱼藤 *Derris caudatilimba* F. C. How

濒危等级　中国特有植物，中国植物红色名录评估为无危（LC）。

种质库保存

保存地点	保存方式	种质份数	个体数量	引种方式	来源地
BJ	种子	1	a	采集	云南

鱼藤 *Derris trifoliata* Lour.

功效主治　根、枝叶：辛，温。有毒。散瘀，止痛，杀虫。用于跌打损伤，癣。

濒危等级　中国植物红色名录评估为无危（LC）。

迁地栽培保存

保存地点	种质份数	个体数量	引种方式	生长状况	来源地
HN	1	a	采集	C	海南
GD	1	f	采集	G	待确定
GX	*	f	采集	G	澳门

云南鱼藤 *Derris yunnanensis* Chun & F. C. How

濒危等级　中国特有植物，中国植物红色名录评估为近危（NT）。

迁地栽培保存

保存地点	种质份数	个体数量	引种方式	生长状况	来源地
GX	*	f	采集	G	广西

中南鱼藤 *Derris fordii* Oliv.

功效主治　根、枝叶：辛，温。有毒。散瘀，止痛，杀虫。用于疮毒。

濒危等级　中国特有植物，中国植物红色名录评估为无危（LC）。

迁地栽培保存

保存地点	种质份数	个体数量	引种方式	生长状况	来源地
GD	1	f	采集	G	待确定

雨树属　*Samanea*

雨树　*Samanea saman*（Jacq.）Merr.

功效主治　根：用于感冒，头痛，胃痛，噎膈，腹泻。

迁地栽培保存

保存地点	种质份数	个体数量	引种方式	生长状况	来源地
HN	2	a	赠送	C	海南
YN	2	a	购买	A	云南
BJ	1	b	采集	G	海南
GX	*	f	采集	G	中国广东，印度尼西亚

种质库保存

保存地点	保存方式	种质份数	个体数量	引种方式	来源地
BJ	种子	7	b	采集	云南、福建

云实属　*Caesalpinia*

刺果苏木　*Caesalpinia bonduc*（L.）Roxb.

功效主治　叶、种子：止泻，祛风湿。

濒危等级　中国植物红色名录评估为无危（LC）。

迁地栽培保存

保存地点	种质份数	个体数量	引种方式	生长状况	来源地
HN	1	a	购买	C	海南
SH	1	a	采集	A	待确定

种质库保存

保存地点	保存方式	种质份数	个体数量	引种方式	来源地
BJ	种子	1	a	采集	江西

大叶云实 *Caesalpinia magnifoliolata* F. P. Metcalf

功效主治 根、果枝：甘、辛，温。舒筋活络，补虚。用于跌打损伤，虚弱瘦瘦。

濒危等级 中国特有植物，中国植物红色名录评估为无危（LC）。

迁地栽培保存

保存地点	种质份数	个体数量	引种方式	生长状况	来源地
GX	*	f	采集	G	广西

华南云实 *Caesalpinia crista* L.

功效主治 叶（刺果苏木）：苦，凉。祛瘀止痛，清热解毒。用于急、慢性胃痛，痈疮疖肿。种子：行气祛瘀，消肿止痛，泻火解毒。

迁地栽培保存

保存地点	种质份数	个体数量	引种方式	生长状况	来源地
GD	1	f	采集	G	待确定

喙荚云实 *Caesalpinia minax* Hance

功效主治 种子（苦石莲）：苦，寒。散瘀，止痛，清热，祛湿。用于呃逆，痢疾，淋浊，尿血，跌打损伤。根（南蛇簕根）：苦，寒。清热，解毒，散瘀。用于外感发热，痧证，风湿关节痛，疮肿，跌打损伤。苗（南蛇簕苗）：苦，寒。泻热。祛瘀解毒。用于风热感冒，湿热痧气，跌打损伤，瘰疬，疮疡肿毒。

濒危等级 中国植物红色名录评估为无危（LC）。

迁地栽培保存

保存地点	种质份数	个体数量	引种方式	生长状况	来源地
YN	1	a	采集	C	云南
BJ	1	a	采集	G	广东

鸡嘴簕 *Caesalpinia sinensis* (Hemsl.) J. E. Vidal

功效主治 根、茎、叶：清热解毒，消肿止痛，止痒。用于跌打损伤，疮疡肿毒，湿疹，腹泻，痢疾。

濒危等级 中国植物红色名录评估为无危（LC）。

迁地栽培保存

保存地点	种质份数	个体数量	引种方式	生长状况	来源地
GX	*	f	采集	G	广西

见血飞 *Caesalpinia cucullata* Roxb.

功效主治 藤茎：活血止痛。

濒危等级 中国植物红色名录评估为无危（LC）。

种质库保存

保存地点	保存方式	种质份数	个体数量	引种方式	来源地
BJ	种子	1	a	采集	待确定

九羽见血飞 *Caesalpinia enneaphylla* Roxb.

濒危等级 中国植物红色名录评估为无危（LC）。

迁地栽培保存

保存地点	种质份数	个体数量	引种方式	生长状况	来源地
YN	1	a	采集	C	云南

苏木 *Caesalpinia sappan* L.

功效主治 心材（苏木）：甘、咸，平。行血祛瘀，消肿止痛。用于胸瘣疼痛，闭经，产后瘀血胀痛，外伤肿痛。

迁地栽培保存

保存地点	种质份数	个体数量	引种方式	生长状况	来源地
BJ	3	a	采集	G	印度尼西亚，中国海南、云南
GD	1	a	采集	D	待确定
HN	1	b	购买	B	海南
YN	1	a	采集	A	云南

保存地点	种质份数	个体数量	引种方式	生长状况	来源地
CQ	1	a	赠送	E	云南
GX	*	f	采集	G	广西

种质库保存

保存地点	保存方式	种质份数	个体数量	引种方式	来源地
BJ	种子	9	b	采集	河南、山西、陕西

小叶云实　*Caesalpinia millettii* Hook. & Arn.

功效主治　根：用于胃痛，消化不良。

濒危等级　中国特有植物，中国植物红色名录评估为无危（LC）。

迁地栽培保存

保存地点	种质份数	个体数量	引种方式	生长状况	来源地
GD	1	f	采集	G	待确定
YN	1	a	采集	C	云南

洋金凤　*Caesalpinia pulcherrima*（L.）Sw.

功效主治　根、茎皮：解表，发汗。

迁地栽培保存

保存地点	种质份数	个体数量	引种方式	生长状况	来源地
HN	1	b	购买	B	海南
YN	1	a	采集	C	云南

种质库保存

保存地点	保存方式	种质份数	个体数量	引种方式	来源地
HN	DNA	1	a	采集	海南
BJ	种子	12	b	采集	云南、河北

云实 *Caesalpinia decapetala*（Roth）Alston

功效主治 根（倒挂牛）：涩，热。有小毒。解表发汗，筋骨疼痛，跌打损伤。用于伤风感冒头痛，筋骨酸痛麻木，陈伤。茎皮：用于酒渣鼻。

濒危等级 中国植物红色名录评估为无危（LC）。

迁地栽培保存

保存地点	种质份数	个体数量	引种方式	生长状况	来源地
GZ	1	b	采集	C	贵州
SC	1	f	待确定	G	四川
HB	1	a	采集	C	湖北
CQ	1	a	采集	B	重庆
BJ	1	a	交换	G	北京
JS1	1	a	购买	C	江苏

种质库保存

保存地点	保存方式	种质份数	个体数量	引种方式	来源地
BJ	种子	25	a	采集	贵州、云南、福建、四川
HN	种子	1	a	采集	海南

皂荚属 *Gleditsia*

滇皂荚 *Gleditsia japonica* Miq. var. *delavayi*（Franch.）L. C. L.

功效主治 种子：祛痰，利尿。

濒危等级 中国特有植物，中国植物红色名录评估为无危（LC）。

迁地栽培保存

保存地点	种质份数	个体数量	引种方式	生长状况	来源地
GX	*	f	采集	G	云南

华南皂荚 *Gleditsia fera*（Lour.）Merr.

功效主治 嫩茎枝：辛，温。有微毒。搜风拔毒，消肿排脓。用于肿痛，疮毒，麻风，癣疮，胎衣不下。果实：辛，温。有微毒。开窍，通便，润肠，镇咳。

濒危等级　中国植物红色名录评估为无危（LC）。

迁地栽培保存

保存地点	种质份数	个体数量	引种方式	生长状况	来源地
HN	1	a	采集	C	海南

美国皂荚　*Gleditsia triacanthos* Linn.

功效主治　棘刺：消肿杀虫。

迁地栽培保存

保存地点	种质份数	个体数量	引种方式	生长状况	来源地
GX	*	f	采集	G	法国

绒毛皂荚　*Gleditsia japonica* var. *velutina* L. C. Li

濒危等级　中国特有植物，国家重点保护野生植物名录（第一批）二级，中国植物红色名录评估为极危（CR）。

迁地栽培保存

保存地点	种质份数	个体数量	引种方式	生长状况	来源地
BJ	1	a	采集	G	湖北
GX	*	f	采集	G	湖南

山皂荚　*Gleditsia japonica* Miq.

功效主治　棘刺：辛，温。消肿排脓，下乳，杀虫除癣。用于瘰疬，乳痈，痈肿不溃。果实：辛，温。有小毒。祛痰通窍，消肿。用于中风，癫痫，痰涎涌盛，痰多咳喘。

濒危等级　中国植物红色名录评估为无危（LC）。

迁地栽培保存

保存地点	种质份数	个体数量	引种方式	生长状况	来源地
HLJ	1	a	购买	A	黑龙江
LN	1	b	采集	C	辽宁

山皂角 *Gleditsia horrida* Willd.

迁地栽培保存

保存地点	种质份数	个体数量	引种方式	生长状况	来源地
GX	*	f	采集	G	广西

小果皂荚 *Gleditsia australis* Hemsl.

功效主治 嫩茎枝：搜风拔毒，消肿排脓。用于肿痛，疮毒，麻风，癣疮，胎衣不下。果实：开窍，通便，润肠，镇咳，驱蛔虫。刺：去毒通关。用于痈疽。

濒危等级 中国植物红色名录评估为无危（LC）。

迁地栽培保存

保存地点	种质份数	个体数量	引种方式	生长状况	来源地
HN	2	a	采集	C	海南

皂荚 *Gleditsia sinensis* Lam.

功效主治 刺（皂角刺）：辛、咸，温。搜风，化痰，托毒。用于痈肿，疮毒，胎衣不下，疮癣。荚果（大皂角）：辛，温。有小毒。开窍，祛痰，解毒。用于中风口噤，喘咳痰壅，癫痫，痈疮中毒。不育荚果（猪牙皂）：辛，温。有小毒。开窍，消痰，搜风，杀虫。用于中风口噤，风痫，痰喘，疥癣肿毒。种子（皂荚子）：辛，温。有小毒。搜风，祛痰，开窍。用于中风口噤，痰鸣喘咳，喉痹，疮癣肿毒。

濒危等级 中国特有植物，中国植物红色名录评估为无危（LC）。

迁地栽培保存

保存地点	种质份数	个体数量	引种方式	生长状况	来源地
SC	2	f	待确定	G	四川
CQ	2	a	购买	C	重庆
BJ	2	a	采集	G	辽宁、山西
HB	1	a	采集	C	湖北
SH	1	a	采集	F	待确定

续表

保存地点	种质份数	个体数量	引种方式	生长状况	来源地
NMG	1	a	购买	C	内蒙古
LN	1	b	采集	C	辽宁
JS1	1	a	购买	C	江苏
GZ	1	a	采集	C	贵州
JS2	1	a	购买	C	江苏

种质库保存

保存地点	保存方式	种质份数	个体数量	引种方式	来源地
BJ	种子	53	b	采集	重庆、安徽、河北、湖北、江西、广西、吉林、黑龙江

朱缨花属　*Calliandra*

苏里南朱缨花　*Calliandra surinamensis* Benth.

功效主治　树皮：利尿，驱虫。

迁地栽培保存

保存地点	种质份数	个体数量	引种方式	生长状况	来源地
HN	1	a	购买	C	海南

朱缨花　*Calliandra haematocephala* Hassk.

功效主治　树皮：利尿，驱虫。

迁地栽培保存

保存地点	种质份数	个体数量	引种方式	生长状况	来源地
HN	1	b	购买	C	海南
YN	1	a	购买	C	云南

猪屎豆属　*Crotalaria*

长萼猪屎豆　*Crotalaria calycina* Schrank

功效主治　全草：用于小儿疳积。

濒危等级　中国植物红色名录评估为无危（LC）。

迁地栽培保存

保存地点	种质份数	个体数量	引种方式	生长状况	来源地
GX	*	f	采集	G	广西

种质库保存

保存地点	保存方式	种质份数	个体数量	引种方式	来源地
BJ	种子	1	a	采集	云南

长果猪屎豆　*Crotalaria lanceolata* E. Mey.

种质库保存

保存地点	保存方式	种质份数	个体数量	引种方式	来源地
BJ	种子	1	a	采集	云南

翅托叶猪屎豆　*Crotalaria alata* Buch.-Ham. ex D. Don

功效主治　全草：用于小儿疳积，肾虚，阳痿，骨折。

濒危等级　中国植物红色名录评估为无危（LC）。

迁地栽培保存

保存地点	种质份数	个体数量	引种方式	生长状况	来源地
GX	*	f	采集	G	广西

大托叶猪屎豆　*Crotalaria spectabilis* Roth

濒危等级　中国植物红色名录评估为无危（LC）。

迁地栽培保存

保存地点	种质份数	个体数量	引种方式	生长状况	来源地
BJ	1	a	采集	G	广西
GX	*	f	采集	G	湖北

种质库保存

保存地点	保存方式	种质份数	个体数量	引种方式	来源地
BJ	种子	4	b	采集	云南、安徽、河北

大猪屎豆　*Crotalaria assamica* Benth.

功效主治　茎叶（自消容）、根：淡，微凉。清热解毒，凉血，利水。压于咳嗽吐血，肿胀，牙痛，小儿头疮，血虚发热，恶核。叶：用于跌打损伤，石淋。

迁地栽培保存

保存地点	种质份数	个体数量	引种方式	生长状况	来源地
BJ	1	a	采集	G	广西
GD	1	a	采集	D	待确定
YN	1	b	购买	A	云南

种质库保存

保存地点	保存方式	种质份数	个体数量	引种方式	来源地
BJ	种子	24	d	采集	云南
HN	种子	10	d	采集	海南

吊裙草　*Crotalaria retusa* L.

功效主治　全草：止咳解毒，消积。用于干咳，疥癣，脓疱疮，肿痛。

濒危等级　中国植物红色名录评估为无危（LC）。

种质库保存

保存地点	保存方式	种质份数	个体数量	引种方式	来源地
BJ	种子	8	b	采集	海南、重庆

光萼猪屎豆　*Crotalaria zanzibarica* Benth.

功效主治　全草：清热解毒，散结祛瘀。用于癥瘕积聚。

迁地栽培保存

保存地点	种质份数	个体数量	引种方式	生长状况	来源地
GZ	1	a	采集	C	贵州
HN	1	e	赠送	B	海南
BJ	1	a	采集	G	云南

种质库保存

保存地点	保存方式	种质份数	个体数量	引种方式	来源地
BJ	种子	16	b	采集	重庆、海南、河北、安徽、广西

黄雀儿　*Crotalaria cytisoides* Roxb. ex DC.

功效主治　根：滋补，清热解毒，利咽止痛。用于胃痛，吐泻，咽喉肿痛，乳痛，腰痛，肾虚，病后体虚。

濒危等级　中国植物红色名录评估为无危（LC）。

迁地栽培保存

保存地点	种质份数	个体数量	引种方式	生长状况	来源地
BJ	1	a	采集	G	北京

种质库保存

保存地点	保存方式	种质份数	个体数量	引种方式	来源地
BJ	种子	1	a	采集	云南

假地蓝 *Crotalaria ferruginea* Graham ex Benth.

功效主治 全草（响铃草）：甘、微苦，平。益气补肾，消肿解毒。用于久咳痰血，耳鸣，耳聋，梦遗，水肿，小便涩痛，石淋，乳蛾，瘰疬，疔毒，恶疮。

迁地栽培保存

保存地点	种质份数	个体数量	引种方式	生长状况	来源地
BJ	1	a	采集	G	广西
GX	*	f	采集	G	广西

种质库保存

保存地点	保存方式	种质份数	个体数量	引种方式	来源地
BJ	种子	14	b	采集	河北、云南

毛果猪屎豆 *Crotalaria bracteata* Roxb. ex DC.

功效主治 根：清热，解毒。

濒危等级 中国植物红色名录评估为无危（LC）。

迁地栽培保存

保存地点	种质份数	个体数量	引种方式	生长状况	来源地
GX	*	f	采集	G	云南

种质库保存

保存地点	保存方式	种质份数	个体数量	引种方式	来源地
BJ	种子	1	a	采集	辽宁

农吉利 *Crotalaria sessiliflora* L.

功效主治 全草（野百合）：甘，平。清热解毒，利湿。用于痢疾，疮疖，小儿疳积，恶核。

迁地栽培保存

保存地点	种质份数	个体数量	引种方式	生长状况	来源地
BJ	1	b	采集	G	湖北

种质库保存

保存地点	保存方式	种质份数	个体数量	引种方式	来源地
BJ	种子	7	b	采集	重庆、云南、四川、内蒙古、山西

球果猪屎豆 *Crotalaria uncinella* Lam.

濒危等级　中国植物红色名录评估为无危（LC）。

种质库保存

保存地点	保存方式	种质份数	个体数量	引种方式	来源地
BJ	种子	6	b	采集	重庆、海南

三圆叶猪屎豆 *Crotalaria pallida* var. *obovata*（G. Don）Polhill

迁地栽培保存

保存地点	种质份数	个体数量	引种方式	生长状况	来源地
GX	*	f	采集	G	广西

双子野百合 *Crotalaria elliptica* Roxb.

迁地栽培保存

保存地点	种质份数	个体数量	引种方式	生长状况	来源地
GX	*	f	采集	G	澳门

思茅猪屎豆 *Crotalaria cytisoides* Roxb. ex DC.

功效主治　根（小扁豆）：甘、微涩，微温。清热解毒，利喉止痛。用于急性吐泻，咽喉痛，乳蛾。

迁地栽培保存

保存地点	种质份数	个体数量	引种方式	生长状况	来源地
GX	*	f	采集	G	云南

四棱猪屎豆　*Crotalaria tetragona* Andrews

功效主治　全草或根（化金丹）：辛、涩，温。化滞，止痛。用于腹痛。

濒危等级　中国植物红色名录评估为无危（LC）。

迁地栽培保存

保存地点	种质份数	个体数量	引种方式	生长状况	来源地
BJ	1	a	采集	G	广西

种质库保存

保存地点	保存方式	种质份数	个体数量	引种方式	来源地
BJ	种子	1	a	采集	缅甸

响铃草　*Crotalaria montana* Roxb.

迁地栽培保存

保存地点	种质份数	个体数量	引种方式	生长状况	来源地
CQ	1	a	采集	B	重庆

响铃豆　*Crotalaria albida* Roth

功效主治　全草：苦、辛，凉。清热，解毒，利尿，截疟。用于久咳痰喘，小便涩痛，痈疽疔疮。

种质库保存

保存地点	保存方式	种质份数	个体数量	引种方式	来源地
HN	种子	1	c	采集	湖南

小猪屎豆　*Crotalaria nana* Burm. f.

种质库保存

保存地点	保存方式	种质份数	个体数量	引种方式	来源地
BJ	种子	1	a	采集	云南

针状猪屎豆 *Crotalaria acicularis* Benth.

迁地栽培保存

保存地点	种质份数	个体数量	引种方式	生长状况	来源地
GX	*	f	采集	G	云南

种质库保存

保存地点	保存方式	种质份数	个体数量	引种方式	来源地
BJ	种子	1	a	采集	待确定

猪屎豆 *Crotalaria pallida* Aiton

功效主治 种子：明目，固精，补肝肾。用于肾虚，眼目昏花。

濒危等级 中国植物红色名录评估为无危（LC）。

迁地栽培保存

保存地点	种质份数	个体数量	引种方式	生长状况	来源地
FJ	2	b	采集	A	福建
GZ	1	b	采集	C	贵州
HN	1	a	采集	B	海南
JS1	1	c	采集	C	江苏
BJ	1	a	采集	G	云南
CQ	1	a	购买	F	重庆
YN	1	b	购买	A	云南
GX	*	f	采集	G	广西

种质库保存

保存地点	保存方式	种质份数	个体数量	引种方式	来源地
HN	种子	2	b	采集	海南
BJ	种子	89	e	采集	中国云南、河北、山东、安徽、广西、海南，缅甸

紫荆属 *Cercis*

垂丝紫荆 *Cercis racemosa* Oliv.

功效主治　根、根皮、叶：清热解毒，活血行气，消肿止痛，祛瘀。用于产后气痛，喉痹，疮不收口。

濒危等级　中国植物红色名录评估为无危（LC）。

迁地栽培保存

保存地点	种质份数	个体数量	引种方式	生长状况	来源地
CQ	1	a	采集	C	重庆
GX	*	f	采集	G	比利时

湖北紫荆 *Cercis glabra* Pamp.

功效主治　心材、树皮：破血，解毒。用于痈疽，肿毒，疮疖，产后腹痛。

迁地栽培保存

保存地点	种质份数	个体数量	引种方式	生长状况	来源地
GX	*	f	采集	G	湖北

黄山紫荆 *Cercis chingii* Chun

功效主治　根、树皮：活血，消肿，止痛。

濒危等级　中国特有植物，中国植物红色名录评估为濒危（EN）。

迁地栽培保存

保存地点	种质份数	个体数量	引种方式	生长状况	来源地
BJ	1	b	采集	G	浙江
GX	*	f	采集	G	湖北

紫荆 *Cercis chinensis* Bunge

功效主治　树皮（紫荆皮）：苦，平。活血通经，消肿解毒。用于风寒湿痹，闭经，血气不和，喉痹，淋证，痈肿，癣疥，跌打损伤，蛇虫咬伤。木部（紫荆木）：苦，平。活血，通淋。用于痛经，瘀血腹痛，淋证。花（紫荆花）：清热凉血，祛风解毒。用于风湿筋骨痛，鼻中疳疮。果实（紫荆果）：用于咳嗽，孕妇心痛。

濒危等级 江西省三级保护植物，中国植物红色名录评估为无危（LC）。

迁地栽培保存

保存地点	种质份数	个体数量	引种方式	生长状况	来源地
SH	1	b	采集	A	待确定
JS2	1	b	购买	C	江苏
JS1	1	a	购买	C	江苏
HB	1	a	采集	C	湖北
BJ	1	b	购买	G	北京
CQ	1	a	购买	C	重庆

种质库保存

保存地点	保存方式	种质份数	个体数量	引种方式	来源地
BJ	种子	25	b	采集	云南、四川、湖北、上海、福建

紫穗槐属 *Amorpha*

紫穗槐 *Amorpha fruticosa* L.

功效主治 花：清热，凉血，止血。

迁地栽培保存

保存地点	种质份数	个体数量	引种方式	生长状况	来源地
HB	1	a	采集	C	湖北
JS1	1	a	采集	C	江苏
LN	1	b	采集	C	辽宁
NMG	1	b	购买	C	内蒙古
BJ	1	b	采集	C	北京

种质库保存

保存地点	保存方式	种质份数	个体数量	引种方式	来源地
BJ	种子	41	c	采集	云南、海南、江西、黑龙江、江苏、吉林、辽宁、上海

紫檀属　*Pterocarpus*

大果紫檀　*Pterocarpus macrocarpus* Kurz

迁地栽培保存

保存地点	种质份数	个体数量	引种方式	生长状况	来源地
YN	1	b	购买	A	待确定

菲律宾紫檀　*Pterocarpus echinatus* Pers.

迁地栽培保存

保存地点	种质份数	个体数量	引种方式	生长状况	来源地
HN	2	a	赠送	C	待确定

檀香紫檀　*Pterocarpus santalinus* L. f.

功效主治　木材：清血热，收敛消肿。用于药物着色，疮毒，热入血分，恶血，瘀阻，风血交杂症；外用于肢节肿胀。

迁地栽培保存

保存地点	种质份数	个体数量	引种方式	生长状况	来源地
HN	2	a	赠送	C	待确定

襄状紫檀　*Pterocarpus marsupium* Roxb.

功效主治　树皮及其所得树胶：在印度可用于腹泻，胃灼热，牙痛。叶：外用于疥疮。木材：用于消渴。

迁地栽培保存

保存地点	种质份数	个体数量	引种方式	生长状况	来源地
HN	2	a	赠送	C	印度尼西亚

种质库保存

保存地点	保存方式	种质份数	个体数量	引种方式	来源地
BJ	种子	4	a	采集	待确定

紫檀 *Pterocarpus indicus* Willd.

功效主治　心材（紫檀）：咸，平。消肿，止血，定痛。用于肿毒，金疮出血。

濒危等级　国家重点保护野生植物名录（第一批）二级，中国植物红色名录评估为极危（CR）。

迁地栽培保存

保存地点	种质份数	个体数量	引种方式	生长状况	来源地
HN	1	a	购买	B	海南
YN	1	b	赠送	A	云南
GX	*	f	采集	G	新加坡

种质库保存

保存地点	保存方式	种质份数	个体数量	引种方式	来源地
HN	种子	1	a	采集	海南
BJ	种子	4	b	采集	云南

紫藤属　*Wisteria*

白花紫藤　*Wisteria sinensis* f. *alba* (Lindl.) Rehder & E. H. Wilson

迁地栽培保存

保存地点	种质份数	个体数量	引种方式	生长状况	来源地
CQ	1	a	购买	C	重庆

紫藤 *Wisteria sinensis*（Sims）Sweet

功效主治 根：甘，温。用于痛风，关节痛。种子：甘，微温。有小毒。杀虫，止痛，解毒。用于筋骨痛，
食物中毒，腹痛，吐泻，蛲虫病。

濒危等级 江西省三级保护植物，中国植物红色名录评估为无危（LC）。

迁地栽培保存

保存地点	种质份数	个体数量	引种方式	生长状况	来源地
SH	1	a	采集	A	待确定
JS2	1	b	购买	C	江苏
JS1	1	b	购买	C	江苏
HN	1	a	赠送	C	广西
HB	1	a	采集	C	待确定
GZ	1	b	采集	C	贵州
CQ	1	a	购买	C	重庆
ZJ	1	d	采集	A	陕西
BJ	1	b	采集	G	浙江

种质库保存

保存地点	保存方式	种质份数	个体数量	引种方式	来源地
BJ	种子	12	b	采集	江西、安徽、云南

毒鼠子科　Dichapetalaceae

毒鼠子属　Dichapetalum

海南毒鼠子 *Dichapetalum longipetalum*（Turcz.）Engl.

功效主治 茎（长瓣毒鼠子）、叶（长瓣毒鼠子）：用于臌胀。

濒危等级 中国植物红色名录评估为无危（LC）。

迁地栽培保存

保存地点	种质份数	个体数量	引种方式	生长状况	来源地
HN	1	a	采集	C	海南
GX	*	f	采集	G	海南

种质库保存

保存地点	保存方式	种质份数	个体数量	引种方式	来源地
BJ	种子	1	a	采集	海南

杜鹃花科　Ericaceae

白珠树属　*Gaultheria*

白果白珠　*Gaultheria leucocarpa* Bl.

功效主治　根：清热解毒，活血化瘀，顺气平喘。用于风湿病，眩晕，闭经，风寒感冒，咳嗽，哮喘，痹证。茎叶：清热解毒，活血化瘀，顺气平喘。用于风湿病，眩晕，闭经，风寒感冒，咳嗽，哮喘，皮肤湿疹。

迁地栽培保存

保存地点	种质份数	个体数量	引种方式	生长状况	来源地
GX	*	f	采集	G	广西

白珠树　*Gaultheria leucocarpa* var. *cumingiana*（Vidal）T. Z. Hsu

功效主治　全株：活血化瘀，行气止痛。

濒危等级　中国植物红色名录评估为无危（LC）。

种质库保存

保存地点	保存方式	种质份数	个体数量	引种方式	来源地
HN	种子	1	d	采集	海南

滇白珠 *Gaultheria leucocarpa* Bl. var. *crenulata*（Kurz）T. Z. Hsu

濒危等级　中国植物红色名录评估为无危（LC）。

迁地栽培保存

保存地点	种质份数	个体数量	引种方式	生长状况	来源地
CQ	1	a	采集	C	重庆
GX	*	f	采集	G	广西

芳香白珠 *Gaultheria fragrantissima* Wall.

功效主治　根（大透骨消）、叶（大透骨消）：辛，温。祛风除湿，活血止痛。用于风湿骨痛，冻疮。

濒危等级　中国植物红色名录评估为无危（LC）。

种质库保存

保存地点	保存方式	种质份数	个体数量	引种方式	来源地
BJ	种子	3	a	采集	贵州

毛滇白珠 *Gaultheria leucocarpa* var. *crenulata*（Kurz）T. Z. Hsu

功效主治　全株：用于疝气，风湿痛，劳伤，牙痛，皮肤瘙痒，跌打损伤，毒蛇咬伤。

濒危等级　中国特有植物，中国植物红色名录评估为数据缺乏（DD）。

迁地栽培保存

保存地点	种质份数	个体数量	引种方式	生长状况	来源地
GZ	1	b	采集	C	贵州

种质库保存

保存地点	保存方式	种质份数	个体数量	引种方式	来源地
BJ	种子	1	a	采集	待确定

吊钟花属 *Enkianthus*

齿缘吊钟花 *Enkianthus serrulatus*（E. H. Wils.）C. K. Schneid.

功效主治 根：祛风除湿，活血。

濒危等级 中国特有植物，中国植物红色名录评估为无危（LC）。

迁地栽培保存

保存地点	种质份数	个体数量	引种方式	生长状况	来源地
GX	*	f	采集	G	湖北

吊钟花 *Enkianthus quinqueflorus* Lour.

濒危等级 中国植物红色名录评估为无危（LC）。

迁地栽培保存

保存地点	种质份数	个体数量	引种方式	生长状况	来源地
HB	1	a	采集	C	待确定
GX	*	f	采集	G	广东

毛叶吊钟花 *Enkianthus deflexus*（Griff.）C. K. Schneid.

功效主治 叶：用于跌打损伤。

濒危等级 中国植物红色名录评估为无危（LC）。

迁地栽培保存

保存地点	种质份数	个体数量	引种方式	生长状况	来源地
GX	*	f	采集	G	云南

杜鹃属 *Rhododendron*

白花杜鹃 *Rhododendron mucronatum*（Bl.）G. Don

功效主治 全株（白花映山红）：辛、甘，温。止咳，固精，活血，散瘀。用于吐血，咳嗽，遗精，带下病，血崩，跌打损伤。

迁地栽培保存

保存地点	种质份数	个体数量	引种方式	生长状况	来源地
CQ	1	b	购买	C	重庆
FJ	1	a	采集	B	福建

种质库保存

保存地点	保存方式	种质份数	个体数量	引种方式	来源地
BJ	种子	1	a	采集	海南

百合花杜鹃 *Rhododendron liliiflorum* H. Lév.

功效主治 全株：清热利湿，活血止血。

濒危等级 中国特有植物，中国植物红色名录评估为无危（LC）。

迁地栽培保存

保存地点	种质份数	个体数量	引种方式	生长状况	来源地
GZ	1	b	采集	C	贵州
GX	*	f	采集	G	广西

长蕊杜鹃 *Rhododendron stamineum* Franch.

功效主治 枝、叶、花：用于狂犬咬伤。

濒危等级 中国特有植物，中国植物红色名录评估为无危（LC）。

迁地栽培保存

保存地点	种质份数	个体数量	引种方式	生长状况	来源地
CQ	1	a	采集	C	重庆
GX	*	f	采集	G	湖北

粗脉杜鹃 *Rhododendron coeloneurum* Diels

濒危等级 中国特有植物，中国植物红色名录评估为无危（LC）。

迁地栽培保存

保存地点	种质份数	个体数量	引种方式	生长状况	来源地
CQ	2	a	采集	C	重庆

大白杜鹃 *Rhododendron decorum* Franch.

功效主治 花：辛、酸，温。止咳，止痒，固精，杀虫。用于肾虚。

濒危等级 中国植物红色名录评估为无危（LC）。

迁地栽培保存

保存地点	种质份数	个体数量	引种方式	生长状况	来源地
CQ	1	a	采集	C	重庆

杜鹃 *Rhododendron simsii* Planch.

功效主治 根（杜鹃花根）：酸、甘，温。活血，止痛，祛风，止痛。用于吐血，衄血，月经不调，崩漏，风湿痛，跌打损伤。叶（杜鹃花叶）：酸，平。清热解毒，止血。用于痈肿疔疮，外伤出血，瘾疹。花（杜鹃花）：酸、甘，温。活血，调经，祛风湿。用于月经不调，闭经，崩漏，跌打损伤，风湿痛，吐血，衄血。

濒危等级 中国植物红色名录评估为无危（LC）。

迁地栽培保存

保存地点	种质份数	个体数量	引种方式	生长状况	来源地
BJ	3	b	采集、交换	C	北京、湖北、安徽
GX	2	f	采集	G	广西、重庆
CQ	1	a	购买	C	重庆
YN	1	d	购买	C	云南
LN	1	c	购买	B	辽宁
JS1	1	c	购买	C	江苏
HLJ	1	a	购买	B	黑龙江
HB	1	e	采集	C	湖北

种质库保存

保存地点	保存方式	种质份数	个体数量	引种方式	来源地
BJ	种子	5	a	采集	安徽、云南

峨马杜鹃 *Rhododendron ochraceum* Rehd. & E. H. Wils.

濒危等级　中国特有植物，中国植物红色名录评估为易危（VU）。

迁地栽培保存

保存地点	种质份数	个体数量	引种方式	生长状况	来源地
CQ	1	a	采集	C	重庆

耳叶杜鹃 *Rhododendron auriculatum* Hemsl.

功效主治　根：理气，止咳。

濒危等级　中国特有植物，中国植物红色名录评估为无危（LC）。

迁地栽培保存

保存地点	种质份数	个体数量	引种方式	生长状况	来源地
GX	*	f	采集	G	湖北

粉白杜鹃 *Rhododendron hypoglaucum* Hemsl.

功效主治　叶、花：止咳，平喘。

濒危等级　中国特有植物，中国植物红色名录评估为无危（LC）。

迁地栽培保存

保存地点	种质份数	个体数量	引种方式	生长状况	来源地
GX	*	f	采集	G	湖北

皋月杜鹃 *Rhododendron indicum*（L.）Sweet

迁地栽培保存

保存地点	种质份数	个体数量	引种方式	生长状况	来源地
CQ	1	b	购买	C	重庆
GZ	1	b	购买	C	贵州
SH	1	b	采集	A	待确定

高山杜鹃 *Rhododendron lapponicum*（L.）Wahlenb.

功效主治 枝、叶：辛，温。祛痰，止咳，平喘。

濒危等级 国家重点保护野生植物名录（第二批）二级，中国植物红色名录评估为无危（LC）。

迁地栽培保存

保存地点	种质份数	个体数量	引种方式	生长状况	来源地
BJ	1	a	购买	G	北京

贵定杜鹃 *Rhododendron fuchsiifolium* H. Lév.

濒危等级 中国特有植物，中国植物红色名录评估为无危（LC）。

迁地栽培保存

保存地点	种质份数	个体数量	引种方式	生长状况	来源地
GZ	1	b	采集	C	贵州

红晕杜鹃 *Rhododendron roseatum* Hutch.

濒危等级 中国植物红色名录评估为近危（NT）。

迁地栽培保存

保存地点	种质份数	个体数量	引种方式	生长状况	来源地
HB	1	a	采集	C	待确定

黄花杜鹃　*Rhododendron lutescens* Franch.

濒危等级　中国特有植物，中国植物红色名录评估为无危（LC）。

迁地栽培保存

保存地点	种质份数	个体数量	引种方式	生长状况	来源地
GX	*	f	采集	G	广西

锦绣杜鹃　*Rhododendron pulchrum* Sweet

迁地栽培保存

保存地点	种质份数	个体数量	引种方式	生长状况	来源地
GZ	1	e	购买	C	贵州
JS1	1	b	购买	C	江苏
GD	1	b	采集	D	待确定

马缨杜鹃　*Rhododendron delavayi* Franch.

功效主治　花（马缨花）：苦，凉。有小毒。清热解毒，止血，调经。用于月经不调，衄血，咯血，胃热炽盛，附骨疽。

濒危等级　中国植物红色名录评估为无危（LC）。

迁地栽培保存

保存地点	种质份数	个体数量	引种方式	生长状况	来源地
GZ	1	a	采集	C	贵州

满山红　*Rhododendron mariesii* Hemsl. et Wils.

功效主治　叶：酸、辛，平。活血调经，止痛，消肿，止血，平喘止咳，祛风利湿。

濒危等级　中国特有植物，中国植物红色名录评估为无危（LC）。

迁地栽培保存

保存地点	种质份数	个体数量	引种方式	生长状况	来源地
FJ	1	a	采集	B	福建
CQ	1	a	采集	C	重庆
BJ	1	a	采集	G	江苏

美容杜鹃 *Rhododendron calophytum* Franch.

功效主治 根：祛风除湿。

濒危等级 中国特有植物，中国植物红色名录评估为无危（LC）。

迁地栽培保存

保存地点	种质份数	个体数量	引种方式	生长状况	来源地
CQ	1	a	采集	C	重庆

四川杜鹃 *Rhododendron sutchuenense* Franch.

功效主治 根、叶：祛风除湿，止痛。用于带下病。

濒危等级 中国特有植物，中国植物红色名录评估为近危（NT）。

迁地栽培保存

保存地点	种质份数	个体数量	引种方式	生长状况	来源地
HB	1	a	采集	C	待确定
GX	*	f	采集	G	湖北

田林马银花 *Rhododendron tianlinense* P. C. Tam

濒危等级 中国特有植物，中国植物红色名录评估为近危（NT）。

迁地栽培保存

保存地点	种质份数	个体数量	引种方式	生长状况	来源地
GX	*	f	采集	G	广西

弯尖杜鹃 *Rhododendron adenopodum* Franch.

濒危等级　中国特有植物，中国植物红色名录评估为易危（VU）。

迁地栽培保存

保存地点	种质份数	个体数量	引种方式	生长状况	来源地
CQ	1	a	采集	C	重庆

种质库保存

保存地点	保存方式	种质份数	个体数量	引种方式	来源地
BJ	种子	2	a	采集	甘肃、重庆

腺萼马银花 *Rhododendron bachii* H. Lév.

功效主治　叶：用于咳嗽，哮喘。

迁地栽培保存

保存地点	种质份数	个体数量	引种方式	生长状况	来源地
GX	*	f	采集	G	湖北

种质库保存

保存地点	保存方式	种质份数	个体数量	引种方式	来源地
HN	种子	1	b	采集	湖南

兴安杜鹃 *Rhododendron dauricum* L.

功效主治　根（满山红根）：用于痢疾。叶（满山红）：苦，寒。止咳，祛痰。用于咳嗽痰喘，感冒头痛。
濒危等级　中国植物红色名录评估为无危（LC）。

迁地栽培保存

保存地点	种质份数	个体数量	引种方式	生长状况	来源地
BJ	1	b	采集	G	内蒙古

羊踯躅 *Rhododendron molle*（Bl.）G. Don

功效主治　花（闹羊花）：辛，温。有大毒。祛风除湿，舒筋活血，镇痛止痛。用于风湿顽痹，骨折痛，牙痛，皮肤顽癣。果实（云轴子）：苦，温。有大毒。蠲痹止痛，定喘止泻。用于跌打损伤，风湿关节痛。根：辛，温。有毒。祛风，止咳，散瘀止痛，杀虫。用于风湿痹痛，跌打损伤，头痛，咳嗽痰喘；外用于肛门瘘管。

濒危等级　中国特有植物，中国植物红色名录评估为无危（LC）。

迁地栽培保存

保存地点	种质份数	个体数量	引种方式	生长状况	来源地
BJ	3	b	采集	C	湖北、河南
ZJ	1	c	购买	A	浙江
JS1	1	a	采集	D	江苏
GZ	1	f	采集	F	贵州

云锦杜鹃 *Rhododendron fortunei* Lindl.

功效主治　根、叶、花：清热解毒，杀虫。

濒危等级　中国特有植物，中国植物红色名录评估为无危（LC）。

迁地栽培保存

保存地点	种质份数	个体数量	引种方式	生长状况	来源地
HB	1	a	采集	C	湖北
SH	1	b	采集	A	待确定
GX	*	f	采集	G	湖北

种质库保存

保存地点	保存方式	种质份数	个体数量	引种方式	来源地
BJ	种子	1	a	采集	江西

照山白 *Rhododendron micranthum* Turcz.

功效主治　枝、叶、花（照山白）辛、酸，温。有大毒。祛风，通络，止血，止咳祛痰。用于咳嗽痰喘，痢疾，风湿痹痛，腰痛，痛经，产后周身痛。

濒危等级　中国植物红色名录评估为无危（LC）。

迁地栽培保存

保存地点	种质份数	个体数量	引种方式	生长状况	来源地
BJ	2	a	采集	G	北京、陕西

紫花杜鹃　*Rhododendron amesiae* Rehd. & E. H. Wils.

功效主治　叶：止咳，平喘，祛痰。

濒危等级　中国特有植物，中国植物红色名录评估为极危（CR）。

种质库保存

保存地点	保存方式	种质份数	个体数量	引种方式	来源地
BJ	种子	1	a	采集	安徽

金叶子属　*Craibiodendron*

广东金叶子　*Craibiodendron scleranthum* var. *kwangtungense*（S. Y. Hu）Judd

濒危等级　中国特有植物，中国植物红色名录评估为无危（LC）。

迁地栽培保存

保存地点	种质份数	个体数量	引种方式	生长状况	来源地
GX	*	f	采集	G	广西

鹿蹄草属　*Pyrola*

鹿蹄草　*Pyrola calliantha* H. Andr.

功效主治　全草（鹿衔草）：甘、苦，温。祛风湿，强筋骨，止血。用于风湿痹痛，腰膝无力，月经过多，久咳劳嗽。

濒危等级　中国特有植物，北京市二级保护植物，中国植物红色名录评估为无危（LC）。

迁地栽培保存

保存地点	种质份数	个体数量	引种方式	生长状况	来源地
BJ	6	d	采集	G	湖北、安徽、四川、陕西、甘肃
JS1	1	a	采集	D	江苏

种质库保存

保存地点	保存方式	种质份数	个体数量	引种方式	来源地
BJ	种子	1	a	采集	山西

普通鹿蹄草 *Pyrola decorata* H. Andr.

功效主治 全草：用于肺痨咳嗽，筋骨痛。

濒危等级 中国植物红色名录评估为无危（LC）。

迁地栽培保存

保存地点	种质份数	个体数量	引种方式	生长状况	来源地
BJ	1	d	采集	G	湖北

马醉木属 *Pieris*

马醉木 *Pieris japonica* (Thunb.) D. Don ex G. Don

功效主治 叶：苦，凉。有剧毒。用于疥疮。

濒危等级 中国植物红色名录评估为无危（LC）。

迁地栽培保存

保存地点	种质份数	个体数量	引种方式	生长状况	来源地
HB	1	a	采集	C	待确定

美丽马醉木 *Pieris formosa* (Wall.) D. Don

功效主治 全株：清热止痛，舒筋活络。

濒危等级 中国植物红色名录评估为无危（LC）。

迁地栽培保存

保存地点	种质份数	个体数量	引种方式	生长状况	来源地
CQ	1	a	采集	C	重庆

树萝卜属 *Agapetes*

灯笼花 *Agapetes lacei* Craib

功效主治 根：散瘀止痛，利尿消肿。用于跌打损伤，风湿骨痛，胁痛，水肿，无名肿毒。

濒危等级 中国植物红色名录评估为近危（NT）。

迁地栽培保存

保存地点	种质份数	个体数量	引种方式	生长状况	来源地
GX	*	f	采集	G	江西

种质库保存

保存地点	保存方式	种质份数	个体数量	引种方式	来源地
BJ	种子	1	a	采集	重庆

夹竹桃叶树萝卜 *Agapetes neriifolia*（King & Prain）Airy-Shaw

功效主治 根：活血散瘀，清热利尿。用于跌打损伤，骨折，水肿。

濒危等级 国家重点保护野生植物名录（第二批）二级，中国植物红色名录评估为数据缺乏（DD）。

迁地栽培保存

保存地点	种质份数	个体数量	引种方式	生长状况	来源地
YN	1	a	购买	C	云南

喜冬草属 *Chimaphila*

喜冬草 *Chimaphila japonica* Miq.

功效主治 叶：清热解毒，利尿，镇痛，滋补强壮。

濒危等级 中国植物红色名录评估为无危（LC）。

迁地栽培保存

保存地点	种质份数	个体数量	引种方式	生长状况	来源地
BJ	1	b	采集	G	湖北

种质库保存

保存地点	保存方式	种质份数	个体数量	引种方式	来源地
BJ	种子	1	a	采集	山西

岩高兰属 *Empetrum*

东北岩高兰 *Empetrum nigrum* subsp. *asiaticum*（Nakai）Kuvaev

濒危等级 中国植物红色名录评估为易危（VU）。

迁地栽培保存

保存地点	种质份数	个体数量	引种方式	生长状况	来源地
GX	*	f	采集	G	日本

越橘属 *Vaccinium*

扁枝越橘 *Vaccinium japonicum* var. *sinicum*（Nakai）Rehd.

濒危等级 中国特有植物，陕西省濒危保护植物，中国植物红色名录评估为无危（LC）。

迁地栽培保存

保存地点	种质份数	个体数量	引种方式	生长状况	来源地
CQ	1	a	采集	C	重庆
GX	*	f	采集	G	湖北

长穗越橘 *Vaccinium dunnianum* Sleum.

濒危等级 中国特有植物，中国植物红色名录评估为近危（NT）。

种质库保存

保存地点	保存方式	种质份数	个体数量	引种方式	来源地
BJ	种子	1	a	采集	云南

笃斯越橘 *Vaccinium uliginosum* L.

功效主治 叶、果实：清热解毒，利水。

濒危等级 吉林省三级保护植物，中国植物红色名录评估为无危（LC）。

迁地栽培保存

保存地点	种质份数	个体数量	引种方式	生长状况	来源地
JS1	1	a	购买	D	江苏

短尾越橘 *Vaccinium carlesii* Dunn

功效主治 全株：甘、酸，温。清热解毒，止血，固精。

濒危等级 中国植物红色名录评估为无危（LC）。

迁地栽培保存

保存地点	种质份数	个体数量	引种方式	生长状况	来源地
GX	*	f	采集	G	湖北

粉果越橘 *Vaccinium papillatum* P. F. Stevens

濒危等级 中国植物红色名录评估为无危（LC）。

迁地栽培保存

保存地点	种质份数	个体数量	引种方式	生长状况	来源地
GX	*	f	采集	G	广西

黄背越橘 *Vaccinium iteophyllum* Hance

功效主治 全株：祛风除湿，舒筋活络。

迁地栽培保存

保存地点	种质份数	个体数量	引种方式	生长状况	来源地
GX	*	f	采集	G	湖北

江南越橘　*Vaccinium mandarinorum* Diels

功效主治　枝、叶（饱饭花枝叶）：苦，平。强筋益气，消肿。用于偏头痛。果实（饱饭花）：酸、甘，平。强筋，益气，消肿。用于筋骨酸软，四肢无力。

濒危等级　中国特有植物，中国植物红色名录评估为无危（LC）。

迁地栽培保存

保存地点	种质份数	个体数量	引种方式	生长状况	来源地
GX	*	f	采集	G	广西

景东越橘　*Vaccinium poilanei* Dop

种质库保存

保存地点	保存方式	种质份数	个体数量	引种方式	来源地
BJ	种子	1	a	采集	待确定

蓝莓　*Vaccinium corymbosum* L.

迁地栽培保存

保存地点	种质份数	个体数量	引种方式	生长状况	来源地
JS1	1	a	购买	D	江苏

镰叶越橘　*Vaccinium subfalcatum* Merr. ex Sleum.

迁地栽培保存

保存地点	种质份数	个体数量	引种方式	生长状况	来源地
GX	*	f	采集	G	广西

峦大越橘 *Vaccinium randaiense* Hayata

濒危等级　中国植物红色名录评估为无危（LC）。

迁地栽培保存

保存地点	种质份数	个体数量	引种方式	生长状况	来源地
GX	*	f	采集	G	广西

南烛　*Vaccinium bracteatum* Thunb.

功效主治　根（南烛根）：甘、酸，温。散瘀，消肿，止痛。用于牙痛，跌打损伤。叶（南烛叶）：酸、涩，平。益精气，强筋骨，明目，止泻。果实（南烛子）：酸、甘，平。益肾固精，强筋明目。用于身体虚弱，久泄梦遗，久痢久泻，带下病。

濒危等级　中国植物红色名录评估为无危（LC）。

迁地栽培保存

保存地点	种质份数	个体数量	引种方式	生长状况	来源地
GZ	1	a	采集	C	贵州
YN	1	b	采集	C	云南
BJ	1	b	采集	C	湖北
GX	*	f	采集	G	广西

种质库保存

保存地点	保存方式	种质份数	个体数量	引种方式	来源地
BJ	种子	12	b	采集	四川、云南、海南、江西

欧洲越橘　*Vaccinium myrtillus* Linn.

功效主治　叶：解毒，利尿，清热。果实：用于痢疾。

濒危等级　中国植物红色名录评估为无危（LC）。

迁地栽培保存

保存地点	种质份数	个体数量	引种方式	生长状况	来源地
GX	*	f	采集	G	法国

泡泡叶越橘 *Vaccinium bullatum*（Dop）Sleum.

功效主治 根：用于精神分裂症。

濒危等级 中国植物红色名录评估为无危（LC）。

迁地栽培保存

保存地点	种质份数	个体数量	引种方式	生长状况	来源地
GX	*	f	采集	G	广西

日本扁枝越橘 *Vaccinium japonicum* Miq.

功效主治 全株：疏风清热，降火解毒。用于外感发热，咽喉肿痛，痈肿疔毒。根：祛风湿。用于风湿病。

迁地栽培保存

保存地点	种质份数	个体数量	引种方式	生长状况	来源地
GX	*	f	采集	G	湖北

无梗越橘 *Vaccinium henryi* Hemsl.

功效主治 枝、叶：祛风除湿，消肿。

迁地栽培保存

保存地点	种质份数	个体数量	引种方式	生长状况	来源地
GX	*	f	采集	G	湖北

腺齿越橘 *Vaccinium oldhamii* Miq.

功效主治 枝、叶：祛风除湿。

濒危等级 中国植物红色名录评估为无危（LC）。

迁地栽培保存

保存地点	种质份数	个体数量	引种方式	生长状况	来源地
GX	*	f	采集	G	日本

隐距越橘 *Vaccinium exaristatum* Kurz

濒危等级　中国植物红色名录评估为无危（LC）。

种质库保存

保存地点	保存方式	种质份数	个体数量	引种方式	来源地
BJ	种子	2	a	采集	云南，待确定

越橘　*Vaccinium vitis-idaea* L.

濒危等级　吉林省三级保护植物，中国植物红色名录评估为无危（LC）。

迁地栽培保存

保存地点	种质份数	个体数量	引种方式	生长状况	来源地
GZ	2	f	采集	F	贵州

种质库保存

保存地点	保存方式	种质份数	个体数量	引种方式	来源地
BJ	种子	1	a	采集	待确定

云南越橘　*Vaccinium duclouxii*（H. Lév.）Hand.-Mazz.

功效主治　果实：散瘀消肿。用于跌打损伤，全身浮肿。

种质库保存

保存地点	保存方式	种质份数	个体数量	引种方式	来源地
BJ	种子	4	a	采集	云南

珍珠花属 *Lyonia*

毛叶珍珠花 *Lyonia villosa*（Wall. ex C. B. Clarke）Hand.-Mazz.

功效主治 枝、叶：微酸、涩，温。祛风除湿，活血化瘀，止痛。用于风湿痹痛，跌打损伤，骨折，疥疮发痒，麻风。

濒危等级 中国植物红色名录评估为无危（LC）。

种质库保存

保存地点	保存方式	种质份数	个体数量	引种方式	来源地
BJ	种子	1	a	采集	贵州

狭叶珍珠花 *Lyonia ovalifolia* var. *lanceolata*（Wall.）Hand.-Mazz.

濒危等级 中国植物红色名录评估为无危（LC）。

迁地栽培保存

保存地点	种质份数	个体数量	引种方式	生长状况	来源地
CQ	1	a	采集	C	重庆

小果珍珠花 *Lyonia ovalifolia* var. *elliptica*（Sieb. et Zucc.）Hand.-Mazz.

功效主治 枝、叶、果实：甘，温。有毒。祛风解毒，强壮滋补。用于脾虚腹泻，跌打损伤，全身酸麻，刀伤。

濒危等级 中国植物红色名录评估为无危（LC）。

迁地栽培保存

保存地点	种质份数	个体数量	引种方式	生长状况	来源地
CQ	1	a	采集	C	重庆

种质库保存

保存地点	保存方式	种质份数	个体数量	引种方式	来源地
BJ	种子	1	a	采集	云南

圆叶珍珠花　*Lyonia doyonensis*（Hand.-Mazz.）Hand.-Mazz.

濒危等级　中国特有植物，中国植物红色名录评估为无危（LC）。

迁地栽培保存

保存地点	种质份数	个体数量	引种方式	生长状况	来源地
GX	*	f	采集	G	广西

珍珠花　*Lyonia ovalifolia*（Wall.）Drude

功效主治　枝、叶：涩、微酸，温。有毒。外用于皮肤疮毒，麻风。果实：甘，温。有毒。活血，祛瘀，止痛。外用于跌打损伤，闭合性骨折。

濒危等级　中国植物红色名录评估为无危（LC）。

迁地栽培保存

保存地点	种质份数	个体数量	引种方式	生长状况	来源地
CQ	1	a	采集	C	重庆
GX	*	f	采集	G	湖北

种质库保存

保存地点	保存方式	种质份数	个体数量	引种方式	来源地
BJ	种子	1	a	采集	山西

杜英科　Elaeocarpaceae

杜英属　*Elaeocarpus*

长柄杜英　*Elaeocarpus petiolatus*（Jack）Wall. ex Kurz

濒危等级　中国植物红色名录评估为无危（LC）。

迁地栽培保存

保存地点	种质份数	个体数量	引种方式	生长状况	来源地
HN	1	d	采集	C	海南

种质库保存

保存地点	保存方式	种质份数	个体数量	引种方式	来源地
HN	种子	1	a	采集	海南

长芒杜英 *Elaeocarpus apiculatus* Mast.

迁地栽培保存

保存地点	种质份数	个体数量	引种方式	生长状况	来源地
HN	1	a	采集	C	海南

种质库保存

保存地点	保存方式	种质份数	个体数量	引种方式	来源地
HN	种子	1	b	采集	海南

齿叶杜英 *Elaeocarpus dentatus* (J. R. Forst. et G. Forst.) Vahl

种质库保存

保存地点	保存方式	种质份数	个体数量	引种方式	来源地
BJ	种子	1	a	采集	云南

大果杜英 *Elaeocarpus fleuryi* A. Chev. ex Gagnep.

种质库保存

保存地点	保存方式	种质份数	个体数量	引种方式	来源地
BJ	种子	2	a	采集	待确定

大叶杜英 *Elaeocarpus balansae* A. DC.

濒危等级　中国植物红色名录评估为无危（LC）。

迁地栽培保存

保存地点	种质份数	个体数量	引种方式	生长状况	来源地
GX	*	f	采集	G	广西

滇藏杜英 *Elaeocarpus braceanus* Watt ex C. B. Clarke

濒危等级　中国植物红色名录评估为无危（LC）。

种质库保存

保存地点	保存方式	种质份数	个体数量	引种方式	来源地
BJ	种子	6	a	采集	云南

滇南杜英 *Elaeocarpus austroyunnanensis* Hu

濒危等级　中国特有植物，中国植物红色名录评估为易危（VU）。

迁地栽培保存

保存地点	种质份数	个体数量	引种方式	生长状况	来源地
GX	*	f	采集	G	广西

种质库保存

保存地点	保存方式	种质份数	个体数量	引种方式	来源地
BJ	种子	3	a	采集	待确定

杜英 *Elaeocarpus decipiens* Hemsl.

功效主治　根：用于风湿，跌打损伤。

濒危等级　中国植物红色名录评估为无危（LC）。

迁地栽培保存

保存地点	种质份数	个体数量	引种方式	生长状况	来源地
CQ	1	a	采集	C	重庆
JS1	1	b	采集	C	江苏

种质库保存

保存地点	保存方式	种质份数	个体数量	引种方式	来源地
BJ	种子	6	a	采集	江西、江苏、湖北、云南

短叶水石榕 *Elaeocarpus hainanensis* var. *brachyphyllus* Merr.

迁地栽培保存

保存地点	种质份数	个体数量	引种方式	生长状况	来源地
HN	1	a	采集	C	海南

绢毛杜英 *Elaeocarpus nitentifolius* Merr. & Chun

濒危等级 中国植物红色名录评估为易危（VU）。

迁地栽培保存

保存地点	种质份数	个体数量	引种方式	生长状况	来源地
GX	*	f	采集	G	广西

毛果杜英 *Elaeocarpus rugosus* Roxb.

功效主治 叶：用于清热。

濒危等级 中国植物红色名录评估为易危（VU）。

迁地栽培保存

保存地点	种质份数	个体数量	引种方式	生长状况	来源地
GX	*	f	采集	G	澳门

种质库保存

保存地点	保存方式	种质份数	个体数量	引种方式	来源地
BJ	种子	3	b	采集	云南

美脉杜英　*Elaeocarpus varunua* Buch.-Ham.

濒危等级　中国植物红色名录评估为无危（LC）。

迁地栽培保存

保存地点	种质份数	个体数量	引种方式	生长状况	来源地
GX	2	f	采集	G	广西

种质库保存

保存地点	保存方式	种质份数	个体数量	引种方式	来源地
BJ	种子	6	a	采集	待确定

日本杜英　*Elaeocarpus japonicus* Sieb. & Zucc.

迁地栽培保存

保存地点	种质份数	个体数量	引种方式	生长状况	来源地
CQ	1	a	采集	C	重庆

山杜英　*Elaeocarpus sylvestris*（Lour.）Poir.

功效主治　根、叶、花：散瘀消肿。用于跌打瘀肿，风湿痛，胃痛，遗精，带下病。根皮：散瘀，消肿。

迁地栽培保存

保存地点	种质份数	个体数量	引种方式	生长状况	来源地
GX	2	f	采集	G	广东、广西
HN	1	a	采集	C	海南
ZJ	1	c	采集	A	浙江

种质库保存

保存地点	保存方式	种质份数	个体数量	引种方式	来源地
BJ	种子	1	a	采集	云南
HN	种子	2	b	采集	海南

少花杜英 *Elaeocarpus bachmaensis* Gagnep.

濒危等级 中国植物红色名录评估为无危（LC）。

迁地栽培保存

保存地点	种质份数	个体数量	引种方式	生长状况	来源地
GX	*	f	采集	G	广西

水石榕 *Elaeocarpus hainanensis* Oliv.

迁地栽培保存

保存地点	种质份数	个体数量	引种方式	生长状况	来源地
HN	1	a	采集	C	海南
GX	*	f	采集	G	福建

种质库保存

保存地点	保存方式	种质份数	个体数量	引种方式	来源地
BJ	种子	6	b	采集	山西

秃瓣杜英 *Elaeocarpus glabripetalus* Merr.

濒危等级 中国特有植物，中国植物红色名录评估为无危（LC）。

迁地栽培保存

保存地点	种质份数	个体数量	引种方式	生长状况	来源地
GX	*	f	采集	G	浙江

种质库保存

保存地点	保存方式	种质份数	个体数量	引种方式	来源地
BJ	种子	1	a	采集	待确定

锡兰杜英　*Elaeocarpus serratus* Benth.

功效主治　根：辛，温。祛风止痛。用于风湿筋骨痛，跌打损伤。

迁地栽培保存

保存地点	种质份数	个体数量	引种方式	生长状况	来源地
HN	1	b	采集	C	待确定
YN	1	a	采集	C	云南

种质库保存

保存地点	保存方式	种质份数	个体数量	引种方式	来源地
BJ	种子	7	a	采集	云南、河北
HN	种子、DNA	4	a	采集	海南

显脉杜英　*Elaeocarpus dubius* A．DC.

濒危等级　中国植物红色名录评估为无危（LC）。

迁地栽培保存

保存地点	种质份数	个体数量	引种方式	生长状况	来源地
HN	1	a	采集	C	海南
GX	*	f	采集	G	广西

种质库保存

保存地点	保存方式	种质份数	个体数量	引种方式	来源地
BJ	种子	1	a	采集	云南
HN	种子、DNA	4	b	采集	海南

锈毛杜英 *Elaeocarpus howii* Merr. & Chun

濒危等级　中国特有植物，中国植物红色名录评估为近危（NT）。

种质库保存

保存地点	保存方式	种质份数	个体数量	引种方式	来源地
HN	种子	1	b	采集	海南

圆果杜英 *Elaeocarpus sphaericus*（Gaertn.）K. Schum.

迁地栽培保存

保存地点	种质份数	个体数量	引种方式	生长状况	来源地
HN	1	a	采集	C	海南
GX	*	f	采集	G	广西

中华杜英 *Elaeocarpus chinensis*（Gardner & Champ.）Hook. f. ex Benth.

功效主治　根（华杜英）：辛，温。散瘀消肿。用于跌打瘀肿，风湿痛。叶、花：用于胃痛，遗精，带下病。

濒危等级　中国植物红色名录评估为无危（LC）。

迁地栽培保存

保存地点	种质份数	个体数量	引种方式	生长状况	来源地
GX	*	f	采集	G	广东

猴欢喜属　Sloanea

薄果猴欢喜 *Sloanea leptocarpa* Diels

功效主治　根：消肿止痛。祛风除湿。用于骨折，跌打损伤，风寒感冒，皮肤瘙痒。

濒危等级　中国特有植物，中国植物红色名录评估为无危（LC）。

迁地栽培保存

保存地点	种质份数	个体数量	引种方式	生长状况	来源地
CQ	1	a	采集	F	重庆
GX	*	f	采集	G	广西

仿栗 *Sloanea hemsleyana*（Ito）Rehd. & E. H. Wils.

功效主治 根：用于痢疾，腰痛。

濒危等级 中国特有植物，陕西省濒危保护植物，中国植物红色名录评估为无危（LC）。

迁地栽培保存

保存地点	种质份数	个体数量	引种方式	生长状况	来源地
GX	2	f	采集	G	湖南、广西

猴欢喜 *Sloanea sinensis*（Hance）Hemsl.

功效主治 根：健脾和胃，祛风，益肾。

濒危等级 江西省三级保护植物，中国植物红色名录评估为无危（LC）。

迁地栽培保存

保存地点	种质份数	个体数量	引种方式	生长状况	来源地
GX	2	f	采集	G	广西
ZJ	1	d	采集	A	浙江
CQ	1	a	采集	C	重庆

苹婆猴欢喜 *Sloanea sterculiacea*（Benth.）Rehd. & E. H. Wils.

迁地栽培保存

保存地点	种质份数	个体数量	引种方式	生长状况	来源地
GX	*	f	采集	G	云南

杜仲科　Eucommiaceae

杜仲属　*Eucommia*

杜仲　*Eucommia ulmoides* Oliver

功效主治　树皮（杜仲）：甘、微辛，温。补肝肾，强筋骨，安胎，平肝。用于阴虚阳亢，腰膝酸痛，肾虚尿频，胎动不安。叶：功效同树皮。

濒危等级　中国特有植物，江西省二级保护植物、浙江省重点保护植物，中国植物红色名录评估为易危（VU）。

迁地栽培保存

保存地点	种质份数	个体数量	引种方式	生长状况	来源地
BJ	3	d	购买	G	浙江、陕西、山东
SH	1	a	采集	A	待确定
YN	1	a	采集	D	云南
LN	1	b	采集	C	辽宁
JS2	1	b	购买	D	江苏
JS1	1	b	购买	C	江苏
HB	1	d	采集	A	湖北
GZ	1	c	采集	C	贵州
GD	1	f	采集	G	待确定
FJ	1	a	购买	A	山东
CQ	1	b	购买	C	重庆
HLJ	1	a	购买	C	河北

种质库保存

保存地点	保存方式	种质份数	个体数量	引种方式	来源地
BJ	种子	59	c	采集	江西、贵州、云南、湖北、河北、甘肃、辽宁、内蒙古、山西、河南、陕西、四川、重庆、安徽

番荔枝科　**Annonaceae**

暗罗属　*Polyalthia*

暗罗　*Polyalthia suberosa*（Roxb.）Thw.

功效主治　根：止痛，散结气。

濒危等级　中国植物红色名录评估为无危（LC）。

迁地栽培保存

保存地点	种质份数	个体数量	引种方式	生长状况	来源地
HN	1	a	采集	C	海南
YN	1	a	采集	C	云南

种质库保存

保存地点	保存方式	种质份数	个体数量	引种方式	来源地
HN	种子	2	b	采集	海南、辽宁
BJ	种子	8	b	采集	海南、四川

长叶暗罗　*Polyalthia longifolia*（Sonn.）Thwaites

功效主治　茎皮：用于月经过多。

迁地栽培保存

保存地点	种质份数	个体数量	引种方式	生长状况	来源地
HN	1	a	赠送	C	海南
YN	1	a	采集	C	云南

海南暗罗　*Polyalthia laui* Merr.

濒危等级　中国植物红色名录评估为无危（LC）。

迁地栽培保存

保存地点	种质份数	个体数量	引种方式	生长状况	来源地
HN	2	a	采集	B	海南
GX	*	f	采集	G	海南

陵水暗罗 *Polyalthia nemoralis* A. DC.

濒危等级 中国植物红色名录评估为无危（LC）。

迁地栽培保存

保存地点	种质份数	个体数量	引种方式	生长状况	来源地
GX	*	f	采集	G	广西

毛脉暗罗 *Polyalthia viridis* Craib

种质库保存

保存地点	保存方式	种质份数	个体数量	引种方式	来源地
BJ	种子	1	a	采集	待确定

沙煲暗罗 *Polyalthia consanguinea* Merr.

功效主治 茎、根：用于肾结石。

濒危等级 中国植物红色名录评估为无危（LC）。

迁地栽培保存

保存地点	种质份数	个体数量	引种方式	生长状况	来源地
HN	2	a	采集	C	海南

细基丸 *Polyalthia cerasoides* (Roxb.) Benth. & Hook. f. ex Bedd.

功效主治 根、皮：解热。

濒危等级 中国植物红色名录评估为无危（LC）。

迁地栽培保存

保存地点	种质份数	个体数量	引种方式	生长状况	来源地
HN	2	a	采集	B	海南

斜脉暗罗　*Polyalthia plagioneura* Diels

功效主治　茎皮：用于腹痛，毒蛇咬伤。

濒危等级　中国植物红色名录评估为无危（LC）。

迁地栽培保存

保存地点	种质份数	个体数量	引种方式	生长状况	来源地
GX	*	f	采集	G	广西

澄广花属　*Orophea*

广西澄广花　*Orophea anceps* Pierre

濒危等级　中国植物红色名录评估为无危（LC）。

迁地栽培保存

保存地点	种质份数	个体数量	引种方式	生长状况	来源地
GX	*	f	采集	G	广西

短梗玉盘属　*Trivalvaria*

海岛木　*Trivalvaria costata*（Hook. f. & Thomson）I. M. Turner

功效主治　根：甘，平。补脾健胃，益肾固精。用于胃胀痛，食欲不振，四肢无力，遗精。

迁地栽培保存

保存地点	种质份数	个体数量	引种方式	生长状况	来源地
HN	1	a	采集	C	海南
GX	*	f	采集	G	广西

种质库保存

保存地点	保存方式	种质份数	个体数量	引种方式	来源地
HN	DNA	1	a	采集	海南

番荔枝属 *Annona*

刺果番荔枝 *Annona muricata* L.

功效主治 根：祛风，活络，止痛。用于赤痢，郁证，痹证。

迁地栽培保存

保存地点	种质份数	个体数量	引种方式	生长状况	来源地
HN	2	a	采集	B	海南
GX	*	f	采集	G	云南

种质库保存

保存地点	保存方式	种质份数	个体数量	引种方式	来源地
BJ	种子	2	b	采集	待确定

番荔枝 *Annona squamosa* L.

功效主治 根：苦，寒。清热解毒，解郁，止血。用于痢疾，郁证。叶：苦、涩，凉。收敛，解毒。用于小儿脱肛，恶疮肿毒。果实、种子：用于疮毒，杀虫。

迁地栽培保存

保存地点	种质份数	个体数量	引种方式	生长状况	来源地
GD	1	f	采集	G	待确定
HN	1	a	采集	B	海南
YN	1	a	采集	C	云南

种质库保存

保存地点	保存方式	种质份数	个体数量	引种方式	来源地
BJ	种子	6	b	采集	云南
HN	种子	1	a	采集	海南

毛叶番荔枝 *Annona cherimolia* Mill.

功效主治 根：用于赤痢，郁证，痹证。果肉、果实：用于恶核，溃疡，肿疮化脓，脾虚。

迁地栽培保存

保存地点	种质份数	个体数量	引种方式	生长状况	来源地
GX	*	f	采集	G	广西

牛心番荔枝 *Annona reticulata* L.

功效主治 树皮：涩，平。收敛。果实：苦，寒。驱虫，止痢，健脾胃。叶：用于咳嗽痰喘。种子：杀虫。

迁地栽培保存

保存地点	种质份数	个体数量	引种方式	生长状况	来源地
HN	2	a	赠送	B	海南
YN	1	a	采集	C	云南

种质库保存

保存地点	保存方式	种质份数	个体数量	引种方式	来源地
BJ	种子	9	b	采集	河北、云南，待确定

山刺番荔枝 *Annona montana* Macf.

迁地栽培保存

保存地点	种质份数	个体数量	引种方式	生长状况	来源地
HN	1	a	赠送	C	海南
YN	1	a	购买	C	云南

圆滑番荔枝 *Annona glabra* L.

功效主治 叶：用于咳嗽痰喘。果实：健脾胃。

迁地栽培保存

保存地点	种质份数	个体数量	引种方式	生长状况	来源地
HN	1	a	赠送	B	海南

种质库保存

保存地点	保存方式	种质份数	个体数量	引种方式	来源地
BJ	种子	1	a	采集	待确定

哥纳香属 *Goniothalamus*

长叶哥纳香 *Goniothalamus gardneri* Hook. f. & Thoms.

濒危等级 中国植物红色名录评估为无危（LC）。

迁地栽培保存

保存地点	种质份数	个体数量	引种方式	生长状况	来源地
HN	1	a	采集	C	海南

海南哥纳香 *Goniothalamus howii* Merr. & Chun

濒危等级 中国特有植物，中国植物红色名录评估为无危（LC）。

迁地栽培保存

保存地点	种质份数	个体数量	引种方式	生长状况	来源地
HN	1	a	采集	C	海南

种质库保存

保存地点	保存方式	种质份数	个体数量	引种方式	来源地
HN	种子	1	b	采集	海南

景洪哥纳香 *Goniothalamus cheliensis* Hu

功效主治 叶：用于清热，杀虫，抗疟。

濒危等级 中国特有植物，中国植物红色名录评估为极危（CR）。

种质库保存

保存地点	保存方式	种质份数	个体数量	引种方式	来源地
BJ	种子	1	a	采集	福建

缅泰哥纳香 *Goniothalamus calvicarpus* Craib

濒危等级 中国植物红色名录评估为无危（LC）。

迁地栽培保存

保存地点	种质份数	个体数量	引种方式	生长状况	来源地
YN	1	a	购买	C	云南

瓜馥木属 *Fissistigma*

凹叶瓜馥木 *Fissistigma retusum*（Levl.）Rehd.

功效主治 根、茎：用于小儿麻痹后遗症，风湿骨痛。

濒危等级 中国特有植物，中国植物红色名录评估为无危（LC）。

迁地栽培保存

保存地点	种质份数	个体数量	引种方式	生长状况	来源地
GX	*	f	采集	G	广西

白叶瓜馥木 *Fissistigma glaucescens*（Hance）Merr.

功效主治 根（乌骨藤）：辛、涩，温。祛风除湿，通经活血，止血。用于风湿骨痛，跌打损伤，月经不调，骨折，外伤出血。

濒危等级 中国植物红色名录评估为无危（LC）。

迁地栽培保存

保存地点	种质份数	个体数量	引种方式	生长状况	来源地
GD	1	f	采集	G	待确定
GX	*	f	采集	G	广西

瓜馥木 *Fissistigma oldhamii*（Hemsl.）Merr.

功效主治 根（瓜馥木）：微辛，温。祛风活血，镇痛。用于腰腿痛，关节痛，跌打损伤。

濒危等级 中国植物红色名录评估为无危（LC）。

迁地栽培保存

保存地点	种质份数	个体数量	引种方式	生长状况	来源地
HN	1	a	采集	C	海南
GZ	1	a	采集	C	贵州
GX	*	f	采集	G	广西

种质库保存

保存地点	保存方式	种质份数	个体数量	引种方式	来源地
BJ	种子	1	a	采集	待确定

广西瓜馥木 *Fissistigma kwangsiense* Tsiang & P. T. Li

濒危等级 中国特有植物，中国植物红色名录评估为濒危（EN）。

迁地栽培保存

保存地点	种质份数	个体数量	引种方式	生长状况	来源地
GX	*	f	采集	G	中国

贵州瓜馥木 *Fissistigma wallichii*（Hook. f. & Thoms.）Merr.

迁地栽培保存

保存地点	种质份数	个体数量	引种方式	生长状况	来源地
GX	*	f	采集	G	广西

火绳藤 *Fissistigma poilanei*（Ast）Tsiang & P. T. Li

濒危等级 中国植物红色名录评估为数据缺乏（DD）。

种质库保存

保存地点	保存方式	种质份数	个体数量	引种方式	来源地
BJ	种子	1	a	采集	待确定

尖叶瓜馥木 *Fissistigma acuminatissimum* Merr.

濒危等级 中国植物红色名录评估为无危（LC）。

迁地栽培保存

保存地点	种质份数	个体数量	引种方式	生长状况	来源地
GX	*	f	采集	G	云南

金果瓜馥木 *Fissistigma cupreonitens* Merr. & Chun

濒危等级 中国植物红色名录评估为近危（NT）。

迁地栽培保存

保存地点	种质份数	个体数量	引种方式	生长状况	来源地
GX	*	f	采集	G	广西

阔叶瓜馥木 *Fissistigma chloroneurum*（Hand.-Mazz.）Tsiang

功效主治 根茎：活血，除湿。根：用于风湿痛，劳伤。叶：用于跌打损伤。

濒危等级 中国植物红色名录评估为无危（LC）。

迁地栽培保存

保存地点	种质份数	个体数量	引种方式	生长状况	来源地
GX	*	f	采集	G	广西

毛瓜馥木 *Fissistigma maclurei* Merr.

种质库保存

保存地点	保存方式	种质份数	个体数量	引种方式	来源地
BJ	种子	1	a	采集	云南

上思瓜馥木 *Fissistigma shangtzeense* Tsiang & P. T. Li

迁地栽培保存

保存地点	种质份数	个体数量	引种方式	生长状况	来源地
GX	*	f	采集	G	广西

香港瓜馥木 *Fissistigma uonicum*（Dunn）Merr.

功效主治 茎：祛风活络，消肿止痛。

濒危等级 中国植物红色名录评估为无危（LC）。

迁地栽培保存

保存地点	种质份数	个体数量	引种方式	生长状况	来源地
GX	*	f	采集	G	广西

小萼瓜馥木 *Fissistigma minuticalyx*（McGr. & W. W. Sm.）Chatterjee

濒危等级 中国植物红色名录评估为无危（LC）。

种质库保存

保存地点	保存方式	种质份数	个体数量	引种方式	来源地
BJ	种子	3	b	采集	云南

假鹰爪属　*Desmos*

假鹰爪　*Desmos chinensis* Lour.

功效主治　全株或根：微辛，温。有小毒。祛风利湿，健脾理气，祛瘀止痛。用于风湿关节痛，产后风痛及腹痛，痛经，胃痛，泄泻，跌打损伤。

濒危等级　中国植物红色名录评估为无危（LC）。

迁地栽培保存

保存地点	种质份数	个体数量	引种方式	生长状况	来源地
HN	1	d	赠送	B	海南
YN	1	a	购买	C	云南
GD	1	f	采集	G	待确定
BJ	1	a	采集	G	江西

种质库保存

保存地点	保存方式	种质份数	个体数量	引种方式	来源地
BJ	种子	5	a	采集	云南
HN	DNA	1	a	采集	海南

毛叶假鹰爪　*Desmos dumosus*（Roxb.）Saff.

功效主治　根：用于风湿骨痛，疟疾。叶：用于疟疾，水肿，风疹，骨鲠刺喉，疥癣。

濒危等级　中国植物红色名录评估为无危（LC）。

迁地栽培保存

保存地点	种质份数	个体数量	引种方式	生长状况	来源地
GX	*	f	采集	G	广西

云南假鹰爪　*Desmos yunnanensis*（Hu）P. T. Li

功效主治　根、叶：用于疟疾。

濒危等级　中国特有植物，中国植物红色名录评估为濒危（EN）。

迁地栽培保存

保存地点	种质份数	个体数量	引种方式	生长状况	来源地
YN	1	a	购买	C	云南

蕉木属 *Chieniodendron*

蕉木 *Chieniodendron hainanense*（Merr.）Tsiang & P. T. Li

濒危等级 中国特有植物，国家重点保护野生植物名录（第二批）二级，中国植物红色名录评估为濒危（EN）。

迁地栽培保存

保存地点	种质份数	个体数量	引种方式	生长状况	来源地
HN	2	a	采集	B	海南

金钩花属 *Pseuduvaria*

金钩花 *Pseuduvaria indochinensis* Merr.

濒危等级 中国植物红色名录评估为近危（NT）。

迁地栽培保存

保存地点	种质份数	个体数量	引种方式	生长状况	来源地
YN	1	a	采集	C	云南

藤春属 *Alphonsea*

海南藤春 *Alphonsea hainanensis* Merr. & Chun

濒危等级 中国特有植物，中国植物红色名录评估为近危（NT）。

迁地栽培保存

保存地点	种质份数	个体数量	引种方式	生长状况	来源地
HN	2	a	采集	C	海南
GX	*	f	采集	G	广西

石密 *Alphonsea mollis* Dunn

功效主治 用于跌打损伤，祛风除湿。

濒危等级 中国特有植物，中国植物红色名录评估为无危（LC）。

迁地栽培保存

保存地点	种质份数	个体数量	引种方式	生长状况	来源地
GX	*	f	采集	G	广西

藤春 *Alphonsea monogyna* Merr. & Chun

濒危等级 中国特有植物，中国植物红色名录评估为易危（VU）。

迁地栽培保存

保存地点	种质份数	个体数量	引种方式	生长状况	来源地
HN	2	a	采集	C	海南

种质库保存

保存地点	保存方式	种质份数	个体数量	引种方式	来源地
BJ	种子	1	a	采集	海南

野独活属 *Miliusa*

囊瓣木 *Miliusa horsfieldii* (Benn.) Pierre

濒危等级 中国植物红色名录评估为易危（VU）。

迁地栽培保存

保存地点	种质份数	个体数量	引种方式	生长状况	来源地
HN	1	a	采集	C	海南

野独活 *Miliusa chunii* W. T. Wang

功效主治　根：用于胃脘疼痛，肾虚腰痛。

濒危等级　中国植物红色名录评估为无危（LC）。

迁地栽培保存

保存地点	种质份数	个体数量	引种方式	生长状况	来源地
GX	2	f	采集	G	广西

中华野独活 *Miliusa sinensis* Finet & Gagnep.

功效主治　根：用于肾虚腰痛。

濒危等级　中国特有植物，中国植物红色名录评估为无危（LC）。

迁地栽培保存

保存地点	种质份数	个体数量	引种方式	生长状况	来源地
GX	*	f	采集	G	广西

依兰属　*Cananga*

小依兰 *Cananga odorata* var. *fruticosa*（Craib）Sincl.

迁地栽培保存

保存地点	种质份数	个体数量	引种方式	生长状况	来源地
GX	*	f	采集	G	广东

依兰 *Cananga odorata*（Lamk.）Hook. f. & Thoms.

功效主治　花：用于头痛，目赤痛风。

迁地栽培保存

保存地点	种质份数	个体数量	引种方式	生长状况	来源地
HN	1	b	赠送	B	海南
YN	1	a	采集	C	云南

种质库保存

保存地点	保存方式	种质份数	个体数量	引种方式	来源地
BJ	种子	2	a	采集	安徽，待确定

银钩花属　*Mitrephora*

南洋银钩花　*Mitrephora teysmannii* Scheff.

濒危等级　中国植物红色名录评估为无危（LC）。

迁地栽培保存

保存地点	种质份数	个体数量	引种方式	生长状况	来源地
GX	*	f	采集	G	广西

山蕉　*Mitrephora macclurei*

濒危等级　中国植物红色名录评估为无危（LC）。

迁地栽培保存

保存地点	种质份数	个体数量	引种方式	生长状况	来源地
GX	*	f	采集	G	广西

银钩花　*Mitrephora thorelii* Pierre

濒危等级　海南省重点保护植物，中国植物红色名录评估为无危（LC）。

迁地栽培保存

保存地点	种质份数	个体数量	引种方式	生长状况	来源地
HN	1	a	采集	C	海南

鹰爪花属　*Artabotrys*

狭瓣鹰爪花　*Artabotrys hainanensis* R. E. Fries

濒危等级　中国特有植物，中国植物红色名录评估为无危（LC）。

迁地栽培保存

保存地点	种质份数	个体数量	引种方式	生长状况	来源地
HN	1	a	采集	C	海南

香港鹰爪花　*Artabotrys hongkongensis* Hance

功效主治　全株：用于风湿骨痛。总花梗：用于狂犬咬伤。

濒危等级　中国植物红色名录评估为无危（LC）。

迁地栽培保存

保存地点	种质份数	个体数量	引种方式	生长状况	来源地
HN	2	a	采集	C	海南

鹰爪花　*Artabotrys hexapetalus*（L. f.）Bhandari

功效主治　根：苦，寒。杀虫。用于疟疾。果实：微苦、涩，凉。清热解毒。用于瘰疬。

迁地栽培保存

保存地点	种质份数	个体数量	引种方式	生长状况	来源地
HN	1	a	采集	B	广西
YN	1	a	采集	C	云南
GD	1	a	采集	D	待确定
BJ	1	a	采集	G	海南

种质库保存

保存地点	保存方式	种质份数	个体数量	引种方式	来源地
BJ	种子	6	b	采集	海南、云南
HN	种子	1	a	采集	海南

皂帽花属　*Dasymaschalon*

喙果皂帽花　*Dasymaschalon rostratum* Merr. & Chun

濒危等级　中国植物红色名录评估为无危（LC）。

迁地栽培保存

保存地点	种质份数	个体数量	引种方式	生长状况	来源地
GX	*	f	采集	G	广西

皂帽花　*Dasymaschalon trichophorum* Merr.

濒危等级　中国特有植物，中国植物红色名录评估为无危（LC）。

迁地栽培保存

保存地点	种质份数	个体数量	引种方式	生长状况	来源地
HN	2	a	采集	C	海南

紫玉盘属　*Uvaria*

光叶紫玉盘　*Uvaria boniana* Finet & Gagnep.

濒危等级　中国植物红色名录评估为无危（LC）。

迁地栽培保存

保存地点	种质份数	个体数量	引种方式	生长状况	来源地
HN	2	a	采集	B	海南

种质库保存

保存地点	保存方式	种质份数	个体数量	引种方式	来源地
BJ	种子	1	a	采集	待确定
HN	种子	1	a	采集	海南

扣匹 *Uvaria tonkinensis* Finet & Gagnep.

功效主治　根、茎：用于乳糜尿。

濒危等级　中国植物红色名录评估为无危（LC）。

迁地栽培保存

保存地点	种质份数	个体数量	引种方式	生长状况	来源地
HN	1	a	采集	B	海南
GX	*	f	采集	G	广西

山椒子 *Uvaria grandiflora* Roxb.

功效主治　根：用于咽喉痛。

濒危等级　中国植物红色名录评估为无危（LC）。

迁地栽培保存

保存地点	种质份数	个体数量	引种方式	生长状况	来源地
HN	1	a	采集	B	海南

种质库保存

保存地点	保存方式	种质份数	个体数量	引种方式	来源地
BJ	种子	1	a	采集	重庆
HN	种子	2	b	采集	海南

紫玉盘 *Uvaria microcarpa* Champ. ex Benth.

功效主治　根（酒饼婆）：用于风湿痛，跌打损伤，腰腿痛。叶（酒饼婆）：止痛消肿。

濒危等级　中国植物红色名录评估为无危（LC）。

迁地栽培保存

保存地点	种质份数	个体数量	引种方式	生长状况	来源地
HN	1	a	采集	B	海南
GD	1	a	采集	D	待确定
GX	*	f	采集	G	广西

种质库保存

保存地点	保存方式	种质份数	个体数量	引种方式	来源地
BJ	种子	1	a	采集	待确定

番木瓜科　Caricaceae

番木瓜属　*Carica*

番木瓜　*Carica papaya* L.

功效主治　果实（番木瓜）：甘，平。消食，驱虫，消肿解毒，通乳。用于消化不良，绦虫病，蛲虫病，痈疖肿毒，跌打肿痛，湿疹，蜈蚣咬伤，溃疡，乳汁不足，痢疾，肝阳上亢，二便不畅。根、叶、花：用于骨折，肿毒溃烂。

迁地栽培保存

保存地点	种质份数	个体数量	引种方式	生长状况	来源地
YN	1	a	采集	C	云南
BJ	1	a	采集	G	广东
CQ	1	a	赠送	C	广西
GD	1	a	采集	E	待确定
HN	1	a	采集	C	海南

种质库保存

保存地点	保存方式	种质份数	个体数量	引种方式	来源地
BJ	种子	6	b	采集	安徽、云南、福建

番杏科　Aizoaceae

海马齿属　*Sesuvium*

海马齿　*Sesuvium portulacastrum*（L.）L.

濒危等级　中国植物红色名录评估为无危（LC）。

迁地栽培保存

保存地点	种质份数	个体数量	引种方式	生长状况	来源地
HN	1	a	采集	C	海南

辉花属　*Lampranthus*

松叶菊　*Lampranthus spectabilis*（Haw.）N. E. Br.

迁地栽培保存

保存地点	种质份数	个体数量	引种方式	生长状况	来源地
BJ	1	b	购买	G	北京

露花属　*Aptenia*

露花　*Aptenia cordifolia*（Linn. f.）Schwantes

功效主治　地上部分：清热解毒。

迁地栽培保存

保存地点	种质份数	个体数量	引种方式	生长状况	来源地
BJ	1	d	采集	G	待确定
SH	1	b	采集	A	待确定

种质库保存

保存地点	保存方式	种质份数	个体数量	引种方式	来源地
BJ	种子	1	a	采集	海南

舌叶花属 *Glottiphyllum*

舌叶花 *Glottiphyllum linguiforme* N. E. Br.

迁地栽培保存

保存地点	种质份数	个体数量	引种方式	生长状况	来源地
SH	1	b	采集	A	待确定
BJ	1	a	采集	G	待确定

防己科 Menispermaceae

蝙蝠葛属 *Menispermum*

蝙蝠葛 *Menispermum dauricum* DC.

功效主治 根（北豆根）、茎（蝙蝠藤）：苦，寒。有小毒。清热解毒，祛风止痛。用于咽喉痛，泄泻，痢疾，风湿痹痛，痔疮肿痛，蛇虫咬伤。

濒危等级 中国植物红色名录评估为无危（LC）。

迁地栽培保存

保存地点	种质份数	个体数量	引种方式	生长状况	来源地
BJ	5	d	采集	G	河北、黑龙江、内蒙古、山西
GX	2	f	采集	G	波兰，中国河北
GD	1	f	采集	G	待确定
HLJ	1	d	采集	A	黑龙工
JS1	1	a	采集	B	江苏

保存地点	种质份数	个体数量	引种方式	生长状况	来源地
LN	1	c	采集	B	辽宁
SH	1	a	采集	A	待确定

种质库保存

保存地点	保存方式	种质份数	个体数量	引种方式	来源地
BJ	种子	6	a	采集	吉林、云南、河北

秤钩风属 *Diploclisia*

苍白秤钩风 *Diploclisia glaucescens*（Bl.）Diels

功效主治 茎藤、叶：微苦，寒。清热解毒，祛风除湿。用于风湿痛，小便淋痛，胁痛，胆胀，咽喉痛，痢疾，毒蛇咬伤。

濒危等级 中国植物红色名录评估为无危（LC）。

迁地栽培保存

保存地点	种质份数	个体数量	引种方式	生长状况	来源地
GX	2	f	采集	G	澳门、云南
HN	1	a	采集	C	海南
YN	1	a	采集	C	云南

种质库保存

保存地点	保存方式	种质份数	个体数量	引种方式	来源地
HN	种子	1	a	采集	海南

秤钩风 *Diploclisia affinis*（Oliv.）Diels

功效主治 根、茎：苦，平。祛风除湿，活血祛瘀，利尿。用于风湿关节痛，跌打损伤，小便淋痛。

濒危等级 中国特有植物，中国植物红色名录评估为无危（LC）。

迁地栽培保存

保存地点	种质份数	个体数量	引种方式	生长状况	来源地
GX	2	f	采集	G	广西

大叶藤属　*Tinomiscium*

大叶藤　*Tinomiscium petiolare* Hook. f. & Thoms.

功效主治　根茎、藤：散瘀止痛，壮筋骨。用于风湿痹痛，小儿麻痹后遗症，咽喉痛，乳蛾，目赤，黄疸，跌打损伤；外用于骨折。叶：用于刀伤，跌打损伤。

濒危等级　中国植物红色名录评估为无危（LC）。

迁地栽培保存

保存地点	种质份数	个体数量	引种方式	生长状况	来源地
YN	1	a	采集	C	云南
GX	*	f	采集	G	广西

种质库保存

保存地点	保存方式	种质份数	个体数量	引种方式	来源地
BJ	种子	6	b	采集	云南

粉绿藤属　*Pachygone*

肾子藤　*Pachygone valida* Diels

功效主治　根、茎：苦，寒。祛风除湿，活血镇痛。用于风湿痛，手足麻木，腰肌劳损。

濒危等级　中国特有植物，中国植物红色名录评估为无危（LC）。

迁地栽培保存

保存地点	种质份数	个体数量	引种方式	生长状况	来源地
GX	*	f	采集	G	广西

风龙属 *Sinomenium*

风龙 *Sinomenium acutum* (Thunb.) Rehd. & E. H. Wils.

功效主治 茎藤（青风藤）：祛风湿，通经络，利小便。用于风湿痹痛，关节肿胀，麻痹瘙痒。

濒危等级 中国植物红色名录评估为无危（LC）。

迁地栽培保存

保存地点	种质份数	个体数量	引种方式	生长状况	来源地
SH	1	b	采集	A	待确定
CQ	1	a	采集	C	重庆
GZ	1	a	采集	C	贵州
GX	*	f	采集	G	重庆

古山龙属 *Arcangelisia*

古山龙 *Arcangelisia gusanlung* Lo

功效主治 根（古山龙）：苦，寒。有小毒。清热解毒，利湿，泻火，止痛，杀虫。用于疟疾，肺痨，胃胀痛，乳蛾，痢疾，泄泻，肝阳上亢，头痛，疖肿；外用于湿疹，溃烂疮，瘙痒，目赤。

濒危等级 中国特有植物，国家重点保护野生植物名录（第二批）二级，中国植物红色名录评估为近危（NT）。

迁地栽培保存

保存地点	种质份数	个体数量	引种方式	生长状况	来源地
HN	1	a	采集	C	海南
GX	*	f	采集	G	海南

种质库保存

保存地点	保存方式	种质份数	个体数量	引种方式	来源地
BJ	种子	1	a	采集	待确定

连蕊藤属　*Parabaena*

连蕊藤　*Parabaena sagittata* Miers

功效主治　叶：通便。用于便秘。

濒危等级　中国植物红色名录评估为无危（LC）。

迁地栽培保存

保存地点	种质份数	个体数量	引种方式	生长状况	来源地
GX	*	f	采集	G	广西

种质库保存

保存地点	保存方式	种质份数	个体数量	引种方式	来源地
BJ	种子	8	b	采集	待确定

轮环藤属　*Cyclea*

粉叶轮环藤　*Cyclea hypoglauca*（Schauer）Diels

功效主治　根、茎、叶：用于筋缩。

濒危等级　中国植物红色名录评估为无危（LC）。

迁地栽培保存

保存地点	种质份数	个体数量	引种方式	生长状况	来源地
HN	1	a	采集	C	海南
BJ	1	b	采集	G	广西
GX	*	f	采集	G	广西

轮环藤　*Cyclea racemosa* Oliv.

功效主治　根（小青藤香）：苦，寒。有小毒。清热解毒，理气止痛。用于脘腹疼痛，吐泻，风湿痛，毒蛇咬伤。

濒危等级　中国特有植物，中国植物红色名录评估为无危（LC）。

迁地栽培保存

保存地点	种质份数	个体数量	引种方式	生长状况	来源地
YN	1	a	采集	C	云南
SC	1	f	待确定	G	四川
CQ	1	a	采集	F	重庆
GX	*	f	采集	G	云南

种质库保存

保存地点	保存方式	种质份数	个体数量	引种方式	来源地
BJ	种子	1	a	采集	待确定

毛叶轮环藤 *Cyclea barbata* Miers

功效主治 根（银不换）：苦，寒。有小毒。清热解毒，利湿通淋，散瘀止痛。用于感冒风热，咽喉痛，痢疾，腹痛，砂淋，牙痛，跌打损伤。

濒危等级 中国植物红色名录评估为无危（LC）。

迁地栽培保存

保存地点	种质份数	个体数量	引种方式	生长状况	来源地
GD	1	f	采集	G	待确定
HN	1	a	采集	C	海南
GX	*	f	采集	G	印度尼西亚

四川轮环藤 *Cyclea sutchuenensis* Gagnep.

功效主治 根、茎藤：苦，寒。有小毒。清热解毒，利水通淋，散瘀止痛。用于风热感冒，小儿惊风，破伤风，咽喉痛，牙痛，腹痛，小便淋痛，痢疾，跌打损伤。

濒危等级 中国特有植物，中国植物红色名录评估为无危（LC）。

迁地栽培保存

保存地点	种质份数	个体数量	引种方式	生长状况	来源地
GX	*	f	采集	G	广西

铁藤　*Cyclea polypetala* Dunn

功效主治　根、叶：苦，寒。清热解毒，利尿，止痛。用于咽喉痛，乳蛾，白喉，牙痛，胃痛，小便淋痛，痈疮肿毒，毒蛇咬伤。

濒危等级　中国植物红色名录评估为无危（LC）。

迁地栽培保存

保存地点	种质份数	个体数量	引种方式	生长状况	来源地
HN	1	a	采集	C	海南
GX	*	f	采集	G	广西

种质库保存

保存地点	保存方式	种质份数	个体数量	引种方式	来源地
HN	种子	1	a	采集	海南

密花藤属　*Pycnarrhena*

密花藤　*Pycnarrhena lucida*（Teijsm. & Binn.）Miq.

功效主治　根茎：清热解毒，祛风除湿。

濒危等级　中国植物红色名录评估为无危（LC）。

迁地栽培保存

保存地点	种质份数	个体数量	引种方式	生长状况	来源地
GX	2	f	采集	G	广西

硬骨藤　*Pycnarrhena poilanei*（Gagnep.）Forman

功效主治　根：消肿止痛。

濒危等级　中国植物红色名录评估为无危（LC）。

种质库保存

保存地点	保存方式	种质份数	个体数量	引种方式	来源地
BJ	种子	1	a	采集	待确定

木防己属 *Cocculus*

木防己 *Cocculus orbiculatus*（L.）DC.

迁地栽培保存

保存地点	种质份数	个体数量	引种方式	生长状况	来源地
BJ	5	b	采集	G	浙江、山东
GX	2	f	采集	G	日本，中国江苏
JS1	1	a	采集	C	江苏
SH	1	a	采集	A	待确定
HN	1	a	采集	C	海南
GZ	1	a	采集	C	贵州
GD	1	f	采集	G	待确定
CQ	1	a	采集	B	重庆
ZJ	1	d	采集	A	浙江

种质库保存

保存地点	保存方式	种质份数	个体数量	引种方式	来源地
BJ	种子	11	b	采集	重庆、云南、山西、安徽、福建、广西
HN	种子	1	b	采集	海南

樟叶木防己 *Cocculus laurifolius* DC.

功效主治　全株或根（衡州乌药）：苦，凉。散瘀消肿，祛风止痛，消食止泻。用于风湿腰腿痛，跌打肿痛，泄泻，腹痛，头痛，疝气。

濒危等级　中国植物红色名录评估为无危（LC）。

迁地栽培保存

保存地点	种质份数	个体数量	引种方式	生长状况	来源地
HN	1	a	采集	C	海南
YN	1	a	购买	C	云南
GX	*	f	采集	G	广西

千金藤属　*Stephania*

白线薯　*Stephania brachyandra* Diels

功效主治　块根：苦，寒。有小毒。清热解毒，利湿，止痛。用于胃复疼痛，泄泻，风湿关节痛，疟疾；外用于湿疹，痈疮肿毒。

濒危等级　中国植物红色名录评估为无危（LC）。

迁地栽培保存

保存地点	种质份数	个体数量	引种方式	生长状况	来源地
YN	1	a	采集	C	云南

地不容　*Stephania epigaea* Lo

功效主治　块根：苦，寒。有小毒。清热解毒，截疟，镇静，止痛。用于疟疾，胃痛，腹痛，风湿节关痛，痈疽肿毒。

濒危等级　中国特有植物，中国植物红色名录评估为无危（LC）。

迁地栽培保存

保存地点	种质份数	个体数量	引种方式	生长状况	来源地
GD	1	f	采集	G	待确定
GZ	1	a	采集	C	贵州
HB	1	a	采集	C	待确定
YN	1	b	采集	A	云南
BJ	*	a	采集	G	广西

种质库保存

保存地点	保存方式	种质份数	个体数量	引种方式	来源地
BJ	种子	6	a	采集	广西

粉防己 *Stephania tetrandra* S. Moore

功效主治 块根（防己、粉防己）：苦、辛，寒。利水消肿，祛风止痛。用于小便淋痛，水肿脚气，疮毒，湿疹，肝阳上亢，风湿痹痛。

濒危等级 中国特有植物，中国植物红色名录评估为无危（LC）。

迁地栽培保存

保存地点	种质份数	个体数量	引种方式	生长状况	来源地
GD	1	f	采集	G	待确定

粪箕笃 *Stephania longa* Lour.

功效主治 全株（粪箕笃）：微苦、涩，平。清热解毒，利尿消肿，祛风止痛。用于咽喉痛，尿急尿痛，泄泻，痢疾，耳疖，耳闭，风湿疼痛，腰腿痛，毒蛇咬伤，痈疮肿毒。

濒危等级 中国植物红色名录评估为无危（LC）。

迁地栽培保存

保存地点	种质份数	个体数量	引种方式	生长状况	来源地
YN	2	b	采集	C	云南
GD	1	f	采集	G	待确定
HN	1	a	采集	C	海南

种质库保存

保存地点	保存方式	种质份数	个体数量	引种方式	来源地
HN	种子	1	b	采集	海南
BJ	种子	1	a	采集	云南、河北

广西地不容 *Stephania kwangsiensis* Lo

功效主治 块根：苦，凉。止痛，镇静，清热解毒。用于胃痛，感冒头痛，咽喉痛，痢疾，疮痈肿毒，外

　　伤疼痛。

濒危等级　中国特有植物，广西壮族自治区重点保护植物，中国植物红色名录评估为濒危（EN）。

迁地栽培保存

保存地点	种质份数	个体数量	引种方式	生长状况	来源地
BJ	1	a	采集	G	广西
GX	*	f	采集	G	广西

种质库保存

保存地点	保存方式	种质份数	个体数量	引种方式	来源地
BJ	种子	1	a	采集	待确定

黄叶地不容　*Stephania viridiflavens* H. S. Lo & M. Yang

功效主治　块根：功效同广西地不容。

濒危等级　中国特有植物，中国植物红色名录评估为无危（LC）。

迁地栽培保存

保存地点	种质份数	个体数量	引种方式	生长状况	来源地
GX	*	f	采集	G	广西

马山地不容　*Stephania mashanica* H. S. Lo & B. N. Chang

功效主治　块根：功效同广西地不容。

濒危等级　中国特有植物，广西壮族自治区重点保护植物，中国植物红色名录评估为濒危（EN）。

迁地栽培保存

保存地点	种质份数	个体数量	引种方式	生长状况	来源地
GX	*	f	采集	G	广西

小花地不容　*Stephania micrantha* H. S. Lo & M. Yang

功效主治　块根：功效同广西地不容。

濒危等级　中国特有植物，中国植物红色名录评估为易危（VU）。

迁地栽培保存

保存地点	种质份数	个体数量	引种方式	生长状况	来源地
GX	*	f	采集	G	广西

海南地不容　*Stephania hainanensis* H. S. Lo & Y. Tsoong

功效主治　块根：苦，寒。消肿解毒，健胃止痛。用于胃痛，吐泻，痢疾，咽喉痛，跌打损伤。

濒危等级　中国特有植物，海南省重点保护植物，中国植物红色名录评估为濒危（EN）。

迁地栽培保存

保存地点	种质份数	个体数量	引种方式	生长状况	来源地
HN	2	a	采集	B	海南
BJ	1	a	采集	G	海南
GX	*	f	采集	G	广东

种质库保存

保存地点	保存方式	种质份数	个体数量	引种方式	来源地
BJ	种子	1	a	采集	四川

江南地不容　*Stephania excentrica* Lo

功效主治　根：苦，寒。理气止痛。用于胃痛，腹胀，腹痛，风湿痹痛，毒蛇咬伤。

濒危等级　中国特有植物，中国植物红色名录评估为无危（LC）。

迁地栽培保存

保存地点	种质份数	个体数量	引种方式	生长状况	来源地
CQ	1	a	采集	F	重庆

金线吊乌龟　*Stephania cephalantha* Hayata

功效主治　块根（白药子）：苦，寒。清热解毒，止痛，散瘀消肿。用于胃痛，肝毒，肠痈，痢疾，跌打损伤，毒蛇咬伤；外用于疔腮，疮疡疥癣，疖肿。

迁地栽培保存

保存地点	种质份数	个体数量	引种方式	生长状况	来源地
SH	1	a	采集	A	待确定
BJ	1	a	采集	G	广西
CQ	1	a	采集	C	重庆
HB	1	a	采集	C	湖北
JS1	1	a	购买	C	江苏
GX	*	f	采集	G	日本

千金藤 *Stephania japonica* (Thunb.) Miers

功效主治 根（千金藤）、茎：苦，寒。清热解毒，利水消肿，祛风止痛。用于咽喉痛，牙痛，胃痛，小便淋痛，尿急尿痛，水肿脚气，疟疾，痢疾，风湿关节痛，疮疖痈肿。

迁地栽培保存

保存地点	种质份数	个体数量	引种方式	生长状况	来源地
GZ	1	a	采集	C	贵州
ZJ	1	d	采集	A	浙江
JS1	1	a	采集	D	江苏
BJ	1	a	采集	G	浙江
YN	1	a	采集	C	云南
GX	*	f	采集	G	贵州

种质库保存

保存地点	保存方式	种质份数	个体数量	引种方式	来源地
BJ	种子	4	b	采集	湖北、云南

汝兰 *Stephania sinica* Diels

功效主治 块根（金不换）：苦、辛，凉。清热解毒，祛风除湿。用于痈疖疮毒，毒蛇咬伤，痢疾，中暑，风湿关节痛。

濒危等级 中国特有植物，中国植物红色名录评估为无危（LC）。

迁地栽培保存

保存地点	种质份数	个体数量	引种方式	生长状况	来源地
HN	1	a	采集	C	待确定
BJ	1	a	采集	G	广西
CQ	1	a	采集	C	重庆
GX	*	f	采集	G	重庆

山乌龟 *Stephania erecta* Craib

功效主治　块根：用于产后腹痛。

种质库保存

保存地点	保存方式	种质份数	个体数量	引种方式	来源地
BJ	种子	4	b	采集	待确定

桐叶千斤藤 *Stephania japonica* var. *discolor*（Blume）Forman

功效主治　根（桐叶千金藤）：苦，凉。清热解毒，通经活络，祛风除湿。用于痈疮肿毒，咽喉痛，口疮，疟腮，痢疾，中暑，风湿关节痛。叶：杀虫，止痛。用于风湿痹痛。

迁地栽培保存

保存地点	种质份数	个体数量	引种方式	生长状况	来源地
YN	2	a	采集	C	云南
SH	1	b	采集	A	待确定
GX	*	f	采集	G	广西

乌柏茹 *Stephania rotunda* Lour.

功效主治　块根：祛风除湿，消肿解毒。用于痹证，水肿，疮疡肿毒。

迁地栽培保存

保存地点	种质份数	个体数量	引种方式	生长状况	来源地
SH	1	b	采集	A	待确定

种质库保存

保存地点	保存方式	种质份数	个体数量	引种方式	来源地
BJ	种子	1	a	采集	福建

小叶地不容 *Stephania succifera* H. S. Lo & Y. Tsoong

功效主治 块根：苦，寒。镇静止痛，清热解毒。用于内外伤痛，疟疾，痢疾，吐泻，胃痛，牙痛，口疮，咽喉痛；外用于蛇咬伤，疮毒，跌打损伤。

濒危等级 中国特有植物，海南省重点保护植物，中国植物红色名录评估为极危（CR）。

迁地栽培保存

保存地点	种质份数	个体数量	引种方式	生长状况	来源地
HN	1	a	采集	B	海南
GX	*	f	采集	G	海南

血散薯 *Stephania dielsiana* Y. C. Wu

功效主治 块根：苦，寒。散瘀止痛，解毒。用于胃痛，吐泻，头痛，牙痛，咽喉痛，跌打损伤，毒蛇咬伤，痈疮肿毒。

濒危等级 中国特有植物，中国植物红色名录评估为易危（VU）。

迁地栽培保存

保存地点	种质份数	个体数量	引种方式	生长状况	来源地
GD	1	f	采集	G	待确定
GX	*	f	采集	G	广西

一文钱 *Stephania delavayi* Diels

功效主治 根（地不容）：苦，寒。理气止痛，祛风除湿。用于胃痛，食滞气胀，风湿痛，腰膝痛。

濒危等级 中国特有植物，中国植物红色名录评估为易危（VU）。

迁地栽培保存

保存地点	种质份数	个体数量	引种方式	生长状况	来源地
BJ	1	a	采集	G	云南
GX	*	f	采集	G	广西

种质库保存

保存地点	保存方式	种质份数	个体数量	引种方式	来源地
BJ	种子	1	a	采集	云南

云南地不容 *Stephania yunnanensis* Lo

功效主治　块根：苦，寒。有小毒。清热解毒，截疟，镇痛。用于痈疮肿毒，咽喉痛，疟疾，胃痛。

濒危等级　中国特有植物，中国植物红色名录评估为濒危（EN）。

迁地栽培保存

保存地点	种质份数	个体数量	引种方式	生长状况	来源地
HN	2	a	采集	B	待确定
BJ	1	a	采集	G	云南

青牛胆属 *Tinospora*

海南青牛胆 *Tinospora hainanensis* H. S. Lo & Z. X. Li

功效主治　茎：用于痹证。

濒危等级　中国特有植物，中国植物红色名录评估为无危（LC）。

迁地栽培保存

保存地点	种质份数	个体数量	引种方式	生长状况	来源地
HN	2	a	采集	C	海南

种质库保存

保存地点	保存方式	种质份数	个体数量	引种方式	来源地
HN	种子	1	a	采集	海南

瘤茎青牛胆 *Tinospora crispa* (Linn.) Hook. f. et Thoms

功效主治 藤：用于疟疾。茎、叶：退热。

濒危等级 中国植物红色名录评估为无危（LC）。

迁地栽培保存

保存地点	种质份数	个体数量	引种方式	生长状况	来源地
GX	2	f	采集	G	印度尼西亚，中国广西
HN	1	a	采集	C	待确定
YN	1	b	采集	A	云南

种质库保存

保存地点	保存方式	种质份数	个体数量	引种方式	来源地
BJ	种子	1	a	采集	重庆

青牛胆 *Tinospora sagittata* (Oliv.) Gagnep.

功效主治 茎：用于风湿疼痛，腰肌劳损，跌打损伤。块根：苦，寒。清热解毒。用于咽喉痛，乳蛾，热咳失音，痢疾，跌打损伤，毒蛇咬伤。

濒危等级 中国植物红色名录评估为濒危（EN）。

迁地栽培保存

保存地点	种质份数	个体数量	引种方式	生长状况	来源地
BJ	2	b	采集	G	四川、云南、湖北
CQ	1	a	采集	C	重庆
GD	1	f	采集	G	待确定
GZ	1	a	采集	C	贵州
HN	1	a	采集	C	海南
YN	1	a	购买	C	云南

种质库保存

保存地点	保存方式	种质份数	个体数量	引种方式	来源地
BJ	种子	4	b	采集	待确定
HN	种子	1	b	采集	湖南

中华青牛胆 *Tinospora sinensis* (Lour.) Merr.

功效主治 茎藤（宽筋藤）：苦，寒。舒筋活络，祛风除湿。用于风湿关节痛，腰筋劳伤，痹证，感冒周身酸痛，扭伤，筋脉拘挛。

濒危等级 中国植物红色名录评估为无危（LC）。

迁地栽培保存

保存地点	种质份数	个体数量	引种方式	生长状况	来源地
BJ	1	b	采集	G	广西
GD	1	f	采集	G	待确定
HN	1	a	采集	C	海南
YN	1	a	采集	A	云南

种质库保存

保存地点	保存方式	种质份数	个体数量	引种方式	来源地
BJ	种子	8	b	采集	云南

藤枣属 *Eleutharrhena*

藤枣 *Eleutharrhena macrocarpa* (Diels) Forman

濒危等级 国家重点保护野生植物名录（第一批）一级，中国植物红色名录评估为极危（CR）。

迁地栽培保存

保存地点	种质份数	个体数量	引种方式	生长状况	来源地
YN	1	a	采集	C	云南

锡生藤属　*Cissampelos*

美非锡生藤　*Cissampelos pareira* Linn.

功效主治　全草：活血止痛，止血生肌。用于跌打损伤，挤压伤，创伤出血，腰痛，风湿疼痛。

迁地栽培保存

保存地点	种质份数	个体数量	引种方式	生长状况	来源地
YN	1	b	购买	B	云南

细圆藤属　*Pericampylus*

细圆藤　*Pericampylus glaucus*（Lam.）Merr.

功效主治　藤：苦，凉。祛风镇静，解毒，止咳。用于小儿惊风，破伤风。根：止咳，利咽喉。用于咽喉痛，肺痨，毒蛇咬伤，疮疖。叶：用于无名肿毒，骨折。

濒危等级　中国植物红色名录评估为无危（LC）。

迁地栽培保存

保存地点	种质份数	个体数量	引种方式	生长状况	来源地
CQ	1	a	采集	F	重夫
HN	1	a	采集	C	海南
GX	*	f	采集	G	广西

种质库保存

保存地点	保存方式	种质份数	个体数量	引种方式	来源地
BJ	种子	10	b	采集	海南、云南

崖藤属　*Albertisia*

崖藤　*Albertisia laurifolia* Yamam.

功效主治　根：用于感冒发热，疹证，小便短小黄赤。

濒危等级 国家重点保护野生植物名录（第二批）二级，海南省重点保护植物，中国植物红色名录评估为近危（NT）。

迁地栽培保存

保存地点	种质份数	个体数量	引种方式	生长状况	来源地
HN	1	a	赠送	C	海南
GX	*	f	采集	G	待确定

种质库保存

保存地点	保存方式	种质份数	个体数量	引种方式	来源地
HN	种子	1	a	采集	海南

夜花藤属 *Hypserpa*

夜花藤 *Hypserpa nitida* Miers

功效主治 全株（夜花藤）：苦，凉。凉血止血，利尿。用于咯血，吐血，便血，外伤出血。

濒危等级 中国植物红色名录评估为无危（LC）。

种质库保存

保存地点	保存方式	种质份数	个体数量	引种方式	来源地
HN	种子	1	b	采集	广东

凤梨科 Bromeliaceae

彩叶凤梨属 *Neoregelia*

彩叶凤梨 *Neoregelia carolinae*（Beer）L. B. Sm.

迁地栽培保存

保存地点	种质份数	个体数量	引种方式	生长状况	来源地
BJ	*	b	采集	G	待确定

端红凤梨　*Neoregelia spectabilis*（T. Moore）L. B. Sm.

迁地栽培保存

保存地点	种质份数	个体数量	引种方式	生长状况	来源地
YN	1	a	购买	C	云南

凤梨属　*Ananas*

凤梨　*Ananas comosus*（L.）Merr.

功效主治　果皮：用于痢疾。

迁地栽培保存

保存地点	种质份数	个体数量	引种方式	生长状况	来源地
GD	2	b	采集	D	待确定
GX	*	f	采集	G	海南

光萼荷属　*Aechmea*

美叶光萼荷　*Aechmea fasciata* Baker

迁地栽培保存

保存地点	种质份数	个体数量	引种方式	生长状况	来源地
BJ	1	a	采集	G	待确定

姬凤梨属　*Cryptanthus*

姬凤梨　*Cryptanthus acaulis* Beer

迁地栽培保存

保存地点	种质份数	个体数量	引种方式	生长状况	来源地
BJ	1	b	购买	G	待确定

丽冠凤梨属　*Quesnelia*

大丽冠凤梨　*Quesnelia liboniana*（De Jonghe）Mez

迁地栽培保存

保存地点	种质份数	个体数量	引种方式	生长状况	来源地
BJ	1	b	交换	G	北京

水塔花属　*Billbergia*

垂花水塔花　*Billbergia nutans* Wendl. ex Regel

迁地栽培保存

保存地点	种质份数	个体数量	引种方式	生长状况	来源地
BJ	1	b	交换	G	北京
CQ	1	a	购买	C	重庆
GX	*	f	采集	G	广西

水塔花　*Billbergia pyramidalis*（Sims）Lindl.

功效主治　叶：消肿排脓。外用于疮疡肿毒。

迁地栽培保存

保存地点	种质份数	个体数量	引种方式	生长状况	来源地
HN	1	b	赠送	B	广西
BJ	1	b	购买	G	待确定
CQ	1	a	赠送	C	广西

凤仙花科 **Balsaminaceae**

凤仙花属 *Impatiens*

棒凤仙花 *Impatiens claviger* Hook. f.

濒危等级 中国植物红色名录评估为无危（LC）。

迁地栽培保存

保存地点	种质份数	个体数量	引种方式	生长状况	来源地
GX	*	f	采集	G	广西

齿萼凤仙花 *Impatiens dicentra* Franch. ex Hook. f.

功效主治 种子：活血散瘀，利尿解毒。

濒危等级 中国特有植物，中国植物红色名录评估为无危（LC）。

迁地栽培保存

保存地点	种质份数	个体数量	引种方式	生长状况	来源地
GX	*	f	采集	G	广西

大旗瓣凤仙花 *Impatiens macrovexilla* Y. L. Chen

濒危等级 中国特有植物，中国植物红色名录评估为无危（LC）。

迁地栽培保存

保存地点	种质份数	个体数量	引种方式	生长状况	来源地
GX	2	f	采集	G	广西

大叶凤仙花 *Impatiens apalophylla* Hook. f.

功效主治 全草：散瘀，通经。

濒危等级 中国特有植物，中国植物红色名录评估为无危（LC）。

迁地栽培保存

保存地点	种质份数	个体数量	引种方式	生长状况	来源地
GX	*	f	采集	G	广西

单花凤仙花　*Impatiens uniflora* Hayata

濒危等级　中国特有植物，中国植物红色名录评估为无危（LC）。

迁地栽培保存

保存地点	种质份数	个体数量	引种方式	生长状况	来源地
HN	2	a	采集	C	海南

滇水金凤　*Impatiens uliginosa* Franch.

功效主治　全草或根：甘，温。活血调经，舒筋活络。用于月经不调，痛经，跌打损伤，风湿痛，阴囊湿疹。

濒危等级　中国特有植物，中国植物红色名录评估为近危（NT）。

迁地栽培保存

保存地点	种质份数	个体数量	引种方式	生长状况	来源地
GX	*	f	采集	G	云南

峨眉凤仙花　*Impatiens omeiana* Hook. f.

功效主治　根：祛风除湿，止痛。

濒危等级　中国特有植物，中国植物红色名录评估为近危（NT）。

迁地栽培保存

保存地点	种质份数	个体数量	引种方式	生长状况	来源地
GX	*	f	采集	G	四川

丰满凤仙花　*Impatiens obesa* Hook. f.

功效主治　全草：拔毒消肿。用于跌打损伤，痈疮肿毒。

濒危等级　中国特有植物，中国植物红色名录评估为近危（NT）。

迁地栽培保存

保存地点	种质份数	个体数量	引种方式	生长状况	来源地
GX	*	f	采集	G	广西

凤仙花　*Impatiens balsamina* L.

功效主治　种子（急性子）：微苦、辛，温。有小毒。破血，软坚，消积。用于闭经，难产，骨鲠咽喉，肿块积聚。根（凤仙花根）：苦、甘、辛，平。有小毒。活血消肿。用于风湿筋骨痛，跌打肿痛，骨鲠咽喉。花（凤仙花）：甘、微苦，温。祛风，活血，消肿止痛。用于闭经，跌打损伤，瘀血肿痛，风湿关节痛，痈疖疔疮，毒蛇咬伤，手癣。全草（凤仙透骨草）：辛、苦，温。有小毒。祛风，活血，消肿，止痛。用于风湿关节痛，屈伸不利；外用于疮疡肿毒，跌打损伤，瘀血肿痛，瘰疬。

迁地栽培保存

保存地点	种质份数	个体数量	引种方式	生长状况	来源地
JS2	2	e	购买	C	江苏
BJ	2	b	采集、交换	G	四川、北京
GD	1	b	采集	B	待确定
JS1	1	c	购买	B	江苏
SH	1	b	采集	A	待确定
NMG	1	c	购买	F	内蒙古
LN	1	d	采集	A	辽宁
HN	1	a	采集	B	海南
HLJ	1	c	购买	A	黑龙江
HEN	1	c	赠送	A	河南
CQ	1	a	购买	C	重庆
HB	1	a	采集	A	湖北
GX	*	f	采集	G	广西

种质库保存

保存地点	保存方式	种质份数	个体数量	引种方式	来源地
BJ	种子	50	d	采集	安徽、山西、吉林、河北、广西、四川、云南、海南、重庆、河南、山东
HN	种子	1	a	采集	海南

红花凤仙 *Impatiens exilipes* Hook. f. ex Ridl.

种质库保存

保存地点	保存方式	种质份数	个体数量	引种方式	来源地
BJ	种子	1	a	采集	贵州

湖北凤仙花 *Impatiens pritzelii* Hook. f.

功效主治 根茎（冷水七）：辛、甘，凉。祛风除湿，散瘀消肿，止痛止血，清热解毒。用于风湿痛，四肢麻木，关节肿大，腹痛，食积腹胀，泄泻，月经不调，痛经，痢疾。

濒危等级 中国特有植物，中国植物红色名录评估为易危（VU）。

迁地栽培保存

保存地点	种质份数	个体数量	引种方式	生长状况	来源地
BJ	1	b	采集	G	湖北
HB	1	a	采集	C	待确定

种质库保存

保存地点	保存方式	种质份数	个体数量	引种方式	来源地
BJ	种子	41	d	采集	重庆、四川、福建、海南、云南

湖南凤仙花　*Impatiens hunanensis* Y. L. Chen

迁地栽培保存

保存地点	种质份数	个体数量	引种方式	生长状况	来源地
GX	*	f	采集	G	广西

华凤仙　*Impatiens chinensis* L.

功效主治　全草（水边指甲花）：苦、辛，平。清热解毒，活血散瘀，消肿拔脓。用于肺痨，颜面及喉头肿痛，热痢，蛇头疔，痈疮肿毒。

濒危等级　中国植物红色名录评估为无危（LC）。

迁地栽培保存

保存地点	种质份数	个体数量	引种方式	生长状况	来源地
GX	*	f	采集	G	广西

黄金凤　*Impatiens siculifer* Hook. f.

功效主治　全草（黄金凤）：祛瘀消肿，清热止痛，活血止痛。用于跌打损伤，风湿麻木，劳伤，风湿骨痛，痈肿，烫火伤。

濒危等级　中国特有植物，中国植物红色名录评估为无危（LC）。

迁地栽培保存

保存地点	种质份数	个体数量	引种方式	生长状况	来源地
GX	*	f	采集	G	广西

金凤花　*Impatiens cyathiflora* Hook. f.

迁地栽培保存

保存地点	种质份数	个体数量	引种方式	生长状况	来源地
GX	*	f	采集	G	云南

块节凤仙花 *Impatiens pinfanensis* Hook. f.

功效主治 块茎：祛瘀止痛，祛风除湿。用于风寒感冒，风湿骨痛，闭经，乳蛾，骨折。

濒危等级 中国特有植物，中国植物红色名录评估为无危（LC）。

迁地栽培保存

保存地点	种质份数	个体数量	引种方式	生长状况	来源地
GX	*	f	采集	G	广西

蓝花凤仙花 *Impatiens cyanantha* Hook. f.

功效主治 全草（凤仙花）：舒筋活络。用于跌打肿痛，毒蛇咬伤。

濒危等级 中国特有植物，中国植物红色名录评估为无危（LC）。

迁地栽培保存

保存地点	种质份数	个体数量	引种方式	生长状况	来源地
GX	*	f	采集	G	贵州

龙州凤仙花 *Impatiens morsei* Hook. f.

濒危等级 中国特有植物，中国植物红色名录评估为无危（LC）。

迁地栽培保存

保存地点	种质份数	个体数量	引种方式	生长状况	来源地
GX	*	f	采集	G	广西

卢氏凤仙花 *Impatiens lushiensis* Y. L. Chen

濒危等级 中国特有植物，中国植物红色名录评估为数据缺乏（DD）。

迁地栽培保存

保存地点	种质份数	个体数量	引种方式	生长状况	来源地
BJ	1	b	采集	G	安徽

绿萼凤仙花 *Impatiens chlorosepala* Hand.-Mazz.

迁地栽培保存

保存地点	种质份数	个体数量	引种方式	生长状况	来源地
GX	*	f	采集	G	广西

毛凤仙花 *Impatiens lasiophyton* Hook. f.

功效主治　全草：清热解毒，舒筋活络。用于跌打损伤，肿痛，毒蛇咬伤。

濒危等级　中国特有植物，中国植物红色名录评估为无危（LC）。

迁地栽培保存

保存地点	种质份数	个体数量	引种方式	生长状况	来源地
GX	*	f	采集	G	广西

那坡凤仙花 *Impatiens napoensis* Y. L. Chen

濒危等级　中国特有植物，中国植物红色名录评估为无危（LC）。

迁地栽培保存

保存地点	种质份数	个体数量	引种方式	生长状况	来源地
GX	*	f	采集	G	广西

凭祥凤仙花 *Impatiens pingxiangensis* H. Y. Bi & S. X. Yu

迁地栽培保存

保存地点	种质份数	个体数量	引种方式	生长状况	来源地
GX	*	f	采集	G	广西

柔毛凤仙花 *Impatiens puberula* DC.

濒危等级　中国植物红色名录评估为无危（LC）。

迁地栽培保存

保存地点	种质份数	个体数量	引种方式	生长状况	来源地
GX	*	f	采集	G	广西

水凤仙花　*Impatiens aquatilis* Hook. f.

濒危等级　中国特有植物，中国植物红色名录评估为无危（LC）。

迁地栽培保存

保存地点	种质份数	个体数量	引种方式	生长状况	来源地
GX	*	f	采集	G	广西

水金凤　*Impatiens noli-tangere* L.

濒危等级　中国植物红色名录评估为无危（LC）。

迁地栽培保存

保存地点	种质份数	个体数量	引种方式	生长状况	来源地
BJ	2	b	采集	G	吉林、湖北
CQ	1	a	采集	C	重庆
GX	*	f	采集	G	广西

苏丹凤仙花　*Impatiens walleriana* Hook. f.

濒危等级　中国植物红色名录评估为无危（LC）。

迁地栽培保存

保存地点	种质份数	个体数量	引种方式	生长状况	来源地
GX	2	f	采集	G	广西
HN	1	a	购买	C	海南

瓦氏凤仙花　*Impatiens waldheimiana* Hook. f.

濒危等级　中国特有植物，中国植物红色名录评估为无危（LC）。

迁地栽培保存

保存地点	种质份数	个体数量	引种方式	生长状况	来源地
GX	*	f	采集	G	澳门

小花凤仙花　*Impatiens parviflora* DC.

功效主治　种子（急性子）：微苦、辛，温。有小毒。破血，软坚，消积。用于闭经，难产，骨鲠咽喉，肿块积聚。根（凤仙花根）：苦、甘、辛，平。有小毒。活血消肿。用于风湿筋骨痛，跌打肿痛，骨鲠咽喉。花（凤仙花）：甘、微苦，温。祛风，活血，消肿止痛。用于闭经，跌打损伤，瘀血肿痛，风湿关节痛，痈疽疔疮，毒蛇咬伤，手癣。全草（凤仙透骨草）：辛、苦，温。有小毒。祛风，活血，消肿，止痛。用于风湿关节痛，屈伸不利；外用于疮疡肿毒，跌打损伤，瘀血肿痛，瘰疬。

濒危等级　中国植物红色名录评估为无危（LC）。

迁地栽培保存

保存地点	种质份数	个体数量	引种方式	生长状况	来源地
GX	*	f	采集	G	德国

野凤仙花　*Impatiens textori* Miq.

濒危等级　中国植物红色名录评估为无危（LC）。

迁地栽培保存

保存地点	种质份数	个体数量	引种方式	生长状况	来源地
GX	*	f	采集	G	日本

紫花凤仙花　*Impatiens purpurea* Hand.-Mazz.

濒危等级　中国特有植物，中国植物红色名录评估为无危（LC）。

迁地栽培保存

保存地点	种质份数	个体数量	引种方式	生长状况	来源地
GX	*	f	采集	G	广西

紫花黄金凤 *Impatiens siculifer* var. *porphyrea* Hook. f.

濒危等级 中国特有植物，中国植物红色名录评估为无危（LC）。

迁地栽培保存

保存地点	种质份数	个体数量	引种方式	生长状况	来源地
GX	*	f	采集	G	广西

橄榄科　Burseraceae

橄榄属　*Canarium*

滇榄 *Canarium strictum* Roxb.

功效主治 根：舒筋活络，祛风止痛。果实：止血，化痰，利水。

濒危等级 中国植物红色名录评估为近危（NT）。

迁地栽培保存

保存地点	种质份数	个体数量	引种方式	生长状况	来源地
GX	*	f	采集	G	云南

种质库保存

保存地点	保存方式	种质份数	个体数量	引种方式	来源地
BJ	种子	3	a	采集	云南

方榄 *Canarium bengalense* Roxb.

功效主治 果实：酸、涩，平。清肺利咽，生津止渴，解毒。用于咽喉痛，咳嗽，烦渴，鱼蟹中毒。

濒危等级 中国植物红色名录评估为无危（LC）。

迁地栽培保存

保存地点	种质份数	个体数量	引种方式	生长状况	来源地
YN	1	a	采集	C	云南
GX	*	f	采集	G	云南

种质库保存

保存地点	保存方式	种质份数	个体数量	引种方式	来源地
BJ	种子	1	a	采集	待确定

橄榄　*Canarium album* (Lour.) Raeusch.

功效主治　果实（青果）：甘、酸，平。清热，利咽，生津，解毒。用于咽喉痛，咳嗽，烦渴，鱼蟹中毒。
　　　　　　根（白榄根）：淡，平。清咽，解毒，利关节。用于咽喉痛，脚气病，筋骨痛。

迁地栽培保存

保存地点	种质份数	个体数量	引种方式	生长状况	来源地
HN	1	d	采集	C	海南
YN	1	a	采集	C	云南

种质库保存

保存地点	保存方式	种质份数	个体数量	引种方式	来源地
BJ	种子	8	a	采集	云南、福建、四川
HN	种子	3	b	采集	海南

乌榄　*Canarium pimela* Leenh.

功效主治　根（乌榄根）：酸、涩，平。止血，化痰，利水，消痈肿。用于内伤吐血，咳嗽，手足麻木，胃痛，烫伤，风湿痛，腰腿痛。叶（乌榄叶）：涩，温。止血。用于崩漏。果实（乌榄仁）：甘，淡。润肺，下气，补血，解鱼毒。

迁地栽培保存

保存地点	种质份数	个体数量	引种方式	生长状况	来源地
HN	2	a	采集	C	海南
GD	1	f	采集	G	待确定

种质库保存

保存地点	保存方式	种质份数	个体数量	引种方式	来源地
BJ	种子	6	b	采集	待确定

嘉榄属 *Garuga*

白头树 *Garuga forrestii* W. W. Sm.

濒危等级 中国特有植物，中国植物红色名录评估为无危（LC）。

种质库保存

保存地点	保存方式	种质份数	个体数量	引种方式	来源地
BJ	种子	1	a	采集	河北

多花白头树 *Garuga floribunda* var. *gamblei*（King ex Smith）Kalkm.

濒危等级 中国植物红色名录评估为无危（LC）。

种质库保存

保存地点	保存方式	种质份数	个体数量	引种方式	来源地
BJ	种子	1	a	采集	甘肃

光叶白头树 *Garuga pierrei* Guillaumin

功效主治 茎皮：清热解毒，化腐生肌。

濒危等级 中国植物红色名录评估为无危（LC）。

种质库保存

保存地点	保存方式	种质份数	个体数量	引种方式	来源地
BJ	种子	1	a	采集	广西

羽叶白头树　*Garuga pinnata* Roxb.

功效主治　树皮：涩，凉。清热解毒，去腐生肌。用于痈疮肿毒。

濒危等级　中国植物红色名录评估为无危（LC）。

迁地栽培保存

保存地点	种质份数	个体数量	引种方式	生长状况	来源地
YN	1	a	采集	C	云南

种质库保存

保存地点	保存方式	种质份数	个体数量	引种方式	来源地
BJ	种子	1	a	采集	待确定

马蹄果属　*Protium*

滇马蹄果　*Protium yunnanense*（Hu）Kalkman

濒危等级　中国特有植物，中国植物红色名录评估为极危（CR）。

种质库保存

保存地点	保存方式	种质份数	个体数量	引种方式	来源地
BJ	种子	1	a	采集	待确定

沟繁缕科　Elatinaceae

田繁缕属　*Bergia*

大叶田繁缕　*Bergia capensis* L.

迁地栽培保存

保存地点	种质份数	个体数量	引种方式	生长状况	来源地
HN	2	a	采集	C	海南

钩吻科　Gelsemiaceae

钩吻属　*Gelsemium*

北美钩吻　*Gelsemium sempervirens* (Linn.) St. Hil.

功效主治　根茎、根：镇静，解热，解痉。用于痹证，小儿麻痹症，偏头痛，转筋，气喘，癔症。

迁地栽培保存

保存地点	种质份数	个体数量	引种方式	生长状况	来源地
BJ	1	a	采集	C	湖北

钩吻　*Gelsemium elegans* (Gardner & Chapm.) Benth.

功效主治　根（大茶药根）：苦，寒。有剧毒。消肿，止痛，接骨。用于疔疮肿毒，跌打损伤，骨折。全株（钩吻）：辛、苦，温。有剧毒。祛风，攻毒，消肿，止痛。用于疥癞，湿疹，瘰疬，痈肿，疔疮，跌打损伤，风湿痹痛。

濒危等级　中国植物红色名录评估为无危（LC）。

迁地栽培保存

保存地点	种质份数	个体数量	引种方式	生长状况	来源地
BJ	2	a	采集	G	广东、云南

种质库保存

保存地点	保存方式	种质份数	个体数量	引种方式	来源地
BJ	种子	8	a	采集	海南、江西

钩枝藤科　Ancistrocladaceae

钩枝藤属　*Ancistrocladus*

钩枝藤　*Ancistrocladus tectorius*（Lour.）Merr.

功效主治　枝叶：用于荨麻疹。

濒危等级　中国植物红色名录评估为易危（VU）。

迁地栽培保存

保存地点	种质份数	个体数量	引种方式	生长状况	来源地
HN	1	a	采集	C	海南
GX	*	f	采集	G	广东

种质库保存

保存地点	保存方式	种质份数	个体数量	引种方式	来源地
BJ	种子	1	a	采集	海南

古柯科　Erythroxylaceae

古柯属　*Erythroxylum*

东方古柯　*Erythroxylum sinense* Y. C. Wu

濒危等级　中国植物红色名录评估为无危（LC）。

迁地栽培保存

保存地点	种质份数	个体数量	引种方式	生长状况	来源地
ZJ	1	c	采集	A	浙江
GX	*	f	采集	G	广西

古柯　*Erythroxylum novogranatense*（D. Morris）Hieron.

功效主治　叶：用于局部麻醉。

迁地栽培保存

保存地点	种质份数	个体数量	引种方式	生长状况	来源地
HN	1	c	采集	C	待确定
YN	1	a	购买	C	云南
BJ	1	a	采集	G	海南
GX	*	f	采集	G	海南、广西、云南

种质库保存

保存地点	保存方式	种质份数	个体数量	引种方式	来源地
BJ	种子	2	a	采集	待确定
HN	种子	1	a	采集	海南

木豇豆　*Erythroxylum kunthianum*（Wall.）Kurz

功效主治　叶：微苦、涩，温。提神，麻醉。用于疲劳，咳嗽痰喘，骨折，疟疾。

迁地栽培保存

保存地点	种质份数	个体数量	引种方式	生长状况	来源地
GX	*	f	采集	G	广西

谷精草科　Eriocaulaceae

谷精草属　*Eriocaulon*

谷精草　*Eriocaulon buergerianum* Körn

功效主治　带茎的花序（谷精草）：辛、甘，平。疏散风热，明目，退翳。用于风热目赤，肿痛畏光，眼生翳膜，风热头痛。

濒危等级　中国植物红色名录评估为无危（LC）。

迁地栽培保存

保存地点	种质份数	个体数量	引种方式	生长状况	来源地
BJ	1	b	采集	G	陕西
GZ	1	b	采集	C	贵州
HN	1	a	采集	B	海南

种质库保存

保存地点	保存方式	种质份数	个体数量	引种方式	来源地
HN	种子	1	c	采集	福建

白药谷精草　*Eriocaulon cinereum* R. Br.

功效主治　全草或花序：辛、甘，平。功效同谷精草。

濒危等级　中国植物红色名录评估为无危（LC）。

迁地栽培保存

保存地点	种质份数	个体数量	引种方式	生长状况	来源地
GX	*	f	采集	G	广西

华南谷精草 *Eriocaulon sexangulare* L.

功效主治　全草或花序（谷精珠）：辛、甘，平。功效同谷精草。

迁地栽培保存

保存地点	种质份数	个体数量	引种方式	生长状况	来源地
GX	*	f	采集	G	澳门

毛谷精草 *Eriocaulon australe* R. Br.

功效主治　全草或带茎的头状花序（谷精珠）：疏散风热，明目，退翳。用于风热目赤，肿痛畏光，眼生翳膜，风热头痛；外用于疮疥。

濒危等级　中国植物红色名录评估为无危（LC）。

迁地栽培保存

保存地点	种质份数	个体数量	引种方式	生长状况	来源地
GX	*	f	采集	G	广西

小谷精草 *Eriocaulon luzulifolium* Mart.

功效主治　全草或花序：明目退翳，祛风止痛。

濒危等级　中国植物红色名录评估为无危（LC）。

迁地栽培保存

保存地点	种质份数	个体数量	引种方式	生长状况	来源地
GX	*	f	采集	G	中国

越南谷精草 *Eriocaulon fluviatile* Trimen

功效主治　全草或花序：清热祛风，清肝明目，利尿，镇痛。用于目赤肿痛，小便淋痛不利。

濒危等级　中国植物红色名录评估为无危（LC）。

迁地栽培保存

保存地点	种质份数	个体数量	引种方式	生长状况	来源地
GX	*	f	采集	G	广西

海桐科　Pittosporaceae

海桐花属　*Pittosporum*

柄果海桐　*Pittosporum podocarpum* Gagnep.

功效主治　根：甘、苦、辛，凉。补肾益肺，祛风除湿，活血通络。用于虚劳咳喘，遗精早泄，失眠，头晕，阴虚阳亢，风湿关节痛，小儿瘫痪。叶：解毒，止血。种子：甘、涩，平。清热，生津止渴。用于虚热心烦，口渴咽痛，泻痢后重，倦怠乏力。

濒危等级　中国植物红色名录评估为无危（LC）。

迁地栽培保存

保存地点	种质份数	个体数量	引种方式	生长状况	来源地
GX	*	f	采集	G	湖北

种质库保存

保存地点	保存方式	种质份数	个体数量	引种方式	来源地
BJ	种子	4	a	采集	浙江、海南

波叶海桐　*Pittosporum undulatifolium* Chang & Yan

濒危等级　中国特有植物，中国植物红色名录评估为无危（LC）。

迁地栽培保存

保存地点	种质份数	个体数量	引种方式	生长状况	来源地
GX	*	f	采集	G	重庆

短萼海桐 *Pittosporum brevicalyx* (Oliv.) Gagnep.

功效主治 全株或茎皮：祛风，消肿解毒，止痛。用于腰痛，小儿惊风。果实：消肿解毒。用于毒蛇咬伤，疮疥肿毒，跌打损伤。

濒危等级 中国特有植物，中国植物红色名录评估为无危（LC）。

迁地栽培保存

保存地点	种质份数	个体数量	引种方式	生长状况	来源地
GX	*	f	采集	G	法国

光叶海桐 *Pittosporum glabratum* Lindl.

功效主治 根（山栀根）、茎：散瘀消肿，祛风止痛。用于风湿关节痛，腰背疼痛，跌打损伤，产后风瘫，刀伤，毒蛇咬伤，疮疖肿毒。叶（一朵云叶）：用于痒疹，外伤出血。

濒危等级 中国植物红色名录评估为无危（LC）。

迁地栽培保存

保存地点	种质份数	个体数量	引种方式	生长状况	来源地
GZ	1	c	采集	C	贵州
CQ	1	a	采集	C	重庆
GX	*	f	采集	G	贵州

海金子 *Pittosporum illicioides* Makino

功效主治 全株：祛风除湿，活血止痛。根：祛风活络，散结止痛。用于风湿关节痛，腰腿痛，骨折，胃痛，肝阳上亢，遗精。

濒危等级 中国植物红色名录评估为无危（LC）。

迁地栽培保存

保存地点	种质份数	个体数量	引种方式	生长状况	来源地
GX	*	f	采集	G	上海

种质库保存

保存地点	保存方式	种质份数	个体数量	引种方式	来源地
HN	种子	1	c	采集	湖南
BJ	种子	7	a	采集	海南、江西、广西

海桐　*Pittosporum tobira*（Thunb.）Ait.

功效主治　叶（海桐花）：外用于疥疮。根：祛风活络，散瘀止痛。果实：用于疝痛。

迁地栽培保存

保存地点	种质份数	个体数量	引种方式	生长状况	来源地
SC	2	f	待确定	G	四川
BJ	1	a	采集	G	浙江
ZJ	1	d	购买	A	福建
SH	1	a	采集	A	待确定
JS1	1	b	购买	C	江苏
HN	1	a	采集	C	待确定
HB	1	a	采集	C	湖北
GZ	1	b	采集	C	贵州
GD	1	f	采集	G	待确定
GX	*	f	采集	G	湖北

种质库保存

保存地点	保存方式	种质份数	个体数量	引种方式	来源地
BJ	种子	8	a	采集	江西、广西

海桐（原变种）　*Pittosporum tobira*（Thunb.）Ait var. *tobira*

种质库保存

保存地点	保存方式	种质份数	个体数量	引种方式	来源地
GX	药材馏分	*	f	采集	待确定

厚圆果海桐 *Pittosporum rehderianum* Gowda

功效主治 果实：用于跌打损伤。

濒危等级 中国特有植物，中国植物红色名录评估为无危（LC）。

迁地栽培保存

保存地点	种质份数	个体数量	引种方式	生长状况	来源地
GX	*	f	采集	G	湖北

聚花海桐 *Pittosporum balansae* DC.

功效主治 根、叶：用于瘰疬，肿毒，毒蛇咬伤，跌打肿痛。

濒危等级 中国植物红色名录评估为无危（LC）。

迁地栽培保存

保存地点	种质份数	个体数量	引种方式	生长状况	来源地
HN	2	a	采集	C	海南

种质库保存

保存地点	保存方式	种质份数	个体数量	引种方式	来源地
HN	种子	2	b	采集	海南

棱果海桐 *Pittosporum trigonocarpum* H. Lév.

功效主治 全株：祛风除湿，活血止痛，生津止渴。

濒危等级 中国特有植物，中国植物红色名录评估为无危（LC）。

迁地栽培保存

保存地点	种质份数	个体数量	引种方式	生长状况	来源地
GX	*	f	采集	G	贵州

卵果海桐 *Pittosporum ovoideum* Gowda

濒危等级 中国特有植物，中国植物红色名录评估为无危（LC）。

迁地栽培保存

保存地点	种质份数	个体数量	引种方式	生长状况	来源地
GX	*	f	采集	G	广西

木果海桐 *Pittosporum xylocarpum* Hu & Wang

功效主治　种子：清热除湿，生津止渴，补虚安神。用于心悸，失眠，遗精，风湿病。根皮：补肺肾，祛风湿，通筋活络。

濒危等级　中国特有植物，中国植物红色名录评估为无危（LC）。

种质库保存

保存地点	保存方式	种质份数	个体数量	引种方式	来源地
BJ	种子	1	a	采集	四川

台琼海桐 *Pittosporum pentandrum*（Blanco）Merr. var. *hainanense*（Gagnep.）Li

濒危等级　中国植物红色名录评估为无危（LC）。

迁地栽培保存

保存地点	种质份数	个体数量	引种方式	生长状况	来源地
HN	1	a	采集	C	海南
SC	1	f	待确定	G	四川
YN	1	a	采集	C	云南

种质库保存

保存地点	保存方式	种质份数	个体数量	引种方式	来源地
BJ	种子	4	a	采集	重庆、广西
HN	种子	15	b	采集	海南

狭叶海桐 *Pittosporum glabratum* Lindl. var. *neriifolium* Rehd. & Wils.

功效主治　全株：苦，寒。清热除湿，祛风活络，消肿解毒，活血止痛。用于风湿关节痛，产后风瘫，跌打骨折，胃痛，湿热黄疸，疮疡肿毒，毒蛇咬伤，外伤出血。

濒危等级 中国特有植物，中国植物红色名录评估为无危（LC）。

迁地栽培保存

保存地点	种质份数	个体数量	引种方式	生长状况	来源地
GX	2	f	采集	G	法国，中国湖北
CQ	1	a	采集	C	重庆
HB	1	a	采集	C	湖北

种质库保存

保存地点	保存方式	种质份数	个体数量	引种方式	来源地
BJ	种子	1	a	采集	江西

线叶柄果海桐 *Pittosporum podocarpum* Gagn. var. *angustatum* Gowda

功效主治 根皮、叶、果实：镇静，退热，补虚，定喘。用于哮喘，肾虚，遗精，疟腮。

迁地栽培保存

保存地点	种质份数	个体数量	引种方式	生长状况	来源地
GX	*	f	采集	G	重庆

小果海桐 *Pittosporum parvicapsulare* Chang & Yan.

功效主治 根、叶、种子：消肿解毒，利湿，活血。用于痈疽疮毒，毒蛇咬伤，皮肤湿疹，瘙痒，关节痛，跌打损伤。

濒危等级 中国特有植物，中国植物红色名录评估为无危（LC）。

迁地栽培保存

保存地点	种质份数	个体数量	引种方式	生长状况	来源地
JS1	1	a	购买	D	江苏

秀丽海桐 *Pittosporum pulchrum* Gagnep.

功效主治 全株：用于跌打骨折。

濒危等级 中国植物红色名录评估为无危（LC）。

迁地栽培保存

保存地点	种质份数	个体数量	引种方式	生长状况	来源地
GX	*	f	采集	G	广西

崖花子　*Pittosporum truncatum* Pritz.

功效主治　全株：散瘀止痛，祛风活络。用于胁痛，风湿骨痛。

濒危等级　中国特有植物，中国植物红色名录评估为无危（LC）。

迁地栽培保存

保存地点	种质份数	个体数量	引种方式	生长状况	来源地
GX	*	f	采集	G	重庆

种质库保存

保存地点	保存方式	种质份数	个体数量	引种方式	来源地
BJ	种子	8	a	采集	海南、重庆

羊脆木　*Pittosporum kerrii* Craib

功效主治　根皮、树皮：清热解毒，祛风解表。用于流行性感冒，发热，咳嗽，百日咳，疟疾。全株：活血止痛。用于跌打损伤，风湿骨痛。

濒危等级　中国植物红色名录评估为无危（LC）。

种质库保存

保存地点	保存方式	种质份数	个体数量	引种方式	来源地
BJ	种子	1	a	采集	云南

皱叶海桐　*Pittosporum crispulum* Gagnep.

功效主治　根：祛风活络，散瘀止痛。叶：解毒，止血。种子：用于水肿。

濒危等级　中国特有植物，中国植物红色名录评估为无危（LC）。

迁地栽培保存

保存地点	种质份数	个体数量	引种方式	生长状况	来源地
GX	*	f	采集	G	广东

旱金莲科　Tropaeolaceae

旱金莲属　*Tropaeolum*

旱金莲　*Tropaeolum majus* L.

功效主治　全草：辛、酸，凉。清热解毒，凉血止血。用于目赤红痛，痈疖肿痛，跌打损伤，咯血。

迁地栽培保存

保存地点	种质份数	个体数量	引种方式	生长状况	来源地
HB	1	a	采集	C	待确定
HLJ	1	c	购买	A	黑龙江
GZ	1	a	采集	C	贵州
GD	1	f	采集	G	待确定
CQ	1	a	购买	F	重庆
BJ	1	b	采集	G	北京

种质库保存

保存地点	保存方式	种质份数	个体数量	引种方式	来源地
BJ	种子	8	a	采集	云南、重庆、广西、甘肃

禾本科　Poaceae

白茅属　*Imperata*

白茅　*Imperata cylindrica* (L.) P. Beauv.

功效主治　根茎（白茅根）：甘，寒。凉血止血，清热利尿。用于血热吐血，衄血，尿血，热病烦渴，黄　　　　疸，水肿，热淋涩痛。花：甘，温。止血，定痛。

迁地栽培保存

保存地点	种质份数	个体数量	引种方式	生长状况	来源地
GZ	1	e	采集	C	贵州
CQ	1	a	采集	C	重庆
GX	*	f	采集	G	山东

种质库保存

保存地点	保存方式	种质份数	个体数量	引种方式	来源地
HN	种子	3	d	采集	湖南
BJ	种子	6	b	采集	海南、福建

大白茅　*Imperata cylindrica* var. *major* (Nees) C. E. Hubb.

功效主治　根茎、花：功效同白茅。

迁地栽培保存

保存地点	种质份数	个体数量	引种方式	生长状况	来源地
BJ	2	e	采集	G	北京、山东
SH	1	a	采集	A	待确定
HN	1	e	采集	B	海南
GX	*	f	采集	G	广西

稗属 *Echinochloa*

稗 *Echinochloa crusgalli* (L.) P. Beauv.

功效主治 全草（稗）：微苦，微温。止血，生肌。用于金疮及损伤出血，麻疹。

濒危等级 中国植物红色名录评估为无危（LC）。

迁地栽培保存

保存地点	种质份数	个体数量	引种方式	生长状况	来源地
GZ	1	b	采集	C	贵州
SH	1	c	采集	A	待确定
GX	*	f	采集	G	山东

种质库保存

保存地点	保存方式	种质份数	个体数量	引种方式	来源地
BJ	种子	36	c	采集	四川、吉林、重庆、甘肃、山西、福建

光头稗 *Echinochloa colona* (L.) Link

濒危等级 中国植物红色名录评估为无危（LC）。

迁地栽培保存

保存地点	种质份数	个体数量	引种方式	生长状况	来源地
GX	*	f	采集	G	广西

种质库保存

保存地点	保存方式	种质份数	个体数量	引种方式	来源地
BJ	种子	7	b	采集	江西

旱稗 *Echinochloa hispidula* (Retz.) Nees

功效主治 根、幼苗：止血。用于创伤出血不止，感冒，发热，呕吐。

种质库保存

保存地点	保存方式	种质份数	个体数量	引种方式	来源地
BJ	种子	8	a	采集	重庆、安徽

无芒稗 *Echinochloa crus-galli* var. *mitis*（Pursh）Peterm.

濒危等级 中国植物红色名录评估为无危（LC）。

种质库保存

保存地点	保存方式	种质份数	个体数量	引种方式	来源地
BJ	种子	1	a	采集	重庆

棒头草属 *Polypogon*

棒头草 *Polypogon fugax* Nees ex Steud.

功效主治 全草：用于关节痛。

濒危等级 中国植物红色名录评估为无危（LC）。

种质库保存

保存地点	保存方式	种质份数	个体数量	引种方式	来源地
BJ	种子	1	a	采集	待确定

臂形草属 *Brachiaria*

毛臂形草 *Brachiaria villosa*（Lam.）A. Camus

功效主治 全草：用于大便秘结，小便短赤。

濒危等级 中国植物红色名录评估为无危（LC）。

迁地栽培保存

保存地点	种质份数	个体数量	引种方式	生长状况	来源地
ZJ	1	d	采集	A	浙江

种质库保存

保存地点	保存方式	种质份数	个体数量	引种方式	来源地
BJ	种子	6	b	采集	海南

冰草属 *Agropyron*

冰草 *Agropyron cristatum* (L.) Gaertn.

功效主治 根：止血，利尿。

濒危等级 中国植物红色名录评估为无危（LC）。

种质库保存

保存地点	保存方式	种质份数	个体数量	引种方式	来源地
BJ	种子	8	b	采集	内蒙古

西伯利亚冰草 *Agropyron sibiricum* (Willd.) P. Beauv.

濒危等级 中国植物红色名录评估为无危（LC）。

种质库保存

保存地点	保存方式	种质份数	个体数量	引种方式	来源地
BJ	种子	1	a	采集	甘肃

穇属 *Eleusine*

牛筋草 *Eleusine indica* (L.) Gaertn.

功效主治 全草（牛筋草）：甘、淡，平。祛风利湿，清热解毒，散瘀止血。用于暑热惊厥，头风，风湿关节痛，黄疸，小儿消化不良，泄泻，痢疾，小便淋痛，跌打损伤，外伤出血，犬咬伤。

濒危等级 中国植物红色名录评估为无危（LC）。

迁地栽培保存

保存地点	种质份数	个体数量	引种方式	生长状况	来源地
HN	1	b	待确定	B	海南
HB	1	a	采集	C	待确定
SH	1	b	采集	A	待确定
YN	1	b	采集	A	云南
ZJ	1	e	采集	A	浙江
GZ	1	e	采集	C	贵州
GD	1	f	采集	G	待确定
BJ	1	b	采集	G	北京
CQ	1	a	采集	C	重庆

种质库保存

保存地点	保存方式	种质份数	个体数量	引种方式	来源地
BJ	种子	47	c	采集	云南、安徽、陕西、四川、河南、山西、福建

草沙蚕属 *Tripogon*

中华草沙蚕 *Tripogon chinensis*（Franch.）Hack

濒危等级 中国植物红色名录评估为无危（LC）。

迁地栽培保存

保存地点	种质份数	个体数量	引种方式	生长状况	来源地
BJ	1	b	采集	G	山东

臭草属 *Melica*

臭草 *Melica scabrosa* Trin.

功效主治 全草（金丝草）：甘，凉。清热利尿，通淋。用于小便赤涩淋痛，水肿，感冒发热，黄疸，消渴。

濒危等级 中国植物红色名录评估为无危（LC）。

迁地栽培保存

保存地点	种质份数	个体数量	引种方式	生长状况	来源地
BJ	1	a	采集	G	山东
GX	*	f	采集	G	法国

种质库保存

保存地点	保存方式	种质份数	个体数量	引种方式	来源地
BJ	种子	1	a	采集	云南

大花臭草 *Melica grandiflora* Koidz.

濒危等级 中国植物红色名录评估为无危（LC）。

迁地栽培保存

保存地点	种质份数	个体数量	引种方式	生长状况	来源地
GX	*	f	采集	G	山东

广序臭草 *Melica onoei* Franch. & Sav.

功效主治 全草：清热解表，利水利尿，通淋。用于淋证，小便赤红，淋痛，膀胱湿热，水肿，感冒发热，恶寒恶风，头痛眩晕，急黄，消渴。

濒危等级 中国植物红色名录评估为无危（LC）。

迁地栽培保存

保存地点	种质份数	个体数量	引种方式	生长状况	来源地
BJ	1	a	采集	G	山东

大麦属 *Hordeum*

大麦 *Hordeum vulgare* L.

功效主治 发芽的果实（穬麦蘖）：咸，温。消食，和中。用于食欲不振，食积胀满，呕吐泄泻。

迁地栽培保存

保存地点	种质份数	个体数量	引种方式	生长状况	来源地
BJ	1	b	购买	G	北京
SH	1	b	采集	A	待确定
LN	1	d	采集	A	辽宁
HB	1	a	采集	A	湖北
GX	*	f	采集	G	山东

种质库保存

保存地点	保存方式	种质份数	个体数量	引种方式	来源地
BJ	种子	3	a	采集	四川

裸麦 *Hordeum distichon* var. *nudum* L.

种质库保存

保存地点	保存方式	种质份数	个体数量	引种方式	来源地
BJ	种子	6	b	采集	甘肃、吉林

大油芒属　*Spodiopogon*

油芒 *Spodiopogon cotulifer* (Thunb.) Hack.

功效主治　全草：用于痢疾。

濒危等级　中国植物红色名录评估为无危（LC）。

迁地栽培保存

保存地点	种质份数	个体数量	引种方式	生长状况	来源地
GX	*	f	采集	G	山东

淡竹叶属 *Lophatherum*

淡竹叶 *Lophatherum gracile* Brongn.

功效主治 茎叶（淡竹叶）：甘、淡，寒。清热除烦，利尿。用于热病烦渴，小便赤涩，淋痛，口舌生疮。

濒危等级 中国植物红色名录评估为无危（LC）。

迁地栽培保存

保存地点	种质份数	个体数量	引种方式	生长状况	来源地
FJ	5	a	采集	B	福建
BJ	3	d	采集	G	安徽、甘肃、海南
JS2	1	d	购买	C	江苏
ZJ	1	e	采集	A	浙江
YN	1	b	采集	A	云南
SC	1	f	待确定	G	四川
JS1	1	a	采集	C	江苏
HN	1	a	采集	B	海南
HB	1	a	采集	C	湖北
GZ	1	c	采集	C	贵州
CQ	1	a	采集	F	重庆
SH	1	b	采集	A	待确定
GD	1	b	采集	B	待确定

种质库保存

保存地点	保存方式	种质份数	个体数量	引种方式	来源地
BJ	种子	6	b	采集	甘肃、江西、四川、安徽

稻属 *Oryza*

稻 *Oryza sativa* L.

功效主治 根（糯稻根）：甘，平。止汗。用于自汗，盗汗。

迁地栽培保存

保存地点	种质份数	个体数量	引种方式	生长状况	来源地
HB	1	a	采集	A	湖北
GX	*	f	采集	G	法国

地毯草属　*Axonopus*

地毯草　*Axonopus compressus*（Sw.）P. Beauv.

功效主治　根：利尿，解热，解毒。用于咳嗽，百日咳。

迁地栽培保存

保存地点	种质份数	个体数量	引种方式	生长状况	来源地
HN	1	a	购买	B	海南

钝叶草属　*Stenotaphrum*

钝叶草　*Stenotaphrum helferi* Munro ex Hook. f.

功效主治　全草：用于骨鲠喉，胃下垂，阴挺，滑胎。

濒危等级　中国植物红色名录评估为无危（LC）。

迁地栽培保存

保存地点	种质份数	个体数量	引种方式	生长状况	来源地
GX	*	f	采集	G	广西

锋芒草属　*Tragus*

锋芒草　*Tragus racemosus*（L.）All.

迁地栽培保存

保存地点	种质份数	个体数量	引种方式	生长状况	来源地
GX	*	f	采集	G	山东

虱子草 *Tragus berteronianus* Schult.

濒危等级 中国植物红色名录评估为无危（LC）。

迁地栽培保存

保存地点	种质份数	个体数量	引种方式	生长状况	来源地
GX	*	f	采集	G	山东

种质库保存

保存地点	保存方式	种质份数	个体数量	引种方式	来源地
BJ	种子	1	a	采集	安徽

拂子茅属 *Calamagrostis*

拂子茅 *Calamagrostis epigeios* (L.) Roth

濒危等级 中国植物红色名录评估为无危（LC）。

迁地栽培保存

保存地点	种质份数	个体数量	引种方式	生长状况	来源地
GX	*	f	采集	G	法国

种质库保存

保存地点	保存方式	种质份数	个体数量	引种方式	来源地
BJ	种子	1	a	采集	广西

甘蔗属 *Saccharum*

斑茅 *Saccharum arundinaceum* Retz.

功效主治 根（斑茅）：甘，淡。通窍，利水，破血，通经。用于跌打损伤，筋骨疼痛，闭经，水肿膨胀。

濒危等级 中国植物红色名录评估为无危（LC）。

迁地栽培保存

保存地点	种质份数	个体数量	引种方式	生长状况	来源地
HN	2	a	采集	B	海南

种质库保存

保存地点	保存方式	种质份数	个体数量	引种方式	来源地
BJ	种子	7	b	采集	云南、山西、江西

甘蔗 *Saccharum officinarum* L.

功效主治 茎杆（红甘蔗）：甘，平。除热止渴，和中，宽隔，行水。用于发热口干，肺燥咳嗽，咽喉肿痛，心胸烦热，反胃呕吐，妊娠水肿。

迁地栽培保存

保存地点	种质份数	个体数量	引种方式	生长状况	来源地
HN	1	a	采集	B	海南

刚竹属 *Phyllostachys*

斑竹 *Phyllostachys reticulata* ' Lacrima-deae'

迁地栽培保存

保存地点	种质份数	个体数量	引种方式	生长状况	来源地
GZ	1	a	采集	C	贵州

刚竹 *Phyllostachys sulphurea* var. *viridis* R. A. Young

功效主治 竿内薄膜（竹衣）：用于喉哑，劳咳。

濒危等级 中国特有植物，中国植物红色名录评估为无危（LC）。

迁地栽培保存

保存地点	种质份数	个体数量	引种方式	生长状况	来源地
GZ	1	a	采集	C	贵州
JS2	1	c	购买	D	江苏

高节竹 *Phyllostachys prominens* W. Y. Xiong

迁地栽培保存

保存地点	种质份数	个体数量	引种方式	生长状况	来源地
ZJ	1	d	购买	A	浙江

毛金竹 *Phyllostachys nigra* (Lodd. ex Lindl.) Munro var. *henonis* (Mitford) Stapf ex Rendle

濒危等级　中国植物红色名录评估为无危（LC）。

迁地栽培保存

保存地点	种质份数	个体数量	引种方式	生长状况	来源地
HB	1	a	采集	C	湖北

毛竹 *Phyllostachys heterocycla* (Carr.) Mitford 'Pubescens'

功效主治　幼苗（毛笋）：甘，寒。解毒。用于小儿痘疹不透。叶：甘，寒。清热利尿，活血，祛风。用于烦热，消渴，小儿发热，高热不退，疳积。根茎：用于风湿关节痛。

迁地栽培保存

保存地点	种质份数	个体数量	引种方式	生长状况	来源地
GZ	1	b	采集	C	贵州
JS2	1	c	购买	D	江苏
ZJ	1	d	采集	A	浙江

水竹 *Phyllostachys heteroclada* Oliver

功效主治　叶、根：清热，凉血，化痰。

濒危等级 中国特有植物，中国植物红色名录评估为无危（LC）。

迁地栽培保存

保存地点	种质份数	个体数量	引种方式	生长状况	来源地
YN	1	d	采集	A	云南
GX	*	f	采集	G	湖北

种质库保存

保存地点	保存方式	种质份数	个体数量	引种方式	来源地
BJ	种子	1	a	采集	海南

紫竹 *Phyllostachys nigra*（Lodd. ex Lindl.）Munro

功效主治 根茎（紫竹）：辛，平。祛风，散瘀，解毒。用于风湿痹痛，闭经，癥瘕，狂犬咬伤。

迁地栽培保存

保存地点	种质份数	个体数量	引种方式	生长状况	来源地
GZ	1	a	采集	C	贵州
HB	1	a	采集	C	待确定
JS1	1	a	购买	D	江苏
JS2	1	b	购买	D	江苏
GX	*	f	采集	G	贵州

高粱属 *Sorghum*

高粱 *Sorghum bicolor*（L.）Moench

功效主治 种仁：用于滋补。

迁地栽培保存

保存地点	种质份数	个体数量	引种方式	生长状况	来源地
HB	1	a	采集	A	湖北
GD	1	f	采集	G	待确定
GX	*	f	采集	G	法国

拟高粱 *Sorghum propinquum*（Kunth）Hitchc.

功效主治 根茎（高粱七）：甘，凉。清肺热，益气血。用于劳伤咳嗽，吐血。

濒危等级 国家重点保护野生植物名录（第一批）二级，中国植物红色名录评估为濒危（EN）。

迁地栽培保存

保存地点	种质份数	个体数量	引种方式	生长状况	来源地
CQ	1	b	赠送	C	云南
GX	*	f	采集	G	重庆

弓果黍属 *Cyrtococcum*

弓果黍 *Cyrtococcum patens*（L.）A. Camus

濒危等级 中国植物红色名录评估为无危（LC）。

迁地栽培保存

保存地点	种质份数	个体数量	引种方式	生长状况	来源地
GX	*	f	采集	G	广西

狗尾草属 *Setaria*

大狗尾草 *Setaria faberi* R. A. W. Herrm.

功效主治 根：甘，平。清热，消疳，杀虫止痒。用于小儿疳积，风疹，牙痛。

濒危等级 中国植物红色名录评估为无危（LC）。

迁地栽培保存

保存地点	种质份数	个体数量	引种方式	生长状况	来源地
GX	*	f	采集	G	山东

种质库保存

保存地点	保存方式	种质份数	个体数量	引种方式	来源地
BJ	种子	26	b	采集	云南、河南、安徽、山西、江西、甘肃

莩草　*Setaria chondrachne* (Steud.) Honda

濒危等级　中国植物红色名录评估为无危（LC）。

种质库保存

保存地点	保存方式	种质份数	个体数量	引种方式	来源地
BJ	种子	1	a	采集	甘肃

狗尾草　*Setaria viridis* (L.) P. Beauv.

功效主治　全草（狗尾草）：淡，凉。除热，祛湿，消肿。用于痈肿，疮癣，目赤。

濒危等级　中国植物红色名录评估为无危（LC）。

迁地栽培保存

保存地点	种质份数	个体数量	引种方式	生长状况	来源地
HN	2	a	采集	B	海南
SH	1	b	采集	A	待确定
GZ	1	e	采集	C	贵州
CQ	1	a	采集	C	重庆
BJ	1	d	采集	G	北京

种质库保存

保存地点	保存方式	种质份数	个体数量	引种方式	来源地
BJ	种子	59	c	采集	河南、安徽、山东、河北、四川、云南、江西、海南、福建、吉林、上海、山西、甘肃
HN	种子	1	c	采集	湖南

金色狗尾草 *Setaria glauca* (L.) P. Beauv.

功效主治　全草（金色狗尾草）：淡，凉。清热明目，止泻。用于目赤肿痛，睑弦赤烂，痢疾。

迁地栽培保存

保存地点	种质份数	个体数量	引种方式	生长状况	来源地
GX	*	f	采集	G	山东

种质库保存

保存地点	保存方式	种质份数	个体数量	引种方式	来源地
BJ	种子	11	c	采集	安徽、山东、云南、四川、河北、山西、重庆、贵州、海南，待确定

粱　*Setaria italica* (L.) P. Beauv.

功效主治　果实经发芽处理后的加工品（谷芽）：甘，温。消食，健脾。用于食积胀满，不思饮食。种仁（粟米）：甘、咸，凉。和中，益肾，除热解毒。用于脾胃虚热，反胃呕吐，消渴，泄泻。

迁地栽培保存

保存地点	种质份数	个体数量	引种方式	生长状况	来源地
HB	1	a	采集	C	湖北

种质库保存

保存地点	保存方式	种质份数	个体数量	引种方式	来源地
BJ	种子	8	b	采集	广西、山西
SC	种子	1	d	采集	湖南

西南莩草　*Setaria forbesiana* (Nees ex Steud.) Hook. f.

功效主治　全草：祛风明目，清热利尿，止痒，杀虫。用于风热感冒，沙眼，目赤肿痛，急黄；外用于瘰疬。

濒危等级　中国植物红色名录评估为无危（LC）。

迁地栽培保存

保存地点	种质份数	个体数量	引种方式	生长状况	来源地
GX	*	f	采集	G	湖北

皱叶狗尾草 *Setaria plicata* (Lam.) T. Cooke

功效主治 全草：清热解毒，杀虫，祛风，化腐肉。外用于铜钱癣，疥癣，丹毒，无名肿毒。叶：利二便。用于妇人血虚发热，久虚成痨，血尿。

濒危等级 中国植物红色名录评估为无危（LC）。

迁地栽培保存

保存地点	种质份数	个体数量	引种方式	生长状况	来源地
CQ	1	a	采集	C	重庆
GX	*	f	采集	G	广西

种质库保存

保存地点	保存方式	种质份数	个体数量	引种方式	来源地
BJ	种子	7	b	采集	河南、安徽、河北、四川

棕叶狗尾草 *Setaria palmifolia* (J. König) Stapf

功效主治 根：用于脱肛，阴挺。

濒危等级 中国植物红色名录评估为无危（LC）。

迁地栽培保存

保存地点	种质份数	个体数量	引种方式	生长状况	来源地
HB	1	a	采集	C	待确定

种质库保存

保存地点	保存方式	种质份数	个体数量	引种方式	来源地
BJ	种子	10	b	采集	河南、安徽、江苏、四川、云南、每南

狗牙根属 *Cynodon*

狗牙根 *Cynodon dactylon*（L.）Pers.

功效主治 全草（铁线草）：微甘，平。祛风，活络，止血，生肌。用于咽喉肿痛，肝毒，痢疾，小便淋涩，鼻衄，咯血，便血，呕血，脚气水肿，风湿骨痛，瘾疹，半身不遂，手脚麻木，跌打损伤；外用于外伤出血，骨折，疮痈，臁疮。

迁地栽培保存

保存地点	种质份数	个体数量	引种方式	生长状况	来源地
SH	1	b	采集	A	待确定
HN	1	a	待确定	B	海南
BJ	1	d	采集	G	山东
GZ	1	b	采集	C	贵州
GX	*	f	采集	G	广西

种质库保存

保存地点	保存方式	种质份数	个体数量	引种方式	来源地
BJ	种子	6	b	采集	江苏

弯穗狗牙根 *Cynodon arcuatus* J. S. Presl ex Presl

濒危等级 中国植物红色名录评估为无危（LC）。

迁地栽培保存

保存地点	种质份数	个体数量	引种方式	生长状况	来源地
GX	*	f	采集	G	山东

菰属 *Zizania*

菰 *Zizania latifolia*（Griseb.）Turcz. ex Stapf

功效主治 颖果（菰白子）：甘，寒。清热除烦，生津止渴。根及根茎（菰根）：甘，寒。清热解毒。用于黄疸，小便淋痛不利。花茎经茭白黑粉的刺激而形成的纺锤形肥大的菌瘿（茭白）：甘，凉。清热除烦，止渴，通乳，通二便。

濒危等级 北京市二级保护植物，中国植物红色名录评估为无危（LC）。

迁地栽培保存

保存地点	种质份数	个体数量	引种方式	生长状况	来源地
BJ	1	b	购买	G	北京
CQ	1	b	采集	C	重庆
JS1	1	a	采集	D	江苏
SH	1	b	采集	A	待确定

冠毛草属 *Stephanachne*

冠毛草 *Stephanachne pappophorea* (Hack.) Keng

濒危等级 中国植物红色名录评估为无危（LC）。

种质库保存

保存地点	保存方式	种质份数	个体数量	引种方式	来源地
BJ	种子	1	a	采集	云南

寒竹属 *Chimonobambusa*

刺黑竹 *Chimonobambusa neopurpurea* Yi

濒危等级 中国特有植物，中国植物红色名录评估为近危（NT）。

迁地栽培保存

保存地点	种质份数	个体数量	引种方式	生长状况	来源地
CQ	1	a	采集	C	重庆

金佛山方竹 *Chimonobambusa utilis* (Keng) Keng f.

濒危等级 中国特有植物，中国植物红色名录评估为无危（LC）。

迁地栽培保存

保存地点	种质份数	个体数量	引种方式	生长状况	来源地
CQ	1	a	采集	D	重庆
GX	*	f	采集	G	重庆

黑麦草属 *Lolium*

黑麦草 *Lolium perenne* L.

迁地栽培保存

保存地点	种质份数	个体数量	引种方式	生长状况	来源地
HB	1	a	采集	C	待确定

种质库保存

保存地点	保存方式	种质份数	个体数量	引种方式	来源地
BJ	种子	8	b	采集	四川、重庆、陕西、上海

虎尾草属 *Chloris*

虎尾草 *Chloris virgata* Sw.

功效主治　全草：清热除湿，杀虫，止痒。

濒危等级　中国植物红色名录评估为无危（LC）。

迁地栽培保存

保存地点	种质份数	个体数量	引种方式	生长状况	来源地
BJ	1	d	采集	G	待确定

种质库保存

保存地点	保存方式	种质份数	个体数量	引种方式	来源地
BJ	种子	3	a	采集	山西、甘肃

画眉草属　*Eragrostis*

大画眉草　*Eragrostis cilianensis*（All.）Link. ex Vignclo-Lutati

功效主治　全草或花序（星星草）：甘、淡，凉。疏风清热，利尿。用于石淋，水肿，目赤。花序：淡，平。解毒，止痒。用于黄水疮。

迁地栽培保存

保存地点	种质份数	个体数量	引种方式	生长状况	来源地
GX	*	f	采集	G	山东

种质库保存

保存地点	保存方式	种质份数	个体数量	引种方式	来源地
BJ	种子	8	b	采集	甘肃

鲫鱼草　*Eragrostis tenella*（L.）Beauv. ex Roem. & Schult.

功效主治　全香（香榧草）：咸，平。清热凉血。用于咯血，吐血。
濒危等级　中国植物红色名录评估为无危（LC）。

迁地栽培保存

保存地点	种质份数	个体数量	引种方式	生长状况	来源地
GX	*	f	采集	G	澳门

乱草　*Eragrostis japonica*（Thunb.）Trin.

功效主治　全草：清热凉血。用于吐血，咯血。
濒危等级　中国植物红色名录评估为无危（LC）。

迁地栽培保存

保存地点	种质份数	个体数量	引种方式	生长状况	来源地
ZJ	1	e	采集	A	浙江

种质库保存

保存地点	保存方式	种质份数	个体数量	引种方式	来源地
HN	种子	1	c	采集	湖南

鼠妇草 *Eragrostis atrovirens* (Desf.) Trin. ex Steud.

功效主治 全草：甘、淡，凉。清热利湿。用于暑热，小便短赤，痢疾。

濒危等级 中国植物红色名录评估为无危（LC）。

迁地栽培保存

保存地点	种质份数	个体数量	引种方式	生长状况	来源地
GX	*	f	采集	G	澳门

小画眉草 *Eragrostis minor* Host

功效主治 全草：淡，凉。疏风清热，利尿。用于目赤，石淋，脓疱疮。

濒危等级 中国植物红色名录评估为无危（LC）。

迁地栽培保存

保存地点	种质份数	个体数量	引种方式	生长状况	来源地
GX	*	f	采集	G	山东

种质库保存

保存地点	保存方式	种质份数	个体数量	引种方式	来源地
BJ	种子	1	a	采集	内蒙古

知风草 *Eragrostis ferruginea* (Thunb.) Beauv.

功效主治 根：甘，平。舒筋散瘀。用于跌打损伤。

濒危等级 中国植物红色名录评估为无危（LC）。

迁地栽培保存

保存地点	种质份数	个体数量	引种方式	生长状况	来源地
GX	*	f	采集	G	山东

黄金茅属　*Eulalia*

金茅　*Eulalia speciosa*（Debeaux）Kuntze

功效主治　根、茎：行气破血，止血。用于妇女病，干潮热。

濒危等级　中国植物红色名录评估为无危（LC）。

种质库保存

保存地点	保存方式	种质份数	个体数量	引种方式	来源地
BJ	种子	1	a	采集	山西

四脉金茅　*Eulalia quadrinervis*（Hack.）Kuntze

濒危等级　中国植物红色名录评估为无危（LC）。

迁地栽培保存

保存地点	种质份数	个体数量	引种方式	生长状况	来源地
BJ	1	a	采集	G	云南

黄茅属　*Heteropogon*

黄茅　*Heteropogon contortus*（L.）P. Beauv. ex Roem. & Schult.

功效主治　全草（地筋）：甘，温。祛风除湿，散寒，止咳。用于风寒咳嗽，风湿关节痛。

濒危等级　中国植物红色名录评估为无危（LC）。

迁地栽培保存

保存地点	种质份数	个体数量	引种方式	生长状况	来源地
GX	*	f	采集	G	澳门

芨芨草属 *Achnatherum*

远东芨芨草 *Achnatherum extremiorientale*（Hara）Keng

迁地栽培保存

保存地点	种质份数	个体数量	引种方式	生长状况	来源地
GX	*	f	采集	G	山东

蒺藜草属 *Cenchrus*

蒺藜草 *Cenchrus echinatus* L.

功效主治 全草或叶、根：用于咳嗽，气喘，疟疾，肝阳上亢，湿疹。

迁地栽培保存

保存地点	种质份数	个体数量	引种方式	生长状况	来源地
GX	*	f	采集	G	澳门

种质库保存

保存地点	保存方式	种质份数	个体数量	引种方式	来源地
BJ	种子	3	a	采集	重庆

假稻属 *Leersia*

假稻 *Leersia japonica*（Makino ex Honda）Honda

功效主治 全草（假稻）：辛，温。除湿，利水。用于风湿麻木，下肢浮肿。

濒危等级 中国植物红色名录评估为无危（LC）。

迁地栽培保存

保存地点	种质份数	个体数量	引种方式	生长状况	来源地
GX	*	f	采集	G	山东

菅属　*Themeda*

苞子草　*Themeda caudata*（Nees）A. Camus

功效主治　果芒：用于阳痿。

濒危等级　中国植物红色名录评估为无危（LC）。

种质库保存

保存地点	保存方式	种质份数	个体数量	引种方式	来源地
BJ	种子	1	a	采集	云南

黄背草　*Themeda japonica*（Willd.）Tanaka

功效主治　全草：甘，温。活血调经，祛风除湿。用于闭经，风湿痛。根：用于滑胎。幼苗：用于肝阳
上亢。

濒危等级　中国植物红色名录评估为无危（LC）。

迁地栽培保存

保存地点	种质份数	个体数量	引种方式	生长状况	来源地
FJ	1	a	采集	A	福建
GX	*	f	采集	G	山东

种质库保存

保存地点	保存方式	种质份数	个体数量	引种方式	来源地
BJ	种子	4	a	采集	甘肃

菅　*Themeda villosa*（Poir.）A. Camus

功效主治　根（蚂蚱草）：辛，温。解表散寒，祛风除湿。用于风寒感冒，风湿麻木，淋证，水肿。

濒危等级　中国植物红色名录评估为无危（LC）。

迁地栽培保存

保存地点	种质份数	个体数量	引种方式	生长状况	来源地
GX	*	f	采集	G	湖北

蚂蚱草 *Themeda gigantea* var. *villosa* Hack.

迁地栽培保存

保存地点	种质份数	个体数量	引种方式	生长状况	来源地
GX	*	f	采集	G	广西

剪股颖属 *Agrostis*

华北剪股颖 *Agrostis clavata* Trin.

功效主治 全草：用于咳嗽。

濒危等级 中国植物红色名录评估为无危（LC）。

迁地栽培保存

保存地点	种质份数	个体数量	引种方式	生长状况	来源地
GX	*	f	采集	G	山东

西伯利亚剪股颖 *Agrostis stolonifera* L.

濒危等级 中国植物红色名录评估为无危（LC）。

迁地栽培保存

保存地点	种质份数	个体数量	引种方式	生长状况	来源地
GX	*	f	采集	G	山东

碱茅属 *Puccinellia*

碱茅 *Puccinellia distans*（Jacq.）Parl.

濒危等级 中国植物红色名录评估为无危（LC）。

种质库保存

保存地点	保存方式	种质份数	个体数量	引种方式	来源地
BJ	种子	4	a	采集	山西、甘肃

箭竹属　*Fargesia*

白竹　*Fargesia semicoriacea* T. P. Yi

濒危等级　中国特有植物，中国植物红色名录评估为无危（LC）。

迁地栽培保存

保存地点	种质份数	个体数量	引种方式	生长状况	来源地
GZ	1	a	采集	C	贵州

箭竹　*Fargesia spathacea* Franch.

功效主治　叶：甘，寒。清热除烦，利尿。用于发热烦躁，口渴，小便短少黄赤。

濒危等级　中国特有植物，中国植物红色名录评估为无危（LC）。

迁地栽培保存

保存地点	种质份数	个体数量	引种方式	生长状况	来源地
CQ	1	a	采集	F	重庆
HB	1	a	采集	C	待确定

结缕草属　*Zoysia*

大穗结缕草　*Zoysia macrostachya* Franch. & Sav.

濒危等级　中国植物红色名录评估为无危（LC）。

种质库保存

保存地点	保存方式	种质份数	个体数量	引种方式	来源地
BJ	种子	1	a	采集	待确定

结缕草 *Zoysia japonica* Steud.

濒危等级 中国植物红色名录评估为无危（LC）。

迁地栽培保存

保存地点	种质份数	个体数量	引种方式	生长状况	来源地
SH	1	b	采集	A	待确定
GX	*	f	采集	G	山东

种质库保存

保存地点	保存方式	种质份数	个体数量	引种方式	来源地
BJ	种子	7	c	采集	安徽、重庆、上海

中华结缕草 *Zoysia sinica* Hance

濒危等级 国家重点保护野生植物名录（第一批）二级，中国植物红色名录评估为无危（LC）。

迁地栽培保存

保存地点	种质份数	个体数量	引种方式	生长状况	来源地
SH	1	b	采集	A	待确定

金发草属 *Pogonatherum*

金发草 *Pogonatherum paniceum* (Lam.) Hack.

功效主治 全草：甘，凉。清热利尿。用于黄疸，脾脏肿大，消化不良，小儿疳积，消渴。

濒危等级 中国植物红色名录评估为无危（LC）。

迁地栽培保存

保存地点	种质份数	个体数量	引种方式	生长状况	来源地
BJ	1	a	采集	G	待确定

金丝草 *Pogonatherum crinitum* (Thunb.) Kunth

功效主治 全草（笔仔草）：甘、淡，寒。清热解毒，利尿通淋，凉血。

濒危等级　中国植物红色名录评估为无危（LC）。

迁地栽培保存

保存地点	种质份数	个体数量	引种方式	生长状况	来源地
HN	1	a	采集	B	海南
GD	1	b	采集	D	待确定

种质库保存

保存地点	保存方式	种质份数	个体数量	引种方式	来源地
HN	种子	6	d	采集	海南
BJ	种子	1	a	采集	海南

金须茅属　*Chrysopogon*

香根草　*Chrysopogon zizanioides*（L.）Roberty

功效主治　全草：补血，强心。根：缓解头痛。

迁地栽培保存

保存地点	种质份数	个体数量	引种方式	生长状况	来源地
CQ	1	a	赠送	C	广西
HN	1	a	待确定	B	海南
YN	1	b	采集	A	云南
BJ	1	a	采集	G	广西

竹节草　*Chrysopogon aciculatus*（Retz.）Trin.

功效主治　全草（鸡谷草）：苦，凉。清热利湿，消肿，止痛。用于感冒发热，小便短赤，木薯中毒。根：用于毒蛇咬伤。

濒危等级　中国植物红色名录评估为无危（LC）。

迁地栽培保存

保存地点	种质份数	个体数量	引种方式	生长状况	来源地
GX	*	f	采集	G	广西

种质库保存

保存地点	保存方式	种质份数	个体数量	引种方式	来源地
BJ	种子	1	a	采集	河北

荩草属 *Arthraxon*

荩草 *Arthraxon hispidus*（Thunb.）Makino

功效主治 全草（荩草）：苦，平。止咳定喘，杀虫，解毒。用于久咳，上气喘逆，惊悸，恶疮疥癣。

濒危等级 中国植物红色名录评估为无危（LC）。

迁地栽培保存

保存地点	种质份数	个体数量	引种方式	生长状况	来源地
BJ	1	d	采集	G	北京
GZ	1	c	采集	C	贵州
SH	1	b	采集	A	待确定

种质库保存

保存地点	保存方式	种质份数	个体数量	引种方式	来源地
BJ	种子	2	a	采集	云南、河南

矛叶荩草 *Arthraxon lanceolatus*（Roxb.）Hochst.

功效主治 全草：止咳定喘，杀虫。

迁地栽培保存

保存地点	种质份数	个体数量	引种方式	生长状况	来源地
BJ	2	d	采集	G	山东
GX	*	f	采集	G	山东

看麦娘属　*Alopecurus*

大看麦娘　*Alopecurus pratensis* L.

濒危等级　中国植物红色名录评估为无危（LC）。

种质库保存

保存地点	保存方式	种质份数	个体数量	引种方式	来源地
BJ	种子	6	b	采集	甘肃

看麦娘　*Alopecurus aequalis* Sobol.

功效主治　全草：淡，凉。利湿，解毒消肿。用于水肿，水痘，小儿消化不良，泄泻。种子：用于水肿，水痘，毒蛇咬伤。

濒危等级　中国植物红色名录评估为无危（LC）。

迁地栽培保存

保存地点	种质份数	个体数量	引种方式	生长状况	来源地
SH	1	b	采集	A	待确定
GX	*	f	采集	G	山东

苦竹属　*Pleioblastus*

菲黄竹　*Pleioblastus viridistriatus* ' Variegatus'

迁地栽培保存

保存地点	种质份数	个体数量	引种方式	生长状况	来源地
ZJ	1	d	购买	A	浙江

苦竹　*Pleioblastus amarus*（Keng）Keng f.

功效主治　叶（苦竹叶）：苦，寒。清热明目，利窍，解毒，杀虫。用于消渴，烦热不眠，目赤，口疮，失音，烫火伤。茎秆经火烤后流出的汁液（苦竹沥）：清火消痰，明目，利窍。用于目赤肿痛，牙痛。茎秆除去外皮后刮下的中间层（苦竹茹）：用于尿血。竹笋（苦竹笋）：甘，寒。清热除湿，利水，明目。用于消渴，面黄，脚气病。

濒危等级　中国特有植物，中国植物红色名录评估为无危（LC）。

迁地栽培保存

保存地点	种质份数	个体数量	引种方式	生长状况	来源地
GZ	1	b	采集	C	贵州
SH	1	b	采集	A	待确定

赖草属　*Leymus*

赖草　*Leymus secalinus*（Georgi）Tzvelev

功效主治　根（水草）：甘，寒。清热，止血，利尿。用于感冒，衄血，哮喘，痰中带血，水肿。菌穗：苦，凉。清热利湿。用于淋证，带下病。

濒危等级　中国植物红色名录评估为无危（LC）。

种质库保存

保存地点	保存方式	种质份数	个体数量	引种方式	来源地
BJ	种子	1	a	采集	待确定

狼尾草属　*Pennisetum*

狼尾草　*Pennisetum alopecuroides*（L.）Spreng.

功效主治　全草或根（狼尾草）：甘，平。明目，散血。用于目赤肿痛。根：甘，平。清肺止咳，解毒。用于肺热咳嗽，咯血，疮毒。

濒危等级　中国植物红色名录评估为无危（LC）。

迁地栽培保存

保存地点	种质份数	个体数量	引种方式	生长状况	来源地
HN	2	a	采集、赠送	B	海南

续表

保存地点	种质份数	个体数量	引种方式	生长状况	来源地
ZJ	1	d	采集	B	吉林
GZ	1	b	采集	C	贵州
CQ	1	a	采集	B	重庆
GX	*	f	采集	G	山东

种质库保存

保存地点	保存方式	种质份数	个体数量	引种方式	来源地
BJ	种子	71	b	采集	四川、上海、山西、安徽、广西、甘肃、重庆、河北、江西、海南
HN	种子	1	a	采集	湖南

象草 *Pennisetum purpureum* Schumach.

功效主治 全草：用于胁痛。

种质库保存

保存地点	保存方式	种质份数	个体数量	引种方式	来源地
BJ	种子	1	a	采集	待确定

簕竹属 *Bambusa*

慈竹 *Bambusa emeiensis* L. C. Chia & H. L. Fung

功效主治 叶：甘、苦，凉。清心热，止烦渴。花：用于劳伤吐血。茎秆除去外皮后刮下的中间层（竹茹）：甘，凉。清热凉血，除烦止呕。根：用于乳汁不下。笋（慈竹）：用于脱肛，疝气。

濒危等级 中国特有植物，中国植物红色名录评估为无危（LC）。

迁地栽培保存

保存地点	种质份数	个体数量	引种方式	生长状况	来源地
HB	1	a	采集	C	湖北

粉单竹 *Bambusa chungii* McClure

功效主治 叶芽：用于皮疹。

迁地栽培保存

保存地点	种质份数	个体数量	引种方式	生长状况	来源地
HN	2	a	采集、赠送	B	海南
ZJ	1	d	购买	A	福建

凤凰竹 *Bambusa floribunda* Munro

迁地栽培保存

保存地点	种质份数	个体数量	引种方式	生长状况	来源地
HN	1	a	待确定	B	海南
BJ	1	b	购买	G	云南

佛肚竹 *Bambusa ventricosa* McClure

功效主治 嫩叶：清热，除烦。

迁地栽培保存

保存地点	种质份数	个体数量	引种方式	生长状况	来源地
BJ	1	b	购买	G	北京
CQ	1	a	赠送	C	广西
HN	1	a	待确定	B	海南
YN	1	a	购买	C	云南

黄金间碧竹 *Bambusa vulgaris* cv. *vittata*（Rivière & C. Rivière）McClure

功效主治 叶：清凉解热。

迁地栽培保存

保存地点	种质份数	个体数量	引种方式	生长状况	来源地
HN	1	a	采集	B	海南

锦竹 *Bambusa subaequalis* H. L. Fung

迁地栽培保存

保存地点	种质份数	个体数量	引种方式	生长状况	来源地
GX	*	f	采集	G	云库

箣竹 *Bambusa blumeana* J. A. et J. H. Schult. f.

迁地栽培保存

保存地点	种质份数	个体数量	引种方式	生长状况	来源地
GD	1	f	采集	G	待确定

龙头竹 *Bambusa vulgaris* Schrad. ex J. C. Wendland

功效主治　叶：清凉解热。

迁地栽培保存

保存地点	种质份数	个体数量	引种方式	生长状况	来源地
CQ	1	b	购买	C	重庆
GZ	1	a	采集	C	贵州
YN	1	c	采集	A	云南

孝顺竹 *Bambusa multiplex* (Lour.) Raeuschel ex J. A. et J. H. Schult.

功效主治　全株：清热利尿，除烦。

迁地栽培保存

保存地点	种质份数	个体数量	引种方式	生长状况	来源地
ZJ	2	d	购买	A	浙江
CQ	2	a	购买、赠送	C	重庆、广西
GZ	1	a	采集	C	贵州
JS1	1	a	购买	D	江苏

续表

保存地点	种质份数	个体数量	引种方式	生长状况	来源地
SH	1	b	采集	A	待确定
GX	*	f	采集	G	湖北

印度簕竹　*Bambusa arundinacea*（Retz.）Willd.

功效主治　茎、叶、根：用于痛经，闭经，产后出血。

迁地栽培保存

保存地点	种质份数	个体数量	引种方式	生长状况	来源地
HN	2	a	采集	B	海南

类芦属　*Neyraudia*

类芦　*Neyraudia reynaudiana*（Kunth）Keng ex Hitchc.

功效主治　幼茎（类芦）、嫩叶（类芦）：甘、淡，平。清热利湿，消肿解毒。用于水肿。嫩叶：用于毒蛇咬伤，竹木刺入肉。

濒危等级　中国植物红色名录评估为无危（LC）。

迁地栽培保存

保存地点	种质份数	个体数量	引种方式	生长状况	来源地
ZJ	1	e	采集	A	浙江

裂稃草属　*Schizachyrium*

裂稃草　*Schizachyrium brevifolium*（Sw.）Nees ex Buse

濒危等级　中国植物红色名录评估为无危（LC）。

迁地栽培保存

保存地点	种质份数	个体数量	引种方式	生长状况	来源地
GX	*	f	采集	G	山东

鬣刺属　*Spinifex*

老鼠芳　*Spinifex littoreus*（Burm. f.）Merr.

功效主治　叶：用于刀伤出血。

濒危等级　中国植物红色名录评估为无危（LC）。

迁地栽培保存

保存地点	种质份数	个体数量	引种方式	生长状况	来源地
HN	1	a	赠送	B	海南

林燕麦属　*Chasmanthium*

宽叶林燕麦　*Chasmanthium latifolium*（Michx.）Yates

种质库保存

保存地点	保存方式	种质份数	个体数量	引种方式	来源地
BJ	种子	1	a	采集	待确定

柳叶箬属　*Isachne*

柳叶箬　*Isachne globosa*（Thunb. ex Murray）Kuntze

功效主治　全草：用于小便淋痛，跌打损伤。

濒危等级　中国植物红色名录评估为无危（LC）。

迁地栽培保存

保存地点	种质份数	个体数量	引种方式	生长状况	来源地
YN	1	c	采集	A	云南
GX	*	f	采集	G	澳门

龙常草属 *Diarrhena*

龙常草 *Diarrhena mandshurica* Maxim.

功效主治 全草：清热解毒。

濒危等级 中国植物红色名录评估为无危（LC）。

迁地栽培保存

保存地点	种质份数	个体数量	引种方式	生长状况	来源地
BJ	2	d	采集	G	山东、陕西

龙爪茅属 *Dactyloctenium*

龙爪茅 *Dactyloctenium aegyptium*（L.）Beauv.

功效主治 全草：补虚益气。

濒危等级 中国植物红色名录评估为无危（LC）。

迁地栽培保存

保存地点	种质份数	个体数量	引种方式	生长状况	来源地
GX	*	f	采集	G	澳门

种质库保存

保存地点	保存方式	种质份数	个体数量	引种方式	来源地
HN	种子	1	e	采集	湖南
BJ	种子	3	a	采集	重庆

芦苇属　*Phragmites*

卡开芦　*Phragmites karka*（Retz.）Trin. ex Steud.

功效主治　根茎（水芦荻）：苦，寒。清热，利尿。用于感冒发热，水肿，热泻。
濒危等级　中国植物红色名录评估为无危（LC）。

迁地栽培保存

保存地点	种质份数	个体数量	引种方式	生长状况	来源地
HN	2	a	采集、赠送	B	海南

芦苇　*Phragmites australis*（Cav.）Trin. ex Steud.

功效主治　根茎（芦根）：甘，寒。清热生津，除烦，止呕，利尿。用于热病烦渴，胃热呕哕，肺热咳嗽，肺痈吐脓，热淋涩痛。
濒危等级　中国植物红色名录评估为无危（LC）。

迁地栽培保存

保存地点	种质份数	个体数量	引种方式	生长状况	来源地
SH	1	b	采集	A	待确定
GZ	1	a	采集	C	贵州
BJ	1	d	采集	G	北京
CQ	1	b	采集	C	湖南

种质库保存

保存地点	保存方式	种质份数	个体数量	引种方式	来源地
BJ	种子	4	a	采集	江苏

芦竹属 *Arundo*

花叶芦竹 *Arundo donax* 'Versicolor'

迁地栽培保存

保存地点	种质份数	个体数量	引种方式	生长状况	来源地
BJ	1	d	购买	A	北京
CQ	1	b	购买	A	重庆
GZ	1	a	采集	C	贵州

种质库保存

保存地点	保存方式	种质份数	个体数量	引种方式	来源地
BJ	种子	1	a	采集	待确定

芦竹 *Arundo donax* L.

功效主治 根茎（芦竹）：苦，寒。清热利水。用于热病发狂，虚劳骨蒸，淋证，小便淋痛不利，风火牙痛。

濒危等级 中国植物红色名录评估为无危（LC）。

迁地栽培保存

保存地点	种质份数	个体数量	引种方式	生长状况	来源地
BJ	1	d	购买	G	北京
HB	1	a	采集	C	湖北
SH	1	b	采集	A	待确定

种质库保存

保存地点	保存方式	种质份数	个体数量	引种方式	来源地
BJ	种子	3	a	采集	上海

朝鲜茅属　*Patis*

钝颖落芒草　*Patis obtusa*（Stapf）Romasch., P. M. Peterson & Soreng

濒危等级　中国植物红色名录评估为无危（LC）。

种质库保存

保存地点	保存方式	种质份数	个体数量	引种方式	来源地
BJ	种子	4	a	采集	重庆

马唐属　*Digitaria*

马唐　*Digitaria sanguinalis*（L.）Scop.

功效主治　全草（马唐）：甘，寒。明目，润肺。

濒危等级　中国植物红色名录评估为无危（LC）。

迁地栽培保存

保存地点	种质份数	个体数量	引种方式	生长状况	来源地
HB	2	a	采集	C	待确定
CQ	1	a	采集	B	重庆
YN	1	e	采集	A	云南

纤毛马唐　*Digitaria ciliaris*（Retz.）Koel.

功效主治　花序：用于发热。

濒危等级　中国植物红色名录评估为无危（LC）。

种质库保存

保存地点	保存方式	种质份数	个体数量	引种方式	来源地
BJ	种子	3	b	采集	山西

止血马唐 *Digitaria ischaemum*（Schreb.）Muhl.

功效主治 全草：甘，寒。凉血，止血，收敛。

濒危等级 中国植物红色名录评估为无危（LC）。

种质库保存

保存地点	保存方式	种质份数	个体数量	引种方式	来源地
BJ	种子	1	a	采集	海南

紫马唐 *Digitaria violascens* Link

功效主治 全草：用于气喘。

濒危等级 中国植物红色名录评估为无危（LC）。

种质库保存

保存地点	保存方式	种质份数	个体数量	引种方式	来源地
BJ	种子	1	a	采集	海南

芒属 *Miscanthus*

斑叶芒 *Miscanthus sinensis* 'Zebrinus'

种质库保存

保存地点	保存方式	种质份数	个体数量	引种方式	来源地
BJ	种子	1	a	采集	待确定

荻 *Miscanthus sacchariflorus*（Maxim.）Benth. & Hook. f. ex Franch.

功效主治 根茎：甘，凉。清热，活血。用于干血痨，潮热，产妇失血口渴，牙痛。

濒危等级 内蒙古自治区重点保护植物，中国植物红色名录评估为无危（LC）。

迁地栽培保存

保存地点	种质份数	个体数量	引种方式	生长状况	来源地
GX	*	f	采集	G	浙江、山东

芒 *Miscanthus sinensis* Andersson

功效主治　茎（芒）、根茎（芒）：甘，平。清热解毒，利尿。用于咳嗽，带下病，小便淋痛不利。花序：甘，平。活血通经。用于月经不调，半身不遂。有寄生虫的幼茎（芒气笋子）：甘，平。调气，生津，补肾。用于妊娠呕吐，精枯阳痿。

濒危等级　中国植物红色名录评估为无危（LC）。

迁地栽培保存

保存地点	种质份数	个体数量	引种方式	生长状况	来源地
HN	2	a	采集	B	海南
ZJ	1	e	采集	A	浙江

尼泊尔芒 *Miscanthus nepalensis* (Trin.) Hack.

功效主治　根茎及枯芽：清胃热，生津，止呕。用于胃热口渴，呕恶，妊娠呕吐。

濒危等级　中国植物红色名录评估为无危（LC）。

种质库保存

保存地点	保存方式	种质份数	个体数量	引种方式	来源地
BJ	种子	1	a	采集	重庆

五节芒 *Miscanthus floridulus* (Labill.) Warb. ex K. Schum. & Lauterb.

功效主治　根茎部叶鞘内的虫瘿（巴芒果）：辛，温。理气，发表，散瘀。用于小儿疝气，小儿疹出不畅，月经不调。

濒危等级　中国植物红色名录评估为无危（LC）。

迁地栽培保存

保存地点	种质份数	个体数量	引种方式	生长状况	来源地
HN	2	a	采集	B	海南
YN	1	a	采集	C	云南
GX	*	f	采集	G	广西

种质库保存

保存地点	保存方式	种质份数	个体数量	引种方式	来源地
BJ	种子	3	b	采集	重庆

茅香属 *Hierochloe*

茅香 *Hierochloe odorata* (L.) P. Beauv.

功效主治 根茎：清热利尿，凉血止血。用于热淋吐血，尿血，水肿。花序：温胃，止呕。用于心腹冷痛。

濒危等级 中国植物红色名录评估为无危（LC）。

迁地栽培保存

保存地点	种质份数	个体数量	引种方式	生长状况	来源地
BJ	1	a	采集	G	待确定
GX	*	f	采集	G	山东

牡竹属 *Dendrocalamus*

麻竹 *Dendrocalamus latiflorus* Munro

功效主治 花：止咳化痰。

迁地栽培保存

保存地点	种质份数	个体数量	引种方式	生长状况	来源地
HN	1	a	采集	B	海南

黔竹 *Dendrocalamus tsiangii*（McClure）Chia et H. L. Fung

濒危等级　中国特有植物，中国植物红色名录评估为无危（LC）。

迁地栽培保存

保存地点	种质份数	个体数量	引种方式	生长状况	来源地
GZ	1	b	采集	C	贵州

囊颖草属　*Sacciolepis*

囊颖草　*Sacciolepis indica*（L.）Chase

功效主治　全草：用于疮疡，跌打损伤。

濒危等级　中国植物红色名录评估为无危（LC）。

迁地栽培保存

保存地点	种质份数	个体数量	引种方式	生长状况	来源地
ZJ	1	d	采集	A	浙江
GX	*	f	采集	G	广西

拟金茅属　*Eulaliopsis*

拟金茅　*Eulaliopsis binata*（Retz.）C. E. Hubb.

功效主治　全草（蓑草）：甘、淡，平。清热解毒，平肝明目，止血。用于感冒，肝毒，小儿反热，咳喘，乳痈，瘾疹。

濒危等级　中国植物红色名录评估为无危（LC）。

种质库保存

保存地点	保存方式	种质份数	个体数量	引种方式	来源地
BJ	种子	1	a	采集	云南

牛鞭草属 *Hemarthria*

大牛鞭草 *Hemarthria altissima*（Poir.）Stapf et C. E. Hubb.

濒危等级 中国植物红色名录评估为无危（LC）。

迁地栽培保存

保存地点	种质份数	个体数量	引种方式	生长状况	来源地
GX	*	f	采集	G	山东

披碱草属 *Elymus*

东瀛披碱草 *Elymus × mayebaranus*（Honda）S. L. Chen

迁地栽培保存

保存地点	种质份数	个体数量	引种方式	生长状况	来源地
GX	*	f	采集	G	山东

鹅观草 *Elymus kamoji*（Ohwi）S. L. Chen

功效主治 全草（茅灵芝）：甘，凉。清热，凉血，镇痛。用于咳嗽，痰中带血，劳伤疼痛，丹毒。

迁地栽培保存

保存地点	种质份数	个体数量	引种方式	生长状况	来源地
GX	*	f	采集	G	山东

种质库保存

保存地点	保存方式	种质份数	个体数量	引种方式	来源地
BJ	种子	6	b	采集	河北

黑紫披碱草 *Elymus atratus*（Nevski）Hand.-Mazz.

濒危等级 中国特有植物，国家重点保护野生植物名录（第二批）二级，中国植物红色名录评估为无危

（LC）。

种质库保存

保存地点	保存方式	种质份数	个体数量	引种方式	来源地
BJ	种子	1	a	采集	甘肃

披碱草 *Elymus dahuricus* Turcz. ex Griseb.

濒危等级 中国植物红色名录评估为无危（LC）。

种质库保存

保存地点	保存方式	种质份数	个体数量	引种方式	来源地
BJ	种子	1	a	采集	吉林

日本纤毛草 *Elymus ciliaris* var. *hackelianus* (Honda) G. Zhu et S. L. Chen

濒危等级 中国植物红色名录评估为无危（LC）。

迁地栽培保存

保存地点	种质份数	个体数量	引种方式	生长状况	来源地
GX	*	f	采集	G	山东

纤毛披碱草 *Elymus ciliaris* (Trin. ex Bunge) Tzvelev

濒危等级 中国植物红色名录评估为无危（LC）。

迁地栽培保存

保存地点	种质份数	个体数量	引种方式	生长状况	来源地
GX	*	f	采集	G	山东

缘毛披碱草 *Elymus pendulinus* (Nevski) Tzvelev

濒危等级 中国植物红色名录评估为无危（LC）。

迁地栽培保存

保存地点	种质份数	个体数量	引种方式	生长状况	来源地
GX	*	f	采集	G	山东

蒲苇属 *Cortaderia*

蒲苇 *Cortaderia selloana* (Schult. & Schult. f.) Asch. & Graebn.

功效主治 根：养血。用于产后出血过多，肝病，肾病。

种质库保存

保存地点	保存方式	种质份数	个体数量	引种方式	来源地
BJ	种子	1	a	采集	待确定

洽草属 *Koeleria*

洽草 *Koeleria macrantha* (Ledeb.) Schult.

濒危等级 中国植物红色名录评估为无危（LC）。

迁地栽培保存

保存地点	种质份数	个体数量	引种方式	生长状况	来源地
GX	*	f	采集	G	山东

千金子属 *Leptochloa*

虮子草 *Leptochloa panicea* (Retz.) Ohwi

濒危等级 中国植物红色名录评估为无危（LC）。

迁地栽培保存

保存地点	种质份数	个体数量	引种方式	生长状况	来源地
GX	*	f	采集	G	山东

千金子 *Leptochloa chinensis* (L.) Nees

功效主治 全草（油草）：淡，平。行水，破血，攻积聚。用于癥瘕，久热不退。

濒危等级 中国植物红色名录评估为无危（LC）。

迁地栽培保存

保存地点	种质份数	个体数量	引种方式	生长状况	来源地
HEN	1	d	赠送	A	河南

种质库保存

保存地点	保存方式	种质份数	个体数量	引种方式	来源地
BJ	种子	6	b	采集	云南、河北、山西、江西

双稃草 *Leptochloa fusca* (L.) Kunth

濒危等级 中国植物红色名录评估为无危（LC）。

迁地栽培保存

保存地点	种质份数	个体数量	引种方式	生长状况	来源地
GX	*	f	采集	G	山东

筇竹属 *Qiongzhuea*

平竹 *Qiongzhuea communis* Hsueh

濒危等级 中国特有植物，中国植物红色名录评估为无危（LC）。

迁地栽培保存

保存地点	种质份数	个体数量	引种方式	生长状况	来源地
CQ	1	a	采集	C	重庆
GX	*	f	采集	G	重庆
GX	*	f	采集	G	待确定

求米草属 *Oplismenus*

大叶竹叶草 *Oplismenus compositus* var. *owatarii*（Honda）Ohwi

濒危等级　中国植物红色名录评估为无危（LC）。

迁地栽培保存

保存地点	种质份数	个体数量	引种方式	生长状况	来源地
GX	*	f	采集	G	广西

中间型竹叶草 *Oplismenus compositus* var. *intermedius*（Honda）Ohwi

濒危等级　中国植物红色名录评估为无危（LC）。

迁地栽培保存

保存地点	种质份数	个体数量	引种方式	生长状况	来源地
GX	*	f	采集	G	广西

竹叶草 *Oplismenus compositus*（L.）P. Beauv.

濒危等级　中国植物红色名录评估为无危（LC）。

迁地栽培保存

保存地点	种质份数	个体数量	引种方式	生长状况	来源地
GX	2	f	采集	G	广西
YN	1	a	采集	C	云南

球穗草属 *Hackelochloa*

球穗草 *Hackelochloa granularis*（L.）Kuntze

功效主治　全草：用于小儿发热，淋证。

濒危等级　中国植物红色名录评估为无危（LC）。

迁地栽培保存

保存地点	种质份数	个体数量	引种方式	生长状况	来源地
GX	*	f	采集	G	广西

雀稗属　*Paspalum*

长叶雀稗　*Paspalum longifolium* Roxb.

濒危等级　中国植物红色名录评估为无危（LC）。

迁地栽培保存

保存地点	种质份数	个体数量	引种方式	生长状况	来源地
GX	*	f	采集	G	广西

两耳草　*Paspalum conjugatum* P. J. Bergius

功效主治　叶：用于目疾。

濒危等级　中国植物红色名录评估为无危（LC）。

迁地栽培保存

保存地点	种质份数	个体数量	引种方式	生长状况	来源地
YN	1	a	采集	C	云南
GX	*	f	采集	G	澳门

种质库保存

保存地点	保存方式	种质份数	个体数量	引种方式	来源地
BJ	种子	1	a	采集	云南

雀稗　*Paspalum thunbergii* Kunth ex Steud.

功效主治　全草：用于目赤肿痛，风热咳喘，肝毒，跌打损伤。

濒危等级　中国植物红色名录评估为无危（LC）。

迁地栽培保存

保存地点	种质份数	个体数量	引种方式	生长状况	来源地
GZ	1	f	采集	F	贵州
GX	*	f	采集	G	山东

种质库保存

保存地点	保存方式	种质份数	个体数量	引种方式	来源地
BJ	种子	9	c	采集	重庆、云南

双穗雀稗 *Paspalum paspaloides* (Michx.) Scribn.

功效主治 根：利尿。作兽药可利尿。

濒危等级 中国植物红色名录评估为无危（LC）。

种质库保存

保存地点	保存方式	种质份数	个体数量	引种方式	来源地
BJ	种子	4	a	采集	云南

圆果雀稗 *Paspalum orbiculare* G. Forst.

功效主治 全草：清热，利尿。

濒危等级 中国植物红色名录评估为无危（LC）。

迁地栽培保存

保存地点	种质份数	个体数量	引种方式	生长状况	来源地
ZJ	1	e	采集	A	浙江
GX	*	f	采集	G	澳门

种质库保存

保存地点	保存方式	种质份数	个体数量	引种方式	来源地
BJ	种子	1	a	采集	重庆

雀麦属 *Bromus*

旱雀麦 *Bromus tectorum* L.

濒危等级 中国植物红色名录评估为无危（LC）。

种质库保存

保存地点	保存方式	种质份数	个体数量	引种方式	来源地
BJ	种子	3	a	采集	甘肃

华雀麦 *Bromus sinensis* Keng ex P. C. Keng

濒危等级 中国特有植物，国家重点保护野生植物名录（第二批）二级，中国植物红色名录评估为无危（LC）。

种质库保存

保存地点	保存方式	种质份数	个体数量	引种方式	来源地
BJ	种子	1	a	采集	甘肃

雀麦 *Bromus japonicus* Thunb. ex Murray

功效主治 茎（雀麦）、叶（雀麦）：甘，平。催产，杀虫，止汗。用于自汗，盗汗，汗出不止，难产，虫积。

濒危等级 中国植物红色名录评估为无危（LC）。

迁地栽培保存

保存地点	种质份数	个体数量	引种方式	生长状况	来源地
BJ	1	d	采集	G	山东

种质库保存

保存地点	保存方式	种质份数	个体数量	引种方式	来源地
BJ	种子	5	b	采集	四川、甘肃

疏花雀麦 *Bromus remotiflorus*（Steud.）Ohwi

濒危等级 中国植物红色名录评估为无危（LC）。

迁地栽培保存

保存地点	种质份数	个体数量	引种方式	生长状况	来源地
GX	*	f	采集	G	山东

箬竹属 *Indocalamus*

阔叶箬竹 *Indocalamus latifolius*（Keng）McClure

功效主治 叶、果实：甘，寒。清热解毒，止血。用于喉痹，失音，血崩。

濒危等级 中国特有植物，中国植物红色名录评估为无危（LC）。

迁地栽培保存

保存地点	种质份数	个体数量	引种方式	生长状况	来源地
ZJ	1	d	购买	B	山东
GZ	1	a	采集	C	贵州
GX	*	f	采集	G	湖北

箬竹 *Indocalamus tessellatus*（Munro）Keng f.

功效主治 叶（箬竹）：甘，寒。清热解毒，止血，消肿。用于吐衄，衄血，尿血，小便淋痛不利，喉痹，痈肿。

濒危等级 中国特有植物，中国植物红色名录评估为无危（LC）。

迁地栽培保存

保存地点	种质份数	个体数量	引种方式	生长状况	来源地
JS1	1	c	购买	B	江苏
SH	1	b	采集	A	待确定
HB	1	b	采集	C	湖北
CQ	1	b	采集	C	重庆
GX	*	f	采集	G	湖北

三角草属　*Trikeraia*

三角草　*Trikeraia hookeri*（Stapf）Bor

濒危等级　中国植物红色名录评估为无危（LC）。

迁地栽培保存

保存地点	种质份数	个体数量	引种方式	生长状况	来源地
GD	1	f	采集	G	待确定

种质库保存

保存地点	保存方式	种质份数	个体数量	引种方式	来源地
BJ	种子	1	a	采集	待确定

三毛草属　*Trisetum*

三毛草　*Trisetum bifidum*（Thunb.）Ohwi

濒危等级　中国植物红色名录评估为无危（LC）。

种质库保存

保存地点	保存方式	种质份数	个体数量	引种方式	来源地
BJ	种子	2	a	采集	河南、江西

三蕊草属　*Sinochasea*

三蕊草　*Sinochasea trigyna* Keng

濒危等级　中国特有植物，国家重点保护野生植物名录（第一批）二级，中国植物红色名录评估为易危（VU）。

种质库保存

保存地点	保存方式	种质份数	个体数量	引种方式	来源地
BJ	种子	1	a	采集	河北

山羊草属 *Aegilops*

节节麦 *Aegilops tauschii* Coss.

迁地栽培保存

保存地点	种质份数	个体数量	引种方式	生长状况	来源地
GX	*	f	采集	G	山东

少穗竹属 *Oligostachyum*

四季竹 *Oligostachyum lubricum*（Wen）Keng f.

濒危等级 中国特有植物，中国植物红色名录评估为无危（LC）。

迁地栽培保存

保存地点	种质份数	个体数量	引种方式	生长状况	来源地
ZJ	1	d	购买	A	浙江

黍属 *Panicum*

短叶黍 *Panicum brevifolium* L.

濒危等级 中国植物红色名录评估为无危（LC）。

迁地栽培保存

保存地点	种质份数	个体数量	引种方式	生长状况	来源地
GX	*	f	采集	G	广西

糠稷　*Panicum bisulcatum* Thunb.

濒危等级　中国植物红色名录评估为无危（LC）。

迁地栽培保存

保存地点	种质份数	个体数量	引种方式	生长状况	来源地
ZJ	1	e	采集	A	浙江

种质库保存

保存地点	保存方式	种质份数	个体数量	引种方式	来源地
BJ	种子	1	a	采集	江西

柳枝稷　*Panicum virgatum* L.

迁地栽培保存

保存地点	种质份数	个体数量	引种方式	生长状况	来源地
BJ	1	a	采集	G	待确定

种质库保存

保存地点	保存方式	种质份数	个体数量	引种方式	来源地
BJ	种子	1	a	采集	待确定

黍　*Panicum miliaceum* Linn.

功效主治　种子：甘，平。益气补中。用于泻痢，烦渴，吐逆，咳嗽，胃痛，烫火伤。茎：辛，热。利尿。用于水肿，妊娠尿血。根：辛，热。有小毒。用于腹水胀满。

种质库保存

保存地点	保存方式	种质份数	个体数量	引种方式	来源地
BJ	种子	1	a	采集	甘肃

藤竹草　*Panicum incomtum* Trin.

濒危等级　中国植物红色名录评估为无危（LC）。

种质库保存

保存地点	保存方式	种质份数	个体数量	引种方式	来源地
BJ	种子	1	a	采集	重庆

细柄黍 *Panicum psilopodium* Trin.

功效主治 茎：用于疗痈，溃疡。

濒危等级 中国植物红色名录评估为无危（LC）。

迁地栽培保存

保存地点	种质份数	个体数量	引种方式	生长状况	来源地
GX	*	f	采集	G	山东

鼠尾粟属 *Sporobolus*

鼠尾粟 *Sporobolus fertilis* (Steud.) W. D. Clayt.

功效主治 全草（鼠尾粟）：甘、淡，平。清热解毒，凉血。用于伤暑烦热，痢疾，热淋，便秘，尿血。

濒危等级 中国植物红色名录评估为无危（LC）。

迁地栽培保存

保存地点	种质份数	个体数量	引种方式	生长状况	来源地
YN	1	b	采集	C	云南
GX	*	f	采集	G	山东

种质库保存

保存地点	保存方式	种质份数	个体数量	引种方式	来源地
BJ	种子	25	b	采集	四川、河北、江苏、广西、河南、云南
HN	种子	2	c	采集	湖南

束尾草属　*Phacelurus*

束尾草　*Phacelurus latifolius*（Steud.）Ohwi

濒危等级　中国植物红色名录评估为无危（LC）。

迁地栽培保存

保存地点	种质份数	个体数量	引种方式	生长状况	来源地
GX	*	f	采集	G	山东

水蔗草属　*Apluda*

水蔗草　*Apluda mutica* L.

功效主治　全草：清热解毒，去腐生肌。用于毒蛇咬伤，阳痿。

濒危等级　中国植物红色名录评估为无危（LC）。

种质库保存

保存地点	保存方式	种质份数	个体数量	引种方式	来源地
BJ	种子	1	a	采集	重庆

粟草属　*Milium*

粟草　*Milium effusum* L.

濒危等级　中国植物红色名录评估为无危（LC）。

种质库保存

保存地点	保存方式	种质份数	个体数量	引种方式	来源地
BJ	种子	1	a	采集	待确定

酸模芒属　*Centotheca*

假淡竹叶　*Centotheca lappacea*（Linn.）Desv.

功效主治　全草：甘、淡，寒。清热除烦，利尿。

濒危等级　中国植物红色名录评估为无危（LC）。

迁地栽培保存

保存地点	种质份数	个体数量	引种方式	生长状况	来源地
CQ	1	a	采集	B	重庆
GX	*	f	采集	G	广西

种质库保存

保存地点	保存方式	种质份数	个体数量	引种方式	来源地
BJ	种子	3	a	采集	甘肃

酸竹属　*Acidosasa*

黄甜竹　*Acidosasa edulis*（T. H. Wen）T. H. Wen

濒危等级　中国特有植物，中国植物红色名录评估为无危（LC）。

迁地栽培保存

保存地点	种质份数	个体数量	引种方式	生长状况	来源地
ZJ	1	d	采集	A	浙江

泰竹属　*Thyrsostachys*

泰竹　*Thyrostachys siamensis*（Kurz ex Munro）Gamble

迁地栽培保存

保存地点	种质份数	个体数量	引种方式	生长状况	来源地
YN	1	b	采集	A	云南

藤竹属　*Dinochloa*

藤竹　*Dinochloa utilis* McClure

迁地栽培保存

保存地点	种质份数	个体数量	引种方式	生长状况	来源地
GZ	1	a	采集	C	贵州

梯牧草属　*Phleum*

鬼蜡烛　*Phleum paniculatum* Huds.

功效主治　全草：清热，利尿。用于顿咳，跌打损伤，狂犬咬伤。

濒危等级　中国植物红色名录评估为无危（LC）。

种质库保存

保存地点	保存方式	种质份数	个体数量	引种方式	来源地
BJ	种子	1	a	采集	山西

菵草属　*Beckmannia*

菵草　*Beckmannia syzigachne*（Steud.）Fernald

功效主治　种子：滋养益气，健胃利肠。

濒危等级　中国植物红色名录评估为无危（LC）。

种质库保存

保存地点	保存方式	种质份数	个体数量	引种方式	来源地
HN	种子	1	c	采集	湖南
BJ	种子	7	b	采集	甘肃、山西

伪针茅属 *Pseudoraphis*

瘦脊伪针茅 *Pseudoraphis sordida* (Thwaites) S. M. Phillips & S. L. Chen

濒危等级 中国植物红色名录评估为无危（LC）。

迁地栽培保存

保存地点	种质份数	个体数量	引种方式	生长状况	来源地
GX	*	f	采集	G	山东

蜈蚣草属 *Eremochloa*

蜈蚣草 *Eremochloa ciliaris* (Linn.) Merr.

濒危等级 中国植物红色名录评估为无危（LC）。

迁地栽培保存

保存地点	种质份数	个体数量	引种方式	生长状况	来源地
SC	3	f	待确定	G	四川
YN	1	b	采集	C	云南
HN	1	b	采集	B	待确定

显子草属 *Phaenosperma*

显子草 *Phaenosperma globosa* Munro ex Benth.

功效主治 全草：甘，平。补虚，健脾，活血，调经。用于闭经，病后体虚。

迁地栽培保存

保存地点	种质份数	个体数量	引种方式	生长状况	来源地
GX	*	f	采集	G	湖北

种质库保存

保存地点	保存方式	种质份数	个体数量	引种方式	来源地
BJ	种子	4	b	采集	江西

香茅属　*Cymbopogon*

橘草　*Cymbopogon goeringii*（Steud.）A. Camus

功效主治　全草（野香茅）：辛，温。平喘止咳，止痛，止泻，止血。用于咳嗽。

濒危等级　中国植物红色名录评估为无危（LC）。

迁地栽培保存

保存地点	种质份数	个体数量	引种方式	生长状况	来源地
GX	*	f	采集	G	山东

柠檬草　*Cymbopogon citratus*（DC.）Stapf

功效主治　全草（香茅）：辛，温。疏风解表，祛瘀通络。用于风湿痛，头痛，胃痛，月经不调。

迁地栽培保存

保存地点	种质份数	个体数量	引种方式	生长状况	来源地
YN	2	e	采集	A	云南
HN	1	c	待确定	B	海南
JS1	1	b	购买	C	江苏
GD	1	f	采集	G	待确定
BJ	1	c	采集	G	北京
CQ	1	b	赠送	B	广西

种质库保存

保存地点	保存方式	种质份数	个体数量	引种方式	来源地
BJ	种子	6	b	采集	四川

青香茅 *Cymbopogon caesius* (Nees ex Hook. & Arn.) Stapf

功效主治　全草：辛，温。祛风除湿，消肿止痛，强筋健肌，散气止痛，消炎，补胃开胃，通经，利尿。

濒危等级　中国植物红色名录评估为无危（LC）。

迁地栽培保存

保存地点	种质份数	个体数量	引种方式	生长状况	来源地
HN	1	a	采集	B	海南

芸香草 *Cymbopogon distans* (Nees ex Steud.) Will. Watson

功效主治　全草（芸香草）：辛、苦，凉。解表，利湿，止咳平喘。用于咳喘，风湿关节痛，泄泻，消化不良。

濒危等级　中国植物红色名录评估为无危（LC）。

迁地栽培保存

保存地点	种质份数	个体数量	引种方式	生长状况	来源地
BJ	1	d	购买	G	待确定
SC	1	f	待确定	G	四川

种质库保存

保存地点	保存方式	种质份数	个体数量	引种方式	来源地
BJ	种子	1	a	采集	云南

小麦属　*Triticum*

小麦 *Triticum aestivum* L.

功效主治　干瘪颖果（浮小麦）：甘，微寒。养心安神，止虚汗。用于神志不安，失眠。

迁地栽培保存

保存地点	种质份数	个体数量	引种方式	生长状况	来源地
SH	1	b	采集	A	待确定
GX	*	f	采集	G	山东

悬竹属　*Ampelocalamus*

爬竹　*Ampelocalamus scandens* J. R. Xue & W. D. Li

濒危等级　中国特有植物，中国植物红色名录评估为无危（LC）。
迁地栽培保存

保存地点	种质份数	个体数量	引种方式	生长状况	来源地
GX	*	f	采集	G	广西

鸭嘴草属　*Ischaemum*

毛鸭嘴草　*Ischaemum anthephoroides*（Steud.）Miq.

濒危等级　中国植物红色名录评估为无危（LC）。
迁地栽培保存

保存地点	种质份数	个体数量	引种方式	生长状况	来源地
GX	*	f	采集	G	山东

细毛鸭嘴草　*Ischaemum indicum*（Houtt.）Merr.

濒危等级　中国植物红色名录评估为无危（LC）。
种质库保存

保存地点	保存方式	种质份数	个体数量	引种方式	来源地
BJ	种子	1	a	采集	待确定

鸭嘴草　*Ischaemum aristatum* var. *glaucum*（Honda）T. Koyama

濒危等级　中国植物红色名录评估为无危（LC）。

迁地栽培保存

保存地点	种质份数	个体数量	引种方式	生长状况	来源地
ZJ	1	e	采集	B	浙江
GX	*	f	采集	G	山东

燕麦草属 *Arrhenatherum*

花叶燕麦草 *Arrhenatherum elatius* var. *bulbosum* 'Variegatum'

迁地栽培保存

保存地点	种质份数	个体数量	引种方式	生长状况	来源地
JS1	1	a	采集	D	江苏

燕麦草 *Arrhenatherum elatius* (L.) P. Beauv. ex J. Presl & C. Presl

迁地栽培保存

保存地点	种质份数	个体数量	引种方式	生长状况	来源地
SH	1	b	采集	A	待确定

燕麦属 *Avena*

燕麦 *Avena sativa* L.

功效主治 种仁：退虚热，益气，止汗，解毒。

迁地栽培保存

保存地点	种质份数	个体数量	引种方式	生长状况	来源地
LN	1	d	采集	A	辽宁

种质库保存

保存地点	保存方式	种质份数	个体数量	引种方式	来源地
BJ	种子	13	c	采集	河北、河南、山西、甘肃

野燕麦 *Avena fatua* L.

功效主治　全草（燕麦草）：甘，温。补虚损。用于吐血，虚汗，崩漏。

濒危等级　中国植物红色名录评估为无危（LC）。

迁地栽培保存

保存地点	种质份数	个体数量	引种方式	生长状况	来源地
BJ	1	d	采集	G	北京

种质库保存

保存地点	保存方式	种质份数	个体数量	引种方式	来源地
BJ	种子	5	b	采集	山西、河北、甘肃

羊茅属　*Festuca*

高羊茅 *Festuca elata* Keng ex E. Alexeev

濒危等级　中国特有植物，国家重点保护野生植物名录（第二批）二级，中国植物红色名录评估为无危（LC）。

迁地栽培保存

保存地点	种质份数	个体数量	引种方式	生长状况	来源地
GX	*	f	采集	G	广西

种质库保存

保存地点	保存方式	种质份数	个体数量	引种方式	来源地
BJ	种子	6	b	采集	云南、江苏、重庆

苇状羊茅 *Festuca arundinacea* Schreb.

种质库保存

保存地点	保存方式	种质份数	个体数量	引种方式	来源地
BJ	种子	3	a	采集	甘肃、四川

羊茅 *Festuca ovina* L.

功效主治 全草：清热解毒。用于喉痹肿痛。

濒危等级 中国植物红色名录评估为无危（LC）。

迁地栽培保存

保存地点	种质份数	个体数量	引种方式	生长状况	来源地
GX	*	f	采集	G	山东

种质库保存

保存地点	保存方式	种质份数	个体数量	引种方式	来源地
BJ	种子	3	b	采集	甘肃

紫羊茅 *Festuca rubra* L.

濒危等级 中国植物红色名录评估为无危（LC）。

迁地栽培保存

保存地点	种质份数	个体数量	引种方式	生长状况	来源地
GX	*	f	采集	G	广西

种质库保存

保存地点	保存方式	种质份数	个体数量	引种方式	来源地
BJ	种子	6	b	采集	河北、广西、甘肃

野古草属　*Arundinella*

野古草　*Arundinella anomala* Steud.

功效主治　全草：清热，凉血。

迁地栽培保存

保存地点	种质份数	个体数量	引种方式	生长状况	来源地
GX	*	f	采集	G	山东

野青茅属　*Deyeuxia*

野青茅　*Deyeuxia arundinacea* P. Beauv.

濒危等级　中国植物红色名录评估为无危（LC）。

种质库保存

保存地点	保存方式	种质份数	个体数量	引种方式	来源地
BJ	种子	1	a	采集	甘肃

野黍属　*Eriochloa*

野黍　*Eriochloa villosa*（Thunb.）Kunth

功效主治　全草：用于目赤。

濒危等级　中国植物红色名录评估为无危（LC）。

迁地栽培保存

保存地点	种质份数	个体数量	引种方式	生长状况	来源地
GX	*	f	采集	G	山东

业平竹属 *Semiarundinaria*

山竹仔 *Semiarundinaria shapoensis* McClure

迁地栽培保存

保存地点	种质份数	个体数量	引种方式	生长状况	来源地
HN	1	a	采集	B	海南

薏苡属 *Coix*

薏米 *Coix chinensis* Tod.

功效主治 种仁：健脾渗湿，除痹止泻，清热排脓。用于水肿，脚气病，小便淋痛不利，湿痹拘挛，脾虚泄泻，肺痈，肠痈，扁平疣。

濒危等级 浙江省重点保护植物，中国植物红色名录评估为无危（LC）。

迁地栽培保存

保存地点	种质份数	个体数量	引种方式	生长状况	来源地
GX	*	f	采集	G	广西

薏苡 *Coix lacryma-jobi* L.

功效主治 种仁（薏苡仁）：甘、淡，凉。健脾渗湿，除痹止泻，清热排脓。用于水肿，脚气病，小便淋痛不利，湿痹拘挛，脾虚泄泻，肺痈，肠痈，扁平疣。

濒危等级 中国植物红色名录评估为无危（LC）。

迁地栽培保存

保存地点	种质份数	个体数量	引种方式	生长状况	来源地
FJ	5	c	赠送	A	福建、台湾
BJ	4	e	采集、购买	G	中国四川、云南、陕西，印度
SC	3	f	待确定	G	四川

续表

保存地点	种质份数	个体数量	引种方式	生长状况	来源地
JS2	1	· d	购买	C	江苏
LN	1	d	采集	A	辽宁
JS1	1	a	购买	C	江苏
SH	1	b	采集	A	待确定
HN	1	e	采集	B	海南
HEN	1	c	赠送	A	河南
GZ	1	c	采集	C	贵州
CQ	1	a	购买	F	重庆
YN	1	b	采集	A	云南
GD	1	b	采集	B	待确定
GX	*	f	采集	G	河北

种质库保存

保存地点	保存方式	种质份数	个体数量	引种方式	来源地
BJ	种子	149	e	采集	安徽、云南、海南、重庆、吉林、陕西、河北、湖南、湖北、福建、广西、江西、四川
HN	DNA、种子	44	c	采集	福建、广东、广西、海南、湖南

虉草属　*Phalaris*

虉草　*Phalaris arundinacea* L. var. *arundinacea*

功效主治　全草：用于带下病，月经不调。

濒危等级　中国植物红色名录评估为无危（LC）。

迁地栽培保存

保存地点	种质份数	个体数量	引种方式	生长状况	来源地
HB	1	f	采集	C	待确定
GX	*	f	采集	G	山东

隐子草属　*Cleistogenes*

北京隐子草　*Cleistogenes hancei* Keng

濒危等级　中国植物红色名录评估为无危（LC）。

迁地栽培保存

保存地点	种质份数	个体数量	引种方式	生长状况	来源地
GX	*	f	采集	G	山东

朝阳隐子草　*Cleistogenes hackelii*（Honda）Honda

濒危等级　中国植物红色名录评估为无危（LC）。

迁地栽培保存

保存地点	种质份数	个体数量	引种方式	生长状况	来源地
GX	*	f	采集	G	山东

丛生隐子草　*Cleistogenes caespitosa* Keng

濒危等级　中国特有植物，中国植物红色名录评估为无危（LC）。

迁地栽培保存

保存地点	种质份数	个体数量	引种方式	生长状况	来源地
GX	*	f	采集	G	山东

宽叶隐子草　*Cleistogenes hackelii* var. *nakaii*（Keng）Ohwi

濒危等级　中国植物红色名录评估为无危（LC）。

迁地栽培保存

保存地点	种质份数	个体数量	引种方式	生长状况	来源地
GX	*	f	采集	G	山东

莠竹属 *Microstegium*

柔枝莠竹 *Microstegium vimineum*（Trin.）A. Camus

濒危等级 中国植物红色名录评估为无危（LC）。

迁地栽培保存

保存地点	种质份数	个体数量	引种方式	生长状况	来源地
ZJ	1	e	采集	A	江西

竹叶茅 *Microstegium nudum*（Trin.）A. Camus

濒危等级 中国植物红色名录评估为无危（LC）。

迁地栽培保存

保存地点	种质份数	个体数量	引种方式	生长状况	来源地
ZJ	1	e	采集	A	江苏

玉蜀黍属 *Zea*

玉米 *Zea mays* Linn.

功效主治 花柱与柱头（玉米须）：甘，平。平肝利胆，利尿，消肿。用于水肿，胁痛，黄疸，肝阳上亢，消渴，石淋。

迁地栽培保存

保存地点	种质份数	个体数量	引种方式	生长状况	来源地
BJ	1	a	购买	G	北京
HB	1	a	采集	C	湖北
HN	1	b	待确定	B	海南
SH	1	b	采集	F	待确定

早熟禾属 *Poa*

草地早熟禾 *Poa pratensis* L.

功效主治 全草：用于消渴。

种质库保存

保存地点	保存方式	种质份数	个体数量	引种方式	来源地
BJ	种子	4	a	采集	江苏、甘肃

法氏早熟禾 *Poa faberi* Rendle

濒危等级 中国特有植物，中国植物红色名录评估为无危（LC）。

迁地栽培保存

保存地点	种质份数	个体数量	引种方式	生长状况	来源地
GX	*	f	采集	G	山东

加拿大早熟禾 *Poa compressa* L.

濒危等级 中国植物红色名录评估为无危（LC）。

迁地栽培保存

保存地点	种质份数	个体数量	引种方式	生长状况	来源地
GX	*	f	采集	G	山东

早熟禾 *Poa annua* L.

功效主治 全草：用于咳嗽，湿疹，跌打损伤。

濒危等级 中国植物红色名录评估为无危（LC）。

迁地栽培保存

保存地点	种质份数	个体数量	引种方式	生长状况	来源地
SH	1	b	采集	A	待确定

种质库保存

保存地点	保存方式	种质份数	个体数量	引种方式	来源地
BJ	种子	8	b	采集	河北、安徽、甘肃
HN	种子	1	b	采集	湖南

针茅属　*Stipa*

细茎针茅　*Stipa tenuissima* Trin.

种质库保存

保存地点	保存方式	种质份数	个体数量	引种方式	来源地
BJ	种子	1	a	采集	上海

棕叶芦属　*Thysanolaena*

棕叶芦　*Thysanolaena maxima*（Roxb.）Kuntze

功效主治　根：甘，凉。清热利湿，止咳平喘。用于泄泻，小儿消化不良，哮喘，风热咳嗽。

濒危等级　中国植物红色名录评估为无危（LC）。

迁地栽培保存

保存地点	种质份数	个体数量	引种方式	生长状况	来源地
HN	1	a	采集	B	海南
YN	1	b	采集	A	云南
GX	*	f	采集	G	广西

种质库保存

保存地点	保存方式	种质份数	个体数量	引种方式	来源地
BJ	种子	1	a	采集	待确定

鹤望兰科　Strelitziaceae

鹤望兰属　*Strelitzia*

大鹤望兰　*Strelitzia nicolai* Regel & Körn.

迁地栽培保存

保存地点	种质份数	个体数量	引种方式	生长状况	来源地
HN	2	a	采集	C	待确定

鹤望兰　*Strelitzia reginae* Aiton

迁地栽培保存

保存地点	种质份数	个体数量	引种方式	生长状况	来源地
YN	1	b	购买	C	云南
JS1	1	a	购买	C	江苏
BJ	1	b	采集	G	北京
GX	*	f	采集	G	广西

旅人蕉属　*Ravenala*

旅人蕉　*Ravenala madagascariensis* Sonn.

功效主治　地上部分：用于发热，消渴。

迁地栽培保存

保存地点	种质份数	个体数量	引种方式	生长状况	来源地
YN	1	b	购买	A	云南
BJ	1	a	采集	G	云南

种质库保存

保存地点	保存方式	种质份数	个体数量	引种方式	来源地
BJ	种子	1	a	采集	云南

红厚壳科　Calophyllaceae

红厚壳属　*Calophyllum*

薄叶红厚壳　*Calophyllum membranaceum* Gardn. & Champ.

功效主治　根（横经席）：微苦，平。祛瘀止痛，补肾强腰。用于风湿骨痛，跌打损伤，骨折，肾虚腰痛，月经不调，黄疸。叶（横经席叶）：用于外伤出血。

濒危等级　中国植物红色名录评估为易危（VU）。

迁地栽培保存

保存地点	种质份数	个体数量	引种方式	生长状况	来源地
HN	2	a	采集	C	海南

滇南红厚壳　*Calophyllum polyanthum* Wall. ex Choisy

功效主治　根、叶：祛瘀止痛，补肾强腰。用于跌打损伤，风湿骨痛，月经不调，痛经。

濒危等级　中国植物红色名录评估为近危（NT）。

迁地栽培保存

保存地点	种质份数	个体数量	引种方式	生长状况	来源地
YN	1	a	采集	C	云南

红厚壳 *Calophyllum inophyllum* L.

功效主治 根（红厚壳）、叶（红厚壳）：微苦，平。祛瘀止痛。用于风湿痛，跌打损伤，痛经。叶：用于外伤出血。树皮、果实：用于鼻衄，鼻塞，耳聋。种子油：用于皮肤病。

濒危等级 中国植物红色名录评估为近危（NT）。

迁地栽培保存

保存地点	种质份数	个体数量	引种方式	生长状况	来源地
HN	2	a	采集	C	海南
YN	1	a	采集	C	云南

种质库保存

保存地点	保存方式	种质份数	个体数量	引种方式	来源地
BJ	种子	1	a	采集	待确定
HN	种子	1	a	采集	海南

黄果木属 *Mammea*

格脉树 *Mammea yunnanensis*（H. L. Li）Kosterm.

濒危等级 中国特有植物，中国植物红色名录评估为近危（NT）。

迁地栽培保存

保存地点	种质份数	个体数量	引种方式	生长状况	来源地
YN	1	a	采集	C	云南

铁力木属 *Mesua*

铁力木 *Mesua ferrea* L.

功效主治 树皮（铁力木）：苦，凉。收敛止咳，发汗。用于咳嗽，感冒，痰喘，痔血，烫火伤。叶：解毒。用于痢疾，毒蛇咬伤。花：止痢。用于痢疾，毒蛇咬伤。未成熟的果实：发汗。

濒危等级 中国植物红色名录评估为数据缺乏（DD）。

迁地栽培保存

保存地点	种质份数	个体数量	引种方式	生长状况	来源地
HN	1	a	采集	C	海南
YN	1	b	购买	A	云南
GX	*	f	采集	G	广西

种质库保存

保存地点	保存方式	种质份数	个体数量	引种方式	来源地
HN	种子	1	a	采集	云南

红木科 Bixaceae

红木属 *Bixa*

红木 *Bixa orellana* L.

功效主治 种子：收敛，退热。用于肝毒，尿血。

迁地栽培保存

保存地点	种质份数	个体数量	引种方式	生长状况	来源地
BJ	1	a	采集	G	云南
HN	1	a	采集	C	海南
YN	1	a	购买	B	云南

种质库保存

保存地点	保存方式	种质份数	个体数量	引种方式	来源地
BJ	种子	7	b	采集	甘肃、云南、重庆

红树科　Rhizophoraceae

红树属　*Rhizophora*

红海榄　*Rhizophora stylosa* Griff.

濒危等级　中国植物红色名录评估为无危（LC）。

迁地栽培保存

保存地点	种质份数	个体数量	引种方式	生长状况	来源地
GX	*	f	采集	G	广西

木榄属　*Bruguiera*

木榄　*Bruguiera gymnorhiza*（L.）Savigny

濒危等级　中国植物红色名录评估为无危（LC）。

迁地栽培保存

保存地点	种质份数	个体数量	引种方式	生长状况	来源地
HN	1	a	采集	C	海南

秋茄树属　*Kandelia*

南亚秋茄树　*Kandelia candel*（Linn.）Druce

功效主治　树皮：收敛。

迁地栽培保存

保存地点	种质份数	个体数量	引种方式	生长状况	来源地
HN	1	a	采集	C	海南

秋茄树 *Kandelia candel* (L.) Druce

濒危等级　中国植物红色名录评估为无危（LC）。

迁地栽培保存

保存地点	种质份数	个体数量	引种方式	生长状况	来源地
GX	*	f	采集	G	广西

竹节树属　*Carallia*

锯叶竹节树　*Carallia diplopetala* Hand.-Mazz.

功效主治　根、叶：清热凉血，利尿消肿，接骨。用于感冒发热，暑热口渴，崩漏，跌打损伤，刀伤出血。

濒危等级　广西壮族自治区重点保护植物，中国植物红色名录评估为濒危（EN）。

迁地栽培保存

保存地点	种质份数	个体数量	引种方式	生长状况	来源地
HN	1	a	采集	C	海南

旁杞木　*Carallia longipes* Chun ex W. C. Ko

功效主治　根：用于心胃气痛，风湿骨痛。枝、叶：用于痧证，刀伤出血，跌打损伤。

迁地栽培保存

保存地点	种质份数	个体数量	引种方式	生长状况	来源地
GX	*	f	采集	G	广西

旁杞树　*Carallia pectinifolia* W. C. Ko

功效主治　地上部分：散瘀消肿，止血。用于痧证，刀伤出血，跌打损伤。

濒危等级　中国特有植物，中国植物红色名录评估为无危（LC）。

迁地栽培保存

保存地点	种质份数	个体数量	引种方式	生长状况	来源地
GX	*	f	采集	G	广西

竹节树 *Carallia brachiata*（Lour.）Merr.

功效主治 树皮：截疟。用于疟疾。

濒危等级 中国植物红色名录评估为无危（LC）。

迁地栽培保存

保存地点	种质份数	个体数量	引种方式	生长状况	来源地
HN	2	a	采集	C	海南

胡椒科　Piperaceae

草胡椒属　Peperomia

草胡椒 *Peperomia pellucida*（L.）Kunth

功效主治 全草：散瘀止痛。用于烫火伤，跌打损伤。

迁地栽培保存

保存地点	种质份数	个体数量	引种方式	生长状况	来源地
YN	1	e	采集	A	云南
HN	1	a	采集	B	海南
SH	1	b	采集	F	待确定

豆瓣绿 *Peperomia tetraphylla*（G. Forst.）Hook. & Arn.

功效主治 全草（豆瓣绿）：淡，寒。祛风除湿，舒筋活络，清热解毒，润肺止咳。用于劳伤咳嗽，哮喘，风湿痹痛，跌打损伤，小儿疳积。

濒危等级 中国植物红色名录评估为无危（LC）。

迁地栽培保存

保存地点	种质份数	个体数量	引种方式	生长状况	来源地
HN	2	b	采集	B	海南
BJ	1	b	采集	G	海南
CQ	1	a	采集	F	重庆
GD	1	f	采集	G	待确定
GZ	1	b	采集	C	贵州
GX	*	f	采集	G	印度尼西亚

红边椒草 *Peperomia clusiifolia* (Jacq.) Hook.

迁地栽培保存

保存地点	种质份数	个体数量	引种方式	生长状况	来源地
HN	1	b	采集	B	待确定

石蝉草 *Peperomia dindygulensis* Miq.

功效主治　全草（石蝉草）：辛，凉。消肿止痛，散瘀止血。用于肺热咳嗽，跌打损伤，痈疮肿毒，恶核疼痛。

濒危等级　中国植物红色名录评估为无危（LC）。

迁地栽培保存

保存地点	种质份数	个体数量	引种方式	生长状况	来源地
HN	3	a	采集	B	海南
GX	*	f	采集	G	广西

硬毛草胡椒 *Peperomia cavaleriei* C. DC.

功效主治　全草：用于皮肤湿疹。

濒危等级　中国特有植物，中国植物红色名录评估为无危（LC）。

迁地栽培保存

保存地点	种质份数	个体数量	引种方式	生长状况	来源地
HN	1	a	采集	B	待确定
GX	*	f	采集	G	广西

圆叶椒草 *Peperomia obtusifolia* (L.) A. Dietr.

迁地栽培保存

保存地点	种质份数	个体数量	引种方式	生长状况	来源地
BJ	1	c	采集	G	待确定
CQ	1	a	购买	C	重庆

胡椒属 *Piper*

荜拔 *Piper longum* L.

功效主治 果实（荜拔）辛，热。温中散寒，祛风，止痛。用于胃寒呕吐，心腹冷痛，泄泻。

迁地栽培保存

保存地点	种质份数	个体数量	引种方式	生长状况	来源地
BJ	2	b	采集	G	广东、广西
CQ	1	a	赠送	C	云南
HN	1	a	赠送	B	广西
YN	1	b	采集	C	云南

种质库保存

保存地点	保存方式	种质份数	个体数量	引种方式	来源地
BJ	种子	1	a	采集	四川

变叶胡椒 *Piper mutabile* C. DC.

功效主治 全草：祛风湿，强腰膝，止咳止痛。用于风湿痹痛，扭挫伤，风寒感冒，咳嗽，跌打损伤。

濒危等级　中国植物红色名录评估为无危（LC）。

迁地栽培保存

保存地点	种质份数	个体数量	引种方式	生长状况	来源地
GX	*	f	采集	G	广西

长胡椒　*Piper peepuloides* Roxb.

迁地栽培保存

保存地点	种质份数	个体数量	引种方式	生长状况	来源地
YN	1	a	采集	C	云南

大胡椒　*Piper umbellatum* L.

功效主治　根、叶、果实：利尿，解热。用于身痛，腹泻，黑热病，肝阳上亢，牙痛，溃疡，虫积。

濒危等级　中国植物红色名录评估为无危（LC）。

迁地栽培保存

保存地点	种质份数	个体数量	引种方式	生长状况	来源地
BJ	1	a	采集	G	海南
HN	1	a	赠送	B	云南

大叶蒟　*Piper laetispicum* C. DC.

功效主治　全草：辛，温。活血，消肿。用于跌打损伤。

濒危等级　中国特有植物，中国植物红色名录评估为无危（LC）。

迁地栽培保存

保存地点	种质份数	个体数量	引种方式	生长状况	来源地
HN	1	a	采集	B	海南
GX	*	f	采集	G	云南

短柄胡椒　*Piper stipitiforme* C. C. Chang ex Y. Q. Tseng

濒危等级　中国特有植物，中国植物红色名录评估为易危（VU）。

种质库保存

保存地点	保存方式	种质份数	个体数量	引种方式	来源地
BJ	种子	4	a	采集	云南

短蒟 *Piper mullesua* Buch.-Ham. ex D. Don

功效主治　全草：辛，热。温中散寒，舒筋活络，散瘀消肿，止血止痛。用于风湿腰腿痛，四肢麻木，跌打损伤。

濒危等级　中国植物红色名录评估为无危（LC）。

迁地栽培保存

保存地点	种质份数	个体数量	引种方式	生长状况	来源地
HN	1	a	采集	B	海南

风藤 *Piper kadsura*（Choisy）Ohwi

功效主治　全草：祛风除湿，止痛，祛痰，健胃。

濒危等级　中国植物红色名录评估为无危（LC）。

迁地栽培保存

保存地点	种质份数	个体数量	引种方式	生长状况	来源地
BJ	1	a	采集	G	广西

复毛胡椒 *Piper bonii* C. DC.

功效主治　全草：祛风除湿。用于跌打损伤。

濒危等级　中国植物红色名录评估为无危（LC）。

迁地栽培保存

保存地点	种质份数	个体数量	引种方式	生长状况	来源地
GX	*	f	采集	G	广西

光轴苎叶蒟 *Piper boehmeriifolium* (Miq.) Wall. ex C. DC. var. *tonkinense* C. DC.

迁地栽培保存

保存地点	种质份数	个体数量	引种方式	生长状况	来源地
HN	1	a	采集	B	海南

海南蒟 *Piper hainanense* Hemsl.

功效主治　全草：辛，温。祛风除湿，健胃镇痛。用于风湿骨痛，腰膝无力，扭挫伤，胃寒冷痛，消化不良，腹胀。

濒危等级　中国特有植物，中国植物红色名录评估为无危（LC）。

迁地栽培保存

保存地点	种质份数	个体数量	引种方式	生长状况	来源地
HN	1	a	采集	B	海南
GX	*	f	采集	G	广西

河池胡椒 *Piper hochiense* Y. Q. Tseng

濒危等级　中国特有植物，中国植物红色名录评估为濒危（EN）。

迁地栽培保存

保存地点	种质份数	个体数量	引种方式	生长状况	来源地
GX	*	f	采集	G	广西

红果胡椒 *Piper rubrum* C. DC.

濒危等级　中国植物红色名录评估为无危（LC）。

迁地栽培保存

保存地点	种质份数	个体数量	引种方式	生长状况	来源地
GX	*	f	采集	G	上海

胡椒 *Piper nigrum* L.

功效主治　果实（黑胡椒、白胡椒）：辛，热。温中散寒，理气止痛。用于胃腹冷痛，腹胀，食欲不振，呕吐泄泻。

迁地栽培保存

保存地点	种质份数	个体数量	引种方式	生长状况	来源地
BJ	2	b	采集	G	海南、云南
YN	1	a	采集	C	云南
HN	1	a	赠送	B	广西
CQ	1	a	赠送	C	云南

种质库保存

保存地点	保存方式	种质份数	个体数量	引种方式	来源地
BJ	种子	6	b	采集	云南、海南、安徽

华南胡椒 *Piper austrosinense* Y. Q. Tseng

功效主治　全草：消肿止痛。用于牙痛，跌打损伤。

濒危等级　中国特有植物，中国植物红色名录评估为无危（LC）。

迁地栽培保存

保存地点	种质份数	个体数量	引种方式	生长状况	来源地
GX	*	f	采集	G	广西

黄花胡椒 *Piper flaviflorum* C. DC.

濒危等级　中国特有植物，中国植物红色名录评估为近危（NT）。

迁地栽培保存

保存地点	种质份数	个体数量	引种方式	生长状况	来源地
YN	1	a	采集	B	云南

种质库保存

保存地点	保存方式	种质份数	个体数量	引种方式	来源地
BJ	种子	1	a	采集	河北

假蒟拔 *Piper retrofractum* Vahl

功效主治　果实：温中止痛，祛风健胃，催产，祛痰。用于牙痛，头痛，偏头痛，疝痛，胃肠气胀，胃寒呕吐，腹痛腹泻，呃逆，黄疸。

迁地栽培保存

保存地点	种质份数	个体数量	引种方式	生长状况	来源地
GX	*	f	采集	G	法国

假蒟 *Piper sarmentosum* Roxb.

功效主治　全草或果实：行气止痛，化湿消肿，活血，消滞化痰。用于风湿骨痛，风寒感冒，头痛，牙痛，胃痛腹痛，疝气痛，食欲不振，扭挫伤，外伤出血。叶：温中行气，祛风消肿，止咳。用于胃寒痛，腹痛气胀，风湿腰痛，产后气虚脚肿，跌打肿痛，外伤出血。根：用于疟疾等。

濒危等级　中国植物红色名录评估为无危（LC）。

迁地栽培保存

保存地点	种质份数	个体数量	引种方式	生长状况	来源地
YN	1	e	采集	A	云南
CQ	1	a	赠送	C	云南
GD	1	b	采集	A	待确定
BJ	1	a	采集	G	云南
HN	1	b	采集	B	海南

种质库保存

保存地点	保存方式	种质份数	个体数量	引种方式	来源地
HN	种子	1	a	采集	海南
BJ	种子	1	a	采集	待确定

敛椒木 *Piper aduncum* L.

功效主治 叶：用于兽类（如狗）疥癣。穗状花序：用于创伤出血。

迁地栽培保存

保存地点	种质份数	个体数量	引种方式	生长状况	来源地
YN	1	d	采集	A	云南

蒌叶 *Piper betle* L.

功效主治 茎、叶、果实：辛、微甘，温。温中行气，祛风散寒，消肿止痛，化痰止痒。用于风寒咳嗽，胃寒痛，消化不良，腹胀，疮疖，湿疹。

迁地栽培保存

保存地点	种质份数	个体数量	引种方式	生长状况	来源地
HN	1	a	采集	B	海南
GX	*	f	采集	G	待确定

毛蒟 *Piper puberulum* (Benth.) Maxim.

功效主治 全草（毛蒌、毛蒟）：辛，温。祛风活血，行气止痛。用于跌打损伤，脘腹疼痛，腰腿痛，关节痛。

濒危等级 中国特有植物，中国植物红色名录评估为无危（LC）。

迁地栽培保存

保存地点	种质份数	个体数量	引种方式	生长状况	来源地
GD	1	f	采集	G	待确定
GX	*	f	采集	G	广西

山蒟 *Piper hancei* Maxim.

功效主治 全草（海风藤、石南藤、山蒟藤）：辛，温。祛风湿，强腰膝，止咳，止痛。用于风湿痹痛，扭挫伤，风寒感冒，咳嗽，跌打损伤。

濒危等级 中国特有植物，中国植物红色名录评估为无危（LC）。

迁地栽培保存

保存地点	种质份数	个体数量	引种方式	生长状况	来源地
HN	2	a	赠送	B	海南
GD	1	f	采集	G	待确定
GX	*	f	采集	G	广东

种质库保存

保存地点	保存方式	种质份数	个体数量	引种方式	来源地
BJ	种子	1	a	采集	江西

石南藤　*Piper wallichii* (Miq.) Hand.-Mazz.

濒危等级　中国植物红色名录评估为无危（LC）。

迁地栽培保存

保存地点	种质份数	个体数量	引种方式	生长状况	来源地
GX	2	f	采集	G	四川、广西
GZ	1	c	采集	C	贵州
CQ	1	a	采集	C	重庆

种质库保存

保存地点	保存方式	种质份数	个体数量	引种方式	来源地
BJ	种子	6	b	采集	重庆、云南、湖南、河北、海南

岩椒　*Piper pubicatulum* C. DC.

功效主治　茎藤：辛、麻，温。健胃行气，解毒镇痛。用于胃脘胀痛，泄泻，痢疾。

种质库保存

保存地点	保存方式	种质份数	个体数量	引种方式	来源地
BJ	种子	1	a	采集	海南

苎叶蒟 *Piper boehmeriifolium* (Miq.) Wall. ex C. DC.

濒危等级 中国植物红色名录评估为无危（LC）。

迁地栽培保存

保存地点	种质份数	个体数量	引种方式	生长状况	来源地
YN	1	b	采集	C	云南

齐头绒属 *Zippelia*

齐头绒 *Zippelia begoniifolia* Blume

濒危等级 中国植物红色名录评估为无危（LC）。

迁地栽培保存

保存地点	种质份数	个体数量	引种方式	生长状况	来源地
GX	*	f	采集	G	广西

胡桃科 Juglandaceae

枫杨属 *Pterocarya*

枫杨 *Pterocarya stenoptera* C. DC.

功效主治 树皮（枫柳皮）：辛，大热。有毒。用于龋齿痛，疥癣，烫火伤。根及根皮（麻柳树根）：苦，热。有毒。用于疥癣，牙痛，风湿筋骨痛。叶（麻柳叶）：苦，温。有毒。用于咳嗽痰喘，关节痛，痈疽疔肿，皮肤湿疹，膨胀。果实（麻柳果）：散寒，止咳。

迁地栽培保存

保存地点	种质份数	个体数量	引种方式	生长状况	来源地
BJ	3	a	采集	G	广西、安徽、山东
CQ	1	a	采集	F	重庆

续表

保存地点	种质份数	个体数量	引种方式	生长状况	来源地
ZJ	1	c	采集	A	浙江
SH	1	a	采集	A	待确定
JS1	1	a	采集	C	江苏
GZ	1	a	采集	C	贵州
HB	1	a	采集	C	待确定

种质库保存

保存地点	保存方式	种质份数	个体数量	引种方式	来源地
BJ	种子	10	b	采集	河北、安徽、江西、吉林

华西枫杨　*Pterocarya insignis* Rehd. & E. H. Wils.

功效主治　根皮、叶：苦、辛，温。杀虫。

濒危等级　中国特有植物，中国植物红色名录评估为无危（LC）。

迁地栽培保存

保存地点	种质份数	个体数量	引种方式	生长状况	来源地
GX	*	f	采集	G	湖北

种质库保存

保存地点	保存方式	种质份数	个体数量	引种方式	来源地
BJ	种子	1	a	采集	四川

水胡桃　*Pterocarya rhoifolia* Sieb. & Zucc.

迁地栽培保存

保存地点	种质份数	个体数量	引种方式	生长状况	来源地
GX	*	f	采集	G	日本

胡桃属 *Juglans*

胡桃 *Juglans regia* L.

功效主治 种仁(核桃仁):甘,温。温补肺肾,润肠通便。用于肾虚耳鸣,咳嗽气喘,阳痿,腰痛,耳闭,便秘。根(胡桃根):杀虫,攻毒。嫩枝:甘,温。用于瘰疬。叶:苦、涩,平。有毒。解毒消肿。用于噎膈,象皮腿,带下病,疥癣。外果皮(青龙衣):苦、涩,平。有毒。消肿止痒。用于胃脘疼痛,咳嗽痰喘;外用于头癣,牛皮癣,疮疡肿毒。内果皮(胡桃壳):用于血崩,乳痈。种隔(分心木):苦、涩,平。固肾涩精。用于肾虚遗精,滑精,遗尿。种仁油:用于绦虫病。

濒危等级 国家重点保护野生植物名录(第二批)二级,新疆维吾尔自治区一级保护植物,中国植物红色名录评估为易危(VU)。

迁地栽培保存

保存地点	种质份数	个体数量	引种方式	生长状况	来源地
BJ	1	b	购买	G	北京
GZ	1	a	采集	C	贵州
HB	1	a	采集	C	湖北
JS1	1	a	购买	C	江苏

种质库保存

保存地点	保存方式	种质份数	个体数量	引种方式	来源地
BJ	种子	10	a	采集	河北、吉林

胡桃楸 *Juglans mandshurica* Maxim.

功效主治 种仁:甘、涩,微温。补养气血,润燥化痰,温肺润肠。

濒危等级 北京市二级保护植物、河北省重点保护植物、吉林省二级保护植物,中国植物红色名录评估为无危(LC)。

迁地栽培保存

保存地点	种质份数	个体数量	引种方式	生长状况	来源地
BJ	3	a	购买、采集	G	北京、辽宁、新疆
LN	1	b	采集	C	辽宁
HLJ	1	a	购买	A	黑龙汇
GX	*	f	采集	G	湖北

种质库保存

保存地点	保存方式	种质份数	个体数量	引种方式	来源地
BJ	种子	13	a	采集	四川、云南、山西、江西、海南、甘肃

泡核桃　*Juglans sigillata* Dode

功效主治　种仁：润肺止咳。叶：用于疮毒。

濒危等级　中国植物红色名录评估为易危（VU）。

迁地栽培保存

保存地点	种质份数	个体数量	引种方式	生长状况	来源地
CQ	1	a	购买	C	重庆

种质库保存

保存地点	保存方式	种质份数	个体数量	引种方式	来源地
BJ	种子	7	a	采集	海南、重庆

化香树属　*Platycarya*

化香树　*Platycarya strobilacea* Sieb. & Zucc.

功效主治　叶：苦，寒。有毒。杀虫，解毒，止痒。用于疮毒，阴囊湿疹，顽癣。果实：辛，温。顺气，祛风，消肿，止痛，燥湿，杀虫。

濒危等级　中国植物红色名录评估为无危（LC）。

迁地栽培保存

保存地点	种质份数	个体数量	引种方式	生长状况	来源地
GX	3	f	采集	G	中国上海、浙江，法国
BJ	2	b	采集	G	广西、湖北
CQ	1	a	采集	C	重庆
HB	1	a	采集	C	湖北
GZ	1	a	采集	C	贵州

种质库保存

保存地点	保存方式	种质份数	个体数量	引种方式	来源地
BJ	种子	16	b	采集	海南、江西、贵州、湖北、福建、云南

黄杞属 *Engelhardia*

黄杞 *Engelhardia roxburghiana* Wall.

功效主治　树皮：微苦、辛，平。理气化湿，导滞。用于脾胃湿滞，湿热泄泻。叶：微苦，凉。有毒。清热，止痛。用于疝气腹痛，感冒发热。

濒危等级　中国植物红色名录评估为无危（LC）。

迁地栽培保存

保存地点	种质份数	个体数量	引种方式	生长状况	来源地
GX	5	f	采集	G	广西
HN	2	a	采集	C	海南
CQ	1	a	采集	C	重庆
GD	1	a	采集	D	待确定

种质库保存

保存地点	保存方式	种质份数	个体数量	引种方式	来源地
BJ	种子	1	a	采集	安徽
HN	种子	2	b	采集	海南

毛叶黄杞 *Engelhardtia colebrookiana* Lindl.

濒危等级　中国植物红色名录评估为无危（LC）。

迁地栽培保存

保存地点	种质份数	个体数量	引种方式	生长状况	来源地
HN	1	a	采集	C	海南

种质库保存

保存地点	保存方式	种质份数	个体数量	引种方式	来源地
BJ	种子	1	a	采集	江西

云南黄杞 *Engelhardtia spicata* Lechen ex Bl.

濒危等级　中国植物红色名录评估为无危（LC）。

迁地栽培保存

保存地点	种质份数	个体数量	引种方式	生长状况	来源地
GX	*	f	采集	G	广东

种质库保存

保存地点	保存方式	种质份数	个体数量	引种方式	来源地
BJ	种子	1	a	采集	安徽

喙核桃属　*Annamocarya*

喙核桃 *Annamocarya sinensis*（Dode）J. F. Leroy

功效主治　枝、叶：杀虫，止痒。果实：滋润。

濒危等级　国家重点保护野生植物名录（第二批）二级，广西壮族自治区重点保护植物，中国植物红色名录评估为濒危（EN）。

迁地栽培保存

保存地点	种质份数	个体数量	引种方式	生长状况	来源地
CQ	1	a	采集	F	重庆
GX	*	f	采集	G	云南

马尾树属　*Rhoiptelea*

马尾树　*Rhoiptelea chiliantha* Diels & Hand.-Mazz.

功效主治　树皮：收敛止血。用于泄泻。

濒危等级　国家重点保护野生植物名录（第一批）二级，中国植物红色名录评估为无危（LC）。

迁地栽培保存

保存地点	种质份数	个体数量	引种方式	生长状况	来源地
GZ	1	a	采集	C	贵州

青钱柳属　*Cyclocarya*

青钱柳　*Cyclocarya paliurus*（Batal.）Iljinsk.

功效主治　树皮、叶：清热消肿，止痛。用于顽癣。

濒危等级　中国特有植物，广西壮族自治区重点保护植物、江西省三级保护植物、陕西省稀有保护植物，中国植物红色名录评估为无危（LC）。

迁地栽培保存

保存地点	种质份数	个体数量	引种方式	生长状况	来源地
BJ	1	a	采集	G	安徽
FJ	1	a	购买	A	江西
HB	1	a	采集	C	待确定
JS1	1	a	购买	D	江苏
ZJ	1	c	购买	B	浙江
GX	*	f	采集	G	待确定

种质库保存

保存地点	保存方式	种质份数	个体数量	引种方式	来源地
BJ	种子	1	a	采集	江西

山核桃属　*Carya*

美国山核桃　*Carya illinoinensis*（Wangenh.）K. Koch

功效主治　种仁：滋养强壮，润肺通便。

迁地栽培保存

保存地点	种质份数	个体数量	引种方式	生长状况	来源地
JS1	1	a	购买	D	江苏
ZJ	1	c	购买	B	江苏
GX	*	f	采集	G	上海

山核桃　*Carya cathayensis* Sarg.

功效主治　种仁：滋润补养。根皮：用于足癣。外果皮：用于皮肤癣症。

濒危等级　中国特有植物，中国植物红色名录评估为易危（VU）。

迁地栽培保存

保存地点	种质份数	个体数量	引种方式	生长状况	来源地
BJ	1	b	采集	G	浙江
JS1	1	a	购买	D	江苏
GX	*	f	采集	G	广西

种质库保存

保存地点	保存方式	种质份数	个体数量	引种方式	来源地
BJ	种子	1	a	采集	辽宁

越南山核桃　*Carya tonkinensis* Lecomte

功效主治　果壳：收敛止泻。

濒危等级 中国植物红色名录评估为近危（NT）。

迁地栽培保存

保存地点	种质份数	个体数量	引种方式	生长状况	来源地
GX	*	f	采集	G	广西

胡颓子科　Elaeagnaceae

胡颓子属　*Elaeagnus*

长叶胡颓子　*Elaeagnus bockii* Diels

功效主治 根：甘，平。清热利湿，消肿止痛。用于痢疾，吐血，咳嗽痰喘，水肿，牙痛，风湿关节痛。枝、叶：顺气化痰。用于咳嗽痰喘，痔疮。

濒危等级 中国特有植物，中国植物红色名录评估为无危（LC）。

迁地栽培保存

保存地点	种质份数	个体数量	引种方式	生长状况	来源地
CQ	1	a	采集	C	重庆

胡颓子　*Elaeagnus pungens* Thunb.

功效主治 果实：酸、涩，平。消食止痢。用于泄泻，痢疾，食欲不振。根：酸，平。祛风利湿，消积利咽，止咳止血。用于胁痛，小儿疳积，风湿关节痛，咯血，吐血，便血，崩漏，带下病，跌打损伤。叶：微苦、酸，平。止咳平喘。用于咳嗽，哮喘。

濒危等级 中国植物红色名录评估为无危（LC）。

迁地栽培保存

保存地点	种质份数	个体数量	引种方式	生长状况	来源地
FJ	2	a	采集	A	福建
BJ	2	a	采集	G	广西、江西
GD	1	f	采集	G	待确定

续表

保存地点	种质份数	个体数量	引种方式	生长状况	来源地
HB	1	a	采集	C	待确定
JS1	1	a	采集	C	江苏
SC	1	f	待确定	G	四川
SH	1	a	采集	A	待确定
GX	*	f	采集	G	广东

种质库保存

保存地点	保存方式	种质份数	个体数量	引种方式	来源地
BJ	种子	3	a	采集	湖北

角花胡颓子　*Elaeagnus gonyanthes* Benth.

功效主治　根：微苦、涩，温。祛风通络，行气止痛，消肿解毒。用于风湿关节痛，腰腿痛，河豚中毒，狂犬咬伤，跌打肿痛。叶：微苦、涩，温，平喘止咳。用于咳嗽，哮喘。果实：微苦、涩，温。收敛止泻。用于泄泻。

濒危等级　中国植物红色名录评估为无危（LC）。

迁地栽培保存

保存地点	种质份数	个体数量	引种方式	生长状况	来源地
HN	2	a	采集	C	海南

种质库保存

保存地点	保存方式	种质份数	个体数量	引种方式	来源地
BJ	种子	1	a	采集	待确定

蔓胡颓子　*Elaeagnus glabra* Thunb.

功效主治　根：酸，平。利水通淋，散瘀消肿。用于跌打肿痛，吐血，砂淋。叶：酸，平。止咳平喘。用于咳嗽痰喘，鱼骨鲠喉。果实：酸，平。利水通淋。用于泄泻。

濒危等级　中国植物红色名录评估为无危（LC）。

迁地栽培保存

保存地点	种质份数	个体数量	引种方式	生长状况	来源地
HN	2	a	赠送	C	广西
GD	1	f	采集	G	待确定
CQ	1	a	采集	C	重庆
BJ	1	a	采集	G	江西

毛木半夏 *Elaeagnus courtoisii* Belval

功效主治 根：平喘，活血，止痢。用于哮喘，痢疾，跌打损伤。

濒危等级 中国特有植物，中国植物红色名录评估为无危（LC）。

迁地栽培保存

保存地点	种质份数	个体数量	引种方式	生长状况	来源地
ZJ	1	d	购买	A	浙江

密花胡颓子 *Elaeagnus conferta* Roxb.

功效主治 根：祛风通络，行气止痛。果实：收敛止泻。

濒危等级 中国植物红色名录评估为无危（LC）。

迁地栽培保存

保存地点	种质份数	个体数量	引种方式	生长状况	来源地
YN	1	a	采集	A	云南

种质库保存

保存地点	保存方式	种质份数	个体数量	引种方式	来源地
BJ	种子	3	a	采集	待确定

木半夏 *Elaeagnus multiflora* Thunb.

功效主治 果实：酸、涩，温。活血行气，平喘止咳，收敛止痢。用于哮喘，痢疾，跌打损伤，痔疮。根、根皮：平。活血行气。用于虚损，恶疮疥癣。

迁地栽培保存

保存地点	种质份数	个体数量	引种方式	生长状况	来源地
SH	1	a	采集	A	待确定
GX	*	f	采集	G	日本

牛奶子 *Elaeagnus umbellata* Thunb.

功效主治 根（蔓胡颓子根）、叶（蔓胡颓子叶）、果实（羊奶果）：酸、甘，凉。清热利湿，止血。用于泄泻，痢疾，热咳，哮喘，跌打损伤，血崩。

濒危等级 中国植物红色名录评估为无危（LC）。

迁地栽培保存

保存地点	种质份数	个体数量	引种方式	生长状况	来源地
JS1	1	a	赠送	C	江苏
BJ	1	a	采集	G	陕西
GX	*	f	采集	G	浙江

种质库保存

保存地点	保存方式	种质份数	个体数量	引种方式	来源地
BJ	种子	1	a	采集	待确定

攀援胡颓子 *Elaeagnus sarmentosa* Rehder

功效主治 根、叶、果实（羊奶果）：酸，平。止咳定喘，收敛止泻。用于哮喘，咳嗽，泄泻，跌打损伤肿痛，黄疸，吐血，咯血，风湿痛，咽喉痛，感冒，小儿惊风，疮癣。

濒危等级 中国特有植物，中国植物红色名录评估为易危（VU）。

迁地栽培保存

保存地点	种质份数	个体数量	引种方式	生长状况	来源地
BJ	1	a	采集	G	待确定

披针叶胡颓子 *Elaeagnus lanceolata* Warb.

功效主治 根（盐匏藤）：酸、微甘。温下焦，祛寒湿。用于小便失禁，外感风寒。果实：用于痢疾。

濒危等级　中国特有植物，中国植物红色名录评估为无危（LC）。

迁地栽培保存

保存地点	种质份数	个体数量	引种方式	生长状况	来源地
BJ	1	b	采集	C	江西
CQ	1	a	采集	C	重庆
GX	*	f	采集	G	重庆

种质库保存

保存地点	保存方式	种质份数	个体数量	引种方式	来源地
BJ	种子	1	a	采集	待确定

沙枣　*Elaeagnus angustifolia* L.

功效主治　果实（沙枣）：甘、酸、涩，平。强壮，健胃，止泻，调经，利尿，固精。用于消化不良，胃痛，腹泻，月经不调，小便淋痛。树皮（沙枣树皮）：涩、微苦，凉。收敛止痛，清热凉血。用于咳喘，泄泻，胃痛，带下病；外用于烫火伤，止血。叶（沙枣叶）：甘、微涩，凉。清热解毒。用于痢疾，泄泻。花（沙枣花）：甘、涩，温。止咳平喘。用于咳喘。

濒危等级　中国植物红色名录评估为无危（LC）。

迁地栽培保存

保存地点	种质份数	个体数量	引种方式	生长状况	来源地
BJ	1	a	采集	G	待确定
LN	1	b	采集	C	辽宁

种质库保存

保存地点	保存方式	种质份数	个体数量	引种方式	来源地
BJ	种子	1	a	采集	甘肃

星毛羊奶子　*Elaeagnus stellipila* Rehder

功效主治　果实：清热利湿，收敛。用于跌打损伤，痢疾。

濒危等级　中国特有植物，中国植物红色名录评估为无危（LC）。

迁地栽培保存

保存地点	种质份数	个体数量	引种方式	生长状况	来源地
CQ	1	a	采集	C	重庆

宜昌胡颓子 *Elaeagnus henryi* Warb. ex Diels

功效主治　茎叶（红鸡踢香）：苦、涩，凉。驳骨消积，清热利湿，消肿止痛，止咳止血。用于痢疾，痔血，血崩，吐血，咳喘，痹证，消化不良。果实：用于痢疾。

濒危等级　中国特有植物，中国植物红色名录评估为无危（LC）。

迁地栽培保存

保存地点	种质份数	个体数量	引种方式	生长状况	来源地
BJ	1	a	采集	G	江西
GX	*	f	采集	G	湖北

沙棘属　Hippophae

沙棘　*Hippophae rhamnoides* L.

功效主治　果实：利痰，消食，活血。用于肺病，咽喉痛，培根病，肺积，肠积，消化不良。

濒危等级　中国植物红色名录评估为无危（LC）。

迁地栽培保存

保存地点	种质份数	个体数量	引种方式	生长状况	来源地
BJ	3	b	采集	G	甘肃、山西
LN	1	b	采集	C	辽宁
NMG	1	b	购买	F	内蒙古

种质库保存

保存地点	保存方式	种质份数	个体数量	引种方式	来源地
BJ	种子	24	b	采集	重庆、云南、吉林、甘肃

西藏沙棘 *Hippophae tibetana* Schltdl.

功效主治 果实：酸、涩，温。活血散瘀，化痰宽胸，滋补。

濒危等级 中国植物红色名录评估为近危（NT）。

迁地栽培保存

保存地点	种质份数	个体数量	引种方式	生长状况	来源地
BJ	1	a	采集	G	甘肃

种质库保存

保存地点	保存方式	种质份数	个体数量	引种方式	来源地
BJ	种子	1	a	采集	甘肃

中国沙棘 *Hippophae rhamnoides* Linn. subsp. *sinensis* Rousi

功效主治 果实（沙棘）：酸、涩，温。化痰止咳，消食化滞，活血散瘀。用于咳嗽痰多，消化不良，食积腹痛，跌打损伤瘀肿，瘀血闭经。

濒危等级 中国特有植物，中国植物红色名录评估为无危（LC）。

迁地栽培保存

保存地点	种质份数	个体数量	引种方式	生长状况	来源地
BJ	1	b	采集	G	待确定
GX	*	f	采集	G	德国

葫芦科　Cucurbitaceae

棒锤瓜属　*Neoalsomitra*

棒锤瓜 *Neoalsomitra integrifoliola* (Cogn.) Hutch.

功效主治 块根（赛金刚）：苦、涩，寒。清热解毒，收敛止痛。用于痢疾，泄泻，溃疡，小便淋痛，咽喉肿痛，便血。

濒危等级 中国植物红色名录评估为无危（LC）。

迁地栽培保存

保存地点	种质份数	个体数量	引种方式	生长状况	来源地
GX	2	f	采集	G	广西

波棱瓜属 *Herpetospermum*

波棱瓜 *Herpetospermum pedunculosum*（Ser.）C. B. Clarke

功效主治 果实：苦，寒。清热解毒，柔肝。用于黄疸，消化不良。种子：平肝，泻火，解毒。

濒危等级 中国植物红色名录评估为无危（LC）。

种质库保存

保存地点	保存方式	种质份数	个体数量	引种方式	来源地
BJ	种子	1	a	采集	重庆

赤瓟属 *Thladiantha*

长毛赤瓟 *Thladiantha villosula* Cogn.

功效主治 根：苦，寒。有小毒。清热解毒，健胃止痛。

濒危等级 中国特有植物，中国植物红色名录评估为无危（LC）。

迁地栽培保存

保存地点	种质份数	个体数量	引种方式	生长状况	来源地
GX	*	f	采集	G	贵州

赤瓟 *Thladiantha dubia* Bunge

功效主治 根：苦，寒。活血通乳，祛痰，清热解毒。用于乳汁不下，乳房胀痛。果实：酸、苦，平。理气，活血，祛痰，利湿。用于跌打损伤，嗳气吐酸，黄疸，泄泻，痢疾，肺痨咯血。

濒危等级 中国植物红色名录评估为无危（LC）。

迁地栽培保存

保存地点	种质份数	个体数量	引种方式	生长状况	来源地
BJ	2	d	采集	G	河北、山西
LN	1	c	采集	A	辽宁
GX	*	f	采集	G	广西

种质库保存

保存地点	保存方式	种质份数	个体数量	引种方式	来源地
BJ	种子	26	b	采集	吉林、山西、黑龙江、云南、四川、湖北

大苞赤瓟 *Thladiantha cordifolia* (Blume) Cogn.

功效主治 根：清热解毒，健胃止痛。果实：消肿。

濒危等级 中国植物红色名录评估为无危（LC）。

迁地栽培保存

保存地点	种质份数	个体数量	引种方式	生长状况	来源地
BJ	1	c	采集	G	河北
CQ	1	a	采集	C	重庆
HN	1	a	采集	A	待确定
GX	*	f	采集	G	广西

鄂赤瓟 *Thladiantha oliveri* Cogn. ex Mottet

功效主治 根（王瓜根）、果实：清热，利胆，通乳，消肿，排脓。用于无名肿毒，烫火伤，跌打损伤。茎叶：杀虫。

迁地栽培保存

保存地点	种质份数	个体数量	引种方式	生长状况	来源地
HB	1	b	采集	B	湖北

种质库保存

保存地点	保存方式	种质份数	个体数量	引种方式	来源地
HN	种子	1	b	采集	湖南
BJ	种子	1	a	采集	待确定

南赤爬　*Thladiantha nudiflora* Hemsl.

功效主治　根（王瓜根）：苦，寒。通乳，清热利胆。用于乳汁不下，乳房胀痛。果实：酸、苦，平。理气活血，祛痰利湿。用于跌打损伤，嗳气吐酸，黄疸，泄泻，痢疾，肺痨咯血。

迁地栽培保存

保存地点	种质份数	个体数量	引种方式	生长状况	来源地
BJ	1	b	采集	G	河北

种质库保存

保存地点	保存方式	种质份数	个体数量	引种方式	来源地
BJ	种子	9	b	采集	重庆，待确定

冬瓜属　*Benincasa*

冬瓜　*Benincasa hispida*（Thunb.）Cogn.

功效主治　果实（节瓜）：甘，淡。生津止渴，祛暑，健脾，下气利水。外层果皮、种子：润肺化痰，利水消肿。

迁地栽培保存

保存地点	种质份数	个体数量	引种方式	生长状况	来源地
JS1	1	a	购买	B	江苏
HB	1	a	采集	A	湖北

种质库保存

保存地点	保存方式	种质份数	个体数量	引种方式	来源地
BJ	种子	83	b	采集	重庆、云南、海南、甘肃、湖南、广西、辽宁、河北、吉林

毒瓜属 *Diplocyclos*

毒瓜 *Diplocyclos palmatus*（L.）C. Jeffrey

功效主治 块茎：用于疮疖。全草：用于淋证。

濒危等级 中国植物红色名录评估为无危（LC）。

迁地栽培保存

保存地点	种质份数	个体数量	引种方式	生长状况	来源地
GX	2	f	采集	G	法国，中国广西
HN	1	d	采集	A	海南

种质库保存

保存地点	保存方式	种质份数	个体数量	引种方式	来源地
BJ	种子	1	a	采集	待确定
HN	种子	1	b	采集	海南

番马㼎儿属 *Melothria*

异叶马㼎儿 *Melothria heterophylla*（Lour.）Cogn.

迁地栽培保存

保存地点	种质份数	个体数量	引种方式	生长状况	来源地
GX	*	f	采集	G	广西

佛手瓜属　*Sechium*

佛手瓜　*Sechium edule*（Jacq.）Sw.

功效主治　叶：用于疮疡肿毒。果实：健脾消食，行气止痛。用于胃脘痛，消化不良。

迁地栽培保存

保存地点	种质份数	个体数量	引种方式	生长状况	来源地
HN	2	a	购买	A	海南
GZ	1	b	采集	C	贵州
FJ	1	a	赠送	G	待确定

盒子草属　*Actinostemma*

盒子草　*Actinostemma tenerum* Griff.

功效主治　全草或叶、种子（盒子草）：苦，寒。有小毒。利尿消肿，消热解毒，祛湿。用于水肿，湿疹，疮疡肿毒，疳积，毒蛇咬伤。

迁地栽培保存

保存地点	种质份数	个体数量	引种方式	生长状况	来源地
GX	2	f	采集	G	日本，中国广西

种质库保存

保存地点	保存方式	种质份数	个体数量	引种方式	来源地
BJ	种子	2	a	采集	江西

红瓜属　*Coccinia*

红瓜　*Coccinia grandis*（L.）Voigt

功效主治　果实、果胶：用于消渴。

迁地栽培保存

保存地点	种质份数	个体数量	引种方式	生长状况	来源地
HN	2	a	采集	A	海南
YN	1	a	采集	C	云南
GX	*	f	采集	G	广西

种质库保存

保存地点	保存方式	种质份数	个体数量	引种方式	来源地
BJ	种子	8	a	采集	云南

葫芦属 *Lagenaria*

葫芦 *Lagenaria siceraria*（Molina）Standl.

功效主治　果实（京葫芦）：苦，寒。利水消肿。用于水肿，黄疸，消渴，癃闭，痈肿，疮毒，疥癣。

迁地栽培保存

保存地点	种质份数	个体数量	引种方式	生长状况	来源地
BJ	2	a	交换、购买	G	北京
HLJ	1	a	购买	A	黑龙江
GX	*	f	采集	G	河北

种质库保存

保存地点	保存方式	种质份数	个体数量	引种方式	来源地
BJ	种子	25	b	采集	甘肃、河北、云南、湖北、江苏、上海

瓠瓜 *Lagenaria siceraria*（Molina）Standl. var. *depresses*（Ser.）Hara

迁地栽培保存

保存地点	种质份数	个体数量	引种方式	生长状况	来源地
GZ	1	b	采集	C	贵州

种质库保存

保存地点	保存方式	种质份数	个体数量	引种方式	来源地
BJ	种子	6	a	采集	江西、上海

小葫芦　*Lagenaria siceraria*（Molina）Standl. var. *microcarpa*（Naud.）Hara

迁地栽培保存

保存地点	种质份数	个体数量	引种方式	生长状况	来源地
BJ	2	a	采集、购买	G	江苏、北京
CQ	1	a	购买	F	重庆
GX	*	f	采集	G	广西

种质库保存

保存地点	保存方式	种质份数	个体数量	引种方式	来源地
BJ	种子	6	b	采集	甘肃、辽宁

黄瓜属　*Cucumis*

黄瓜　*Cucumis sativus* L.

功效主治　根（黄瓜根）：甘、苦，凉。用于泄泻，痢疾。茎藤（黄瓜藤）：苦，平。清热，祛痰，镇静。用于泄泻，痢疾，癫痫。叶：苦，平。有小毒。用于泄泻，痢疾。幼苗（黄瓜秧）：用于肝阳上亢。果实（黄瓜）：甘，凉。清热利尿。用于烦渴，小便淋痛，咽喉肿痛，烫火伤。制霜后的果实（黄瓜霜）：清热解毒。用于乳蛾。

迁地栽培保存

保存地点	种质份数	个体数量	引种方式	生长状况	来源地
HB	1	a	采集	A	湖北
SH	1	b	采集	A	待确定
GX	*	f	采集	G	泰国

种质库保存

保存地点	保存方式	种质份数	个体数量	引种方式	来源地
BJ	种子	9	a	采集	山东、辽宁、安徽

甜瓜 *Cucumis melo* L.

功效主治 根（甜瓜根）：用于风癞。全草（穿肠草）：祛火败毒。外用于痔疮肿毒，漏疮生管，脏毒滞热，流水刺痒。茎（甜瓜茎）：用于鼻息肉，齆鼻。叶（甜瓜叶）：生发，祛瘀血。花（甜瓜花）：用于疮毒，心痛咳逆。果柄（甜瓜蒂）：苦，寒。有毒。催吐，退黄，化积。用于食积不化，食物中毒，癫痫痰盛，胁痛。果实（甜瓜）：甘，寒。消暑热，解烦渴，利尿。果皮（甜瓜皮）：清热，去烦渴，止牙痛。种子（甜瓜子）：甘，寒。散结，消瘀，清肺，润肠，化痰排脓。用于肺痈，咳嗽痰沫，大便不畅。

种质库保存

保存地点	保存方式	种质份数	个体数量	引种方式	来源地
BJ	种子	8	b	采集	重庆、黑龙江

西南野黄瓜 *Cucumis sativus* var. *hardwickii* (Royle) Alef.

种质库保存

保存地点	保存方式	种质份数	个体数量	引种方式	来源地
BJ	种子	1	a	采集	待确定

小马泡 *Cucumis bisexualis* A. M. Lu & G. C. Wang

迁地栽培保存

保存地点	种质份数	个体数量	引种方式	生长状况	来源地
GX	*	f	采集	G	山东

假贝母属　*Bolbostemma*

假贝母　*Bolbostemma paniculatum*（Maxim.）Franquet

功效主治　鳞茎（土贝母）：苦，凉。清热解毒，散结消肿。用于瘰疬，附骨疽，疮疡肿毒，蛇虫咬伤，外伤出血。

濒危等级　中国特有植物，北京市二级保护植物，中国植物红色名录评估为无危（LC）。

迁地栽培保存

保存地点	种质份数	个体数量	引种方式	生长状况	来源地
BJ	2	d	采集	G	河北、安徽
CQ	1	a	采集	C	湖北

绞股蓝属　*Gynostemma*

白脉绞股蓝　*Gynostemma pallidinerve* Z. Zhang

迁地栽培保存

保存地点	种质份数	个体数量	引种方式	生长状况	来源地
GX	*	f	采集	G	广西

扁果绞股蓝　*Gynostemma compressum* X. X. Chen & D. R. Liang

濒危等级　中国特有植物，中国植物红色名录评估为近危（NT）。

迁地栽培保存

保存地点	种质份数	个体数量	引种方式	生长状况	来源地
GX	*	f	采集	G	广西

翅茎绞股蓝　*Gynostemma caulopterum* S. Z. He

濒危等级　中国特有植物，中国植物红色名录评估为无危（LC）。

迁地栽培保存

保存地点	种质份数	个体数量	引种方式	生长状况	来源地
GX	*	f	采集	G	广西

大果绞股蓝 *Gynostemma burmanicum* var. *molle* C. Y. Wu ex C. Y. Wu et S. K. Chen

濒危等级　中国特有植物，中国植物红色名录评估为近危（NT）。

迁地栽培保存

保存地点	种质份数	个体数量	引种方式	生长状况	来源地
GX	*	f	采集	G	广西

光叶绞股蓝　*Gynostemma laxum*（Wall.）Cogn.

功效主治　全草：用于蛇咬伤。

迁地栽培保存

保存地点	种质份数	个体数量	引种方式	生长状况	来源地
GX	2	f	采集	G	广西

种质库保存

保存地点	保存方式	种质份数	个体数量	引种方式	来源地
BJ	种子	1	a	采集	海南

绞股蓝　*Gynostemma pentaphyllum*（Thunb.）Makino

功效主治　全草（七叶胆）：苦，寒。清热解毒，止咳祛痰。用于咳嗽，肝毒，小便淋痛，吐泻，肿毒。

濒危等级　中国植物红色名录评估为无危（LC）。

迁地栽培保存

保存地点	种质份数	个体数量	引种方式	生长状况	来源地
FJ	3	b	赠送	A	福建
CQ	2	b	采集	C	重庆

保存地点	种质份数	个体数量	引种方式	生长状况	来源地
BJ	1	b	采集	G	湖北
HN	1	a	采集	C	海南
SC	1	f	待确定	G	四川
HEN	1	c	赠送	A	陕西
HB	1	c	采集	C	湖北
GZ	1	c	采集	C	贵州
GD	1	f	采集	G	待确定
GX	*	f	采集	G	云南

种质库保存

保存地点	保存方式	种质份数	个体数量	引种方式	来源地
BJ	种子	9	c	采集	山西、云南、广西、四川、河南
HN	种子	1	a	采集	湖南

绞股蓝（原变种） *Gynostemma pentaphyllum* (Thunb.) Makino var. *pentaphyllum*

濒危等级　中国植物红色名录评估为无危（LC）。

迁地栽培保存

保存地点	种质份数	个体数量	引种方式	生长状况	来源地
GX	*	f	采集	G	贵州

小籽绞股蓝 *Gynostemma microspermum* C. Y. Wu & S. K. Chen

功效主治　全草或根茎：功效同绞股蓝。

濒危等级　中国植物红色名录评估为易危（VU）。

种质库保存

保存地点	保存方式	种质份数	个体数量	引种方式	来源地
BJ	种子	1	a	采集	云南

毛绞股蓝 *Gynostemma pubescens*（Gagnep.）C. Y. Wu

功效主治　全草或根茎：清热解毒，止咳祛痰。

濒危等级　中国植物红色名录评估为无危（LC）。

迁地栽培保存

保存地点	种质份数	个体数量	引种方式	生长状况	来源地
YN	1	a	购买	A	云南
GX	*	f	采集	G	广西

种质库保存

保存地点	保存方式	种质份数	个体数量	引种方式	来源地
BJ	种子	3	b	采集	云南

疏花绞股蓝 *Gynostemma laxiflorum* C. Y. Wu & S. K. Chen

濒危等级　中国特有植物，中国植物红色名录评估为极危（CR）。

迁地栽培保存

保存地点	种质份数	个体数量	引种方式	生长状况	来源地
GX	*	f	采集	G	安徽

金瓜属　*Gymnopetalum*

金瓜 *Gymnopetalum chinense*（Lour.）Merr.

功效主治　全草：用于瘰疬。

濒危等级　中国植物红色名录评估为易危（VU）。

迁地栽培保存

保存地点	种质份数	个体数量	引种方式	生长状况	来源地
GX	2	f	采集	G	中国广西，泰国
GD	1	f	采集	G	待确定

种质库保存

保存地点	保存方式	种质份数	个体数量	引种方式	来源地
HN	种子	1	a	采集	海南
BJ	种子	7	a	采集	海南、云南、山西

苦瓜属 *Momordica*

苦瓜 *Momordica charantia* L.

功效主治 根、藤、叶、果实：苦，寒。清热解毒，明目。用于中暑发热，牙痛，泄泻，痢疾，便血，痱子，疔疮疖肿。

迁地栽培保存

保存地点	种质份数	个体数量	引种方式	生长状况	来源地
FJ	18	b	采集	A	福建
BJ	1	a	购买	G	北京
CQ	1	a	购买	B	重庆
GD	1	f	采集	G	待确定
HB	1	a	采集	A	湖北
JS1	1	a	购买	C	江苏
SH	1	b	采集	A	待确定
GX	*	f	采集	G	泰国

种质库保存

保存地点	保存方式	种质份数	个体数量	引种方式	来源地
BJ	种子	45	b	采集	海南、重庆、云南、四川、广西、河北、甘肃

癞葡萄 *Momordica charantia* ' Abbreviata'

迁地栽培保存

保存地点	种质份数	个体数量	引种方式	生长状况	来源地
FJ	1	a	赠送	A	福建

木鳖子 *Momordica cochinchinensis* Spreng.

功效主治　根、叶：苦、甘，温。散结，消肿，解毒。用于疮疡肿毒，乳痈，瘰疬，痔漏，疥癣，秃疮。

种子：苦、微甘，温。有毒。散结消肿。用于脓肿，乳痈，头癣，痔疮。

濒危等级　中国植物红色名录评估为无危（LC）。

迁地栽培保存

保存地点	种质份数	个体数量	引种方式	生长状况	来源地
CQ	1	a	购买	C	重庆
BJ	1	a	采集	G	海南
GD	1	a	采集	B	待确定
HN	1	a	采集	A	海南
SH	1	a	采集	A	待确定
YN	1	a	采集	A	云南
GX	*	f	采集	G	广西

种质库保存

保存地点	保存方式	种质份数	个体数量	引种方式	来源地
BJ	种子	39	a	采集	云南、重庆、海南、河北、广西
HN	种子	1	b	采集	海南

栝楼属　*Trichosanthes*

糙点栝楼 *Trichosanthes dunniana* H. Lévl.

功效主治　根：外用于疮疡肿毒。种子：润肺，化痰，滑肠。用于痰热咳嗽，燥结便秘，痈肿，乳汁不足。

濒危等级　中国植物红色名录评估为无危（LC）。

迁地栽培保存

保存地点	种质份数	个体数量	引种方式	生长状况	来源地
GX	*	f	采集	G	广西

长萼栝楼 *Trichosanthes laceribractea* Hayata

功效主治　根：生津止渴，降火润燥。果实：甘、苦，寒。润肺，化痰，散结，滑肠。用于痰热咳嗽，结胸，消渴，便秘。种子：用于燥咳痰黏，肠燥便秘。

濒危等级　中国特有植物，中国植物红色名录评估为无危（LC）。

迁地栽培保存

保存地点	种质份数	个体数量	引种方式	生长状况	来源地
CQ	1	a	购买	C	重庆

种质库保存

保存地点	保存方式	种质份数	个体数量	引种方式	来源地
BJ	种子	7	b	采集	海南、重庆、云南

长果栝楼 *Trichosanthes kerrii* Craib

功效主治　果实、种子：润肺，祛痰。用于咳嗽，疥癣。

濒危等级　中国植物红色名录评估为易危（VU）。

迁地栽培保存

保存地点	种质份数	个体数量	引种方式	生长状况	来源地
GX	*	f	采集	G	广西

种质库保存

保存地点	保存方式	种质份数	个体数量	引种方式	来源地
BJ	种子	4	b	采集	云南

瓜叶栝楼 *Trichosanthes cucumerina* L.

功效主治　根（土瓜根）：清热解毒，利尿消肿，散瘀止痛。用于头痛，咳嗽。果实：用于胃病，气喘，消渴。种子（王瓜子）：清热凉血，杀虫。

濒危等级　中国植物红色名录评估为无危（LC）。

迁地栽培保存

保存地点	种质份数	个体数量	引种方式	生长状况	来源地
YN	1	a	采集	C	云南

种质库保存

保存地点	保存方式	种质份数	个体数量	引种方式	来源地
BJ	种子	4	a	采集	待确定

红花栝楼 *Trichosanthes rubriflos* Thorel ex Cayla

种质库保存

保存地点	保存方式	种质份数	个体数量	引种方式	来源地
BJ	种子	1	a	采集	待确定

截叶栝楼 *Trichosanthes truncata* C. B. Clarke

功效主治　种子：甘，寒。润肺，化痰，滑肠。用于燥咳痰黏，肠燥便秘，痈肿，乳汁不足。

濒危等级　中国植物红色名录评估为濒危（EN）。

种质库保存

保存地点	保存方式	种质份数	个体数量	引种方式	来源地
BJ	种子	1	a	采集	云南

栝楼 *Trichosanthes kirilowii* Maxim.

功效主治　根（天花粉）：甘、微苦，凉。清热化痰，养胃生津，解毒消肿。用于肺热燥咳，津伤口渴，消渴，疮疡疖肿。果实（栝楼）：甘、微苦，寒。润肺祛痰，滑肠散结。用于肺热咳嗽，胸闷，心绞痛，便秘，乳痈。果皮（栝楼皮）：甘，寒。润肺化痰，理气宽胸。用于痰热咳嗽，咽喉痛，胸痛，消渴，便秘。种子（栝楼子）：甘，寒。润肺化痰，滑肠。用于痰热咳嗽，燥结便秘，乳汁不足。

濒危等级　中国植物红色名录评估为无危（LC）。

迁地栽培保存

保存地点	种质份数	个体数量	引种方式	生长状况	来源地
FJ	4	a	购买	A	福建
BJ	1	c	采集	G	山东
HEN	1	b	赠送	A	河南
HB	1	a	采集	C	湖北
HN	1	a	采集	A	北京
JS1	1	a	购买	D	江苏
JS2	1	b	购买	C	江苏
SH	1	b	采集	A	待确定
GZ	1	b	采集	C	贵州

种质库保存

保存地点	保存方式	种质份数	个体数量	引种方式	来源地
BJ	种子	105	e	采集	山西、重庆、海南、江西、湖北、云南、河北、吉林、黑龙江、安徽、四川
HN	种子	5	b	采集	湖南、广东

两广栝楼　*Trichosanthes reticulinervis* C. Y. Wu ex S. K. Chen

功效主治　根：用于热病烦渴，肺热燥咳，消渴，疮疡肿毒。

迁地栽培保存

保存地点	种质份数	个体数量	引种方式	生长状况	来源地
GX	*	f	采集	G	广西

木基栝楼　*Trichosanthes quinquefolia* C. Y. Wu

濒危等级　中国植物红色名录评估为无危（LC）。

种质库保存

保存地点	保存方式	种质份数	个体数量	引种方式	来源地
BJ	种子	1	a	采集	待确定

全缘栝楼 *Trichosanthes ovigera* Blume

功效主治 根（实葫芦）：甘，寒。清热化痰，解毒消肿。用于肺热咳嗽，津伤口渴，疮疡疖肿，跌打损伤。果实：甘、微苦，寒。润肺祛痰，滑肠散结。用于肺热咳嗽，乳痈，便秘，心绞痛。

濒危等级 中国植物红色名录评估为无危（LC）。

迁地栽培保存

保存地点	种质份数	个体数量	引种方式	生长状况	来源地
HN	1	a	采集	A	海南

种质库保存

保存地点	保存方式	种质份数	个体数量	引种方式	来源地
BJ	种子	4	a	采集	云南

蛇瓜 *Trichosanthes anguina* L.

功效主治 根、种子：清热化痰，散结消肿，止泻，杀虫。果实：用于消渴。

迁地栽培保存

保存地点	种质份数	个体数量	引种方式	生长状况	来源地
BJ	1	a	采集	G	广西
CQ	1	a	购买	F	重庆

种质库保存

保存地点	保存方式	种质份数	个体数量	引种方式	来源地
BJ	种子	4	b	采集	广西、上海

王瓜 *Trichosanthes cucumeroides* (Ser.) Maxim.

功效主治 根（王瓜根）：苦，寒。有小毒。清热解毒，利尿消肿，散瘀止痛。用于毒蛇咬伤，乳蛾，痈疮肿毒，跌打损伤，小便淋痛，胃痛。果实：苦，寒。清热，生津，消瘀，通乳。用于消渴，黄疸，乳汁不足，痈肿，咽喉痛。种子：酸、苦，平。清热，凉血。用于肺痿吐血，黄疸，痢疾，肠风下血。

濒危等级　中国植物红色名录评估为无危（LC）。

迁地栽培保存

保存地点	种质份数	个体数量	引种方式	生长状况	来源地
BJ	1	a	采集	G	陕西

种质库保存

保存地点	保存方式	种质份数	个体数量	引种方式	来源地
BJ	种子	8	b	采集	海南、黑龙江、重庆、四川

五角栝楼　*Trichosanthes quinquangulata* A. Gray

功效主治　根、叶、果实：用于肺热咳嗽，便秘。

种质库保存

保存地点	保存方式	种质份数	个体数量	引种方式	来源地
BJ	种子	1	a	采集	云南

中华栝楼　*Trichosanthes rosthornii* Harms

功效主治　根（天花粉）：甘、微苦，凉。清热化痰，养胃生津，解毒消肿。用于肺热燥咳，津伤口渴，消渴，疮疡疖肿。果实（栝楼）：甘、微苦，寒。润肺祛痰，滑肠散结。用于肺热咳嗽，胸闷，心绞痛，便秘，乳痈。种子（栝楼子）：甘，寒。润燥滑肠，清热化痰。用于大便燥结，肺热咳嗽，痰稠难咳。

濒危等级　中国特有植物，中国植物红色名录评估为无危（LC）。

迁地栽培保存

保存地点	种质份数	个体数量	引种方式	生长状况	来源地
CQ	1	a	采集	C	重庆
GX	*	f	采集	G	广西

种质库保存

保存地点	保存方式	种质份数	个体数量	引种方式	来源地
BJ	种子	41	b	采集	云南、海南、湖北、四川

罗汉果属 *Siraitia*

翅子罗汉果 *Siraitia siamensis*（Craib）C. Jeffrey ex S. Q. Zhong & D. Fang

功效主治 块根：用于胃痛，感冒发热，咽喉痛，胆胀。叶：外用于疥癣。

濒危等级 中国植物红色名录评估为易危（VU）。

迁地栽培保存

保存地点	种质份数	个体数量	引种方式	生长状况	来源地
GX	*	f	采集	G	广西

罗汉果 *Siraitia grosvenorii*（Swingle）C. Jeffrey ex A. M. Lu & Zhi Y. Zhang

功效主治 果实（罗汉果）：甘，凉。清肺止咳，润肠，通便。用于咳嗽，顿咳，乳蛾，大便秘结。块根：用于感冒发热，咽喉痛，脘腹痛，跌打肿痛。叶：用于咽喉痛，咳嗽。

濒危等级 中国特有植物，中国植物红色名录评估为近危（NT）。

迁地栽培保存

保存地点	种质份数	个体数量	引种方式	生长状况	来源地
BJ	1	a	采集	G	广西
GX	*	f	采集	G	广西

马㼎儿属 *Zehneria*

马㼎儿 *Zehneria japonica*（Thunb.）H. Y. Liu

功效主治 根、叶（马㼎儿）：甘、苦，凉。清热解毒，消肿散结。用于咽喉肿痛，目赤，疮疡肿毒，瘰疬，子痈，湿疹。全草：清热解毒，利尿消肿，除痰散结。用于瘰疬，烫火伤，皮肤瘙痒，疮疡肿毒。

迁地栽培保存

保存地点	种质份数	个体数量	引种方式	生长状况	来源地
HN	1	a	采集	A	海南
GX	*	f	采集	G	广西

种质库保存

保存地点	保存方式	种质份数	个体数量	引种方式	来源地
BJ	种子	4	a	采集	福建、云南

钮子瓜　*Zehneria maysorensis*（Wight & Arn.）Arn.

迁地栽培保存

保存地点	种质份数	个体数量	引种方式	生长状况	来源地
CQ	2	a	采集	C	重庆

种质库保存

保存地点	保存方式	种质份数	个体数量	引种方式	来源地
BJ	种子	48	b	采集	云南、四川、贵州
HN	种子	1	a	采集	海南

茅瓜属　*Solena*

滇藏茅瓜　*Solena delavayi*（Cogn.）C. Y. Wu

功效主治　块根：生津止咳，消肿散结。用于头昏，疝气，子宫脱垂，脱肛，痔疮。

迁地栽培保存

保存地点	种质份数	个体数量	引种方式	生长状况	来源地
GX	*	f	采集	G	广西

茅瓜　*Solena amplexicaulis*（Lam.）Gandhi

功效主治　块根（土白蔹）：甘、苦，寒。清热化痰，利湿，散结消肿。用于热咳，痢疾，淋证，风湿痹痛，咽喉肿痛，目赤。藤、叶、果实：利水，解毒，除痰散结。用于腹水，肿疡，湿疹，咽喉肿痛，疰腮，小便淋痛。

濒危等级 中国植物红色名录评估为无危（LC）。

迁地栽培保存

保存地点	种质份数	个体数量	引种方式	生长状况	来源地
GX	*	f	采集	G	广西
YN	1	a	采集	C	云南

种质库保存

保存地点	保存方式	种质份数	个体数量	引种方式	来源地
BJ	种子	8	b	采集	海南、云南、广西

帽儿瓜属 *Mukia*

帽儿瓜 *Mukia maderaspatana*（L.）M. Roem.

功效主治 果实：清热，利尿，消肿。全草：用于咳嗽，疮疡肿毒。

濒危等级 中国植物红色名录评估为无危（LC）。

迁地栽培保存

保存地点	种质份数	个体数量	引种方式	生长状况	来源地
GX	*	f	采集	G	广西

爪哇帽儿瓜 *Mukia javanica*（Miq.）C. Jeffrey

濒危等级 中国植物红色名录评估为无危（LC）。

迁地栽培保存

保存地点	种质份数	个体数量	引种方式	生长状况	来源地
GX	*	f	采集	G	广西

南瓜属 *Cucurbita*

南瓜 *Cucurbita moschata*（Duchesne ex Lam.）Duchesne ex Poir.

功效主治 根（南瓜根）：淡，平。清热解毒，渗湿，通乳。用于淋证，黄疸，痢疾，乳汁不通。茎藤（南瓜藤）：甘、苦，微寒。清热，和胃，通络。用于肺痨低热，胃病，月经不调，烫伤。叶（南瓜叶）：用于痢疾，疳积，创伤。花（南瓜花）：凉。清湿热，消肿毒。卷须（南瓜须）：用于妇人乳缩。果实（南瓜）：甘，温。补中益气，止痛，杀虫，解毒。果瓤（南瓜瓤）：用于烫伤。果柄（南瓜蒂）：甘，平。清热，安胎。用于先兆流产，痈疡，疔疮，烫伤。种子（南瓜子）：甘，温。驱虫。用于绦虫病，蛔虫病，臌胀。

迁地栽培保存

保存地点	种质份数	个体数量	引种方式	生长状况	来源地
HB	1	a	采集	A	湖北
BJ	1	b	购买	G	北京
CQ	1	a	购买	B	重庆
GD	1	f	采集	G	待确定

种质库保存

保存地点	保存方式	种质份数	个体数量	引种方式	来源地
BJ	种子	67	b	采集	陕西、山西、湖南、湖北、辽宁、河南、云南、河北、四川、安徽、上海

笋瓜 *Cucurbita maxima* Duchesne ex Lam.

功效主治 果实、种子：祛痰，驱虫，通便。用于冻疮，淋证。

种质库保存

保存地点	保存方式	种质份数	个体数量	引种方式	来源地
BJ	种子	3	a	采集	山西

西葫芦 *Cucurbita pepo* L.

功效主治 果实：甘、微苦，平。用于咳喘。种子：驱虫。

迁地栽培保存

保存地点	种质份数	个体数量	引种方式	生长状况	来源地
GX	*	f	采集	G	新西兰

喷瓜属 *Ecballium*

喷瓜 *Ecballium elaterium*（L.）A. Rich.

功效主治 果实、果汁、根：通便泻下，强肝，通经，驱虫，化积。

迁地栽培保存

保存地点	种质份数	个体数量	引种方式	生长状况	来源地
BJ	1	c	采集	G	陕西
GX	*	f	采集	G	美国

丝瓜属 *Luffa*

广东丝瓜 *Luffa acutangula*（L.）Roxb.

功效主治 果实的维管束（丝瓜络）：甘，平。通经和络，清热化痰。用于风湿骨痛，肺热咳嗽。根：活血，通络，消肿。用于偏头痛，腰痛，乳痈，喉风肿痛，肠风下血，痔漏。茎汁（天萝水）：消痰火，清内热，镇咳。藤：舒筋活血，健脾杀虫。叶：清热解毒。用于痈疽肿毒。花：清热解毒。用于肺热咳嗽。果实：清热化痰，凉血，解毒。用于肺热咳嗽，烦渴。

迁地栽培保存

保存地点	种质份数	个体数量	引种方式	生长状况	来源地
GX	*	f	采集	G	泰国

种质库保存

保存地点	保存方式	种质份数	个体数量	引种方式	来源地
BJ	种子	1	a	采集	待确定

丝瓜 *Luffa cylindrica* (L.) M. Roem.

功效主治　根（丝瓜根）：甘，平。活血，通络，消肿。用于鼻塞流涕。藤（丝瓜藤）：甘，平。通经络，止咳化痰。用于腰痛，咳嗽，鼻塞流涕。叶（丝瓜叶）：苦、酸，凉。止血，化痰止亥，清热解毒。用于顿咳，咳嗽，暑热口渴，创伤出血，疥癣，天疱疮，痱子。果实维管束（丝瓜络）：甘，平。清热解毒，活血通络，利尿消肿。用于筋骨痛，胸胁痛，闭经，乳汁不通，乳痈，水肿。果柄（丝瓜蒂）：用于小儿痘疹，咽喉肿痛。果皮（丝瓜皮）：用于金疮，疔疮，臀疮。种子（丝瓜子）：微甘，平。清热化痰，润燥，驱虫。用于咳嗽痰多，便秘。

迁地栽培保存

保存地点	种质份数	个体数量	引种方式	生长状况	来源地
FJ	11	b	购买	A	福建
GD	1	f	采集	G	待确定
HB	1	a	采集	C	湖北
JS1	1	b	购买	C	江苏
SH	1	b	采集	A	待确定
BJ	1	a	购买	G	北京

种质库保存

保存地点	保存方式	种质份数	个体数量	引种方式	来源地
HN	种子	1	a	采集	海南
BJ	种子	76	d	采集	中国贵州、广西、山西、四川、湖北、吉林、河北、辽宁、河南、海南、重庆、云南、江苏，缅甸

西瓜属　*Citrullus*

西瓜 *Citrullus lanatus* (Thunb.) Matsum. & Nakai

功效主治　果皮（西瓜皮）：甘，凉。清热解暑，止渴，利小便。用于暑热烦渴，水肿，口舌生疮。中果皮（西瓜翠）：甘、淡，寒。清热解暑，利尿。用于暑热烦渴，浮肿，小便淋痛。西瓜加工品（西瓜黑霜）：用于水肿，肝硬化腹水。瓤（西瓜）：甘，寒。清热解暑，解烦止渴，利尿。用于暑热烦渴，热盛津伤，小便淋痛。种皮：用于吐血，肠风下血。种仁：清热润肠。未成熟的果实与芒硝的加工品（西瓜霜）：用于热性咽喉肿痛。

迁地栽培保存

保存地点	种质份数	个体数量	引种方式	生长状况	来源地
GX	2	f	采集	G	泰国
HB	1	a	采集	C	湖北

雪胆属　*Hemsleya*

金佛山雪胆　*Hemsleya pengxianensis* W. J. Chang var. *jinfushanensis* L. D. Shen & W. J. Chang

濒危等级　中国特有植物，中国植物红色名录评估为无危（LC）。

迁地栽培保存

保存地点	种质份数	个体数量	引种方式	生长状况	来源地
CQ	1	a	采集	C	重庆

马铜铃　*Hemsleya graciliflora*（Harms）Cogn.

功效主治　块根（金龟链）：清热解毒，消肿。果实（土马兜铃）：化痰止咳。用于咳嗽。

濒危等级　中国植物红色名录评估为易危（VU）。

种质库保存

保存地点	保存方式	种质份数	个体数量	引种方式	来源地
BJ	种子	9	c	采集	四川、重庆

蛇莲　*Hemsleya sphaerocarpa* Kuang & A. M. Lu

功效主治　块根（金龟莲）：苦，寒。有小毒。清热解毒，消肿止痛，利湿。用于痢疾，泄泻，胃痛，肝毒症，小便淋痛。

濒危等级　中国特有植物，中国植物红色名录评估为无危（LC）。

迁地栽培保存

保存地点	种质份数	个体数量	引种方式	生长状况	来源地
GX	*	f	采集	G	广西

雪胆 *Hemsleya chinensis* Cogn. ex F. B. Forbes & Hemsl.

功效主治　块根（金龟莲）：苦，寒。有小毒。清热解毒。消肿止痛。用于发热，咽喉痛，泄泻，痢疾，牙龈肿痛，咳嗽。全草：用于疮毒。

迁地栽培保存

保存地点	种质份数	个体数量	引种方式	生长状况	来源地
BJ	1	a	采集	C	湖北
HB	1	a	采集	C	湖北
GX	*	f	采集	G	广西

油渣果属　*Hodgsonia*

腺点油瓜 *Hodgsonia macrocarpa*（Blume）Cogn. var. *capniocarpa*（Ridl.）Tsai

种质库保存

保存地点	保存方式	种质份数	个体数量	引种方式	来源地
BJ	种子	1	a	采集	云南

油渣果 *Hodgsonia macrocarpa*（Blume）Cogn.

功效主治　果皮：用于胃痛。种仁：甘，凉。凉血止血，解毒消肿。用于痈疮肿毒，外伤出血，湿疹。根：苦，寒。有毒。清热，催吐。用于疟疾。

濒危等级　中国植物红色名录评估为近危（NT）。

迁地栽培保存

保存地点	种质份数	个体数量	引种方式	生长状况	来源地
HN	2	a	赠送	C	待确定

续表

保存地点	种质份数	个体数量	引种方式	生长状况	来源地
YN	1	a	采集	C	云南
GX	*	f	采集	G	广西

虎耳草科　Saxifragaceae

矾根属　Heuchera

肾形草　*Heuchera micrantha* Douglas ex Lindl.

迁地栽培保存

保存地点	种质份数	个体数量	引种方式	生长状况	来源地
BJ	1	a	采集	G	待确定

鬼灯檠属　Rodgersia

鬼灯檠　*Rodgersia podophylla* A. Gray

功效主治　叶：解热。

濒危等级　中国植物红色名录评估为无危（LC）。

迁地栽培保存

保存地点	种质份数	个体数量	引种方式	生长状况	来源地
BJ	1	b	采集	G	陕西

七叶鬼灯檠　*Rodgersia aesculifolia* Batal.

功效主治　根茎（索骨丹根）：涩、微甘，平。清热解毒，止血生肌，止痛消瘿。用于吐血，衄血，崩漏，肠风下血，痢疾，月经不调，外伤出血，外痔，瘿瘤，咽喉痛，疮痈，毒蛇咬伤。

濒危等级　中国植物红色名录评估为无危（LC）。

迁地栽培保存

保存地点	种质份数	个体数量	引种方式	生长状况	来源地
BJ	1	b	采集	G	陕西
CQ	1	a	采集	F	重庆
GX	*	f	采集	G	重庆

种质库保存

保存地点	保存方式	种质份数	个体数量	引种方式	来源地
BJ	种子	1	a	采集	甘肃

羽叶鬼灯檠　*Rodgersia pinnata* Franch.

功效主治　根茎（岩陀）：辛，温。通经活血，祛风除湿，调经止痛，止痢。用于风湿痹痛，骨折，跌打损伤，消化不良，瘿气，泄泻，痢疾，月经不调。

濒危等级　中国特有植物，中国植物红色名录评估为无危（LC）。

迁地栽培保存

保存地点	种质份数	个体数量	引种方式	生长状况	来源地
BJ	1	b	采集	G	四川

种质库保存

保存地点	保存方式	种质份数	个体数量	引种方式	来源地
BJ	种子	1	a	采集	四川

虎耳草属　*Saxifraga*

草地虎耳草　*Saxifraga pratensis* Engl. & Irmsch.

濒危等级　中国特有植物，中国植物红色名录评估为无危（LC）。

迁地栽培保存

保存地点	种质份数	个体数量	引种方式	生长状况	来源地
GX	*	f	采集	G	法国

齿瓣虎耳草　*Saxifraga fortunei* Hook. f.

功效主治　全草：祛风，清热，凉血解毒。用于风疹，耳闭，丹毒，咳嗽吐血，肺痈，崩漏，痔疮。

濒危等级　中国植物红色名录评估为无危（LC）。

迁地栽培保存

保存地点	种质份数	个体数量	引种方式	生长状况	来源地
CQ	1	a	采集	C	重庆

红毛虎耳草　*Saxifraga rufescens* Balf. f.

功效主治　全草：清热祛风，镇痛。

濒危等级　中国特有植物，中国植物红色名录评估为无危（LC）。

迁地栽培保存

保存地点	种质份数	个体数量	引种方式	生长状况	来源地
CQ	1	a	采集	C	重庆
GX	*	f	采集	G	云南、湖北

虎耳草　*Saxifraga stolonifera* Curtis

功效主治　全草（虎耳草）：微苦，寒。有小毒。清热凉血，消肿解毒。用于耳闭，小儿惊风，肺痈，咳嗽，咯血，风火牙痛，瘰疬，冻疮，湿疹，皮肤瘙痒，痈肿疔毒，蜂蝎螫伤。

濒危等级　中国植物红色名录评估为无危（LC）。

迁地栽培保存

保存地点	种质份数	个体数量	引种方式	生长状况	来源地
BJ	2	c	采集	G	北京、浙江
JS1	1	a	采集	D	江苏

保存地点	种质份数	个体数量	引种方式	生长状况	来源地
SH	1	b	采集	A	待确定
CQ	1	b	采集	C	重庆
GD	1	f	采集	G	待确定
GZ	1	b	采集	C	贵州
HEN	1	c	采集	A	河南
SC	1	f	待确定	G	四川
HB	1	c	采集	C	湖北
GX	*	f	采集	G	湖南、湖北

扇叶虎耳草 *Saxifraga rufescens* Balf. f. var. *flabellifolia* C. Y. Wu et J. T. Pan

濒危等级 中国特有植物，中国植物红色名录评估为无危（LC）。

迁地栽培保存

保存地点	种质份数	个体数量	引种方式	生长状况	来源地
CQ	1	a	采集	C	重庆
GX	*	f	采集	G	湖北

爪瓣虎耳草 *Saxifraga unguiculata* Engl.

功效主治 全草：清热解毒。

濒危等级 中国特有植物，中国植物红色名录评估为无危（LC）。

迁地栽培保存

保存地点	种质份数	个体数量	引种方式	生长状况	来源地
GX	*	f	采集	G	法国

黄水枝属 *Tiarella*

黄水枝 *Tiarella polyphylla* D. Don

功效主治 全草：辛、苦，凉。清热解毒，消肿止痛，活血祛瘀。用于肝毒症，耳聋，咳嗽气喘，痈肿疮毒，跌打损伤。

濒危等级　中国植物红色名录评估为无危（LC）。

迁地栽培保存

保存地点	种质份数	个体数量	引种方式	生长状况	来源地
HB	1	c	采集	C	湖北
CQ	1	a	采集	C	重庆
BJ	1	b	采集	G	安徽
GX	*	f	采集	G	湖北

金腰属　*Chrysosplenium*

大叶金腰　*Chrysosplenium macrophyllum* Oliv.

功效主治　全草（虎皮草）：苦、涩，寒。清热解毒，平肝，收敛生肌。用于小儿惊风，臁疮，烫火伤。

濒危等级　中国特有植物，中国植物红色名录评估为无危（LC）。

迁地栽培保存

保存地点	种质份数	个体数量	引种方式	生长状况	来源地
HB	2	c	采集	B	湖北
GZ	1	a	采集	C	贵州
CQ	1	a	采集	D	重庆
GX	*	f	采集	G	湖北

绵毛金腰　*Chrysosplenium lanuginosum* Hook. f. & Thoms.

功效主治　全草：用于劳伤，跌打损伤，黄疸。

濒危等级　中国植物红色名录评估为无危（LC）。

迁地栽培保存

保存地点	种质份数	个体数量	引种方式	生长状况	来源地
HB	1	a	采集	C	湖北
GX	*	f	采集	G	湖北

锈毛金腰 *Chrysosplenium davidianum* Decne. ex Maxim.

功效主治 全草：清热解毒。

濒危等级 中国特有植物，中国植物红色名录评估为无危（LC）。

迁地栽培保存

保存地点	种质份数	个体数量	引种方式	生长状况	来源地
HB	1	a	采集	C	湖北
CQ	1	a	采集	D	重庆
GX	*	f	采集	G	湖北

中华金腰 *Chrysosplenium sinicum* Maxim.

功效主治 全草（华金腰子）：苦，寒。清热解毒，退黄，排石。用于黄疸，石淋，小便短赤疼痛，疔疮。

濒危等级 中国植物红色名录评估为无危（LC）。

迁地栽培保存

保存地点	种质份数	个体数量	引种方式	生长状况	来源地
GX	*	f	采集	G	湖北

落新妇属 *Astilbe*

大落新妇 *Astilbe grandis* Stapf ex E. H. Wils.

功效主治 根茎（红升麻）：辛、苦，温。散瘀止痛，祛风除湿。用于跌打损伤，腰腿痛，骨折，风湿骨痛，胃痛，毒蛇咬伤。全草：清热，止咳。用于风热感冒，头痛，全身酸痛。

濒危等级 中国植物红色名录评估为无危（LC）。

迁地栽培保存

保存地点	种质份数	个体数量	引种方式	生长状况	来源地
GZ	1	a	采集	C	贵州

落新妇 *Astilbe chinensis* (Maxim.) Franch. & Sav.

功效主治 根茎（落新妇根）：苦、涩，温。祛风除湿，强筋壮骨，活血祛瘀，止痛，镇咳。用于筋骨痛，头痛，跌打损伤，毒蛇咬伤，咳嗽，小儿惊风，胃痛，泄泻。

迁地栽培保存

保存地点	种质份数	个体数量	引种方式	生长状况	来源地
SC	1	f	待确定	G	四川
LN	1	d	采集	A	辽宁
HEN	1	b	采集	C	河南
HB	1	b	采集	C	湖北
GZ	1	a	采集	C	贵州
BJ	1	a	采集	G	北京
CQ	1	a	采集	C	重庆

种质库保存

保存地点	保存方式	种质份数	个体数量	引种方式	来源地
BJ	种子	6	b	采集	山西、辽宁、吉林、江西

溪畔落新妇 *Astilbe rivularis* Buch.-Ham. ex D. Don

功效主治 全草（野高粱）：涩，温。活血散瘀，祛风除湿，行气止痛。用于跌打损伤，风湿痛，胃痛，黄水疮。

濒危等级 中国植物红色名录评估为无危（LC）。

种质库保存

保存地点	保存方式	种质份数	个体数量	引种方式	来源地
BJ	种子	3	b	采集	云南

槭叶草属 *Mukdenia*

槭叶草 *Mukdenia rossii*（Oliv.）Koidz.

功效主治 全草：用于心悸，失眠。

濒危等级 吉林省三级保护植物，中国植物红色名录评估为无危（LC）。

种质库保存

保存地点	保存方式	种质份数	个体数量	引种方式	来源地
BJ	种子	10	b	采集	四川、山西、广西、上海、江西、甘肃

岩白菜属　*Bergenia*

峨眉岩白菜　*Bergenia emeiensis* C. Y. Wu

功效主治　根茎：用于痿证。

濒危等级　中国特有植物，中国植物红色名录评估为近危（NT）。

迁地栽培保存

保存地点	种质份数	个体数量	引种方式	生长状况	来源地
BJ	1	b	采集	C	四川

厚叶岩白菜　*Bergenia crassifolia* (L.) Fritsch

功效主治　根茎：用于痢疾，泄泻。全草：滋补，壮阳，敛肺。

濒危等级　中国植物红色名录评估为无危（LC）。

迁地栽培保存

保存地点	种质份数	个体数量	引种方式	生长状况	来源地
BJ	1	b	采集	G	广西

种质库保存

保存地点	保存方式	种质份数	个体数量	引种方式	来源地
BJ	种子	1	a	采集	待确定

秦岭岩白菜　*Bergenia scopulosa* T. P. Wang

功效主治　根茎：涩、微苦，平。补脾健胃，收敛固肠，除湿利水，活血。用于吐泻，痢疾，崩漏，带下病，黄水疮。

濒危等级 中国特有植物,陕西省渐危植物,中国植物红色名录评估为易危(VU)。

迁地栽培保存

保存地点	种质份数	个体数量	引种方式	生长状况	来源地
BJ	1	b	采集	G	陕西

岩白菜 *Bergenia purpurascens*(Hook. f. & Thoms.)Engl.

功效主治 全草或根茎(岩白菜):辛、甘,平。润肺止咳,清热解毒,止血,止泻,调经。用于肺痨咳嗽,咯血,衄血,便血,崩漏,带下病,泄泻,痢疾,劳伤;外用于黄水疮。

濒危等级 中国植物红色名录评估为无危(LC)。

迁地栽培保存

保存地点	种质份数	个体数量	引种方式	生长状况	来源地
BJ	1	b	采集	G	湖北
SH	1	b	采集	F	待确定
GX	*	f	采集	G	贵州

种质库保存

保存地点	保存方式	种质份数	个体数量	引种方式	来源地
BJ	种子	1	a	采集	待确定

虎皮楠科　Daphniphyllaceae

虎皮楠属 *Daphniphyllum*

长序虎皮楠 *Daphniphyllum longeracemosum* K. Rosenthal

濒危等级 中国植物红色名录评估为无危(LC)。

迁地栽培保存

保存地点	种质份数	个体数量	引种方式	生长状况	来源地
GX	*	f	采集	G	广西

大叶虎皮楠　*Daphniphyllum yunnanense* C. C. Huang

濒危等级　中国植物红色名录评估为无危（LC）。

迁地栽培保存

保存地点	种质份数	个体数量	引种方式	生长状况	来源地
YN	1	a	购买	C	云南

虎皮楠　*Daphniphyllum oldhamii*（Hemsl.）K. Rosenthal

功效主治　叶：理气止痛。用于吐泻。

濒危等级　中国植物红色名录评估为无危（LC）。

迁地栽培保存

保存地点	种质份数	个体数量	引种方式	生长状况	来源地
CQ	1	a	采集	C	重庆
ZJ	1	c	购买	A	浙江
GX	*	f	采集	G	广西

种质库保存

保存地点	保存方式	种质份数	个体数量	引种方式	来源地
BJ	种子	9	b	采集	河北，待确定

交让木　*Daphniphyllum macropodum* Miq.

功效主治　种子（交让木）、叶（交让木）：苦，凉。消肿拔毒，杀虫。用于疮疖肿毒。

濒危等级　陕西省濒危保护植物，中国植物红色名录评估为无危（LC）。

迁地栽培保存

保存地点	种质份数	个体数量	引种方式	生长状况	来源地
BJ	1	a	采集	G	安徽
CQ	1	a	采集	C	重庆
HB	1	a	采集	C	待确定
GX	*	f	采集	G	广西

种质库保存

保存地点	保存方式	种质份数	个体数量	引种方式	来源地
BJ	种子	3	a	采集	江西

脉叶虎皮楠 *Daphniphyllum paxianum* K. Rosenthal

功效主治 根（海南虎皮楠）、叶（海南虎皮楠）：苦、涩，凉。清热解毒，活血散瘀。用于感冒发热，乳蛾，脾脏肿大，毒蛇咬伤，骨折。

濒危等级 中国特有植物，中国植物红色名录评估为无危（LC）。

迁地栽培保存

保存地点	种质份数	个体数量	引种方式	生长状况	来源地
GX	*	f	采集	G	广西

种质库保存

保存地点	保存方式	种质份数	个体数量	引种方式	来源地
BJ	种子	8	b	采集	河北、安徽

牛耳枫 *Daphniphyllum calycinum* Benth.

功效主治 根（牛耳枫根）、叶（牛耳枫）：辛、苦，凉。清热解毒，活血舒筋。用于感冒发热，乳蛾，风湿关节痛，跌打肿痛，骨折，毒蛇咬伤，疮疡肿毒。果实（牛耳枫子）：用于痢疾。

濒危等级 中国植物红色名录评估为无危（LC）。

迁地栽培保存

保存地点	种质份数	个体数量	引种方式	生长状况	来源地
GD	1	a	采集	D	待确定
GX	*	f	采集	G	广西

种质库保存

保存地点	保存方式	种质份数	个体数量	引种方式	来源地
HN	种子	3	c	采集	海南
BJ	种子	3	b	采集	广西、福建

狭叶虎皮楠　*Daphniphyllum angustifolium* Hutch.

功效主治　叶：止咳，解毒，消肿。用于咳嗽，疗毒红肿。

濒危等级　中国特有植物，陕西省濒危保护植物，中国植物红色名录评估为无危（LC）。

迁地栽培保存

保存地点	种质份数	个体数量	引种方式	生长状况	来源地
CQ	1	a	采集	C	重庆

花荵科　**Polemoniaceae**

福禄考属　Phlox

福禄考　*Phlox drummondii* Hook.

迁地栽培保存

保存地点	种质份数	个体数量	引种方式	生长状况	来源地
BJ	1	b	采集	G	浙江

小福禄考　*Phlox drummondii* Hook.

种质库保存

保存地点	保存方式	种质份数	个体数量	引种方式	来源地
BJ	种子	8	b	采集	重庆、黑龙江、广西

针叶福禄考　*Phlox subulata* Linn.

迁地栽培保存

保存地点	种质份数	个体数量	引种方式	生长状况	来源地
BJ	1	a	采集	G	浙江
SH	1	b	采集	A	待确定

花葱属　*Polemonium*

花葱　*Polemonium caeruleum* L.

功效主治　根及根茎（电灯花）：微苦，平。止血，祛痰，镇静。用于咯血，吐血，衄血，便血，胃痛，崩漏，咳嗽痰喘，癫痫，失眠。

迁地栽培保存

保存地点	种质份数	个体数量	引种方式	生长状况	来源地
BJ	1	b	采集	G	河北
GX	*	f	采集	G	法国

花柱草科　Stylidiaceae

花柱草属　*Stylidium*

花柱草　*Stylidium uliginosum* Swartz

功效主治　全草：用于咽喉痛。
濒危等级　中国植物红色名录评估为无危（LC）。
迁地栽培保存

保存地点	种质份数	个体数量	引种方式	生长状况	来源地
GX	*	f	采集	G	广西

桦木科　Betulaceae

鹅耳枥属　*Carpinus*

川黔千金榆　*Carpinus fangiana* Hu

功效主治　根皮：清热解毒。

濒危等级　中国特有植物，中国植物红色名录评估为无危（LC）。

迁地栽培保存

保存地点	种质份数	个体数量	引种方式	生长状况	来源地
CQ	1	a	采集	C	重庆

短尾鹅耳枥　*Carpinus londoniana* H. Winkl.

濒危等级　中国植物红色名录评估为无危（LC）。

迁地栽培保存

保存地点	种质份数	个体数量	引种方式	生长状况	来源地
GX	*	f	采集	G	广西

多脉鹅耳枥　*Carpinus polyneura* Franch.

功效主治　根皮：用于跌打损伤，痈肿，淋证。

濒危等级　中国特有植物，中国植物红色名录评估为无危（LC）。

迁地栽培保存

保存地点	种质份数	个体数量	引种方式	生长状况	来源地
BJ	1	b	采集	G	北京
CQ	1	a	采集	C	重庆

种质库保存

保存地点	保存方式	种质份数	个体数量	引种方式	来源地
BJ	种子	7	b	采集	安徽、山东、江西

鹅耳枥　*Carpinus turczaninowii* Hance

功效主治　树皮、叶：用于跌打损伤。

濒危等级　中国植物红色名录评估为无危（LC）。

迁地栽培保存

保存地点	种质份数	个体数量	引种方式	生长状况	来源地
CQ	1	a	采集	C	重庆
GX	*	f	采集	G	广西

种质库保存

保存地点	保存方式	种质份数	个体数量	引种方式	来源地
BJ	种子	3	a	采集	山西

贵州鹅耳枥 *Carpinus kweichowensis* Hu

濒危等级 中国特有植物，中国植物红色名录评估为无危（LC）。

种质库保存

保存地点	保存方式	种质份数	个体数量	引种方式	来源地
BJ	种子	1	a	采集	待确定

海南鹅耳枥 *Carpinus londoniana* H. Winkl. var. *lanceolata*（Hand.-Mazz.）P. C. Li

迁地栽培保存

保存地点	种质份数	个体数量	引种方式	生长状况	来源地
HN	1	a	采集	C	海南

雷公鹅耳枥 *Carpinus viminea* Lindl.

濒危等级 中国植物红色名录评估为无危（LC）。

迁地栽培保存

保存地点	种质份数	个体数量	引种方式	生长状况	来源地
GX	*	f	采集	G	江西

种质库保存

保存地点	保存方式	种质份数	个体数量	引种方式	来源地
BJ	种子	1	a	采集	云南

马料树　*Carpinus fargesii* Franch.

迁地栽培保存

保存地点	种质份数	个体数量	引种方式	生长状况	来源地
GX	*	f	采集	G	浙江

岩生鹅耳枥　*Carpinus rupestris* A. Camus

濒危等级　中国特有植物，中国植物红色名录评估为无危（LC）。

迁地栽培保存

保存地点	种质份数	个体数量	引种方式	生长状况	来源地
GX	*	f	采集	G	广西

虎榛子属　*Ostryopsis*

虎榛子　*Ostryopsis davidiana* Decne.

功效主治　果实：清热利湿。

濒危等级　中国特有植物，河北省重点保护植物，中国植物红色名录评估为无危（LC）。

迁地栽培保存

保存地点	种质份数	个体数量	引种方式	生长状况	来源地
NMG	1	a	购买	F	内蒙古

桦木属　*Betula*

白桦　*Betula platyphylla* Suk.

功效主治　树皮（桦木皮）：苦，寒。清热利湿，祛痰止咳，解毒消肿。用于风热咳喘，痢疾，泄泻，黄痔，水肿，咳嗽，乳痈，疖肿，痒疹，烫火伤。液汁（桦树液）：止咳。用于痰喘咳嗽。叶：利尿。

濒危等级　中国植物红色名录评估为无危（LC）。

迁地栽培保存

保存地点	种质份数	个体数量	引种方式	生长状况	来源地
JS1	1	a	购买	D	江苏
LN	1	b	购买	C	辽宁

种质库保存

保存地点	保存方式	种质份数	个体数量	引种方式	来源地
BJ	种子	1	a	采集	待确定

糙皮桦　*Betula utilis* D. Don

功效主治　树皮：清热利湿，驱虫。

濒危等级　中国植物红色名录评估为无危（LC）。

迁地栽培保存

保存地点	种质份数	个体数量	引种方式	生长状况	来源地
CQ	1	a	采集	C	重庆

匍生桦　*Betula humilis* Schrank

濒危等级　中国植物红色名录评估为无危（LC）。

迁地栽培保存

保存地点	种质份数	个体数量	引种方式	生长状况	来源地
GX	*	f	采集	G	波兰

华南桦　*Betula austrosinensis* Chun ex P. C. Li

功效主治　树皮、叶芽：解热。

濒危等级　中国特有植物，中国植物红色名录评估为无危（LC）。

种质库保存

保存地点	保存方式	种质份数	个体数量	引种方式	来源地
BJ	种子	6	a	采集	待确定

亮叶桦 *Betula luminifera* H. Winkl.

功效主治　根：甘、微辛，凉。清热利尿。用于小便淋痛，水肿。皮：苦，微温。除湿，消食，解毒。用于食积停滞，乳痈红肿。叶：甘、辛，凉。清热解毒，利尿。用于疖毒，水肿。

濒危等级　中国特有植物，江西省三级保护植物，中国植物红色名录评估为无危（LC）。

迁地栽培保存

保存地点	种质份数	个体数量	引种方式	生长状况	来源地
GZ	1	a	采集	C	贵州
CQ	1	a	采集	B	重庆
GX	*	f	采集	G	湖北

种质库保存

保存地点	保存方式	种质份数	个体数量	引种方式	来源地
BJ	种子	3	a	采集	安徽、山西

西桦 *Betula alnoides* Buch.-Ham. ex D. Don

功效主治　叶：解毒，敛口。用于疖毒，脓出久不收口。

濒危等级　海南省重点保护植物，中国植物红色名录评估为无危（LC）。

迁地栽培保存

保存地点	种质份数	个体数量	引种方式	生长状况	来源地
YN	1	a	采集	D	云南

香桦 *Betula insignis* Franch.

功效主治　根：用于狂犬咬伤，泄泻。

濒危等级　中国特有植物，中国植物红色名录评估为无危（LC）。

迁地栽培保存

保存地点	种质份数	个体数量	引种方式	生长状况	来源地
GX	*	f	采集	G	湖北

岳桦 *Betula ermanii* Cham.

功效主治 树皮、叶芽：清热解毒，化痰，利湿。用于疮疡。

濒危等级 中国植物红色名录评估为无危（LC）。

迁地栽培保存

保存地点	种质份数	个体数量	引种方式	生长状况	来源地
GX	*	f	采集	G	法国

桤木属 *Alnus*

川滇桤木 *Alnus ferdinandi-coburgii* Schneid.

功效主治 树皮、叶：解毒，清热，利湿。

濒危等级 中国特有植物，中国植物红色名录评估为无危（LC）。

迁地栽培保存

保存地点	种质份数	个体数量	引种方式	生长状况	来源地
GX	*	f	采集	G	湖北

江南桤木 *Alnus trabeculosa* Hand.-Mazz.

功效主治 树皮、茎枝：利尿通淋。用于泄泻，叶：清热利湿，解毒止痒，止血。

濒危等级 中国植物红色名录评估为无危（LC）。

迁地栽培保存

保存地点	种质份数	个体数量	引种方式	生长状况	来源地
HB	1	a	采集	C	待确定
GX	*	f	采集	G	浙江

尼泊尔桤木 *Alnus nepalensis* D. Don

功效主治　树皮：苦、涩，平。止泻，解毒，接骨。用于泄泻，痢疾，鼻衄，骨折，跌打损伤。

濒危等级　中国植物红色名录评估为无危（LC）。

迁地栽培保存

保存地点	种质份数	个体数量	引种方式	生长状况	来源地
YN	1	a	采集	D	云南

种质库保存

保存地点	保存方式	种质份数	个体数量	引种方式	来源地
BJ	种子	6	b	采集	贵州

桤木　*Alnus cremastogyne* Burkill

功效主治　树皮、嫩枝、叶：涩，平。有小毒。平肝，清火，利气。月于鼻衄，崩漏，风火赤眼。

濒危等级　中国特有植物，陕西省濒危保护植物，中国植物红色名录评估为无危（LC）。

迁地栽培保存

保存地点	种质份数	个体数量	引种方式	生长状况	来源地
HB	1	a	采集	C	待确定
GX	*	f	采集	G	波兰

种质库保存

保存地点	保存方式	种质份数	个体数量	引种方式	来源地
BJ	种子	10	b	采集	四川、江西、云南

日本桤木　*Alnus japonica* (Thunb.) Steud.

功效主治　树皮、嫩枝、叶：苦、涩，凉。清热降火。用于鼻衄，外伤出血。

濒危等级　中国植物红色名录评估为无危（LC）。

迁地栽培保存

保存地点	种质份数	个体数量	引种方式	生长状况	来源地
GX	2	f	采集	G	日本

种质库保存

保存地点	保存方式	种质份数	个体数量	引种方式	来源地
BJ	种子	1	a	采集	待确定

榛属 *Corylus*

川榛 *Corylus heterophylla* Fisch. var. *sutchuanensis* Franchet

濒危等级 中国特有植物，中国植物红色名录评估为无危（LC）。

迁地栽培保存

保存地点	种质份数	个体数量	引种方式	生长状况	来源地
GZ	1	a	采集	C	贵州
GX	*	f	采集	G	湖北

华榛 *Corylus chinensis* Franch.

功效主治 种仁：调中，开胃，明目。

濒危等级 中国特有植物，浙江省重点保护植物，中国植物红色名录评估为无危（LC）。

迁地栽培保存

保存地点	种质份数	个体数量	引种方式	生长状况	来源地
HB	1	a	采集	C	待确定
GX	*	f	采集	G	湖北

榛 *Corylus heterophylla* Fisch.

功效主治 种仁（榛子）：甘，平。调中，开胃，明目。用于食欲不振，视物昏花。雄花穗：消肿，止痛。

濒危等级 中国植物红色名录评估为无危（LC）。

迁地栽培保存

保存地点	种质份数	个体数量	引种方式	生长状况	来源地
BJ	2	a	采集、交换	G	北京、黑龙江
SH	1	a	采集	A	待确定
JS1	1	a	采集	D	江苏
LN	1	b	采集	C	辽宁

环花草科 Cyclanthaceae

巴拿马草属 *Carludovica*

巴拿马草 *Carludovica palmata* Ruiz et Pav.

种质库保存

保存地点	保存方式	种质份数	个体数量	引种方式	来源地
BJ	种子	1	a	采集	黑龙江

黄眼草科 Xyridaceae

黄眼草属 *Xyris*

葱草 *Xyris pauciflora* Willd.

功效主治 全草：外用于疥癣。

濒危等级 中国植物红色名录评估为无危（LC）。

迁地栽培保存

保存地点	种质份数	个体数量	引种方式	生长状况	来源地
GX	*	f	采集	G	澳门

黄杨科　Buxaceae

板凳果属　*Pachysandra*

板凳果　*Pachysandra axillaris* Franch.

功效主治　全草或根茎（三角咪）：苦、辛，温。有毒。祛风湿，活血止痛。用于风湿痛，劳伤腰痛，跌打损伤，腹痛。

濒危等级　中国特有植物，中国植物红色名录评估为无危（LC）。

迁地栽培保存

保存地点	种质份数	个体数量	引种方式	生长状况	来源地
SC	1	f	待确定	G	四川
HB	1	f	采集	C	湖北
CQ	1	a	采集	C	重庆
GX	*	f	采集	G	广西

顶花板凳果　*Pachysandra terminalis* Siebold & Zucc.

功效主治　全草（雪山林）：苦、微辛，凉。除风湿，清热解毒，镇静止血，调经活血，止带。用于风湿筋骨痛，腰腿痛，带下病，月经不调，烦躁不安。

濒危等级　中国植物红色名录评估为无危（LC）。

迁地栽培保存

保存地点	种质份数	个体数量	引种方式	生长状况	来源地
BJ	4	d	采集	G	广西、湖北、安徽、陕西
HB	1	d	采集	C	待确定
GZ	1	b	采集	C	贵州
CQ	1	a	采集	C	重庆

黄杨属　*Buxus*

匙叶黄杨　*Buxus harlandii* Hance

功效主治　根、茎、叶：苦、辛，平。清热利湿，解毒镇静。用于胸痹，黄疸，劳咳，牙痛，风热瘙痒，无名肿毒。

濒危等级　中国特有植物，中国植物红色名录评估为无危（LC）。

迁地栽培保存

保存地点	种质份数	个体数量	引种方式	生长状况	来源地
HN	2	a	采集	C	海南
JS1	1	b	购买	C	江苏
SH	1	b	采集	A	待确定

大花黄杨　*Buxus henryi* Mayr

功效主治　全株或根皮：活血祛瘀，消肿解毒。用于风火牙痛。

濒危等级　中国特有植物，中国植物红色名录评估为无危（LC）。

迁地栽培保存

保存地点	种质份数	个体数量	引种方式	生长状况	来源地
CQ	1	a	采集	B	重庆
GX	*	f	采集	G	广西

大叶黄杨　*Buxus megistophylla* H. Lévl.

功效主治　根：祛风除湿，行气活血。用于筋骨痛，目赤肿痛，吐血。

濒危等级　中国特有植物，中国植物红色名录评估为无危（LC）。

迁地栽培保存

保存地点	种质份数	个体数量	引种方式	生长状况	来源地
JS1	1	b	购买	C	江苏

种质库保存

保存地点	保存方式	种质份数	个体数量	引种方式	来源地
BJ	种子	3	a	采集	山西、江苏

滇南黄杨 *Buxus austroyunnanensis* Hatus.

濒危等级 中国特有植物，中国植物红色名录评估为濒危（EN）。

迁地栽培保存

保存地点	种质份数	个体数量	引种方式	生长状况	来源地
YN	1	a	购买	D	云南

海南黄杨 *Buxus hainanensis* Merr.

濒危等级 中国特有植物，中国植物红色名录评估为濒危（EN）。

迁地栽培保存

保存地点	种质份数	个体数量	引种方式	生长状况	来源地
HN	2	a	采集	C	海南
BJ	1	a	采集	G	海南
GX	*	f	采集	G	海南

黄杨 *Buxus sinica* (Rehder & E. H. Wilson) M. Cheng

功效主治 树皮：用于风火牙痛。

迁地栽培保存

保存地点	种质份数	个体数量	引种方式	生长状况	来源地
SH	1	b	采集	A	待确定
JS1	1	b	购买	C	江苏
HB	1	a	采集	C	湖北
GZ	1	a	采集	C	贵州
CQ	1	a	采集	C	重庆
GX	*	f	采集	G	广西、甘肃

雀舌黄杨 *Buxus bodinieri* H. Lévl.

功效主治　根（黄杨木）：用于吐血。嫩枝叶：用于目赤肿痛，痈疮肿毒，风湿骨痛，咯血，声哑，狂犬咬伤，难产。

迁地栽培保存

保存地点	种质份数	个体数量	引种方式	生长状况	来源地
SC	1	f	待确定	G	四川
CQ	1	a	购买	C	重庆
GD	1	a	采集	D	待确定
GZ	1	a	采集	C	贵州
HN	1	a	采集	C	海南
GX	*	f	采集	G	广西

日本黄杨 *Buxus microphylla* Sieb. et Zucc.

迁地栽培保存

保存地点	种质份数	个体数量	引种方式	生长状况	来源地
GX	*	f	采集	G	广西

线叶黄杨 *Buxus linearifolia* M. Cheng

迁地栽培保存

保存地点	种质份数	个体数量	引种方式	生长状况	来源地
GX	*	f	采集	G	广西

小叶黄杨 *Buxus sinica* var. *parvifolia* M. Cheng

迁地栽培保存

保存地点	种质份数	个体数量	引种方式	生长状况	来源地
BJ	1	b	购买	G	北京
SH	1	b	采集	A	待确定

杨梅黄杨 *Buxus myrica* H. Lévl.

功效主治　根：清热利湿，止咳平喘。用于喘咳。

濒危等级　中国植物红色名录评估为无危（LC）。

迁地栽培保存

保存地点	种质份数	个体数量	引种方式	生长状况	来源地
GX	*	f	采集	G	湖北

皱叶黄杨　*Buxus rugulosa* Hatus.

功效主治　根：祛风除湿，行气活血。用于筋骨痛，目赤肿痛，吐血。

濒危等级　中国特有植物，中国植物红色名录评估为无危（LC）。

迁地栽培保存

保存地点	种质份数	个体数量	引种方式	生长状况	来源地
JS1	1	a	购买	D	江苏
GX	*	f	采集	G	湖北

野扇花属　*Sarcococca*

东方野扇花　*Sarcococca orientalis* C. Y. Wu

功效主治　根（大风消）：辛，温。活血舒筋，祛风消肿。用于跌打损伤，老伤发痛，水肿。

迁地栽培保存

保存地点	种质份数	个体数量	引种方式	生长状况	来源地
CQ	1	a	采集	C	重庆
GX	*	f	采集	G	湖北

种质库保存

保存地点	保存方式	种质份数	个体数量	引种方式	来源地
BJ	种子	1	a	采集	贵州

双蕊野扇花 *Sarcococca hookeriana* Baill. var. *digyna* Franch.

迁地栽培保存

保存地点	种质份数	个体数量	引种方式	生长状况	来源地
GX	*	f	采集	G	法国

野扇花 *Sarcococca ruscifolia* Stapf

功效主治 根（胃友）：辛、苦，平。祛风通络，活血止痛。用于胃痛，风湿痛，跌打损伤。果实（野扇花果）：养肝安神。用于头晕，心悸，视力减退。

濒危等级 中国特有植物，中国植物红色名录评估为无危（LC）。

迁地栽培保存

保存地点	种质份数	个体数量	引种方式	生长状况	来源地
CQ	1	a	采集	C	重庆
GZ	1	a	采集	C	贵州
GX	*	f	采集	G	法国

种质库保存

保存地点	保存方式	种质份数	个体数量	引种方式	来源地
BJ	种子	8	b	采集	重庆、云南

羽脉野扇花 *Sarcococca hookeriana* Baill.

功效主治 全株（铁角兰）：涩，寒。散瘀止血，行气止痛，拔毒生肌。用于胃痛，咳嗽痰喘，肝毒症，蛔虫病；外用于跌打损伤，刀伤出血，无名肿毒。根：外用于无名肿毒，黄水疮。

濒危等级 中国植物红色名录评估为无危（LC）。

迁地栽培保存

保存地点	种质份数	个体数量	引种方式	生长状况	来源地
CQ	1	a	采集	C	重庆
GX	*	f	采集	G	法国

黄脂木科　Xanthorrhoeaceae

独尾草属　*Eremurus*

阿尔泰独尾草　*Eremurus altaicus*（Pall.）Steven

濒危等级　中国植物红色名录评估为无危（LC）。

迁地栽培保存

保存地点	种质份数	个体数量	引种方式	生长状况	来源地
BJ	1	b	采集	G	新疆

芦荟属　*Aloe*

不夜城芦荟　*Aloe × nobilis* Haw.

功效主治　乳汁：用于导泻，痔疮，痢疾，溃疡，出血，消渴，抽搐，抑郁，感冒，哮喘，闭经，青光眼，白内障，筋瘤，痹证。

迁地栽培保存

保存地点	种质份数	个体数量	引种方式	生长状况	来源地
SH	1	b	采集	A	待确定

翠绿芦荟　*Aloe delaetii* Radl

迁地栽培保存

保存地点	种质份数	个体数量	引种方式	生长状况	来源地
YN	1	a	购买	C	云南

大芦荟 *Aloe arborescens* Mill. var. *natalensis* Berg.

迁地栽培保存

保存地点	种质份数	个体数量	引种方式	生长状况	来源地
BJ	1	a	交换	B	北京
HN	1	a	赠送	B	海南

第可芦荟 *Aloe descoingsii* Reynolds

迁地栽培保存

保存地点	种质份数	个体数量	引种方式	生长状况	来源地
YN	1	a	购买	C	云南

库拉索芦荟 *Aloe vera* (L.) Burm. f.

功效主治　根（芦荟根）：用于小儿疳积，淋证。叶（芦荟叶）：苦、涩，寒。有小毒。泻火，通经，杀虫，解毒。用于白浊，尿血，闭经，带下病，小儿惊痫，疳积，烫伤，痔疮，疥疮，痈肿。花（芦荟花）：用于咳嗽，咯血，吐血，白浊，尿血。

迁地栽培保存

保存地点	种质份数	个体数量	引种方式	生长状况	来源地
FJ	4	b	采集	A	福建
SC	3	f	待确定	G	四川
BJ	2	b	购买	B	贵州
HN	1	a	赠送	B	海南
JS1	1	a	购买	C	江苏
GZ	1	b	采集	C	贵州
SH	1	b	采集	A	待确定
YN	1	b	购买	A	云南
CQ	1	b	赠送	B	广西
GD	1	f	采集	G	待确定

续表

保存地点	种质份数	个体数量	引种方式	生长状况	来源地
HLJ	1	a	购买	A	海南
GX	*	f	采集	G	福建

绫锦 *Aloe aristata* Haw.

功效主治 全草：凉血化瘀，拔毒止痒。用于咳嗽，淋证，便秘，湿疹，痈疮肿毒，烫火伤。

迁地栽培保存

保存地点	种质份数	个体数量	引种方式	生长状况	来源地
CQ	1	a	赠送	A	广西
SH	1	b	采集	A	待确定

芦荟 *Aloe vera* (L.) Burm. f. var. *chinensis* (Haw.) A. Berger

迁地栽培保存

保存地点	种质份数	个体数量	引种方式	生长状况	来源地
BJ	1	b	采集	B	海南
YN	1	b	购买	A	云南
SH	1	b	采集	A	待确定
HN	1	a	赠送	B	海南
GZ	1	c	采集	C	贵州
CQ	1	b	购买	A	重庆

木立芦荟 *Aloe arborescens* Mill.

功效主治 叶汁：泻火通经，解毒，杀虫。

迁地栽培保存

保存地点	种质份数	个体数量	引种方式	生长状况	来源地
BJ	1	b	采集	B	日本
CQ	1	a	赠送	B	广西

皂芦荟 *Aloe saponaria*（Aiton）Haw.

迁地栽培保存

保存地点	种质份数	个体数量	引种方式	生长状况	来源地
SH	1	b	采集	A	待确定
HN	1	a	赠送	B	海南
JS1	1	a	购买	C	江苏

山菅兰属　*Dianella*

金边山菅兰 *Dianella caerulea* 'Yellow Stripe'

迁地栽培保存

保存地点	种质份数	个体数量	引种方式	生长状况	来源地
YN	1	a	购买	A	云南

山菅 *Dianella ensifolia*（L.）DC.

功效主治　根茎（山菅兰、山猫儿）：甘、辛，凉。有大毒。拔毒消肿。外用于痈疽脓肿，癣，瘰疬。

濒危等级　中国植物红色名录评估为无危（LC）。

迁地栽培保存

保存地点	种质份数	个体数量	引种方式	生长状况	来源地
GD	3	f	采集	D	待确定
CQ	2	a	采集	B	重庆
BJ	2	c	采集	G	广西，待确定
HN	1	b	采集	B	海南
YN	1	a	购买	A	云南

种质库保存

保存地点	保存方式	种质份数	个体数量	引种方式	来源地
BJ	种子	7	b	采集	云南、福建、广西
HN	种子	2	b	采集	广东、海南

十二卷属 *Haworthia*

条纹十二卷 *Haworthia fasciata*（Willd.）Haw.

迁地栽培保存

保存地点	种质份数	个体数量	引种方式	生长状况	来源地
BJ	1	a	采集	G	待确定
GX	*	f	采集	G	广西

萱草属 *Hemerocallis*

北黄花菜 *Hemerocallis lilioasphodelus* L.

迁地栽培保存

保存地点	种质份数	个体数量	引种方式	生长状况	来源地
GZ	1	b	采集	C	贵州
BJ	1	c	采集	G	北京
GX	*	f	采集	G	湖北

长管萱草 *Hemerocallis fulva*（Willd.）Haw. var. *angustifolia* Baker

迁地栽培保存

保存地点	种质份数	个体数量	引种方式	生长状况	来源地
CQ	1	b	采集	C	重庆
GX	*	f	采集	G	重庆

黄花菜 *Hemerocallis citrina* Baroni

功效主治 根：清热，利尿，凉血，止血。

迁地栽培保存

保存地点	种质份数	个体数量	引种方式	生长状况	来源地
BJ	1	d	购买	G	北京
LN	1	d	采集	B	辽宁
JS2	1	d	购买	A	江苏
JS1	1	a	采集	C	江苏
HN	1	a	赠送	B	广西
HEN	1	d	采集	A	河南
HB	1	b	采集	C	湖北
GD	1	f	采集	G	待确定
SH	1	b	采集	A	待确定
CQ	1	a	购买	C	重庆
GX	*	f	采集	G	北京

种质库保存

保存地点	保存方式	种质份数	个体数量	引种方式	来源地
BJ	种子	3	a	采集	广西

小萱草 *Hemerocallis dumortieri* E. Morren

功效主治 根及根茎：清热利湿，凉血止血。用于水肿，小便不利，膀胱结石，尿血，疟腮，黄疸，乳汁不足，月经不调，带下病，崩漏，衄血，便血；外用于乳痈。

迁地栽培保存

保存地点	种质份数	个体数量	引种方式	生长状况	来源地
BJ	1	d	采集	G	东北

萱草 *Hemerocallis fulva* (L.) L.

功效主治 根及根茎（大萱草）：甘，凉。有小毒。利水，凉血。用于水肿，小便不利，淋浊，带下病，黄痔，衄血，便血，崩漏，乳痈。

濒危等级 中国植物红色名录评估为无危（LC）。

迁地栽培保存

保存地点	种质份数	个体数量	引种方式	生长状况	来源地
FJ	3	b	采集	A	福建
BJ	2	d	购买	G	河北
JS2	1	d	购买	C	江苏
HB	1	f	采集	C	湖北
HEN	1	b	采集	A	河南
JS1	1	b	购买	C	江苏
LN	1	d	采集	B	辽宁
SH	1	b	采集	A	待确定
YN	1	a	购买	C	云南
GD	1	b	采集	B	待确定
HN	1	a	采集	B	待确定
SC	1	f	待确定	G	四川

种质库保存

保存地点	保存方式	种质份数	个体数量	引种方式	来源地
BJ	种子	1	a	采集	黑龙江

重瓣萱草 *Hemerocallis fulva*（L.）L. var. *kwanso* Regel

迁地栽培保存

保存地点	种质份数	个体数量	引种方式	生长状况	来源地
JS2	1	b	购买	C	江苏
CQ	1	a	购买	C	重庆
BJ	1	d	购买	G	待确定
GX	*	f	采集	G	重庆

蒺藜科　Zygophyllaceae

蒺藜属　*Tribulus*

蒺藜　*Tribulus terrestris* L.

功效主治　果实（蒺藜）：苦、辛，温。平肝解郁，活血祛风，明目止痒。用于头痛眩晕，胸胁张痛，乳闭乳痈，目赤翳障，风疹瘙痒。

濒危等级　中国植物红色名录评估为无危（LC）。

迁地栽培保存

保存地点	种质份数	个体数量	引种方式	生长状况	来源地
BJ	4	d	采集	G	北京、山东、陕西、甘肃
JS1	1	a	采集	D	江苏
HLJ	1	c	采集	A	黑龙江
HN	1	b	采集	B	海南
GX	*	f	采集	G	广西

种质库保存

保存地点	保存方式	种质份数	个体数量	引种方式	来源地
BJ	种子	57	b	采集	重庆、山西、广西、安徽、内蒙古、宁夏、西藏、甘肃、辽宁

四合木属　*Tetraena*

四合木　*Tetraena mongolica* Maxim.

濒危等级　中国特有植物，国家重点保护野生植物名录（第二批）一级，中国植物红色名录评估为易危（VU）。

种质库保存

保存地点	保存方式	种质份数	个体数量	引种方式	来源地
BJ	种子	1	a	采集	宁夏

驼蹄瓣属 *Zygophyllum*

霸王 *Zygophyllum xanthoxylum*（Bunge）Maxim.

功效主治 根：辛，温。行气散满。用于腹胀。

濒危等级 中国植物红色名录评估为无危（LC）。

种质库保存

保存地点	保存方式	种质份数	个体数量	引种方式	来源地
BJ	种子	1	a	采集	宁夏

镰果驼蹄瓣 *Zygophyllum dielsianum* Popov

濒危等级 中国植物红色名录评估为无危（LC）。

迁地栽培保存

保存地点	种质份数	个体数量	引种方式	生长状况	来源地
BJ	1	a	采集	G	新疆

驼蹄瓣 *Zygophyllum fabago* L.

功效主治 根：辛，凉。止咳化痰，止痛。用于咳嗽痰喘，感冒，牙痛，头痛。

迁地栽培保存

保存地点	种质份数	个体数量	引种方式	生长状况	来源地
BJ	1	a	赠送	G	前苏联

夹竹桃科　Apocynaceae

白叶藤属　*Cryptolepis*

白叶藤　*Cryptolepis sinensis*（Lour.）Merr.

功效主治　全株：甘、淡，凉。有小毒。清热解毒，散瘀止痛，止血。用于肺热咯血，胃出血，毒蛇咬伤，疮毒溃疡，疥疮，跌打损伤。

濒危等级　中国植物红色名录评估为无危（LC）。

迁地栽培保存

保存地点	种质份数	个体数量	引种方式	生长状况	来源地
GX	2	f	采集	G	广西
GD	1	f	采集	G	待确定

古钩藤　*Cryptolepis buchananii* Schult.

功效主治　根、叶：淡，寒。有毒。活血，消肿，舒筋活络，镇痛。用于跌打损伤，骨折，腰痛，腹痛，水肿，疥癣。果实：强心。

濒危等级　中国植物红色名录评估为无危（LC）。

迁地栽培保存

保存地点	种质份数	个体数量	引种方式	生长状况	来源地
YN	1	a	购买	C	云南

种质库保存

保存地点	保存方式	种质份数	个体数量	引种方式	来源地
BJ	种子	4	a	采集	安徽，待确定

棒锤树属 *Pachypodium*

非洲霸王树 *Pachypodium lamerei* Drake

迁地栽培保存

保存地点	种质份数	个体数量	引种方式	生长状况	来源地
YN	1	a	购买	C	云南

长春花属 *Catharanthus*

长春花 *Catharanthus roseus* (L.) G. Don

功效主治 全株（长春花）：微苦，凉。有毒。用于急淋，恶核，肺积，瘀毒内阻，胞宫积聚，肝阳上亢。

迁地栽培保存

保存地点	种质份数	个体数量	引种方式	生长状况	来源地
HN	2	d	购买	B	海南
GD	2	b	采集	A	待确定
YN	1	b	购买	A	云南
JS1	1	a	购买	D	江苏
HLJ	1	b	购买	A	黑龙江
HEN	1	b	赠送	A	河南
CQ	1	a	购买	C	重庆
BJ	1	d	采集	G	广西
SH	1	b	采集	A	待确定

种质库保存

保存地点	保存方式	种质份数	个体数量	引种方式	来源地
BJ	种子	7	b	采集	海南、福建、云南、广西

匙羹藤属　*Gymnema*

匙羹藤　*Gymnema sylvestre*（Retz.）R. Br. ex Schult.

功效主治　根（武靴藤）：苦，平。消肿解毒，清热凉血。用于多发性脓肿，深部脓肿，乳痈，痈疮肿毒。嫩枝叶：苦，平。止痛，生肌，消肿。用于金疮。

濒危等级　中国植物红色名录评估为无危（LC）。

迁地栽培保存

保存地点	种质份数	个体数量	引种方式	生长状况	来源地
GD	1	f	采集	G	待确定

种质库保存

保存地点	保存方式	种质份数	个体数量	引种方式	来源地
HN	种子	1	b	采集	海南
BJ	种子	3	b	采集	福建、广西

翅果藤属　*Myriopteron*

翅果藤　*Myriopteron extensum*（Wight & Arn.）K. Schum.

功效主治　根：甘、辛，平。补中益气，止咳，调经。用于感冒，咳嗽，月经过多，阴挺，脱肛。茎：苦，寒。杀虫，润肺，止咳。用于咳嗽，蛔虫病。

濒危等级　中国植物红色名录评估为无危（LC）。

种质库保存

保存地点	保存方式	种质份数	个体数量	引种方式	来源地
BJ	种子	1	a	采集	待确定

倒吊笔属　*Wrightia*

倒吊笔　*Wrightia pubescens* R. Br.

功效主治　根（倒吊笔）：甘，平。祛风利湿，消肿生肌，化痰散结。用于瘰疬，风湿关节痛，腰腿痛，咳嗽痰喘，黄疸，肝硬化腹水，带下病。叶（倒吊笔叶）：甘，凉。用于感冒发热，外感毒邪。

濒危等级　中国植物红色名录评估为无危（LC）。

迁地栽培保存

保存地点	种质份数	个体数量	引种方式	生长状况	来源地
YN	1	b	采集	A	云南
GD	1	a	采集	D	待确定
HN	1	e	采集	B	海南

种质库保存

保存地点	保存方式	种质份数	个体数量	引种方式	来源地
HN	种子	3	b	采集	海南
BJ	种子	7	b	采集	海南、云南

个溥　*Wrightia sikkimensis* Gamble

功效主治　叶：止血。

濒危等级　中国植物红色名录评估为无危（LC）。

迁地栽培保存

保存地点	种质份数	个体数量	引种方式	生长状况	来源地
GX	*	f	采集	G	广西

胭木　*Wrightia tomentosa*（Roxb.）Roem. & Schult.

功效主治　根、茎：解毒消肿。外用于蛇咬伤。

濒危等级　中国植物红色名录评估为无危（LC）。

迁地栽培保存

保存地点	种质份数	个体数量	引种方式	生长状况	来源地
YN	1	a	采集	C	云南

吊灯花属 *Ceropegia*

爱之蔓 *Ceropegia woodii* Schltr.

迁地栽培保存

保存地点	种质份数	个体数量	引种方式	生长状况	来源地
JS1	1	a	赠送	C	江苏

吊灯花 *Ceropegia trichantha* Hemsl.

功效主治 全株：用于骨折，跌打损伤，体癣，疮疖。

濒危等级 中国植物红色名录评估为无危（LC）。

迁地栽培保存

保存地点	种质份数	个体数量	引种方式	生长状况	来源地
GZ	1	f	采集	F	贵州

短序吊灯花 *Ceropegia christenseniana* Hand.-Mazz.

功效主治 全草（吊灯花）：酸，平。清热解毒。用于肿毒，骨折。

濒危等级 中国特有植物，中国植物红色名录评估为无危（LC）。

迁地栽培保存

保存地点	种质份数	个体数量	引种方式	生长状况	来源地
BJ	1	b	采集	C	四川

钉头果属 *Gomphocarpus*

钉头果 *Gomphocarpus fruticosus*（L.）R. Br.

功效主治 全草：用于小儿胃肠病。茎：催嚏。叶：用于肺结核。乳汁：导泻。

迁地栽培保存

保存地点	种质份数	个体数量	引种方式	生长状况	来源地
YN	1	a	采集	C	云南
BJ	1	a	采集	G	广西
GX	*	f	采集	G	法国

种质库保存

保存地点	保存方式	种质份数	个体数量	引种方式	来源地
BJ	种子	1	a	采集	待确定

钝钉头果 *Gomphocarpus physocarpus* E. Mey.

功效主治 叶、果实：镇静安神，补益。用于鼻衄，偏头痛，肝阳上亢。

迁地栽培保存

保存地点	种质份数	个体数量	引种方式	生长状况	来源地
GX	*	f	采集	G	云南

种质库保存

保存地点	保存方式	种质份数	个体数量	引种方式	来源地
BJ	种子	1	a	采集	云南

鹅绒藤属 *Cynanchum*

白前 *Cynanchum glaucescens*（Decne.）Hand.-Mazz.

功效主治 根及根茎（白前）：辛、苦，凉。降气，消痰，止嗽。用于肺气壅实，咳嗽痰多，胸满喘急。全草：清热解毒。用于肝毒症，麻疹不透；外用于毒蛇咬伤，皮肤湿疹。

濒危等级 中国特有植物，中国植物红色名录评估为无危（LC）。

迁地栽培保存

保存地点	种质份数	个体数量	引种方式	生长状况	来源地
BJ	*	d	采集	G	待确定

种质库保存

保存地点	保存方式	种质份数	个体数量	引种方式	来源地
BJ	种子	1	a	采集	云南

白首乌　*Cynanchum bungei* Decne.

功效主治　块根（白首乌）：苦、甘、涩，微温。补肝肾，强筋骨，益精血。用于久病虚弱，贫血，须发早白，风痹，腰膝酸软，痔疮，胃肠积热，体虚。茎：安神，祛风，止汗。

濒危等级　北京市二级保护植物，中国植物红色名录评估为数据缺乏（DD）。

迁地栽培保存

保存地点	种质份数	个体数量	引种方式	生长状况	来源地
BJ	4	d	采集、交换	G	甘肃、河北、四川、北京
HEN	1	a	采集	A	河南

种质库保存

保存地点	保存方式	种质份数	个体数量	引种方式	来源地
BJ	种子	6	b	采集	贵州

白薇　*Cynanchum atratum* Bunge

功效主治　根及根茎（白薇）：苦、咸，寒。清热凉血，利尿通淋，解毒疗疮。用于温邪发热，阴虚发热，骨蒸潮热，产后血虚发热，热淋，血淋，痈疽肿毒。

濒危等级　中国植物红色名录评估为无危（LC）。

迁地栽培保存

保存地点	种质份数	个体数量	引种方式	生长状况	来源地
BJ	1	d	采集	G	河北

续表

保存地点	种质份数	个体数量	引种方式	生长状况	来源地
HEN	1	a	采集	B	河南
GZ	1	a	采集	C	贵州
HB	1	a	采集	C	湖北
GX	*	f	采集	G	贵州

种质库保存

保存地点	保存方式	种质份数	个体数量	引种方式	来源地
HN	种子	1	a	采集	辽宁
BJ	种子	1	a	采集	海南

变色白前 *Cynanchum versicolor* Bunge

功效主治 根及根茎：清热，凉血，利尿通淋，解毒疗疮。用于阴虚内热，风湿灼热多眠，肺热咯血，温疟，温疟，产后虚烦血厥，血虚发热，热淋，血淋，风湿痛，瘰疬，痈疽肿毒。

濒危等级 中国特有植物，中国植物红色名录评估为无危（LC）。

迁地栽培保存

保存地点	种质份数	个体数量	引种方式	生长状况	来源地
BJ	2	c	采集	G	山东

刺瓜 *Cynanchum corymbosum* Wight

功效主治 全草：甘、淡，平。益气，催乳，解毒。用于乳汁不足，肾虚水肿。

濒危等级 中国植物红色名录评估为无危（LC）。

大理白前 *Cynanchum forrestii* Schltr.

功效主治 根及根茎（大羊角瓢）：苦、微甘，寒。清热凉血，止痛，安胎，补气。

濒危等级 中国特有植物，中国植物红色名录评估为无危（LC）。

迁地栽培保存

保存地点	种质份数	个体数量	引种方式	生长状况	来源地
BJ	4	c	采集	C	陕西、四川

峨眉牛皮消 *Cynanchum giraldii* Schltr.

功效主治　根、茎：清热解毒，补脾健胃。

濒危等级　中国特有植物，中国植物红色名录评估为无危（LC）。

迁地栽培保存

保存地点	种质份数	个体数量	引种方式	生长状况	来源地
CQ	1	a	采集	C	重庆

鹅绒藤 *Cynanchum chinense* R. Br.

功效主治　根：苦，寒。祛风解毒，健胃止痛。用于小儿疳积。乳汁：用于赘疣。

濒危等级　中国植物红色名录评估为无危（LC）。

迁地栽培保存

保存地点	种质份数	个体数量	引种方式	生长状况	来源地
BJ	2	b	采集	G	北京、山西

种质库保存

保存地点	保存方式	种质份数	个体数量	引种方式	来源地
BJ	种子	1	a	采集	甘肃

隔山消 *Cynanchum wilfordii* (Maxim.) Hemsl.

功效主治　块根：苦、甘，平。补肝益肾，强筋壮骨。用于肾虚，阳痿遗精，腰腿疼痛。

濒危等级　中国植物红色名录评估为无危（LC）。

迁地栽培保存

保存地点	种质份数	个体数量	引种方式	生长状况	来源地
BJ	2	c	采集	G	山东、辽宁
HB	1	a	采集	C	湖北

种质库保存

保存地点	保存方式	种质份数	个体数量	引种方式	来源地
BJ	种子	3	a	采集	云南、甘肃

合掌消 *Cynanchum amplexicaule* (Siebold & Zucc.) Hemsl.

功效主治 全草或根：微苦，平。清热，祛风湿，消肿解毒。用于胃痛，泄泻，胁痛，风湿痛，偏头痛，便血，痈肿湿疹。

濒危等级 河北省重点保护植物，中国植物红色名录评估为无危（LC）。

迁地栽培保存

保存地点	种质份数	个体数量	引种方式	生长状况	来源地
BJ	2	b	采集	G	北京、陕西
LN	1	d	采集	A	辽宁

华北白前 *Cynanchum hancockianum* (Maxim.) Iljinski

功效主治 全草（对叶草）：苦，温。有毒。活血，止痛，解毒。用于关节痛，牙痛，秃疮。

濒危等级 中国特有植物，中国植物红色名录评估为无危（LC）。

迁地栽培保存

保存地点	种质份数	个体数量	引种方式	生长状况	来源地
BJ	2	d	采集、种子育苗	C	北京、宁夏

种质库保存

保存地点	保存方式	种质份数	个体数量	引种方式	来源地
BJ	种子	2	b	采集	宁夏

戟叶鹅绒藤 *Cynanchum sibiricum* Willd.

功效主治 根：祛风除湿，止腹痛。

濒危等级 中国植物红色名录评估为无危（LC）。

迁地栽培保存

保存地点	种质份数	个体数量	引种方式	生长状况	来源地
BJ	3	c	采集	G	辽宁、山东、河北

柳叶白前 *Cynanchum stauntonii*（Decne.）Schltr. ex H. Lévl.

濒危等级 中国特有植物，中国植物红色名录评估为无危（LC）。

迁地栽培保存

保存地点	种质份数	个体数量	引种方式	生长状况	来源地
BJ	4	b	采集	G	江西、广西、湖北、四川
GD	1	f	采集	G	待确定
GZ	1	a	采集	C	贵州
JS1	1	a	采集	D	江苏
SC	1	f	待确定	G	四川
SH	1	b	采集	A	待确定

蔓剪草 *Cynanchum chekiangense* M. Cheng

功效主治 根：辛，温。理气健胃，散瘀消肿，杀虫。用于跌打损伤，疥疮。

濒危等级 中国特有植物，中国植物红色名录评估为无危（LC）。

迁地栽培保存

保存地点	种质份数	个体数量	引种方式	生长状况	来源地
HB	1	a	采集	C	湖北

牛皮消 *Cynanchum auriculatum* Royle ex Wight

功效主治 根：苦，寒。清热凉血，止血。

濒危等级 中国植物红色名录评估为无危（LC）。

迁地栽培保存

保存地点	种质份数	个体数量	引种方式	生长状况	来源地
BJ	1	a	采集	G	湖北
GX	*	f	采集	G	云南

种质库保存

保存地点	保存方式	种质份数	个体数量	引种方式	来源地
BJ	种子	4	a	采集	江西、四川
HN	种子	1	b	采集	湖南

青羊参 *Cynanchum otophyllum* C. K. Schneid.

功效主治 根：甘、辛，温。补肾，镇静，祛风湿。用于腹痛，头晕，耳鸣，癫痫，风湿骨痛，瘰疬。

濒危等级 中国特有植物，中国植物红色名录评估为无危（LC）。

迁地栽培保存

保存地点	种质份数	个体数量	引种方式	生长状况	来源地
GX	*	f	采集	G	云南

种质库保存

保存地点	保存方式	种质份数	个体数量	引种方式	来源地
BJ	种子	8	b	采集	云南

日本白前 *Cynanchum japonicum* C. Morren & Decne.

功效主治 根：祛风。

迁地栽培保存

保存地点	种质份数	个体数量	引种方式	生长状况	来源地
BJ	1	b	采集	G	陕西

徐长卿 *Cynanchum paniculatum*（Bunge）Kitag.

功效主治　全草（徐长卿）：辛，温。祛风除湿，行气通经。用于风湿痹痛，胃胀气，腰痛，牙痛，跌打肿痛；外用于疥癣，瘾疹，蛇串疮。

濒危等级　内蒙古自治区重点保护植物、吉林省三级保护植物，中国植物红色名录评估为无危（LC）。

迁地栽培保存

保存地点	种质份数	个体数量	引种方式	生长状况	来源地
BJ	10	d	采集	G	山东、辽宁、湖北、陕西、河北
GD	1	f	采集	G	待确定
GZ	1	f	采集	F	贵州
JS1	1	a	采集	D	江苏
JS2	1	c	购买	C	江苏
LN	1	d	采集	B	辽宁
GX	*	f	采集	G	河北

种质库保存

保存地点	保存方式	种质份数	个体数量	引种方式	来源地
BJ	种子	13	d	采集	重庆、云南、河南、海南、山东、辽宁

朱砂藤 *Cynanchum officinale*（Hemsl.）Tsiang & H. T. Zhang

功效主治　根（托腰散）：苦，温。有小毒。理气止痛，强筋骨，除风湿，明目。用于胃痛，腹痛，腰痛，跌打损伤。

濒危等级　中国特有植物，中国植物红色名录评估为无危（LC）。

迁地栽培保存

保存地点	种质份数	个体数量	引种方式	生长状况	来源地
JS1	1	a	采集	D	江苏

种质库保存

保存地点	保存方式	种质份数	个体数量	引种方式	来源地
BJ	种子	8	b	采集	内蒙古

竹灵消 *Cynanchum inamoenum* (Maxim.) Loes. ex Gilg. & Loes.

功效主治 根及根茎（老君须）：辛，平。健脾补肾，解毒，调经活血。用于虚劳久嗽，浮肿，带下病，月经不调，瘰疬，疮疥。种子：退烧止泻。用于胆胀。

濒危等级 中国植物红色名录评估为无危（LC）。

迁地栽培保存

保存地点	种质份数	个体数量	引种方式	生长状况	来源地
BJ	1	b	采集	G	河北

杠柳属 *Periploca*

杠柳 *Periploca sepium* Bunge

功效主治 根皮（香加皮）：辛、苦，微温。有毒。祛风湿，强筋骨。用于风湿痹痛，腰腿关节痛，心悸气短，下肢浮肿。

濒危等级 中国特有植物，中国植物红色名录评估为无危（LC）。

迁地栽培保存

保存地点	种质份数	个体数量	引种方式	生长状况	来源地
BJ	2	b	采集	G	北京、辽宁
HLJ	1	b	采集	A	黑龙江
SH	1	a	采集	A	待确定

种质库保存

保存地点	保存方式	种质份数	个体数量	引种方式	来源地
BJ	种子	1	a	采集	待确定

黑龙骨 *Periploca forrestii* Schltr.

功效主治 根（黑龙骨）：苦、辛，温。有毒。祛风除湿，通经活络。用于风湿关节痛，跌打损伤，胃痛，消化不良，乳痈，闭经，月经不调，疟疾；外用于骨折。

濒危等级 中国植物红色名录评估为无危（LC）。

迁地栽培保存

保存地点	种质份数	个体数量	引种方式	生长状况	来源地
CQ	1	a	采集	C	重庆
GZ	1	b	采集	C	贵州

青蛇藤 *Periploca calophylla* (Baill.) Roberty

功效主治 茎（青蛇藤）：苦，凉。舒筋，活络，祛风。用于毒蛇咬伤，腰痛，胃痛，跌打损伤，风湿麻木。

濒危等级 中国植物红色名录评估为无危（LC）。

迁地栽培保存

保存地点	种质份数	个体数量	引种方式	生长状况	来源地
CQ	1	a	采集	C	重庆
GX	*	f	采集	G	湖北

弓果藤属 *Toxocarpus*

弓果藤 *Toxocarpus wightianus* Hook. & Arn.

功效主治 全株：化气祛风，祛瘀止痛，消肿解毒。

濒危等级 中国植物红色名录评估为无危（LC）。

迁地栽培保存

保存地点	种质份数	个体数量	引种方式	生长状况	来源地
GX	*	f	采集	G	澳门

种质库保存

保存地点	保存方式	种质份数	个体数量	引种方式	来源地
HN	种子	2	a	采集	海南
BJ	种子	1	a	采集	云南

锈毛弓果藤 *Toxocarpus fuscus* Tsiang

濒危等级 中国特有植物，中国植物红色名录评估为无危（LC）。

迁地栽培保存

保存地点	种质份数	个体数量	引种方式	生长状况	来源地
YN	1	a	采集	C	云南

海杧果属 *Cerbera*

海杧果 *Cerbera manghas* L.

功效主治 种子（牛心茄子）：有毒。用于麻醉。树液（海杧果）：催吐，泻下，堕胎。

濒危等级 中国植物红色名录评估为无危（LC）。

迁地栽培保存

保存地点	种质份数	个体数量	引种方式	生长状况	来源地
HN	1	a	采集	B	海南
BJ	1	a	采集	G	广西
YN	1	b	采集	A	云南
GX	*	f	采集	G	印度尼西亚

种质库保存

保存地点	保存方式	种质份数	个体数量	引种方式	来源地
HN	种子	1	c	采集	海南

海檬树 *Cerbera odollam* Gaertn.

种质库保存

保存地点	保存方式	种质份数	个体数量	引种方式	来源地
HN	种子	1	a	采集	海南

黄蝉属 *Allamanda*

黄蝉 *Allamanda neriifolia* Hook.

功效主治 全株：杀虫，灭孑孓。

迁地栽培保存

保存地点	种质份数	个体数量	引种方式	生长状况	来源地
BJ	1	a	采集	G	海南
YN	1	b	购买	A	云南
HN	1	a	购买	C	海南

种质库保存

保存地点	保存方式	种质份数	个体数量	引种方式	来源地
BJ	种子	4	b	采集	江西、云南、甘肃

软枝黄蝉 *Allamanda cathartica* L.

功效主治 全株或叶：有毒。消肿，杀虫。用于疥癣，跌打损伤，肿痛。

迁地栽培保存

保存地点	种质份数	个体数量	引种方式	生长状况	来源地
YN	3	b	购买	A	云南
HN	3	b	购买	C	海南
GD	1	a	采集	D	待确定
BJ	1	a	采集	G	云南

紫蝉花 *Allamanda blanchetii* A. DC.

迁地栽培保存

保存地点	种质份数	个体数量	引种方式	生长状况	来源地
YN	1	a	购买	A	云南

黄花夹竹桃属 *Thevetia*

黄花夹竹桃 *Thevetia peruviana*（Pers.）K. Schum.

功效主治 种子：辛、苦，温。有大毒。强心，利尿，消肿。用于胸痹，心悸。叶：苦，温。有毒。强心，解毒，消肿。用于蛇头疔。

迁地栽培保存

保存地点	种质份数	个体数量	引种方式	生长状况	来源地
CQ	1	a	购买	C	重庆
GD	1	b	采集	D	待确定
HN	1	b	赠送	B	海南
JS1	1	a	购买	D	江苏
SH	1	a	采集	A	待确定
YN	1	a	购买	A	云南
BJ	1	a	采集	G	海南

种质库保存

保存地点	保存方式	种质份数	个体数量	引种方式	来源地
HN	种子	3	a	采集	海南
BJ	种子	6	a	采集	河北、四川

鸡蛋花属　*Plumeria*

钝叶鸡蛋花　*Plumeria obtusa* L.

迁地栽培保存

保存地点	种质份数	个体数量	引种方式	生长状况	来源地
YN	1	a	购买	A	云南

红鸡蛋花　*Plumeria rubra* L.

功效主治　花（鸡蛋花）：甘，凉。清热解暑，利湿，润肺止咳。用于肝毒症，消化不良，咳嗽痰喘，小儿疳积，痢疾，感冒发热，贫血，预防中暑。树皮：用于痢疾，感冒高热，哮喘。

迁地栽培保存

保存地点	种质份数	个体数量	引种方式	生长状况	来源地
YN	4	a	购买	A	云南
FJ	3	a	购买	B	福建
HN	2	b	购买	C	海南
BJ	2	b	购买	G	广东
GD	1	f	采集	G	待确定

鸡蛋花　*Plumeria rubra* ‘Acutifolia’

迁地栽培保存

保存地点	种质份数	个体数量	引种方式	生长状况	来源地
CQ	2	a	赠送	C	云南、四川

鸡骨常山属　*Alstonia*

大叶糖胶树　*Alstonia macrophylla* Wall. ex G. Don

功效主治　树皮：用于伤寒头痛。

濒危等级 中国植物红色名录评估为无危（LC）。

迁地栽培保存

保存地点	种质份数	个体数量	引种方式	生长状况	来源地
HN	2	a	购买	C	待确定
YN	1	a	采集	C	云南

鸡骨常山 *Alstonia yunnanensis* Diels

功效主治 根：苦，寒。有小毒。清热解毒，截疟，止痛，平肝。用于感冒发热，头痛，疟疾，肺热咳嗽，咽喉肿痛，口疮，肝阳上亢。叶：苦，凉。有小毒。清热解毒，止血，接骨，止痛。用于疟疾，肝毒症；外用于外伤出血，骨折。

濒危等级 中国特有植物，中国植物红色名录评估为无危（LC）。

迁地栽培保存

保存地点	种质份数	个体数量	引种方式	生长状况	来源地
GX	*	f	采集	G	云南

种质库保存

保存地点	保存方式	种质份数	个体数量	引种方式	来源地
BJ	种子	1	a	采集	四川

盆架树 *Alstonia rostrata* C. E. C. Fisch.

功效主治 茎皮、叶：清热止痛，止咳平喘。用于咳嗽痰喘，顿咳，胃痛，泄泻，疟疾；外用于跌打损伤。乳汁：外用于外伤出血。

濒危等级 中国植物红色名录评估为无危（LC）。

迁地栽培保存

保存地点	种质份数	个体数量	引种方式	生长状况	来源地
HN	2	a	购买	C	待确定
YN	1	a	采集	C	云南

糖胶树 *Alstonia scholaris* (L.) R. Br.

功效主治　嫩枝（灯台树）、树皮（灯台树）、叶（灯台树）：淡，平。有毒。清热解毒，止痛，化痰止咳，止血。用于咳嗽痰喘，感冒，顿咳，胃痛，泄泻，疟疾，风湿病；外用于溃疡出血，跌打创伤，骨折，痈疮红肿。

迁地栽培保存

保存地点	种质份数	个体数量	引种方式	生长状况	来源地
GD	1	f	采集	G	待确定
HN	1	a	购买	C	海南
YN	1	b	采集	A	云南
BJ	1	a	采集	G	海南

岩生羊角棉　*Alstonia rupestris* Kerr

濒危等级　中国植物红色名录评估为无危（LC）。

迁地栽培保存

保存地点	种质份数	个体数量	引种方式	生长状况	来源地
GX	*	f	采集	G	广西

羊角棉　*Alstonia mairei* H. Lévl.

功效主治　叶：辛，温。有毒。散血止痛，排脓生肌。外用于刀伤出血，疮毒。

濒危等级　中国特有植物，中国植物红色名录评估为无危（LC）。

迁地栽培保存

保存地点	种质份数	个体数量	引种方式	生长状况	来源地
GX	*	f	采集	G	广西

鲫鱼藤属　*Secamone*

鲫鱼藤　*Secamone lanceolata* Blume

功效主治　根：用于风湿痹痛，跌打损伤，疮疡肿毒。叶、花：用于瘰疬。

濒危等级 中国植物红色名录评估为无危（LC）。

迁地栽培保存

保存地点	种质份数	个体数量	引种方式	生长状况	来源地
GX	*	f	采集	G	广西

夹竹桃属 *Nerium*

夹竹桃 *Nerium indicum* Mill.

功效主治 根皮：有毒。强心，杀虫。用于心力衰竭，癫痫；外用于蛇头疔，油风。

迁地栽培保存

保存地点	种质份数	个体数量	引种方式	生长状况	来源地
CQ	2	a	购买	C	重庆
SH	2	a	采集	A	待确定
YN	2	d	购买	A	云南
BJ	2	b	购买	G	北京
GD	1	a	采集	D	待确定
GZ	1	c	采集	C	贵州
HN	1	b	购买	C	海南
JS1	1	a	购买	C	江苏
JS2	1	c	购买	C	江苏

种质库保存

保存地点	保存方式	种质份数	个体数量	引种方式	来源地
BJ	种子	1	a	采集	上海

假虎刺属 *Carissa*

刺黄果 *Carissa carandas* L.

功效主治 木材：强壮。

濒危等级　中国植物红色名录评估为无危（LC）。

迁地栽培保存

保存地点	种质份数	个体数量	引种方式	生长状况	来源地
GX	2	f	采集	G	中国广西，印度尼西亚
BJ	1	a	交换	G	北京

假虎刺　*Carissa spinarum* L.

功效主治　根（老虎刺）：苦、辛，凉。解热，止痛。用于黄疸，胃痛，风湿关节痛，疮疖，痰核，目赤肿痛，牙宣，咽喉肿痛。

濒危等级　中国植物红色名录评估为无危（LC）。

迁地栽培保存

保存地点	种质份数	个体数量	引种方式	生长状况	来源地
YN	1	a	采集	C	云南
GX	*	f	采集	G	云南

种质库保存

保存地点	保存方式	种质份数	个体数量	引种方式	来源地
BJ	种子	1	a	采集	云南

甜假虎刺　*Carissa edulis*（Forsskal）Vahl

濒危等级　中国植物红色名录评估为无危（LC）。

迁地栽培保存

保存地点	种质份数	个体数量	引种方式	生长状况	来源地
GX	*	f	采集	G	法国

金凤藤属　*Dolichopetalum*

金凤藤　*Dolichopetalum kwangsiense* Tsiang

功效主治　全株：解毒消肿。用于毒蛇咬伤。

濒危等级 中国特有植物，中国植物红色名录评估为无危（LC）。

迁地栽培保存

保存地点	种质份数	个体数量	引种方式	生长状况	来源地
GZ	1	a	采集	C	贵州
GX	*	f	采集	G	广西

金香藤属 *Pentalinon*

金香藤 *Pentalinon luteum*（L.）B. F. Hansen & Wunderlin

功效主治 全草或叶：用于水肿。乳汁：有毒。用作箭毒。地上部分：用于毒蛇咬伤。

迁地栽培保存

保存地点	种质份数	个体数量	引种方式	生长状况	来源地
YN	1	a	购买	C	云南

帘子藤属 *Pottsia*

帘子藤 *Pottsia laxiflora*（Blume）Kuntze

功效主治 根（帘子藤）、茎（帘子藤）、乳汁（帘子藤）：苦、辛，微温。活络行血，祛风除湿。用于腰腿酸痛，贫血，风湿病，跌打损伤，痈疽，闭经。

濒危等级 中国植物红色名录评估为无危（LC）。

迁地栽培保存

保存地点	种质份数	个体数量	引种方式	生长状况	来源地
GX	*	f	采集	G	广西

种质库保存

保存地点	保存方式	种质份数	个体数量	引种方式	来源地
BJ	种子	4	a	采集	云南

链珠藤属　*Alyxia*

链珠藤　*Alyxia sinensis* Champ. ex Benth.

功效主治　全株（瓜子藤）：辛、微苦，温。祛风活血，通经活络。用于风湿关节痛，腰痛，跌打损伤，闭经。根（阿利藤）：有小毒。解热镇痛，消痈解毒。用于风火牙痛，风湿关节痛，脾虚泄泻，湿性脚气病，水肿，胃痛，跌打损伤。

濒危等级　中国特有植物，中国植物红色名录评估为无危（LC）。

迁地栽培保存

保存地点	种质份数	个体数量	引种方式	生长状况	来源地
CQ	1	a	采集	B	重庆

鹿角藤属　*Chonemorpha*

鹿角藤　*Chonemorpha eriostylis* Pit.

功效主治　茎藤：用于风湿骨痛，淋浊，黄疸。

濒危等级　中国植物红色名录评估为无危（LC）。

迁地栽培保存

保存地点	种质份数	个体数量	引种方式	生长状况	来源地
HN	2	a	采集	C	云南
YN	1	a	购买	C	云南
GD	1	a	采集	D	待确定
GX	*	f	采集	G	广西

罗布麻属　*Apocynum*

罗布麻　*Apocynum venetum* L.

功效主治　全草（罗布麻）：甘、苦，凉。有小毒。清火，平肝，强心，利尿。用于心悸，肝阳上亢，肾虚，肝毒腹胀，水肿。叶（罗布麻叶）：甘、苦，凉。平肝安神，清热利水。用于肝阳眩晕，心悸失眠，浮肿尿少，肝阳上亢，肾虚，水肿。乳汁：促进伤口愈合。

濒危等级　内蒙古自治区重点保护植物、新疆维吾尔自治区一级保护植物，中国植物红色名录评估为无危（LC）。

迁地栽培保存

保存地点	种质份数	个体数量	引种方式	生长状况	来源地
BJ	2	e	采集	A	新疆、山东
HEN	1	d	采集	A	河南
HLJ	1	c	购买	A	新疆
JS1	1	c	采集	B	江苏
JS2	1	c	购买	C	江苏
SH	1	a	采集	A	待确定
XJ	1	c	采集	A	新疆
GX	*	f	采集	G	湖北

种质库保存

保存地点	保存方式	种质份数	个体数量	引种方式	来源地
BJ	种子	1	a	采集	吉林

萝芙木属　*Rauvolfia*

催吐萝芙木　*Rauvolfia vomitoria* Afzel. ex Spreng.

功效主治　根（催吐萝芙木）：用于肝阳上亢。茎皮：清热解毒。用于高热，消化不良，疥癣。乳汁：用于腹痛，腹泻。

迁地栽培保存

保存地点	种质份数	个体数量	引种方式	生长状况	来源地
HN	1	e	赠送	C	待确定
YN	1	b	采集	A	云南

种质库保存

保存地点	保存方式	种质份数	个体数量	引种方式	来源地
BJ	种子	6	b	采集	广西、云南
HN	种子	8	c	采集	海南

萝芙木 *Rauvolfia verticillata*（Lour.）Baill.

功效主治　根：平肝抑阳。用于肝阳上亢。

濒危等级　中国植物红色名录评估为无危（LC）。

迁地栽培保存

保存地点	种质份数	个体数量	引种方式	生长状况	来源地
HN	5	a	赠送、采集	C	中国海南、云南，马来西亚
YN	4	c	采集、赠送	A	云南
BJ	4	a	采集	G	广东、海南、广西、云南
CQ	2	b	赠送	C	云南
GD	1	f	采集	G	待确定
GZ	1	b	采集	C	贵州
JS1	1	a	购买	D	江苏
JS2	1	a	购买	C	上海
SC	1	f	待确定	G	四川
SH	1	a	采集	A	待确定

种质库保存

保存地点	保存方式	种质份数	个体数量	引种方式	来源地
BJ	种子	15	b	采集	云南、重庆、海南、贵州、广西

蛇根木 *Rauvolfia serpentina*（L.）Benth. ex Kurz

功效主治　根（蛇根木）、茎叶（蛇根木）：苦，凉。清风热，降肝火，消肿毒，平肝。用于肝阳上亢，感冒发热，咽喉肿痛，头痛眩晕，吐泻，风痒疮疥，癫痫，蛇虫咬伤。

濒危等级 国家重点保护野生植物名录（第一批）二级，CITES 附录 Ⅱ 物种，中国植物红色名录评估为易危（VU）。

迁地栽培保存

保存地点	种质份数	个体数量	引种方式	生长状况	来源地
YN	1	a	采集	C	云南
GX	*	f	采集	G	日本

种质库保存

保存地点	保存方式	种质份数	个体数量	引种方式	来源地
BJ	种子	1	a	采集	云南

四叶萝芙木 *Rauvolfia tetraphylla* L.

功效主治 树汁（四叶萝芙木）：催吐，泻下，祛痰，利尿，消肿。根（四叶萝芙木根）：用于肝阳上亢。

迁地栽培保存

保存地点	种质份数	个体数量	引种方式	生长状况	来源地
YN	1	d	采集	A	云南
HN	1	b	赠送	C	待确定
BJ	1	a	采集	G	云南

种质库保存

保存地点	保存方式	种质份数	个体数量	引种方式	来源地
BJ	种子	6	b	采集	云南、广西

苏门答腊萝芙木 *Rauvolfia sumatrana* Jack

功效主治 根：清热平肝。用于头涨头痛，头晕目眩，失眠。

迁地栽培保存

保存地点	种质份数	个体数量	引种方式	生长状况	来源地
CQ	1	a	赠送	C	云南

续表

保存地点	种质份数	个体数量	引种方式	生长状况	来源地
HN	1	b	赠送	C	待确定
YN	1	b	采集	A	云南

种质库保存

保存地点	保存方式	种质份数	个体数量	引种方式	来源地
BJ	种子	1	a	采集	待确定

萝藦属　*Metaplexis*

华萝藦　*Metaplexis hemsleyana* Oliv.

功效主治　全草：苦、涩，寒。补肾强壮，通乳利尿。用于肾亏遗精，乳汁不足，跌打劳伤。

濒危等级　中国特有植物，中国植物红色名录评估为无危（LC）。

迁地栽培保存

保存地点	种质份数	个体数量	引种方式	生长状况	来源地
CQ	1	a	采集	C	重庆
HB	1	a	采集	C	湖北

种质库保存

保存地点	保存方式	种质份数	个体数量	引种方式	来源地
HN	种子	1	b	采集	湖南
BJ	种子	3	a	采集	云南、海南

萝藦　*Metaplexis japonica*（Thunb.）Makino

功效主治　全草：甘、辛，平。补肾强壮，行气活血，消肿解毒。用于虚损劳伤，阳痿，带下病，乳汁不通，丹毒疮肿。果实（天浆壳）：辛，温。补虚助阳，止咳祛痰。用于体质虚弱，痰喘咳嗽，顿咳，阳痿，遗精；外用于创伤出血。根：甘，温。补气益精。用于体质虚弱，阳痿，带下病，乳汁不足，小儿疳积；外用于疔疮，五步蛇咬伤。

濒危等级　中国植物红色名录评估为无危（LC）。

迁地栽培保存

保存地点	种质份数	个体数量	引种方式	生长状况	来源地
HLJ	1	b	采集	A	黑龙江
JS1	1	b	采集	C	江苏
JS2	1	c	购买	C	江苏
LN	1	d	采集	B	辽宁
SH	1	b	采集	A	待确定
BJ	1	c	采集	G	辽宁

种质库保存

保存地点	保存方式	种质份数	个体数量	引种方式	来源地
BJ	种子	8	b	采集	海南、辽宁

络石属 *Trachelospermum*

短柱络石 *Trachelospermum brevistylum* Hand.-Mazz.

功效主治 茎：用于风湿痹痛。

濒危等级 中国特有植物，中国植物红色名录评估为无危（LC）。

迁地栽培保存

保存地点	种质份数	个体数量	引种方式	生长状况	来源地
GX	*	f	采集	G	湖南

贵州络石 *Trachelospermum bodinieri* (H. Lévl.) Woodson

功效主治 茎藤：用于肾虚泄泻，腰肌劳损，风湿痹痛。

濒危等级 中国特有植物，中国植物红色名录评估为无危（LC）。

迁地栽培保存

保存地点	种质份数	个体数量	引种方式	生长状况	来源地
GX	*	f	采集	G	云南

络石 *Trachelospermum jasminoides*（Lindl.）Lem.

功效主治　全株（石血）：苦、微涩，温。祛风止痛，通经络，利关节。用于风湿骨痛，腰膝酸痛，肾虚泄泻，跌打损伤。

濒危等级　山西省重点保护植物，中国植物红色名录评估为无危（LC）。

迁地栽培保存

保存地点	种质份数	个体数量	引种方式	生长状况	来源地
BJ	3	d	采集	G	浙江、河南、安徽
FJ	3	a	采集	A	福建
SH	2	b	采集	A	待确定
GD	1	b	采集	D	待确定
HLJ	1	a	购买	C	安徽
JS1	1	b	采集	C	江苏
JS2	1	b	购买	C	江苏

亚洲络石 *Trachelospermum asiaticum*（Siebold & Zuccarini）Nakai

功效主治　全株：解毒，祛风活血，通络止痛。用于感冒，风湿痹痛，关节痛，跌打损伤，痈肿。

濒危等级　中国植物红色名录评估为无危（LC）。

迁地栽培保存

保存地点	种质份数	个体数量	引种方式	生长状况	来源地
GX	*	f	采集	G	日本

马利筋属　*Asclepias*

马利筋 *Asclepias curassavica* L.

功效主治　根（莲生桂子草根）：辛，平。有毒。止血，杀虫，解毒，消痞。全草（莲生桂子花）：苦，寒。有毒。清热解毒，活血止血。用于乳蛾，肺热咳嗽、痰喘，小便淋痛，崩漏，带下病，外伤出血。

迁地栽培保存

保存地点	种质份数	个体数量	引种方式	生长状况	来源地
BJ	1	c	采集	G	云南
GD	1	f	采集	G	待确定
HN	1	b	购买	C	海南
LN	1	c	采集	B	辽宁
YN	1	b	采集	A	云南

种质库保存

保存地点	保存方式	种质份数	个体数量	引种方式	来源地
HN	种子	1	a	采集	海南
BJ	种子	5	b	采集	重庆、广西、云南

美丽马利筋　*Asclepias speciosa* Torr.

功效主治　植物顶部：用于目盲或雪盲。

迁地栽培保存

保存地点	种质份数	个体数量	引种方式	生长状况	来源地
BJ	1	b	赠送	G	波兰

西亚马利筋　*Asclepias syriaca* L.

功效主治　根茎：发汗，利尿，镇静。

迁地栽培保存

保存地点	种质份数	个体数量	引种方式	生长状况	来源地
BJ	1	b	赠送	G	波兰

马莲鞍属　*Streptocaulon*

暗消藤　*Streptocaulon juventas*（Lour.）Merr.

功效主治　根（马莲鞍）：苦，凉。清热解毒，行气止痛。用于消化不良，感冒，泄泻，跌打损伤，腰腿痛，水肿，肛痈，肠痈。

濒危等级　中国植物红色名录评估为无危（LC）。

种质库保存

保存地点	保存方式	种质份数	个体数量	引种方式	来源地
BJ	种子	1	a	采集	待确定

马铃果属　*Voacanga*

非洲马铃果　*Voacanga africana* Stapf

迁地栽培保存

保存地点	种质份数	个体数量	引种方式	生长状况	来源地
YN	1	a	采集	C	云南
GX	*	f	采集	G	海南

蔓长春花属　*Vinca*

蔓长春花　*Vinca major* L.

功效主治　茎叶：清热解毒。

迁地栽培保存

保存地点	种质份数	个体数量	引种方式	生长状况	来源地
CQ	2	b	购买	C	重庆
SH	2	b	采集	A	待确定
BJ	1	b	赠送	G	波兰
GZ	1	c	采集	C	贵州
JS1	1	c	采集	C	江苏
GX	*	f	采集	G	重庆

小蔓长春花　*Vinca minor* L.

功效主治　全草：燥湿，杀虫，解毒，止痒，催乳，保胎。用于疥疮，肠出血，子宫出血，咯血，消渴。

叶：外用于疥疮。

迁地栽培保存

保存地点	种质份数	个体数量	引种方式	生长状况	来源地
BJ	1	e	赠送	G	波兰
JS1	1	d	购买	B	江苏

毛车藤属 *Amalocalyx*

毛车藤 *Amalocalyx yunnanensis* Tsiang

功效主治 根（毛车藤）：催乳。用于乳汁不足。

濒危等级 中国植物红色名录评估为无危（LC）。

迁地栽培保存

保存地点	种质份数	个体数量	引种方式	生长状况	来源地
YN	1	a	采集	C	云南

种质库保存

保存地点	保存方式	种质份数	个体数量	引种方式	来源地
BJ	种子	1	a	采集	云南

玫瑰树属 *Ochrosia*

玫瑰树 *Ochrosia borbonica* J. F. Gmel.

迁地栽培保存

保存地点	种质份数	个体数量	引种方式	生长状况	来源地
HN	2	a	赠送	C	海南
GX	*	f	采集	G	广东

南山藤属 *Dregea*

贯筋藤 *Dregea sinensis* Hemsl. var. *corrugata*（Schneid.）Tsiang et P. T. Li

濒危等级 中国特有植物，中国植物红色名录评估为无危（LC）。

迁地栽培保存

保存地点	种质份数	个体数量	引种方式	生长状况	来源地
GZ	1	a	采集	C	贵州

苦绳 *Dregea sinensis* Hemsl.

功效主治 根：行气活血，通经。

濒危等级 中国特有植物，中国植物红色名录评估为无危（LC）。

迁地栽培保存

保存地点	种质份数	个体数量	引种方式	生长状况	来源地
YN	1	e	购买	A	云南

南山藤 *Dregea volubilis*（L. f.）Benth. ex Hook. f.

功效主治 全株：苦、辛，凉。清热，解毒，止吐。用于感冒，咳嗽痰喘，妊娠呕吐，噎膈，胃痛，疟疾。

濒危等级 中国植物红色名录评估为无危（LC）。

迁地栽培保存

保存地点	种质份数	个体数量	引种方式	生长状况	来源地
HN	2	a	采集	C	海南
YN	1	c	购买	A	云南

牛角瓜属 *Calotropis*

牛角瓜 *Calotropis gigantea*（L.）W. T. Aiton

功效主治 茎皮：用于体癣，疥疮。叶：淡、涩，平。祛痰定喘。用于顿咳，咳嗽痰喘。全草：酸，平。

清热解毒。用于无名肿毒，骨折。

濒危等级 中国植物红色名录评估为无危（LC）。

迁地栽培保存

保存地点	种质份数	个体数量	引种方式	生长状况	来源地
HN	1	e	采集	B	海南
BJ	1	b	购买	G	北京

种质库保存

保存地点	保存方式	种质份数	个体数量	引种方式	来源地
HN	种子	3	b	采集	海南
BJ	种子	1	a	采集	云南

牛奶菜属 *Marsdenia*

牛奶菜 *Marsdenia sinensis* Hemsl.

功效主治 全株或根：舒筋活络，行气止痛，健胃利肠。用于腰肌扭伤，风湿关节痛，跌打损伤。

濒危等级 中国特有植物，中国植物红色名录评估为无危（LC）。

迁地栽培保存

保存地点	种质份数	个体数量	引种方式	生长状况	来源地
YN	1	a	采集	C	云南

通光散 *Marsdenia tenacissima*（Roxb.）Wight & Arn.

功效主治 茎（通光散）：苦、辛，寒。宣肺止咳，平喘，清热解毒。用于咽喉痛，咳嗽痰喘，乳汁不通，小便不利，肿毒。叶：外用于痈疮疖疡。

濒危等级 中国植物红色名录评估为无危（LC）。

迁地栽培保存

保存地点	种质份数	个体数量	引种方式	生长状况	来源地
YN	2	e	采集	A	云南
GX	*	f	采集	G	广西

种质库保存

保存地点	保存方式	种质份数	个体数量	引种方式	来源地
BJ	种子	1	a	采集	广西

秦岭藤属　*Biondia*

青龙藤　*Biondia henryi*（Warb.）Tsiang & P. T. Li

功效主治　全草（捆仙丝）：淡，温。活血舒筋，理气祛风。用于跌打损伤，下肢冷痛麻木，风湿手足麻木，牙痛。

濒危等级　中国特有植物，中国植物红色名录评估为无危（LC）。

迁地栽培保存

保存地点	种质份数	个体数量	引种方式	生长状况	来源地
BJ	1	c	采集	C	湖北

祛风藤　*Biondia microcentra*（Tsiang）P. T. Li

濒危等级　中国特有植物，中国植物红色名录评估为无危（LC）。

种质库保存

保存地点	保存方式	种质份数	个体数量	引种方式	来源地
BJ	种子	1	a	采集	江西

清明花属　*Beaumontia*

断肠花　*Beaumontia brevituba* Oliv.

濒危等级　中国特有植物，中国植物红色名录评估为无危（LC）。

迁地栽培保存

保存地点	种质份数	个体数量	引种方式	生长状况	来源地
GX	*	f	采集	G	广西

清明花 *Beaumontia grandiflora* Wall.

功效主治 根（炮弹果）、叶（炮弹果）：辛，温。祛风除湿，散瘀活血，接骨。用于风湿关节痛，腰腿痛，跌打损伤，腰肌劳损，骨折。

迁地栽培保存

保存地点	种质份数	个体数量	引种方式	生长状况	来源地
YN	1	a	采集	D	云南
GX	*	f	采集	G	广西

种质库保存

保存地点	保存方式	种质份数	个体数量	引种方式	来源地
BJ	种子	1	a	采集	云南

球兰属 *Hoya*

凹叶球兰 *Hoya obovata* Decne.

迁地栽培保存

保存地点	种质份数	个体数量	引种方式	生长状况	来源地
GX	*	f	采集	G	广东

长叶球兰 *Hoya kwangsiensis* Tsiang & P. T. Li

濒危等级 中国植物红色名录评估为无危（LC）。

迁地栽培保存

保存地点	种质份数	个体数量	引种方式	生长状况	来源地
GX	*	f	采集	G	广西

橙花球兰 *Hoya lasiogynostegia* P. T. Li

濒危等级 中国特有植物，中国植物红色名录评估为濒危（EN）。

迁地栽培保存

保存地点	种质份数	个体数量	引种方式	生长状况	来源地
GX	*	f	采集	G	广西

匙叶球兰 *Hoya radicalis* Tsiang & P. T. Li

濒危等级 中国特有植物，中国植物红色名录评估为近危（NT）。

迁地栽培保存

保存地点	种质份数	个体数量	引种方式	生长状况	来源地
GX	*	f	采集	G	云南

多脉球兰 *Hoya polyneura* J. D. Hooker

濒危等级 中国植物红色名录评估为无危（LC）。

迁地栽培保存

保存地点	种质份数	个体数量	引种方式	生长状况	来源地
GX	*	f	采集	G	广西

蜂出巢 *Hoya multiflora* Blume

濒危等级 中国植物红色名录评估为无危（LC）。

迁地栽培保存

保存地点	种质份数	个体数量	引种方式	生长状况	来源地
GX	*	f	采集	G	广西

荷秋藤 *Hoya lancilimba* Merr.

功效主治 全株：消肿，接骨。用于跌打损伤，刀伤。

濒危等级 中国植物红色名录评估为无危（LC）。

迁地栽培保存

保存地点	种质份数	个体数量	引种方式	生长状况	来源地
GX	*	f	采集	G	广西

厚花球兰 *Hoya dasyantha* Tsiang

濒危等级 中国特有植物，海南省重点保护植物，中国植物红色名录评估为无危（LC）。

迁地栽培保存

保存地点	种质份数	个体数量	引种方式	生长状况	来源地
GX	*	f	采集	G	广西

护耳草 *Hoya fungii* Merr.

功效主治 全株：用于风湿病，跌打损伤，脾脏肿大，吐血，骨折。

濒危等级 中国特有植物，中国植物红色名录评估为无危（LC）。

迁地栽培保存

保存地点	种质份数	个体数量	引种方式	生长状况	来源地
HN	2	a	采集	B	海南
GX	*	f	采集	G	广西

卵叶球兰 *Hoya ovalifolia* Wight & Arnott

濒危等级 中国植物红色名录评估为无危（LC）。

迁地栽培保存

保存地点	种质份数	个体数量	引种方式	生长状况	来源地
GX	*	f	采集	G	广西

琴叶球兰 *Hoya pandurata* Tsiang

功效主治 全株：苦，寒。有小毒。止痛，活血，接骨通络。用于跌打损伤，骨折，刀枪伤。

濒危等级　中国特有植物，中国植物红色名录评估为易危（VU）。

迁地栽培保存

保存地点	种质份数	个体数量	引种方式	生长状况	来源地
GX	*	f	采集	G	广西

球兰　*Hoya carnosa*（L. f.）R. Br.

功效主治　全株：苦，平。清热化痰，消肿止痛。用于肺热咳嗽，痈肿，瘰疬，乳汁不足，关节痛，子痈。

濒危等级　中国植物红色名录评估为无危（LC）。

迁地栽培保存

保存地点	种质份数	个体数量	引种方式	生长状况	来源地
GX	2	f	采集	G	广东、广西
BJ	1	a	采集	G	云南
GD	1	f	采集	G	待确定
HN	1	a	采集	B	海南
YN	1	a	采集	C	云南

铁草鞋　*Hoya pottsii* J. Traill

功效主治　叶：接筋骨，散瘀消肿，排脓生肌。外用于跌打损伤，骨折筋伤，疮疡肿毒。

濒危等级　中国特有植物，中国植物红色名录评估为无危（LC）。

迁地栽培保存

保存地点	种质份数	个体数量	引种方式	生长状况	来源地
HN	2	a	采集	B	海南
YN	1	a	采集	C	云南
GX	*	f	采集	G	云南

凸脉球兰　*Hoya nervosa* Tsiang & P. T. Li

濒危等级　中国特有植物，中国植物红色名录评估为无危（LC）。

迁地栽培保存

保存地点	种质份数	个体数量	引种方式	生长状况	来源地
GX	*	f	采集	G	广西

西藏球兰 *Hoya thomsonii* J. D. Hooker

濒危等级　中国植物红色名录评估为无危（LC）。

迁地栽培保存

保存地点	种质份数	个体数量	引种方式	生长状况	来源地
GX	*	f	采集	G	广西

心叶球兰 *Hoya cordata* P. T. Li & S. Z. Huang

濒危等级　中国特有植物，中国植物红色名录评估为无危（LC）。

迁地栽培保存

保存地点	种质份数	个体数量	引种方式	生长状况	来源地
GX	*	f	采集	G	广东

蕊木属　*Kopsia*

海南蕊木 *Kopsia hainanensis* Tsiang

功效主治　果实、叶：有毒。清热止痛，舒筋活络。用于咽喉肿痛，风湿骨痛，四肢麻木。树皮：利水。用于水肿。

濒危等级　中国特有植物，中国植物红色名录评估为濒危（EN）。

迁地栽培保存

保存地点	种质份数	个体数量	引种方式	生长状况	来源地
HN	1	a	采集	B	海南

蕊木 *Kopsia lancibracteolata* Merr.

功效主治　叶、果实（云南蕊木）：苦、辛，凉。有毒。止痛，舒筋活络，解毒。用于咽喉肿痛，乳蛾，风湿骨痛，四肢麻木。树皮：消肿。用于水肿。

濒危等级　中国植物红色名录评估为无危（LC）。

迁地栽培保存

保存地点	种质份数	个体数量	引种方式	生长状况	来源地
BJ	2	a	采集	G	云南，待确定
HN	2	a	采集	B	云南、海南
YN	1	a	采集	C	云南

种质库保存

保存地点	保存方式	种质份数	个体数量	引种方式	来源地
BJ	种子	1	a	采集	待确定

山橙属　*Melodinus*

川山橙　*Melodinus hemsleyanus* Diels

功效主治　果实：解热镇静，活血散瘀。根：清热凉血，解毒。

濒危等级　中国特有植物，中国植物红色名录评估为无危（LC）。

迁地栽培保存

保存地点	种质份数	个体数量	引种方式	生长状况	来源地
CQ	1	a	采集	C	重庆
GX	*	f	采集	G	四川

种质库保存

保存地点	保存方式	种质份数	个体数量	引种方式	来源地
BJ	种子	6	a	采集	安徽、重夫

尖山橙　*Melodinus fusiformis* Champ. ex Benth.

功效主治　全株（尖山橙）：活血，祛风，补肺，通乳。用于风湿痹痛，心悸，跌打损伤。果实：有毒。行气，止痛。

濒危等级 中国特有植物，中国植物红色名录评估为无危（LC）。

迁地栽培保存

保存地点	种质份数	个体数量	引种方式	生长状况	来源地
GD	1	f	采集	G	待确定
GX	*	f	采集	G	云南

山橙 *Melodinus suaveolens*（Hance）Champ. ex Benth.

功效主治 果实（山橙）：苦，凉。有小毒。行气止痛，清热利尿，消积化痰。用于消化不良，小儿疳积，子痈，疝气，腹痛，咳嗽痰多，皮肤热毒，湿癣疥癞，瘰疬。

濒危等级 中国植物红色名录评估为无危（LC）。

迁地栽培保存

保存地点	种质份数	个体数量	引种方式	生长状况	来源地
GX	3	f	采集	G	广西、云南
BJ	1	a	采集	G	广东
HN	1	e	采集	C	海南

种质库保存

保存地点	保存方式	种质份数	个体数量	引种方式	来源地
HN	种子	5	c	采集	海南
BJ	种子	1	a	采集	安徽

思茅山橙 *Melodinus henryi* Craib

功效主治 果实（岩山枝）：甘、微辛，寒。解热镇痉，活血散瘀，止痛。用于小儿角弓反张，骨折，挫伤青肿。

濒危等级 中国植物红色名录评估为无危（LC）。

种质库保存

保存地点	保存方式	种质份数	个体数量	引种方式	来源地
BJ	种子	1	a	采集	云南

山辣椒属 *Tabernaemontana*

狗牙花 *Tabernaemontana divaricata*（Linnaeus）R. Brown ex Roemer & Schultes

功效主治 根（狗牙花）：酸，凉。清热解毒。用于咽喉肿痛，头痛，骨折。叶、花：酸，凉。清热解毒，利水消肿，平肝。用于肝阳上亢，疥疮，目赤肿痛，头痛，毒蛇咬伤。

濒危等级 中国植物红色名录评估为濒危（EN）。

迁地栽培保存

保存地点	种质份数	个体数量	引种方式	生长状况	来源地
YN	2	a	购买	A	云南
GD	1	f	采集	G	待确定
HN	1	a	采集	C	海南
CQ	1	a	赠送	C	云南

种质库保存

保存地点	保存方式	种质份数	个体数量	引种方式	来源地
BJ	种子	2	a	采集	广西、辽宁

尖蕾狗牙花 *Tabernaemontana bufalina* Loureiro

功效主治 根（单根木）：苦、辛，凉。有小毒。清热解毒，止痛。用于肝阳上亢，咽喉肿痛，风湿关节痛，胃痛，痢疾；外用于乳痈，疖肿，毒蛇咬伤，跌打损伤。叶（单根木叶）：苦、辛，凉。有小毒。清热止痛。用于疮疖，跌打肿痛，毒蛇咬伤。

濒危等级 中国植物红色名录评估为无危（LC）。

迁地栽培保存

保存地点	种质份数	个体数量	引种方式	生长状况	来源地
HN	2	a	采集	B	海南
BJ	1	a	采集	G	海南

伞房狗牙花 *Tabernaemontana corymbosa* Roxburgh ex Wallich

功效主治 根皮、叶：活血散瘀。用于跌打损伤，骨折。

濒危等级 中国植物红色名录评估为近危（NT）。

种质库保存

保存地点	保存方式	种质份数	个体数量	引种方式	来源地
BJ	种子	1	a	采集	云南

药用狗牙花 *Tabernaemontana bovina* Lour.

功效主治 根：用于腹痛。

濒危等级 中国植物红色名录评估为无危（LC）。

迁地栽培保存

保存地点	种质份数	个体数量	引种方式	生长状况	来源地
HN	2	a	采集	C	海南
BJ	1	a	采集	G	海南

重瓣狗牙花 *Tabernaemontana divaricata* ' Flore Pleno'

迁地栽培保存

保存地点	种质份数	个体数量	引种方式	生长状况	来源地
HN	1	a	购买	C	海南
BJ	1	a	采集	G	待确定

鳝藤属 *Anodendron*

鳝藤 *Anodendron affine* (Hook. & Arn.) Druce

功效主治 茎：微苦、辛，温。有小毒。祛风行气，燥湿健脾，通经络，解毒。

濒危等级 中国植物红色名录评估为无危（LC）。

迁地栽培保存

保存地点	种质份数	个体数量	引种方式	生长状况	来源地
GX	3	f	采集	G	中国澳门，日本

石萝摩属　*Pentasachme*

石萝　*Pentasachme caudatum* Wall. ex Wight

濒危等级　中国植物红色名录评估为无危（LC）。

迁地栽培保存

保存地点	种质份数	个体数量	引种方式	生长状况	来源地
HN	2	a	采集	B	海南

水甘草属　*Amsonia*

柳叶水甘草　*Amsonia tabernaemontana* Walter

迁地栽培保存

保存地点	种质份数	个体数量	引种方式	生长状况	来源地
BJ	1	d	赠送	B	波兰

种质库保存

保存地点	保存方式	种质份数	个体数量	引种方式	来源地
BJ	种子	1	a	采集	黑龙江

水壶藤属　*Urceola*

杜仲藤　*Urceola micrantha*（Wall. ex G. Don）D. J. Middleton

功效主治　茎皮（花皮胶藤）：外用于小儿白疱疮。
濒危等级　中国植物红色名录评估为无危（LC）。

迁地栽培保存

保存地点	种质份数	个体数量	引种方式	生长状况	来源地
YN	1	a	采集	C	云南
GX	*	f	采集	G	广西

毛杜仲藤 *Urceola huaitingii* (Chun & Tsiang) D. J. Middleton

功效主治 根（杜仲藤）、老茎（杜仲藤）：苦、微辛，平。有小毒。祛风活络，补腰肾，强筋骨。用于肾虚腰痛，扭伤，骨折，风湿痹痛，阳痿，肝阳上亢；外用于外伤出血。

濒危等级 中国特有植物，中国植物红色名录评估为无危（LC）。

种质库保存

保存地点	保存方式	种质份数	个体数量	引种方式	来源地
BJ	种子	39	c	采集	重庆、四川、山西、湖北、江西

思茅藤属 *Epigynum*

思茅藤 *Epigynum auritum* (C. K. Schneid.) Tsiang & P. T. Li

功效主治 根皮、茎皮：苦、涩，温。强筋壮腰。

濒危等级 中国植物红色名录评估为极危（CR）。

种质库保存

保存地点	保存方式	种质份数	个体数量	引种方式	来源地
BJ	种子	1	a	采集	待确定

天宝花属 *Adenium*

沙漠玫瑰 *Adenium obesum* (Forssk.) Roem. & Schult.

功效主治 根：强心。乳汁：有毒。用作箭毒。

迁地栽培保存

保存地点	种质份数	个体数量	引种方式	生长状况	来源地
HN	1	b	赠送	B	海南

种质库保存

保存地点	保存方式	种质份数	个体数量	引种方式	来源地
BJ	种子	1	a	采集	待确定

同心结属　*Parsonsia*

广西同心结　*Parsonsia goniostemon* Hand.-Mazz.

功效主治　全株：用于肝脾肿大。

濒危等级　中国特有植物，中国植物红色名录评估为近危（NT）。

迁地栽培保存

保存地点	种质份数	个体数量	引种方式	生长状况	来源地
GX	*	f	采集	G	广西

娃儿藤属　*Tylophora*

阔叶娃儿藤　*Tylophora astephanoides* Tsiang & P. T. Li

功效主治　全株：用于跌打损伤，手指生疮。

濒危等级　中国特有植物，中国植物红色名录评估为无危（LC）。

种质库保存

保存地点	保存方式	种质份数	个体数量	引种方式	来源地
BJ	种子	1	a	采集	云南

老虎须　*Tylophora arenicola* Merr.

功效主治　根（沙地娃儿藤）：用于跌打瘀肿，毒蛇咬伤。

濒危等级 中国植物红色名录评估为无危（LC）。

迁地栽培保存

保存地点	种质份数	个体数量	引种方式	生长状况	来源地
YN	1	b	采集	C	云南

种质库保存

保存地点	保存方式	种质份数	个体数量	引种方式	来源地
BJ	种子	1	a	采集	待确定

人参娃儿藤 *Tylophora kerrii* Craib

功效主治 根：止痛。用于牙痛，胃痛，肝硬化腹水，癥瘕积聚，毒蛇咬伤，跌打损伤，风湿痹痛。

濒危等级 中国植物红色名录评估为无危（LC）。

迁地栽培保存

保存地点	种质份数	个体数量	引种方式	生长状况	来源地
GX	*	f	采集	G	广西

娃儿藤 *Tylophora ovata* (Lindl.) Hook. ex Steud.

功效主治 根：清肺热，止咳。用于感冒发热，咳嗽。全株：用于哮喘。

濒危等级 中国植物红色名录评估为无危（LC）。

迁地栽培保存

保存地点	种质份数	个体数量	引种方式	生长状况	来源地
GD	1	f	采集	G	待确定
HN	1	a	采集	C	海南

种质库保存

保存地点	保存方式	种质份数	个体数量	引种方式	来源地
BJ	种子	1	a	采集	广西
HN	种子	1	a	采集	海南

圆叶娃儿藤 *Tylophora trichophylla* Tsiang

功效主治　根：用于风湿病，跌打损伤。

濒危等级　中国植物红色名录评估为无危（LC）。

迁地栽培保存

保存地点	种质份数	个体数量	引种方式	生长状况	来源地
HN	2	a	采集	C	海南

犀角属　*Stapelia*

豹皮花　*Stapelia pulchella* Masson

迁地栽培保存

保存地点	种质份数	个体数量	引种方式	生长状况	来源地
BJ	1	a	采集	G	云南

巨花犀角　*Stapelia gigantea* N. E. Br.

功效主治　全草：用于消渴，风湿病。

迁地栽培保存

保存地点	种质份数	个体数量	引种方式	生长状况	来源地
BJ	1	a	采集	G	北京

香花藤属　*Aganosma*

广西香花藤　*Aganosma kwangsiensis* Tsiang

功效主治　全株：用于水肿。

濒危等级　中国植物红色名录评估为无危（LC）。

迁地栽培保存

保存地点	种质份数	个体数量	引种方式	生长状况	来源地
GX	*	f	采集	G	广西

云南香花藤 *Aganosma harmandiana* Pierre ex Spire & A. Spire

功效主治 根、叶：用于水肿。

濒危等级 中国植物红色名录评估为无危（LC）。

迁地栽培保存

保存地点	种质份数	个体数量	引种方式	生长状况	来源地
YN	1	a	采集	C	云南

须药藤属 *Stelmatocrypton*

须药藤 *Stelmatocrypton khasianum*（Kurz）Baill.

功效主治 全株（香根藤）：甘、辛，温。解表温中，祛风通络，止痛行气。用于感冒，咳嗽痰喘，痞胀，胃寒疼痛，风湿痛。

濒危等级 中国植物红色名录评估为无危（LC）。

迁地栽培保存

保存地点	种质份数	个体数量	引种方式	生长状况	来源地
YN	1	a	采集	C	云南

种质库保存

保存地点	保存方式	种质份数	个体数量	引种方式	来源地
BJ	种子	1	a	采集	待确定

眼树莲属 *Dischidia*

尖叶眼树莲 *Dischidia australis* Tsiang & P. T. Li

功效主治 全株（金瓜核）：甘、微酸，寒。清热化痰，凉血解毒。用于肺热咯血，肺痨咳嗽，顿咳，小儿疳积，痢疾，疔肿疖疮。

濒危等级　中国特有植物，中国植物红色名录评估为无危（LC）。

迁地栽培保存

保存地点	种质份数	个体数量	引种方式	生长状况	来源地
GX	*	f	采集	G	广西

眼树莲　*Dischidia chinensis* Champ. ex Benth.

功效主治　全株：清热解毒，止咳化痰，凉血，催乳。用于肺热咯血，小儿疳积，痢疾，咳嗽，百日咳，咯血，肺痈，贫血，体弱，跌打损伤，疔疖疮毒，毒蛇咬伤。

濒危等级　中国植物红色名录评估为无危（LC）。

迁地栽培保存

保存地点	种质份数	个体数量	引种方式	生长状况	来源地
HN	1	b	采集	C	海南
GD	1	f	采集	G	待确定
GX	*	f	采集	G	广西

圆叶眼树莲　*Dischidia nummularia* R. Br.

功效主治　叶：清热凉血，养阴生津。

濒危等级　中国植物红色名录评估为无危（LC）。

迁地栽培保存

保存地点	种质份数	个体数量	引种方式	生长状况	来源地
YN	1	a	购买	C	云南
HN	1	b	采集	C	海南

羊角拗属　*Strophanthus*

箭毒羊角拗　*Strophanthus hispidus* DC.

功效主治　种子：有毒。强心，利尿。全株：苦、辛，温。有毒。祛风除湿，消肿，杀虫。用于关节痛，水肿初起，背疽，疥疮。

迁地栽培保存

保存地点	种质份数	个体数量	引种方式	生长状况	来源地
HN	2	a	赠送	C	广西
YN	1	b	采集	C	云南

西非羊角拗 *Strophanthus sarmentosus* DC.

功效主治 种子：用作箭毒剂。全草：用于癣证。

迁地栽培保存

保存地点	种质份数	个体数量	引种方式	生长状况	来源地
YN	1	a	采集	C	云南

旋花羊角拗 *Strophanthus gratus* (Wall. & Hook.) Baill.

功效主治 叶：解热。用于热淋。种子：有剧毒。用于心悸，胸痹。乳汁：有剧毒。用作箭毒。

濒危等级 中国植物红色名录评估为无危（LC）。

迁地栽培保存

保存地点	种质份数	个体数量	引种方式	生长状况	来源地
HN	2	a	赠送	C	广西

羊角拗 *Strophanthus divaricatus* (Lour.) Hook. & Arn.

功效主治 根、茎叶（羊角拗）：苦，寒。有毒。祛风湿，通经络，解疮毒，杀虫。用于风湿痹痛，小儿麻痹后遗症，跌打损伤，痈疮，疥癣。叶、种子（羊角扭）：苦，寒。有毒。强心，消肿，止痛，止痒，杀虫。用于风湿关节痛，小儿麻痹后遗症，皮癣，癣证，骨折，多发性疖肿。

濒危等级 中国植物红色名录评估为无危（LC）。

迁地栽培保存

保存地点	种质份数	个体数量	引种方式	生长状况	来源地
BJ	1	a	采集	G	广东
GD	1	f	采集	G	待确定
YN	1	a	采集	C	云南
HN	1	a	采集	C	海南

种质库保存

保存地点	保存方式	种质份数	个体数量	引种方式	来源地
HN	种子、DNA	3	b	采集	海南
BJ	种子	4	b	采集	云南、广西

夜来香属　*Telosma*

夜来香　*Telosma cordata*（Burm. f.）Merr.

功效主治　叶、花、果实（夜来香）：甘、淡，平。清肝，明目，祛翳，拔毒生肌。用于目赤肿痛，角膜生翳；外用于疮疖脓肿。

濒危等级　中国植物红色名录评估为无危（LC）。

迁地栽培保存

保存地点	种质份数	个体数量	引种方式	生长状况	来源地
HN	1	a	赠送	B	待确定
CQ	1	a	购买	C	重庆

种质库保存

保存地点	保存方式	种质份数	个体数量	引种方式	来源地
BJ	种子	6	b	采集	甘肃、云南、河北
HN	种子	1	a	采集	海南

止泻木属 *Holarrhena*

止泻木 *Holarrhena antidysenterica* (L.) Wall. ex A. DC.

功效主治 树皮：退热，止泻。用于痢疾，胃肠胀气，发热。根、叶：止泻。种子：补肾壮阳。

迁地栽培保存

保存地点	种质份数	个体数量	引种方式	生长状况	来源地
YN	1	a	采集	C	云南
HN	1	a	采集	C	待确定

仔榄树属 *Hunteria*

仔榄树 *Hunteria zeylanica* (Retz.) Gardner ex Thwaites

功效主治 叶：用于胃痛，乳汁不足。

濒危等级 中国植物红色名录评估为无危（LC）。

迁地栽培保存

保存地点	种质份数	个体数量	引种方式	生长状况	来源地
HN	2	a	赠送	B	广西

醉魂藤属 *Heterostemma*

灵山醉魂藤 *Heterostemma tsoongii* Tsiang

濒危等级 中国特有植物，中国植物红色名录评估为无危（LC）。

迁地栽培保存

保存地点	种质份数	个体数量	引种方式	生长状况	来源地
GX	*	f	采集	G	广西

醉魂藤 *Heterostemma alatum* Wight & Arn.

功效主治 全株：辛，平。除湿，解毒，截疟。用于风湿脚气病，疟疾。

迁地栽培保存

保存地点	种质份数	个体数量	引种方式	生长状况	来源地
CQ	1	a	采集	C	重庆

姜科 Zingiberaceae

凹唇姜属 *Boesenbergia*

凹唇姜 *Boesenbergia rotunda* (L.) Mansf.

功效主治 根茎：止泻治痢。

濒危等级 中国植物红色名录评估为近危（NT）。

迁地栽培保存

保存地点	种质份数	个体数量	引种方式	生长状况	来源地
YN	1	a	购买	C	云南
GX	*	f	采集	G	广东

种质库保存

保存地点	保存方式	种质份数	个体数量	引种方式	来源地
BJ	种子	1	a	采集	重庆

白斑凹唇姜 *Boesenbergia albomaculata* S. Q. Tong

濒危等级 中国特有植物，中国植物红色名录评估为易危（VU）。

迁地栽培保存

保存地点	种质份数	个体数量	引种方式	生长状况	来源地
GX	*	f	采集	G	云南

心叶凹唇姜 *Boesenbergia fallax* Loes.

濒危等级 中国植物红色名录评估为近危（NT）。

迁地栽培保存

保存地点	种质份数	个体数量	引种方式	生长状况	来源地
YN	1	a	购买	C	云南
GX	*	f	采集	G	云南

大苞姜属 *Caulokaempferia*

黄花大苞姜 *Caulokaempferia coenobialis*（Hance）K. Larsen

功效主治 全草：用于蛇咬伤。

濒危等级 中国特有植物，中国植物红色名录评估为无危（LC）。

迁地栽培保存

保存地点	种质份数	个体数量	引种方式	生长状况	来源地
GX	*	f	采集	G	广西

大豆蔻属 *Hornstedtia*

大豆蔻 *Hornstedtia hainanensis* T. L. & Senjen

功效主治 全草：用于水肿，小便不利。

濒危等级 中国特有植物，中国植物红色名录评估为无危（LC）。

迁地栽培保存

保存地点	种质份数	个体数量	引种方式	生长状况	来源地
GX	*	f	采集	G	广西

豆蔻属 *Amomum*

白豆蔻 *Amomum kravanh* Pierre ex Gagnep.

功效主治 果实（豆蔻）：辛，温。理气宽中，开胃消食，化湿止呕。用于胃痛，腹胀，脘闷嗳气，吐逆反胃，消化不良。果壳（白豆蔻壳）：微辛。宽胸开胃。花（豆蔻花）：辛，平。开胃理气，止呕，宽闷胀。

濒危等级 中国植物红色名录评估为无危（LC）。

迁地栽培保存

保存地点	种质份数	个体数量	引种方式	生长状况	来源地
BJ	1	a	采集	G	云南
CQ	1	a	赠送	C	广西
HN	1	a	采集	B	泰国
YN	1	b	采集	A	云南

种质库保存

保存地点	保存方式	种质份数	个体数量	引种方式	来源地
BJ	种子	7	b	采集	云南、河北

波翅豆蔻 *Amomum odontocarpum* D. Fang

功效主治 根茎：外用于蛇咬伤。果实：用于脘腹胀痛。

濒危等级 中国特有植物，中国植物红色名录评估为近危（NT）。

迁地栽培保存

保存地点	种质份数	个体数量	引种方式	生长状况	来源地
GX	*	f	采集	G	广西

草果 *Amomum tsaoko* Crevost & Lemarie

功效主治 果实（草果）：辛，温。燥湿散寒，祛痰截疟，消食化积。用于脘腹胀满冷痛，反胃呕吐，疟疾，痰饮，泻痢，食积。

迁地栽培保存

保存地点	种质份数	个体数量	引种方式	生长状况	来源地
GZ	1	a	采集	C	贵州
CQ	1	a	赠送	C	云南
FJ	1	a	购买	B	云南
GX	*	f	采集	G	广西

种质库保存

保存地点	保存方式	种质份数	个体数量	引种方式	来源地
BJ	种子	10	b	采集	云南、重庆、上海

长柄豆蔻 *Amomum longipetiolatum* Merr.

功效主治 果实：用于脘腹胀痛，食欲不振，恶心，呕吐，胎动不安。

濒危等级 中国特有植物，中国植物红色名录评估为无危（LC）。

迁地栽培保存

保存地点	种质份数	个体数量	引种方式	生长状况	来源地
GX	*	f	采集	G	广西

长序砂仁 *Amomum thyrsoideum* Gagnep.

濒危等级 中国植物红色名录评估为无危（LC）。

迁地栽培保存

保存地点	种质份数	个体数量	引种方式	生长状况	来源地
GX	*	f	采集	G	广西

德保豆蔻 *Amomum tuberculatum* D. Fang

濒危等级 中国特有植物，中国植物红色名录评估为近危（NT）。

迁地栽培保存

保存地点	种质份数	个体数量	引种方式	生长状况	来源地
GX	*	f	采集	G	广西

方片砂仁 *Amomum quadratolaminare* S. Q. Tong

濒危等级 中国特有植物，中国植物红色名录评估为近危（NT）。

迁地栽培保存

保存地点	种质份数	个体数量	引种方式	生长状况	来源地
GX	*	f	采集	G	云南

广西豆蔻 *Amomum kwangsiense* D. Fang & X. X. Chen

功效主治 果实：理气开胃，消食安胎。

濒危等级 中国特有植物，中国植物红色名录评估为无危（LC）。

种质库保存

保存地点	保存方式	种质份数	个体数量	引种方式	来源地
BJ	种子	1	a	采集	重庆

海南假砂仁 *Amomum chinense* Chun

功效主治 果实：行气，消滞。民间作砂仁入药。

濒危等级 中国特有植物，中国植物红色名录评估为易危（VU）。

迁地栽培保存

保存地点	种质份数	个体数量	引种方式	生长状况	来源地
YN	1	c	采集	A	云南

种质库保存

保存地点	保存方式	种质份数	个体数量	引种方式	来源地
BJ	种子	8	b	采集	安徽、海南、四川

海南砂仁 *Amomum longiligulare* T. L. Wu

功效主治 果实（砂仁）：辛，温。行气，调中，安胎。

濒危等级 中国特有植物，中国植物红色名录评估为无危（LC）。

迁地栽培保存

保存地点	种质份数	个体数量	引种方式	生长状况	来源地
HN	1	b	采集	B	海南
GD	1	b	采集	A	待确定
GX	*	f	采集	G	广西

九翅豆蔻 *Amomum maximum* Roxb.

功效主治 果实：开胃，消食，行气，止痛。

濒危等级 中国植物红色名录评估为无危（LC）。

种质库保存

保存地点	保存方式	种质份数	个体数量	引种方式	来源地
BJ	种子	6	a	采集	重庆

勐腊砂仁 *Amomum menglaense* S. Q. Tong

濒危等级 中国特有植物，中国植物红色名录评估为近危（NT）。

迁地栽培保存

保存地点	种质份数	个体数量	引种方式	生长状况	来源地
GX	*	f	采集	G	云南

三叶豆蔻 *Amomum austrosinense* D. Fang

功效主治 全草：用于胃寒疼痛，风湿骨痛，跌打肿痛。

濒危等级 中国特有植物，中国植物红色名录评估为无危（LC）。

迁地栽培保存

保存地点	种质份数	个体数量	引种方式	生长状况	来源地
GX	*	f	采集	G	广西

砂仁 *Amomum villosum* Lour.

功效主治 果实（砂仁）：辛，温。化湿开胃，温脾止泻，理气安胎。用于脘腹胀痛，食欲不振，恶心呕吐，妊娠恶阻，胎动不安。果壳：平。功效同砂仁。花：辛，平。宽胸理气，化痰。用于喘咳。

迁地栽培保存

保存地点	种质份数	个体数量	引种方式	生长状况	来源地
BJ	2	b	采集	G	广东、云南
FJ	2	b	采集	A	福建
YN	1	e	采集	A	云南
HN	1	b	采集	B	广东
CQ	1	b	赠送	C	云南

种质库保存

保存地点	保存方式	种质份数	个体数量	引种方式	来源地
BJ	种子	68	c	采集	河南、四川、云南、广东、广西、福建、上海

红壳砂仁 *Amomum aurantiacum* H. T. Tsai & S. W. Zhao

功效主治 果实：芳香健胃。功效同砂仁。

濒危等级 中国特有植物，中国植物红色名录评估为近危（NT）。

迁地栽培保存

保存地点	种质份数	个体数量	引种方式	生长状况	来源地
GX	*	f	采集	G	云南

缩砂密 *Amomum villosum* Lour. var. *xanthioides*（Wall. ex Bak.）T. L. Wu & S. J. Chen

功效主治 果实：功效与砂仁近似。

迁地栽培保存

保存地点	种质份数	个体数量	引种方式	生长状况	来源地
GX	*	f	采集	G	广西

种质库保存

保存地点	保存方式	种质份数	个体数量	引种方式	来源地
BJ	种子	2	a	采集	云南

头花砂仁 *Amomum subcapitatum* Y. M. Xia

濒危等级 中国特有植物，中国植物红色名录评估为无危（LC）。

迁地栽培保存

保存地点	种质份数	个体数量	引种方式	生长状况	来源地
GX	*	f	采集	G	云南

无毛砂仁 *Amomum glabrum* S. Q. Tong

濒危等级 中国特有植物，中国植物红色名录评估为近危（NT）。

迁地栽培保存

保存地点	种质份数	个体数量	引种方式	生长状况	来源地
GX	*	f	采集	G	云南

细砂仁 *Amomum microcarpum* C. F. Liang & D. Fang

功效主治 果实：开胃，消食，行气和中，止痛安胎。用于脘腹冷痛，食欲不振，恶心呕吐，胎动不安。

濒危等级 中国特有植物，中国植物红色名录评估为近危（NT）。

迁地栽培保存

保存地点	种质份数	个体数量	引种方式	生长状况	来源地
GX	*	f	采集	G	广西

狭叶豆蔻 *Amomum jingxiense* D. Fang & D. H. Qin

濒危等级 中国特有植物，中国植物红色名录评估为近危（NT）。

迁地栽培保存

保存地点	种质份数	个体数量	引种方式	生长状况	来源地
GX	*	f	采集	G	广西

香豆蔻 *Amomum subulatum* Roxb.

功效主治 种子：辛，温。健胃祛风，消肿，止痛。用于胃肠气胀，食滞，咽喉肿痛，咳嗽，肺痨。

濒危等级 中国植物红色名录评估为无危（LC）。

迁地栽培保存

保存地点	种质份数	个体数量	引种方式	生长状况	来源地
GX	*	f	采集	G	广西

野草果 *Amomum koenigii* J. F. Gmelin

功效主治 果实（野草果）：用于脘腹胀满冷痛，反胃，呕吐，疟疾。

濒危等级 中国植物红色名录评估为无危（LC）。

迁地栽培保存

保存地点	种质份数	个体数量	引种方式	生长状况	来源地
YN	1	b	采集	A	云南

银叶砂仁 *Amomum sericeum* Roxb.

迁地栽培保存

保存地点	种质份数	个体数量	引种方式	生长状况	来源地
YN	1	c	采集	A	云南
GX	*	f	采集	G	云南

疣果豆蔻 *Amomum muricarpum* Elm.

功效主治 果实：开胃，消食，行气和中，止痛安胎。用于脘腹胀痛，食欲不振，恶心呕吐，胎动不安。

濒危等级 中国植物红色名录评估为近危（NT）。

迁地栽培保存

保存地点	种质份数	个体数量	引种方式	生长状况	来源地
YN	1	b	采集	A	云南
GX	*	f	采集	G	广西

云南豆蔻 *Amomum repoeense* Pierre ex Gagnep.

濒危等级 中国植物红色名录评估为无危（LC）。

迁地栽培保存

保存地点	种质份数	个体数量	引种方式	生长状况	来源地
GX	*	f	采集	G	云南

爪哇白豆蔻 *Amomum compactum* Soland ex Maton

功效主治 果实（豆蔻）：辛，温。理气宽中，开胃消食，化湿止呕。用于胃痛，腹胀，脘闷，嗳气，吐逆，反胃，消化不良。

迁地栽培保存

保存地点	种质份数	个体数量	引种方式	生长状况	来源地
HN	1	a	赠送	B	印度尼西亚

种质库保存

保存地点	保存方式	种质份数	个体数量	引种方式	来源地
BJ	种子	2	a	采集	待确定

茴香砂仁属　*Etlingera*

红茴砂　*Etlingera littoralis*（J. König）Giseke

濒危等级　中国植物红色名录评估为濒危（EN）。

迁地栽培保存

保存地点	种质份数	个体数量	引种方式	生长状况	来源地
GX	*	f	采集	G	海南

茴香砂仁　*Etlingera yunnanensis*（T. L. Wu & S. J. Chen）R. M. Sm.

功效主治　根茎：辛，温。消瘀，开胃。

濒危等级　中国特有植物，国家重点保护野生植物名录（第一批）二级，中国植物红色名录评估为易危（VU）。

迁地栽培保存

保存地点	种质份数	个体数量	引种方式	生长状况	来源地
GX	*	f	采集	G	云南

火炬姜　*Etlingera elatior*（Jack）R. M. Sm.

迁地栽培保存

保存地点	种质份数	个体数量	引种方式	生长状况	来源地
GX	*	f	采集	G	云南

喙花姜属　*Rhynchanthus*

喙花姜　*Rhynchanthus beesianus* W. W. Smith

功效主治　块茎、根的挥发油：芳香健胃。

濒危等级　中国植物红色名录评估为濒危（EN）。

迁地栽培保存

保存地点	种质份数	个体数量	引种方式	生长状况	来源地
GX	*	f	采集	G	云南

姜花属　*Hedychium*

矮姜花　*Hedychium brevicaule* D. Fang

功效主治　根茎：用于咳嗽痰喘。

濒危等级　中国特有植物，中国植物红色名录评估为易危（VU）。

种质库保存

保存地点	保存方式	种质份数	个体数量	引种方式	来源地
GX	种子	*	f	采集	广西

草果药　*Hedychium spicatum* Buch.-Ham. ex Smith

功效主治　根茎（土良姜）：辛、苦，温。温中散寒，理气止痛。用于胃寒疼痛，呕吐，食滞，寒疝气痛，牙痛，雀斑。果实（草果药）：辛，温。宽中理气，开胃消食。用于胃寒疼痛，食积腹胀，寒疝，疟疾。

濒危等级　中国植物红色名录评估为无危（LC）。

迁地栽培保存

保存地点	种质份数	个体数量	引种方式	生长状况	来源地
GX	*	f	采集	G	云南

峨眉姜花 *Hedychium flavescens* Carey ex Roscoe

功效主治　根茎：解表散寒，利湿消肿。果实：温胃，止呕，消食，健脾。

濒危等级　中国植物红色名录评估为无危（LC）。

迁地栽培保存

保存地点	种质份数	个体数量	引种方式	生长状况	来源地
CQ	l	b	采集	C	重庆
GX	*	f	采集	G	四川

广西姜花 *Hedychium kwangsiense* T. L. Wu & Senjen

功效主治　根茎：外用于疮疡肿毒。

濒危等级　中国特有植物，中国植物红色名录评估为易危（VU）。

迁地栽培保存

保存地点	种质份数	个体数量	引种方式	生长状况	来源地
GX	*	f	采集	G	广西

红姜花 *Hedychium coccineum* Buch.-Ham.

迁地栽培保存

保存地点	种质份数	个体数量	引种方式	生长状况	来源地
YN	1	c	采集	A	云南
GX	*	f	采集	G	福建

种质库保存

保存地点	保存方式	种质份数	个体数量	引种方式	来源地
BJ	种子	1	a	采集	云南

黄姜花 *Hedychium flavum* Roxb.

功效主治　花的挥发油：芳香健胃。根茎：用于咳嗽。

迁地栽培保存

保存地点	种质份数	个体数量	引种方式	生长状况	来源地
SH	1	b	采集	A	待确定

姜花 *Hedychium coronarium* Koen.

功效主治 根茎：辛，温。消肿止痛。用于风湿关节痛，胁肋痛，头痛，身痛，咳嗽。

迁地栽培保存

保存地点	种质份数	个体数量	引种方式	生长状况	来源地
GD	1	b	采集	A	待确定
BJ	1	b	交换	G	北京
FJ	1	a	采集	A	福建
CQ	1	b	采集	C	重庆
JS1	1	a	采集	C	江苏
GZ	1	b	采集	C	贵州

种质库保存

保存地点	保存方式	种质份数	个体数量	引种方式	来源地
BJ	种子	9	b	采集	重庆、云南、海南

毛姜花 *Hedychium villosum* Wall.

功效主治 根茎：祛风止咳。用于咳嗽痰喘。

濒危等级 中国植物红色名录评估为易危（VU）。

迁地栽培保存

保存地点	种质份数	个体数量	引种方式	生长状况	来源地
GX	*	f	采集	G	云南

种质库保存

保存地点	保存方式	种质份数	个体数量	引种方式	来源地
BJ	种子	3	b	采集	云南

少花姜花 *Hedychium pauciflorum* S. Q. Tong

濒危等级　中国特有植物，中国植物红色名录评估为近危（NT）。

迁地栽培保存

保存地点	种质份数	个体数量	引种方式	生长状况	来源地
GX	*	f	采集	G	广西

疏花草果药 *Hedychium spicatum* Buch.-Ham. ex Smith var. *acuminatum* Wall.

濒危等级　中国植物红色名录评估为数据缺乏（DD）。

迁地栽培保存

保存地点	种质份数	个体数量	引种方式	生长状况	来源地
GX	*	f	采集	G	云南

种质库保存

保存地点	保存方式	种质份数	个体数量	引种方式	来源地
HN	种子	2	c	采集	云南

小毛姜花 *Hedychium villosum* Wall. var. *tenuiflorum* Wall. ex Bak.

濒危等级　中国植物红色名录评估为数据缺乏（DD）。

迁地栽培保存

保存地点	种质份数	个体数量	引种方式	生长状况	来源地
GX	*	f	采集	G	广西

圆瓣姜花 *Hedychium forrestii* Diels

功效主治　根茎：用于血崩，月经不调。

濒危等级 中国植物红色名录评估为无危（LC）。

迁地栽培保存

保存地点	种质份数	个体数量	引种方式	生长状况	来源地
GX	*	f	采集	G	云南

种质库保存

保存地点	保存方式	种质份数	个体数量	引种方式	来源地
BJ	种子	1	a	采集	云南

姜黄属 *Curcuma*

川郁金 *Curcuma sichuanensis* X. X. Chen

功效主治 块根（白丝郁金）：辛、苦，寒。行气化瘀，清心解郁，利胆退黄。用于闭经，痛经，胸腹胀痛、刺痛，热病神昏，癫痫发狂，黄疸尿赤。

迁地栽培保存

保存地点	种质份数	个体数量	引种方式	生长状况	来源地
YN	2	a	购买	A	云南

顶花莪术 *Curcuma yunnanensis* N. Liu & S. J. Chen

濒危等级 中国特有植物，中国植物红色名录评估为无危（LC）。

迁地栽培保存

保存地点	种质份数	个体数量	引种方式	生长状况	来源地
YN	1	a	购买	C	云南
GX	*	f	采集	G	老挝

莪术 *Curcuma zedoaria* (Christm.) Rosc.

功效主治 主根茎（莪术、文术）：苦、辛，温。破瘀行气，消积止痛。用于癥瘕积聚，气血凝滞，食积脘腹胀痛，血瘀闭经，跌打损伤，胞门积结。块根（绿丝郁金）：辛、苦，寒。行气化瘀，清心解郁，利胆退黄。用于闭经，痛经，胸腹胀痛、刺痛，热病神昏，癫痫发狂，黄疸尿赤。

迁地栽培保存

保存地点	种质份数	个体数量	引种方式	生长状况	来源地
BJ	15	d	采集	G	广西
YN	1	b	购买	A	云南
SH	1	a	采集	A	待确定
SC	1	f	待确定	G	四川
GD	1	b	采集	E	待确定
CQ	1	b	购买	B	四川

种质库保存

保存地点	保存方式	种质份数	个体数量	引种方式	来源地
HN	茎尖	1	a	采集	海南

姜黄 *Curcuma longa* L.

功效主治　根茎（姜黄）：苦、辛，温。破血行气，通经止痛，祛风疗痹。用于血瘀气滞，胸胁刺痛，闭经腹痛，产后瘀阻，腹中肿块，跌打肿痛，风痹臂痛。块根（黄丝郁金）：辛、苦，寒。行气化瘀，清心解郁，利胆退黄。用于闭经，痛经，胸腹胀痛、刺痛，热病神昏，癫痫发狂，黄疸尿赤。

迁地栽培保存

保存地点	种质份数	个体数量	引种方式	生长状况	来源地
FJ	8	b	采集	A	福建
BJ	22	d	采集	G	四川、广西、江西
SC	2	f	待确定	G	四川
YN	1	d	采集	A	云南
CQ	1	b	赠送	B	广西
GD	1	b	采集	E	待确定
HN	1	c	采集	B	广西
GX	*	f	采集	G	广西

种质库保存

保存地点	保存方式	种质份数	个体数量	引种方式	来源地
BJ	种子	2	c	采集	广西

广西莪术 *Curcuma kwangsiensis* S. G. Lee & C. F. Liang

功效主治 主根茎（桂莪术）：苦、辛，温。破瘀行气，消积止痛。用于癥瘕积聚，气血凝滞，食积脘腹胀痛，血瘀闭经，跌打损伤。块根（莪术）：功效同姜黄。

迁地栽培保存

保存地点	种质份数	个体数量	引种方式	生长状况	来源地
BJ	3	d	采集	G	广西
GX	2	f	采集	G	广西
GD	1	b	采集	E	待确定

温郁金 *Curcuma aromatica* Salisb. 'Wenyujin'

功效主治 块根（温郁金、黑郁金）：辛、苦，寒。行气化瘀，清心解郁，利胆退黄。用于闭经，痛经，胸腹胀痛，刺痛，热病神昏，癫痫发狂，黄疸尿赤。根茎（温莪术）：苦、辛，温。破瘀行气，消积止痛。用于癥瘕积聚，气血凝滞，食积脘腹胀痛，血瘀闭经，跌打损伤，胞门积结。

迁地栽培保存

保存地点	种质份数	个体数量	引种方式	生长状况	来源地
BJ	5	d	采集	G	四川、广西
JS2	1	b	购买	F	浙江
GX	*	f	采集	G	广西

细莪术 *Curcuma exigua* N. Liu

濒危等级 中国特有植物，中国植物红色名录评估为野外灭绝（EW）。

迁地栽培保存

保存地点	种质份数	个体数量	引种方式	生长状况	来源地
GX	*	f	采集	G	广东

印尼莪术 *Curcuma zanthorrhiza* Roxburgh

迁地栽培保存

保存地点	种质份数	个体数量	引种方式	生长状况	来源地
GX	*	f	采集	G	广东

郁金 *Curcuma aromatica* Salisb.

功效主治 根茎：破血行气，通经止痛，祛风疗痹。用于血瘀气滞，胸胁刺痛，闭经腹痛，产后瘀阻，腹中肿块，跌打损伤，风痹臂痛。

迁地栽培保存

保存地点	种质份数	个体数量	引种方式	生长状况	来源地
FJ	4	b	采集	A	福建
JS1	1	a	购买	D	江苏
CQ	1	a	赠送	B	广西
SH	1	b	采集	A	待确定
HN	1	d	采集	B	海南
YN	1	b	购买	A	云南

姜属 *Zingiber*

版纳姜 *Zingiber xishuangbannaense* S. Q. Tong

濒危等级 中国特有植物，中国植物红色名录评估为近危（NT）。

迁地栽培保存

保存地点	种质份数	个体数量	引种方式	生长状况	来源地
GX	*	f	采集	G	云南

脆舌姜 *Zingiber fragile* S. Q. Tong

濒危等级 中国植物红色名录评估为近危（NT）。

迁地栽培保存

保存地点	种质份数	个体数量	引种方式	生长状况	来源地
YN	1	a	采集	C	云南
GX	*	f	采集	G	云南

种质库保存

保存地点	保存方式	种质份数	个体数量	引种方式	来源地
BJ	种子	4	b	采集	云南

古林姜 *Zingiber gulinense* Y. M. Xia

濒危等级 中国特有植物，中国植物红色名录评估为近危（NT）。

迁地栽培保存

保存地点	种质份数	个体数量	引种方式	生长状况	来源地
GX	*	f	采集	G	广西

光果姜 *Zingiber nudicarpum* D. Fang

功效主治 根茎：用于风湿痹痛。

濒危等级 中国特有植物，中国植物红色名录评估为近危（NT）。

迁地栽培保存

保存地点	种质份数	个体数量	引种方式	生长状况	来源地
GX	*	f	采集	G	广东

红冠姜 *Zingiber roseum* (Roxb.) Rosc.

功效主治 根茎：用于产褥热，风湿骨痛。

濒危等级 中国植物红色名录评估为数据缺乏（DD）。

迁地栽培保存

保存地点	种质份数	个体数量	引种方式	生长状况	来源地
GX	*	f	采集	G	广西

红球姜 *Zingiber zerumbet* (L.) Smith

功效主治 根茎：辛，温。祛瘀消肿，解毒止痛。用于脘腹胀痛，消化不良，泄泻，跌打肿痛。

迁地栽培保存

保存地点	种质份数	个体数量	引种方式	生长状况	来源地
HN	1	a	采集	B	海南
GD	1	f	采集	G	待确定
BJ	1	a	采集	G	广西
YN	1	c	采集	A	云南
GX	*	f	采集	G	广西

种质库保存

保存地点	保存方式	种质份数	个体数量	引种方式	来源地
BJ	种子	1	a	采集	待确定

黄斑姜 *Zingiber flavomaculosum* S. Q. Tong

濒危等级 中国特有植物，中国植物红色名录评估为近危（NT）。

迁地栽培保存

保存地点	种质份数	个体数量	引种方式	生长状况	来源地
YN	1	a	采集	C	云南

种质库保存

保存地点	保存方式	种质份数	个体数量	引种方式	来源地
HN	种子	5	c	采集	云南

姜 *Zingiber officinale* Rosc.

功效主治 根茎鲜品（生姜）：辛，温。发表，散寒，温中止呕，解毒。用于风寒感冒，胃寒呕吐，痰饮，喘咳，胀满，泄泻，半夏、天南星及鱼蟹、鸟兽肉中毒。根茎干品（干姜）：辛，热。温中逐寒，回阳通脉。用于胃腹冷痛，虚寒吐泻，手足厥冷，痰饮咳嗽。根茎外皮（姜皮）：辛，微温。行水，消肿。用于水肿胀满。叶（姜叶）：散水结，通瘀。

迁地栽培保存

保存地点	种质份数	个体数量	引种方式	生长状况	来源地
FJ	10	b	采集	A	福建、云南
ZJ	1	c	购买	A	浙江
YN	1	b	采集	A	云南
JS1	1	a	购买	C	江苏
SH	1	b	采集	A	待确定
HN	1	b	采集	B	海南
HB	1	a	采集	C	湖北
GZ	1	b	采集	C	贵州
CQ	1	a	购买	F	重庆
BJ	1	c	采集	G	湖北
GD	1	f	采集	G	待确定
GX	*	f	采集	G	贵州

裂舌姜 *Zingiber bisectum* D. Fang

濒危等级 中国特有植物，中国植物红色名录评估为无危（LC）。

迁地栽培保存

保存地点	种质份数	个体数量	引种方式	生长状况	来源地
GX	*	f	采集	G	广西

龙眼姜 *Zingiber longyanjiang* Z. Y. Zhu

功效主治　花序、果实：养心润肺，止咳平喘，补血，镇静。用于心悸，肺心病。

濒危等级　中国特有植物，中国植物红色名录评估为数据缺乏（DD）。

迁地栽培保存

保存地点	种质份数	个体数量	引种方式	生长状况	来源地
GX	*	f	采集	G	四川

蘘荷 *Zingiber mioga* (Thunb.) Rosc.

功效主治　根茎（蘘荷）：辛，温。温中理气，祛风止痛，止咳平喘。用于胃寒腹痛，气虚喘咳，痈疽肿毒，血崩，闭经，胃寒牙痛，腰腿痛，跌打损伤，乌头中毒。叶（蘘草）：苦，寒。用于温疟寒热。花序（山麻雀）：用于咳嗽；配生香榧，用于小儿顿咳。果实（蘘荷子）：用于胃痛。胃有出血史者忌用。

迁地栽培保存

保存地点	种质份数	个体数量	引种方式	生长状况	来源地
ZJ	1	e	购买	A	浙江
SC	1	f	待确定	G	四川
JS2	1	b	购买	C	江苏
BJ	1	b	采集	G	浙江
HB	1	a	采集	C	湖北

种质库保存

保存地点	保存方式	种质份数	个体数量	引种方式	来源地
BJ	种子	8	b	采集	四川、江西

珊瑚姜 *Zingiber corallinum* Hance

功效主治　根茎：消肿，散瘀，解毒。用于胁痛，风湿骨痛；外用于骨折。

濒危等级　中国特有植物，中国植物红色名录评估为无危（LC）。

迁地栽培保存

保存地点	种质份数	个体数量	引种方式	生长状况	来源地
GX	*	f	采集	G	云南

种质库保存

保存地点	保存方式	种质份数	个体数量	引种方式	来源地
BJ	种子	1	a	采集	待确定
HN	种子	1	b	采集	海南

少斑姜 *Zingiber paucipunctatum* D. Fang

濒危等级　中国特有植物，中国植物红色名录评估为数据缺乏（DD）。

迁地栽培保存

保存地点	种质份数	个体数量	引种方式	生长状况	来源地
GX	*	f	采集	G	广西

弯管姜 *Zingiber recurvatum* S. Q. Tong et Y. M. Xia

濒危等级　中国特有植物，中国植物红色名录评估为近危（NT）。

迁地栽培保存

保存地点	种质份数	个体数量	引种方式	生长状况	来源地
GX	*	f	采集	G	云南

乌姜 *Zingiber lingyunense* D. Fang

功效主治　根茎：用于风湿骨痛。

濒危等级　中国特有植物，中国植物红色名录评估为近危（NT）。

迁地栽培保存

保存地点	种质份数	个体数量	引种方式	生长状况	来源地
GX	*	f	采集	G	广西

阳荷 *Zingiber striolatum* Diels

功效主治　根茎：用于泄泻，痢疾。

濒危等级　中国特有植物，中国植物红色名录评估为无危（LC）。

迁地栽培保存

保存地点	种质份数	个体数量	引种方式	生长状况	来源地
SC	2	f	待确定	G	四川
CQ	1	b	采集	C	重庆

圆瓣姜 *Zingiber orbiculatum* S. Q. Tong

濒危等级　中国特有植物，中国植物红色名录评估为近危（NT）。

迁地栽培保存

保存地点	种质份数	个体数量	引种方式	生长状况	来源地
YN	1	a	采集	A	云南
GX	*	f	采集	G	广西

柱根姜 *Zingiber teres* S. Q. Tong & Y. M. Xia

濒危等级　中国植物红色名录评估为近危（NT）。

迁地栽培保存

保存地点	种质份数	个体数量	引种方式	生长状况	来源地
YN	1	a	采集	A	云南

紫色姜 *Zingiber montanum* (J. König) Link ex A. Dietr.

功效主治　根茎：收敛止痢，调经。用于肠胃胀气；外用于肌肉疼痛，一般外伤。

迁地栽培保存

保存地点	种质份数	个体数量	引种方式	生长状况	来源地
CQ	1	a	赠送	F	云南
YN	1	b	采集	A	云南

山姜属 *Alpinia*

矮山姜 *Alpinia psilogyna* D. Fang

功效主治 果实：祛风。用于产后虚弱。

濒危等级 中国特有植物，中国植物红色名录评估为数据缺乏（DD）。

迁地栽培保存

保存地点	种质份数	个体数量	引种方式	生长状况	来源地
GX	*	f	采集	G	广东

长柄山姜 *Alpinia kwangsiensis* T. L. Wu & Senjen

功效主治 根茎、果实：用于脘腹冷痛，呃逆，寒湿吐泻。

濒危等级 中国特有植物，中国植物红色名录评估为数据缺乏（DD）。

迁地栽培保存

保存地点	种质份数	个体数量	引种方式	生长状况	来源地
YN	1	a	采集	C	云南
GX	*	f	采集	G	广西

多花山姜 *Alpinia polyantha* D. Fang

功效主治 根茎、种子：用于胸腹满闷，反胃呕吐，宿食不消，咳嗽。

濒危等级 中国特有植物，中国植物红色名录评估为无危（LC）。

迁地栽培保存

保存地点	种质份数	个体数量	引种方式	生长状况	来源地
GX	*	f	采集	G	广东

高良姜 *Alpinia officinarum* Hance

功效主治 根茎（高良姜）：辛，温。温胃散寒，消食止痛。用于脘腹冷痛，胃痛呃吐，嗳气吞酸。

迁地栽培保存

保存地点	种质份数	个体数量	引种方式	生长状况	来源地
BJ	1	b	采集	G	海南
CQ	1	a	购买	C	重庆
GD	1	f	采集	G	待确定
HN	1	e	采集	B	海南

种质库保存

保存地点	保存方式	种质份数	个体数量	引种方式	来源地
HN	种子	16	e	采集	海南
BJ	种子	8	b	采集	云南、四川

革叶山姜 *Alpinia coriacea* T. L. Wu & S. J. Chen

濒危等级　中国特有植物，中国植物红色名录评估为易危（VU）。

迁地栽培保存

保存地点	种质份数	个体数量	引种方式	生长状况	来源地
GX	*	f	采集	G	广东

光叶假益智 *Alpinia maclurei* Merr. var. *guangdongensis*（S. J. Chen & Z. Y. Chen）Z. L. Zhao & L. S. Xu

濒危等级　中国特有植物，中国植物红色名录评估为无危（LC）。

迁地栽培保存

保存地点	种质份数	个体数量	引种方式	生长状况	来源地
GX	*	f	采集	G	广西

光叶球穗山姜 *Alpinia strobiliformis* T. L. Wu var. *glabra* T. L. Wu

濒危等级　中国特有植物，中国植物红色名录评估为数据缺乏（DD）。

迁地栽培保存

保存地点	种质份数	个体数量	引种方式	生长状况	来源地
GX	*	f	采集	G	广西

光叶山姜 *Alpinia intermedia* Gagnep.

功效主治　根茎、果实：用于脘腹胀气，食积。

濒危等级　中国植物红色名录评估为数据缺乏（DD）。

迁地栽培保存

保存地点	种质份数	个体数量	引种方式	生长状况	来源地
GX	*	f	采集	G	日本

桂南山姜 *Alpinia guinanensis* D. Fang & X. X. Chen

濒危等级　中国特有植物，中国植物红色名录评估为近危（NT）。

迁地栽培保存

保存地点	种质份数	个体数量	引种方式	生长状况	来源地
GX	*	f	采集	G	广西

海南山姜 *Alpinia hainanensis* K. Schum.

功效主治　果实：用于胃寒腹痛，胀满。

濒危等级　中国植物红色名录评估为无危（LC）。

迁地栽培保存

保存地点	种质份数	个体数量	引种方式	生长状况	来源地
GD	2	f	采集	G	待确定
CQ	2	a	赠送	B	广西、云南
FJ	2	b	采集	A	福建
YN	1	b	采集	A	云南
HN	1	e	采集	B	海南

保存地点	种质份数	个体数量	引种方式	生长状况	来源地
BJ	1	a	采集	G	海南
GX	*	f	采集	G	广西

种质库保存

保存地点	保存方式	种质份数	个体数量	引种方式	来源地
HN	种子	27	c	采集	海南
BJ	种子	42	b	采集	重庆、海南、云南、广西、四川，待确定

黑果山姜 *Alpinia nigra*（Gaertn.）Burtt

功效主治　根茎：行气，解毒。用于食滞，蛇虫咬伤。

濒危等级　中国植物红色名录评估为数据缺乏（DD）。

迁地栽培保存

保存地点	种质份数	个体数量	引种方式	生长状况	来源地
YN	1	a	采集	A	云南
GX	*	f	采集	G	广东

种质库保存

保存地点	保存方式	种质份数	个体数量	引种方式	来源地
BJ	种子	2	a	采集	云南

红豆蔻 *Alpinia galanga*（L.）Willd.

功效主治　根茎（大高良姜）：辛，温。散寒，暖胃，止痛。用于胃脘冷痛，脾寒吐泻。果实（红豆蔻）：辛，温。燥湿散寒，健脾消食。用于脘腹冷痛，食积胀满，呕吐，泄泻，呃逆反胃，疟疾，痢疾。

濒危等级　中国植物红色名录评估为数据缺乏（DD）。

迁地栽培保存

保存地点	种质份数	个体数量	引种方式	生长状况	来源地
YN	1	b	采集	A	云南
HN	1	a	采集	B	海南
GD	1	b	采集	B	待确定
CQ	1	a	赠送	C	云南
BJ	1	a	采集	G	广西

种质库保存

保存地点	保存方式	种质份数	个体数量	引种方式	来源地
BJ	种子	5	b	采集	四川、云南
HN	种子	1	a	采集	海南、广东

花叶良姜 *Alpinia zerumbet* (Pers.) Burtt. et Smith

迁地栽培保存

保存地点	种质份数	个体数量	引种方式	生长状况	来源地
CQ	1	a	赠送	C	广西

花叶山姜 *Alpinia pumila* Hook. f.

功效主治　根茎：辛，温。除湿消肿，行气止痛。用于风湿痹痛，脾虚泄泻，跌打损伤。

濒危等级　中国特有植物，中国植物红色名录评估为数据缺乏（DD）。

迁地栽培保存

保存地点	种质份数	个体数量	引种方式	生长状况	来源地
GX	*	f	采集	G	广西

华山姜 *Alpinia chinensis* (Retz.) Rosc.

功效主治　根茎（廉姜）：辛，温。温中暖胃，散寒止痛，除风湿，解疮毒。用于胃寒冷痛，呃逆呕吐，腹痛泄泻，消化不良，风湿关节痛，肺痨咳喘，月经不调，无名肿毒。种子团（建砂仁）：祛寒暖胃，燥湿，止呃。

濒危等级　中国植物红色名录评估为无危（LC）。

迁地栽培保存

保存地点	种质份数	个体数量	引种方式	生长状况	来源地
YN	1	a	采集	C	云南
GD	1	b	采集	A	待确定
GX	*	f	采集	G	广西

种质库保存

保存地点	保存方式	种质份数	个体数量	引种方式	来源地
BJ	种子	1	a	采集	待确定

假益智　*Alpinia maclurei* Merr.

功效主治　根茎、果实：行气。用于腹胀，呕吐。

濒危等级　中国植物红色名录评估为无危（LC）。

迁地栽培保存

保存地点	种质份数	个体数量	引种方式	生长状况	来源地
GX	*	f	采集	G	广东

种质库保存

保存地点	保存方式	种质份数	个体数量	引种方式	来源地
HN	种子	15	d	采集	海南

箭杆风　*Alpinia jianganfeng* T. L. Wu

迁地栽培保存

保存地点	种质份数	个体数量	引种方式	生长状况	来源地
GZ	1	b	采集	C	贵州

节鞭山姜 *Alpinia conchigera* Griff.

功效主治 根茎：用于蛇咬伤。果实：辛，温。芳香健胃，祛风。用于胃寒腹痛，食滞。

濒危等级 中国植物红色名录评估为数据缺乏（DD）。

迁地栽培保存

保存地点	种质份数	个体数量	引种方式	生长状况	来源地
YN	1	b	采集	C	云南
GX	*	f	采集	G	云南

距花山姜 *Alpinia calcarata* Rosc.

功效主治 根茎：用于脘腹冷痛，胃寒呕吐。

迁地栽培保存

保存地点	种质份数	个体数量	引种方式	生长状况	来源地
BJ	1	b	采集	G	广西

宽唇山姜 *Alpinia platychilus* K. Schum.

濒危等级 中国特有植物，中国植物红色名录评估为无危（LC）。

迁地栽培保存

保存地点	种质份数	个体数量	引种方式	生长状况	来源地
YN	1	b	采集	C	云南
GX	*	f	采集	G	云南

卵果山姜 *Alpinia ovoideicarpa* H. Dong & G. J. Xu

迁地栽培保存

保存地点	种质份数	个体数量	引种方式	生长状况	来源地
GX	*	f	采集	G	广西

毛瓣山姜 *Alpinia malaccensis*（N. L. Burm.）Roscoe

功效主治　种子：用于胸腹满闷，反胃呕吐，宿食不消。

迁地栽培保存

保存地点	种质份数	个体数量	引种方式	生长状况	来源地
GX	*	f	采集	G	云南

种质库保存

保存地点	保存方式	种质份数	个体数量	引种方式	来源地
BJ	种子	2	a	采集	云南

美山姜 *Alpinia formosana* K. Schum.

功效主治　根茎：行气消肿，止痛。果实：行气。

濒危等级　中国植物红色名录评估为无危（LC）。

迁地栽培保存

保存地点	种质份数	个体数量	引种方式	生长状况	来源地
GX	*	f	采集	G	日本

那坡山姜 *Alpinia napoensis* H. Dong & G. J. Xu

功效主治　果实：广西作土砂仁入药。

濒危等级　中国特有植物，中国植物红色名录评估为数据缺乏（DD）。

迁地栽培保存

保存地点	种质份数	个体数量	引种方式	生长状况	来源地
GX	*	f	采集	G	广西

球穗山姜 *Alpinia strobiliformis* T. L. Wu & Senjen

功效主治　种子：用于感冒。

濒危等级　中国特有植物，中国植物红色名录评估为无危（LC）。

迁地栽培保存

保存地点	种质份数	个体数量	引种方式	生长状况	来源地
GX	2	f	采集	G	广西

山姜 *Alpinia japonica* (Thunb.) Miq.

功效主治 　根茎：辛，温。理气通络，止痛。用于风湿关节痛，跌打损伤，牙痛，胃痛。花（山姜花）：辛，温。调中下气，消食，解酒毒。果实（土砂仁、建砂仁）：辛，温。祛寒燥湿，温胃止呕。用于胃寒腹泻，反胃吐酸，食欲不振。

濒危等级 　中国植物红色名录评估为无危（LC）。

迁地栽培保存

保存地点	种质份数	个体数量	引种方式	生长状况	来源地
BJ	2	b	交换、采集	G	浙江、江西
CQ	1	a	采集	B	重庆
GX	*	f	采集	G	湖北

种质库保存

保存地点	保存方式	种质份数	个体数量	引种方式	来源地
BJ	种子	10	b	采集	重庆、云南、海南、江西
HN	种子	1	a	采集	湖南

四川山姜 *Alpinia sichuanensis* Z. Y. Zhu

功效主治 　全草：发汗解表。

濒危等级 　中国特有植物，中国植物红色名录评估为无危（LC）。

迁地栽培保存

保存地点	种质份数	个体数量	引种方式	生长状况	来源地
CQ	1	a	采集	B	重庆
GX	*	f	采集	G	四川

无斑山姜 *Alpinia emaculata* S. Q. Tong

濒危等级　中国特有植物，中国植物红色名录评估为近危（NT）。

迁地栽培保存

保存地点	种质份数	个体数量	引种方式	生长状况	来源地
GX	*	f	采集	G	云南

狭叶山姜 *Alpinia graminifolia* D. Fang & J. Y. Luo

功效主治　根茎：行气。用于胃寒痛。

濒危等级　中国特有植物，中国植物红色名录评估为近危（NT）。

迁地栽培保存

保存地点	种质份数	个体数量	引种方式	生长状况	来源地
GX	*	f	采集	G	广西

香姜 *Alpinia coriandriodora* D. Fang

功效主治　根茎：祛风行气。用于宿食不消。

濒危等级　中国特有植物，中国植物红色名录评估为易危（VU）。

迁地栽培保存

保存地点	种质份数	个体数量	引种方式	生长状况	来源地
GX	*	f	采集	G	广西

小花山姜 *Alpinia brevis* T. L. Wu & S. J. Chen

功效主治　根茎：祛风湿，解疮毒，祛瘀血。

濒危等级　中国特有植物，中国植物红色名录评估为无危（LC）。

种质库保存

保存地点	保存方式	种质份数	个体数量	引种方式	来源地
BJ	种子	6	b	采集	重庆、云南
HN	种子	2	b	采集	海南

艳山姜 *Alpinia zerumbet*（Pers.）Burtt. & Smith

功效主治 根茎、果实：辛、涩，温。燥湿祛寒，除痰截疟，健脾暖胃。用于脘腹冷痛，胸腹胀满，痰湿积滞，消化不良，呕吐腹泻，咳嗽。

迁地栽培保存

保存地点	种质份数	个体数量	引种方式	生长状况	来源地
SC	4	f	待确定	G	四川
FJ	2	a	采集	A	福建
BJ	1	a	采集	G	广东
CQ	1	a	赠送	B	广西
GD	1	b	采集	B	待确定
YN	1	b	采集	C	云南
GX	*	f	采集	G	福建

种质库保存

保存地点	保存方式	种质份数	个体数量	引种方式	来源地
HN	种子	1	b	采集	海南
BJ	种子	7	b	采集	重庆、四川、福建

益智 *Alpinia oxyphylla* Miq.

功效主治 果实（益智）：辛，温。温脾止泻，摄唾，暖肾固精，缩尿。用于脾寒泄泻，腹中冷痛，口多唾涎，肾虚遗尿，小便频数，遗精白浊。

迁地栽培保存

保存地点	种质份数	个体数量	引种方式	生长状况	来源地
BJ	1	a	采集	B	待确定
YN	1	b	采集	A	云南
HN	1	e	采集	B	海南
CQ	1	a	购买	B	重庆
GD	1	b	采集	B	待确定

种质库保存

保存地点	保存方式	种质份数	个体数量	引种方式	来源地
BJ	种子	10	b	采集	陕西、河北、河南、山西、安徽、广西
HN	种子	75	e	采集	海南

月桃 *Alpinia speciosa*（J. C. Wendl.）K. Schum.

功效主治　根茎：利尿，解痉。用于肝阳上亢。叶、花：用于发热，时行感冒，鼻渊。

迁地栽培保存

保存地点	种质份数	个体数量	引种方式	生长状况	来源地
GX	*	f	采集	G	日本

云南草蔻 *Alpinia blepharocalyx* K. Schum.

功效主治　果实：燥湿，暖胃，健脾。用于胃寒腹痛，脘腹胀满，噎膈，嗳气，反胃，寒湿吐泻。
濒危等级　中国植物红色名录评估为无危（LC）。

迁地栽培保存

保存地点	种质份数	个体数量	引种方式	生长状况	来源地
YN	1	b	采集	A	云南
GX	*	f	采集	G	广西

竹叶山姜 *Alpinia bambusifolia* C. F. Liang

功效主治　根茎：用于胃肠气痛。
濒危等级　中国特有植物，中国植物红色名录评估为无危（LC）。

迁地栽培保存

保存地点	种质份数	个体数量	引种方式	生长状况	来源地
GX	2	f	采集	G	广西、四川
CQ	2	d	采集	B	重庆
BJ	1	b	采集	B	待确定

山奈属 *Kaempferia*

海南三七 *Kaempferia rotunda* L.

功效主治 根茎：辛，温。有小毒。消肿止痛。用于跌打损伤，胃痛。

迁地栽培保存

保存地点	种质份数	个体数量	引种方式	生长状况	来源地
BJ	1	a	采集	G	广西
GD	1	b	采集	B	待确定
YN	1	a	购买	C	云南
GX	*	f	采集	G	云南

山奈 *Kaempferia galanga* L.

功效主治 根茎（山奈）：辛，温。行气温中，消食，止痛。用于胸膈胀满，脘腹冷痛，寒湿吐泻，跌打损伤，牙痛。

迁地栽培保存

保存地点	种质份数	个体数量	引种方式	生长状况	来源地
BJ	6	b	采集	C	云南、海南、广西、江苏
GD	1	a	采集	B	待确定
GZ	1	b	采集	C	贵州
HN	1	a	采集	B	海南
YN	1	b	采集	C	云南

紫花山奈 *Kaempferia elegans*（Wall.）Bak.

濒危等级 中国植物红色名录评估为数据缺乏（DD）。

迁地栽培保存

保存地点	种质份数	个体数量	引种方式	生长状况	来源地
GD	1	b	采集	D	待确定
BJ	1	b	采集	G	广西

土田七属　*Stahlianthus*

土田七　*Stahlianthus involucratus*（King ex Bak.）Craib

功效主治　根茎：辛、微苦，温。散瘀消肿，行气镇痛。用于风湿骨痛，跌打损伤，吐血，衄血，月经过多，毒蛇、虫咬伤。

迁地栽培保存

保存地点	种质份数	个体数量	引种方式	生长状况	来源地
GX	2	f	采集	G	广西
CQ	1	a	赠送	C	云南
GD	1	b	采集	D	待确定
HN	1	b	采集	B	海南
YN	1	b	采集	A	云南

舞花姜属　*Globba*

峨眉舞花姜　*Globba emeiensis* Z. Y. Zhu

功效主治　全草：散寒止痛，行气。

濒危等级　中国特有植物，中国植物红色名录评估为易危（VU）。

迁地栽培保存

保存地点	种质份数	个体数量	引种方式	生长状况	来源地
GX	*	f	采集	G	四川

毛舞花姜　*Globba barthei* Gagn.

功效主治　根茎：开胃健脾，消肿止痛。全草：温中散寒，祛风活血。

迁地栽培保存

保存地点	种质份数	个体数量	引种方式	生长状况	来源地
GX	*	f	采集	G	广东

双翅舞花姜 *Globba schomburgkii* Hook. f.

功效主治　果实：补脾健胃。用于胃脘痛，消化不良。

濒危等级　中国植物红色名录评估为无危（LC）。

迁地栽培保存

保存地点	种质份数	个体数量	引种方式	生长状况	来源地
YN	1	a	购买	C	云南
GX	*	f	采集	G	广东

双翅舞花姜（原变种） *Globba schomburgkii* Hook. f. var. *schomburgkii*

濒危等级　中国植物红色名录评估为无危（LC）。

迁地栽培保存

保存地点	种质份数	个体数量	引种方式	生长状况	来源地
GX	*	f	采集	G	海南

舞花姜 *Globba racemosa* Smith

功效主治　根茎：用于急性水肿，崩漏，劳伤，咳嗽痰喘，腹胀。果实：健胃。

濒危等级　中国植物红色名录评估为无危（LC）。

迁地栽培保存

保存地点	种质份数	个体数量	引种方式	生长状况	来源地
BJ	2	c	采集	C	江西
HN	1	b	采集	B	广西
YN	1	a	采集	A	云南
GX	*	f	采集	G	广西

小珠舞花姜　*Globba schomburgkii* Hook. f. var. *angustata* Gagnep.

濒危等级　中国植物红色名录评估为数据缺乏（DD）。

迁地栽培保存

保存地点	种质份数	个体数量	引种方式	生长状况	来源地
GX	*	f	采集	G	云南

象牙参属　*Roscoea*

早花象牙参　*Roscoea cautleoides* Gagnep.

功效主治　根：滋肾润肺。用于虚寒咳嗽，虚性水肿，病后体虚。

濒危等级　中国特有植物，中国植物红色名录评估为无危（LC）。

迁地栽培保存

保存地点	种质份数	个体数量	引种方式	生长状况	来源地
GX	*	f	采集	G	云南

金虎尾科　Malpighiaceae

盾翅藤属　*Aspidopterys*

倒心盾翅藤　*Aspidopterys obcordata* Hemsl.

功效主治　藤：利尿，清热排石。用于淋证，风湿骨痛，产后体虚，食欲不振。

濒危等级　中国特有植物，中国植物红色名录评估为无危（LC）。

迁地栽培保存

保存地点	种质份数	个体数量	引种方式	生长状况	来源地
YN	1	b	购买	C	云南
GX	*	f	采集	G	云南

种质库保存

保存地点	保存方式	种质份数	个体数量	引种方式	来源地
BJ	种子	1	a	采集	福建

盾翅藤 *Aspidopterys glabriuscula* A. Juss.

濒危等级 中国植物红色名录评估为无危（LC）。

迁地栽培保存

保存地点	种质份数	个体数量	引种方式	生长状况	来源地
YN	1	b	购买	C	云南
GX	*	f	采集	G	广西

种质库保存

保存地点	保存方式	种质份数	个体数量	引种方式	来源地
BJ	种子	3	a	采集	云南

多花盾翅藤 *Aspidopterys floribunda* Hutch.

濒危等级 中国特有植物，中国植物红色名录评估为无危（LC）。

迁地栽培保存

保存地点	种质份数	个体数量	引种方式	生长状况	来源地
YN	1	a	购买	C	云南

蒙自盾翅藤 *Aspidopterys henryi* Hutch.

濒危等级 中国特有植物，中国植物红色名录评估为无危（LC）。

迁地栽培保存

保存地点	种质份数	个体数量	引种方式	生长状况	来源地
GX	*	f	采集	G	广西

风筝果属　*Hiptage*

风筝果　*Hiptage benghalensis*（L.）Kurz

功效主治　老藤茎：温肾益气，固肾助阳，敛汗涩精。用于滑精，遗精，早泄阳痿，尿频，腰膝酸软，畏寒肢冷，风寒湿痹，自汗盗汗，体弱虚汗。

濒危等级　中国植物红色名录评估为无危（LC）。

迁地栽培保存

保存地点	种质份数	个体数量	引种方式	生长状况	来源地
GX	*	f	采集	G	重庆

金虎尾属　*Malpighia*

金虎尾　*Malpighia coccigera* L.

迁地栽培保存

保存地点	种质份数	个体数量	引种方式	生长状况	来源地
YN	1	a	购买	C	云南

种质库保存

保存地点	保存方式	种质份数	个体数量	引种方式	来源地
HN	种子	1	a	采集	云南

西印度樱桃　*Malpighia glabra* Linn.

功效主治　果实：收敛。用于痢疾，腹泻，咽喉肿痛，胁痛。种子：用于胁痛。

迁地栽培保存

保存地点	种质份数	个体数量	引种方式	生长状况	来源地
YN	1	a	采集	C	云南

种质库保存

保存地点	保存方式	种质份数	个体数量	引种方式	来源地
BJ	种子	1	a	采集	待确定

林咖啡属 *Bunchosia*

豆沙果 *Bunchosia armeniaca* DC.

迁地栽培保存

保存地点	种质份数	个体数量	引种方式	生长状况	来源地
GX	*	f	采集	G	广西

金莲木科 Ochnaceae

金莲木属 *Ochna*

桂叶黄梅 *Ochna thomasiana* Engl. et Gilg

迁地栽培保存

保存地点	种质份数	个体数量	引种方式	生长状况	来源地
HN	1	a	采集	C	待确定

金莲木 *Ochna integerrima* (Lour.) Merr.

功效主治 树皮：用于消化系统疾病。树根：驱蚊，杀虫。

濒危等级 中国植物红色名录评估为无危（LC）。

迁地栽培保存

保存地点	种质份数	个体数量	引种方式	生长状况	来源地
GX	3	f	采集	G	广西、广东
HN	1	a	采集	C	海南

种质库保存

保存地点	保存方式	种质份数	个体数量	引种方式	来源地
HN	种子	1	a	采集	海南

赛金莲木属　*Campylospermum*

齿叶赛金莲木　*Campylospermum serratum*（Gaertn.）Bittrich & M. C. E. Amaral.

濒危等级　中国植物红色名录评估为无危（LC）。

迁地栽培保存

保存地点	种质份数	个体数量	引种方式	生长状况	来源地
HN	2	a	采集	C	海南

赛金莲木　*Campylospermum striatum*（Tiegh.）M. C. E. Amaral

濒危等级　中国植物红色名录评估为无危（LC）。

迁地栽培保存

保存地点	种质份数	个体数量	引种方式	生长状况	来源地
HN	1	a	采集	C	海南

蒴莲木属　*Sauvagesia*

合柱金莲木　*Sauvagesia rhodoleuca*（Diels）M. C. E. Amaral

功效主治　全株：用于疥疮。

濒危等级　中国特有植物，国家重点保护野生植物名录（第一批）一级，中国植物红色名录评估为易危（VU）。

迁地栽培保存

保存地点	种质份数	个体数量	引种方式	生长状况	来源地
GX	*	f	采集	G	广西

金缕梅科　Hamamelidaceae

檵木属　*Loropetalum*

红花檵木　*Loropetalum chinense*（R. Br.）Oliver var. *rubrum* Yieh

濒危等级　中国特有植物，中国植物红色名录评估为无危（LC）。

迁地栽培保存

保存地点	种质份数	个体数量	引种方式	生长状况	来源地
BJ	6	d	采集	G	安徽、湖北、北京
JS1	1	b	购买	C	江苏
ZJ	1	d	购买	A	浙江
SC	1	f	待确定	G	四川
GZ	1	b	购买	C	贵州
CQ	1	a	购买	C	重庆
YN	1	e	购买	C	云南

种质库保存

保存地点	保存方式	种质份数	个体数量	引种方式	来源地
BJ	种子	1	a	采集	待确定

檵木　*Loropetalum chinense*（R. Br.）Oliver

功效主治　花（檵花）：微甘、涩，平。清暑解热，止咳，止血。用于咳嗽，咯血，衄血，血痢，血崩，遗精，泄泻。叶（檵木叶）：涩、苦，凉。收敛止血，清热解毒。用于创伤出血，烫火伤，扭伤，吐血，泄泻。根（檵木根）：苦、涩，微温。用于咯血，跌打损伤，吐血，闭经，腹痛泄泻，关节酸痛。

迁地栽培保存

保存地点	种质份数	个体数量	引种方式	生长状况	来源地
BJ	3	b	采集	G	江西、河南、湖北
SH	2	a	采集	A	待确定
CQ	1	a	采集	C	重庆
GZ	1	a	采集	C	贵州
HB	1	a	采集	C	湖北
JS1	1	c	采集	D	江苏
ZJ	1	d	购买	A	浙江

种质库保存

保存地点	保存方式	种质份数	个体数量	引种方式	来源地
BJ	种子	11	b	采集	海南、云南、江西、安徽、福建

金缕梅属　*Hamamelis*

金缕梅　*Hamamelis mollis* Oliv.

功效主治　根（金缕梅）：用于劳伤乏力，热毒疮疡。

濒危等级　中国特有植物，中国植物红色名录评估为无危（LC）。

迁地栽培保存

保存地点	种质份数	个体数量	引种方式	生长状况	来源地
GX	*	f	采集	G	云南

种质库保存

保存地点	保存方式	种质份数	个体数量	引种方式	来源地
BJ	种子	1	a	采集	江西

壳菜果属　*Mytilaria*

壳菜果　*Mytilaria laosensis* Lecomte

功效主治　全株：清热，祛风。

濒危等级　中国植物红色名录评估为易危（VU）。

迁地栽培保存

保存地点	种质份数	个体数量	引种方式	生长状况	来源地
GX	*	f	采集	G	广西

蜡瓣花属　*Corylopsis*

红药蜡瓣花　*Corylopsis veitchiana* Bean

濒危等级　中国特有植物，中国植物红色名录评估为近危（NT）。

迁地栽培保存

保存地点	种质份数	个体数量	引种方式	生长状况	来源地
GX	2	f	采集	G	法国、荷兰

阔蜡瓣花　*Corylopsis platypetala* Rehd. & E. H. Wils.

濒危等级　中国特有植物，中国植物红色名录评估为无危（LC）。

迁地栽培保存

保存地点	种质份数	个体数量	引种方式	生长状况	来源地
GX	*	f	采集	G	荷兰

种质库保存

保存地点	保存方式	种质份数	个体数量	引种方式	来源地
BJ	种子	1	a	采集	云南

蜡瓣花 *Corylopsis sinensis* Hemsl.

功效主治 根皮（蜡瓣花）、叶（蜡瓣花）：苦，凉。清热镇静，止呕。用于恶寒发热，呕吐，心悸，烦乱昏迷。

濒危等级 中国特有植物，中国植物红色名录评估为无危（LC）。

迁地栽培保存

保存地点	种质份数	个体数量	引种方式	生长状况	来源地
CQ	1	a	采集	F	重庆
GZ	1	a	采集	C	贵州
GX	*	f	采集	G	荷兰

少花蜡瓣花 *Corylopsis pauciflora* Sieb. & Zucc.

迁地栽培保存

保存地点	种质份数	个体数量	引种方式	生长状况	来源地
GX	*	f	采集	G	荷兰

四川蜡瓣花 *Corylopsis willmottiae* Rehd. & E. H. Wils.

功效主治 果皮：止血。根：清热，除烦，止呕。

濒危等级 中国特有植物，中国植物红色名录评估为无危（LC）。

迁地栽培保存

保存地点	种质份数	个体数量	引种方式	生长状况	来源地
GX	*	f	采集	G	荷兰

穗序蜡瓣花 *Corylopsis spicata* Siebold & Zucc.

迁地栽培保存

保存地点	种质份数	个体数量	引种方式	生长状况	来源地
GX	*	f	采集	G	荷兰

秃蜡瓣花 *Corylopsis sinensis* Hemsl. var. *calvescens* Rehd. & E. H. Wils.

濒危等级 中国特有植物，中国植物红色名录评估为无危（LC）。

迁地栽培保存

保存地点	种质份数	个体数量	引种方式	生长状况	来源地
GX	*	f	采集	G	荷兰

马蹄荷属 *Exbucklandia*

大果马蹄荷 *Exbucklandia tonkinensis* (Lecomte) Steenis

功效主治 树皮、根：祛风湿，活血舒筋，止痛。用于偏瘫。

濒危等级 中国植物红色名录评估为无危（LC）。

迁地栽培保存

保存地点	种质份数	个体数量	引种方式	生长状况	来源地
HN	1	a	采集	C	海南
GX	*	f	采集	G	广西

马蹄荷 *Exbucklandia populnea* (R. Br. ex Griff.) R. W. Brown

功效主治 茎：酸、涩，温。有小毒。舒筋活血，通络止痛。用于风湿关节痛，腰腿痛。根：外用于疮疡肿毒。

濒危等级 中国植物红色名录评估为无危（LC）。

迁地栽培保存

保存地点	种质份数	个体数量	引种方式	生长状况	来源地
GZ	1	a	采集	C	贵州
GX	*	f	采集	G	广西

牛鼻栓属　*Fortunearia*

牛鼻栓　*Fortunearia sinensis* Rehd. & E. H. Wils.

功效主治　根、枝叶：苦、涩，平。益气，止血，生肌。用于劳伤乏力，刀伤出血。果实：益气血。

濒危等级　中国特有植物，陕西省稀有保护植物、江西省三级保护植物，中国植物红色名录评估为易危（VU）。

迁地栽培保存

保存地点	种质份数	个体数量	引种方式	生长状况	来源地
GX	*	f	采集	G	湖北

山铜材属　*Chunia*

山铜材　*Chunia bucklandioides* H. T. Chang

濒危等级　中国特有植物，国家重点保护野生植物名录（第一批）二级，中国植物红色名录评估为濒危（EN）。

迁地栽培保存

保存地点	种质份数	个体数量	引种方式	生长状况	来源地
HN	1	a	采集	C	海南

双花木属　*Disanthus*

长柄双花木　*Disanthus cercidifolius* subsp. *longipes* (H. T. Chang) K. Y. Pan

濒危等级　中国特有植物，国家重点保护野生植物名录（第一批）二级，中国植物红色名录评估为濒危（EN）。

迁地栽培保存

保存地点	种质份数	个体数量	引种方式	生长状况	来源地
GX	*	f	采集	G	湖南

蚊母树属 *Distylium*

蚊母树 *Distylium racemosum* Sieb. & Zucc.

功效主治 根、树皮：辛、微苦，微温。活血祛瘀。用于恶核。

濒危等级 中国植物红色名录评估为无危（LC）。

迁地栽培保存

保存地点	种质份数	个体数量	引种方式	生长状况	来源地
HN	1	a	赠送	C	广西
CQ	1	a	购买	C	重庆
JS1	1	a	采集	D	江苏
SH	1	a	采集	A	待确定

种质库保存

保存地点	保存方式	种质份数	个体数量	引种方式	来源地
BJ	种子	3	b	采集	江苏、上海

小叶蚊母树 *Distylium buxifolium*（Hance）Merr.

功效主治 果实：民间用于癥瘕痞块。

濒危等级 中国特有植物，中国植物红色名录评估为无危（LC）。

迁地栽培保存

保存地点	种质份数	个体数量	引种方式	生长状况	来源地
GX	*	f	采集	G	湖北

种质库保存

保存地点	保存方式	种质份数	个体数量	引种方式	来源地
BJ	种子	1	a	采集	湖北

中华蚊母树 *Distylium chinense*（Franch. ex Hemsl.）Diels

濒危等级 中国特有植物，陕西省濒危保护植物，中国植物红色名录评估为濒危（EN）。

迁地栽培保存

保存地点	种质份数	个体数量	引种方式	生长状况	来源地
CQ	1	a	采集	C	重庆

种质库保存

保存地点	保存方式	种质份数	个体数量	引种方式	来源地
BJ	种子	1	a	采集	湖北

银缕梅属　*Shaniodendron*

银缕梅　*Shaniodendron subaequale*（H. T. Chang）M. B. Deng et al.

濒危等级　中国特有植物，国家重点保护野生植物名录（第一批）二级，中国植物红色名录评估为极危（CR）。

迁地栽培保存

保存地点	种质份数	个体数量	引种方式	生长状况	来源地
JS1	1	a	购买	D	江苏

金丝桃科　Hypericaceae

黄牛木属　*Cratoxylum*

红芽木　*Cratoxylum formosum* subsp. *pruniflorum*（Kurz）Gogelin

濒危等级　中国植物红色名录评估为无危（LC）。

迁地栽培保存

保存地点	种质份数	个体数量	引种方式	生长状况	来源地
YN	1	a	采集	C	云南

黄牛木 *Cratoxylum cochinchinense*（Lour.）Blume

功效主治　根（黄牛茶）、茎皮（黄牛茶）、嫩叶（黄牛茶）：淡、微苦，凉。止血消肿，清热解暑，化湿消滞。用于泄泻，黄疸，咳嗽，音哑，感冒发热。

濒危等级　中国植物红色名录评估为无危（LC）。

迁地栽培保存

保存地点	种质份数	个体数量	引种方式	生长状况	来源地
GX	2	f	采集	G	广西
YN	1	a	采集	C	云南
HN	1	a	采集	C	海南
GD	1	f	采集	G	待确定

种质库保存

保存地点	保存方式	种质份数	个体数量	引种方式	来源地
BJ	种子	3	a	采集	甘肃
HN	种子	12	b	采集	海南

金丝桃属　*Hypericum*

遍地金 *Hypericum wightianum* Wallich ex Wight & Arnott

功效主治　全草（遍地金）：苦、涩，寒。收敛，止泻，清热解毒。用于小儿发热，消化不良，久痢，久泻，毒蛇咬伤。

濒危等级　中国植物红色名录评估为无危（LC）。

迁地栽培保存

保存地点	种质份数	个体数量	引种方式	生长状况	来源地
GX	*	f	采集	G	广西

糙枝金丝桃 *Hypericum scabrum* L.

功效主治　全草：止血，消肿，解毒。用于吐血，咯血，衄血，便血，外伤出血，风湿关节痛，痹证，疗疮肿毒，跌打损伤，月经不调。

濒危等级　中国植物红色名录评估为无危（LC）。

种质库保存

保存地点	保存方式	种质份数	个体数量	引种方式	来源地
BJ	种子	1	a	采集	新疆

长柱金丝桃　*Hypericum longistylum Oliv.*

功效主治　果实：清热解毒，散瘀消肿。

濒危等级　中国特有植物，中国植物红色名录评估为无危（LC）。

种质库保存

保存地点	保存方式	种质份数	个体数量	引种方式	来源地
BJ	种子	3	b	采集	吉林

大叶金丝桃　*Hypericum prattii Hemsl.*

濒危等级　中国特有植物，中国植物红色名录评估为无危（LC）。

迁地栽培保存

保存地点	种质份数	个体数量	引种方式	生长状况	来源地
BJ	2	a	采集	G	河北、陕西

地耳草　*Hypericum japonicum Thunb. ex Murray*

功效主治　全草（田基黄）：辛、苦，平。清热利湿，散瘀消肿，止痛。用于肝毒症，肠痈，痈疖，目赤，口疮，蛇虫咬伤，烫火伤。

迁地栽培保存

保存地点	种质份数	个体数量	引种方式	生长状况	来源地
GD	1	f	采集	G	待确定
SH	1	b	采集	A	待确定
ZJ	1	e	采集	A	山东

续表

保存地点	种质份数	个体数量	引种方式	生长状况	来源地
GZ	1	f	采集	F	贵州
HN	1	a	赠送	C	海南
CQ	1	a	采集	F	重庆

短柄小连翘 *Hypericum petiolulatum* Hook. f. & Thoms. ex Dyer

功效主治 果实：苦，寒。清热解毒，祛风除湿。

濒危等级 中国植物红色名录评估为无危（LC）。

种质库保存

保存地点	保存方式	种质份数	个体数量	引种方式	来源地
BJ	种子	1	a	采集	待确定

赶山鞭 *Hypericum attenuatum* Choisy

功效主治 全草（赶山鞭）：苦，平。止血，镇痛，通乳。用于吐血，咯血，崩漏，创伤出血，风湿关节痛，头痛，跌打损伤，乳痈，疔疮肿毒，多汗。

濒危等级 中国植物红色名录评估为无危（LC）。

迁地栽培保存

保存地点	种质份数	个体数量	引种方式	生长状况	来源地
BJ	1	a	采集	G	湖北
CQ	1	a	采集	C	重庆
HB	1	a	采集	C	湖北
HLJ	1	a	采集	B	黑龙江
SH	1	b	采集	F	待确定

贯叶连翘 *Hypericum perforatum* L.

功效主治 全草（贯叶连翘）：苦、涩，平。止血消肿，清热解毒，收敛，利湿。用于风湿骨痛，口鼻生疮，肿毒，咯血，吐血，肠风下血，烫火伤，外伤出血，无名肿毒，头晕目赤，小便淋痛，月经不调。

迁地栽培保存

保存地点	种质份数	个体数量	引种方式	生长状况	来源地
BJ	3	d	赠送、采集	G	保加利亚、英国，中国陕西
GZ	1	a	采集	C	贵州
HB	1	b	采集	C	湖北

种质库保存

保存地点	保存方式	种质份数	个体数量	引种方式	来源地
BJ	种子	7	b	采集	山西、黑龙江、四川

贵州金丝桃 *Hypericum kouytchense* Lévl.

濒危等级 中国特有植物，中国植物红色名录评估为无危（LC）。

迁地栽培保存

保存地点	种质份数	个体数量	引种方式	生长状况	来源地
GZ	1	b	采集	C	贵州
GX	*	f	采集	G	贵州

黄海棠 *Hypericum ascyron* L.

功效主治 全草（红旱莲）：微苦，寒。凉血止血，泻火解毒。用于吐血，咯血，衄血，崩漏，外伤出血，肝火头痛，黄疸，疖疮。

迁地栽培保存

保存地点	种质份数	个体数量	引种方式	生长状况	来源地
BJ	5	d	采集	G	辽宁、河北、湖北、陕西、山西
GZ	1	b	采集	C	贵州
HEN	1	b	采集	A	河南
GX	*	f	采集	G	法国

种质库保存

保存地点	保存方式	种质份数	个体数量	引种方式	来源地
BJ	种子	7	b	采集	安徽、山西、河北，待确定
HN	种子	1	a	采集	湖南

金丝梅 *Hypericum patulum* Thunb. ex Murray

功效主治 根：舒筋活血，催乳，利尿。

迁地栽培保存

保存地点	种质份数	个体数量	引种方式	生长状况	来源地
JS1	1	d	购买	C	江苏
SC	1	f	待确定	G	四川
HB	1	a	采集	C	待确定
CQ	1	a	采集	C	重庆
SH	1	a	采集	F	待确定
GX	*	f	采集	G	浙江

种质库保存

保存地点	保存方式	种质份数	个体数量	引种方式	来源地
BJ	种子	1	a	采集	贵州

金丝桃 *Hypericum monogynum* Linn.

功效主治 根（金丝桃）：甘，温。祛风湿，止咳，清热解毒。用于风湿腰痛，肝毒症，疖肿，毒蛇咬伤。
果实（金丝桃果实）：用于肺痨，顿咳。

濒危等级 中国植物红色名录评估为无危（LC）。

迁地栽培保存

保存地点	种质份数	个体数量	引种方式	生长状况	来源地
BJ	4	d	采集	G	浙江、江西、黑龙江、内蒙古

续表

保存地点	种质份数	个体数量	引种方式	生长状况	来源地
HB	2	a	采集	C	湖北
LN	2	b	采集	C	辽宁
SH	1	b	采集	A	待确定
JS1	1	a	采集	C	江苏
CQ	1	a	采集	C	重庆
GX	*	f	采集	G	云南

种质库保存

保存地点	保存方式	种质份数	个体数量	引种方式	来源地
BJ	种子	11	b	采集	河南、四川、江西、云南、黑龙江、广西、内蒙古、吉林

密腺小连翘 *Hypericum seniawinii* Maxim.

功效主治 全草：微苦，平。收敛止血，镇痛。

濒危等级 中国植物红色名录评估为无危（LC）。

迁地栽培保存

保存地点	种质份数	个体数量	引种方式	生长状况	来源地
BJ	1	b	采集	C	江西

突脉金丝桃 *Hypericum przewalskii* Maxim.

功效主治 全草（大对经草）：苦、辛，平。活血调经，止血止痛，利水消肿，祛风除湿。用于月经不调，跌打损伤，骨折出血，小便淋痛，毒蛇咬伤。

濒危等级 中国特有植物，中国植物红色名录评估为无危（LC）。

迁地栽培保存

保存地点	种质份数	个体数量	引种方式	生长状况	来源地
BJ	1	b	采集	G	四川

西南金丝梅 *Hypericum henryi* Lévl. & Van.

迁地栽培保存

保存地点	种质份数	个体数量	引种方式	生长状况	来源地
GX	2	f	采集	G	云南、广西

小连翘 *Hypericum erectum* Thunb. ex Murray

功效主治 全草（小对叶草）：苦，平。止血，消肿，解毒。用于吐血，咯血，衄血，便血，外伤出血，风湿关节痛，痹证，疔疮肿毒，跌打扭伤，月经不调。

濒危等级 中国植物红色名录评估为无危（LC）。

迁地栽培保存

保存地点	种质份数	个体数量	引种方式	生长状况	来源地
SH	1	a	采集	F	待确定
BJ	1	b	采集	G	待确定
GX	*	f	采集	G	日本

扬子小连翘 *Hypericum faberi* R. Keller

功效主治 全草（扬子小连翘）：苦，凉。凉血止血，消肿止痛。用于风热感冒，风湿疼痛，跌打损伤，内出血。

濒危等级 中国特有植物，中国植物红色名录评估为无危（LC）。

种质库保存

保存地点	保存方式	种质份数	个体数量	引种方式	来源地
HN	种子	1	a	采集	湖南

元宝草 *Hypericum sampsonii* Hance

功效主治 全草（元宝草）：苦、辛，凉。调经通络，活血止血，解毒。用于月经不调，跌打损伤，风湿腰痛，吐血，咯血，痈肿，毒蛇咬伤。

迁地栽培保存

保存地点	种质份数	个体数量	引种方式	生长状况	来源地
BJ	2	b	采集	G	四川、江西
HB	1	a	采集	C	湖北
SH	1	b	采集	A	待确定
GX	*	f	采集	G	广西

栽秧花 *Hypericum beanii* N. Robson

功效主治 根、叶：清肝利湿，解毒散瘀。用于胁痛，淋证，结石，跌打损伤，毒蛇咬伤。

濒危等级 中国特有植物，中国植物红色名录评估为无危（LC）。

种质库保存

保存地点	保存方式	种质份数	个体数量	引种方式	来源地
BJ	种子	1	a	采集	四川

金粟兰科 Chloranthaceae

草珊瑚属 *Sarcandra*

草珊瑚 *Sarcandra glabra* (Thunb.) Nakai

功效主治 全株（肿节风）：苦、辛，平。有小毒。清热解毒，通经接骨。用于感冒，头风，肺热咳嗽，痢疾，肠痈，疮疡肿毒，风湿关节痛，跌打损伤。

濒危等级 中国植物红色名录评估为无危（LC）。

迁地栽培保存

保存地点	种质份数	个体数量	引种方式	生长状况	来源地
BJ	2	a	采集	G	湖北、广东
GX	2	f	采集	G	中国广西，日本
FJ	1	a	采集	A	福建

保存地点	种质份数	个体数量	引种方式	生长状况	来源地
YN	1	a	采集	C	云南
SC	1	f	待确定	G	四川
GZ	1	a	采集	C	贵州
CQ	1	b	采集	B	重庆
GD	1	f	采集	G	待确定

种质库保存

保存地点	保存方式	种质份数	个体数量	引种方式	来源地
BJ	种子	12	b	采集	重庆、云南、海南、四川、广西
HN	种子	1	a	采集	福建

海南草珊瑚 *Sarcandra hainanensis* (S. J. Pei) Swamy & I. W. Bailey

功效主治 全株：消肿止痛，通利关节。用于骨折。

濒危等级 中国植物红色名录评估为无危（LC）。

迁地栽培保存

保存地点	种质份数	个体数量	引种方式	生长状况	来源地
HN	1	b	采集	B	海南
BJ	1	a	采集	G	海南
GX	*	f	采集	G	海南、广西

种质库保存

保存地点	保存方式	种质份数	个体数量	引种方式	来源地
BJ	种子	1	a	采集	新疆
HN	种子	6	c	采集	海南

金粟兰属　*Chloranthus*

多穗金粟兰　*Chloranthus multistachys* C. Pei

功效主治　全草：苦、辛，微温。有小毒。活血散瘀，祛风解毒。用于跌打损伤，腰腿痛，感冒，带下病，疖肿，皮肤瘙痒。

迁地栽培保存

保存地点	种质份数	个体数量	引种方式	生长状况	来源地
BJ	2	b	采集	C	江苏、江西
HB	1	a	采集	C	湖北
GX	*	f	采集	G	湖南

及己　*Chloranthus serratus*（Thunb.）Roem. et Schult.

功效主治　全草（及己）：苦，平。有毒。活血散瘀，祛风消肿，解毒。用于跌打损伤，痈疮肿毒，风湿痛。

濒危等级　中国植物红色名录评估为无危（LC）。

迁地栽培保存

保存地点	种质份数	个体数量	引种方式	生长状况	来源地
BJ	2	b	采集	C	湖北
CQ	2	a	采集	D	重庆
GD	1	f	采集	G	待确定
SH	1	b	采集	A	待确定
GX	*	f	采集	G	贵州

金粟兰　*Chloranthus spicatus*（Thunb.）Makino

功效主治　全株（珠兰、金粟兰）：甘、辛，温。祛风湿，接筋骨。用于风湿关节痛，跌打损伤，刀伤出血；外用于疔疮。

濒危等级　中国植物红色名录评估为无危（LC）。

迁地栽培保存

保存地点	种质份数	个体数量	引种方式	生长状况	来源地
HB	2	a	采集	C	待确定
YN	1	a	购买	C	云南
JS1	1	a	采集	D	江苏
GZ	1	a	赠送	C	广西
GD	1	f	采集	G	待确定
BJ	1	a	采集	G	广西
SH	1	a	采集	A	待确定
GX	*	f	采集	G	广西

宽叶金粟兰 *Chloranthus henryi* Hemsl.

功效主治　全草（四块瓦）：辛，温。祛风除湿，活血化瘀，消肿解毒。用于风寒湿痹，月经不调，跌打损伤，风寒咳嗽，痈疮肿毒。

濒危等级　中国特有植物，中国植物红色名录评估为无危（LC）。

迁地栽培保存

保存地点	种质份数	个体数量	引种方式	生长状况	来源地
BJ	2	b	采集	C	湖南、陕西
HEN	1	b	采集	C	河南
GD	1	f	采集	G	待确定
GZ	1	b	采集	C	贵州

全缘金粟兰 *Chloranthus holostegius* (Hand.-Mazz.) S. J. Pei & Shan

功效主治　全草：苦、辛，温。有毒。活血散瘀，舒筋活络，止痛。用于跌打损伤，骨折，风湿关节痛。

迁地栽培保存

保存地点	种质份数	个体数量	引种方式	生长状况	来源地
YN	1	a	购买	C	云南
GX	*	f	采集	G	广西

丝穗金粟兰 *Chloranthus fortunei* (A. Gray) Solms

功效主治 全草（银线草、水晶花）：辛，温。有小毒。活血化瘀，解毒。用于风湿关节痛，痢疾，泄泻，胃痛，跌打损伤，闭经；外用于癣，湿疹，皮肤瘙痒。

濒危等级 中国特有植物，中国植物红色名录评估为无危（LC）。

迁地栽培保存

保存地点	种质份数	个体数量	引种方式	生长状况	来源地
BJ	2	b	采集	G	江西、河南
GZ	1	b	采集	C	贵州

四川金粟兰 *Chloranthus sessilifolius* K. F. Wu

功效主治 全草：散瘀活血。用于跌打损伤。

濒危等级 中国特有植物，中国植物红色名录评估为无危（LC）。

迁地栽培保存

保存地点	种质份数	个体数量	引种方式	生长状况	来源地
CQ	1	a	采集	C	重庆
GX	*	f	采集	G	四川

银线草 *Chloranthus japonicus* Siebold

功效主治 全草：苦、辛，温。活血行瘀，散寒祛风，解毒。用于风寒咳嗽，风湿痛，闭经；外用于跌打损伤，瘀血肿痛，毒蛇咬伤。

濒危等级 中国植物红色名录评估为无危（LC）。

迁地栽培保存

保存地点	种质份数	个体数量	引种方式	生长状况	来源地
BJ	3	b	采集	G	辽宁、贵州、陕西
LN	1	c	采集	B	辽宁
HEN	1	b	采集	C	河南

鱼子兰 *Chloranthus elatior* Link

功效主治 新鲜嫩茎汁液：止痛。用于感冒，石淋，阴挺，跌打损伤，风湿麻木，痹证，偏头痛。鲜叶：外用于骨折。

濒危等级 中国植物红色名录评估为无危（LC）。

迁地栽培保存

保存地点	种质份数	个体数量	引种方式	生长状况	来源地
YN	1	a	购买	C	云南
GX	*	f	采集	G	广西

雪香兰属 *Hedyosmum*

雪香兰 *Hedyosmum orientale* Merr. & Chun

功效主治 全草：用于风湿痛。

濒危等级 中国植物红色名录评估为易危（VU）。

迁地栽培保存

保存地点	种质份数	个体数量	引种方式	生长状况	来源地
HN	1	a	采集	B	海南

金鱼藻科　Ceratophyllaceae

金鱼藻属 *Ceratophyllum*

金鱼藻 *Ceratophyllum demersum* L.

功效主治 全草：淡，凉。止血。用于吐血，咳嗽。

濒危等级 中国植物红色名录评估为无危（LC）。

迁地栽培保存

保存地点	种质份数	个体数量	引种方式	生长状况	来源地
GD	1	f	采集	G	待确定
BJ	1	d	采集	G	北京
GX	*	f	采集	G	广西

堇菜科　Violaceae

堇菜属　*Viola*

白花地丁　*Viola patrinii* DC. ex Ging.

功效主治　全草（铧头草）：辛、微苦，寒。清热解毒，消瘀消肿。用于疮毒红肿，淋浊，狂犬咬伤，目赤，咽喉肿痛。

濒危等级　中国植物红色名录评估为无危（LC）。

迁地栽培保存

保存地点	种质份数	个体数量	引种方式	生长状况	来源地
JS1	1	b	采集	B	江苏
GX	*	f	采集	G	山东

斑叶堇菜　*Viola variegata* Fisch. ex Link

功效主治　全草：甘，凉。清热解毒，止血。用于创伤出血。

迁地栽培保存

保存地点	种质份数	个体数量	引种方式	生长状况	来源地
BJ	2	b	采集	G	北京、山西
GX	*	f	采集	G	湖北

长萼堇菜　*Viola inconspicua* Blume

功效主治　全草：苦，寒。清热解毒，凉血消肿。用于痈疽疮毒，毒蛇咬伤。

迁地栽培保存

保存地点	种质份数	个体数量	引种方式	生长状况	来源地
HN	1	a	采集	B	海南
GD	1	f	采集	G	待确定
ZJ	1	e	采集	A	浙江
GX	*	f	采集	G	澳门

粗齿堇菜 *Viola urophylla* Franch.

濒危等级 中国特有植物，中国植物红色名录评估为无危（LC）。

迁地栽培保存

保存地点	种质份数	个体数量	引种方式	生长状况	来源地
BJ	1	b	采集	G	河北

东北堇菜 *Viola mandshurica* W. Beck.

功效主治 全草：清热解毒，消肿。

迁地栽培保存

保存地点	种质份数	个体数量	引种方式	生长状况	来源地
BJ	1	b	采集	G	山东

福建堇菜 *Viola kosanensis* Hayata

功效主治 全草：消肿排脓。用于脓肿。

濒危等级 中国特有植物，中国植物红色名录评估为无危（LC）。

迁地栽培保存

保存地点	种质份数	个体数量	引种方式	生长状况	来源地
GX	*	f	采集	G	广西

堇 *Viola moupinensis* Franch.

功效主治　全草（乌蔗连）：微甘，寒。清热，解毒，活血，止血。用于乳痈，肿毒，刀伤，咯血。

濒危等级　中国植物红色名录评估为无危（LC）。

迁地栽培保存

保存地点	种质份数	个体数量	引种方式	生长状况	来源地
HB	2	c	采集	B	湖北
GZ	1	a	采集	C	贵州
BJ	1	a	采集	C	安徽

灰叶堇菜 *Viola delavayi* Franch.

功效主治　全草：酸、甘，温。温经通络，除湿止痛。用于风寒咳嗽。根：用于虚弱头晕，风湿关节痛，小儿疳积，跌打损伤。

濒危等级　中国特有植物，中国植物红色名录评估为无危（LC）。

迁地栽培保存

保存地点	种质份数	个体数量	引种方式	生长状况	来源地
BJ	1	b	采集	G	河北

鸡腿堇菜 *Viola acuminata* Ledeb.

功效主治　叶：淡，寒。清热解毒，消肿止痛。用于肺热咳嗽，疮痈，跌打损伤。

濒危等级　中国植物红色名录评估为无危（LC）。

迁地栽培保存

保存地点	种质份数	个体数量	引种方式	生长状况	来源地
BJ	2	d	采集	G	北京、辽宁
GZ	1	a	采集	C	贵州
CQ	1	b	采集	C	重庆

种质库保存

保存地点	保存方式	种质份数	个体数量	引种方式	来源地
BJ	种子	6	b	采集	重庆

戟叶堇菜 *Viola betonicifolia* J. E. Smith

功效主治　全草（铧头草）：苦，微寒。清热解毒，祛瘀消肿。用于肠痈，淋浊，疔疮肿毒，刀伤出血，烫火伤。

迁地栽培保存

保存地点	种质份数	个体数量	引种方式	生长状况	来源地
CQ	1	b	采集	C	重庆

角堇菜 *Viola cornuta* L.

种质库保存

保存地点	保存方式	种质份数	个体数量	引种方式	来源地
BJ	种子	1	a	采集	待确定

犁头草 *Viola japonica* Langsd. ex DC.

功效主治　全草或根：清热，解毒。用于痈疽，疔疮，瘰疬，乳痈，外伤出血。

迁地栽培保存

保存地点	种质份数	个体数量	引种方式	生长状况	来源地
GX	*	f	采集	G	广西

裂叶堇菜 *Viola dissecta* Ledeb.

功效主治　全草（疔毒草）：微苦，凉。清热解毒，消痈肿。用于痈疮疔毒，淋浊，无名肿毒。

濒危等级　中国植物红色名录评估为无危（LC）。

迁地栽培保存

保存地点	种质份数	个体数量	引种方式	生长状况	来源地
BJ	2	b	采集	G	北京、内蒙古

南山堇菜 *Viola chaerophylloides* (Regel) W. Beck.

功效主治　全草：清热，止血，止咳，化痰。用于风热咳嗽，气喘无痰，跌打肿痛，外伤出血。

濒危等级　中国植物红色名录评估为无危（LC）。

迁地栽培保存

保存地点	种质份数	个体数量	引种方式	生长状况	来源地
BJ	1	b	采集	G	待确定
GX	*	f	采集	G	上海

匍匐堇菜 *Viola pilosa* Blume

功效主治　茎、叶：清热解毒，消肿止痛。用于蛇咬伤，刀伤。

濒危等级　中国植物红色名录评估为无危（LC）。

迁地栽培保存

保存地点	种质份数	个体数量	引种方式	生长状况	来源地
GX	*	f	采集	G	四川

七星莲 *Viola diffusa* Ging.

功效主治　全草（抽脓草）：排脓。用于脓肿。

濒危等级　中国植物红色名录评估为无危（LC）。

迁地栽培保存

保存地点	种质份数	个体数量	引种方式	生长状况	来源地
GZ	1	b	采集	C	贵州
GX	*	f	采集	G	广西

茜堇菜 *Viola phalacrocarpa* Maxim.

功效主治 全草：清热解毒，消肿。用于痢疾，湿热黄疸，小儿鼻衄，淋证，疔疮痈肿。

迁地栽培保存

保存地点	种质份数	个体数量	引种方式	生长状况	来源地
GX	*	f	采集	G	山东

球果堇菜 *Viola collina* Bess.

功效主治 全草（地核桃）：苦、涩，凉。清热解毒，消肿止血。用于痈疽疮毒，肺痈，跌打损伤，刀伤出血。

濒危等级 中国植物红色名录评估为无危（LC）。

迁地栽培保存

保存地点	种质份数	个体数量	引种方式	生长状况	来源地
CQ	1	a	采集	F	重庆
BJ	1	b	采集	G	山东
GX	*	f	采集	G	广西

柔毛堇菜 *Viola principis* H. de Boiss.

功效主治 全草：用于疔疮痈疖，毒蛇咬伤。

濒危等级 中国特有植物，中国植物红色名录评估为无危（LC）。

迁地栽培保存

保存地点	种质份数	个体数量	引种方式	生长状况	来源地
GX	*	f	采集	G	广西、贵州

如意草 *Viola hamiltoniana* D. Don

功效主治 全草：微苦，凉。清热解毒，散瘀，止咳。用于疖肿，无名肿毒，肺热咳嗽，目赤，毒蛇咬伤，刀伤。

迁地栽培保存

保存地点	种质份数	个体数量	引种方式	生长状况	来源地
GZ	1	b	采集	C	贵州
HB	1	a	采集	C	湖北
GD	1	f	采集	G	待确定
GX	*	f	采集	G	广西

三角叶堇菜 *Viola triangulifolia* W. Beck.

功效主治 全草：清热利湿，解毒。用于目赤。
濒危等级 中国特有植物，中国植物红色名录评估为无危（LC）。
迁地栽培保存

保存地点	种质份数	个体数量	引种方式	生长状况	来源地
GX	*	f	采集	G	广西

三色堇 *Viola tricolor* L.

功效主治 全草：清热解毒，散瘀，止咳，利尿。用于咳嗽，小儿瘰疬，无名肿毒。
迁地栽培保存

保存地点	种质份数	个体数量	引种方式	生长状况	来源地
GX	3	f	采集	G	中国广西，新西兰
SH	1	b	采集	A	待确定
BJ	1	e	购买	G	北京
JS1	1	b	购买	C	江苏

种质库保存

保存地点	保存方式	种质份数	个体数量	引种方式	来源地
BJ	种子	1	a	采集	上海

深圆齿堇菜 *Viola davidii* Franch.

功效主治 全草（紫花地丁）：苦，寒。清热解毒，散瘀消肿。用于风火眼肿，跌打损伤，无名肿毒，刀伤，毒蛇咬伤。

濒危等级　中国特有植物，中国植物红色名录评估为无危（LC）。

迁地栽培保存

保存地点	种质份数	个体数量	引种方式	生长状况	来源地
GX	2	f	采集	G	广西

乌泡连　*Viola vaginata* Maxim.

迁地栽培保存

保存地点	种质份数	个体数量	引种方式	生长状况	来源地
SH	1	a	采集	A	待确定
GX	*	f	采集	G	广西

西山堇菜　*Viola hancockii* W. Beck.

濒危等级　中国特有植物，中国植物红色名录评估为无危（LC）。

迁地栽培保存

保存地点	种质份数	个体数量	引种方式	生长状况	来源地
GX	*	f	采集	G	山东

香堇菜　*Viola odorata* L.

功效主治　全草：凉。清热镇咳，祛痰，镇痛，止泻。

迁地栽培保存

保存地点	种质份数	个体数量	引种方式	生长状况	来源地
GX	*	f	采集	G	日本

心叶堇菜　*Viola concordifolia* C. J. Wang

功效主治　全草：辛、涩，平。清热解毒。用于痈疽疮疡。

濒危等级　中国植物红色名录评估为无危（LC）。

迁地栽培保存

保存地点	种质份数	个体数量	引种方式	生长状况	来源地
GZ	1	a	采集	C	贵州
CQ	1	a	采集	C	重庆
GX	*	f	采集	G	广西

野生堇菜　*Viola arvensis* Murray

功效主治　全草：祛痰，利尿，解毒。用于咳嗽，风湿病，皮疹，湿疹。

濒危等级　中国植物红色名录评估为无危（LC）。

迁地栽培保存

保存地点	种质份数	个体数量	引种方式	生长状况	来源地
GX	*	f	采集	G	法国

硬毛堇菜　*Viola hirta* L.

功效主治　全草：清热解毒。用于感冒发热，瘰疬，疟腮，疔疮肿毒。

濒危等级　中国植物红色名录评估为无危（LC）。

迁地栽培保存

保存地点	种质份数	个体数量	引种方式	生长状况	来源地
GX	*	f	采集	G	法国

圆叶堇菜　*Viola pseudo-bambusetorum* Chang

濒危等级　中国特有植物，中国植物红色名录评估为无危（LC）。

迁地栽培保存

保存地点	种质份数	个体数量	引种方式	生长状况	来源地
SC	1	f	待确定	G	四川

云南堇菜 *Viola yunnanensis* W. Beck. & H. de Boiss.

功效主治 全草：用于小儿疳积。

濒危等级 中国植物红色名录评估为无危（LC）。

迁地栽培保存

保存地点	种质份数	个体数量	引种方式	生长状况	来源地
HN	1	b	采集	B	海南
BJ	1	b	采集	G	云南
GX	*	f	采集	G	广西

早开堇菜 *Viola prionantha* Bunge

功效主治 全草：清热解毒，凉血消肿。用于痈疽，丹毒，乳痈，目赤肿痛，咽肿，黄疸，肠痈，毒蛇咬伤。

迁地栽培保存

保存地点	种质份数	个体数量	引种方式	生长状况	来源地
BJ	1	e	采集	G	北京
JS2	1	d	购买	C	江苏

紫背堇菜 *Viola violacea* Makino

迁地栽培保存

保存地点	种质份数	个体数量	引种方式	生长状况	来源地
GX	*	f	采集	G	云南

紫花地丁 *Viola philippica* Cav.

功效主治 全草：苦、微辛，寒。清热解毒，止痛。用于疔疮，瘰疬。

迁地栽培保存

保存地点	种质份数	个体数量	引种方式	生长状况	来源地
BJ	2	e	采集	G	北京、辽宁
NMG	1	d	采集	C	内蒙古
HEN	1	e	赠送	A	河南
HB	1	a	采集	C	湖北
GZ	1	c	采集	C	贵州
CQ	1	b	采集	C	重庆
SH	1	b	采集	A	待确定
SC	1	f	待确定	G	四川
HLJ	1	d	采集	A	黑龙江
JS1	1	e	采集	B	江苏
GX	*	f	采集	G	广西

种质库保存

保存地点	保存方式	种质份数	个体数量	引种方式	来源地
BJ	种子	8	b	采集	河北、安徽、重庆、吉林、云南

紫花堇菜 *Viola grypoceras* A. Gray

功效主治　全草：清热解毒，消肿。用于皮肤热毒，无名肿痛。

濒危等级　中国植物红色名录评估为无危（LC）。

迁地栽培保存

保存地点	种质份数	个体数量	引种方式	生长状况	来源地
JS1	1	a	采集	C	江苏
GX	*	f	采集	G	广西

三角车属　*Rinorea*

三角车　*Rinorea bengalensis*（Wall.）Gagnep.

濒危等级　中国植物红色名录评估为无危（LC）。

迁地栽培保存

保存地点	种质份数	个体数量	引种方式	生长状况	来源地
GX	*	f	采集	G	广西

锦葵科　**Malvaceae**

昂天莲属　*Ambroma*

昂天莲　*Ambroma augustum*（L.）L. f.

功效主治　根、叶：微苦，平。通经行血，散瘀消肿。用于疮疖红肿，跌打肿痛。

濒危等级　中国植物红色名录评估为无危（LC）。

迁地栽培保存

保存地点	种质份数	个体数量	引种方式	生长状况	来源地
BJ	2	a	采集	G	海南、广东
HN	1	e	采集	C	待确定
YN	1	a	采集	C	云南
GX	*	f	采集	G	广西

种质库保存

保存地点	保存方式	种质份数	个体数量	引种方式	来源地
BJ	种子	11	b	采集	海南、云南、广西
HN	种子	2	c	采集	海南

扁担杆属　*Grewia*

扁担杆　*Grewia biloba* G. Don

功效主治　根：甘、苦，温。健脾养血，祛风湿，消痞。用于疮疡肿毒。枝、叶：甘、苦，温。健脾养血，祛风湿，消痞。用于小儿疳积，消化不良，崩漏，带下病，阴挺，脱肛。

濒危等级　中国植物红色名录评估为无危（LC）。

迁地栽培保存

保存地点	种质份数	个体数量	引种方式	生长状况	来源地
BJ	1	a	采集	G	广西
SH	1	a	采集	A	待确定

种质库保存

保存地点	保存方式	种质份数	个体数量	引种方式	来源地
HN	种子	2	b	采集	湖南
BJ	种子	6	b	采集	云南、江西、安徽

黄麻叶扁担杆　*Grewia henryi* Burret

功效主治　根皮：止痢。用于痢疾。

濒危等级　中国特有植物，中国植物红色名录评估为无危（LC）。

迁地栽培保存

保存地点	种质份数	个体数量	引种方式	生长状况	来源地
GX	*	f	采集	G	广西

种质库保存

保存地点	保存方式	种质份数	个体数量	引种方式	来源地
BJ	种子	1	a	采集	待确定

镰叶扁担杆　*Grewia falcata* C. Y. Wu

功效主治　全株：止血。用于外伤出血。

濒危等级 中国植物红色名录评估为无危（LC）。

种质库保存

保存地点	保存方式	种质份数	个体数量	引种方式	来源地
BJ	种子	2	a	采集	云南

毛果扁担杆 *Grewia eriocarpa* Juss.

功效主治 根：止血。用于出血，牙痛。枝、花：用于胃痛。

濒危等级 中国植物红色名录评估为无危（LC）。

迁地栽培保存

保存地点	种质份数	个体数量	引种方式	生长状况	来源地
HN	2	a	采集	C	海南

种质库保存

保存地点	保存方式	种质份数	个体数量	引种方式	来源地
BJ	种子	1	a	采集	海南

朴叶扁担杆 *Grewia celtidifolia* Juss.

濒危等级 中国植物红色名录评估为无危（LC）。

种质库保存

保存地点	保存方式	种质份数	个体数量	引种方式	来源地
BJ	种子	1	a	采集	云南

苘麻叶扁担杆 *Grewia abutilifolia* Vent ex Juss.

功效主治 根：用于肝毒症。叶：用于痢疾。

濒危等级 中国植物红色名录评估为无危（LC）。

迁地栽培保存

保存地点	种质份数	个体数量	引种方式	生长状况	来源地
GX	*	f	采集	G	广西

小花扁担杆 *Grewia biloba* G. Don var. *parviflora*（Bunge）Hand.-Mazz.

濒危等级　中国特有植物，中国植物红色名录评估为无危（LC）。

迁地栽培保存

保存地点	种质份数	个体数量	引种方式	生长状况	来源地
BJ	1	a	交换	G	北京

种质库保存

保存地点	保存方式	种质份数	个体数量	引种方式	来源地
BJ	种子	7	b	采集	山西、安徽、江西

柄翅果属　*Burretiodendron*

柄翅果 *Burretiodendron esquirolii*（Lévl.）Rehd.

濒危等级　国家重点保护野生植物名录（第一批）二级，中国植物红色名录评估为易危（VU）。

种质库保存

保存地点	保存方式	种质份数	个体数量	引种方式	来源地
BJ	种子	1	a	采集	云南
GX	组织	1	f	采集	中国

翅果麻属　*Kydia*

翅果麻 *Kydia calycina* Roxb.

功效主治　叶、花：清热解毒。

濒危等级　中国植物红色名录评估为无危（LC）。

种质库保存

保存地点	保存方式	种质份数	个体数量	引种方式	来源地
BJ	种子	3	a	采集	云南

翅苹婆属　*Pterygota*

翅苹婆　*Pterygota alata*（Roxb.）R. Br.

濒危等级　中国植物红色名录评估为无危（LC）。

迁地栽培保存

保存地点	种质份数	个体数量	引种方式	生长状况	来源地
HN	1	a	采集	C	待确定

翅子树属　*Pterospermum*

翅子树　*Pterospermum acerifolium* Willd.

功效主治　树皮：消肿散结，通经络。

濒危等级　中国植物红色名录评估为无危（LC）。

迁地栽培保存

保存地点	种质份数	个体数量	引种方式	生长状况	来源地
BJ	1	a	采集	G	待确定

种质库保存

保存地点	保存方式	种质份数	个体数量	引种方式	来源地
BJ	种子	4	a	采集	云南
HN	种子	1	b	采集	海南

翻白叶树　*Pterospermum heterophyllum* Hance

功效主治　根（半枫荷）：甘、淡，微温。祛风除湿，活血通络。用于风湿痹痛，腰肌劳损，手足酸麻无力，跌打损伤。

濒危等级　中国特有植物，中国植物红色名录评估为近危（NT）。

迁地栽培保存

保存地点	种质份数	个体数量	引种方式	生长状况	来源地
GD	1	f	采集	G	待确定
HN	1	a	采集	C	海南
BJ	*	b	采集	G	待确定

种质库保存

保存地点	保存方式	种质份数	个体数量	引种方式	来源地
BJ	种子	8	b	采集	海南

窄叶半枫荷　*Pterospermum lanceifolium* Roxb.

功效主治　根：祛风湿，止痛。用于风湿关节痛。

濒危等级　中国植物红色名录评估为无危（LC）。

迁地栽培保存

保存地点	种质份数	个体数量	引种方式	生长状况	来源地
HN	1	a	采集	C	海南
YN	1	a	采集	C	云南
GX	*	f	采集	G	广西

种质库保存

保存地点	保存方式	种质份数	个体数量	引种方式	来源地
BJ	种子	1	a	采集	待确定

刺果藤属　*Byttneria*

刺果藤　*Byttneria aspera* Colebr. ex Wall.

功效主治　根：涩、微苦，微温。祛风湿，壮筋骨。用于产后筋骨痛，风湿骨痛，腰肌劳损。

濒危等级　中国植物红色名录评估为无危（LC）。

迁地栽培保存

保存地点	种质份数	个体数量	引种方式	生长状况	来源地
HN	2	a	采集	C	海南
YN	1	a	购买	C	云南
GD	1	a	采集	D	待确定
GX	*	f	采集	G	广西

全缘刺果藤　*Byttneria integrifolia* Lace

濒危等级　中国植物红色名录评估为无危（LC）。

种质库保存

保存地点	保存方式	种质份数	个体数量	引种方式	来源地
BJ	种子	1	a	采集	待确定

刺蒴麻属　*Triumfetta*

长勾刺蒴麻　*Triumfetta pilosa* Roth

功效主治　根（金纳香）、叶（金纳香）：甘、微辛，温。活血行气，调经。用于月经不调，腹中包块作痛，跌打损伤。

种质库保存

保存地点	保存方式	种质份数	个体数量	引种方式	来源地
BJ	种子	10	b	采集	广西、云南

刺蒴麻　*Triumfetta rhomboidea* Jack.

功效主治　全株（黄花虱麻头）：甘、淡，凉。解表清热，利尿散结。用于风热感冒，石淋。

迁地栽培保存

保存地点	种质份数	个体数量	引种方式	生长状况	来源地
HN	1	a	采集	B	海南
GD	1	f	采集	G	待确定
YN	1	a	采集	C	云南
GX	*	f	采集	G	广西

种质库保存

保存地点	保存方式	种质份数	个体数量	引种方式	来源地
BJ	种子	7	c	采集	甘肃、山西、四川、海南、云南

单毛刺蒴麻 *Triumfetta annua* L.

功效主治　根：祛风，活血，镇痛。

种质库保存

保存地点	保存方式	种质份数	个体数量	引种方式	来源地
BJ	种子	6	b	采集	山西、贵州

毛刺蒴麻 *Triumfetta cana* Bl.

功效主治　全草：清热解毒，利湿消肿。用于风湿痛，肺气肿，乳房肿块，痢疾，跌打损伤。

濒危等级　中国植物红色名录评估为无危（LC）。

种质库保存

保存地点	保存方式	种质份数	个体数量	引种方式	来源地
BJ	种子	8	c	采集	海南、广西、福建

滇桐属 *Craigia*

滇桐 *Craigia yunnanensis* Smith & Evans

濒危等级　国家重点保护野生植物名录（第一批）二级，中国植物红色名录评估为濒危（EN）。

迁地栽培保存

保存地点	种质份数	个体数量	引种方式	生长状况	来源地
GX	2	f	采集	G	云南

椴树属 *Tilia*

椴树 *Tilia tuan* Szyszyl.

功效主治 根皮（白郎花）：苦、辛，凉。通经理气。用于跌打损伤，劳伤。

濒危等级 中国特有植物，中国植物红色名录评估为无危（LC）。

迁地栽培保存

保存地点	种质份数	个体数量	引种方式	生长状况	来源地
JS1	1	a	购买	D	江苏

种质库保存

保存地点	保存方式	种质份数	个体数量	引种方式	来源地
BJ	种子	4	a	采集	湖北、江西

华东椴 *Tilia japonica* Simonk.

功效主治 根、根皮：强壮，止咳。用于劳伤乏力，久咳。

濒危等级 中国植物红色名录评估为无危（LC）。

迁地栽培保存

保存地点	种质份数	个体数量	引种方式	生长状况	来源地
GX	*	f	采集	G	日本

辽椴 *Tilia mandshurica* Rupr. & Maxim.

功效主治 花：用于感冒，淋证，腰痛，口腔破溃，咽喉肿痛。

迁地栽培保存

保存地点	种质份数	个体数量	引种方式	生长状况	来源地
GX	*	f	采集	G	上海

毛糯米椴 *Tilia henryana* Szyszyl.

功效主治 根：祛风活血，镇痛。

濒危等级 中国特有植物，中国植物红色名录评估为无危（LC）。

迁地栽培保存

保存地点	种质份数	个体数量	引种方式	生长状况	来源地
GX	*	f	采集	G	上海

膜叶椴 *Tilia membranacea* H. T. Chang

濒危等级 中国特有植物，中国植物红色名录评估为无危（LC）。

迁地栽培保存

保存地点	种质份数	个体数量	引种方式	生长状况	来源地
BJ	1	a	采集	G	北京

南京椴 *Tilia miqueliana* Maxim.

功效主治 根皮（菩提树皮）、树皮（菩提树皮）：用于劳伤，乏力，久咳。花（菩提树花）：镇静，镇痉，清热，解表。

濒危等级 中国植物红色名录评估为易危（VU）。

迁地栽培保存

保存地点	种质份数	个体数量	引种方式	生长状况	来源地
JS1	1	a	采集	D	江苏
GX	*	f	采集	G	浙江

糯米椴 *Tilia henryana* Szyszyl. var. *subglabra* V. Engl.

濒危等级 中国特有植物，中国植物红色名录评估为无危（LC）。

迁地栽培保存

保存地点	种质份数	个体数量	引种方式	生长状况	来源地
JS1	1	a	购买	D	江苏

紫椴 *Tilia amurensis* Rupr.

功效主治 花：解毒，解表。用于感冒，淋证，腰痛，口腔破溃，咽喉痛。

濒危等级 国家重点保护野生植物名录（第一批）二级，中国植物红色名录评估为易危（VU）。

迁地栽培保存

保存地点	种质份数	个体数量	引种方式	生长状况	来源地
GX	*	f	采集	G	北京

梵天花属 *Urena*

地桃花 *Urena lobata* L.

功效主治 全株：辛，微温。行气活血，祛风解毒。用于跌打损伤，风湿痛，痢疾，刀伤出血，吐血。

迁地栽培保存

保存地点	种质份数	个体数量	引种方式	生长状况	来源地
CQ	1	a	采集	C	重庆
BJ	1	a	采集	G	云南
GD	1	a	采集	D	待确定
GZ	1	c	采集	C	贵州
HN	1	b	赠送	B	海南
YN	1	b	采集	C	云南

种质库保存

保存地点	保存方式	种质份数	个体数量	引种方式	来源地
BJ	种子	91	c	采集	中国重庆、贵州、广西、云南、四川、每南，泰国
HN	种子	3	b	采集	海南、胡南

梵天花 *Urena procumbens* L.

功效主治 根（狗脚迹）：微甘、涩，平。行气活血，祛风利湿，清热解毒。用于风湿痛，劳倦乏力，肝毒症，痛经，跌打损伤，狂犬咬伤。叶：微甘、涩，平。行气活血，祛风利湿，清热解毒。用于蛇串疮，毒蛇咬伤。花：用于瘾疹。

迁地栽培保存

保存地点	种质份数	个体数量	引种方式	生长状况	来源地
FJ	21	b	采集	A	福建
BJ	1	a	采集	G	广西
GD	1	f	采集	G	待确定
JS1	1	a	采集	C	江苏
HN	1	b	赠送	B	海南
GX	*	f	采集	G	广西

种质库保存

保存地点	保存方式	种质份数	个体数量	引种方式	来源地
BJ	种子	7	b	采集	甘肃、安徽、山西、四川

隔蒴苘属 *Wissadula*

隔蒴苘 *Wissadula periplocifolia* (L.) Presl ex Thwaites

濒危等级 中国植物红色名录评估为无危（LC）。

种质库保存

保存地点	保存方式	种质份数	个体数量	引种方式	来源地
HN	种子	2	a	采集	海南
BJ	种子	1	a	采集	江苏

瓜栗属 *Pachira*

瓜栗 *Pachira macrocarpa* (Schltdl. & Cham.) Walp.

功效主治 树皮：用于腹泻，皮肤病。

迁地栽培保存

保存地点	种质份数	个体数量	引种方式	生长状况	来源地
HN	2	a	赠送	C	待确定
BJ	1	a	采集	G	海南
YN	1	a	采集	A	云南

种质库保存

保存地点	保存方式	种质份数	个体数量	引种方式	来源地
HN	DNA	1	a	采集	海南
BJ	种子	4	a	采集	云南、吉林

光瓜栗 *Pachira glabra* Pasq.

种质库保存

保存地点	保存方式	种质份数	个体数量	引种方式	来源地
BJ	种子	1	a	采集	云南

海南椴属 *Hainania*

海南椴 *Hainania trichosperma* Merr.

濒危等级 中国特有植物，国家重点保护野生植物名录（第一批）二级，中国植物红色名录评估为易危（VU）。

种质库保存

保存地点	保存方式	种质份数	个体数量	引种方式	来源地
BJ	种子	1	a	采集	海南

黄花稔属　*Sida*

拔毒散　*Sida szechuensis* Matsuda

功效主治　全株（拔毒散）：苦，平。解毒消肿，调经消肿。用于乳蛾，乳痛，痢疾，跌打损伤，月经不调。

迁地栽培保存

保存地点	种质份数	个体数量	引种方式	生长状况	来源地
BJ	1	b	采集	G	云南
CQ	1	a	采集	C	重庆
GZ	1	a	采集	C	贵州
YN	1	a	采集	C	云南

种质库保存

保存地点	保存方式	种质份数	个体数量	引种方式	来源地
BJ	种子	41	b	采集	云南、贵州

白背黄花稔　*Sida rhombifolia* L.

功效主治　全株（黄花母）：甘、辛，凉。清热利湿，活血排脓。用于时行感冒，乳蛾，痢疾，泄泻，黄疸，痔血，吐血，痈疽疔疮。根（黄花母根）：微甘、涩，凉。清热利湿，益气排脓。用于感冒，哮喘，泻痢，黄疸，疮痈难溃或溃后排脓不清、新肌不生。

迁地栽培保存

保存地点	种质份数	个体数量	引种方式	生长状况	来源地
HN	2	a	采集	C	海南
GD	1	b	采集	D	待确定

种质库保存

保存地点	保存方式	种质份数	个体数量	引种方式	来源地
HN	种子	5	d	采集	海南
BJ	种子	7	b	采集	重庆、江西、贵州、广西、福建

黄花稔 *Sida acuta* Burm. f.

功效主治　全株：甘、淡，凉。清热利湿，排脓止痛。用于感冒发热，乳蛾，痢疾，石淋，黄疸，疟疾，腹痛；外用于痈疖疔疮。

迁地栽培保存

保存地点	种质份数	个体数量	引种方式	生长状况	来源地
YN	1	b	采集	C	云南
BJ	1	b	采集	G	广东
GD	1	f	采集	G	待确定

种质库保存

保存地点	保存方式	种质份数	个体数量	引种方式	来源地
BJ	种子	39	c	采集	重庆、云南、海南、福建、广西、四川

桤叶黄花稔 *Sida alnifolia* L.

功效主治　根（脓见愁）：微酸、涩，凉。清热拔毒。用于久痢，疟疾，黄疸。叶（脓见愁）：微酸、涩，凉。清热拔毒。用于疖疮，蜂螫伤。

迁地栽培保存

保存地点	种质份数	个体数量	引种方式	生长状况	来源地
GX	*	f	采集	G	广西

种质库保存

保存地点	保存方式	种质份数	个体数量	引种方式	来源地
BJ	种子	6	b	采集	云南
HN	种子	10	e	采集	海南

小叶黄花稔　*Sida alnifolia* L. var. *microphylla*（Cavan.）S. Y. Hu

功效主治　花：用于气喘，身体虚弱。全草：用于皮肤干燥。

濒危等级　中国植物红色名录评估为无危（LC）。

种质库保存

保存地点	保存方式	种质份数	个体数量	引种方式	来源地
BJ	种子	1	a	采集	待确定

心叶黄花稔　*Sida cordifolia* L.

功效主治　根（黄花仔）、叶（黄花仔）：清热利湿，止咳，解毒消痈。用于湿热黄疸，痢疾，泄泻，淋病，发热咳嗽，气喘，痈肿疮毒。

种质库保存

保存地点	保存方式	种质份数	个体数量	引种方式	来源地
BJ	种子	4	b	采集	重庆

圆叶黄花稔　*Sida alnifolia* L. var. *orbiculata* S. Y. Hu

濒危等级　中国特有植物，中国植物红色名录评估为无危（LC）。

种质库保存

保存地点	保存方式	种质份数	个体数量	引种方式	来源地
BJ	种子	1	a	采集	海南

粘毛黄花稔　*Sida mysorensis* Wight et Arn.

功效主治　叶或根：活血行气，清热解毒。用于肝毒症，痢疾，腰肌劳损，乏力，肠痈。全草　清肺，止咳，散瘀消肿。用于咳嗽，乳痈，肠痈，痈疮。

迁地栽培保存

保存地点	种质份数	个体数量	引种方式	生长状况	来源地
HN	1	e	采集	C	海南
GX	*	f	采集	G	广西

种质库保存

保存地点	保存方式	种质份数	个体数量	引种方式	来源地
BJ	种子	4	b	采集	重庆、海南

榛叶黄花稔 *Sida subcordata* Span.

功效主治 全株（黄花稔）：甘、淡，凉。清热，利湿，排脓止痛。用于感冒发热，乳蛾，痢疾，石淋，黄疸，疟疾，腹痛；外用于痈疖疔疮。

濒危等级 中国植物红色名录评估为无危（LC）。

迁地栽培保存

保存地点	种质份数	个体数量	引种方式	生长状况	来源地
HN	1	a	采集	C	海南
GX	*	f	采集	G	广西

黄麻属 *Corchorus*

长蒴黄麻 *Corchorus olitorius* L.

功效主治 全草：疏风止咳，利湿。种子：行气止痛。

迁地栽培保存

保存地点	种质份数	个体数量	引种方式	生长状况	来源地
GD	1	b	采集	D	待确定
BJ	1	b	采集	G	广西

种质库保存

保存地点	保存方式	种质份数	个体数量	引种方式	来源地
HN	种子	1	a	采集	海南
BJ	种子	6	b	采集	山西、广西

黄麻 *Corchorus capsularis* L.

功效主治　根（黄麻根）：苦，温。利尿。用于石淋，泄泻，痢疾。叶（黄麻叶）：苦，温。理气止血，排脓生肌。用于腹痛，痢疾，血崩，疮痈。种子（黄麻子）：热。有毒。用于咳嗽，血崩。

迁地栽培保存

保存地点	种质份数	个体数量	引种方式	生长状况	来源地
BJ	1	d	采集	G	广东
HN	1	a	采集	C	海南

种质库保存

保存地点	保存方式	种质份数	个体数量	引种方式	来源地
HN	种子	1	b	采集	海南
BJ	种子	8	b	采集	甘肃、山东、广西、云南

甜麻 *Corchorus aestuans* L.

功效主治　全草（野黄麻）：辛、甘，温。祛风除湿，舒筋活络。用于风湿痛，跌打损伤。

迁地栽培保存

保存地点	种质份数	个体数量	引种方式	生长状况	来源地
BJ	1	d	采集	G	广西
HN	1	a	采集	C	海南
GX	*	f	采集	G	广西

种质库保存

保存地点	保存方式	种质份数	个体数量	引种方式	来源地
BJ	种子	5	b	采集	海南、广西
HN	种子	1	b	采集	海南

火绳树属　*Eriolaena*

桂火绳　*Eriolaena kwangsiensis* Hand.-Mazz.

功效主治　根、茎：续筋骨。外用于骨折。

濒危等级　中国特有植物，中国植物红色名录评估为濒危（EN）。

迁地栽培保存

保存地点	种质份数	个体数量	引种方式	生长状况	来源地
GX	*	f	采集	G	广西

火绳树　*Eriolaena spectabilis*（DC.）Planch. ex Mast.

功效主治　根内皮（赤火绳）：苦、涩，凉。收敛止血，续筋接骨。用于外伤出血，骨折，烫火伤，胃痛。

迁地栽培保存

保存地点	种质份数	个体数量	引种方式	生长状况	来源地
GX	2	f	采集	G	广西

种质库保存

保存地点	保存方式	种质份数	个体数量	引种方式	来源地
BJ	种子	6	b	采集	云南

吉贝属　*Ceiba*

吉贝　*Ceiba pentandra*（L.）Gaertn.

功效主治　刺：用于净血。

迁地栽培保存

保存地点	种质份数	个体数量	引种方式	生长状况	来源地
HN	2	a	购买	C	海南

美丽异木棉 *Ceiba speciosa* (A. St.-Hil.) Ravenna

功效主治　花、刺、茎汁：镇痛，利尿。用于气喘，疝气，酒精中毒。

迁地栽培保存

保存地点	种质份数	个体数量	引种方式	生长状况	来源地
YN	1	a	购买	C	云南

锦葵属　*Malva*

冬葵　*Malva crispa* L.

功效主治　全株：甘，凉。利尿，止血，补气止汗。种子：用于水肿，淋浊。叶：外用于刀伤出血。根：用于气虚自汗。

迁地栽培保存

保存地点	种质份数	个体数量	引种方式	生长状况	来源地
BJ	4	d	采集	C	江苏、广西、江西、四川
LN	1	d	采集	A	辽宁
GZ	1	b	采集	C	贵州
GX	*	f	采集	G	广西

种质库保存

保存地点	保存方式	种质份数	个体数量	引种方式	来源地
BJ	种子	85	d	采集	海南、重庆、云南、河北、安徽、四川、辽宁、黑龙江

锦葵　*Malva sinensis* Cavan.

功效主治　茎、叶、花：咸，寒。清热利湿，理气通便。用于大便不畅，脐腹痛，瘰疬，带下病。

迁地栽培保存

保存地点	种质份数	个体数量	引种方式	生长状况	来源地
HEN	1	a	采集	A	河南
HB	1	a	采集	C	湖北
LN	1	d	采集	A	辽宁
BJ	1	d	采集	G	广东
GX	*	f	采集	G	广西

种质库保存

保存地点	保存方式	种质份数	个体数量	引种方式	来源地
BJ	种子	3	a	采集	四川、甘肃

欧锦葵　*Malva sylvestris* L.

功效主治　花：宣散风热。用于外感风热，咳嗽，咽喉肿痛，咽干咳嗽。全草或种子：利水，通便，下乳。用于淋病，小便不利，乳汁不通，大便干燥。

迁地栽培保存

保存地点	种质份数	个体数量	引种方式	生长状况	来源地
BJ	1	d	采集	G	北京

小叶锦葵　*Malva parviflora* L.

功效主治　茎叶：清热解毒，利尿，止痛，疗疮。用于小便不利，淋病水肿，乳痈，疗疮疖肿，无名肿毒，毒蛇咬伤。

迁地栽培保存

保存地点	种质份数	个体数量	引种方式	生长状况	来源地
BJ	1	d	采集	G	江苏

野葵　*Malva verticillata* L.

功效主治　种子（冬葵子）：甘，寒。利水，滑肠，下乳。用于水肿，便秘，乳汁不下。根：补气，止汗，生肌，利尿。用于气虚自汗，水肿，小便淋痛，疮疡久不收口。

迁地栽培保存

保存地点	种质份数	个体数量	引种方式	生长状况	来源地
BJ	1	d	采集	G	北京
SH	1	b	采集	A	待确定
GX	*	f	采集	G	日本

种质库保存

保存地点	保存方式	种质份数	个体数量	引种方式	来源地
BJ	种子	9	b	采集	广西、云南、甘肃、贵州

圆叶锦葵 *Malva rotundifolia* L.

功效主治 根：甘，温。益气止汗，利尿，通乳，托毒排脓。用于贫血，自汗，肺痨咳嗽，崩漏，脱肛，阴挺，水肿，尿血，乳汁不足，疮疡溃后久不愈合。

迁地栽培保存

保存地点	种质份数	个体数量	引种方式	生长状况	来源地
HEN	1	a	采集	A	河南
BJ	1	d	采集	G	河南
GX	*	f	采集	G	法国，中国山东

种质库保存

保存地点	保存方式	种质份数	个体数量	引种方式	来源地
BJ	种子	7	b	采集	重庆、浙江、广西

可可属 *Theobroma*

可可 *Theobroma cacao* L.

功效主治 种子：温阳，利尿，提神。

迁地栽培保存

保存地点	种质份数	个体数量	引种方式	生长状况	来源地
YN	1	a	采集	A	云南
BJ	1	a	采集	G	海南
HN	1	c	赠送	C	海南
GX	*	f	采集	G	新加坡

种质库保存

保存地点	保存方式	种质份数	个体数量	引种方式	来源地
BJ	种子	4	a	采集	重庆、云南
HN	种子	1	a	采集	海南

可乐果属　*Cola*

可乐果　*Cola acuminata*（P. Beauv.）Schott & Endl.

功效主治　种子：提神。

种质库保存

保存地点	保存方式	种质份数	个体数量	引种方式	来源地
HN	种子	1	a	采集	海南

榴梿属　*Durio*

榴梿　*Durio zibethinus* Murr.

功效主治　果实：甘，温。用于暴痢，心腹冷痛。

迁地栽培保存

保存地点	种质份数	个体数量	引种方式	生长状况	来源地
HN	2	a	赠送	C	海南

马松子属　*Melochia*

马松子　*Melochia corchorifolia* L.

功效主治　茎（木达地黄）、叶（木达地黄）：淡，平。清热利湿。用于黄疸。

迁地栽培保存

保存地点	种质份数	个体数量	引种方式	生长状况	来源地
BJ	2	a	采集	G	湖北、广西
ZJ	1	e	采集	A	四川

种质库保存

保存地点	保存方式	种质份数	个体数量	引种方式	来源地
HN	种子	1	a	采集	海南
BJ	种子	6	a	采集	海南、江西、广西

棉属　*Gossypium*

巴西海岛棉　*Gossypium barbadense* L. var. *acuminatum*（Roxb.）Mast.

迁地栽培保存

保存地点	种质份数	个体数量	引种方式	生长状况	来源地
GX	*	f	采集	G	广西

草棉　*Gossypium herbaceum* L.

功效主治　根（棉花根）、根皮（棉花根）：甘，温。补虚，止咳，平喘。用于体虚咳喘，肢体浮肿，乳糜尿，月经不调，阴挺，胃下垂。种子（棉籽）：辛，热。有毒。补肝肾，强腰膝，暖胃止痛，止血，催乳，避孕。用于腰膝无力，遗尿，胃脘作痛，便血，崩漏，带下病，痔漏，脱肛，乳汁缺少，睾丸偏坠，手足皲裂。

迁地栽培保存

保存地点	种质份数	个体数量	引种方式	生长状况	来源地
BJ	1	a	购买	G	北京
GX	*	f	采集	G	广西

海岛棉 *Gossypium barbadense* L.

功效主治　种毛：止血。用于吐血，下血，血崩，金疮出血。

迁地栽培保存

保存地点	种质份数	个体数量	引种方式	生长状况	来源地
BJ	1	a	交换	G	北京

木槿属　*Hibiscus*

白花单瓣木槿 *Hibiscus syriacus* L. var. *totoalbus* T. Moore

迁地栽培保存

保存地点	种质份数	个体数量	引种方式	生长状况	来源地
CQ	1	a	采集	C	重庆

白花重瓣木槿 *Hibiscus syriacus* L. var. *alboplenus* Loudon

迁地栽培保存

保存地点	种质份数	个体数量	引种方式	生长状况	来源地
BJ	1	a	交换	G	北京
CQ	1	a	购买	C	重庆

刺芙蓉 *Hibiscus surattensis* L.

功效主治　根、叶：用于皮肤病。

迁地栽培保存

保存地点	种质份数	个体数量	引种方式	生长状况	来源地
HN	1	a	采集	C	海南

大花秋葵 *Hibiscus grandiflorus* Salisb.

种质库保存

保存地点	保存方式	种质份数	个体数量	引种方式	来源地
BJ	种子	3	b	采集	上海

大麻槿 *Hibiscus cannabinus* L.

功效主治 　叶：清热消肿。用于疮疖肿毒，轻泻。花：用于胆道疾病。种子：祛风，明目，解毒散结，止痢，通乳，利尿，润肠。用于目赤肿痛，翳障，疮疡肿毒，瘰疬溃烂，毒蛇咬伤。

迁地栽培保存

保存地点	种质份数	个体数量	引种方式	生长状况	来源地
BJ	1	b	采集	G	广西

种质库保存

保存地点	保存方式	种质份数	个体数量	引种方式	来源地
BJ	种子	1	a	采集	待确定

吊灯扶桑 *Hibiscus schizopetalus*（Masters）Hook.f.

功效主治 　叶：消肿。用于腋下疮疡。

迁地栽培保存

保存地点	种质份数	个体数量	引种方式	生长状况	来源地
HN	1	a	购买	C	海南

芙蓉葵 *Hibiscus moscheutos* L.

迁地栽培保存

保存地点	种质份数	个体数量	引种方式	生长状况	来源地
JS2	1	c	购买	C	江苏
SH	1	a	采集	A	待确定

海滨木槿 *Hibiscus hamabo* Sieb. & Zucc.

种质库保存

保存地点	保存方式	种质份数	个体数量	引种方式	来源地
BJ	种子	3	a	采集	上海、湖北

红秋葵 *Hibiscus coccineus* (Medicus) Walt.

迁地栽培保存

保存地点	种质份数	个体数量	引种方式	生长状况	来源地
BJ	1	c	购买	G	北京
LN	1	d	采集	A	辽宁

种质库保存

保存地点	保存方式	种质份数	个体数量	引种方式	来源地
BJ	种子	1	a	采集	待确定

黄槿 *Hibiscus tiliaceus* L.

功效主治 树皮、叶、花：甘、淡，凉。清热解毒，散瘀消肿。用于木薯中毒，疮疖肿痛。

迁地栽培保存

保存地点	种质份数	个体数量	引种方式	生长状况	来源地
BJ	1	a	采集	G	待确定
HN	1	a	采集	C	海南

种质库保存

保存地点	保存方式	种质份数	个体数量	引种方式	来源地
HN	种子	1	d	采集	海南
BJ	种子	1	a	采集	待确定

庐山芙蓉　*Hibiscus paramutabilis* Bailey

功效主治　花、叶、根皮：清热解毒，消肿凉血。

濒危等级　中国特有植物，中国植物红色名录评估为易危（VU）。

迁地栽培保存

保存地点	种质份数	个体数量	引种方式	生长状况	来源地
GX	*	f	采集	G	江西

玫瑰茄　*Hibiscus sabdariffa* L.

功效主治　花萼：酸，凉。清热解渴，敛肺止咳。用于肝阳上亢，咳嗽，中暑，醉酒。

迁地栽培保存

保存地点	种质份数	个体数量	引种方式	生长状况	来源地
FJ	7	b	购买	A	福建
BJ	1	b	采集	G	广西
GD	1	b	采集	C	待确定
HN	1	b	赠送	B	广西
YN	1	c	购买	A	云南
ZJ	1	e	购买	B	福建

种质库保存

保存地点	保存方式	种质份数	个体数量	引种方式	来源地
BJ	种子	6	b	采集	云南

美丽芙蓉 *Hibiscus indicus* (Burm. f.) Hochr.

功效主治　根、叶：消痈解毒。用于肠痈；外用于痈疮肿毒。

迁地栽培保存

保存地点	种质份数	个体数量	引种方式	生长状况	来源地
BJ	1	b	采集	G	云南

木芙蓉 *Hibiscus mutabilis* L.

功效主治　根（木芙蓉根）：微辛，凉。清热解毒。用于痈肿，肺痈，乳痈，臁疮，咳嗽气喘。叶（木芙蓉叶）：苦、微辛，平。消热解毒。用于痈疽疔疮，疟腮，蛇串疮，烫火伤，肺痈，肠痈。花（木芙蓉花）：辛，平。清热解毒，凉血，消肿。用于痈肿，疔疮，肺痈，肺热咳嗽，吐血，崩漏，带下病。

迁地栽培保存

保存地点	种质份数	个体数量	引种方式	生长状况	来源地
SC	4	f	待确定	G	四川
FJ	3	a	购买	A	福建
BJ	2	b	交换	G	北京、广西
GX	2	f	采集	G	中国广西，德国
HN	2	a	赠送、购买	C	海南
YN	1	a	购买	F	云南
CQ	1	a	购买	C	重庆
GD	1	f	采集	G	待确定
GZ	1	b	采集	C	贵州
HB	1	a	采集	C	湖北
JS1	1	a	购买	C	江苏
JS2	1	c	购买	C	江苏
SH	1	a	采集	A	待确定

种质库保存

保存地点	保存方式	种质份数	个体数量	引种方式	来源地
BJ	种子	75	c	采集	云南、安徽、四川、贵州、湖北、福建、广西

木槿　*Hibiscus syriacus* L.

功效主治　根皮（木槿皮）、茎皮（木槿皮）：甘、苦，凉。清热，利湿，解毒，止痒。用于黄疸，痢疾，肠风便血，肺痈，肠痈，带下病，痔疮，脱肛，阴囊湿疹，疥癣。根（木槿根）：甘．平。清热解毒，利湿，消肿。用于咳嗽，肺痈，肠痈，痔疮肿毒，带下病，疥癣。叶（木槿叶）：苦，寒。清热。花（木槿花）：甘、苦，凉。清热，利湿，凉血。用于肺热咳嗽，吐血，肠风便血，痢疾，痔血，带下病，痈肿疮毒。果实（木槿子）：甘，平。清肺化痰，解毒止痛。用于肺热咳嗽，痰喘，偏正头痛，黄水疮。

迁地栽培保存

保存地点	种质份数	个体数量	引种方式	生长状况	来源地
SC	2	f	待确定	G	四川
BJ	2	b	交换	G	北京、安徽
SH	1	a	采集	A	待确定
CQ	1	a	采集	C	重庆
FJ	1	a	采集	A	福建
GD	1	f	采集	G	待确定
GZ	1	b	采集	C	贵州
HB	1	a	采集	C	湖北
HN	1	a	赠送	C	海南
JS1	1	a	购买	D	江苏
JS2	1	c	购买	C	江苏
YN	1	a	购买	E	云南

种质库保存

保存地点	保存方式	种质份数	个体数量	引种方式	来源地
BJ	种子	8	c	采集	河北、江西、山西、安徽、云南

野西瓜苗 *Hibiscus trionum* L.

功效主治 全草或根：甘，寒。清热，祛湿，止咳。用于风热咳嗽，风湿痛，烫火伤。

迁地栽培保存

保存地点	种质份数	个体数量	引种方式	生长状况	来源地
HLJ	1	a	采集	A	黑龙江
CQ	1	a	采集	C	重庆
LN	1	c	采集	A	辽宁
JS1	1	a	采集	D	江苏
BJ	1	b	采集	G	山西

种质库保存

保存地点	保存方式	种质份数	个体数量	引种方式	来源地
BJ	种子	51	c	采集	重庆、山西、云南、湖南、吉林、黑龙江、山东、辽宁、河南、河北

樟叶槿 *Hibiscus grewiifolius* Hassk.

濒危等级 海南省重点保护植物，中国植物红色名录评估为近危（NT）。

迁地栽培保存

保存地点	种质份数	个体数量	引种方式	生长状况	来源地
HN	1	a	采集	C	海南

种质库保存

保存地点	保存方式	种质份数	个体数量	引种方式	来源地
HN	种子	1	a	采集	海南

重瓣朱槿 *Hibiscus rosa-sinensis* L. var. *rubro-plenus* Sweet

迁地栽培保存

保存地点	种质份数	个体数量	引种方式	生长状况	来源地
HN	2	a	购买	C	海南
YN	1	a	购买	C	云南
BJ	1	b	交换	G	北京
CQ	1	a	赠送	C	广西

朱槿 *Hibiscus rosa-sinensis* L.

迁地栽培保存

保存地点	种质份数	个体数量	引种方式	生长状况	来源地
YN	2	d	购买	A	云南
SC	1	f	待确定	G	四川
SH	1	a	采集	A	待确定
JS1	1	a	购买	C	江苏
HN	1	b	购买	C	海南
BJ	1	b	交换	G	北京
GD	1	a	采集	D	待确定
GX	*	f	采集	G	广西

木棉属 *Bombax*

长果木棉 *Bombax insigne* Wall.

濒危等级 中国特有植物，中国植物红色名录评估为无危（LC）。

迁地栽培保存

保存地点	种质份数	个体数量	引种方式	生长状况	来源地
YN	1	a	购买	D	云南

木棉 *Bombax malabaricum* DC.

功效主治 根、茎皮：微苦，凉。祛风利湿，通经舒络。用于风湿关节痛，腰腿痛。花（木棉花）：甘、淡，凉。清热解暑，收敛止血。用于痢疾，咯血，呕血，外伤出血，消渴，血崩，牙痛，冻疮，湿疹，疥癣。

濒危等级 中国植物红色名录评估为无危（LC）。

迁地栽培保存

保存地点	种质份数	个体数量	引种方式	生长状况	来源地
FJ	2	a	购买	A	福建
CQ	1	a	购买	C	四川
HN	1	a	购买	C	待确定
YN	1	a	购买	D	云南
GD	1	f	采集	G	待确定

种质库保存

保存地点	保存方式	种质份数	个体数量	引种方式	来源地
BJ	种子	12	b	采集	云南，待确定

胖大海属 *Scaphium*

红胖大海 *Scaphium hychnophorum* Pierre

功效主治 种子（胖大海）：甘、淡，凉。清火，解毒，清肺，利咽。用于干咳无痰，咽喉痛，音哑，骨蒸内热，鼻衄，目赤，牙痛，热结便秘，痔疮瘘管。

迁地栽培保存

保存地点	种质份数	个体数量	引种方式	生长状况	来源地
BJ	1	a	采集	G	海南
HN	1	a	赠送	C	越南
YN	1	b	采集	A	印度

种质库保存

保存地点	保存方式	种质份数	个体数量	引种方式	来源地
HN	DNA	1	a	采集	海南

胖大海　*Scaphium wallichii* Schott & Endl.

功效主治　种子：清热解毒，利咽喉，润肠通便。用于干咳无痰，胃蒸内热，吐衄下血，时行赤眼，风火牙痛，痔疮瘘管，火疮。

迁地栽培保存

保存地点	种质份数	个体数量	引种方式	生长状况	来源地
HN	2	a	赠送	C	越南
CQ	1	a	赠送	F	云南
YN	1	b	采集	A	印度
GX	*	f	采集	G	云南

种质库保存

保存地点	保存方式	种质份数	个体数量	引种方式	来源地
BJ	种子	4	a	采集	云南

脬果苘属　*Herissantia*

泡果苘　*Herissantia crispa*（L.）Brizicky

濒危等级　中国植物红色名录评估为无危（LC）。

迁地栽培保存

保存地点	种质份数	个体数量	引种方式	生长状况	来源地
HN	1	a	采集	B	海南

苹婆属 Sterculia

短柄苹婆 *Sterculia brevissima* H. H. Hsue

功效主治 根：用于肝毒症，泄泻，腹痛。

濒危等级 中国特有植物，中国植物红色名录评估为濒危（EN）。

迁地栽培保存

保存地点	种质份数	个体数量	引种方式	生长状况	来源地
YN	1	a	采集	C	云南

种质库保存

保存地点	保存方式	种质份数	个体数量	引种方式	来源地
BJ	种子	1	a	采集	待确定

海南苹婆 *Sterculia hainanensis* Merr. & Chun

功效主治 叶：外用于跌打损伤。

濒危等级 中国特有植物，中国植物红色名录评估为无危（LC）。

迁地栽培保存

保存地点	种质份数	个体数量	引种方式	生长状况	来源地
HN	2	a	采集	C	海南
GX	*	f	采集	G	云南

家麻树 *Sterculia pexa* Pierre

功效主治 树皮：舒筋活络，散瘀消肿，接骨。用于骨折。

迁地栽培保存

保存地点	种质份数	个体数量	引种方式	生长状况	来源地
GX	*	f	采集	G	广西

假苹婆 *Sterculia lanceolata* Cav.

功效主治　根、叶：甘，微温。舒筋通络，祛风活血。用于风湿痛，产后风瘫，跌打损伤，腰腿痛，黄疸，外伤出血。

濒危等级　中国植物红色名录评估为无危（LC）。

迁地栽培保存

保存地点	种质份数	个体数量	引种方式	生长状况	来源地
HN	1	a	采集	C	海南
YN	1	b	采集	A	云南
BJ	1	a	采集	G	云南
GD	1	a	采集	C	待确定
GX	*	f	采集	G	云南

种质库保存

保存地点	保存方式	种质份数	个体数量	引种方式	来源地
BJ	种子	6	b	采集	海南、重庆
HN	种子	5	d	购买	海南

苹婆 *Sterculia nobilis* Sm.

功效主治　种子（凤眼果）：甘，温。温胃，杀虫。用于虫积腹痛，翻胃吐食，疝痛。果壳（凤眼果壳）：平，淡。用于耳闭，血痢，疝气；外用于痔疮。

迁地栽培保存

保存地点	种质份数	个体数量	引种方式	生长状况	来源地
YN	1	a	采集	C	云南
HN	1	a	赠送	C	广西
GD	1	a	采集	D	待确定
BJ	1	a	采集	G	云南
CQ	1	a	购买	C	四川

种质库保存

保存地点	保存方式	种质份数	个体数量	引种方式	来源地
HN	种子	1	b	采集	海南
BJ	种子	5	a	采集	云南，待确定

绒毛苹婆 *Sterculia villosa* Roxb.

迁地栽培保存

保存地点	种质份数	个体数量	引种方式	生长状况	来源地
YN	1	a	采集	C	云南

种质库保存

保存地点	保存方式	种质份数	个体数量	引种方式	来源地
BJ	种子	1	a	采集	待确定

香苹婆 *Sterculia foetida* L.

功效主治　根：清热利湿。用于湿热黄疸，淋证。果实：收敛止泻。用于腹泻。叶：消散滑肠。用于便秘。种子油：泻下。

迁地栽培保存

保存地点	种质份数	个体数量	引种方式	生长状况	来源地
GX	*	f	采集	G	云南

破布叶属　*Microcos*

海南破布叶　*Microcos chungii*（Merr.）Chun

濒危等级　海南省重点保护植物，中国植物红色名录评估为易危（VU）。

迁地栽培保存

保存地点	种质份数	个体数量	引种方式	生长状况	来源地
HN	1	a	采集	C	海南

种质库保存

保存地点	保存方式	种质份数	个体数量	引种方式	来源地
HN	种子	3	b	采集	海南

破布叶 *Microcos paniculata* L.

功效主治 叶（布渣叶）：淡、微酸，平。清热解毒，止泻。用于感冒，消化不良，泄泻，黄疸，蜈蚣咬伤。

濒危等级 中国植物红色名录评估为无危（LC）。

迁地栽培保存

保存地点	种质份数	个体数量	引种方式	生长状况	来源地
HN	1	a	赠送	C	海南
YN	1	a	采集	C	云南

种质库保存

保存地点	保存方式	种质份数	个体数量	引种方式	来源地
BJ	种子	6	b	采集	云南
HN	种子	1	a	采集	海南

轻木属 *Ochroma*

轻木 *Ochroma lagopus* Sw.

迁地栽培保存

保存地点	种质份数	个体数量	引种方式	生长状况	来源地
HN	1	a	赠送	C	海南

苘麻属 *Abutilon*

红萼苘麻 *Abutilon megapotamicum* (Spreng.) A. St.-Hil. & Naudin

迁地栽培保存

保存地点	种质份数	个体数量	引种方式	生长状况	来源地
CQ	1	a	购买	A	四川

金铃花 *Abutilon striatum* Dickson

功效主治 叶、花：活血祛瘀，舒筋通络。用于跌打损伤。

迁地栽培保存

保存地点	种质份数	个体数量	引种方式	生长状况	来源地
CQ	1	a	购买	B	重庆
GZ	1	d	采集	C	贵州

磨盘草 *Abutilon indicum* (L.) Sweet

功效主治 根：用于泄泻，淋证，疝气，痈肿，瘾疹，疟腮。种子：用于便秘，水肿，乳汁少，耳聋。
濒危等级 中国植物红色名录评估为无危（LC）。

迁地栽培保存

保存地点	种质份数	个体数量	引种方式	生长状况	来源地
GD	1	f	采集	G	待确定
HN	1	a	采集	B	海南
BJ	1	c	采集	A	广西
GX	*	f	采集	G	广西

种质库保存

保存地点	保存方式	种质份数	个体数量	引种方式	来源地
HN	种子	26	e	采集	海南

苘麻 *Abutilon theophrasti* Medik.

功效主治　种子（苘麻子）：苦，平。清热利湿，解毒，退翳。用于角膜云翳，痢疾，痈肿。根（苘麻根）：用于小便淋痛，痢疾。全草或叶（苘麻）：苦，平。解毒，祛风。用于痈疽疮毒，痢疾，耳闭，耳鸣，耳聋，关节酸痛。

迁地栽培保存

保存地点	种质份数	个体数量	引种方式	生长状况	来源地
BJ	3	c	交换、采集	A	北京、山东
SH	1	b	采集	A	待确定
LN	1	d	采集	A	辽宁
JS2	1	d	购买	C	江苏
HLJ	1	c	采集	A	黑龙江
GD	1	f	采集	G	待确定
CQ	1	b	采集	A	重庆
GX	*	f	采集	G	日本

秋葵属　*Abelmoschus*

长毛黄葵 *Abelmoschus crinitus* Wall.

功效主治　根：用于胸腹胀满，消化不良。叶：用于烫火伤。

濒危等级　中国植物红色名录评估为无危（LC）。

迁地栽培保存

保存地点	种质份数	个体数量	引种方式	生长状况	来源地
HN	2	a	采集	C	海南

刚毛黄蜀葵 *Abelmoschus manihot* (L.) Medicus var. *pungens* (Roxb.) Hochr.

功效主治 根（黄秋葵根）：苦，平。清热利湿。用于水肿，小便淋痛。叶（黄秋葵叶）：苦，平。消肿止痛。用于痈肿，骨折，跌打损伤。

濒危等级 中国植物红色名录评估为无危（LC）。

迁地栽培保存

保存地点	种质份数	个体数量	引种方式	生长状况	来源地
GX	*	f	采集	G	日本

黄葵 *Abelmoschus moschatus* (L.) Medik.

功效主治 根：用于肺热咳嗽，产后乳汁不通，大便秘结，痢疾，石淋。叶：外用于痈疮肿毒，瘰疬，骨折。花：外用于烫火伤。

迁地栽培保存

保存地点	种质份数	个体数量	引种方式	生长状况	来源地
BJ	3	e	购买	A	广东、北京、河北
GD	2	a	采集	D	待确定
HN	1	a	赠送	B	海南

种质库保存

保存地点	保存方式	种质份数	个体数量	引种方式	来源地
HN	种子	2	b	采集	海南

黄蜀葵 *Abelmoschus manihot* (L.) Medicus

功效主治 根：甘、苦，寒。利水，散瘀，解毒。用于水肿，淋证，乳汁不通；外用于痈肿，痄腮，骨折。茎或茎皮：甘、滑，寒。活血，除邪热。用于产褥热。叶：甘，寒、滑。解毒托疮，排脓生肌。外用于痈疽疔疮，痄腮，烫伤，刀伤出血。花：甘，寒、滑。通淋，消肿，解毒。用于石淋；外用于痈疽肿毒，烫伤，小儿白秃疮，小儿口疮。种子：甘，寒。健胃润肠，利水，通乳消肿。用于消化不良，不思饮食，二便不利，水肿，淋证，乳汁不通，痈肿，跌打损伤。

迁地栽培保存

保存地点	种质份数	个体数量	引种方式	生长状况	来源地
LN	3	d	采集	A	辽宁
BJ	2	c	购买	A	江苏、广西
JS1	1	b	赠送	C	江苏
HN	1	d	采集	B	海南
HEN	1	c	赠送	A	河南
HB	1	a	采集	C	湖北
GZ	1	b	采集	C	贵州
CQ	1	b	采集	A	重庆
JS2	1	e	购买	C	江苏
SC	1	f	待确定	G	四川
SH	1	b	采集	A	待确定
ZJ	1	e	采集	B	河北

种质库保存

保存地点	保存方式	种质份数	个体数量	引种方式	来源地
HN	种子	7	c	采集	福建

箭叶秋葵　*Abelmoschus sagittifolius*（Kurz）Merr.

功效主治　全株（五指山参）：甘，凉。清热解毒，滑肠润燥。根：用于风湿痛。种子：用于便秘，水肿，乳汁缺少，耳聋。

濒危等级　中国植物红色名录评估为无危（LC）。

迁地栽培保存

保存地点	种质份数	个体数量	引种方式	生长状况	来源地
HN	1	a	赠送	B	海南
BJ	1	e	采集	A	广西

咖啡黄葵　*Abelmoschus esculentus*（L.）Moench

功效主治　根：止咳。树皮：通经。用于月经不调。种子：催乳。用于乳汁不足。全株：清热解毒，润燥滑肠。

迁地栽培保存

保存地点	种质份数	个体数量	引种方式	生长状况	来源地
LN	4	d	采集	A	辽宁
BJ	1	e	购买	A	山西
CQ	1	b	购买	A	重庆
JS2	1	c	购买	C	江苏

种质库保存

保存地点	保存方式	种质份数	个体数量	引种方式	来源地
HN	种子	16	c	采集	海南、广东

赛葵属 *Malvastrum*

赛葵 *Malvastrum coromandelianum* (L.) Gurcke

功效主治 全草或叶（黄花棉）：微甘，凉。清热利湿，祛瘀消肿。用于感冒，泄泻，痢疾，黄疸，风湿关节痛；外用于跌打损伤，疔疮痈肿。

迁地栽培保存

保存地点	种质份数	个体数量	引种方式	生长状况	来源地
HN	1	a	赠送	C	海南
GD	1	f	采集	G	待确定
GX	*	f	采集	G	广西

种质库保存

保存地点	保存方式	种质份数	个体数量	引种方式	来源地
BJ	种子	25	b	采集	云南、安徽、贵州、海南、广西

穗花赛葵 *Malvastrum americanum*（L.）Torr.

种质库保存

保存地点	保存方式	种质份数	个体数量	引种方式	来源地
BJ	种子	1	a	采集	河北

山麻树属　*Commersonia*

山麻树 *Commersonia bartramia*（L.）Merr.

濒危等级　中国植物红色名录评估为无危（LC）。

迁地栽培保存

保存地点	种质份数	个体数量	引种方式	生长状况	来源地
HN	2	a	采集	C	海南
BJ	1	a	采集	G	海南
GX	*	f	采集	G	海南

种质库保存

保存地点	保存方式	种质份数	个体数量	引种方式	来源地
BJ	种子	1	a	采集	待确定
HN	种子	1	b	采集	海南

山芝麻属　*Helicteres*

火索麻 *Helicteres isora* L.

功效主治　根：辛、微苦，温。解表，理气，止痛。用于胃痛。

濒危等级　中国植物红色名录评估为无危（LC）。

迁地栽培保存

保存地点	种质份数	个体数量	引种方式	生长状况	来源地
YN	1	a	采集	A	云南

保存地点	种质份数	个体数量	引种方式	生长状况	来源地
HN	1	a	采集	B	海南
BJ	1	a	采集	G	云南

种质库保存

保存地点	保存方式	种质份数	个体数量	引种方式	来源地
BJ	种子	6	b	采集	河南、云南、海南

剑叶山芝麻　*Helicteres lanceolata* DC.

功效主治　根：止咳，解表，透疹。

濒危等级　中国植物红色名录评估为无危（LC）。

迁地栽培保存

保存地点	种质份数	个体数量	引种方式	生长状况	来源地
HN	2	a	采集	B	海南

黏毛山芝麻　*Helicteres viscida* Blume

功效主治　茎、叶：用于腹痛，腹泻，痢疾，便血，脱肛。

濒危等级　中国植物红色名录评估为无危（LC）。

迁地栽培保存

保存地点	种质份数	个体数量	引种方式	生长状况	来源地
HN	1	a	采集	B	海南

山芝麻　*Helicteres angustifolia* L.

功效主治　全草：甘，寒。清热解毒，消肿止痒。用于感冒发热，头痛，口渴，痄腮，麻疹，痢疾，泄泻，痈肿，瘰疬，疮毒，湿疹，痔疮。

迁地栽培保存

保存地点	种质份数	个体数量	引种方式	生长状况	来源地
BJ	1	b	采集	G	云南
FJ	1	a	采集	A	福建
GD	1	f	采集	G	待确定
HN	1	a	赠送	B	海南
YN	1	b	采集	C	云南

种质库保存

保存地点	保存方式	种质份数	个体数量	引种方式	来源地
BJ	种子	25	c	采集	重庆、云南、福建、广西、江西
HN	种子	1	b	采集	广东

细齿山芝麻　*Helicteres glabriuscula* Wall.

功效主治　根（野芝麻根）：苦，寒。清热解毒，截疟，杀虫。用于疟疾。

濒危等级　中国植物红色名录评估为无危（LC）。

迁地栽培保存

保存地点	种质份数	个体数量	引种方式	生长状况	来源地
YN	1	e	采集	A	云南
GX	*	f	采集	G	广西

雁婆麻　*Helicteres hirsuta* Lour.

功效主治　根：用于胃痛，胃溃疡，消化不良。

迁地栽培保存

保存地点	种质份数	个体数量	引种方式	生长状况	来源地
BJ	1	a	采集	G	海南
HN	1	a	采集	B	海南
GX	*	f	采集	G	广东

蛇婆子属　*Waltheria*

蛇婆子　*Waltheria indica* L.

功效主治　根、茎：辛、微甘，平。祛湿，解毒。用于带下病，疖疮，乳痈。

迁地栽培保存

保存地点	种质份数	个体数量	引种方式	生长状况	来源地
GX	2	f	采集	G	广西

种质库保存

保存地点	保存方式	种质份数	个体数量	引种方式	来源地
BJ	种子	4	b	采集	云南、广西

蜀葵属　*Alcea*

榕叶蜀葵　*Alcea rosea* L. subsp. *ficifolia* (L.) Govaerts

迁地栽培保存

保存地点	种质份数	个体数量	引种方式	生长状况	来源地
BJ	2	b	采集	A	保加利亚，中国广西

种质库保存

保存地点	保存方式	种质份数	个体数量	引种方式	来源地
BJ	种子	1	a	采集	待确定

蜀葵　*Alcea rosea* L.

功效主治　根（蜀葵根）：甘，寒。清热凉血，利尿排脓。用于小便淋痛，尿血，吐血，血崩，带下病，肠痈；外用于疮肿，丹毒。茎叶（蜀葵苗）：甘，微寒。用于热毒下痢，淋证，金疮，火疮。花（蜀葵花）：甘，寒。活血润燥，通利二便。用于痢疾，吐血，血崩，带下病，二便不利，疟疾，小儿风疹；外用于痈肿疮疡。种子（蜀葵子）：甘，寒。利水通淋，滑肠，催生。用于水肿，淋证，二便不通。

迁地栽培保存

保存地点	种质份数	个体数量	引种方式	生长状况	来源地
GD	1	f	采集	G	待确定
HEN	1	c	赠送	A	河南
HLJ	1	c	购买	A	河北
JS2	1	d	购买	C	江苏
CQ	3	a	购买	A	重庆
BJ	3	c	采集	A	中国北京、江西、广西，阿尔巴尼亚
JS1	1	a	采集	D	江苏
SH	1	b	采集	A	待确定
HB	1	a	采集	C	湖北
GX	*	f	采集	G	北京

种质库保存

保存地点	保存方式	种质份数	个体数量	引种方式	来源地
BJ	种子	43	c	采集	云南、辽宁、江苏、吉林、上海、四川、甘肃、安徽

梭罗树属 *Reevesia*

长柄梭罗 *Reevesia longipetiolata* Merr. et Chun

濒危等级 中国特有植物，中国植物红色名录评估为无危（LC）。

迁地栽培保存

保存地点	种质份数	个体数量	引种方式	生长状况	来源地
GX	*	f	采集	G	海南

种质库保存

保存地点	保存方式	种质份数	个体数量	引种方式	来源地
BJ	种子	1	a	采集	待确定

两广梭罗 *Reevesia thyrsoidea* Lindl.

濒危等级 中国植物红色名录评估为无危（LC）。

迁地栽培保存

保存地点	种质份数	个体数量	引种方式	生长状况	来源地
GX	*	f	采集	G	广西

密花梭罗 *Reevesia pycnantha* Ling

濒危等级 中国特有植物，江西省三级保护植物、浙江省重点保护植物，中国植物红色名录评估为易危（VU）。

迁地栽培保存

保存地点	种质份数	个体数量	引种方式	生长状况	来源地
GX	*	f	采集	G	江西

梭罗树 *Reevesia pubescens* Mast.

功效主治 根皮：辛，温。祛风除湿，消肿止痛。用于风湿痛，跌打损伤。

濒危等级 中国植物红色名录评估为无危（LC）。

迁地栽培保存

保存地点	种质份数	个体数量	引种方式	生长状况	来源地
GX	2	f	采集	G	香港、广西
CQ	1	a	采集	C	重庆

种质库保存

保存地点	保存方式	种质份数	个体数量	引种方式	来源地
BJ	种子	1	a	采集	待确定

圆叶梭罗 *Reevesia orbicularifolia* Hsue

濒危等级 中国特有植物，中国植物红色名录评估为无危（LC）。

迁地栽培保存

保存地点	种质份数	个体数量	引种方式	生长状况	来源地
GX	*	f	采集	G	广西

田麻属　*Corchoropsis*

光果田麻　*Corchoropsis crenata* Sieb. et Zucc. var. *hupehensis* Pamp.

功效主治　全草：平肝利湿解毒。用于风湿痛，跌打损伤，黄疸。

迁地栽培保存

保存地点	种质份数	个体数量	引种方式	生长状况	来源地
CQ	1	a	采集	B	重夫
GX	*	f	采集	G	山东

田麻　*Corchoropsis crenata* Sieb. et Zucc.

功效主治　全草（田麻）：酸，平。平胆利湿，解毒。用于风湿痛，跌打损伤，黄疸。

种质库保存

保存地点	保存方式	种质份数	个体数量	引种方式	来源地
HN	种子	4	b	采集	湖南
BJ	种子	5	b	采集	海南、江西

桐棉属　*Thespesia*

白脚桐棉　*Thespesia lampas*（Cavan.）Dalz. et Gibs.

功效主治　果实、根皮：用于淋病，梅毒。

濒危等级　中国植物红色名录评估为无危（LC）。

迁地栽培保存

保存地点	种质份数	个体数量	引种方式	生长状况	来源地
HN	2	a	采集	C	海南

种质库保存

保存地点	保存方式	种质份数	个体数量	引种方式	来源地
BJ	种子	2	a	采集	海南

桐棉 *Thespesia populnea* (Linn.) Soland. ex Corr.

功效主治 叶：用于头痛，疥疮。果实：用于条虫病。

迁地栽培保存

保存地点	种质份数	个体数量	引种方式	生长状况	来源地
HN	1	a	采集	C	海南

梧桐属 *Firmiana*

广西火桐 *Firmiana kwangsiensis* Hsu

濒危等级 中国特有植物，国家重点保护野生植物名录（第一批）二级，中国植物红色名录评估为极危（CR）。

迁地栽培保存

保存地点	种质份数	个体数量	引种方式	生长状况	来源地
GX	*	f	采集	G	广西

海南梧桐 *Firmiana hainanensis* Kosterm.

濒危等级 中国特有植物，国家重点保护野生植物名录（第一批）二级，中国植物红色名录评估为近危（NT）。

迁地栽培保存

保存地点	种质份数	个体数量	引种方式	生长状况	来源地
HN	2	a	采集	C	海南
BJ	1	a	采集	G	海南
GX	*	f	采集	G	海南

火桐　*Firmiana colorata* R. Brown. Merr.

濒危等级　中国植物红色名录评估为无危（LC）。

种质库保存

保存地点	保存方式	种质份数	个体数量	引种方式	来源地
BJ	种子	6	b	采集	待确定

美丽火桐　*Firmiana pulcherrima* H. H. Hsue

濒危等级　中国特有植物，海南省重点保护植物，中国植物红色名录评估为濒危（EN）。

迁地栽培保存

保存地点	种质份数	个体数量	引种方式	生长状况	来源地
HN	2	a	采集	C	海南

梧桐　*Firmiana simplex* (L.) W. Wight

功效主治　种子（梧桐子）：甘，平。顺气，和胃，消食。用于胃痛，疝气，伤食，小儿口疮。根（梧桐根）：淡，平。祛风湿，和血脉，通经络。用于风湿关节痛，肠风下血，月经不调，跌打损伤。去掉栓皮的树皮（梧桐白皮）：甘。祛风，除湿，活血止痛。用于风湿痹痛，跌打损伤，月经不调，痔疮，丹毒。叶（梧桐叶）：苦，寒。祛风湿，清热解毒。用于风湿痛，麻木，痈疮肿毒，痔疮，臁疮，外伤出血，肝阳上亢。花（梧桐花）：甘，平。清热解毒。用于水肿，白秃疮，烫火伤。

迁地栽培保存

保存地点	种质份数	个体数量	引种方式	生长状况	来源地
FJ	1	a	购买	A	福建
ZJ	1	c	采集	B	广东
JS1	1	a	购买	C	江苏
HB	1	a	采集	C	待确定
JS2	1	d	购买	C	江苏
HN	1	a	采集	C	待确定
GZ	1	a	采集	C	贵州
CQ	1	a	采集	C	重庆
BJ	1	a	采集	G	广西
GD	1	f	采集	G	待确定
SH	1	a	采集	A	待确定
GX	*	f	采集	G	河南

种质库保存

保存地点	保存方式	种质份数	个体数量	引种方式	来源地
BJ	种子	28	b	采集	重庆、海南、贵州、江西、山西、湖北、江苏

午时花属 *Pentapetes*

午时花 *Pentapetes phoenicea* Linn.

功效主治 全草（午时花）：清热解毒，消肿。外用于痈肿疮毒。

迁地栽培保存

保存地点	种质份数	个体数量	引种方式	生长状况	来源地
BJ	2	b	采集	G	陕西、广西
JS1	1	a	购买	G	江苏

种质库保存

保存地点	保存方式	种质份数	个体数量	引种方式	来源地
BJ	种子	4	b	采集	广西

蚬木属　*Excentrodendron*

节花蚬木　*Excentrodendron tonkinense*（A. Chev.）H. T. Chang et R. H. Miau

濒危等级　国家重点保护野生植物名录（第一批）二级，中国植物红色名录评估为濒危（EN）。

迁地栽培保存

保存地点	种质份数	个体数量	引种方式	生长状况	来源地
GX	*	f	采集	G	广西

悬铃花属　*Malvaviscus*

垂花悬铃花　*Malvaviscus penduliflorus* DC.

迁地栽培保存

保存地点	种质份数	个体数量	引种方式	生长状况	来源地
HN	1	a	赠送	C	海南
CQ	1	a	购买	C	重庆
GZ	1	c	采集	B	贵州
GX	*	f	采集	G	广西

药葵属　*Althaea*

麻叶药葵　*Althaea cannabina* Linn.

功效主治　根：外用于硬皮病。

迁地栽培保存

保存地点	种质份数	个体数量	引种方式	生长状况	来源地
BJ	2	b	采集	A	保加利亚，待确定

药葵 *Althaea officinalis* L.

功效主治 全株（药蜀葵）：甘，温。解表散寒，利尿消肿，止咳。用于外感风寒，痰咳，小便淋痛，疔疮肿毒。

迁地栽培保存

保存地点	种质份数	个体数量	引种方式	生长状况	来源地
BJ	4	b	赠送	A	保加利亚、德国
CQ	1	a	购买	A	重庆
GX	*	f	采集	G	广西

种质库保存

保存地点	保存方式	种质份数	个体数量	引种方式	来源地
BJ	种子	28	c	采集	重庆、海南、云南、新疆、吉林

一担柴属 *Colona*

一担柴 *Colona floribunda* (Wall.) Craib.

功效主治 根：清热解毒。

濒危等级 中国植物红色名录评估为无危（LC）。

种质库保存

保存地点	保存方式	种质份数	个体数量	引种方式	来源地
BJ	种子	6	b	采集	云南

银叶树属　*Heritiera*

长柄银叶树　*Heritiera angustata* Pierre

濒危等级　海南省重点保护植物，中国植物红色名录评估为濒危（EN）。

迁地栽培保存

保存地点	种质份数	个体数量	引种方式	生长状况	来源地
HN	1	a	采集	C	海南

蝴蝶树　*Heritiera parvifolia* Merr.

濒危等级　国家重点保护野生植物名录（第一批）二级，中国植物红色名录评估为易危（VU）。

迁地栽培保存

保存地点	种质份数	个体数量	引种方式	生长状况	来源地
HN	1	a	采集	C	海南
GX	*	f	采集	G	海南

种质库保存

保存地点	保存方式	种质份数	个体数量	引种方式	来源地
HN	种子	2	b	采集	海南、广东

银叶树　*Heritiera littoralis* Aiton

功效主治　树皮：用于尿血。

濒危等级　海南省重点保护植物、广西壮族自治区重点保护植物，中国植物红色名录评估为易危（VU）。

迁地栽培保存

保存地点	种质份数	个体数量	引种方式	生长状况	来源地
HN	1	a	采集	C	海南
GX	*	f	采集	G	印度尼西亚

鹧鸪麻属　*Kleinhovia*

鹧鸪麻　*Kleinhovia hospita* L.

功效主治　全草或树皮、叶：燥湿止痒，杀虫疗癣。用于皮疹，痒痛，疥癣，头虱病。

濒危等级　中国植物红色名录评估为无危（LC）。

迁地栽培保存

保存地点	种质份数	个体数量	引种方式	生长状况	来源地
HN	1	a	采集	C	海南
GX	*	f	采集	G	新加坡

种质库保存

保存地点	保存方式	种质份数	个体数量	引种方式	来源地
HN	种子	1	b	采集	海南
BJ	种子	1	a	采集	待确定

旌节花科　Stachyuraceae

旌节花属　*Stachyurus*

柳叶旌节花　*Stachyurus salicifolius* Franch.

功效主治　茎髓：清热，利尿渗湿，通乳。用于淋证，小便赤黄，尿闭，湿热癃淋，热病口渴，乳汁不下，风湿关节痛。

濒危等级　中国特有植物，中国植物红色名录评估为无危（LC）。

迁地栽培保存

保存地点	种质份数	个体数量	引种方式	生长状况	来源地
CQ	1	a	采集	C	重庆

种质库保存

保存地点	保存方式	种质份数	个体数量	引种方式	来源地
BJ	种子	6	b	采集	山西、河北、河南、四川、重夫

西域旌节花 *Stachyurus himalaicus* Hook. f. & Thomson

功效主治　茎髓：清热，利尿渗湿，通乳。用于淋证，小便赤黄，尿闭，湿热癃淋，热病口渴，乳汁不下，风湿关节痛。

濒危等级　中国植物红色名录评估为无危（LC）。

迁地栽培保存

保存地点	种质份数	个体数量	引种方式	生长状况	来源地
GX	2	f	采集	G	重庆、云南
CQ	1	a	采集	C	重庆

种质库保存

保存地点	保存方式	种质份数	个体数量	引种方式	来源地
HN	种子	1	c	采集	湖南
BJ	种子	4	a	采集	河北、云南

云南旌节花 *Stachyurus yunnanensis* Franch.

功效主治　茎髓：清热，利尿渗湿，通乳。用于淋证，热病，小便赤黄，尿闭，湿热癃淋，热病口渴，乳汁不下，风湿关节痛。

濒危等级　中国植物红色名录评估为易危（VU）。

迁地栽培保存

保存地点	种质份数	个体数量	引种方式	生长状况	来源地
CQ	1	a	采集	C	重庆
GX	*	f	采集	G	四川

中国旌节花 *Stachyurus chinensis* Franch.

功效主治 茎髓（小通草）：淡，平。清热，利尿，渗湿，通乳。用于乳汁不下，小便淋痛，风湿关节痛。

迁地栽培保存

保存地点	种质份数	个体数量	引种方式	生长状况	来源地
HB	1	a	采集	C	湖北
GZ	1	a	采集	C	贵州
BJ	1	a	采集	G	四川

种质库保存

保存地点	保存方式	种质份数	个体数量	引种方式	来源地
BJ	种子	5	a	采集	山西、贵州